RegCM-Chem-YIBs
区域气候-化学-生态耦合模式与模拟

王体健　谢晓栋　庄炳亮　李　树　刘　丽　著

气象出版社
China Meteorological Press

内 容 简 介

本书主要介绍空气污染和气候变化研究的内容和特点、区域气候/化学/生态多过程的模拟方法和模式进展，重点介绍区域气候-化学-生态耦合模式 RegCM-Chem-YIBs 的系统组成，利用该模式在气溶胶、臭氧和二氧化碳及其相互作用模拟、大气污染物和温室气体对东亚季风气候的影响，以及区域气候变化对空气污染的影响等方面的研究成果。最后，为了方便读者学习和应用，给出了 RegCM-Chem-YIBs 的使用指南。可为从事环保、气象、生态等相关行业的业务人员提供指导，也可供科研院所和高等院校的研究人员作为参考。

图书在版编目（CIP）数据

区域气候-化学-生态耦合模式与模拟 / 王体健 等著
. -- 北京 : 气象出版社, 2022.8
ISBN 978-7-5029-7770-2

Ⅰ. ①区… Ⅱ. ①王… Ⅲ. ①区域气候模式—研究
Ⅳ. ①P46

中国版本图书馆CIP数据核字(2022)第138315号

审图号:GS 京(2022)0945 号

区域气候-化学-生态耦合模式与模拟
Quyu Qihou-Huaxue-Shengtai Ouhe Moshi yu Moni

出版发行：气象出版社
地　　址：北京市海淀区中关村南大街 46 号　　**邮政编码**：100081
电　　话：010-68407112(总编室)　010-68408042(发行部)
网　　址：http://www.qxcbs.com　　**E-mail**：qxcbs@cma.gov.cn
责任编辑：黄红丽　张　媛　　**终　　审**：吴晓鹏
责任校对：张硕杰　　**责任技编**：赵相宁
封面设计：博雅锦
印　　刷：北京地大彩印有限公司
开　　本：787 mm×1092 mm　1/16　　**印　　张**：26.5
字　　数：678 千字
版　　次：2022 年 8 月第 1 版　　**印　　次**：2022 年 8 月第 1 次印刷
定　　价：198.00 元

前　言

空气污染与气候变化是当今大气科学和环境科学的两大热点问题。与世界其他地区相比，我国空气污染相对比较严重，温室气体排放总量较大，对全球、区域和城市气候变化的影响不容忽视，而气候变化反过来又影响大气污染物形成的动力、物理和化学过程，因此空气污染和气候变化相互作用，两者之间存在密切的联系。国务院印发的2013—2017年《大气污染防治行动计划》和2018—2020年《打赢蓝天保卫战三年行动计划》实施以来，我国城市细颗粒物浓度明显下降，臭氧浓度呈现一定上升，与此同时，二氧化碳浓度仍呈上升趋势。2020年9月22日，习近平总书记在第七十五届联合国大会上提出"中国二氧化碳排放力争于2030年前达到峰值，努力争取2060年前实现碳中和"。党的十九届五中全会把碳达峰、碳中和作为"十四五"规划和2035年远景目标，因此，未来我国在空气污染治理和气候变化应对方面的工作任重道远。

20世纪90年代后期，笔者阅读了两本经典专著：*Atmospheric Chemistry and Physics: From Air Pollution to Climate Change*（John H. Seinfeld等著，1998年出版）和*Atmospheric Chemistry and Global Change*（Guy P. Brasseur等著，1999年出版），深受启发，认识到空气污染和气候变化是当时学科的前沿研究方向，于是围绕我国臭氧变化及其气候效应，在孙照渤和石广玉两位先生的指导下，开展了我的博士论文研究，将区域气候模式RegCM2和对流层大气化学模式TACM相耦合，发展了区域气候-化学模式RegCCMS，研究了对流层臭氧的辐射强迫和气候效应。之后，在RegCCMS中加入硫酸盐生成的简化机制，量化了硫酸盐气溶胶的辐射强迫和气候效应。2004年，我指导的博士生李树将气溶胶热力学平衡模式ISORROPIA耦合到区域气候模式RegCM3中，开展了中国地区硝酸盐气溶胶的直接和间接气候效应研究。2006年，我的另一个博士生庄炳亮对中国地区黑碳气溶胶的直接、间接和半直接效应及其对东亚夏季风的影响进行了系统研究。此外，我的另几个研究生基于RegCCMS，围绕沙尘、海盐、花粉、二次有机气溶胶等开展了环境和气候效应研究。

近年来，为了实现对区域空气污染和气候变化相互影响及协同控制的研究，南京大学大气科学学院王体健教授研究团队以意大利国际理论物理中心的区域气候-化学模式RegCM-Chem和美国耶鲁大学生态模式YIBs为基础，在二次无机气溶胶、二次有机气溶胶、气溶胶的直接/间接/半直接效应、非均匀二氧化碳、细颗粒物-臭氧-二氧化碳相互作用等方面进行了改进，发展并逐步完善了区域气候-化学-生态耦合模式 RegCM-Chem-YIBs，成为开展空气污染和气候变化研究的重要工具，可以用于气溶胶、臭氧和二氧化碳及其相互作用、大气污染物和温室气体的辐射效应及其对东亚季风气候的影响，以及全球或区域气候变化对我国空气污染的影响等方面的模拟预测和过程机理研究。

本书对区域气候-化学-生态耦合模式 RegCM-Chem-YIBs 的系统构架和模块、空气污染和气候变化研究应用、操作使用指南等方面进行了比较系统详细的介绍，力求为从事环保、气象、生态等相关行业的业务人员提供指导，同时也可供科研院所和高等院校的研究人员参考。

王体健负责本书的内容设计和结构安排，组织完成第 1、2、3、7 章的撰写，刘丽负责第 4 章的撰写，李树负责第 5 章的撰写，庄炳亮负责第 6 章的撰写，谢晓栋负责第 8、9、10 章的撰写。意大利国际理论物理中心 Filippo Giorgi 教授提供了区域气候-化学模式 RegCM-Chem，南京信息工程大学乐旭教授提供了生态模式 YIBs。此外，黄晓娴、殷长秦、黄兴、蒲茜、高丽波、陈慧敏、马丹阳、徐北瑶、宋荣、聂东阳、曲雅微、吴昊、袁成、陈璞珑、谢旻、李蒙蒙、韩志伟、李嘉伟、Melas Dimitris、Natalya A. Kilifaska、Athanasios Tsikerdekis、Prodromos Zanis、Fabien Solmon 等参加了相关内容的撰写，周凯旋和高丽波负责参考文献的校对。

本书的部分研究成果得到国家自然科学基金（42077192，91544230，41575145，41621005）、国家科技重大研发计划（2018YFC0213503，2019YFC0214603，2020YFA0607802，2016YFC0203303）和 FP7 项目 REQUA（PIRSES-GA-2013-612671）的支持。

衷心感谢气象出版社黄红丽副编审的支持和帮助，使得本书能够顺利出版。

由于著者水平有限，难免有疏漏和不正之处，敬请读者不吝指正。

王体健

2022 年 6 月 30 日于风华园

目　　录

第 1 章　空气污染和气候变化

本章重点介绍主要大气污染物、温室气体及其辐射效应的特点，概述气溶胶（或细颗粒物）、臭氧和二氧化碳相互作用及其气候效应的研究进展，总结空气污染和气候变化对人体健康、农业生产、森林覆盖的影响及协同治理方面的研究成果。

1.1　温室气体、大气污染物及辐射效应

1.1.1　温室气体

工业化革命以来，人类活动向大气中排放了大量的污染物和温室气体，其中温室气体是造成气候变暖的重要因素。人为排放的所有温室气体中，二氧化碳（CO_2）占 72%左右，对全球气候变化的影响最为显著。由于化石燃料的燃烧、森林砍伐、土地利用类型的改变，近百年来大气中 CO_2 浓度持续增长。在美国夏威夷莫纳罗亚（Mauna Loa）观测站观测到的 CO_2 全球背景年均值持续升高，至 2021 年已达 416.45 ppmv*。在过去的几十年里，北半球各个站点观测到的 CO_2 年增长率为 1～3 ppmv·a^{-1}（Ferrarese et al.，2002；Nasrallah et al.，2003；Tsutsumi et al.，2006；Artuso et al.，2009；Hofmann et al.，2009；Wang et al.，2010）。世界气象组织发布的温室气体公报显示，2019 年 5 月大气 CO_2 浓度均值达到 414.7 ppmv，在人类历史上史无前例，高于数百万年来任何时期的水平。2020 年全球 CO_2 浓度为 413.2 ppmv，是 1750 年工业化前的 149%（WMO，2021）。

大气 CO_2 浓度观测方式有多种，主要有卫星遥感、飞机或船舶等移动测量、地面在线连续测量、瓶测量等方法。从地面观测站的发展来看，经历了全球背景站、区域背景站、城市站等不同阶段。

（1）全球背景站地面观测

斯克里普斯海洋学研究所的 Keeling 于 1958 年 5 月开始，在位于太平洋中部的美国夏威夷群岛上的莫纳罗亚观测站建立了目前全球最重要的环境监测记录之一——大气 CO_2 浓度的连续测量，这是迄今为止持续时间最长的大气 CO_2 浓度直接观测记录（Keeling et al.，1976；Keeling，1998）。美国国家海洋和大气管理局 NOAA（National Oceanic and Atmospheric Administration）于 1974 年 5 月开展了同步的大气 CO_2 浓度观测（Thoning et al.，1989）。在过去的 60 多年中，该站的观测记录显示大气 CO_2 浓度年均值逐年增长，如图 1.1 所示。在 20 世纪 60 年代（1960—1969 年），大气 CO_2 浓度年均增长率约为 0.85 ppmv·a^{-1}，而在 20 世纪 70 年代、80 年代、90 年代，大气 CO_2 浓度年均增长率分别为 1.27 ppmv·a^{-1}、1.61 ppmv·a^{-1}、1.50 ppmv·a^{-1}，进入 21 世纪后，大气 CO_2 浓度继续快速增长，年均增长率

* 1 ppmv=10^{-6}（体积分数），余同。

在 2000—2009 年间达到了前所未有的 1.96 ppmv • a^{-1}，在 2010—2014 年间，大气 CO_2 浓度年均增长率高达 2.25 ppmv • a^{-1}(Keeling et al., 1995; Keeling et al., 2009; Tans et al., 2015)。2015—2021 年间，CO_2 浓度平均增长率为 2.56 ppmv • a^{-1}。

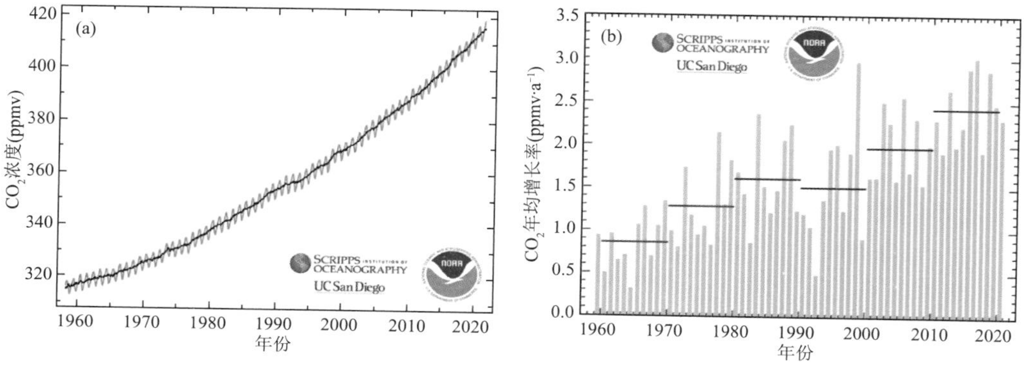

图 1.1　1958—2020 年美国夏威夷莫纳罗亚观测站大气 CO_2 浓度记录(a,ppmv)；
和大气 CO_2 浓度年均增长率(b,ppmv • a^{-1})
(来自 https://gml.noaa.gov/ccgg/trends/)

此外，为了理解全球碳循环及其对气候的影响，隶属于地球系统研究实验室 ESRL (Earth System Research Laboratory)的全球监测部 GMD (Global Monitoring Division)的碳循环温室气体研究组还在全球多地进行外场观测，以确定含 CO_2、甲烷(CH_4)、一氧化碳(CO)在内的几种气体全球背景基线水平、变化趋势以及浓度变化的原因，从而建立了全球外场观测网。为了取得最准确的背景大气信息，地球大气背景 CO_2 浓度观测站均建立在远离人类活动的地区，四大观测站分别位于：阿拉斯加的巴罗、美国夏威夷的莫纳罗亚、美属萨摩亚和南极极点。这些站点对 CO_2 的观测始于 1973 年，在 20 世纪 80 年代加入了对 CH_4 和 CO 的观测。对温室气体进行持续的外场观测提供了它们的长期变化趋势、季节变化规律及短期变率、日变化特征。NOAA/ESRL/GMD 高塔观测网建于 20 世纪 90 年代，提供了区域代表性的陆上边界层内 CO_2 及相关气体观测结果，这些高塔站点是北美碳项目的一部分，且观测得到的原始数据可用于 ESRL 的 Carbon Tracker 中 CO_2 数据同化系统，站点位于美国缅因州、科罗拉多州博尔德大气天文台、威斯康星州、南卡罗来纳州、艾奥瓦州、加利福尼亚州、得克萨斯州穆迪和北卡罗来纳州。除此之外，还有一些温室气体外场观测站点，采样高度一般低于 50 m，它们不属于 NOAA 全球大气背景浓度观测系统，位于俄罗斯切尔斯基、美国俄勒冈学士山天文台和美国弗吉尼亚州雪兰多国家公园。

ESRL/GMD 提供了隶属于各个国家和地区的全球各地二百多个站点 CO_2 观测资料(Cooperative Global Atmospheric Data Integration Project, 2013)。另外，世界气象组织(World Meteorological Organization,WMO)下属的全球大气观测(Global Atmosphere Watch,GAW)和日本气象厅(Japan Meteorological Agency,JMA)合作建立的全球温室气体数据中心(World Data Centre for Greenhouse Gases,WDCGG)提供了全球各个地区总共三百多个站点的温室气体观测资料，形成包括 CO_2 在内的庞大的温室气体全球观测网。

中国对温室气体的观测和研究起步较晚。自 20 世纪 80—90 年代，在青海省瓦里关、浙江省临安、黑龙江省龙凤山、甘肃省民勤、青海省五道梁、兰州市区及周边非城市区、北京城区等地开展观测研究(张柳明 等,1992;温玉璞 等,1997;王明星 等,1989;王庚辰 等,2002;王跃思 等,2002;王长科 等,2003)。在西北沙漠地区甘肃省民勤县,自1985年开始前三年内得到大气 CO_2 浓度年增长率为0.3%(王明星 等,1989)。兰州市区的大气 CO_2 浓度要高于周边森林区、农业区、沙漠区、戈壁区的观测,通过对碳、氧同位素的测定,尝试性地提出了氧同位素对 CO_2 气源的指示意义(张柳明 等,1992)。

自20世纪90年代开始,中国气象局(China Meteorological Administration,CMA)在青海瓦里关站开展温室气体观测,该站是WMO/GAW的31个全球大气本底观测站之一,也是目前欧亚大陆腹地唯一的大陆型全球本底站,随后陆续在北京上甸子、浙江临安、黑龙江龙凤山、云南香格里拉、湖北金沙和新疆阿克达拉6个区域大气本底观测站开展温室气体的联网观测,分别代表京津冀、长三角、东北平原、云贵高原、江汉平原和北疆地区的大气本底特征。2016年12月我国首颗全球二氧化碳监测科学实验卫星成功发射,也是全球第三颗大气二氧化碳监测卫星。图1.2a是1990—2020年中国青海瓦里关站和北半球中纬度美国夏威夷莫纳罗亚观测站大气 CO_2 月平均浓度长期变化,图1.2b是全年在轨运行的两颗卫星监测得到的2019年中国陆地区域大气 CO_2 年平均浓度分布(中国气象局,2020)。从监测情况来看,2019年青海瓦里关站观测的 CO_2 浓度上升至(411.4±0.2)ppmv,与北半球中纬度地区平均浓度大体相当,略高于全球平均值。

(2)城市地区地面观测

CO_2 背景站的观测研究重点在于大尺度的环流系统及源和汇的影响(Keeling et al., 1976; Ferrarese et al., 2002; Tsutsumi et al., 2006; Zhang et al., 2013b)。与之相对应的,在城市、郊区和乡村等地进行的观测研究主要关注区域尺度的问题(Idso et al, 2001; Miyaoka et al., 2007)。植被的生长与衰老影响从年到日不同时间尺度 CO_2 浓度的变化(Nasrallah et al., 2003, Miyaoka et al., 2007; Gorka et al., 2013)。除了自然生态系统的驱动力,人为排放对 CO_2 的周期变化也有重要影响(Idso et al., 2002; Gratani et al., 2005; Gorka et al., 2013)。

城市地区通常具有复杂的下垫面、土地覆盖和人为排放,使得 CO_2 浓度及通量的观测及源汇贡献的确定复杂化(Briber et al., 2013)。城市在气象及大气环境方面具有很多独有的特征,如城市的热岛效应(Oke, 1982),而城市地区 CO_2 的观测结果也显示出独有的一些特性。随着城市化发展,在城市地区进行多点观测,发现在城市冠层内的 CO_2 空间分布受土地利用类型的影响,如在凤凰城(Idso et al., 2001)、埃森(Henninger et al.,2010)、弗罗茨瓦夫(Gorka et al., 2013)、德里(Sahay et al., 2013)等地均观测到这种现象。在城郊同时进行的观测中,发现"城市 CO_2 穹顶"现象,即城市上空大气 CO_2 浓度高于四周郊区,在城市地区形成高值中心,这在凤凰城(Idso et al., 2001)、盐湖谷(Strong et al., 2011)、巴尔的摩(George et al., 2007)等地均观测到此类现象。

近年来,中国地区大气 CO_2 浓度观测有了一定的发展,但长期观测资料有限,特别是城市地区观测资料不足。北京在城市地区开展大气 CO_2 浓度观测较早,作为京津冀重地,北京上空大气 CO_2 浓度变化在华北地区具有代表性。在1993—2002年的10年期间,北京大气 CO_2 年均浓度呈现先上升、后下降、再上升的趋势,这与能源使用量、燃料结构变化以及植树造林面积有关(王跃思 等,2002;Wang et al., 2002; 王长科 等,2003;刘强 等,2005)。在西北地区,乌鲁木齐市区观测结果显示,当地采暖期与非采暖期大气 CO_2 浓度差异较大,变化幅度约为62.8 ppmv,高于其他城市(胡晏玲,2011)。西安则开展了公路运输对大气 CO_2 浓度影响(刘

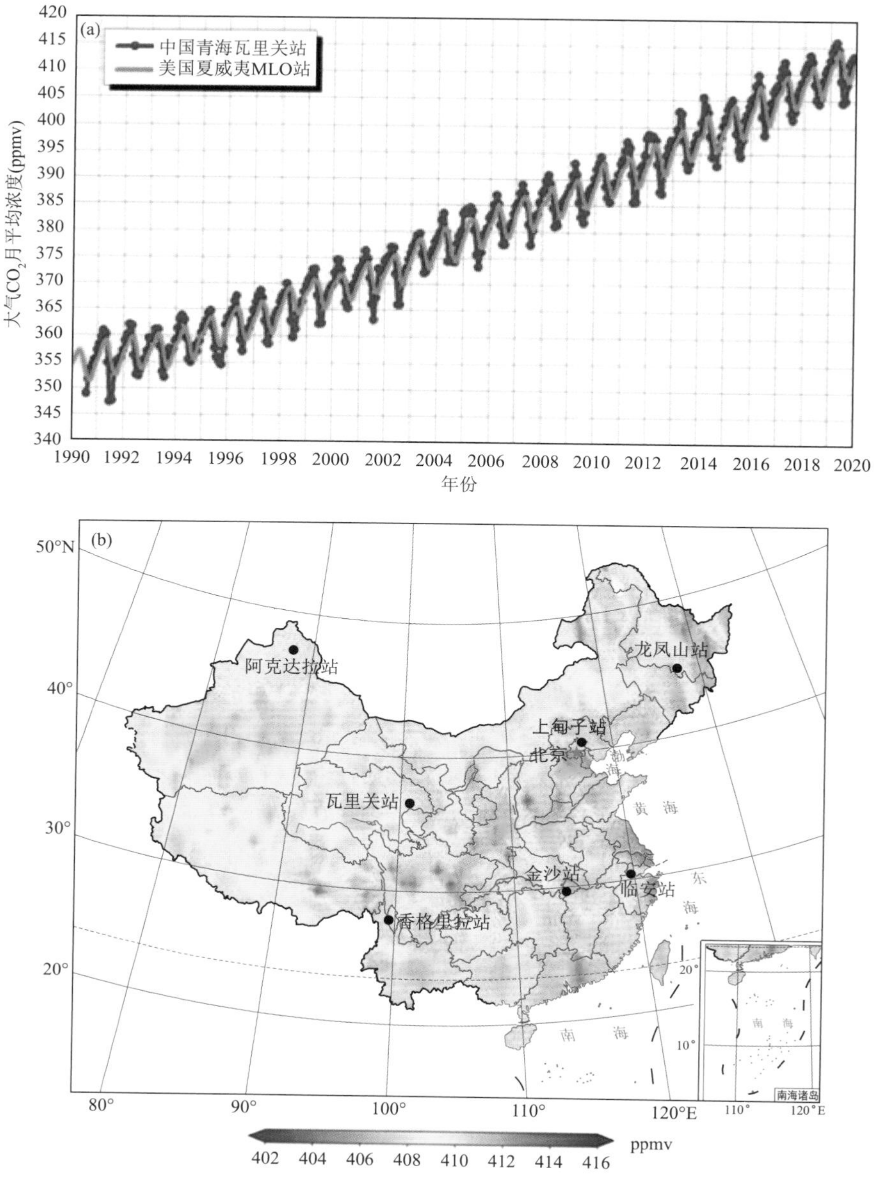

图 1.2　1990—2020 年中国瓦里关背景站(海拔 3816 m)观测的 CO_2 月平均浓度(a)和 2019 年卫星监测的 CO_2 年平均浓度(b)分布(中国气象局,2020)

磊 等,2014)、不同功能区大气 CO_2 浓度特征及影响因素(陈颖,2012)、城市上空大气 CO_2 浓度垂直分布(郭毅,2011)等方面的研究。淮安城区观测结果显示,盛行风向及风速对大气 CO_2 浓度有一定的影响(尹起范 等,2009)。长三角地区人口密集,城市群庞大,工业化程度高,经济交通发达,人为源排放可观,除了临安背景站外,上海、无锡、常州等地区也开展了相应的 CO_2 观测工作。在无锡太湖本底站测得的数据显示,当地大气 CO_2 浓度逐年递增,年增长率约 2.3 %(嵇晓燕 等,2006)。上海城区夏季观测显示,西北及西南方向的区域输送是当地高浓度大气 CO_2 的来源之一(高松,2011)。常州城区的观测结果也高于同期瓦里关和临安背景

站的大气 CO_2 浓度(沈琰 等,2014)。郑州(师丽魁 等,2013)、长沙(武鸣 等,2013)、厦门(李燕丽 等,2013)也分别在城区或近郊开展了大气 CO_2 浓度观测。

大气 CO_2 浓度具有明显的季节变化特征,主要受源汇的季节性变化影响,但个别情况下,如夏季降水量较高时,日照不足会减少植物光合作用时间,并增强植物与土壤的呼吸作用,造成大气 CO_2 浓度偏高(王跃思 等,2002),采暖期大量化石燃料燃烧也会导致 CO_2 浓度升高(刘强 等,2004;胡晏玲,2011)。城市地区大气 CO_2 浓度具有显著日变化特征,一般下午浓度达到最低,但不同城市高峰时间及峰值并不太一致(李晶 等,2006;高松,2011;郭毅,2011;沈琰 等,2014)。车流量较大的城市还具有显著的周变化(高松,2011),工作日与假日大气 CO_2 浓度也不同(郭毅,2011)。北京、上海等地年均大气 CO_2 浓度均高于同时期欧亚大陆背景站青海瓦里关或全球背景站美国夏威夷莫纳罗亚观测到的大气 CO_2 浓度,高出 6%～9%(王长科 等,2003;高松,2011),说明城市地区是大气 CO_2 的源。

(3)其他观测

卫星遥感可进行全球性的温室气体观测,卫星的大范围扫描有助于认识大区域的大气 CO_2 浓度及通量特征。日本于 2009 年成功发射了国际上第一颗温室气体专用探测卫星 GOSAT(Greenhouse Gases Observing Satellite),美国 OCO-2 紧随其后,于 2014 年发射升空。2016 年 12 月 22 日,中国碳卫星在酒泉卫星基地成功发射升空并在轨运行,成为国际第三颗温室气体卫星,其目标是实现对全球大气 CO_2 浓度的高精度监测,为碳排放科学研究提供卫星资料。目前有 SCIAMACHY/ENVISAT (Bovensmann et al., 1999) 、TANSO-FTS/GOSAT (Kuze et al., 2009)、AIRS/Aqua (Aumann et al., 2003; Engelen et al., 2004)、OCO-2 (Crisp et al., 2004)、IASI/METOP-A (Chalon et al., 2001; 张磊 等,2008)等卫星进行全球大气 CO_2 观测。大气制图扫描成像吸收光谱仪(Scanning Imaging Absorption Spectrometer for Atmospheric Chartography,SCIAMACHY) 是测量大气和地球表面传输、反射、散射太阳光的遥感光谱仪,SCIAMACHY 的验证(Barkley et al., 2006; Dils et al., 2006; Hewitt et al., 2006; Buchwitz et al., 2006; Buchwitz et al., 2015)对于反演产品的质量保证很重要。碳观测热红外和近红外传感器傅里叶变换光谱仪(Thermal and Near Infrared Sensor for Carbon Observation Fourier-Transform Spectrometer, TANSO-FTS)以及用于云与气溶胶成像的热近红外传感器(Thermal and Near Infrared Sensor for Cloud and Aerosol Imager, TANSO-CAI)搭载于温室气体观测卫星 GOSAT 上,可监测三条窄带(0.76 μm、1.6 μm、2 μm)和一条宽带(5.5～14.3 μm),倾斜角度 98°,于 2009 年 1 月成功发射,产品包括 CO_2、CH_4、NDVI、云、辐射等。使用卫星数据可以进行大范围碳通量分析(李丽 等,2014)、CO_2 通量估算(Sasai et al., 2011)、常年观测浓度分析(Bai et al., 2010; Pagano et al., 2011)。除浓度观测外,卫星观测的其他产品(如植被信息等)也被用于 CO_2 观测或模拟研究中(Soegaard et al., 2003)。我国一直进行 CO_2 监测卫星研究(刘毅 等,2011,2013; Liu et al., 2012),Yang (2021)等基于我国第一颗全球 CO_2 监测科学实验卫星——中国碳卫星(TanSat)的大气 CO_2 含量观测,利用先进的碳通量计算系统,获取了中国碳卫星首个全球碳通量数据集。

大气 CO_2 浓度的过快增长致使陆地生态圈和海洋对 CO_2 的吸收能力减弱(Fung et al., 2005; Le Quéré et al., 2007; Tjiputra, et al., 2014),同位素测量分析可以量化 CO_2 来源(张柳明 等,1992; Lichtfouse et al., 2002; Pataki et al., 2003; Widory et al., 2003; Zimnoch et al., 2004),同位素结合简易反演模型可以推算 CO_2 源和汇(Pendall et al., 2010);利用冰芯数据也可

以推算以前气体 CO_2 的浓度(Barnola et al.，1987；Fischer et al.，1999；Petit et al.，1999)。

浓度观测的另一个意义在于从 CO_2 与其他气体的关系可以推算排放，如通过卫星观测到的氮氧化物(NO_x)与 CO_2 的关系推算源(Reuter et al.，2014)，通过 CO_2 与 CO 的关系研究人类活动的影响(Suntharalingam et al.，2004；Miyaoka et al.，2007；Wang et al.，2010b)，通过 CO_2 与 NDVI 的关系研究植被的影响(Gong et al.，2011)。

1.1.2 大气污染物

人类活动向大气中排放温室气体的同时，还会向大气中排放氮氧化物(NO_x)、挥发性有机物(VOC)、二氧化硫(SO_2)、氨气(NH_3)和一次颗粒物(PPM)等污染物，造成大气中臭氧(O_3)和细颗粒物($PM_{2.5}$)的浓度升高。《2019 年全球空气状况报告》(Health Effects Institute，2020)估算了 2019 年各国的人口加权 $PM_{2.5}$ 和 O_3 浓度(其空间分布见图 1.3)，超过 90%的世界人口处于 $PM_{2.5}$ 浓度高出 10 $\mu g \cdot m^{-3}$ 的地区，主要在亚洲、非洲和中东，其中印度最高，达到 83.2 $\mu g \cdot m^{-3}$；全球 11 个人口最多国家的季度人口加权臭氧浓度地区差异较小，为 45～68 ppbv*，为 90～136 $\mu g \cdot m^{-3}$。

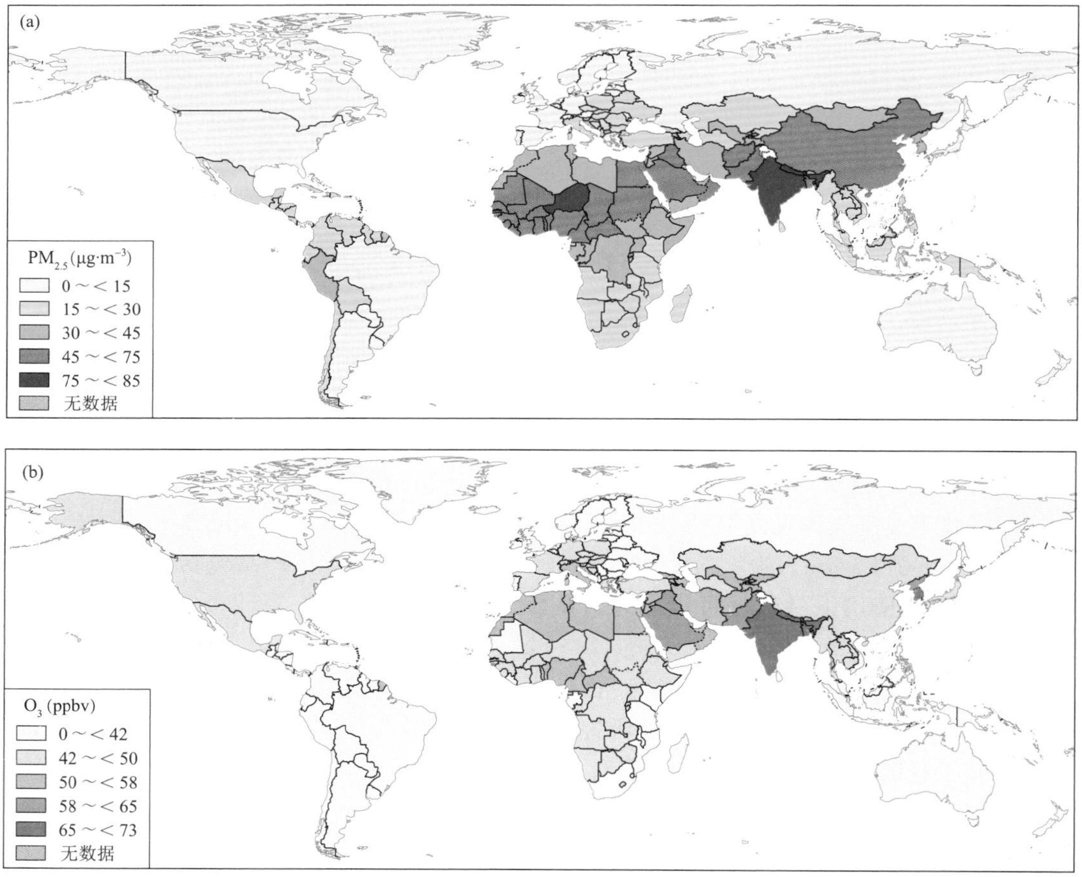

图 1.3 2019 年全球人口加权平均 $PM_{2.5}$ 浓度分布(a)和 O_3 浓度分布(b)(Health Effects Institute，2020)

* 1 ppbv＝10^{-9}(体积分数)，余同。

改革开放以来，我国工业化、城市化的进程非常迅速，大气污染问题日益突出。近年来，我国在 $PM_{2.5}$ 污染治理方面取得了显著成效，但近地面 O_3 污染的问题日益凸显，大气污染呈现以 $PM_{2.5}$ 和 O_3 为主要特征的区域性复合污染(Chen et al., 2020b; Wang et al., 2021b; Zhao et al., 2020)。《2019 中国生态环境状况公报》(生态环境部，2020)指出，2019 年京津冀及周边地区、长三角地区、汾渭平原地区的臭氧日最大 8 h 平均第九十百分位数浓度分别达到了 196 $\mu g \cdot m^{-3}$、164 $\mu g \cdot m^{-3}$、171 $\mu g \cdot m^{-3}$，远高于世界卫生组织(WHO)的臭氧浓度标准值 100 $\mu g \cdot m^{-3}$(日最大 8 h 平均值)，且相比于 2018 年分别增长了 7.7%、7.2%、4.3%。2019 年京津冀及周边地区、长三角地区、汾渭平原地区的 $PM_{2.5}$ 年均浓度分别达到了 57 $\mu g \cdot m^{-3}$、41 $\mu g \cdot m^{-3}$、55 $\mu g \cdot m^{-3}$，仍然高于我国空气质量二级标准 35 $\mu g \cdot m^{-3}$，且相比于 2018 年分别变化了 −1.7%、−2.4%、1.9%。Zhou 等(2021)给出了 2015—2019 年我国 $PM_{2.5}$ 和 O_3 浓度分布，见图 1.4。《中国大气臭氧污染防治蓝皮书》(中国环境学会臭氧污染控制专业委员

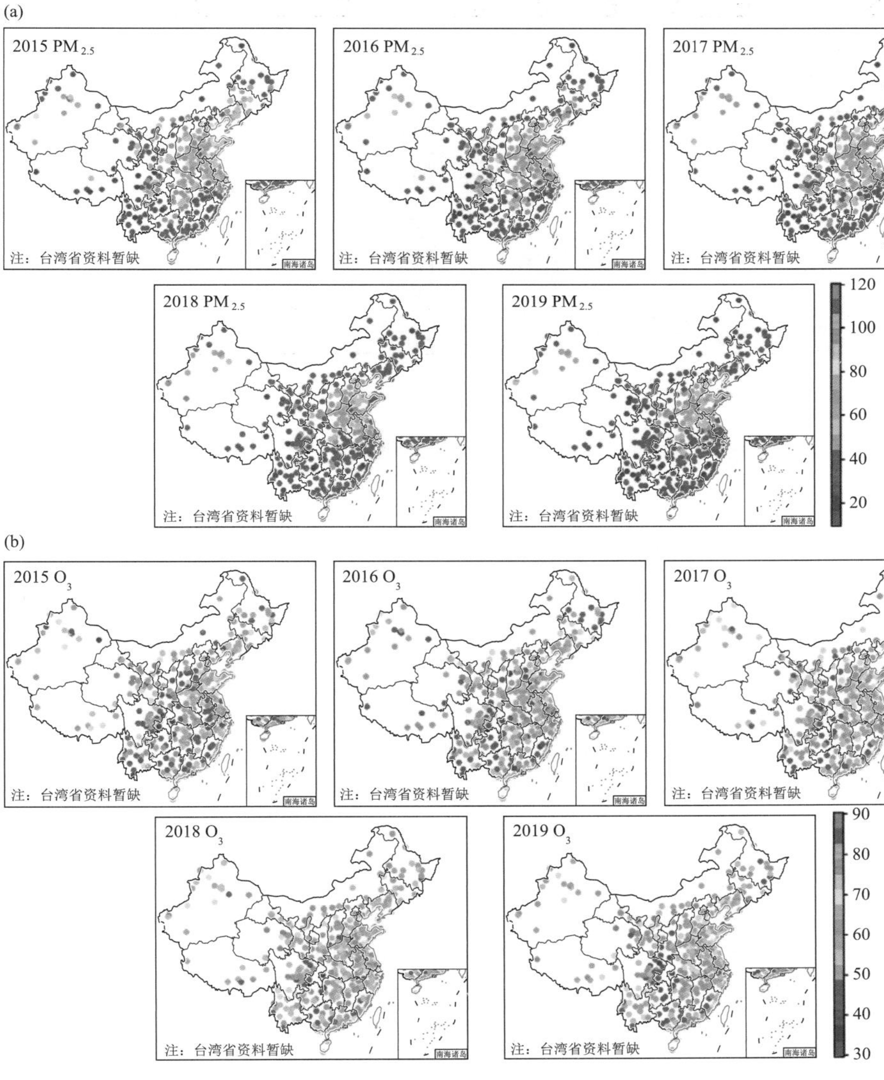

图 1.4　全国 2015—2019 年 $PM_{2.5}$ 浓度(a, $\mu g \cdot m^{-3}$)和 O_3 浓度(b, ppbv)分布(Zhou et al., 2021)

会，2020）显示，相比于 2013 和 2015 年，2019 年我国 74 个城市和 337 个城市的 SO_2、$PM_{2.5}$、CO、PM_{10} 和 NO_2 浓度年评价值的平均值均呈现出明显下降趋势，而 O_3 浓度年评价值的平均值分别上升了 28.8%和 20.1%，见图 1.5。

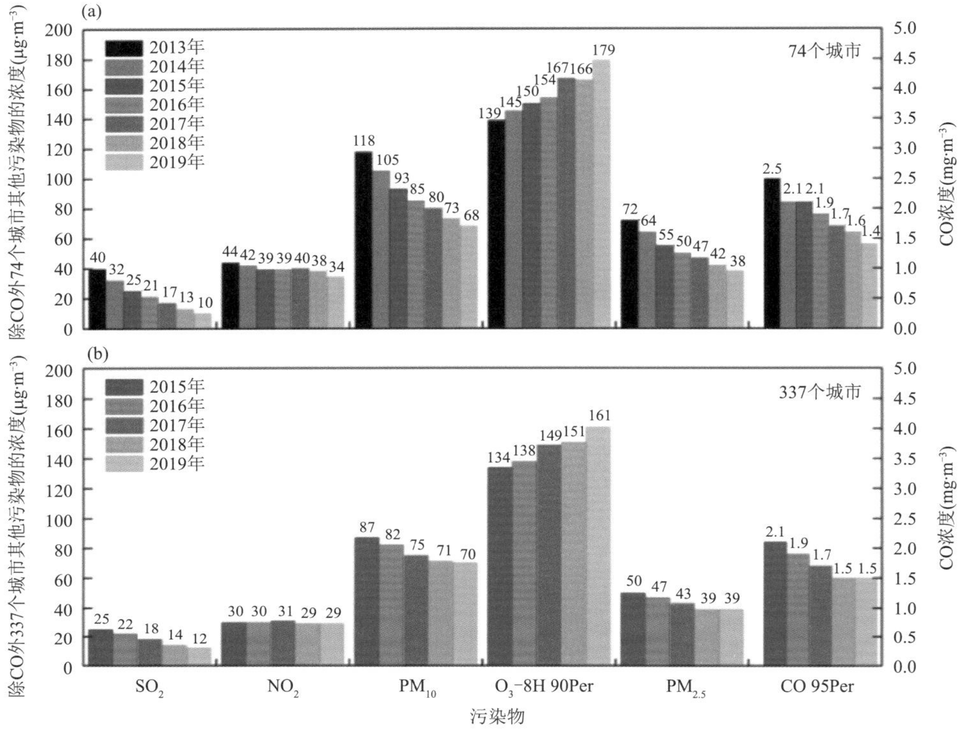

图 1.5　2013—2019 年重点城市污染物浓度年际变化（中国环境学会臭氧污染控制专业委员会，2020）
(a)74 个城市；(b)337 个城市

细颗粒物是大气污染物的重要成分之一。近些年来，我国相继颁布了“大气污染防治行动计划”“打赢蓝天保卫战三年行动计划”等一系列污染防治行动计划，综合运用经济、法律、技术和必要的行政手段，统筹兼顾、系统谋划、精准施策，持续开展大气污染防治行动，坚决打赢蓝天保卫战，实现环境效益、经济效益和社会效益多赢。为此，我国相继实施了包括工业行业提标改造、燃煤锅炉整治、落后产能淘汰、民用燃料清洁化和移动源排放管控、优化产业布局、严控“两高”行业产能、强化“散乱污”企业综合整治、积极调整运输结构，发展绿色交通体系、优化调整用地结构，推进面源污染治理、加强区域联防、严格执法等一系列防控措施。经过近几年的努力，大气污染控制措施实施成效显著，全国空气质量得到改善，重污染天气大幅度减少，尤其京津冀、长三角、汾渭平原等重污染区域空气质量明显好转。王跃思等（2020）的研究表明，京津冀地区 2017 年秋冬季硫酸盐和有机碳浓度相较于 2013 年同期分别下降了 76%和 70%。耿冠楠等（2020）发现，我国东部地区硫酸盐、硝酸盐、铵盐、有机碳和元素碳的人口加权平均浓度在 2013—2017 年间分别下降了 40%、5%、22%、15%和 17%。张小曳等（2020）研究指出，气象条件年际变化对 $PM_{2.5}$ 浓度变化具有一定影响，但主导 2013—2017 年间 $PM_{2.5}$ 污染改善过程的仍是污染物减排。例如，2013—2017 年间在京津冀和长三角地区由于气象条件年际变化导致的 $PM_{2.5}$ 浓度下降仅为 5%和 7%，占同期 $PM_{2.5}$ 总降幅的 13%和 20%。Wang 等

(2021a)研究表明,自2013—2018年我国74个主要城市的$PM_{2.5}$年均浓度下降42.95%,2015—2018期间,年均浓度从52.63 $\mu g \cdot m^{-3}$下降到40.76 $\mu g \cdot m^{-3}$,下降了约22.55%,其中京津冀、长三角以及四川盆地区域降幅明显(约20%),而汾渭平原和珠三角地区降幅仅有4.4%和10.4%。研究发现,2015—2019年全国366个城市$PM_{2.5}$平均浓度从48.5 $\mu g \cdot m^{-3}$下降到37.6 $\mu g \cdot m^{-3}$,其中京津冀地区$PM_{2.5}$降幅最明显(约33%),但相比于其他地区,京津冀地区2019年仍处于较高浓度污染(50.4 $\mu g \cdot m^{-3}$)(Zhou et al., 2021)。Guan等(2021)对2015—2020年我国338个城市$PM_{2.5}$年均浓度研究发现,$PM_{2.5}$已经从50 $\mu g \cdot m^{-3}$下降到33 $\mu g \cdot m^{-3}$,达到我国二级空气质量标准。总体表明,我国$PM_{2.5}$污染近年来得到持续改善,但部分地区仍处于较高污染水平。

在我国$PM_{2.5}$水平大幅下降的同时,O_3浓度近年来总体呈缓慢上升态势。O_3超标天数以轻度污染为主,2020年全国O_3浓度超标天次数比例为4.9%,其中超过90%都是轻度污染。自2013—2018年,我国平均O_3浓度上升约17.56%,而在2015—2018年期间,O_3平均浓度从83.38增加到96.07 $\mu g \cdot m^{-3}$,增加了约15.22%,其中汾渭平原、京津冀地区增幅明显(>20%),而长三角、珠三角、四川盆地增幅较低(约4%)(Wang et al., 2021a)。2015—2019年期间,全国338个城市中有220(约68%)个城市的臭氧最大8 h浓度是增加的,到2019年超过WHO第一阶段标准(160 $\mu g \cdot m^{-3}$)的有103个城市(Guan et al., 2021)。Zhou等(2021)研究发现,2015—2019期间,O_3浓度上升了约9%,其中京津冀和东部地区增加最为显著。近年来,全国337个地级及以上城市O_3浓度每年小幅增长。其中,2017年第九十分位数浓度为137 $\mu g \cdot m^{-3}$,2018年为139 $\mu g \cdot m^{-3}$,2019年为138 $\mu g \cdot m^{-3}$,基本保持较高水平。在我国主要的大都市聚集区,如京津冀、长三角和珠三角,O_3小时浓度都出现超过了环境空气质量标准(Wang et al., 2017b)。从重点区域看,京津冀及周边地区、汾渭平原等重点区域O_3浓度明显高于欧美发达国家和地区,也比国内其他地区高出25%~49%。

背景站观测、城市站观测和数值模拟揭示了我国O_3的长期变化趋势和可能原因。Xu等(2020)总结分析了中国气象局6个大气本底站和中国气象科学研究院在华北平原1个城市站及1个农村站的臭氧长期观测资料,揭示了不同区域、不同站点臭氧浓度的长期趋势、当前态势、季节与日变化特征,发现我国全球本底站瓦里关的臭氧指标20多年来以中等速率增长,华北平原地区本底站上甸子的几乎所有臭氧指标都呈现快速增长。Kalsoom等(2021)利用包含季节变化和去除季节变化的数据,评估了2015—2018年地表臭氧的季节变化、趋势及其显著性,以及臭氧与NO_2的相关性。研究将中国划分为八个区域,结果发现包含季节变化时,除南部地区以外,其他地区的变化趋势均不显著;而去除季节变化之后,所有八个区域的趋势均显著。选择北部和南部两个相邻区域进一步分析臭氧与NO_2的关系,多种分析方法表明,中国北部、中部和南部地区的臭氧浓度分别增长了20.86%、14.05%和12.64%。Li等(2021)结合卫星数据、地面测量结果和模型分析,对2013—2017年夏季中国臭氧变化的影响因素进行了综合分析,利用卫星与地面观测数据确定了O_3浓度的年变化趋势为1.4~8.7 $\mu g \cdot m^{-3} \cdot a^{-1}$。模拟结果表明,2013—2017年地表$O_3$变化的特征随空间、季节变化,并且大多数地区受排放变化的影响更大而非气象变化的影响。

1.1.3 辐射效应

细颗粒物是重要的大气污染物,也是影响大气辐射过程的重要短寿命物种;二氧化碳是重要的温室气体，也是影响大气辐射过程的重要长寿命物种；臭氧既是大气污染物又是温室气体，三者共同影响区域空气污染和气候变化。自工业化以来（1800 年），由于人类活动所引起的大气污染物排放量不断增加，导致细颗粒物、臭氧、二氧化碳等浓度不断增加，对气候和环境的影响越来越受到人们的重视。人类活动所造成的微量气体和颗粒物的变化引起的辐射异常是控制 10 年到更长时间尺度气候变化的主要因子，其中臭氧、细颗粒物、二氧化碳扮演着非常重要的角色。二氧化碳是大气中含量最高的温室气体。臭氧在 9.6 μm 范围的大气红外窗区有一个很强的吸收带，使之成为一种重要的温室气体。细颗粒物可以通过反射或散射太阳辐射（直接效应）和改变云的微物理特性（间接效应）影响地气系统的辐射平衡收支，从而对全球气候产生影响。细颗粒物的不同组分对辐射产生的影响有很大差异，硫酸盐、硝酸盐以散射太阳辐射为主，而黑碳（BC）则以吸收太阳辐射为主。

细颗粒物和臭氧是两个重要的短寿命辐射强迫因子，二氧化碳是重要的长寿命辐射强迫因子，它们对辐射平衡的影响具有不同的特点，其含量足以产生影响气候变化的辐射强迫，可以对全球及区域气候产生显著的影响。根据 IPCC（2007）的估计，1765—1990 年由于微量气体的增加造成的辐射强迫为 2.71 $W \cdot m^{-2}$，其中 CO_2 的贡献最大（1.50 $W \cdot m^{-2}$），CH_4 次之（0.42 $W \cdot m^{-2}$），对流层 O_3 则位于第三（0.28 $W \cdot m^{-2}$），气溶胶造成的辐射强迫为 −0.4 $W \cdot m^{-2}$。IPCC（2013）的研究报告指出，1750—2011 年混合温室气体造成的辐射强迫为 2.83 $W \cdot m^{-2}$，其中 CO_2 1.82 $W \cdot m^{-2}$，CH_4 0.48 $W \cdot m^{-2}$，对流层 O_3 0.4 $W \cdot m^{-2}$，气溶胶造成的辐射强迫为 −0.35 $W \cdot m^{-2}$。IPCC（2021）的研究报告指出，1750—2019 年人类活动造成的辐射强迫为 2.72 $W \cdot m^{-2}$，其中 CO_2 2.16 $W \cdot m^{-2}$，CH_4 0.54 $W \cdot m^{-2}$，对流层 O_3 0.47 $W \cdot m^{-2}$，气溶胶造成的辐射强迫为 −1.06 $W \cdot m^{-2}$。

1.2　细颗粒物、臭氧和二氧化碳相互作用

臭氧是一种有毒的污染气体，能够损伤植物细胞中的叶绿体，从而影响陆地生态系统的碳吸收能力。细颗粒物不仅是重要的大气污染成分，而且能够影响大气辐射过程，可以改变到达植被冠层的辐射通量，从而影响植物的生理过程以及陆地生态系统的碳通量。陆地生态系统能吸收约 30% 的人为二氧化碳排放，是全球碳循环的重要组成部分，其微小的变化就能导致大气二氧化碳浓度的明显波动，进一步影响全球气候的稳定。因此，颗粒物、臭氧和二氧化碳三者之间通过生态系统密切联系，存在很强的相互作用。

1.2.1　细颗粒物和臭氧相互作用

细颗粒物和臭氧存在着复杂的耦合作用，两种污染物可以通过不同的化学、气象反馈机制，促进或抑制污染过程的发展。一方面，大气颗粒物能够直接散射或吸收紫外辐射，改变入射紫外辐射的强度，影响大气氧化性和臭氧的光化学生成和消耗（Wang et al.，2019a）。颗粒物也可以为非均相化学过程提供大量反应界面，通过 NO_2、N_2O_5、HNO_3、HO_2、O_3、SO_2 等气体的非均相吸收和反应过程，改变大气中臭氧及其前体物的浓度（Tang et al.，2017；Zheng et al.，2015）。此外，颗粒物通过削弱辐射，抑制边界层发展、降低边界层高度、减弱垂直对流，导致污染物在近地面累积（Petäjä et al.，2016；Zhu et al.，2018）；或通过边界层抑制作用，削弱大气的水平输送，不利于污染物的扩散和传输，导致区域大气污染（Zou et al.，2018）。另一方

面，臭氧作为氧化剂，可以提高大气的氧化能力，促进 SO_2、NO_2、N_2O_5 等气态污染物通过气相、液相或非均相反应过程氧化生成二次无机气溶胶（如硫酸盐、硝酸盐），也可以促进二次有机气溶胶的氧化生成，加快新粒子生成速度，从而改变大气中细颗粒物的浓度（Chan et al.，2017；Wang et al.，2016a）。

观测和模拟研究表明，臭氧和颗粒物之间存在相互影响。Meng 等（1997）在 Science《科学》上发表了题为“Chemical coupling between atmospheric ozone and particulate matter”（大气臭氧和颗粒物的化学耦合）的文章，指出要减少颗粒物就必须控制 VOC 与 NO_x 的排放，而 VOC 和 NO_x 与城市/区域臭氧生成有密切关系，可见臭氧与颗粒物是化学耦合的，这种关系对于理解控制臭氧与颗粒物污染水平的过程具有深刻意义。Dickerson 等（1997）利用观测数据和 UAM-V 模式研究指出，边界层内的散射性颗粒物对大气光化学反应起促进作用，有利于臭氧的生成，而矿物尘、黑碳等吸收性颗粒物则不利于臭氧的生成。Ravishankara（1997）指出，对流层非均相与多相化学过程和硫酸盐、海盐、有机气溶胶有密切关系，对臭氧有重要影响。Lefer 等（2003）结合 TRACE-P 项目中光解率的观测资料和箱模式模拟结果，认为云和颗粒物的共同作用使得边界层臭氧生成减少。Bian 等（2003a）指出，气溶胶通过影响光解速率和非均相反应改变了全球臭氧和 OH、CH_4 的收支。他应用全球对流层化学输送模式耦合卫星反演的气溶胶分布，研究了对流层气溶胶对痕量气体收支的影响，发现气溶胶使对流层 O_3 柱含量增加 0.63 DU，CH_4 增加 130 ppbv，OH 减少 8%。Ying 等（2003）采用完全耦合辐射传输模式的空气质量模式进行模拟，认为考虑 UV（紫外光）反馈对臭氧和气溶胶有重大影响。Lee 等（2004）在研究亚洲沙尘暴时也发现，细粒子浓度与臭氧浓度呈负相关性。Latha（2004）通过观测发现，黑碳气溶胶的增加引起对流层臭氧的减少。Rypdal 等（2005）指出，对流层臭氧前体物 CO、NMVOC、NO_x 和气溶胶前体物 SO_2、BC/OC 气溶胶在气候变化中扮演重要角色，对流层臭氧和气溶胶的相互作用对气候有重要影响。Li 等（2005）利用区域化学输送模式研究了休斯敦城市黑碳气溶胶对大气光解作用和臭氧形成的影响，发现黑碳气溶胶使得 O_3 和 NO_2 的光解速率减少 10%～30%，导致臭氧减少 5%～20%，指出污染城市大气中气溶胶与臭氧的相互作用应引起重视。Unger 等（2006）研究了臭氧和硫酸盐前体物排放变化对空气质量和气候的交叉影响，发现臭氧前体物的增加导致中国和印度地区硫酸盐增加了 20%，辐射强迫也增加了近 20%，故臭氧前体物通过硫酸盐强加了一个间接强迫，其值相当于直接臭氧强迫的两倍。

颗粒物-光解效应是影响臭氧的重要过程。Bian 等（2007a）利用观测数据和化学机制模型（NCAR MM）分析天津市大气颗粒物对地表臭氧生成的影响，结果表明，在几乎无云的晴空条件下，高颗粒物浓度对应较弱的紫外辐射强度和较低的臭氧浓度，颗粒物和臭氧浓度之间存在非线性关系。Flynn 等（2010）运用辐射传输和光化学模式研究了美国得克萨斯州东南部地区云和颗粒物对臭氧生成的影响，亦得到相似的结论。Wood 等（2010）研究了在墨西哥城和休斯敦观测的奇质量氧（O_3+NO_2）和有机气溶胶氧化物的相关性，发现当两者形成于相似的时间尺度时，它们的相关性很好，而当形成的时间尺度或位置差别很大时，相关性则不好。Zelenay 等（2011）通过实验发现，紫外和可见光显著增强了黑碳与臭氧之间的非均相反应。光照条件下黑碳对臭氧的稳态吸收率超过黑暗条件下的 4 倍。Kaiser 等（2011）利用粒子分辨气溶胶模式 PartMC-MOSAIC 模拟了城市大气中黑碳粒子表面上多环芳烃的非均相氧化过程，重点关注了主要的大气氧化剂（O_3、NO_2、OH、NO_3）与多环芳烃的相互作用。结果发现，在夜间，当多环芳烃通过气体-表面反应被 NO_3 迅速氧化时，它的半衰期是秒量级的，而在白天，它的半衰期为分钟量级，主要由与 O_3 的表面反应决定。Real 等(2011)将 Fast-JX 光解率方案与区域化学输送模式 Polair3D 耦合，分析了云参数化和气溶胶对光解率的影响，并评估了光解率计算对欧洲的大气成分和空气质量的贡献。研究发现，由于气溶胶的作用，NO_2 的光解系数减小，导致地面 O_3 的浓度减少和峰值降低。Li 等(2011a)将颗粒物辐射传输模块耦合进 WRF-Chem 模式中，研究颗粒物对墨西哥城光化学的影响，并指出研究时段内受颗粒物-辐射-光化学过程影响，日间地面臭氧减少 2%～17%，黑碳颗粒物对光解率起抑制作用。Deng 等(2011)利用珠三角地区 PM_{10}、O_3、UV 和气溶胶光学厚度(AOD)的观测资料，结合箱模式进行颗粒物和臭氧浓度的相关性分析，指出晴空条件下受高浓度颗粒物的影响，紫外辐射强度和日间臭氧最大值存在明显的减弱。

化学耦合和气象反馈是影响臭氧和颗粒物相互作用的关键过程。Stadtler 等(2018)使用 EMEP MSC-W 模式和 ECHAM-HAMMOZ 模式研究了颗粒物表面的 6 个非均相反应，发现不同模式对非均相反应的模拟效果存在差异，其中 N_2O_5 的非均相吸收最为重要。Li 等(2011b)使用 NAQPMS 模式模拟了光解反应及非均相反应两类化学耦合作用对 O_3 的影响，发现颗粒物对光解的影响导致臭氧减少了 1～5 ppbv，非均相反应导致 O_3 浓度减少了 10～20 ppbv。除了化学耦合机理，也有研究针对 $PM_{2.5}$ 和 O_3 的气象耦合机理进行了模拟与讨论。Tian 等(2019)通过 GEOS-Chem 模式分析了颗粒物对对流层光化学和氧化能力的影响，研究发现，通过吸收和散射短波辐射，颗粒物对中国东部近地面光解率的影响为－17%～8%，对 O_3 浓度的影响为－3%～1%。Wang 等(2020b)利用 WRF-Chem 模式模拟了颗粒物气象反馈效应的影响，发现颗粒物导致 O_3 浓度在冬季减少 5 ppbv，在夏季增加 2 ppbv。Xing 等(2017)使用 WRF-CMAQ 模式分析了颗粒物通过化学耦合(光解反应)和气象反馈(动力过程)作用对近地面 O_3 的影响，发现夏季气象反馈作用导致 O_3 浓度升高而冬季光解反应导致 O_3 浓度降低。Gao 等(2020)通过 WRF-Chem 模拟得到了相似的结论，但其工作中均未考虑非均相反应。这些研究均表明，臭氧浓度和其生成效率的降低可能受严重的大气颗粒物污染影响。

1.2.2 臭氧和二氧化碳相互作用

臭氧和二氧化碳通过植被产生相互影响，植被的生理过程受到多种环境因素的影响，如大气温度、降水和土壤湿度等。一些研究发现，大气中的污染物对植被的生理过程也有一定的影响，外场实验观测表明，对流层臭氧能够减少植被的光合作用速率(Ainsworth et al.，2012)和气孔导度(Wittig et al.，2009)，从而削弱了植被的生产力以及对大气 CO_2 的吸收和固定。实验观测结果显示，短期的 O_3 暴露对于植被的影响能够较快恢复，而较长时间如 2～4 天的 O_3 暴露则会对植被产生明显可见的损伤，甚至会导致植被的衰亡(Chutteang et al.，2016)。

为了评估 O_3 对植被的损伤，研究学者基于 O_3 的浓度和通量提出了多个指标来量化植被对 O_3 暴露的响应。目前使用较多的 AOT40、AOT60 分别指植物生长季节内(5—7 月)白天(08—20 时)的小时臭氧超过阈值(40 ppbv 或 60 ppbv)的累积量(Tai et al.，2014)。此外，基于观测实验的 O_3 对植被的影响，提出了其他参数化方案。Felzer 等(2005)在 AOT40 指标的基础上，考虑植被气孔导度和不同植物功能类别的影响，提出了 O_3 损伤植被的参数化方案。这种方法综合考虑了大气中 O_3 浓度和植被气孔导度对植被的影响，但由于使用的观测资料的限制，存在一定的不确定性。Sitch 等(2007)研究发现，O_3 对植被的损伤程度和进入植被体

内的 O_3 通量有更为直接的关系，提出了根据植物体内瞬时 O_3 通量来计算 O_3 损伤的参数化方案。

O_3 影响植被的参数化方案已经被引入多个植被模式中，用来评估全球和区域尺度的 O_3 损伤对植被生产力的影响。Stich 等(2007)利用 MOSES-TRIFFID 模式来量化全球尺度的 O_3 影响，结果显示由于 O_3 对植被的损伤，全球总初级生产力(GPP)减少了 14%～23%，部分地区减少量高达 30%。到 2100 年，这种 O_3 损伤引起的间接的辐射强迫约 0.62 $W \cdot m^{-2}$(低 O_3 敏感性)和 1.09 $W \cdot m^{-2}$(高 O_3 敏感性)，与 O_3 直接造成的辐射强迫 0.89 $W \cdot m^{-2}$ 相当。Ren 等(2007)利用 DLEM(Dynamic Land Ecosystem Model)模式定量评估了中国地区 O_3 对植被净初级生产力(NPP)的影响，发现 1961—2000 年间 NPP 平均减少了 4.5%，碳存储量减少了 0.9%。Yue 等(2015)基于离线的 YIBs(The Yale Interactive Terrestrial Biosphere)模式模拟全球 O_3 对植被的损伤，发现 O_3 导致全球 GPP 减少了 2%～5%，特别是在东亚地区减少了 4%～10%。Tian 等(2016)利用 DLEM 模式综合分析了中国地区 O_3 和气候对水稻产量的影响，指出 1981—2010 年期间，在气候变化和高浓度 O_3 的共同作用下，每年平均水稻产量减少了约 10%，给中国的食物保障带来了严重的影响。Oliver 等(2018)使用 JULES(The Joint UK Land Environment Simulator)模式分析欧洲地区未来 O_3 对植被的影响，结果显示到 2050 年，模拟的 GPP 和陆地碳存储量分别减少 4%～9%和 3%～7%。

1.2.3　细颗粒物和二氧化碳相互作用

与 O_3 直接影响植物的生理过程不同，颗粒物主要通过改变地球系统的辐射平衡来影响植被。随着越来越多的学者关注，大量关于颗粒物散射效应对植被碳通量影响的研究陆续展开。其中，多数研究发现，适量的颗粒物浓度能促进植被的光合作用，增加植被对 CO_2 的吸收。但是当颗粒物浓度过大时，由于总辐射量的减小，植被光合作用速率下降，从而使得植被的 CO_2 通量削弱(Cirino et al.，2014;Jing et al.，2010)。Gu 等(2003)发现，1991 年皮纳图博火山喷发的颗粒物能够增强散射辐射，促进陆地生态系统对大气中 CO_2 的吸收，这与观测到的大气 CO_2 的增长率减缓相吻合。Niyogi 等(2004)利用多站点的观测数据发现，不同类型植被对颗粒物引起的辐射效应的响应不同，树木和农作物的 CO_2 通量随颗粒物含量的增加而增大，草地则相反，这可能和植被冠层的影响有关。总体上，颗粒物浓度高时对应的植被 CO_2 通量较大。Oliveira 等(2007)利用亚马孙地区的气溶胶和 CO_2 通量观测数据发现，当 AOD 在 1.7 时，颗粒物散射效应引起的净生态系统碳交换量(NEE)的增加达到最大，约为 11%。而当 AOD 超过 2.7 时，植被的 NEE 则开始减少。

以上研究大多基于有限站点的观测数据，且多利用统计分析的方法，缺少对于植被生理过程及其影响机理的分析。随着数值模式的发展，不少研究者开始利用基于过程的生态模型来深入研究颗粒物的散射效应对植被的影响。Matsui 等(2008)利用 CSU(Colorado State University)的 ULM(Unified Land Model)模式从区域尺度评估颗粒物对植物生产力和地表能量通量的影响，指出颗粒物对植被生产力的影响和植被的叶面积指数以及环境因子有关。高叶面积指数如森林、合适的温度以及无云的天气状况下，颗粒物对太阳辐射的散射作用能促进植物的光合作用。Chen 等(2014)基于数值模式定量分析颗粒物对植被的影响，认为颗粒物能增强生态系统的 GPP(约 4.9 $Pg\ C \cdot a^{-1}$)，发现颗粒物对植被的影响存在很大的区域差异性，认为这种空间差异性主要和云量多少有关。Yue 等(2017)利用 YIBs 模式评估中国陆地生态系统对于颗粒物的敏感性，定义了 AODt1 和 AODt2 这两个指标分别表示最大 NPP 值对应的 AOD 阈值和能够促进 NPP 增加的最大 AOD 阈值。基于这两个指标以及中分辨率成像光谱辐射仪（The Moderate Resolution Imaging Spectroradiometer，MODIS）卫星数据，给出了中国不同区域颗粒物对植被的影响。同时在模式中考虑了云量的影响，给出晴空和全天空条件下颗粒物对 NPP 的影响分别为 20%～60%和－3%～6%。Rap 等（2015）基于数值模式研究发现，生物质燃烧生成的颗粒物引起散射辐射增加 3.4%～6.8%，从而使得亚马孙地区 NPP 增加 78～156 Tg C · a^{-1}，自然源 VOC 排放导致二次有机气溶胶（SOA）含量增加，从而引起全球平均散射辐射增加 1.01 W · m^{-2}，陆地生态系统 NPP 增加 1.23 Pg C · a^{-1}。

1.3 空气污染对气候变化的影响

1.3.1 二氧化碳变化及其气候效应

二氧化碳是一种重要的温室气体，能够吸收地表长波辐射、加热大气，是影响气候的重要辐射强迫。大量的科学研究表明，工业化革命以来，人类活动向大气中排放的温室气体增加是造成气候变暖的重要因素。在人为排放的温室气体中，CO_2 的排放量最大，占总温室气体排放量的 72%，对全球的气候变化有着重要的影响（Olivier et al.，2017）。据估计，CO_2 引起的辐射强迫约占所有长寿命温室气体总辐射强迫的 65%（IPCC，2013）。

研究二氧化碳的气候效应主要借助于气候模式，在气候模式中，大气 CO_2 浓度通常假设为均匀分布的常值（Briegleb，1992）。模拟研究表明，大气中 CO_2 含量加倍后，快速响应（如气候变量降水、蒸发）约占总响应的 40%（Bala et al.，2010）。CO_2 加倍及太阳辐射增加 4%的对比试验均显示出日尺度的显著气候效应，如在海洋地区，增加的大气 CO_2 引发的对流层低层增温幅度高于海表面增温幅度，使边界层湿度增加，抑制蒸发和降水；而在陆地地区，增加的 CO_2 和太阳辐射均导致快速地表升温，进而增加蒸发和降水；而 CO_2 增加引发的植物气孔的生理效应（如减少植物蒸腾），使边界层湿度降低，降水减少等现象并没有在太阳辐射增加的试验中出现（Cao et al.，2012）。杨成荫等（2012）通过气候模式与陆面模式耦合，研究了大气 CO_2 浓度非均匀动态分布条件下的气候效应，结果显示 CO_2 浓度常态均匀分布的假设可能夸大温室效应 10 %左右。Cao 等（2010）比较 CO_2 浓度（1 × CO_2）和 CO_2 浓度加倍（2×CO_2）试验间的差异，发现 CO_2 的施肥效应导致陆地地表气温增加了（0.42 ± 0.02）℃。O'Sullivan等（2019）通过对比考虑 CO_2 浓度年际变化的试验和固定 CO_2 浓度的试验，发现 CO_2 浓度的增加导致气候变暖，对 1901—2016 年间全球 NPP 增长的贡献为 60%。Li 等（2016）从中国排放的温室气体及大气化学物种对全球辐射强迫的贡献角度出发，利用模型研究得出中国排放的 CO_2 产生的全球辐射强迫为（0.16±0.02）W · m^{-2}（化石燃料燃烧），CH_4 产生的全球辐射强迫为（0.13±0.05）W · m^{-2}。

1.3.2 气溶胶变化及其气候效应

气溶胶可以通过反射或散射太阳辐射（直接效应）和改变云的微物理特性（间接效应）影响地气系统的辐射平衡收支，从而对全球气候产生影响。不同类型气溶胶对辐射产生的影响有很大差异，硫酸盐、硝酸盐气溶胶以散射太阳辐射为主，而黑碳气溶胶则以吸收太阳辐射为主。

气溶胶的气候效应可以通过数值模拟来定量研究。Rotstayn 等（2002）使用大气环流模式研究了人为硫酸盐气溶胶引起的第一和第二间接效应对降水的影响，发现由于气溶胶的间接效应，热带降水出现了南移。徐影（2002）利用国家气候中心的全球海气耦合模式加入 IPCC 第三次评估报告给出的未来 100 年温室气体和硫酸盐气溶胶的排放情景数据，对硫酸盐气溶胶对未来全球气候变化的影响进行了模拟，分析了气溶胶变化对气候的影响。张立盛等（2001）利用美国 LLNL 资料给出了烟尘（包括黑碳和有机碳）气溶胶直接辐射强迫冬季和夏季的全球分布，结果表明，利用不同黑碳资料得出的辐射强迫分布和强度都有很大差别，即使是利用相同的资料输入，不同的 GCM 所模拟的结果也大不相同。Ming 等（2010）提出了一个同时考虑吸收性气溶胶对降水的两种影响机制的理论框架，并利用它分析了黑碳气溶胶对水循环的影响，结果发现，气溶胶造成的大气加热对降水的抑制作用要强于地表加热对降水的增强作用，导致降水出现了净减少。

南亚地区气溶胶以吸收性为主，对区域和全球气候的影响显著。Lau 等（2005，2006b）研究指出，青藏高原南北侧的吸收性气溶胶强烈吸收太阳短波辐射，加热该地区的大气，可能导致 5 月底到 6 月初孟加拉湾西南气流加强，降水增多，且为南亚夏季风的建立做准备。Chung 等（2006）利用大气环流模式研究了南亚地区黑碳气溶胶对局地环流和夏季降水的影响，结果表明，黑碳气溶胶加热对流层，引起北印度洋和印度次大陆垂直上升运动的增强和降水的增加。Menon 等（2002）采用全球气候模式和观测的气溶胶光学厚度，研究了中国和印度地区黑碳气溶胶的直接气候效应，指出吸收性的黑碳气溶胶可能显著地影响大尺度环流和水循环。Ramanathan 等（2005）研究发现，气溶胶阳伞效应通过减弱经向温度梯度导致南亚季风减弱，总结了由气溶胶形成的“棕色云”产生的八种主要区域气候效应。Meehl 等（2008）通过模式模拟表明，气溶胶浓度的增加导致印度前雨季降水增多、雨季降水减少，同时中国地区受黑碳气溶胶效应的影响，降水也呈减少趋势。Bollasina 等（2011）通过一系列的气候模式试验研究了南亚季风对于自然与人为气溶胶的响应，并发现季风降水的减少主要是由于人为气溶胶的影响。

东亚地区气溶胶含量高，对区域和全球气候的影响备受关注。Wang 等（2003，2010a）和 Zhuang（2014b）利用耦合的大气化学模式和区域气候模式模拟研究了硫酸盐、硝酸盐、碳气溶胶的直接/间接辐射强迫和气候效应，指出混合气溶胶的直接和间接气候效应总体上使得中国地区气温降低、降水减少，对东亚夏季风减弱和冬季风增强产生贡献，并且气溶胶的间接效应强于直接效应，第一间接效应强于第二间接效应，半直接效应相对较弱，总效应不是直接效应和间接效应的简单叠加。Qian 等（2009）分析了长期降水资料、能见度资料、MODIS 卫星资料等，并使用云模式模拟了气溶胶对降水的影响，指出气溶胶浓度的显著增加至少是中国东部过去 50 年来小雨事件减少的部分原因。Huang 等（2007）利用耦合的区域气候-化学-气溶胶模式评估了东亚地区人为硫酸盐和碳类气溶胶的直接和间接气候效应，结果显示气溶胶抑制了降水，其中秋冬季平均降水减少 10%，春夏季减少 5%。Wu 等（2008）、张华等（2008）、Zhuang 等（2011）利用区域或全球气候模式研究了黑碳气溶胶的辐射强迫和气候效应。Liu 等（2004）研究了发生在沙尘表面的非均相化学反应及其对东亚气候的影响。Liu 等（2011b）利用耦合了 Morrison-Gettelman 双参数云微物理方案的 NCAR CAM3.5 模式，探讨了气溶胶直接和间接效应对东亚地区云和降水的影响，发现气溶胶的第二间接效应抑制了降水。此外，东亚夏季降水的减少还与气溶胶辐射效应引起陆地温度和海陆热力对比降低导致的东亚夏季风减弱密切相关。Li 等(2016b)利用改进的区域气候模式研究了气溶胶在强/弱东亚夏季风年对中国区域气候的影响,发现由于环流场以及气溶胶分布在强/弱东亚夏季风年的差异,气溶胶引起的温度、降水和环流的变化在分布和强度上都存在明显差异。Wang 等(2014b)通过嵌套模式和观测分析发现,亚洲的大气污染物对西北太平洋上的冬季气旋有增强作用,使得降水增加了 7%,云辐射强迫增加了 1 $W \cdot m^{-2}$。Jiang 等(2013c)利用全球模式研究了不同类型气溶胶对东亚地区夏季云和降水的影响,结果显示人为气溶胶抑制了华北地区的降水,增强了华南地区的降水。Song 等(2014)利用最新的 CMIP5 模式结果与气候资料,比较了自然强迫(太阳活动和火山活动)和人为强迫(温室气体和气溶胶)对东亚夏季风年代际变化的影响,发现气溶胶对低层环流的减弱起着主要作用,而温室气体有利于低层环流的增强。在东亚地区,气溶胶引起的地表冷却最为严重,导致海陆温差减弱和华北高压异常,使得东亚夏季风低层环流减弱。Stjern 等(2015)模拟了 1975—2005 年东亚和欧洲地区的气溶胶变化对云和降水的影响,发现与气溶胶直接辐射强迫的变化一致,对流性降水在东亚减少,在欧洲增加。而层云降水的变化则不太清晰,可能与这两个地区液态水含量较低而气溶胶浓度较高有关。Li 等(2014a)的模拟研究认为,东亚地区相对于欧美地区较强的夏季对流层水汽有助于增强吸湿性气溶胶的吸湿增长,进而会增强其光学厚度和对应的直接辐射强迫。Zhang 等(2012a)利用大尺度全球大气环流模式 BCC_AGCM 与气溶胶模式 CAM 进行了耦合,对东亚地区气溶胶及其气候效应具有一定的模拟能力,并指出东亚地区人为排放的气溶胶在一定程度上造成了东亚夏季风的减弱。

1.3.3 臭氧变化及其气候效应

臭氧是大气中一种重要的微量气体,全球平均整层气柱含量 0.3 cm(标准温度和压力 STP),大部分集中在 10～50 km 的平流层,对流层 O_3 占其总量的 10%～20%。O_3 通过吸收太阳辐射的紫外光和可见光而成为平流层的主要热源,平流层 O_3 很大程度上决定了对流层顶的存在和平流层的温度结构,阻止了太阳短波长紫外线到达地面,改变了射入对流层的太阳辐射,从而对大气环流和全球气候的形成起重要作用。O_3 在红外波段有许多振转吸收带,特别是在 9.6 μm 处有一很强的吸收带,使之成为一种重要的温室气体,在平流层低层和对流层产生增暖效应,但在平流层中上层却起冷却效应(王体健 等,1999)。

自工业革命以后,由于人类活动的影响,造成对流层臭氧(主要在北半球)增加、平流层臭氧减少和臭氧总量减少的全球变化趋势。由于臭氧具有比较特殊的辐射特性,使得人们越来越认识到臭氧变化对气候影响的重要性。Ramanathan 等(1976)指出,平流层 O_3 的减少将引起地表温度的下降。Fishman 等(1979)的研究表明,对流层 O_3 也是一种重要的温室气体,同样具有温室效应。Wang 等(1980)通过模式研究发现,平流层低层和对流层上层 O_3 的变化所引起的地表温度的变化比其他任何高度都要显著。Houghton(1984)指出,研究 O_3 的气候效应,不仅要考虑它在平流层的变化,而且要考虑它在对流层的变化,这是因为与 O_3 浓度在平流层扰动的效应相比,对流层 O_3 经常导致相反的效应。Lacis 等(1990)研究指出,30 km 以下 O_3 减少将导致地表的净冷却,地表气温对于对流层顶附近 O_3 的变化最为敏感。Bemtsen(2000)等研究者分别采用不同的模式来估算工业化以来对流层 O_3 增加引起的辐射强迫,得出全球平均值范围在 0.28～0.43 $W \cdot m^{-2}$,而同期 CO_2 增加产生的辐射强迫约1.5 $W \cdot m^{-2}$。对流层臭氧的辐射强迫表现出明显的时空变化特点,在北半球中纬度夏季,其值可以达到

1 W·m^{-2}。Skeie等(2011)估算了自1750—2010年增加的对流层臭氧引起的全球辐射强迫为0.44 W·m^{-2},大约占CO_2辐射强迫的24%。Sovde等(2011)计算了工业时代以来臭氧变化引起的辐射强迫为0.33 W·m^{-2}。Stevenson等(2013)利用17个大气化学模式,计算得到自1750—2010年增加的对流层臭氧的辐射强迫为0.41 W·m^{-2}。Xie等(2016)利用全球模式和卫星观测资料估算了1850年以来对流层臭氧变化导致的全球平均辐射强迫为0.46 W·m^{-2},表面气温和降水的变化分别为0.36 ℃和0.02 mm·d^{-1}。

近年来,区域人为源排放引起的对流层臭氧的辐射强迫及其气候效应的研究受到关注,而耦合的三维气候化学模式则是模拟对流层臭氧时空分布和气候效应的有力工具。吴涧等(2002)在区域气候模式的基础上引入了对流层大气化学模式,实现了两者的双向反馈连接,利用该模式系统模拟中国地区对流层大气臭氧和区域气候,发现东亚季风是影响中国地区对流层大气臭氧分布的重要原因,并且对流层臭氧分布局域性较为明显。王卫国等(2005)利用双向耦合的区域气候模式和大气化学模式系统,研究了中国与邻近地区人为污染排放引起对流层臭氧变化和产生的辐射强迫,结果表明,臭氧变化量对北方地区辐射的影响较小,而对低纬和华东地区影响较大,臭氧变化量引起的晴空地气系统短波辐射强迫和长波辐射强迫的平均值分别是0.185 W·m^{-2}和0.464 W·m^{-2},气候反馈过程对对流层臭氧含量的影响范围在−0.470～0.752 DU之间,包含气候反馈过程的区域年平均臭氧变化量是30.942 DU,在气候反馈条件下,臭氧变化量的短波辐射强迫和长波辐射强迫分别是0.249 W·m^{-2}和0.482 W·m^{-2},臭氧变化量导致地表温度的变化范围在±0.80 K之间。Chang等(2009)研究了1950—2000年长寿命温室气体、臭氧和气溶胶的浓度变化引起的气候响应,发现臭氧使得中国东部地区的表面温度上升了0.43 ℃,降水增加了0.08 mm·d^{-1}。Shindell等(2012)发现,相比等效CO_2辐射强迫,臭氧和气溶胶产生更大的辐射强迫,对于南亚、东亚和非洲Sahel地区的降水变化有显著贡献。Zhu等(2016)通过使用GEOS-Chem模式模拟得到中国地区对流层臭氧(1850—2000年)的辐射强迫为0.48 W·m^{-2}。Li等(2018b)利用区域气候模式RegCM-Chem研究了夏季中国地区对流层臭氧的空间分布、辐射强迫和气候效应。结果显示工业化以来增加的对流层臭氧分别产生了0.18 W·m^{-2}的晴空短波辐射强迫和0.71 W·m^{-2}的晴空长波辐射强迫,导致夏季中国东部地区的平均表面气温上升了0.06 K,平均降水增加了0.22 mm·d^{-1}。此外,对流层臭氧增大了海陆热力差异,导致东亚夏季风环流在中国南方地区增强,在中国北方地区减弱。中国西北部、华东、华北地区的明显增温可以归因于对流层臭氧对长波辐射的吸收、云量的负异常及相应的短波辐射正异常。在长江中下游地区,降水增加较为显著。

1.4 气候变化对空气污染的影响

1.4.1 气候变化对我国重污染天气的影响

气候变化对我国重污染天气的形成影响深远。一方面臭氧和细颗粒物等大气污染物会通过其辐射效应影响区域气候,另一方面区域气候变化反过来对大气污染物的输送、沉降、转化等过程产生影响,导致污染物的时空分布发生改变。研究表明,气候异常在近几年中国东部冬季灰霾污染恶化中扮演着重要的角色。Yin等(2017)和Wang等(2016)研究均指出,在所有可能的气候影响因子中，秋季北极海冰异常、东亚反气旋异常和欧亚大陆暖冬等极端气候是影响近来中国冬季雾霾污染加剧的主要因素。20 世纪 80 年代以来中国北部和东北部地区冬季空气污染加重，很大一部分原因是气候变暖（50%以上），导致 2010 年以后中国北部 $PM_{2.5}$ 浓度增加 4% · a^{-1}（邹旭东 等，2015；Zhang et al.，2018b）。

根据《中国极端气候事件和灾害风险管理与适应国家评估报告》（秦大河 等，2015），伴随着全球气候变暖，近 60 年中国极端天气气候事件发生了显著的变化，中国中东部冬半年平均重污染天数显著增加，尤其是华北地区因重污染天气导致能见度明显降低。气候变化对重污染天气的影响主要表现在以下几个方面。

第一，大气环流形势的变化影响了大气的扩散条件。我国秋冬季大气污染物的扩散与西伯利亚高压和大范围强冷空气爆发南下有明显联系。分析表明，自 20 世纪 60 年代初以来，在行星尺度大气环流和全球气候变暖的共同影响下，全国性的寒潮事件频次呈现出明显减少趋势，平均每 10 年减少 0.2 次。此外，西太平洋地区生成的台风和热带气旋个数有减少趋势，登陆我国的台风和热带气旋频数也有减少趋势，从而导致我国南方和东南沿海地区夏秋季的大风天气频率有减少趋势，大气扩散能力下降。

第二，气温升高、降水减少、平均风速降低不利于污染物的扩散。20 世纪 50 年代初以来，全球地表平均气温平均每 10 年升高 0.12 ℃，而我国地面气温上升速率则明显高于全球平均，20 世纪 60 年代初以来全国年平均地表气温每 10 年上升 0.25 ℃，中国大部分地区降水呈减少趋势，在一定程度上不利于大气污染物的清除。近 30 余年，我国对流层年平均风速下降速率达到每 10 年 0.10 $m \cdot s^{-1}$ 到 0.17 $m \cdot s^{-1}$。我国北方和东部大范围地区寒潮大风频次减少，南方沿海热带气旋及其强风频次下降，全国多数地区近地面平均风速减弱，均有利于静稳天气现象的出现和增多，不利于污染物的扩散。

第三，气候变化会增加逆温层出现的频率。逆温层的出现对局地重污染天气的发生具有重要作用。一般情况下，气温随高度增加而下降，但在某些气象条件下气温随高度增加而升高，出现逆温现象。在正常气象条件下，污染物从气温高的低空向气温低的高空扩散，但逆温条件下，逆温层阻碍了空气的垂直对流运动，造成近地面大气污染物不断累积，空气污染势必加重。冬季更加容易发生重污染天气便与逆温层有关，因为夜间近地面空气温度低，高层空气温度高，冷空气密度要比暖空气大，近地面的冷空气不会向高空运动，在垂直方向上没有空气交换，因而更容易形成重污染天气。

根据《中国气候与生态环境演变：2021，第一卷 科学基础》（秦大河 等，2021），气候变化对大气污染的影响表现在以下几方面。

（1）中国大气气溶胶污染长期变化的主因和内因是不断变化的污染物排放强度，气候年代际变暖对中国重点地区和局地大气气溶胶污染长期变化趋势有影响，但没有起到主导作用（中等信度）。

（2）在污染物排放变化不大的一段时间（如一年的冬季），不利气象条件是中国重点地区出现持续性气溶胶重污染的必要外部条件，污染形成累积后还会显著“恶化”边界层气象条件，形成不利气象条件-污染间显著的双向反馈（中等信度）。

（3）气候变化的年际变化信号，如北极海冰、太平洋海温、ENSO、大西洋海温、东亚季风等变化被发现非常可能会对我国重点地区冬季和夏季大气气溶胶污染有显著影响（中等信度）。

（4）主要基于模式敏感性试验发现，气象条件对华北和华南地面臭氧浓度年际变化的贡献大于人为排放变化的影响，而在四川盆地人为排放的变化起着较为重要的作用（低信度）。

1.4.2　亚洲季风气候对大气污染的影响

亚洲季风气候对区域空气污染具有重要影响。Corrigan 等（2006）研究了南亚季风的季节变化对马尔代夫地区气溶胶的物理和光学性质的影响，发现旱季该地区黑碳气溶胶的浓度会提升一个量级，引起所有气溶胶的单次散射反照率下降。He 等（2008）通过分析观测资料以及数值模拟发现，东亚夏季风对边界层臭氧浓度的季节变化有重要影响。Liu 等（2011a）通过分析观测资料发现，印度夏季风的强度对东亚气溶胶时空变化具有不可忽视的作用。Yan 等（2011）通过模式和资料分析发现，在地表排放相近的情况下，弱夏季风年，气溶胶大气柱浓度和光学厚度高值区分布偏于中国南部，而之后的强季风年，分布位置则会扩展到中国北方。Zhu 等（2012）利用完全耦合了大气化学-气溶胶-气候的 CACTUS 模式研究了东亚夏季风的年代际变化与气溶胶的关系，发现东亚夏季风的减弱引起气溶胶的积聚，气溶胶浓度与东亚夏季风的强度存在很强的负相关，模拟的中国东部 $PM_{2.5}$ 平均浓度在夏季风强年比夏季风弱年低 17.7%。Yang 等（2014）利用全球模式定量研究了东亚夏季风对近地层臭氧浓度年际变化的影响，发现中国地区平均臭氧浓度与东亚夏季风指数存在很好的正相关。Li 等（2018c）利用 RegCM-Chem 研究了东亚夏季风年际变化对近地面臭氧的影响，发现东亚夏季风强弱变化能明显影响低层臭氧的空间分布，当夏季风强时，臭氧主要分布在我国东部地区（28°～42° N），北方地区臭氧偏多，夏季风强年与弱年 6—8 月近地层臭氧浓度差异范围为－7～7 ppbv，其中 8 月差异最明显。3 个月平均浓度差异范围为－3.5～4 ppbv。东亚夏季风年际差异主要在于对流层低层风、云量和向下的短波辐射，从而影响臭氧的输送和化学过程。谢旻等（2021）利用 2000—2014 年 MODIS/AOD 和 NCEP 月平均气象场再分析资料发现，东亚冬季风存在明显的年际和年代际差异，近年出现逐渐减弱的趋势。强冬季风年，海陆气压差增大、东亚大槽加深增强，东亚地区偏北风异常，风场的增强将引导更多冷空气南下，从而给东亚大部分地区带来明显的降温天气；弱年则相反。气象场差异引起气溶胶分布变化，强年较强的偏北风将气溶胶向南方输送，AOD 出现“北低南高”的空间分布；弱年偏北风较弱，导致气溶胶集中在华北平原一带，AOD 出现“北高南低”的空间分布。

1.4.3　未来气候变化对大气污染的影响

未来气候变化对我国大气细颗粒物污染具有重要影响。研究表明，未来气候变暖造成的边界层高度和风速下降、降水减少，会进一步加重我国京津冀和长三角冬季的灰霾污染（Han et al.，2017；Jia et al.，2018；Tong et al.，2018）。全球温室气体排放造成的大气环流变化（比如北极涛动上升、东亚冬季风减弱、低对流层变化加快），未来也会促进中国北部地区重霾频率的增加（Cai et al.，2017）。Jacob 等（2009）采用大气环流模式（GCM）驱动化学输送模式（CTM），分析气候变化对空气污染的影响。结果显示在未来几十年里，仅气候变化就会使污染地区的夏季表面臭氧增加 1～10 ppbv，并且在城市地区和污染期间影响最大，同时会使颗粒物浓度变化±（0.1～1）$\mu g \cdot m^{-3}$，因此要达到既定的空气质量标准，就必须加强排放控制。Nguyen 等（2019）在 RCP4.5 和 RCP8.5 两种气候情景下，分别对当前（2006—2015 年）和未来（2046—2055 年）进行了模拟，分析气候变化对空气质量的影响。结果显示在 RCP4.5 情景下，未来大气的 O_3 和 $PM_{2.5}$ 浓度降低，在柬埔寨、老挝、泰国和越南四个国家，全年 O_3 浓度平均下降−0.76 ppbv(−2.40%),$PM_{2.5}$浓度平均下降−0.95 μg·m^{-3}(−4.32%)。而在RCP8.5情景下,气候变化增加了O_3和$PM_{2.5}$污染,O_3浓度增加+0.26 ppbv(+0.84%),$PM_{2.5}$浓度增加+0.92 μg·m^{-3}(+4.20%),因此RCP4.5情景下东亚地区的空气污染(O_3和$PM_{2.5}$)情况会有所改善。

未来气候变化对我国大气臭氧污染的影响深远。Liu等(2013a)通过大气环流模式CCSM3驱动WRF-Chem,比较分析了未来气候变化和人为排放增加的背景下华南地区O_3的变化。未来气候变化会导致中国东部和南部地区地面O_3浓度和重污染事件增加,主要由于气候变暖造成天然源排放的增加所致;与之相反,未来气候变化会导致中国西部地区地面O_3浓度减少,主要由于低NO_x区域O_3消耗加快造成。Xie等(2017)利用自然源排放模式和CALGRID,研究了未来气候变化对长三角地区自然源的影响及其对地面O_3浓度的改变,认为气候变化导致O_3浓度升高,其中20%的贡献在于自然源排放的增加。Schnell等(2016)使用多个全球模式评估了未来气候变化对北美、欧洲和东亚地区地面臭氧的影响,发现气候变化使得臭氧浓度在一年中的峰值提前出现,并且增大了臭氧浓度年变化的幅度。Watson等(2016)使用四个离线化学输送模式研究了相对于工业化前气温上升+2 ℃的全球变暖对欧洲地区臭氧和二氧化氮的影响,发现地面臭氧浓度会有一定上升(统计学不显著,夏季的浓度变化范围为−0.1~0.8 ppbv)。Doherty等(2013)利用三种耦合气候-化学模型(CCMs)定量分析了2000—2095年气候变化对地表臭氧和源-受体(S-R)关系的影响,发现与之前相比,未来地表臭氧对前体物减排的响应在源区更大,在下风区更小,并且欧洲地区需要区域减排超过20%才能补偿气候变化对年平均地表臭氧浓度的影响。

1.5 空气污染和气候变化对健康/农业/森林的影响

1.5.1 空气污染和气候变化对人体健康的影响

空气污染的健康效应一直是研究者关注的核心问题,一般采用队列研究、时间序列研究、横断面调查研究、病例交叉研究等方法开展空气污染物与健康效应之间的量化研究。疾病种类主要有呼吸系统疾病、循环系统疾病、代谢系统疾病、生殖系统疾病、神经系统疾病以及癌症,其中呼吸系统疾病包括哮喘、呼吸道过敏、肺病、呼吸系统综合征、慢性阻塞性肺疾病、喘息等;循环系统疾病包括CVD(心血管疾病)、脑卒中、缺血性心脏病、高血压等;神经系统疾病包括阿尔兹海默症、帕金森、抑郁症、自闭症等;生殖系统疾病包括出生体重、早产、生育率、婴儿湿疹等;代谢系统疾病包括糖尿病等;癌症包括脑瘤、肺癌、肝癌、乳腺癌等。评价终点包含死亡率、发病率、患病率、门诊率、急诊率等不同健康效应终点。

颗粒物和臭氧是影响人体健康的重要因子。Wang等(2020a)对上海地区人群开展$PM_{2.5}$化学组分与CVD日死亡率时间序列研究,结果发现,$PM_{2.5}$、OC、SO_4^{2-}、NH_4^+、K、Cu、As、Pb每增长一个四分位数,CVD日死亡率分别增加2.21%、2.83%、1.9%、2.29%、0.94%、1.53%、2.08%、1.98%。Zhang等(2020)对上海地区的定组研究发现,$PM_{2.5}$暴露浓度与TNF-α(肿瘤坏死因子-α)、IL-6(白细胞介素-6)、IL-8(白细胞介素-8)、IL-17A(白细胞介素-17A)、MCP-1(人巨噬细胞趋化蛋白-1)、ICAM-1(细胞间黏附分子-1)等心血管疾病炎症因子存在显著相关性,Cl^-、K^+、Si、K、As、Se和Pb与IL-8存在相关性,As、Se与TNF-α存在相关性，Si、K、Zn、As、Se 和 Pb 与 MCP-1 存在相关性，表明 SO_4^{2-}、Cl^-、K^+ 以及某些元素是 $PM_{2.5}$ 短期暴露导致系统炎症的主要因素。Wu 等（2020）对中国地区 $PM_{2.5}$ 暴露浓度与预期寿命进行研究发现，$PM_{2.5}$ 浓度每降低 10 $\mu g \cdot m^{-3}$，中国人群预期寿命将增加 0.18 年。Huang 等（2019）对中国心血管疾病人群队列研究发现，长期暴露在 $PM_{2.5}$ 环境下，脑卒中（中风）疾病的发病率显著增加，$PM_{2.5}$ 浓度每增加 10 $\mu g \cdot m^{-3}$，脑卒中、缺血性中风、出血性中风疾病的发病率风险分别增加 13%、20% 和 12%。Chen 等（2016，2017）对中国北部城市长期（1998—2009 年）队列研究发现，长期暴露 PM_{10} 环境下会增加肺癌的死亡率，PM_{10} 浓度每增加10 $\mu g \cdot m^{-3}$，肺癌死亡率风险比例增加到 1.087（95% CI（置信区间）：1.040，1.136），呼吸系统疾病死亡风险比例增加到 1.461（95% CI：1.296，1.648），COPD（慢性阻塞性肺疾病）疾病死亡风险比例增加到 1.563（95% CI：1.356，1.801）；SO_2 浓度每增加 10 $\mu g \cdot m^{-3}$，呼吸系统疾病死亡风险比例增加到 1.105（95% CI：1.022，1.195），COPD 疾病死亡风险比例增加到 1.146（ 95% CI：1.047，1.254）。Dong 等（2013）对中国东北地区 33 个社区横断面研究发现（暴露时间 2006—2008 年），PM_{10} 浓度每增加 19 $\mu g \cdot m^{-3}$ 脑卒中疾病的患病率风险增加到 1.16（95% CI：1.03，1.30）；SO_2 浓度每增加 20 $\mu g \cdot m^{-3}$ 脑卒中疾病的患病率风险增加到 1.14（95% CI：1.01，1.28）。Dong 等（2015）对东北地区儿童横断面研究发现，长期暴露于空气污染环境下会增加儿童高血压的患病风险，并且肥胖的儿童患病风险更大，PM_{10} 每增加一个四分位数（30.6 $\mu g \cdot m^{-3}$），正常体重儿童、超重儿童和肥胖儿童的高血压患病风险比例分别增加到 1.21（1.07，1.38）、2.05（1.62，2.59）和 2.91（2.32，3.64）；SO_2 每增加一个四分位数（23.4 $\mu g \cdot m^{-3}$），正常体重儿童、超重儿童和肥胖儿童的高血压患病风险比例分别增加到 0.82（0.72，0.93）、1.71（1.34，2.19）和 2.44（1.95，3.06）；O_3 每增加一个四分位数（30.6 $\mu g \cdot m^{-3}$），正常体重儿童、超重儿童和肥胖儿童的高血压患病风险比例分别增加到 1.08（1.06，1.10）、1.12（1.08，1.16）和 1.16（1.12，1.20）。Lawrence 等（2018）对东北地区儿童睡眠障碍与空气污染相关性研究发现，PM_1 每增加一个四分位数（11.6 $\mu g \cdot m^{-3}$），睡眠障碍发生的优势比增加为 1.53（1.38～1.69）；$PM_{2.5}$ 每增加一个四分位数（11.6 $\mu g \cdot m^{-3}$），睡眠障碍发生的优势比增加为 1.47（1.34～1.62）；PM_{10} 每增加一个四分位数（35.5 $\mu g \cdot m^{-3}$），睡眠障碍发生的优势比增加为 1.17（1.02～1.34）。Liang 等（2020）对西安地区空气污染短期暴露与不良疾病终点进行时间序列研究发现，PM_{10}、SO_2 和 NO_2 浓度每增加 10 $\mu g \cdot m^{-3}$，精神分裂疾病门诊就诊增加 0.289%（95%CI：0.118%，0.460%），1.374%（95%CI：0.723%，2.025%）和 1.881%（95%CI：0.957%，2.805%）；PM_{10}、NO_2 浓度每增加10 $\mu g \cdot m^{-3}$，月经失调门诊就诊增加 0.236%（95% CI：0.075%，0.397%）和 2.173%（95% CI：0.990%，3.357%）。Lin 等（2017a）采用 $PM_{2.5}$ 每日过量浓度小时、$PM_{2.5}$ 小时峰值浓度等指标建立 $PM_{2.5}$ 污染与疾病的关系，结果表明，香港地区 $PM_{2.5}$ 每日过量浓度小时每增加一个四分位数（565 $mg \cdot m^{-3} \cdot h^{-1}$），总死亡率增加 1.65%（95% CI：1.05%，2.26%），心血管疾病死亡率增加 2.01%（95% CI：0.82%，3.21%），呼吸系统死亡率增加 1.41%（95% CI：0.34%，2.49%）。Lin 等（2017b）研究发现，$PM_{2.5}$ 小时峰值浓度每增加 10 $\mu g \cdot m^{-3}$，总死亡率增加 0.9%（95% CI：0.7%，1.1%），心血管疾病死亡率增加 1.2%（95% CI：1%，1.5%），呼吸系统死亡率增加 0.7%（95% CI：0.2%，1.1%）。Lin 等（2018）研究发现，珠三角地区 $PM_{2.5}$ 每日过量浓度小时每增加 500 $\mu g \cdot m^{-3} \cdot h^{-1}$，心血管疾病死亡率增加 4.55%（95% CI：3.59%，5.52%），缺血性心血管疾病死亡率增加 4.45%（95% CI：2.81%，6.12%），脑血管疾病死亡率增加 5.02%（95%

CI：3.41%，6.65%)，急性心肌梗死疾病死亡率增加 3.00% (95% CI：1.13%，4.90%)。Yang 等(2021)对我国空气污染导致的健康死亡进行评估，结果发现，在 2030 年预计 $PM_{2.5}$ 导致的过早死亡约有 106 万人，O_3 导致的过早死亡约有 21.8 万人。Wang 等(2021a)研究发现，根据不同数据集对中国地区死亡进行估算，发现自 2014—2018 年中国 $PM_{2.5}$ 相关过早死亡人数下降 26.3～39.8 万人，O_3 相关过早死亡人数上升 6.7～10.3 万。Liu 等(2021)对中国地区 2013—2018 年由于空气污染长期、短期暴露的健康效应进行评估，结果表明，全国因长期和短期暴露于 $PM_{2.5}$ 而导致的过早死亡人数分别减少了 15%和 59%，因长期和短期暴露于 O_3 而导致的过早死亡人数分别增加了 36%和 94%，总归因死亡下降约 15%。

气候变化会通过多条直接和间接的路径对人群健康产生深远的影响。直接健康效应表现为热浪、寒潮及其他极端天气事件对健康产生的直接影响，极端气候事件增加了不同类型非传播性疾病的发病率及死亡率。受热浪、寒潮影响引起的高死亡率疾病主要包括心脑血管及呼吸系统疾病等，热浪过程中气温越高，对呼吸系统疾病死亡率的影响越大，气温的升高增加了心脑血管疾病的发病和死亡。气候变化引起的极端天气事件或气象灾害，如泥石流、洪水、台风等会直接导致死亡率、伤残率、传染病发病率的增加，甚至会产生创伤后应激障碍影响心理健康。气候变化亦可以通过间接效应影响健康，可通过媒介传染病、空气污染等对健康产生间接影响。高温热浪事件导致空气污染物(主要是臭氧)的浓度大幅度上升，严重影响人体健康与安全。环境中高浓度的臭氧对人体呼吸系统和心血管系统造成严重危害，导致心血管疾病和呼吸系统疾病的发病率和死亡率急剧上升。Fischer 等(2004)研究指出，在 2003 年 6 月的高温事件中，荷兰有 400～600 人死于空气污染。英国和法国也对此次高温热浪及其引发的空气污染的健康效应进行了评估(Stedman, 2004; Filleul et al., 2006)。研究表明，持续的高温引发环境臭氧浓度明显上升，导致居民的发病和死亡风险显著上升(Andersonet al., 2011; Bi et al., 2011; Son et al., 2012)。Arbuthnott 等(2020)对英国地区热浪与健康效应的研究发现，在伦敦地区，每 1 ℃的温度变化将引起死亡率增加 3.9%(CI:3.5%，4.3%)，YLL(生命损失年)增加 3.0%(CI:2.5%，3.5%)。Schwarz 等(2020)对美国地区秋季和春季极端高温与健康效应进行了研究，结果表明，极端高温条件下脱水和急性肾功能衰竭的住院风险增加，相对风险分别是(OR:1.23，95%CI:1.04，1.45 和 OR:1.47，95%CI:1.25，1.71)和(OR:1.35，95%CI:1.15，1.58，OR:1.39，95%CI:1.19，1.63)。

中国已经感受到了气候变化的影响，表现为气温升高、极端天气事件增加和媒介生态的改变。Cai 等(2021)研究发现，在过去 20 年，热浪相关死亡人数上升了 4 倍，2019 年的死亡人数达到了 2.68 万人，其货币化成本相当于中国 140 万人的年均国民收入。与 1986—2005 年基准水平相比，2019 年的热浪天数平均增加了 13 天，而老年人在热浪天死亡的风险会上升 10.4%。在所有影响中，与热相关的人群健康影响最受关注，尤其是夏季高温和热浪事件。Wang 等(2019b)研究发现，在中国 27 个人口稠密的大城市，即便采取量身定制的适应策略，到 2050 年的热相关死亡率仍将从 1986—2005 年的每百万居民 32 人，增加到 1.5 ℃温升情景下的每百万居民 49～67 人；2 ℃温升情景下的每百万居民 59～81 人。Xu 等(2016)对热浪与死亡率的相互关系进行统计分析，结果表明，对热浪的定义影响热浪与相关死亡的风险变化，例如，热浪相关死亡率风险增加 4%(定义为：日均温度连续 2 天大于年 95 百分位数)，3%(日均温度连续 2 天大于年 98 百分位数)，7%(日均温度连续 2 天大于年 99 百分位数)和 16%(日均温度连续 5 天大于年 97 百分位数)。Hong 等(2019)研究发现，气候变化可以加剧空气污染，在中国假定排放和人口不变的情况下，按照RCP4.5路径，到2050年$PM_{2.5}$和O_3的浓度将分别增加3%和4%，相当于分别额外增加12100和8900人的过早死亡。陈亦晨等(2020)研究了热浪对上海市浦东新区居民每日死亡及疾病负担的影响，与非热浪日相比，热浪日累积滞后5天每日非意外死亡风险上升(RR=1.13;95% CI:1.06～1.19)，其寿命损失年增加58.68(95% CI:6.70～110.67)人年；热浪对心脑血管疾病死亡与呼吸系统疾病每日死亡影响的RR(相对危险度)值分别为1.23(95% CI:1.12～1.35)、1.23(95% CI:1.03～1.48)，其寿命损失年分别增加42.40(95% CI:18.10～66.71)人年、12.09(95% CI:1.45～22.73)人年。Kang等(2021)对中国长期的温度变率与心血管疾病的发生率进行研究，结果发现，温度变率每提高1 ℃，心血管疾病的发病率增加6%(HR(风险比)=1.06，CI:1.01～1.11)。Ma等(2015)研究发现，我国社区研究中，有5%的过早死亡与热浪相关，并且死亡风险呈现一定的地方差异，华北地区的过早死亡风险最高(6.0%，95% CI:1%～11.3%)，其次是华东地区(5.2%，95% CI:0.4%～10.2%)和华南地区(4.5%，95% CI:1.4%～7.6%)。

1.5.2 空气污染和气候变化对农业生产的影响

暴露于高浓度的表面臭氧中会导致许多农作物的产量大幅下降。Avnery等(2011)使用O_3和相对产量的浓度-响应函数计算了受到O_3的影响的2000年和2030年作物产量的损失：2000年全球小麦单产损失在3.9%～15%，大豆为8.5%～14%，玉米为2.2%～5.5%，2030年A2情景全球小麦的相对产量损失为5.4%～26%，大豆为15%～19%，玉米为4.4%～8.7%。Tang等(2013)使用O_3浓度-相对产量响应函数估计了2000年小麦的相对产量损失(RYL)，中国为6.4%～14.9%，印度为8.2%～22.3%，而到2020年小麦的产量减少将会进一步扩大。耿春梅等(2014)根据浓度-响应函数对中国常见作物的O_3敏感性(即单位O_3的减产量)进行了评估发现，小麦的O_3敏感性最高，减产10.5%～37.3%；玉米最低，减产1.8%～6.4%；其他作物类型如薯类、油菜、水稻和豆类居中，分别减产2.9%～10.5%、3.2%～11.3%、5.2%～18.4和5.3%～18.9%。O_3不仅对作物的产量有着损害作用，也会影响作物的品质。研究发现，O_3可显著降低小麦的千粒重，减少小麦的体积重量和淀粉浓度，同时也会大大降低小麦重要谷物成分(如蛋白质，磷，镁，钾，钙，锌和锰)的产量，影响小麦的烘烤性能(Broberg et al.，2015)。

颗粒物通过减少太阳辐射来影响作物的生长。Shuai等(2013)认为减少日照时间和提高最高气温将导致我国江苏省水稻减产0.16 $t \cdot hm^{-2}$，其中日照持续时间在减产中起着决定性的作用，而气候变暖对作物生长的积极影响可以被$PM_{2.5}$减少太阳辐射的负面影响所抵消。Greenwald等(2006)利用辐射模型进行研究发现，气溶胶的散射和吸收使太阳辐射衰减，减少了到达表面的辐射量，增加了散射辐射的比例，从而减少了光合作用所能利用的辐射总量(光合有效辐射PAR，400～700 nm)，对玉米产量的影响估计为−10%，对小麦产量的影响为±5%，对水稻产量的影响为±10%。Burney等(2014)指出，由于全球人为排放的长寿命温室气体(LLGHG)和短寿命污染物(SLCP)，2010年印度的小麦平均单产比原先的水平低36%，一些人口稠密的州相对单产减少了50%，而这些损失中的绝大多数(90%)是由于SLCP的直接影响。Gupta等(2017)使用回归分析来估计颗粒物污染对产量的影响发现，气溶胶光学厚度每降低一个标准偏差将会使产量提高4.8%。Zhou等(2018)发现，平均$PM_{2.5}$每增加1%，单位面积小麦和玉米的产量分别下降0.502%和0.505%。因此减少空气污染将会提高作物单产，有利于农业生产和粮食安全。

气候变化主要通过温度、降水、CO_2浓度的变化以及极端天气和气候事件频率的变化来影响农业，从而对不同地区的农业产生不同的影响。根据地区条件和作物品种的不同，气候变化可能对单位面积的作物产量产生正面或负面影响(Piao et al.，2010)。

温度是影响农业生产的最重要因素之一。IPCC第五次气候变化评估报告(AR5)指出，由于人为温室气体的排放，在1880—2012年期间，全球陆地和海洋表面温度上升了0.85 ℃，并基于对广大区域的大量研究发现，气候变化对农业生产的不利影响比有利影响更普遍(IPCC，2013)。Wang等(2009)使用中国28个省份的8405户家庭的调查数据开展研究，结果表明，全球变暖可能对雨养农田有害，但对灌溉农田有利。例如，在1979—2016年期间的温度升高对中国玉米单产产生了负面影响：温度每升高1 ℃，玉米产量降低5.19 kg · 667 m^{-2}(1.7%)(Wu et al.，2021)。在1951—2002年期间，中国的水稻总产量每10年增加了3.2×10^5 t，在1979—2002年期间中国小麦、玉米和大豆的总产量每10年分别变化了-1.2×10^5 t、-21.2×10^5 t和0.7×10^5 t，数据表明，气候变暖增加了东北的稻米产量和大豆产量，但降低了7个省份的玉米单产和3个省份的小麦单产(Tao et al.，2008)。总而言之，增温对作物的影响大多是消极的，研究表明，在1 ℃的局部升温下，全国作物平均减产2.58%(Liu et al.，2020)。

农业的发展在很大程度上取决于水资源的可利用性，全球变暖加速了水文循环，改变了降水的时空格局，从而对农业生产产生不可忽视的影响。Zhang等(2012b)分析了中国1960—2000年期间590个测雨站的日降水量数据发现，40年间中国春季和秋季降水普遍减少，而冬季则以降水增加为主，而农业灌溉区域的空间分布和灌溉需求与降水量变化相一致，这表明降水变化对农业有着重要影响。Zhang等(2015b)收集了1961—2010年中国29个省份的受旱灾破坏的农业损失数据发现，在中国的大部分地区，由于洪水和干旱灾害造成的农业生产损失呈显著增长趋势。

CO_2施肥效应对农业生产也有着极为重要影响。Sakurai等(2014)研究发现，与使用1980年大气CO_2估算的大豆平均产量相比，快速升高的CO_2导致美国、巴西和中国2002—2006年的大豆平均产量分别高出4.34%、7.57%和5.10%。有研究估计，1980—2010年47 ppmv的CO_2增长将使全球小麦、水稻和大豆单产提高约3%(Lobell et al.，2011)。

未来气候变化及其导致的极端天气对农业生产的影响深远。Chen等(2021)利用1981—2015年中国大陆2495个县的天气和农业数据分析得出，在短期内极热会对中国的农业产生负面影响，但长期的适应措施将会抵消极端高温暴露对农业生产的短期影响的37.9%。Long等(2006)研究认为，尽管在2050年之前温度升高和土壤湿度降低将减少全球农作物的产量，但CO_2浓度上升的直接施肥效应将抵消这些损失。Xiao等(2018)认为在不受CO_2浓度增加影响的情况下，未来气候变化会降低春小麦和冬小麦的产量，其主要原因是温度升高缩短了小麦的生长期，降低了光合作用，从而减少了小麦的产量，如果同时考虑CO_2增加和气候因素的共同作用，在未来气候情景下大多数研究站的小麦产量增加。相反，也有研究认为，即使考虑CO_2施肥效应，如果不采取措施，未来的气候变化将会对农业生产造成巨大的损害。Zhang等(2015a)利用ORYZA2000预测了在1.5 ℃(2.0 ℃)变暖的情况下，早熟稻的单产将降低151.8 kg · hm^{-2}(380.0 kg · hm^{-2})，产量下降的主要原因是温度引起的开花和成熟期缩短，以及温度引起的光合作用降低和呼吸作用增加。Xiong等(2007)预测了2011—2100年间的玉米产量，发现即使考虑到 CO_2 施肥效应，在 A2 和 B2 情景下的大多数时间段，雨养玉米的产量预计增加，灌溉玉米的产量减少。气候变化同样对作物品质产生影响，Asseng 等(2019)的研究结果表明，在考虑 CO_2 的情况下，未来气候情景可以使全球小麦产量提高 7%，蛋白产量提高 2%，但谷物蛋白浓度将降低 −1.1%。但无论如何，CO_2 施肥效应的贡献都将是决定中国未来粮食生产的关键因素。Ye 等(2013)模拟了气候变化对中国粮食安全的影响，模拟考虑了人口规模、城市化率、耕地面积、耕种强度和技术发展，结果表明，在 A2 和 B2 情景下，中国将能够在 2030 年实现 572 亿 t 和 615 亿 t 的产量，到 2050 年分别达到 635 亿 t 和 646 亿 t 的产量，其中社会经济发展途径对粮食安全的未来趋势具有重大影响。

1.5.3　空气污染和气候变化对森林覆盖的影响

1.5.3.1　气候变化对森林生态系统的影响

(1)对森林分布的影响

气候变化会引起森林分布的改变。郝建锋等(2008)研究发现，在气候变化加剧的情况下，2020 年兴安落叶松适宜分布区域将减少 58.1%，2050 年将减少 99.7%，至 2100 年兴安落叶松适宜分布区将从我国消失。全球气候变化将造成东北地区湿润森林界线北移，面积明显缩小，寒温带湿润森林将北移出我国东北地区(李峰 等，2006)。Miles 等(2004)利用模型预测了亚马孙热带森林分布的长期变化趋势，认为 43%森林分布会发生改变，但是大多数区域的改变并不明显。Ni(2002)研究了气候变化对森林分布影响的不同因素，指出 CO_2 积聚可以非线性地影响森林分布，但气候变暖对森林分布影响更大。Loehle(2000) 利用 SORTIE 系列模型分析了气候变暖对森林分布的变化，认为随着气候变暖导致群落交错区北移。

气候变化对不同区域森林分布的影响不一致。Sykes 等(1996a，1996b)利用模型模拟未来气候变化对北欧森林分布的影响发现，气候变暖会引起森林区域分布变化，一些地区增加，一些地区下降。Loustau 等(2005)指出，气候变化对高纬度地区森林的影响更大。Kokorin 等(1996)发现，气候变化对寒带森林影响更大，温度上升主要对寒冷地区森林有作用，而南部地区森林主要受降水影响。

(2)对森林生产力的影响

气候变化会影响森林生产力，而影响的方向和量级常因环境因素和森林类型而异(Medlyn et al.，2011)。研究发现，以气候变暖为主要特征的气候变化，因气温升高产生的“延长生长效应”和 CO_2 浓度上升带来的“施肥效应”，使得森林生态系统的生产力普遍呈增加趋势(朱建华等，2007)。方精云(2000)指出，CO_2 浓度倍增后，中国森林生产力将增加 12%～35%，增加的幅度因地区不同而异；气候变化将使兴安落叶松的生长加快 8%～10%，大兴安岭地区森林生产力将增加 10%。Su 等(2007)使用 BIOME-BGC 模型分析了气候变化和大气 CO_2 浓度增加对新疆天山云杉林生产力的影响，研究发现，当只考虑温度和降水时，降水占主导作用，净初级生产力 NPP 将增加 18.6%；当只考虑 CO_2 倍增时，NPP 只增加 2.7%；而同时考虑气候变化和 CO_2 浓度倍增时，NPP 将增加 26.4%～37.2%。Keyser 等(2000)利用统计数据分析了北美森林 13 地点、过去 82 年的气温上升趋势，并且以此为基础通过 BIOME-BGC 模型模拟了未来森林生长状况，得出森林 NPP、分解率(DR)上升的结论。Payette 等(2001)指出，气候变暖会导致森林植物增长。然而，也有研究发现，在中国既有一些特定地区 NPP 上升 31%，也有一些城市化地区森林 NPP 下降(Fang et al. ,2003)。Boisvenue 等(2010)认为温度上升、降水、CO_2 累积和 N 沉降对森林生长有促进作用,相反 O_3 和其他污染物有负面作用。Ren 等(2011)模拟了 1961—2005 年间气候变化、O_3、CO_2 累积和 N 沉降对中国森林的影响,结果显示 O_3 污染和气候变暖对 NPP 的负面作用可以被 N 沉降和 CO_2 累积的正面作用所抵消。Reyer 等(2014)通过模型模拟认为未来天气变化和 CO_2 的影响会导致森林生长率在北欧增加,在中欧增长或者降低,在南欧下降。Rojas-Soto 等(2012)利用 ENMs(Ecological Niche Models)模型预测到 2050 年气候变化对墨西哥东南部森林影响,结果显示云雾森林将大面积减少,达到 54%～76%。

(3)对森林物候的影响

物候是表征植物生长发育阶段对气候变化响应的综合生物指标,也是对气候变化反应最为敏感的特征指标之一(Chmielewski et al. ,2001)。大多数研究认为植物物候期随气候变暖而呈延长趋势。Pefluelas 等(2001)研究发现,中高纬度区域春季物候均有提前的趋势;在地中海地区,多数落叶植物的叶片展叶期比 50 年前提前 16 天,同时凋落期延长 50 天;在加拿大西部,近半个世纪以来,杨树开花期提前 26 天。Schwartz 等(2000)发现,在过去 30 年美国丁香展叶平均提前了 5.4 天。

(4)对森林固碳的影响

气候变化将会影响森林树木的光合作用、凋落物及分解速率、土壤有机物质分解和转化过程,进而对森林生态系统的碳循环过程产生影响。在气候变化背景下,大气 CO_2 浓度的增加和气温上升,引起植被物候期的延长,加上全球氮沉降和营林措施的改变等因素,森林的年平均固碳能力呈稳定的上升趋势。森林土壤有机碳储量是陆地生态系统土壤碳库中最大的储存库(周晓宇 等,2010)。Hashimoto 等(2012)利用 CENTURY 模型分析后指出,气候变化导致 SOC (Soil Organic Carbon)下降 5%。全球气候变暖使土壤温度上升,进而对森林土壤和根系呼吸过程产生影响。降水量的增加可能会提高土壤动物、微生物活性,进而促进土壤呼吸,导致森林土壤有机碳库释放的 CO_2 速率加快。极端干旱事件则可能会通过降低土壤微生物活性以减少土壤呼吸速率。大气 CO_2 浓度的增加可能会提高植物光合作用强度,增加森林地上部分的生物量,同时其凋落物产量对土壤的输入量也随之增加。Zhao 等(2012)利用 FORCCHN 模型对中国东北的森林进行分析发现,气候变暖比降水对碳收支的影响更大。Mäkipää 等(1999)通过模型分析了芬兰森林的碳库变化,在气候变暖和 N 沉降的共同作用下,总碳库是减少的。Ni (2002)在分析 CO_2 积聚和温度上升对森林碳库影响时指出,温度上升的作用大于 CO_2 积聚的作用。

(5)对森林火灾的影响

气候变化导致气温上升和降水量时空分布发生变化,从而增加森林火险等级,进而增加火灾发生频率、火灾强度和过火面积。森林火灾频发与全球气候暖干化密切相关(Bird et al. ,2016;王广玉,2011) 。Pitman 等(2007)通过对气候变化与森林火灾之间的环境模拟显示,2050 年森林火灾发生概率将比目前增加 25%。Drever 等(2008)研究了森林火灾与气温日变化的关系,认为 10～20 ℃时发生森林火灾概率最大。近年来,气候变化造成雷击发生的频率呈爆发之势(李剑泉 等,2009)。李兴华等(2011)指出,2000 年以后受高温、干旱等因素的影响,雷击火增加,导致森林火灾呈现增加趋势。Lynch 等(2004)对美国阿拉斯加的森林火灾研究发现,随着气候变暖,雷击火源显著增加。Price 等(1994)研究发现,美国雷击次数的增加导致着森林火点数量增加了 40%左右。

降水量大小也是决定森林火灾是否蔓延的重要因素。统计数据表明，森林火灾的发生概率与天气干旱程度有关（李丽琴 等，2010）。Allen 等（2010）研究发现，由于干旱灾害频发，造成森林结构和生物地理发生改变，导致树木死亡率加剧，从而增加森林的燃烧性。Turtola 等（2003）研究发现，在特别干旱的天气下，苏格兰松的树脂含量相比苗木提高了 39%，树脂含量的提高，降低了燃点，导致森林火灾发生的概率增加。Bravo 等（2010）发现，降雨与阿根廷的火灾发生频率呈正相关，因为降雨促进植被的生长，导致可燃物的积累，从而有利于火环境的形成。Govender 等（2013）研究指出，由于降水量的增加，可燃物载量从 2964 $kg \cdot hm^{-2}$ 上升到 3972 $kg \cdot hm^{-2}$，增加了森林火险等级。

1.5.3.2　空气污染对森林的影响

（1）O_3 对森林的影响

高浓度的 O_3 会对森林生产力造成有害影响。Wittig 等（2009）指出，O_3 是一种强氧化性气体，可以使得森林生物量减少 7%。Ren 等（2011）研究发现，在 1961—2005 年期间，O_3 升高导致森林生态系统的国家碳储存量减少 7.7%，而 O_3 导致的净初级生产力减少在 0%～11.8%之间，这主要取决于森林类型。在全球范围内，保护植被免受 O_3 污染的最广泛使用指标是 AOT40，即生长季节白天每小时 O_3 浓度超过 40 ppbv 累积。Li 等（2017d）基于中国 1500 个监测站数据指出，O_3 浓度严重影响中国的森林生产力，2015 年森林保护指标（AOT40）大幅超标。Feng 等（2019）研究发现，相对低于 AOT40 临界水平的条件，2015 年中国常绿阔叶林和落叶阔叶林的年林木生物量分别减少了 13%和 11%。Yue 等（2017a）利用地球系统模型和多个观测数据集评估了 O_3 对中国 NPP 的影响，发现 O_3 使年 NPP 降低 0.6 Pg C（14%），其范围从 0.4 Pg C（低 O_3 敏感性）到 0.8 Pg C（高 O_3 敏感性）。Calatayud 等（2011）指出，热带和亚热带森林以常绿阔叶和针叶物种为主，这些物种比温带气候中的落叶物种更能耐受 O_3。Li 等（2018a）研究发现，中国温带森林面临的风险比热带和亚热带地区更严重，这主要是因为工业化程度和人口密度更高的中北部地区 O_3 污染水平高于南部地区。

（2）CO_2 对森林的影响

光合作用和呼吸作用是 CO_2 进出生命系统最基本的生理过程。短期高浓度 CO_2 处理会促进树木光合速率升高，但不同树种间的光合能力存在很大差异。大气 CO_2 浓度增加直接影响到树木的形态结构、生理活动和生化反应途径，进而影响树木的生长发育。在高浓度 CO_2 环境中幼苗的分枝增多，针叶的厚度增大、叶面积增大，辽东栎和杜仲等树种叶片的气孔密度显著降低，青钱柳树种的气孔密度下降不明显，而异叶榕的气孔密度不受影响。蒋高明等（2000）对北京山区辽东栎林中几种木本植物的研究表明，高浓度 CO_2 对树木光合作用有不同程度的促进作用，净光合速率平均增加 75%。谢会成等（2002）对麻栎的研究结果与之类似，高浓度 CO_2 使得麻栎叶片净光合速率平均增幅为 89.2%。长期高 CO_2 浓度环境下，不同类型树种有不同响应。阔叶树对 CO_2 变化反应较针叶树种敏感，阳性树种的光合作用对长期高浓度 CO_2 的适应能力比阴性树种强（王淼，2000，2002），阔叶树种的生物量增加（63%）高于针叶树种（38%）。呼吸作用中 CO_2 的排出是一个重要的生理过程，它影响到植物和生态系统的碳平衡。许多研究表明，树木的呼吸作用随 CO_2 浓度升高而下降，高浓度 CO_2 可使树木呼吸速率降低 15%～20%。

(3)CO_2 和 O_3 复合胁迫对森林的影响

目前全球有25%森林地区处于 CO_2 浓度增加、O_3 浓度大于60 ppbv条件下，两者的复合胁迫会对森林树木的光合作用、森林生产力、地上部分生长、根系生长产生影响。John等(2005)指出，对流层 CO_2 和 O_3 浓度的同时增加，对森林的净初级生产力和陆地碳循环起拮抗作用。随着大气中 CO_2 浓度的增加，近地面 O_3 浓度的升高会在全球规模上减少植物的生产力。

高浓度 CO_2 可减轻 O_3 对树木嫩叶光合作用的不利影响，然而，随着叶片的衰老，这种作用又逐渐降低(Lutz et al.,2000)。在复合暴露条件下，桦树的气孔导度是最低的，这减少了叶片对 O_3 的吸收，由此可见，高浓度 CO_2 对光合速率的影响大于 O_3(Johanna et al.,2008)。此外，高浓度 CO_2 提高了树木对高浓度 O_3 的耐受能力，这与前者提高了树木的光合速率和植株细胞壁化学成分的含量有关(Oksanen et al.,2005)。

在长期作用下，高浓度 CO_2 对暴露在危害植物的 O_3 浓度下的一些森林物种有保护作用。Johanna等(2008)研究发现，CO_2 减弱了 O_3 暴露对树的大小和树冠叶面积指数的负面影响。Peltonen等(2006)指出，高浓度 CO_2 和 O_3 对垂枝桦芽大小的影响不是独立的，复合暴露缓解了 O_3 暴露对芽的不利影响。Broadmeadow等(2000)通过对栎树和松树幼苗进行了3年的 CO_2 和 O_3 暴露试验，结果发现，复合暴露增加了树木对 O_3 的保护机制，各树种对复合暴露的生长响应分别为：栎树＞松树＞白荆树。Kubiske等(2006)研究表明，杨树森林生态系统在高浓度 CO_2 和 O_3 的复合作用下生长增加了20%～63%，这与光合有效辐射量和温度有关。

1.6 空气污染和气候变化的协同治理

1.6.1 协同治理的客观需要

空气污染与气候变化两者紧密关联。一方面，气候变化直接影响空气污染，气候变化的基本特征是平均气温上升，这会影响臭氧和细颗粒污染的形成，也可能导致大气环流的格局发生变化，影响污染物的输送和扩散；还可以影响云和降水，从而改变大气污染物的浓度。另一方面，空气污染又反作用于气候变化，气候变化与地球大气系统辐射收支有关，臭氧和细颗粒等大气污染物可以通过改变辐射、云和降水过程，从而导致气候发生变化。

影响空气污染和气候变化的主要物质为短寿命污染物(细颗粒物、臭氧等)和长寿命温室气体(二氧化碳、甲烷等)，它们都来自于能源消费，因而需要协同治理。丁一汇等(2009)指出，由于空气污染和气候变化在很大程度上有共同的原因，即主要都是由矿物燃料燃烧的排放造成的，因而减轻和控制空气污染与减少温室气体排放、保护气候在行动上应是一致的。为了从经济上得到最大的节约和获得双赢的效果，应该采取协同应对空气污染和气候变化的减排战略，即应该采取统一的而不是分离的科学研究和应对战略。王敏(2021)认为，从工作目标看，大气污染防治和气候变化应对工作的最终目标均是促进经济社会可持续发展和增进人类福祉。从排放特征看，大气污染物和温室气体呈现同根(均来自化石燃料燃烧和少量工业过程排放)、同源(同一设备和排放口)和同时(同一燃烧过程)的关联特征。从监管主体看，二者均受生态环境部监管，协同监管有助于降低行政监管成本、提高管理效率。从协同效果看，协同控制大气污染物与温室气体，有助于降低污染物末端治理过程中的负协同效果、突出源头治理减污降碳的协同效益。因此，二者应实施“一盘棋”统筹监管，确保发挥更大的协同效益和规模效应。

1.6.2　协同治理的政策要求

《中华人民共和国大气污染防治法》（全国人民代表大会，2015）规定：对颗粒物、二氧化硫、氮氧化物、挥发性有机物、氨等大气污染物和温室气体实施协同控制；《“十三五”控制温室气体排放工作方案》《打赢蓝天保卫战三年行动计划》明确提出，将大气污染物和温室气体协同控制；生态环境部、国家发展和改革委员会等部门也先后发布了一系列部门规范性文件，对大气污染物与温室气体协同控制提出了目标或任务要求；近期召开的相关工作会议上也提出实现减污降碳协同效应的要求，如“重点做好碳达峰、碳中和工作，继续打好污染防治攻坚战，实现减污降碳协同效应，把‘减污降碳’作为生态环境保护工作的总抓手”等。与此同时，我国还制定了多样化的经济激励政策促进污染物治理和温室气体减排，如鼓励发展环保产业、推进排污权交易和排污收费、设立环境污染强制责任保险和深化碳市场建设等（王敏，2021）。

1.6.3　协同治理的指标框架

中国清洁空气政策伙伴关系（2020）提出了我国空气质量改善的协同路径，将空气污染和气候变化协同治理的指标框架分为两类：“协同现状评估指标”与“协同趋势发展指标”，其中“协同现状评估指标”主要用于总结、归纳、分析和评估全国及各地区的协同管理现况、水平及成效；“协同趋势发展指标”主要用于分析、预测未来全国及各地区协同治理水平状况及效果。这两类指标又可分为7组，共28个子指标组成。“协同治理指标框架”的建立和应用旨在为我国协同治理现状分析及趋势评估提供统一化、规范化的框架，助力提出阶段性的协同治理建议，推动我国形成协同管理的长效机制。建立该指标框架的意义具体体现在以下三点：一是有助于推动制定与优化协同管理政策及体系，推动实现协同目标，守护人类健康、实现可持续发展目标；二是有助于形成政策制定、评价与优化的闭环，构建动态协同政策管理评价方案；三是有助于推进“因地制宜”的协同治理政策，协助制定“一省一策”“一市一策”等有针对性、高效益的协同策略。

1.6.4　协同治理的路径选择

能源部门、交通部门、工业部门、居民社区是落实大气污染物与温室气体协同控制的重要领域。结合本行业的特点和现状，上述四大部门可重点围绕能效提升和结构转型等方面细化减排措施，进一步加强大气污染物和温室气体排放协同控制。能源部门主要工作包括发电效率提升和发电结构优化；交通部门主要工作包括能效提升、交通出行模式转变和完善交通基础设施等；工业部门主要工作包括通过新工艺和技术提高能源利用效率、降低排碳强度、减少产品需求、提高物料利用率和回收率；居民社区主要工作包括改进炉灶、改用更清洁的燃料、改用更高效、更安全的照明技术。此外，还可从管理措施入手，如选择植物源挥发性有机物排放相对较少的行道树等（王敏，2021）。

以交通部门为例，生态环境部环境与经济政策研究中心估算了基准情景（车队结构、用能结构、能耗强度冻结在2015年）、污染减排情景（淘汰老旧车辆、排放标准升级、“公转铁”“公转水”）、绿色低碳情景（周转量能效水平提升、用能结构优化）和强化绿色低碳情景（污染减排情景叠加绿色低碳情景)下的大气污染物和温室气体排放情况。分析结果显示:对比基准情景,在污染减排情景下,2050 年将减少 7.4 亿 t CO_2 排放、566 万 t NO_x 排放和 18.5 万 t $PM_{2.5}$ 排放 ;2050 年,在绿色低碳情景和强化绿色低碳情景下将分别减少 56.6%和 65.4%的 CO_2 排放。由此可见,交通部门的污染减排、能效提升及用能结构优化等措施有利于大幅提升大气污染物和温室气体协同减排效果(王敏,2021)。

1.6.5 协同治理的研究进展

近年来,关于空气污染和气候变化协同治理的研究层出不穷。师华定等(2012)总结了空气污染与气候变化相互作用机理,系统梳理了国内外有关空气污染对气候变化影响及反馈的研究成果,提出未来研究中应深化对机理机制的认识,减少模式的不确定性,加强在排放清单的编制、立体观测网的构建、互馈机理的试验、模式的集成耦合等方面的研究。Schneidemesser 等(2013)提出,通过控制污染物浓度可能是实现短期气候变化目标的一种方法,概述了在科学和政策背景下解决空气质量和气候问题的基础科学、存在的不确定性以及一些协同作用。高庆先等(2014) 对比分析了典型发达国家或组织和典型发展中国家的污染物防控和应对气候变化的政策措施及效果,并对未来空气污染对气候变化的影响与反馈研究的方向和重点进行了展望,提出应当:①完善大气环境保护的法律法规体系;②加强环境管理体系的建设;③在应对气候变化的过程中,其政策措施应与空气污染防控政策措施相耦合,采取协同应对的策略;④加大对清洁能源和可替代能源的研究开发力度,使我国在全球气候变化谈判中占据有利地位。王韵杰等(2019)提出目前我国不少区域和城市仍然面临着解决颗粒物污染的急迫需求,并且臭氧污染的重要性逐渐凸显,因此我国空气质量改善工作仍面临巨大挑战。今后在建设生态文明和"美丽中国"的进程中,围绕《打赢蓝天保卫战三年行动计划》目标,应重视对非电行业、柴油货车等重点源的控制,加强控制氮氧化物和挥发性有机物排放,持续推进能源和结构转型,协同推动我国积极应对气候变化和持续改善空气质量。生态环境部环境规划院气候变化与环境政策研究中心(2020)根据 2015—2019 年 CO_2 减排率和空气质量指数(AQI)变化率,对全国 335 个城市 CO_2 和空气质量的协同管理成效进行了综合排名。Lu(2020)回顾了 30 年来我国大气污染治理取得的成就,提出中国应建立一个将能源、环境、健康和气候联系起来的综合管理框架,以协同减缓 $PM_{2.5}$、O_3 和温室气体,同时需要更多的协同控制来应对空气污染和全球气候变化。葛舒阳(2020)分析了应对气候变化我国大气污染防治所采取的法律措施,提出首先在法律层面上要以环境法律修订为主、制定新法为辅的当代环境立法,确立大气污染防治是污染防治立法的主要事务领域,继续探索相关清洁生产立法。其次,在政府层面要以政府为主导,加强政府对大气污染治理的扶持,完善我国大气污染环境司法的专门化,引导企业加快弃煤进程。再次,要建立健全我国大气污染侵权损害赔偿机制与社会救济机制,加强环境责任保险制度建设,完善检察机关参与公益诉讼制度。最后,要全面落实和完善公众参与原则。

易兰等(2020)基于对大气污染和气候变化的影响范围和危害形式差异较大,但却"同根同源"的特性,分析阐述了两者协同治理的科学基础,提出了协同治理的机制模型,为我国有效实施绿色创新战略,进一步提升环境治理效率打开了新思路。高庆先等(2021)基于二维四限图构建了一种污染物控制和温室气体减排的协同效应评估方法,量化评估了 2013—2017 年我国能源结构调整和产业结构调整产生的污染控制效果所带来的温室气体减排协同效应,并对不同措施的协同效应进行评价，为制定大气污染控制和温室气体减排双赢政策措施提供技术支持。毛显强等(2021)回顾了大气污染物与温室气体协同控制研究的发展进程，认为协同控制的理念由温室气体减排和局地大气污染物减排的双重压力下催生，并在中国得到更为广泛的欢迎和接受，协同控制为中国主动、从容应对温室气体减排和局地大气污染物减排压力，在解决国内环境问题的同时承担起全球责任，提供了“两全其美”的解决方案，并提出在中国“十四五”时期巩固大气环境质量改善成果，特别是在履行提高中国国家自主贡献力度、CO_2 排放力争于 2030 年前达到峰值、2060 年前实现碳中和郑重承诺的过程中，如何建立协同控制的治理体系，将成为实现宏观层面的气候变化与生态环境治理协同的关键。Shi 等(2021)基于中国 2020—2060 年二氧化碳排放路径，利用排放清单模型、WRF-CAMx 空气质量模型，模拟了碳中和驱动下的污染物排放量变化，探讨了碳中和带来的空气质量改善协同效益，提出了中国中长期空气质量改善路径。Cheng 等(2021)通过组合不同全球和区域气候目标下的能源情景(参考能源、全球控温指标 1.5～2 ℃、中国国家自主减排承诺、碳中和气候目标)和污染治理情景(现行政策、强化政策和最佳可行技术)，定量揭示了碳达峰与碳中和目标下中国及重点区域 2015—2060 年的空气质量持续改善路径，指出了实现碳中和目标对我国未来空气质量根本改善的决定性作用。

第 2 章 区域气候-化学耦合模式

区域气候-化学耦合模式是研究空气污染、气候变化及其相互作用和协同控制的有力工具，本章重点介绍区域气候模式、大气化学模式、区域气候-化学耦合模式以及二氧化碳模式等方面的研究进展。

2.1 区域气候模式

美国气象学会将区域气候模式（RCMs）定义为：一种由模拟大气和地表过程的全球气候模式（GCMs）或再分析数据提供侧边界和海洋条件，具有高分辨率地形数据、海陆差异、地表特征和地球系统内其他成分的数值气候预测模型。简单地说，RCM 是用于对某一区域进行气候研究的有限区域模型。20 世纪 90 年代，由于当时计算能力的限制，最先进的全球模式能使用的最小网格距为 2.5°（Boville et al.，1998），难以体现空间尺度更小的过程。Giorgi 等（1991）认为，高分辨率全球气候模式的长期集成至少需要 5～10 年。这促使人们寻找更便宜的计算方法进行精细的模拟（Jones et al.，1995），第一个区域气候模式应运而生。事实上，第一个区域气候模式是与一个全球气候模式（CESM2 的前身 CCM1）和一个有限区域模式（WRF 的前身 MM5）捆绑在一起的（Dickinson et al.，1989）。在过去 30 年中，计算能力已经大大提高，用于天气预报的全球模式的网格距可以达到 4 km，一些全球气候模式的网格距也可以达到 0.4°。在此期间，区域气候模式的使用并未停止，相关研究在政策决策等方面提供了大量的科学依据（Giorgi et al.，2015）。

自 RCMs 诞生以来，其物理参数化的数量和复杂性始终在变化。一些完整的参数化方案已经得到广泛应用和充分验证（Zubler et al.，2011；Lim et al.，2014；Srivastava et al.，2018）。也有部分模式采用较为简单的参数化方案，而忽略了微物理过程。提高空间分辨率的同时，时间步长也要进行适当地调整，在应用于政策导向的 RCMs 典型分辨率（0.25°）下，一些主要的微物理过程并不能完全发展，同样的问题也出现在全球模式和地球系统模式中（Tapiador et al.，2019）。考虑到模式的多样性和不确定性，采用集合 RCMs 的方法，用多模式集合平均的结果可以更好地再现真实的气候状况。目前全球已经开展了多项合作计划，如：为确定欧洲气候变化风险及影响进行的区域情景及不确定性预测（PRUDENCE，Christensen et al.，2007），基于集合的气候变化及风险预测（ENSEMBLES，van der Linden et al.，2009），北美区域气候变化评估项目（NARCCAP）和区域气候降尺度协同实验（CORDEX，Giorgi et al.，2009）等。这些项目聚焦于特定的区域和过程，表明模式研究的重点已经由对能力的验证转向对过程的验证。

区域气候模式的应用包括对气候态、气候变率的模拟分析和气候变化影响评估。此外，也应用于研究台风、热带风暴、季风和极端事件等方面。Fernández 等（2019）对 RCMs 和

GCMs进行了全面对比，发现 RCMs 的高分辨率为区域气候的季节变化提供了更多细节。对气候波动的预测与气候态同样重要。RCMs 被广泛用于模拟全球多地气候的年际变率和日变化等(Hassan et al. ,2015；Walther et al. ,2013；Anderson et al. , 2004)。分析气候对于生态系统其他成分的影响时，RCMs 的模拟结果可以作为其他生态模式的输入数据。对季风气候的模拟效果更能体现模式性能的优劣。现有模式可以较好地再现北美季风的特征(Anderson et al. ,2004)，但对东亚夏季风的模拟较差，Zhong (2006) 认为,这是由于模式对西太平洋热带气旋的模拟存在局限性。模式对季风的模拟能力可以从很多方面改进，如参数化方案(Sinha et al. , 2019；Bao,2013)、空间分辨率(Maurya et al. , 2018)等。此外，RCMs 的模拟结果也被广泛用于对极端高温、极端降水等事件的研究(Casati et al. , 2014；Nastos et al. , 2015；Dominguez et al. , 2012；Li et al. , 2018b)，但仍然存在很多挑战。

随着计算能力的提高，任何能用 RCMs 进行的工作现在都可以用地球系统模式代替，并且可以避免 RCMs 的一些问题。不过，RCMs 能够更好地体现复杂的下垫面,在区域研究方面仍然具有一定的优势,未来对高分辨率 (≤4 km) 过程的模拟仍是模式发展的主要目标(Coppola et al. , 2018)。RCMs 对计算能力的低要求使它更适于实践应用。当需要通过多组实验来解决一个局地气候适应性问题时，RCMs 比 GCMs 更为便捷。而且，与全球大范围相比，区域小范围的高分辨率、高质量输入数据通常更容易得到,这为区域高精度的研究提供了基础。另一方面，RCMs 的相关研究也有助于地球系统模拟的发展，因为 RCMs 存在的许多问题同样存在于 GCM 中。此外,区域地球系统模式(耦合了海气作用、冰冻圈、化学/气溶胶和生物圈)的发展越来越受到关注，已有许多耦合模式得到了应用(Chen et al. ,2012；Zou et al. , 2013)。但未来还需要解决一些问题,如多种变量的插值，以及模式对生物圈和人类活动的表达等(Giorgi et al. ,2018)。Tapiador 等(2020)认为,在过去的 30 年，RCMs 为政策制定提供了有力的数据,帮助人们提高了对当今气候和全球变暖在区域尺度响应等方面的认识,但关于 RCMs 研究的循环将趋于终止,原因是高分辨率全球气候模式和地球系统模式 (ESM) 的发展。

现有的区域气候模式主要包括:DMI 的 HIRHAM (Christensen et al. , 1996)，ETH 气候高分辨模型 CHRM(Vidale et al. , 2003)，GKSS 本地模式气候版本 CLM(Steppeler et al. , 2003)，U. K. Hadley 中心的 HadRMH (Buonomo et al. , 2007)，MPI 的大气流体静力学区域模型 REMO(Jacob,2001)，SMHI Rossby 中心大气-海洋模型(RCAO，Rummukainen et al. , 2001；Döscher et al. , 2002；Jones et al. , 2004)，国际理论物理研究中心的 RegCM (Giorgi et al. ,1989),RCA3(Samuelsson et al. , 2011)，CRCM (Caya et al. , 1999)，ECPC/ECP2 (Juang et al. , 1997)，HRM3 (Jones et al. , 2003)，MM5I (Grell et al. , 1994)，RCM3 (Pal et al. , 2007)，COSMO-CLM (Baldauf et al. , 2011)，CRCM5 (Zadra et al. , 2008) 和 WRFP/WRFG (Skamarok et al. , 2008)等。

RegCM 是目前最先进和最著名的典型区域气候模式之一,已被广泛应用于东亚地区(Gao et al. , 2017)以及全球多个典型区域,如“经协调的区域气候降尺度试验”。鲍艳等(2006)发现,RegCM 能很好地再现我国西北地区的环流、温度和降水特征,但高原上的低压中心和西北东部对流层低层位势高度模拟存在一定偏差。中国大陆地区在冬夏季均受到季风气候的影响,对流降水参数化方案在中国地区的季风降水模拟起关键性作用。Gao 等(2008)的研究发现,区域气候模式在日降水量和降水空间分布上都比全球模式 FvGCM 表现更好。Bao

(2013)在 RegCM 中耦合 Tiedtke 对流参数化方案，与 Grell 方案对比发现，Tiedtke 方案更容易在对流层低层激发对流活动。Ozturk 等(2012)应用 RegCM 模拟 CORDEX 中亚区域的温度和降水气候，结果表明，RegCM 能抓住中亚地区的主要气候特征，同时也很好地再现了印度夏季风对该区域的影响。Giorgi 等(2012)对 CORDEX 中非洲、南美、东亚和欧洲四个区域进行了一系列的试验，总体来看，RegCM4 比之前的版本在诸多方面有了更好的表现。

2.2 大气化学模式

2.2.1 气相化学

气相化学模式用来描述气态二次污染物的化学生成，其中反应机制是气相化学模式的核心，随着人们对大气化学过程不断深入的研究，包含较多反应和物种的复杂化学机理不断被提出。现有的大气化学反应机理可分为 Explicit 机理、Lumped 机理、Semi-empirical 机理以及其他的如 Self-generating 机理等。

Explicit 机理是一种详尽的化学机理，它考虑了几百个物种间发生的成千上万的化学反应。这种机理精确度很高，但耗时大，对内存要求高，因此多应用于零维箱模式和拉格朗日模式中，一般不太适于实际应用在三维大气化学模拟中。Explicit 机理分为 UiB、IVL、Ruhnke、MCM 等。现今比较复杂的大气化学机理是 MCM(Master Chemical Mechanism)，它几乎能精确地描述 5000 多个物种间发生的 13000 多个反应(Saunders et al.，2003；Jenkin et al.，2003)。

为了能够将复杂化学机理实际应用到三维模拟中，人们将物种以一定依据进行分类，减少物种数，降低机理的复杂程度，发展了集总机理(Lumped Mechanisms)。根据分类依据主要分为两种：一种是以物种本身化学性质为依据的集总分子机理(Lumped Molecule Mechanisms)，如 SAPRC(Statewide Air Pollution Research Center)机理(Cater，2000)、RADM(Regional Atmospheric Deposition Mechanism)机理(Stockwell，1986)、RACM(Regional Atmospheric Chemistry Mechanism)机理(Stockwell et al.，1997)。这种方法用一类物质中具有代表性的一种来代表这类物质，提高了计算效率，使其可以应用到三维模拟中去；另一种是以分子成键类型为分类依据的集总结构机理(Lumped Structure Mechanisms)，如 CBM(Carbon Bond Mechanisms)机理(Gery et al.，1989)。这种机理均衡考虑了计算效率与精确度的要求，在实际模拟中经常采用。常用的 Lumped 机理除了 SAPRC、RADM、RACM、CBM 外，还有 EMEP、ADOM 等，其中 RADM 分为 RADM1、RADM2、RADM2-IFU、RADM2-FZK、RADM2-KFA、Euro-RADM 等，CBM 分为 CBM-I、CBM-II、CBM-III、CBM-IV、CBM-IV-LOTOS、CB4-TNO、CBM-Z、CBM-V 等，SAPRC 分为 SAPRC-90、SAPRC-99 等。

Semi-empirical 机理，如 GRS(Generic Reaction Set)机理(Azzi，2006)，其是在观测基础上进行参数化的一种方法，其效率最高，但精度较低，多应用于筛选分析。Self-generating 机理是根据特定的研究需求，从复杂机理中选择特定大气化学反应而形成的机理。

2.2.2 气溶胶化学

气溶胶化学模式用来描述二次气溶胶的化学生成，包括由 SO_2、NO_x、NH_3 转化而来的硫酸盐、硝酸盐和铵盐气溶胶以及由半挥发性有机物转化而来的二次有机气溶胶。

硝酸盐和二次有机气溶胶具有一定的挥发性，涉及到气液两相平衡的问题，可以用热力学平衡的方法来处理，代表性的模式有 ISORROPIA（Nenes et al.，1998）、SOAGAM（Schell et al.，2001）等。热力学平衡是指在一定的热力学条件下，两相间物质输送达到动态平衡。对于某些物种，如硫酸（H_2SO_4），由于它的吸湿性非常强，一旦生成的气态硫酸排入大气，几乎立即吸收水汽成为液态硫酸。对于这类物种，无须考虑其气态的状况。

为了计算气溶胶的浓度和成分，通常假设认为挥发性的物种（气态或气溶胶）处于化学平衡状态。这在很多场合是符合实际的，但也有些情况下化学平衡需要的时间大于气-粒相互接触的时间。当遇到这种情况时，平衡法就无效了，转而模式应结合输送过程（Wexler et al.，1991）。不过，这仅限于粗粒子和温度较低的状态（Meng et al.，1996）。实验证据表明，非平衡状态是存在的（Allen et al.，1989），但对于非海盐粒子和/或温暖的环境，热力学平衡可以假设是有效的（Hildeman et al.，1984；Quinn et al.，1992）。事实上，确实存在一些情况，当达到平衡所需的时间比气体和粒子输送时间长时，这种平衡近似不太适用。如 Wexler 等（1991）对在加利福尼亚观测到的铵盐和硝酸盐的尺度分布数据分析发现，确实存在偏离平衡态的现象。

Bassett 等（1983）为计算铵盐-硫酸盐-硝酸盐-水的气溶胶系统而开发了 EQUIL 模式及其更新版本 KEQUIL，其中考虑了球状粒子表面的分压，即所谓的 Kelvin 作用（Bassett et al.，1984）。

另一个广泛应用的硫-硝-铵-水系统平衡模式是 MARS（Saxena et al.，1986），该模式在与 EQUIL 和 KEQUIL 保持某些合理一致的情况下尽量缩短计算时间。MARS 最大的特点是将所有的气溶胶物种分成若干个子类，以此减少气溶胶的多样性。这样需要的方程也减少了，计算速度自然大大增加。MARS 最大的缺点是使用了 298.15 K 时的热力学参数（平衡常数、活性系数等），如果计算在不同的温度下进行，就影响了挥发性物种（如硝化物）的气相/固相的分布。所有的这些简化使 MARS 的计算速度比 KEQUIL 快 400 倍，比 EQUIL 快 60 倍。

以上这三个模式的主要缺点是忽略了钠盐和氯盐-海盐粒子的主要成分。当然，如果只是研究大陆性气溶胶，不考虑它们也是合理的。SEQUILIB 模式（Pilinis et al.，1987）首先考虑了这两个物种，使用了一个与 MARS 相似的计算方案，它还提供了另一个算法，用来计算挥发性物种的分布，较 MARS 的常数系数法先进。Kim 等（1993）开发了 SCAPE 模式，其算法与 SEQUILIB 类似，但使用了更新的热力学资料。SCAPE 还能计算气溶胶的 pH，以及利用 Wexler 等（1991）的方法计算每个粒子的溶解湿度。此外，还包含了计算混合溶液活度系数的方案。Jacobson 等（1996）开发的 EQUISOLV 模式则利用数值方法分别计算每个方程，循环直至相同物种的浓度达到一致。这种开放的计算体系使得新物种、新方程的加入不会造成很大的困难，不过计算速度比以上几种模式慢很多。

所有这些模式都在同一个问题上存在局限性，那就是液相和固相气溶胶之间的相互转换。当相对湿度达到一个相当的高度后，固态粒子可以向液态粒子转化，不同的盐粒子对应不同的相对湿度，该相对湿度称为潮解湿度（Deliquescence Relative Humidity，DRH）。在理论上和实验上都证实混合溶液的 DRH 小于其中任何一种盐的 DRH。

SOA 气相生成的主要前体物为烷烃、烯烃、环烷烃、芳香烃、萜烯、异戊二烯和生物排放的非饱和氧化物。城市大气中 SOA 主要来源于芳香烃化合物，郊区大气中 SOA 主要来源于异戊二烯和单萜烯。一般关于 SOA 的认识是它来源于半挥发性有机物（Odum et al.，1996），因而可以使用气粒分离理论描述 SOA 的生成。原则上，SOA 浓度需要通过计算有机反应生成的所有半挥发性有机物的气粒分离得到。但由于有机反应的生成物种类繁多，难以逐一测定，因而假定有机反应的生成物只有两种挥发性，即 SOA 双产物模型，该模型能够较好地描述实验室 SOA 的生成(Keywood et al.，2004)，同时能被应用到模式中。在实验室中研究更宽泛的有机气溶胶的浓度(0.1～20 $\mu g \cdot m^{-3}$)下，半挥发性有机物的气粒分离，发现双产物模型并不能很好地描述试验结果(Donahue et al.，2006)。将两种产物扩展到多个挥发性的产物，才能准确地表达试验结果，即“挥发性基组”(Volatility Basis Set，VBS)方法，由 Donahue 等(2011)提出。VBS 机制可以更好地描述主要和次要有机组分的化学演化，已在不同区域的不同模型中进行了评估，并被证明具有更好的性能(尤其是在城市地区)。但由于气粒分离理论的局限性，它并不能描述新粒子的生成和粒子尺度分布。

研究表明，液相化学反应也是 SOA 生成的重要途径，全球云水、雾水和气溶胶液态水的含量丰富，为 SOA 的液相反应提供了充足的“反应容器”(Meng et al.，1995)。Blando 等(2000)提出了 SOA 在云水中生成的概念模型，即半挥发性有机物溶解到云水中被氧化，待云水挥发回到大气中成为颗粒物。Volkamer 等(2007)发现，液相反应可以在气溶胶液态水中发生，半挥发性有机物具有可溶性时，才会发生 SOA 的液相反应。水相与气相过程对二次有机气溶胶的贡献相当，且能够解释用传统气相形成方法无法解释的野外观测与模型模拟以及野外观测与室内烟雾箱模拟二次有机气溶胶在颗粒大小、分布、浓度以及老化程度等方面的差异。实验室研究水相 SOA 的形成主要有两个方面，一是在黑暗条件下的非自由基反应中，有机小分子通过水合、缩醛/半缩醛、醇醛缩合和催化反应形成 SOA；二是在光氧化条件下的自由基反应中，通过形成有机酸和低聚物形成 SOA。尽管已经对水相反应作了不少研究，但水相反应对于 SOA 形成的贡献了解相对较少。一方面由于大气复杂环境条件下存在多种物质(包括有机物、无机盐等)，反应的 pH 不同，温度不同，光照条件多样；另一方面由于目前的研究手段还需要提高，包括实验条件和分析方法等。大部分的聚合物成分无法得到分析，反应产物对大气光辐射的影响也需要进一步的研究(祁骞，2014)。

2.2.3　非均相化学

非均相化学模式用来描述发生在不同相态物质之间的化学反应，这类反应一般发生在两相或多相物质界面上。大气中的固态物质(颗粒物)为非均相化学提供了良好的反应界面，在颗粒物表面发生的非均相化学反应会对臭氧或气溶胶的浓度产生影响。

在颗粒物表面发生的非均相反应被认为是大气化学的一个很重要的部分，大气中重要的痕量气体物质主要有 H_2S、SO_2、CS_2、DMS、NO、NO_2、NO_3、N_2O_5、O_3、HO_2、H_2O_2、OH、CO 和 VOCs，它们在颗粒物表面的非均相化学过程直接影响大气环境质量。在大气对流层中，特别是颗粒物含量丰富的污染边界层，痕量气体物质如氮氧化物和自由基，在颗粒物表面的非均相反应起着很重要的作用。表 2.1 总结了主要的活性气态物种与各种凝聚态颗粒物的可能相互作用。从表中可知，大气颗粒物与痕量气体物质的相互作用，包括物理吸附、化学吸附、化学转换等，自由基与颗粒物的相互作用还存在许多有待研究的问题，如多相反应在自由基反应中所占的比重，对二次污染物形成的影响等。对于这些非均相复合过程的研究不但可以解释大气中颗粒物表面上的化学反应，同时也可以对大气中痕量气体物质的浓度变化、停留时间、转化过程等进行分析，了解其在大气中起的作用和产生的影响。

表 2.1　大气非均相化学反应(Schurath et al.,1998)

颗粒物 反应物	柴油或 飞机烟炱	矿物沙尘	有机物附着 的颗粒物	硫酸盐、 硝酸盐	海盐颗粒	云冰晶 颗粒
OH	可能是反应损失	未知	去除 H,加成	未知	可能是反应损失?	吸附保留?
HO_2	反应损失	未知,可能是依赖于组成	吸附保留和反应?	未知	可能是吸附保留和反应	吸附保留,在冰表面损失
RO_2	可能是反应损失	未知	吸附保留	未知	溶解性限制的吸附保留?	溶解性限制的吸附保留
O_3	反应损失,表面老化,竞争反应	可能不重要,但未知	反应,取决于结构	未知	直接吸附保留的重要性需要确定	快速反应损失,溶解性限制
NO_2	化学吸附,还原,形成 HONO	生成 HONO	硝化(很可能通过 N_2O_5/NO_{2+})	未知	在干 NaCl 上形成 ClNO	在冰、水表面形成 HONO?
NO_3	反应损失	可能不重要,但未知	反应,如与芳香族	未知	溶解性限制	溶解性低
N_2O_5	水解或作为 NO_2^+ 参与反应(视去除物质而定),反应概率可能变化很大,形成颗粒态 HNO_3	水解或作为 NO_2^+ 参与反应(视去除物质而定),反应概率可能变化很大,形成颗粒态 HNO_3	水解或作为 NO_2^+ 参与反应(视去除物质而定),反应概率可能变化很大,形成颗粒态 HNO_3	形成 $ClNO_2$ 和其他卤化合物	形成 $ClNO_2$ 和其他卤化合物	水解
SO_2	缓慢的催化氧化	可能是催化氧化	可能是催化氧化	在污染的海洋大气中氧化	被 H_2O_2、O_3 等氧化	

非均相化学反应对大气臭氧的影响显著。20 世纪末,相关研究主要集中在北极臭氧空洞和平流层臭氧减少(Abbatt et al.,1993; Grewe et al.,1998; Mancini et al.,1991; Pitari et al.,1992),少量研究涉及对流层非均相化学反应和臭氧浓度的关系。Heikes 等(1983)总结了对流层内 NO_3、HONO、HNO_3 的非均相过程。Hofmann 等(1992)通过对北极地区近地面的观测研究发现,"北极霾"现象导致颗粒物浓度较高,在太阳辐射弱的极地地区,氮氧化物(如 NO_3 等)发生在颗粒物表面的非均相反应和臭氧的减少有着密切联系。Jacob(2000)提出大气中的非均相化学反应可以通过影响 NO_x、HO_x 和卤素自由基的生成和消耗或直接通过 O_3 的非均相吸收来影响 O_3 浓度,并且不同种类和成分的颗粒物对非均相化学有着不同程度的影响,如黑碳、沙尘、海盐、硫酸盐气溶胶等。

黑碳气溶胶粒径较小,具有较大的比表面积,有利于非均相化学反应的发生。新生成的 BC 表面可以直接吸收臭氧。Kamm 等(1999)在实验室研究中发现,当边界层内含碳颗粒物污染严重时,烟尘表面对臭氧的非均相吸收作用不可忽视。Fenidel 等(1995)研究发现,黑碳表面对臭氧的吸收系数为 10^{-4},可以减少臭氧,是臭氧重要的汇之一。除了直接吸收 O_3 外,黑碳或烟尘颗粒还会通过影响 O_3 前体物及光化学反应物种的方式影响臭氧浓度。在白天边界层内的光化学反应中,由 HNO_2 光解生成的 OH 自由基起着十分重要的作用,而 NO_2 在烟尘颗粒表面上通过非均相反应生成的 HNO_2 的速度比其他途径要快 10^5～10^7 倍，会影响到边界层内 O_3 的浓度（Ammann et al.，1998）。研究发现，BC 表面对 O_3 的吸收不仅会影响到 O_3 浓度，也会影响到大气中硫酸盐颗粒物的非均相生成，并且 O_3 的吸收系数和反应速率随相对湿度的增大而增大（He et al.，2017；Zhang et al.，2018；Zhao et al.，2017）。

在沙尘气溶胶表面，N_2O_5、O_3、HNO_3、HO_2 自由基等发生的非均相化学反应会影响到臭氧的光化学循环，从而导致臭氧浓度下降，并且由于温度、湿度等因素的变化，不同成分在沙尘气溶胶表面的吸收系数变化很大（Dentener et al.，1996；Ramachandran，2015）。沙尘气溶胶对臭氧的直接吸收较弱，Bauer（2004）以及 Fairlie 等（2010）的研究表明，沙尘表面最重要的非均相化学反应是 HNO_3 的吸收，该反应可以通过抑制 NO_x 的反应循环导致臭氧浓度的降低。Dentener 等（1996）的模式研究表明，由于非均相化学反应，沙尘源附近地区臭氧浓度会下降 10％左右。Bian 等（2003b）的研究中结合了沙尘对光化学反应和非均相化学反应的影响发现，沙尘气溶胶对当地臭氧浓度变化的贡献约为 20％，在非均相过程中沙尘的垂直分布对臭氧浓度有较大影响。在全球范围内，沙尘气溶胶的非均相反应会导致对流层臭氧浓度减少约 5％（Bauer，2004）。在中国的华北平原，沙尘天气会导致臭氧降低约 14.3％（Nan et al.，2018），在中国东部地区，沙尘表面的非均相反应可导致臭氧浓度下降 3％～7％（Li et al.，2017c；Tang et al.，2004）。

在海盐气溶胶表面，通过对 SO_2 和 O_3 的非均相吸收，SO_2 可以被 O_3 氧化成硫酸盐，从而导致硫酸盐浓度的升高和臭氧浓度的降低（Li et al.，2007a）。Gard 等（1998）利用气溶胶飞行质谱仪（ATOFMS）直接观测到了发生在单个海盐粒子表面的非均相化学反应，即硝酸根（NO_3^-）取代了海盐成分（NaCl）中的氯离子（Cl^-）。Finlayson-Pitts 等（2000）研究发现，在海盐浓度很高的沿海地区，海盐气溶胶中的 Cl^- 和 Br^- 通过非均相化学反应活化成气体 Cl_2 和 Br_2，进而对对流层臭氧和小分子碳氢化合物造成破坏作用。海盐和硫酸盐气溶胶表面也可以通过非均相化学反应影响臭氧及其前体物的浓度。硫酸盐颗粒物可以和黑碳、沙尘混合，扩大 BC 和沙尘的反应表面，有利于非均相反应的发生，南亚地区硫酸盐颗粒物较多，这一反应过程在此区域十分重要（Dentener et al.，1996）。Tie 等（2005）使用模式研究发现，HO_2 和 CH_2O 在硫酸盐上的非均相反应对 HO_x（$OH+HO_2$）浓度有重要影响，从而影响臭氧的浓度。

2.3 区域气候和化学耦合模式

区域气候和化学耦合模式是研究空气污染和气候变化及其相互作用的重要工具，代表性的模式有：RIEMS-Chem、RegCCMS、RegCM-Chem。

中国科学院大气物理研究所发展了区域环境集成模拟系统 RIEMS，广泛用于东亚区域气候变化、极端气候和人类活动与季风相互作用研究。近年来将大气化学/气溶胶过程与区域气候模式 RIEMS 进行双向耦合，构建了 RIEMS-Chem，可以同时在线模拟气象要素、气溶胶化学成分的浓度、光学特性和辐射强迫，以及气溶胶对辐射和气候的扰动和反馈（Han，2010；Han et al.，2011，2012；Li et al.，2011c，2013c，2014c）。RIEMS-Chem 包括了主要的人为（硫酸盐、硝酸盐、铵盐、黑碳、有机碳）和自然气溶胶（沙尘、海盐、海洋源有机碳）及其复杂的物理和化学过程。模式中气体和气溶胶的输送和扩散方案与 RIEMS 中水汽的方案一致，保证了耦合模式中物质运动的一致性和守恒。气溶胶可通过扰动辐射传输和云性质改变气象场进而影响气溶胶的理化过程和浓度，从而实现大气化学-气溶胶-气候的相互作用。气相化学过程采用 CB-IV 机制；气溶胶的热力学平衡过程用 ISORROPIA II 模型来反映，可计算无机盐气溶胶浓度；液相化学反应过程、云内的混合和气体的湿清除过程采用 RADM（the Regional Acid Deposition Model）方案；二次有机碳气溶胶的产生可选用容积产生率法、两产物法和 VBS 模型来描述；光化学过程中光解率由 TUV（Tropospheric Ultraviolet-Visible Radiation Model）模型计算，并考虑了气溶胶、云、痕量气体对光解率的影响；考虑了人为气溶胶、沙尘和海盐表面的非均相化学反应；气溶胶的消光系数、单次散射反照率和非对称因子采用基于米理论的改进方案，既可以保证精度，又有很高的计算效率，可以计算不同类型气溶胶在外混和内混状态下的光学参数；吸湿增长对气溶胶光学性质的影响采用 κ-Köhler 方案描述。气溶胶对云的作用反映在对云滴数浓度、云滴有效半径、云反照率（第一间接效应）以及对云滴向雨滴转化和降水（第二间接效应）的影响。对于第一间接效应，模式中采用两种方案，一种是经验参数化方案，即基于观测数据建立气溶胶质量浓度与云滴数浓度之间的关系；另一种是基于寇拉理论的物理参数化方案；第二间接效应采用 Beheng（1994）方案来反映气溶胶对云水向雨水转化率的影响。气体的干沉积速度由 Walmsley 等（1996）方案计算得到，而不同粒径段气溶胶的干沉积速度表示为总的阻力的倒数与重力沉降速度之和。气溶胶的云下清除过程采用 Slinn（1984）的方案。起沙过程采用 Han 等（2004）发展的沙尘模型来描述和计算，海盐的排放通量由 Gong（2003a）的方案计算。RIEMS-Chem 模拟的气象要素、大气化学成分浓度和光学参数与一系列地基和卫星观测资料进行了系统的对比，显示模式可以比较合理和准确地反映风速、温度、相对湿度和 $PM_{2.5}$、PM_{10} 及其化学成分、气溶胶消光系数和气溶胶光学厚度的空间分布和时间变化特征。RIEMS-Chem 还参加了国际大气模式比较计划 MICS-Asia（Model Inter-Comparison Study for Asia）（Gao et al.，2018），在 7 个区域大气化学/气溶胶-天气/气候耦合模式中，RIEMS-Chem 对中国华北地区 $PM_{2.5}$ 浓度的模拟效果最好。Han 等（2019）利用 RIEMS-Chem、航测数据和卫星资料首次研究了春季海洋释放的一次有机碳气溶胶（MPOA）对中国东部和中国近海气温、云和降水的影响。研究发现，藻华发生时，中国东海和东部沿海地区 MPOA 数浓度和云滴数浓度增加，云滴有效半径减小，云光学厚度和反照率增加，云水路径增加，陆面气温下降（约 0.2 ℃），约占总气溶胶（人为＋沙尘＋MPOA）导致气温变化（－1.2 ℃）的 16％；MPOA 使总降水减少，最大减少在中国东南部，达 50 mm；中国东海、中国东部和西太平洋平均 MPOA 导致的降水减少是总气溶胶导致降水分别减少 32％、21％和 22％，反映了藻华频发的春季 MPOA 对中国东部降水影响的重要性。

南京大学发展了区域气候化学模拟系统 RegCCMS，将区域气候模式 RegCM2 和对流层大气化学模式 TACM 耦合，主要用于对流层臭氧和硫酸盐气溶胶的时空分布、辐射强迫和气候效应研究（王体健 等，2004）。之后，又将 RegCM3 和 TACM 耦合，在 RegCCMS 中增加了硝酸盐气溶胶、海盐气溶胶、沙尘气溶胶、黑碳和有机碳气溶胶等模块，能够很好地对东亚地区特别是中国地区人为气溶胶（硫酸盐、硝酸盐、黑碳和有机碳）和自然气溶胶（沙尘、海盐）的时空分布特征进行模拟；同时引入气溶胶影响云和降水微物理过程的参数化计算方案，实现了对气溶胶直接、间接和半直接气候效应的模拟，评估了主要气溶胶对东亚地区辐射、云、气温、降水和环流的影响（Li et al.，2009；Zhuang et al.，2010，2011，2013a，2013b；王体健 等，2010；沈凡卉 等，2011；李树 等，2011；张颖 等，2014）。Zhuang 等（2010）提出了黑碳-云滴内部混合的半直接效应，利用 RegCCMS 量化了该效应引起的辐射强迫和区域气候响应，并揭示了其影响东亚气候的主要物理机制。Wang 等（2010a）应用耦合的模式系统 RegCCMS 对中国地区硝酸盐气溶胶的气候效应进行了模拟，其评估了模拟的气压、风场、温度和湿度，发现模式能较好地模拟气压和风场，但是在中国中部和南部的温度模拟较低，同时低估了湿度。此外，Wang 等(2015b)利用耦合模式 RegCCMS 研究了人为气溶胶(硫酸盐、硝酸盐、黑碳、一次有机碳)与东亚夏季风之间的相互作用。人为气溶胶总体上使气温下降、海陆气温梯度减小、夏季风减弱、降水减少；黑碳使中国南方降水增加，北方降水减少，呈现南涝北旱的变化趋势，但是总人为气溶胶的气候效应远大于黑碳的直接效应，上述气溶胶导致的东亚夏季风的变化会使低层气溶胶浓度进一步增加。

RegCM-Chem 是国际理论物理研究中心发展的区域气候-化学模式。Shalaby 等(2012)在 RegCM4 基础上增加了气相化学模块(Carbon Bond Mechanism-Z，CBM-Z)，形成 RegCM-Chem，实现了区域气候和化学过程的耦合。模式采用 CCM3 的辐射方案(Kiehl et al.，1996)。采用简化的气溶胶方案模拟硫酸盐、黑碳和有机碳气溶胶(Solmon et al.，2006)，同时考虑了沙尘和海盐气溶胶(Giorgi et al.，2012；Solmon et al.，2012)。假设气溶胶外部混合，考虑水平平流、湍流扩散、垂直输送、排放、干湿沉降和气液转化等过程对气溶胶浓度的影响。Yin 等(2015)在模式中引入了二次有机气溶胶方案 VBS，Li 等(2016b)进一步耦合热力学平衡模式 ISORROPIA 描述二次无机盐的形成过程，Liu 等(2016)加入了生物气溶胶的模拟。Xie 等(2018，2019，2020)将 RegCM-Chem 与 YIBs 耦合，发展了区域气候-化学-生态耦合模式 RegCM-Chem-YIBs，可以用来模拟臭氧、气溶胶和二氧化碳及其相互作用过程。关于 RegCM-Chem 的详细介绍见本书的第 3 章。

2.4 二氧化碳模式

2.4.1 CO_2 数值模式

以往在大部分的气候模式中，CO_2 浓度通常是给定一个全球平均值，大气中的 CO_2 浓度被认为是空间上均匀分布的，仅仅考虑 CO_2 浓度在时间上的年际变化，忽略了 CO_2 浓度时空异质性的影响(Kiehl et al.，1983)。在实际大气中，由于受到地表 CO_2 源和汇过程以及大气输送扩散的影响，大气中的 CO_2 浓度存在明显的时空异质性，城市和背景地区 CO_2 浓度具有很大差别(Huang et al.，2015)。

数值模式是研究大气中 CO_2 浓度分布和变化的有效工具，不仅可以定量衡量人为排放源(Cheng et al.，2013)、生态系统(Kou et al.，2015)、大气传输(麦博儒等，2014)、化学转化(Nassar et al.，2010)、大气振荡(Jiang et al.，2012b)等过程因素对大气 CO_2 浓度的影响，还可以用来进行源反演等研究(Jiang et al.，2013b)。由地表异质性及复杂的地形导致的中尺度效应在先进反演传输模式中处于次网格尺度，而高分辨率模式可以捕捉到更精确的过程(Ahmadov et al.，2009)。按尺度划分，模拟大气 CO_2 浓度的有全球模式和区域模式。全球模式有 TM3 (the Chemistry Transport Model version 3)模式(Houweling et al.，1998)、TM5 (the Chemistry Transport Model version 5)模式(Krol et al.，2005)、GEOS-Chem (Goddard Earth Observing System with Chemistry)模式(Jiang et al.，2012b；冯涛 等，2014；Wang et al.，2014a)、CarbonTracker (Cheng et al.，2013)、LMDZ (Laboratoire de Meteorologie Dynamique)模式(Hauglustaine et al.，2004)、欧拉-拉格朗日结合模式(Ganshin et al.，2012)等。区域模式有应用于欧洲、亚马孙、北美、东亚等地区的 WRF (Weather Research and Forecasting Model)模式(Dubey et al.，2009)、WRF-VPRM (WRF with Vegetation Photosynthesis and Respiration)模式(Ahmadov et al.，2007；Ahmadov et al.，2009)、WRF-GHG (WRF with Greenhouse Gases)模式(刁一伟 等,2015)、WRF-CO_2 模式(Ballav et al.，2012)、RAMS-CMAQ (Regional Atmospheric Modeling System and Community Multi-scale Air Quality)模式(Kou et al.，2013；Huang et al.，2014；Liu et al.，2014；Kou et al.，2015)、REMO (Regional Model)模式(Chevillard et al.，2002)、RAMS-SiB2 (RAMS with Simple Biosphere version 2)模式(Denning et al.，2003)、RAMS-SiB3 (RAMS with Simple Biosphere version 3)模式(Corbin et al.，2010)等,可实现多层嵌套,水平分辨率为 2 ～ 64 km,小于全球模式 1° ～ 3°,可用于区域尺度高分辨率的研究。

此外,数值模式还可通过对其他温室气体如 CH_4(Zhang et al.，2014a)、污染气体如 CO (Protonotariou et al.，2013)的模拟研究,进而分析对 CO_2 的影响。利用区域模式可对大气 CO_2 进行中小尺度的模拟分析研究,如不同天气系统控制下近地层 CO_2 浓度分布及输送特征(麦博儒 等,2014)、不同的生态系统通量方案及人为排放源对浓度的影响(Ballav et al.，2012)、生态系统对近地层大气 CO_2 的贡献(Kou et al.，2015)、利用同化系统提高模式模拟的精确度(Huang et al.，2014)等。

到目前为止,不少全球模式已经可以用于 CO_2 时空分布研究。Fung 等(1983)利用大气传输模型来研究大气 CO_2 浓度对陆地生态系统的响应指出,CO_2 浓度的季节变化与大气环流、CO_2 的源汇分布特征有关。随后许多学者使用大气输送模型来研究不同尺度输送过程(包括拉格朗日平均运动、大尺度的涡旋运动以及小尺度的对流和垂直扩散过程)对 CO_2 浓度影响的相对重要性(Kawa et al.，2004；Miyazaki et al.，2008；Strahan et al.，1998；Tiwari et al.，2006)。这类模式是以大气传输的物理过程为理论基础,能够模拟 CO_2 在大气中真实的输送过程。随着数值模式的发展,大气化学传输模式逐渐被用于 CO_2 浓度模拟的研究中。LMDZ 模式(Hauglustaine et al.，2004)、TM3 模式(Houweling et al.，1998)是较早用来开展大气 CO_2 浓度模拟的全球大气化学传输模式。随后相继有学者在 GEOS-Chem 模式(Suntharalingam et al.，2004)、MOZART 模式(Wang et al.，2011)中增加了 CO_2 模拟。美国国家海洋和大气管理局基于 TM5 模式开发了全球碳同化系统 CarbonTracker,使用集合卡尔曼滤波算法对全球的地面站点监测、飞机观测等 CO_2 数据进行同化,能够同时反演 CO_2 浓度和通量数据(Peters et al.，2007)。

全球模式由于空间分辨率较低,无法考虑复杂地形以及中小尺度天气系统的影响,在模拟大气 CO_2 浓度时往往存在很大的不确定性(Geels et al.，2007)。区域模式具有更高的时空分辨率,同时对大气中物理过程的描述更加详细,能够捕捉到更精确的天气和气候系统。目前在区域尺度上,已经有不少关于 CO_2 模拟的研究。Chevillard 等(2002)使用 REMO 模式研究了欧洲和西伯利亚地区的 CO_2 分布特征。Denning 等(2003)基于耦合的大气-简单生物圈模型 RAMS-SIB2 分析了美国森林地区的大气 CO_2 浓度的变化趋势。Ahmadov 等(2007)将陆地生物诊断模型 VPRM 耦合到中尺度气象模式 WRF 中,实现了对大气 CO_2 浓度的模拟。之后又将 WRF-VPRM 与两个全球模式(LMDZ 和 TM3)的模拟结果进行对比表明,区域模式能够更好地抓住大气中 CO_2 浓度的变化特征(Ahmadov et al.，2009)。Corbin 等(2017)将简单生物圈模型 SIB3 耦合到 RAMS 模式中，分析了不同分辨率的排放清单对 CO_2 模拟的影响，发现粗分辨率的排放清单会导致模拟结果存在一致性的偏差，并指出需要在模式中考虑 CO_2 排放的季节变化。Ballav 等(2012)在区域空气质量模式 WRF-Chem 中增加了 CO_2 物种，用来研究不同时间尺度上 CO_2 浓度变化的原因，发现陆地生物碳通量和边界层高度是大气 CO_2 浓度日变化的主要因子，而地表通量的水平分布特征和风向的改变是天气尺度 CO_2 浓度变化的主要原因。Kou 等(2015)在区域空气质量模式 RAMS-CMAQ 中引入了 CO_2 浓度的模拟，考虑大气中 CO_2 的输送扩散过程以及四种地面 CO_2 通量的影响。基于该模式评估了陆地生态系统 CO_2 交换通量对大气中 CO_2 浓度的影响，结果表明：在冬季，陆地生态系统呼吸作用能够造成大气 CO_2 浓度上升超过 5 ppmv；而在夏季，由于植被的光合作用，大气 CO_2 浓度下降幅度最大约为 7 ppmv。

由于地表碳通量以及模式参数上的不确定性，不同模式模拟的结果还存在很大的不确定性(刁一伟 等，2015)。Li 等(2017e)将 CMAQ 模式模拟的东亚地区 CO_2 柱平均干空气体积混合比(X_{CO_2})与 GOSAT 卫星以及地面站点监测的结果比较，发现模式和卫星对 X_{CO_2} 均有一定程度的高估，CMAQ 结果比站点观测数据平均高估了约 2.4 ppmv。Geels 等(2007)比较了五种不同的大气传输模式，结果发现模式模拟的 CO_2 月平均浓度的差异高达 10 ppmv；相对来说，高分辨率的区域模式能更好地抓住 CO_2 浓度变化的周期和振幅。由于区域模式的网格间距更小，时间步长更短，能够抓住中尺度天气特征，因此对大气 CO_2 的输送过程的模拟更加精确。多个区域模式的对比结果显示，虽然模拟结果存在一定的差异，但是基本都能合理再现 CO_2 浓度的分布和变化特征(Sarrat et al.，2007)。目前关于 CO_2 浓度模拟的数值模式中通常使用给定的陆地碳通量数据(Cheng et al.，2013；Wang et al.，2014a；冯涛 等，2014)，或是耦合较为简单的陆地生态系统模式，如 SIB 模式(Corbin et al.，2017)、VPRM 模式(Ahmadov et al.，2007)等。

2.4.2　植被 CO_2 模式

植被是陆地生态系统的重要组成部分，与天气、气候系统间存在复杂的相互作用。一方面，植被的生长发育和气候条件之间密切相关，气候变化会引起植被生长状况甚至是空间分布格局的改变(Dickinson，1995)；另一方面，植被能够通过改变地表反照率、下垫面粗糙度来影响大气与陆面间的能量和动量交换，通过蒸腾作用调节大气中的水分循环、影响地表感热、潜热间的能量分配(McPherson，2007)。不仅如此，植被作为重要的碳库，和大气间存在重要的二氧化碳交换，从而影响全球碳循环过程(Cao et al.，1998)；植被释放的挥发性有机物具有较高的化学活性，是对流层光化学反应的重要前体物，对大气化学有着重要的影响(Peñuelas et al.，2010)。

数值模式是研究气候、化学和植被间相互作用的有效工具。早期的研究学者基于观测资料研究植被生产力和气候等环境因子间的关系，建立数学模型，形成了最初的经验模型。Miami 模型是 Lieth(1972)提出的一种估算植被净初级生产力的经验模型，选用年平均温度和年平均降水量作为环境因子来建立经验方程，估算 NPP 的值。Uchijima 等(1985)考虑到辐射对植被生产力的影响，提出了基于净辐射干燥度估算 NPP 的 Chikugo 模型。这种经验模式大多数基于数学上的统计方法，输入参数相对简单，缺乏对其他环境因子影响的考虑以及植被本身生理过程的描述，因此模拟结果存在较大的不确定性。

植被通过光合作用把二氧化碳和水分转化成有机物存储起来，是陆地生态系统碳吸收的主要途径。光合作用的速率依赖于植被所利用的太阳光能的强度，因此植被对光能的利用率决定了植被光合作用固碳量的多少。基于这种思路，有学者利用生态系统对太阳辐射的有效利用率来估算植被的生产力，建立了光能利用率模型(Monteith，1972)。主要的光能利用率模型如VPM(Vegetation Photosynthesis Model)模式(Xiao et al.，2004)、CFlux(Carbon Flux)模式(King et al.，2011)等。由于其输入参数相对简单，模型精度较高，目前已经在区域甚至全球尺度得到了应用。然而植物光能利用率受到高时变的温度、水分等环境因子的影响，存在很大的时空差异性，在模型中往往不能准确的描述。模式中对不同植被类型的最大光能利用率估算的不确定性会影响模拟结果的精确度(Prince et al.，1995)。另外，模型中输入的一些固定参数存在区域上的差异，可能会造成模拟结果存在很大的偏差(Potter et al.，1993)。

随着对植被生理机制的不断了解，有学者建立了生物地理模式BIOME(Biogeographical Models)来模拟不同气候条件下植被的分布特征以及生长、死亡和碳氮循环等过程(Kittel et al.，2000)。这类模型着眼于计算不同环境条件下植被的空间结构特征，依据植被的结构分布来计算生态系统的生产力和碳通量等。在BIOME模型中，植被类型分成14种功能型，每种植物的生长过程都有一个气候承受力，当特定的气候因子如温度达到对应的阈值，植被就开始生长或者死亡(Woodward et al.，1987)。生物地理模式对于植被的生理过程处理的相对简单，另一类生物化学模式(Biogeochemical Models)考虑了更为复杂的过程。生物化学模式中描述了植被的生化过程、物候过程，能够估计生态系统中的碳、水及能量的通量大小和储存量(Joos et al.，2001)。如Running等(1993)建立的BIOME-BGC模式中实现了对植物光合作用、呼吸作用、碳的再分配等过程的描述，能够抓住生态系统的重要特征。

上述模型主要用于模拟陆地生态系统中的碳循环过程，而在气候模式中通常用陆面生物圈模型来描述植被和大气间能量、动量和水汽交换。早期的陆面模式如BATS(Biosphere-Atmosphere Transfer Scheme)模式(Dickinson et al.，1986)和SIB模式(Sellers et al.，1986)等显式引入了植被对大气的作用，主要通过叶面积指数来描述植被的影响。随着更多学者对植被和大气相互作用的关注，20世纪90年代发展了一系列更为复杂的陆面模式，如LSM模式(Bonan，1995)、CLM模式(Dai et al.，2003)、AVIM模式(Ji，1995)等。新一代的陆面模式中考虑了碳循环过程，引入了植被的光合作用和蒸腾作用等，较为真实地反映了植被的生理过程。然而，这些模式中没有考虑同化物的再分配过程以及植被的物候变化，因此不能模拟气候变化背景下的植被动态分布。

相比之下，动态全球植被模型DGVMs，如LPJ模式(Sitch et al.，2003)、IBIS模式(Foley et al.，1996)、CLM-DGVM模式(Levis et al.，2004)、YIBs模式(Yue et al.，2015)等，能够模拟植被对于环境因子的动态响应，包括植物本身的萌生、生长、衰亡以及不同植物之间的竞争和干扰(Quillet et al.，2010)。DGVMs集成了生物物理、化学以及植被碳氮循环过程，将不同时间尺度上的植被生理过程(如分钟尺度的光合作用、呼吸作用，月尺度的植被物候，年尺度的植被竞争等)结合起来，能够更好地模拟植被的动态变化，提高了模型的精确度。近年来，不少研究开始把动态的植被过程引入陆面模型中，完善陆面模型对碳循环和植被动态的模拟。如在CLM陆面模式中加入了碳氮循环和植被的动态变化(CLM-CN-DV)，并实现与全球模式CCSM(Gotangco Castillo et al.，2012)以及区域气候模式RegCM(Wang et al.，2016b)的耦合。

植被生理过程不仅和气候要素关系密切，大气中的污染物如臭氧等对植被的生长也有重要的影响。实验观测表明，对流层臭氧能够显著减少植被的光合作用速率（Ainsworth et al.，2012）和气孔导度（Wittig et al.，2009），从而削弱植被对碳的同化，增加大气中的二氧化碳浓度。研究表明，臭氧引起的二氧化碳浓度升高会间接地带来 0.62 ～ 1.09 $W \cdot m^{-2}$ 的辐射强迫，这和臭氧直接造成的辐射强迫 0.89 $W \cdot m^{-2}$ 相当（Sitch et al.，2007）。

2.4.3 海洋 CO_2 模式

全球海洋是人为排放 CO_2 重要的汇，它能够减缓大气中 CO_2 的累积及其对全球变暖的作用。自工业化以来，33%～48%的人为 CO_2 排放被海洋吸收（Sabine et al.，2004；Sarmiento et al.，2010）。海洋的 CO_2 汇区主要分布在西北太平洋、北大西洋和南大洋，其中南大洋吸收的人为 CO_2 约占全球总量的 50%（Lovenduski et al.，2015；Khatiwala et al.，2009）。而赤道太平洋则是一个源（Ishii et al.，2014；Valsala et al.，2014），每年向大气中释放 0.44±0.14 Pg C（Valsala et al.，2014；Ishii et al.，2009）。

海气 CO_2 交换过程是一个非常复杂的问题，涉及物理、化学和生物过程。生物过程对碳化合物的分解和沉降起着决定性作用，当 CO_2 溶于水后，因各种物理、化学和生物过程相互作用可能转化为颗粒物，随后沉到深海，其中有一部分被微生物呼吸消耗后重新转化成 CO_2，这一过程称为 CO_2 的生物泵，约占海洋吸收大气 CO_2 的 10%（徐永福，1994）。而 CO_2 从大气进入海洋的过程主要取决于物理交换过程，CO_2 在大气和海洋之间的转移由界面浓度差确定。目前估算海-气 CO_2 通量的方法以化学质量平衡法为主，但海水 CO_2 分压的观测和海气 CO_2 交换系数的计算具有较大的不确定性，是估算 CO_2 通量误差的主要来源。关于海气 CO_2 交换的更多机理，还有待更加深入的研究。以下分别基于观测和模式对海气 CO_2 交换通量的研究进展进行简要归纳。

2.4.3.1 基于观测的海气 CO_2 通量估算

海洋吸收大气 CO_2 的能力可以通过单位面积的海气 CO_2 通量乘以海域面积得到。海气 CO_2 通量的估算有很多方法，目前应用最广泛的是基于质量平衡方法的海气界面分压差法（Takahashi et al.，2009），分别测量海水和海表大气中的 CO_2 分压，结合 CO_2 海气交换速率来计算，估算公式如下：

$$F = K \times (p\,CO_2^{sw} - p\,CO_2^{air}) \tag{2.1}$$

式中，F 为海气 CO_2 通量，K 为气体交换系数，是液相传输速度 k 和 CO_2 溶解度 α 的乘积。α 与温度和盐度有关。$p\,CO_2^{sw}$ 为海水 CO_2 分压，$p\,CO_2^{air}$ 为大气 CO_2 分压。当海水中的 CO_2 分压比空气中的 CO_2 分压大时，净通量从海水往大气方向，称之为源，反之称为汇。

由于大气 CO_2 分压的水平梯度变化很小，$p\,CO_2^{air}$ 可以根据常规的季节环流和纬度变化，从大气常规观测站获得。$p\,CO_2^{sw}$ 是海气 CO_2 通量计算中最关键的因素，但 $p\,CO_2^{sw}$ 的船舶走航观测分辨率低、误差大，难以做到大尺度的计算。利用卫星遥感和观测参数的反演建模可以实现多时空、大尺度、长时间序列海气 CO_2 通量的估算，反演参数包括海表面温度（SST）、海表叶绿素浓度（Chla）和海表面盐度（SSS），SST 与 $p\,CO_2^{sw}$ 的经验关系频繁用于动力过程，Chla 反映了生物活动的活跃程度，SSS 在物理水文和生物化学过程中均具有重要作用。反演算法包括单参数、双参数和多参数方法。双参数算法以经验公式为主，对于 pCO_2^{sw} 的估算精度比单参数明显提高，但在近岸海域误差较大。多参数算法模式多样，考虑的影响因子更多，反演精度更高，见表 2.2。

表 2.2 多参数遥感建模的应用(许苏清 等,2015)

研究海域	经纬度范围	研究时间（年份）	参数选择	建模方法	pCO_2^{sw} 遥感建模精度
加勒比海域	90°～60°W，15°～30°N	2002	SST、Lon、Lat	线性回归	9.5 μatm
大西洋次北极环流	60°～10°W，50°～70°N	1995—1997	SST、Lon、Lat、year	自主神经网络算法	3～11 μatm
北太平洋	120°E～80°W，0～60°N	1992—1996	Chla、SST、SSS[c]	线性回归、分解恒量守则	17～23 μatm
墨西哥湾北部	91°～88°W，28°～31°N	2003.6	Chla、SST、SSS[d]	多元线性回归	50.2 μatm
北大西洋	85°～6°W，10°～58°N	1994—1995	Chla、SST、MLD[a]	多元线性回归	10.99～13.36 μatm
北大西洋	60°W～0°，10°～60°N	2004—2006	Chla、SST、MLD[b]	SOM 神经网络算法	11.55 μatm
南海北部	110°～118°E，10°～58°N	2001—2004	Chla、SST、Lon、Lat	神经网络算法	6.9 μatm
北太平洋	120°E～100°W，10°～60°N	2002—2008	Chla、SST、SSS[e]、MLD[c]	SOM 神经网络算法	17.6 μatm
北大西洋	100°W～0°，15°～65°N	2005	SST、Chla、Lon、Lat、Month	KFM 神经网络算法	21.1 μatm
北大西洋	100°W～0°，15°～65°N	2005	SST、SSS[f]、Lon、Lat、Time	SOM 神经网络算法	15.9 μatm

注：MLD[a] 为气候态平均值；MLD[b] 和 MLD[c] 为海洋模型计算结果。SSS[c] 为气候态平均盐度；SSS[d] 为卫星遥感可溶性有机发光物质系数推算而得；SSS[e] 为海洋模型计算结果；SSS[f] 为浮标数据

气体交换速度 k 的测定则更为困难，对于在水中溶解度较小的温室气体（如 CO_2 和 CH_4）的交换速度主要取决于水体侧的黏性边界层和湍流边界层。黏性边界层由 Schimidt 数（Sc）决定：

$$\mathrm{Sc} = \upsilon / D \tag{2.2}$$

式中，υ 为水的运动学黏性系数，D 为某气体的分子扩散系数。海面湍流强度的不确定性是气体交换速度 k 不确定性的主要来源，它取决于代表湍流边界层内湍流强度的函数 $f(Q,L)$。目前没有可靠的方法定量描述海面湍流，海气界面的气体交换速度可以表示为：

$$k = A\,\mathrm{Sc}^{-n} f(Q,L) \tag{2.3}$$

$$n = \begin{cases} \dfrac{2}{3}，\text{平滑表面} \\ \dfrac{1}{2}，\text{波形表面} \end{cases} \tag{2.4}$$

海面湍流强度总是与风速成正比，在实际应用中，将气体交换速度表示为：

$$k = a\, Sc^{-1/2}\, U_{10}^{b} \tag{2.5}$$

式中，U_{10}为海上 10 m 高处的风速，系数 a、b 由观测确定。从 20 世纪 50 年代起，提出的许多气体交换速度与风速的经验公式之间差异较大，早年的研究中主要采用 Liss 等(1986)的线性公式计算，近年的研究中广泛采用 Wanninkhof (1992)提出二次方公式(即 $b=2$)和 Wanninkhof 等(1999) 提出的与风速成立方关系的表达式进行计算。

由于观测数据的不足和参数选取的差异，即便使用同一种方法，估算的全球海气 CO_2 通量的不确定性也达到 20%～30%(Boutin et al. ,1997; Gloor et al. ,2003; Le Quéré et al. , 2010; Sasse et al. ,2013)。

2.4.3.2　基于模式的海气 CO_2 通量估算

基于模式的方法可以在一定程度上弥补观测数据的缺失。许多海洋模式能够较好地再现海气 CO_2 通量的空间分布和年际变化特征(Li et al. , 2013b;Wanninkhof et al. , 2013)。

海洋碳循环模式包括最初描述海洋混合和水流的箱模式和基于海洋动力学的环流模式(徐永福 等,2004)。Maier-Reimer 等 (1987)提出了基于动力的海洋环流碳循环模式，此类模式包括简单的生化过程，模式结果的准确性取决于对海洋环流和与碳循环有关的海洋生化过程的模拟。Maier-Reimer 等 (1987) 采用了完全化学方法计算 $p\,CO_2^{sw}$ 。20 世纪 90 年代后，很多模式采用式(2.1)计算 CO_2 通量。Orr 等 (2001) 比较了 4 个全球环流模式的模拟结果，认为模式估计的 20 世纪 80 年代海洋对人为 CO_2 的年吸收量为 1.5～2.2 Gt C · a^{-1}，与基于观测估计的结果相当，但在区域尺度上存在较大差异(图略)。

由于海洋对人为 CO_2 的吸收量受海洋生物变化的影响较小 (Murnane et al. ,1999) ,Sarmiento 等 (1992) 提出了一个通过近似表达式将海水中人为 CO_2 分压与人为总溶解无机碳联系起来的扰动法，计算了人为 CO_2 交换通量。这种方法假定海洋的碱度和盐度分布均匀，与考虑生物过程的碳模式相比，计算效率高，适用于高分辨率的模拟 (Lachkar et al. , 2009)。Li 等 (2012b)比较了生物过程碳模式和扰动法计算的人为 CO_2 交换量，并与基于观测的估算进行了对比，扰动法计算结果为 0.81 Gt C · a^{-1}，包含生物过程的结果为 0.85 Gt C · a^{-1}，与观测更为接近(图 2.1)。扰动法采用 Sarmiento 等 (1992)提出的计算公式：

$$F = K \times (\delta\, p_{CO_2 a} - \delta\, p_{CO_2 o}) \tag{2.6}$$

$$\delta\, p_{CO_2 o} = \frac{z_0 \delta DIC}{1 - z_1 \delta DIC} \tag{2.7}$$

$$z_0 = 1.7561 - 0.031618T + 0.0004444\, T^2 \tag{2.8}$$

$$z_1 = 0.004096 - 7.70806 \times 10^{-5} T + 6.1 \times 10^{-7}\, T^2 \tag{2.9}$$

式中，$p_{CO_2 a}$ 为大气 CO_2 分压，$p_{CO_2 o}$ 为海洋 CO_2 分压，DIC 为总溶解无机人为碳，T 为海表面温度(℃)，假定盐度为 35 psu (g · kg^{-1})，碱度为 2300 μmol · kg^{-1} 的常量，在初始时刻海洋和大气中的 CO_2 浓度均为 0。在生物过程模式中，海气 CO_2 通量表示为：

$$F = K(p_{CO_2 a} - p_{CO_2 o}) \tag{2.10}$$

式中，$p_{CO_2 o}$ 通过热力学方程迭代计算得到，热力学方程中包含四个参量：模拟温度、盐度、总碱度和总溶解无机人为碳(Peng, 1987; Xu, 1992)。生物过程主要涉及四个地球化学物种：DIC、总碱度、磷酸盐和溶解有机碳(DOC)。不同的海洋碳循环模式对生物过程的描述有所不同，许多海洋碳循环模式都采用了 OCMIP-2 中基于磷酸盐循环的生物地球化学模式（Najjar et al.，2007）。

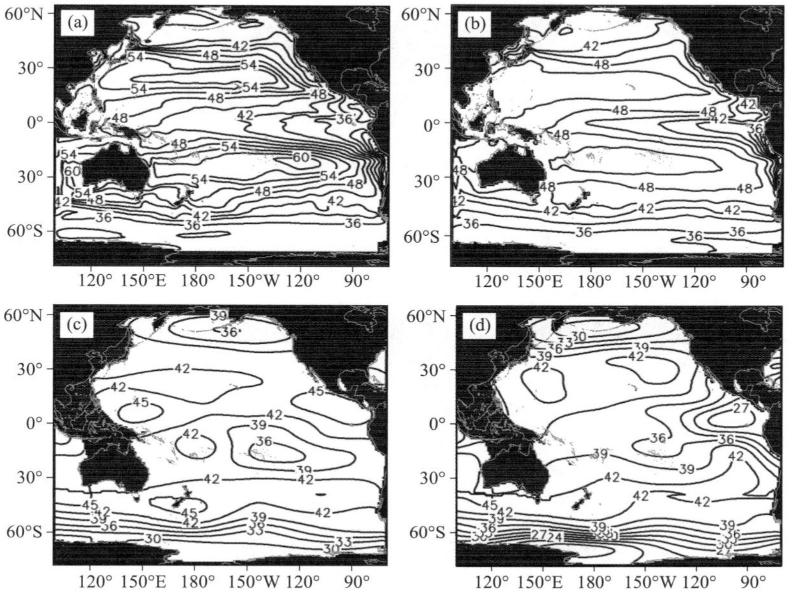

图 2.1　20 世纪 90 年代人为 CO_2 的海表面分布（单位：$\mu mol \cdot kg^{-1}$）（Li et al.，2012）
(a)包含生物过程的碳模式；(b)扰动法；(c)基于观测(0 m)；(d)基于观测(100 m)

将海洋碳循环和气候变化相耦合的地球系统模式是研究气候变化的重要工具。Dong 等(2016) 验证了 22 个 CMIP5 中的地球系统模式对海气 CO_2 通量年际变化的模拟能力（图 2.2），模拟偏差多数出现在西北太平洋、北大西洋和南大洋 45°S 以南等主要的海气 CO_2 交换区域（图 2.3）。海气通量的年际变化可以在一定程度上表现出碳循环和气候变化之间的相互作用。海气 CO_2 通量的年际变化与 ENSO 事件有关（Ishii et al.，2014；Landschützer et al.，2014；Rödenbeck et al.，2014），在 El Nino 事件期间，赤道中东太平洋的海水上涌减弱，使下层富有 DIC 的海水向海表的传输减弱（Feely et al.，2002；McKinley et al.，2004；Li et al.，2013b），从而减少了赤道太平洋的 CO_2 释放，多数地球系统模式能够模拟出这一特征。

2.4.4　人为 CO_2 排放模式

CO_2 排放通常是指自然界（自然碳源）及人类活动（社会经济碳源）所排放的 CO_2 量。挪威国际气候与环境研究中心和英国廷德尔气候变化研究中心等机构的研究指出，目前所产生的人为 CO_2 排放主要来自于化石燃料燃烧、工业生产（水泥生产）、森林砍伐以及其他土地利用变化。二氧化碳信息分析中心（CDIAC）的资料表明，工业活动和土地利用构成人类大部分的 CO_2 排放总量（Ding et al.，2009）。过去几十年间，土地利用释放的 CO_2 变化不大，在 1.25～1.75 Gt C 之间；在 1998—2007 年间平均排放为 1.48 Gt C，因此 CO_2 排放量的变化主要取决于能源消费情况。近年来，人为 CO_2 排放量持续增加，而城市是人为 CO_2 排放的主要来源地，据估计城市地区消费了世界 67%的能源和排放了全球 71%的 CO_2（IEA，2008）。其排放量中的一半留在大气中，其余的被海洋和陆地吸收。目前碳排放的计算主要根据与能源消费和经济结构相关的理论模型进行。

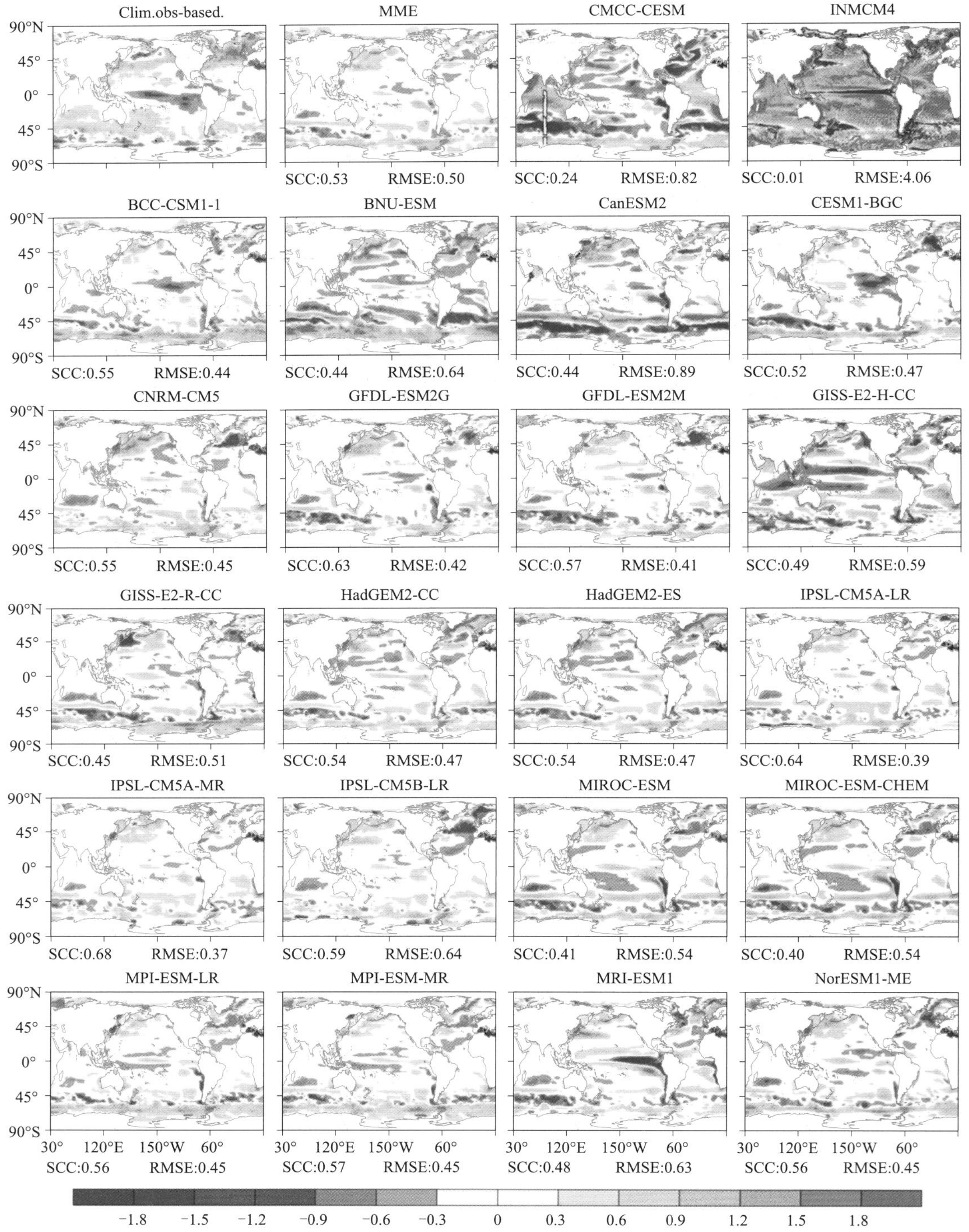

图 2.2　1996—2004 年年均海气 CO_2 通量(单位:10^{-9} kg·m^{-2}·s^{-1})和模式模拟偏差。基于观测(左上角)、18 个模式集合平均通量(MME)和 22 个 CMIP5 地球系统模式模拟结果(Dong et al., 2016),其中 SCC 为中心化空间相关系数;RMSE 为均方根误差

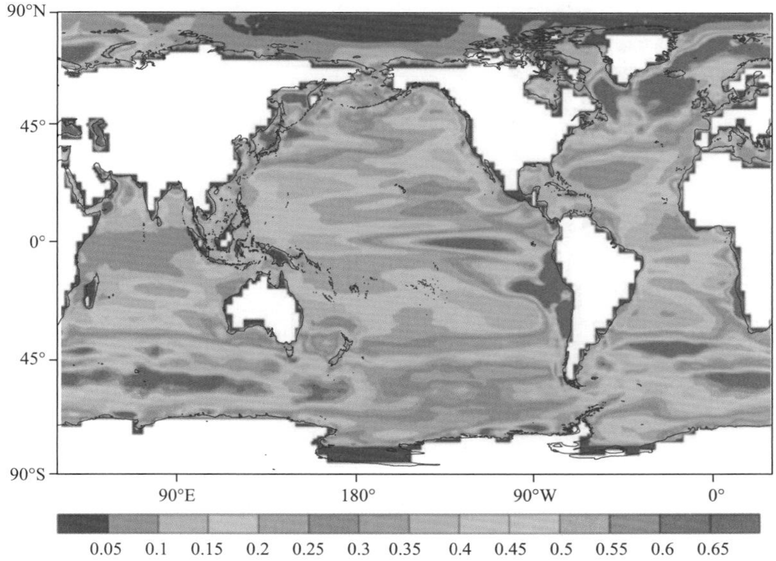

图2.3 18个CMIP5地球系统模式对海气CO_2通量(单位:10^{-9}kg·m^{-2}·s^{-1})模拟结果的标准差,表示模式之间差异程度(Dong et al.,2016)

联合国政府间气候变化专门委员会(IPCC AR4)给出了精确计算国家碳排放的公式:

$$CO_2排放=\sum_{所有能源}\{[(表观消费量_{能源}\times转换因子_{能源}\times含碳量_{能源})\times10^{-3}-非燃碳_{能源}]\times碳氧化因子_{能源}\times44/12\} \quad (2.11)$$

$$表观消费量=产量+进口-出口-国际燃料舱-库存变化 \quad (2.12)$$

式中,CO_2排放量单位为Gg CO_2;转换因子指根据净发热值将燃料转换为能源单位(TJ)的系数;含碳量单位为t C·TJ^{-1}。非燃碳指排除在燃料燃烧排放以外的原料和非能源用途中的碳(Gg C);碳氧化因子为碳被氧化的比例,根据Ding等(2009)可设定发达国家为1,发展中国家为0.85。姚中华等(2011)将中国2006年碳氧化因子设为0.9,2020年碳氧化因子设为1,2006—2020年期间碳氧化因子线性递增。

2.4.4.1 影响CO_2排放的因素

影响CO_2排放的因素复杂多样。研究CO_2排放影响因素所使用的方法大体可划分为五类:指数分解分析方法(Index Decomposition Analysis, IDA),主要包括对数平均权重分解(LMDI)与权重自我调整分解(AWD);结构分解分析法(Structure Decomposition Analysis, SDA),在碳排放中应用较多的是投入产出方法;Kaya等式及其变形,主要有IPAT模型和STIRPAT模型的应用;环境库兹涅茨曲线(EKC);计量经济学方法。这些方法可以细分为投入产出模型(Leontief,1951, 1986; Miller et al, 2009; 王雷, 2014)、IPAT模型(York et al., 2003; Feng et al., 2009)、STIRPAT模型(Wang et al., 2013)、指数分解模型(Ang, 2005; Yao et al., 2014)、LMDI模型(Ang, 2005;徐国泉 等,2006;许士春 等, 2012; 邓吉祥 等, 2014)、AWD方法(Fan et al., 2007)、GFI方法(Ang et al., 2004; 田立新 等, 2011)、Kaya指标方法(袁路 等,2013)、SDA模型(Dietzenbacher et al.,1998; Feng et al., 2012; Zhang, 2009)和计量经济模型(Al-mulali,2012)等。上述方法的基本原理、描述和评价如表2.3所示。

表 2.3　CO_2 排放影响因素计算方法一览表(王少剑 等,2015)

名称	基本公式	描述及评价
IPAT 模型	$I = \mathrm{Pop}(P) \times \mathrm{Aff}(A) \times \mathrm{Tec}(T)$	I 表示影响评价,Pop 表示人口,Aff 表示富裕度,Tec 表示科技进步。IPAT 模型格式简洁,最初被用于环境影响评价,后经逐步改进,广泛用于测度 CO_2 排放影响因素分析中。
STIRPAT 模型	$\ln I_{it} = a_0 + a_1 \ln A_{it} + a_2 (\ln A_{it})^2 + a_3 (\ln A_{it})^3 + a_4 \ln P_{it} + a_5 \ln T_{it} + \cdots$	STIRPAT 模型是 IPAT 模型的扩展形式,由于 IPAT 模型的原始设定只含 3 个影响因素,有一定的局限性,后经改进引入新的变量,扩展了 IPAT 模型,同时还可以进一步验证 CO_2(I)排放与经济发展($\ln^2 A$)的库茨涅茨(Kuznets)假设。
IDA 指数分解模型	$I = \mathrm{Pop} \times \frac{\mathrm{GDP}}{\mathrm{Pop}} \times \frac{\mathrm{GDP_{IND}}}{\mathrm{GDP}} \times \frac{\mathrm{ENE}}{\mathrm{GDP_{IND}}} \times \frac{I}{\mathrm{ENE}}$	I 表示 CO_2 排放,Pop 表示人口,GDP 表示国内生产总值,$\mathrm{GDP_{IND}}$表示产业增加值,ENE 表示能源消费,GDP/Pop 表示人均 GDP,$\mathrm{GDP_{IND}}$/GDP 表示产业份额,ENE/$\mathrm{GDP_{IND}}$表示能源强度,I/ENE 表示碳排放强度。该方法在能源经济学与环境经济学中广泛用于分解能源强度、能源消耗量、碳排放量的背后因素。
LMDI 模型	$C = P \times \frac{Y}{P} \times \frac{E}{Y} \times \frac{C}{E}$	C 表示碳排放,P 表示人口,Y/P 表示人均 GDP,E/Y 表示能源消费强度,C/E 表示能源结构强度。该模型原理和指数分解模型有相似之处,也是分解模型的一种。LMDI 方法具有技术成熟、形式多样、计算方便、分解无残差等优点,已广泛应用于 CO_2 排放及其效应的分解。
AWD 方法	$G_t = \frac{C_t}{Y_t} = \frac{C_t}{E_t}\frac{E_t}{Y_t} = I_t \sum_{j=1}^{n} \frac{C_{jt}}{E_{jt}}\frac{E_{jt}}{E_t} = I_t \sum_{j=1}^{n} e_{jt} R_{jt}$	G 表示碳排放强度,C 表示碳排放,Y 表示 GDP,E 表示能源消费,I 表示能源强度,t 表示年份,j 表示能源类型。该方法也是一种指数分解方法的一种,相比于 Laspeyres 指数分解和 Marshall-Edgeworth 指数分解,AWD 方法可以更好地获得变量的参数值。
GFI 方法	$\mathrm{DX}_j = \prod_{\substack{S \subset N \\ j \subset S}} \left[\frac{V(S)}{V(S)\backslash\{j\}}\right]^{\frac{1}{n} \times \frac{1}{\binom{n-1}{s'-1}}} = \prod_{\substack{S \subset N \\ j \subset S}} \left[\frac{V(S)}{V(S)\backslash\{j\}}\right]^{\frac{(s'-1)!(n-s')!}{n!}}$	DX_j表示碳排放强度,V 表示总量指标,j 表示总量指标的次级分类,n 表示分量个数,S 表示{1,2,3…,n}的一个子集,s' 为 S 的势。现在,关于碳排放因素测度常用方法有 Laspeyres 指数分解和 Divisia 指数分解等。但当指数分解存在残差项时,碳排放变动的部分不能为以上模型所解释。而广义费雪指数(GFI)方法可克服以上缺陷,能更好地消除分解的残差项,得到的结果更加精确。
投入产出结构分解模型	$C = f(I - A)^{-1} xY$	C 为能源消费碳排放向量,f 为部门直接排放行向量,I 为强度矩阵,A 为投入系数矩阵,Y 为最终需求矩阵,$(I-A)^{-1}$ 为列昂惕夫逆矩阵。投入产出结构分解分析模型是定量分析国民经济各部门之间相互依赖关系有力的工具,可考察国民经济运行中中间产品消费导致的碳排放水平;在投入产出分析框架上加入能源等环境因素,建立"经济-能源"投入产出结构分解模型。

续表

名称	基本公式	描述及评价
Kaya 等式	$GHG=\frac{GHG}{TOE}\times\frac{TOE}{GDP}\times\frac{GDP}{POP}\times POP=f\times e\times g\times p$	GHG 表示温室气体排放，TOE 表示能源消费量，GDP 表示经济规模，POP 表示人口规模，f 表示能源结构强度，e 表示能源消费强度，g 表示人均 GDP，p 表示人口规模。Kaya 恒等式最初由日本学者 Kaya 提出，是目前分析碳排放驱动因素的主流分析方法，在解释全球历史排放变化原因方面具有重要的作用，并具有数学形式简单、分解无残差、对碳排放变化推动因素解释力强等优点，但也存在局限性：只能解释流量变化，无法解释存量变化；驱动因素多为表象因素，对总量的实际影响难以确定等。
计量经济模型	$y_{it}=\alpha_i+\beta_{1i}x_{1i,t}+\beta_{2i}x_{2i,t}+\cdots\beta_{Mi}x_{Mi,t}+e_{it}$	y 表示碳排放，x 表示碳排放影响因素，α 表示截距，β 表示相应系数，i 表示横截面个数，t 表示时间，M 表示碳排放影响因素个数。面板数据模型通常涵盖静态模型、动态模型、单位根和协整分析、因果关系检验、受限因变量、变系数模型和随机前沿模型。其与传统的时间序列和截面数据模型相比，优点为：可扩大信息量，增加估计和检验统计量的自由度；有助于提供动态分析的可靠性；有助于反映经济结构、经济制度的渐进性变化；有助于反映经济体的结构性特征。

从实证结果来看，大部分研究表明，CO_2 与人口规模、收入水平、城市化水平等因素呈单调递增的关系，而随着技术水平的提高单调递减（张征华 等，2013）。

2.4.4.2　CO_2 排放模拟和预测方法

从方法上来看，现有的关于 CO_2 排放模拟和预测的方法主要可以分为 4 类（王少剑 等，2015）。

（1）指标分解模拟方法。比较有代表性的是 Kaya 恒等式，将 CO_2 排放分解为人口规模、人均 GDP、能源强度、基于能源消费的碳强度（Ang et al.，1997，Zhang，2000；He et al.，2005；Wang et al.，2005a；Wu et al.，2005）。其次是 IPAT 环境影响评价模型以及其改进形式 STIRPAT 模型，将 CO_2 排放影响因素分解为人口、富裕程度和技术等因素（Fan et al.，2007；Liu et al.，2007；Feng et al.，2009；Zhang et al.，2009）。指标分解模拟方法主要运用于国家尺度 CO_2 排放预测，根据分解公式和指标体系，对 CO_2 排放进行指标分解，几乎所有的分解方法都得出能源强度和经济增长分别降低和提高 CO_2 排放的结论，而经济结构、排放系数和燃料转化的作用相对较小，并基于分解结果对未来 CO_2 排放趋势进行模拟。

（2）自下而上分析方法。基于分部门数据，自下而上分析方法以历史（1 年）数据为基础，根据情景模拟预测未来的 CO_2 排放。基于此方法，He 等（2005）预测了中国道路交通部门的能源消费和 CO_2 排放。Wang 等（2007a）和 Cai 等（2007）分析了钢铁工业和电力工业能源消费和 CO_2 排放发现，在未来 10 年中，能源需求和 CO_2 排放将会持续增加，但减排潜力巨大。

（3）系统优化模型。系统优化模型是通过一些线性或非线性的数学方法来动态模拟能源市场的变化，通过建立预测模型和情景分析，预测能源需求和 CO_2 排放，系统参数根据历史数据获得。美国能源情报署(EIA)和国际能源署(IEA)分别基于世界能源规划系统(World Energy Projection System)和世界能源模型(World Energy Model),每年发布能源市场前景预测。中国国家发展和改革委员会国家能源研究所基于综合政策评估模型(Integrated Policy Assessment Model)发布了一系列关于中国能源需求和 CO_2 排放的预测(国家发展和改革委员会能源研究所课题组,2009;Jiang et al.,2006)。李志鹏(2011)利用系统动力学模型预测了天津市"十二五"期间的能源消耗和 CO_2 排放情况。

(4)投入产出模型和可计算一般均衡模型。投入产出模型的预测需要投入产出表数据作为支撑建立列昂惕夫矩阵,而中国一般每5年出一次投入产出表,由于时间跨度较大,不利于深入研究。Fan 等(2007)和 Liang 等(2007)基于投入产出模型的研究发现,即使随着能源利用效率的提高,中国的能源消费和 CO_2 排放也将会呈指数增长,在未来的20年里,很难维持人均 CO_2 低排放水平。可计算一般均衡模型是基于经济、能源、环境的模型,也是基于投入产出表而建立的模型。Garbaccio 等(1999)利用动态可计算一般均衡模型评估了中国经济的碳关税政策,研究结果发现,碳关税政策会降低 CO_2 排放和促进长期的 GDP 增长和消费。另外一些研究也通过可计算一般均衡模型预测了不同地区的能源消费和 CO_2 排放(国家发展和改革委员会能源研究所课题组,2009;刘亦文,2013)。

2.4.4.3 主要行业 CO_2 排放估算模型

(1) 燃煤电厂

宁亚东等(2013)总结了产业部门 CO_2 排放量的推算公式为:

$$C = \sum_i \sum_j E_{i,j} \times a_j \tag{2.13}$$

式中,C 为产业部门的 CO_2 排放量,i 代表产业(或行业),j 代表能源品种,$E_{i,j}$ 为第 i 产业(或行业)j 类能源的消费量,a_j 为 j 类能源的 CO_2 排放系数。

火电行业 CO_2 排放量计算公式为:

$$\mathrm{CE} = \sum_n \sum_i f_{n,i}\, e_{n,i}\, G_i \tag{2.14}$$

式中,CE 为火电行业 CO_2 排放总量(t);$f_{n,i}$ 为 CO_2 排放因子($t \cdot GJ^{-1}$),即技术设备 i 消耗能源品种 n 时单位能源消耗下的 CO_2 排放量。

姚婷婷等(2017)提出一种基于多元线性回归模型和碳平衡的 CO_2 排放量简便算法,在不增加检测量的情况下,利用燃煤电厂现有数据,较为精确地预测 CO_2 排放量。燃煤电厂煤炭燃烧产生的 CO_2 排放量,理论上为原煤中的碳元素与空气中的氧气发生完全燃烧反应生成的产物量。但目前90%以上的燃煤电厂机组都采用石灰石/石膏湿法烟气脱硫技术,脱硫过程中烟气中的 SO_2 与浆液中的 $CaCO_3$ 发生反应生成 CO_2,而该部分 CO_2 将与烟气一起排放到大气中。因此,燃煤电厂中 CO_2 的实际排放量为:

$$M_{CO_2} = M_{CO_{2,1}} + M_{CO_{2,2}} \tag{2.15}$$

式中,M_{CO_2} 为燃煤电厂实际排放的 CO_2 总排放量($t \cdot h^{-1}$);$M_{CO_{2,1}}$ 为原煤中碳元素燃烧生成的 CO_2 排放量($t \cdot h^{-1}$);$M_{CO_{2,2}}$ 为湿法脱硫过程中产生的 CO_2 排放量($t \cdot h^{-1}$)。燃煤电厂中,燃煤在炉膛中的实际燃烧效率低于100%,由此可知燃煤在炉膛中并不能完全燃烧,即有部分碳元素将残留在飞灰和灰渣中,不能与氧气反应生成 CO_2。因此,原煤中碳元素燃烧生成的 CO_2 排放量为:

$$M_{CO_2,1} = B \times \frac{44}{12} \times \frac{C_{ar} - C_a}{100} \tag{2.16}$$

式中，B 为燃煤的消耗量（$t \cdot h^{-1}$）；C_{ar} 为燃煤收到基的碳元素质量分数（%）；C_a 为飞灰、灰渣中未燃烧的碳元素质量分数（%）。若燃煤电厂已测得飞灰、灰渣中未燃烧的碳元素质量分数，则可直接代入上式计算；若未测得，则可根据未燃烧碳造成的热损失来计算得出未燃烧的碳元素质量分数，计算公式为：

$$C_a = \frac{100\, Q_{net,ar}\, q_4}{32.7\, A_{ar} + Q_{net,ar}\, q_4} \times 100\% \tag{2.17}$$

式中，$Q_{net,ar}$ 为燃煤收到基的低位热值（$MJ \cdot kg^{-1}$）；系数 32.7 为飞灰、灰渣中碳的发热量（$MJ \cdot kg^{-1}$）；A_{ar} 为燃煤收到基的灰分含量（%）；q_4 为飞灰、灰渣中未燃烧碳造成的热损失（%），其值可取燃煤电厂各机组的统计值。

湿法脱硫处理中产生的 CO_2 排放量为：

$$M_{CO_2,2} = M_{CaCO_3} \times \frac{44}{100} = M_{石灰石} \times \omega \times \frac{44}{100} \tag{2.18}$$

式中，M_{CaCO_3} 为脱硫过程中 $CaCO_3$ 的消耗量（$t \cdot h^{-1}$）；$M_{石灰石}$ 为脱硫过程中石灰石的消耗量（$t \cdot h^{-1}$）；ω 为石灰石中 $CaCO_3$ 的质量分数（%），若无统计值则取 92%。

（2）水泥行业

水泥行业排放的 CO_2 约占人为 CO_2 排放量的 20%，其中近一半的 CO_2 排放来自于能源使用与熟料生产中碳酸钙的分解过程（Hendriks et al.，1999）。水泥熟料生产直接碳排放来源于原料分解和燃料燃烧两个部分。根据《国家温室气体清单编制指南》第 3 卷（IPCC，2006）工业过程和产品使用中提出的水泥生产过程排放计算方法及《省级温室气体排放清单编制指南》（国家发展和改革委员会应对气候变化司，2011）中的方法，CO_2 直接排放总量计算公式如下所示：

$$E = E_p + E_f = M \cdot F_{cl} + H \cdot F_i \tag{2.19}$$

式中，E 为水泥熟料生产中 CO_2 的直接排放总量（t）；E_p 为水泥熟料生产过程碳酸盐分解产生的 CO_2 排放量（t）；E_f 为燃料燃烧产生的 CO_2 排放量（t）；M 为熟料的实际产量（t）；F_{cl} 为熟料的排放因子（$t\ CO_2 \cdot t^{-1}$熟料）；H 为燃料消耗量（TJ）；F_i 为按燃料类型给出的缺省排放因子（$t\ CO_2 \cdot TJ^{-1}$）。其中，F_{cl} 可选用《省级温室气体清单编制指南》中给出的 0.538。燃料燃烧过程参照《国家温室气体清单编制指南》第 2 卷（IPCC，2006）制定的固定源温室气体排放计算标准来计算其排放量，F_i 可按照下式计算：

$$F_i = C_i \cdot \sigma \cdot \rho \tag{2.20}$$

式中，C_i 是燃料 i 的单位热值含碳量（$t\ C \cdot TJ^{-1}$）；σ 是燃料的碳氧化率（%）；ρ 是 CO_2 与 C 的分子量之比（44/12）。根据《省级温室气体清单编制指南》，水泥熟料生产所用烟煤的碳氧化率按 93% 计算，单位热值含碳量为 26.24 $t\ C \cdot TJ^{-1}$，若有实测数据则以实际数据为准。根据上式，可得燃烧排放因子为 89.4784 $t\ CO_2 \cdot TJ^{-1}$。水泥熟料的实际产量和燃料消耗量是影响 CO_2 排放量的主要因素。水泥窑的燃料消耗量也是由水泥熟料产量和单位熟料烧成煤耗决定的，如下式所示：

$$H = M \cdot h \cdot C \tag{2.21}$$

式中，h 为单位熟料的烧成标准煤耗（$kg\ ce \cdot t^{-1}$）；C 为煤的热值（$TJ \cdot kg^{-1}$），标准煤的热值为 $2.93076 \times 10^{-5}\ TJ \cdot kg\ ce^{-1}$。某生产线的实际产量 M 可由下式计算：

$$M = m \cdot T = m_0 \cdot \varepsilon \cdot T \tag{2.22}$$

式中，m 为水泥熟料的实际产能(t/d)；T 为生产时长(d)；m_0 为设计产能(t/d)；ε 为产能利用率(日实际产量与设计产能的比值，%)。将以上公式整合得到熟料生产的直接碳排放计算公式如下：

$$E = m_0 \cdot \varepsilon \cdot T \cdot (F_{cl} + h \cdot C \cdot F_i) \tag{2.23}$$

杨楠等(2021)以京津冀地区 59 条典型水泥熟料生产线的数据作为统计样本，借助 Eviews 对生产线的实际产能、熟料烧成煤耗与设计产能间的关系进行回归分析，并引入了生产时间修正系数 α，建立 CO_2 核算模型如下：

$$E = (-0.0039 \times m_0^2 + 354.05 \times m_0 + 61749.61) \times \alpha \tag{2.24}$$

$$\alpha = \frac{T_1}{T_2} \tag{2.25}$$

式中，T_1 为企业可运行天数，T_2 为该年总天数。

王向华等(2007)运用系统动力学构建水泥行业的系统动力学仿真(CISD)模型，对水泥行业 CO_2 排放的动态演变进行了情景分析。模型分为三个子系统(图 2.4—图 2.6)，其中状态变量(矩形方框内的变量)是系统的核心，表示系统在变化过程中某个具体时刻的状态，速率变量(带有阀门状的箭头)和辅助变量(其他变量)之间的定量关系比较复杂，需要对历史数据进行局部分析，并对整个系统仿真的有效性和稳定性进行历史检验。模型中描述系统行为的状态方程组以差分方程来表示：

$$\begin{cases} X(t) = X(t - \mathrm{d}t) + F[x(t), p]\mathrm{d}t \\ X(t_0) = X_0 \end{cases} \tag{2.26}$$

式中，$X(t)$ 为状态变量在 t 时刻的值；$F[x(t), p]$ 为 t 时刻的速度变量；$\mathrm{d}t$ 为模拟的时间步长。

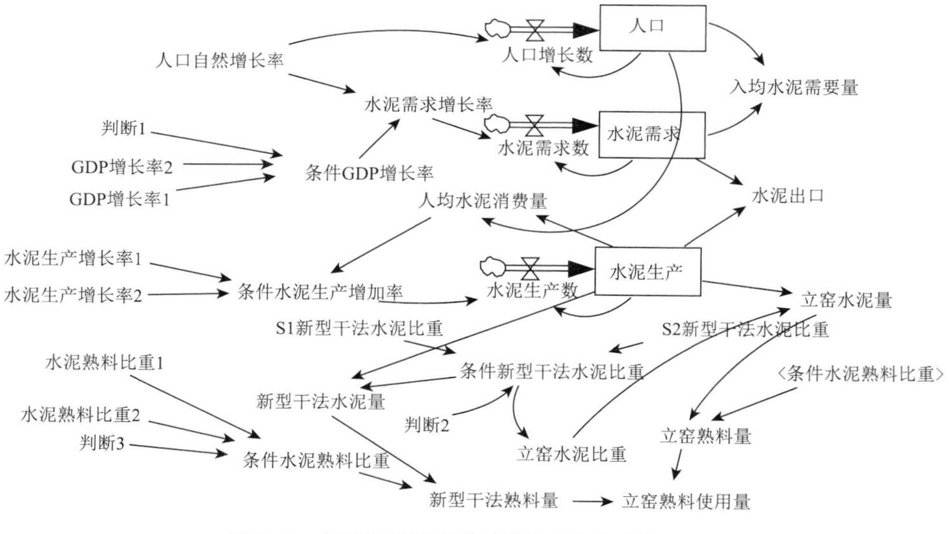

图 2.4　水泥生产子系统流程(王向华 等，2007)

(3)交通行业

Jiao 等(2011)分析了影响道路 CO_2 排放的因素，根据机动车类型、速度等建立了道路 CO_2 排放模型：

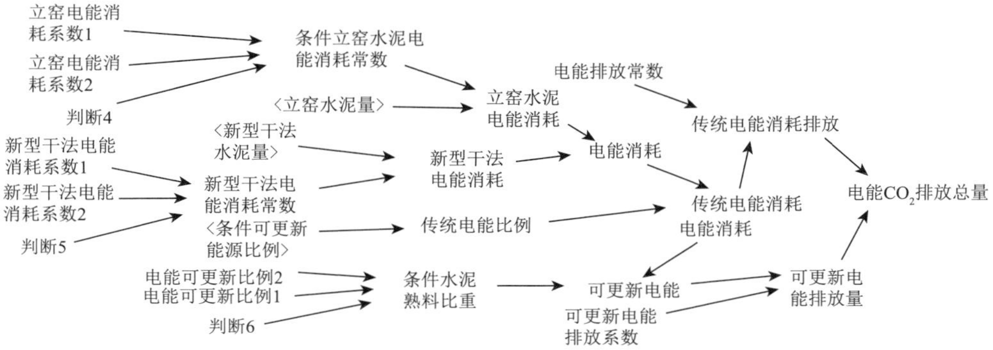

图 2.5 电能使用 CO_2 排放子系统流程(王向华 等,2007)

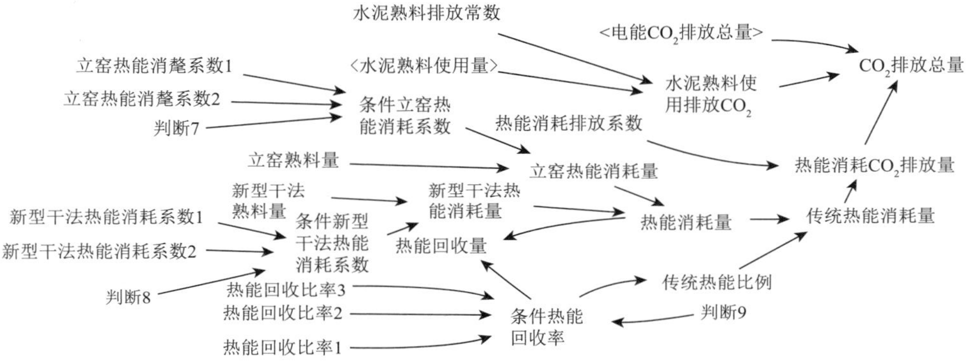

图 2.6 热能使用 CO_2 排放子系统流程(王向华 等,2007)

$$Q_{CO_2} = \frac{1}{100}\sum_{i=1}^{6}\sum_{|j|=0\%}^{8\%} L_{|j|}\ F_{ij}\ \alpha_i \beta U\ \frac{1}{\theta_i} \tag{2.27}$$

式中,Q_{CO_2} 为整条路的 CO_2 排放量;$L_{|j|}$ 表示梯度为$|j|$的路段总长度;α_i 为机动车类型 i 的占比,可以从交通部门获取;U 为设计流量;β 为实际流量站设计流量的百分比。θ_i 为车辆转换系数。车辆分为 6 种类型:①19 座以下客车;②19 座以上客车;③容量低于 2 t 的货车;④容量介于 2～7 t 的货车;⑤容量介于 7～14 t 的货车;⑥容量超过 14 t 的货车。按此标准划分的车辆转换系数为:$\theta_1 = \theta_3 = 1.0$;$\theta_2 = \theta_4 = 1.5$;$\theta_5 = 2.0$;$\theta_6 = 3.0$。

2.4.4.4 地球系统模式中的 CO_2 排放模块

大部分气候模式使用有关社会行为的基本社会经济假设来表达人类活动对于地球系统的作用,并且只与地球系统的生物地球物理部分单向联系(Müller-Hansen et al., 2017; Smith et al.,2014)。将人为气候变化引入地球系统模式的标准方法是通过代表性浓度路径(RCPs)。然而,RCPs 并不是完全整合的社会经济参数,而是描述人为气候变化因素的合理驱动方式的估计(Moss et al., 2010),从单向耦合的集成评估模型 IAMs(Müller-Hansen et al.,2017)中提供了对人类活动和过程的简化描述。RCPs 能够提供一系列的情景作为气候模式的初始条件。但是,这种方法存在两个主要问题:首先,人类活动并没有被引入地球系统模式内部;其次,由于 IAMs 的弱耦合,它们不能捕捉到社会经济子系统和自然子系统之间的双向反馈和非线性(Motesharrei et al. , 2016; Ruth et al. , 2011)。

人为温室气体排放的直接区域效应是一个重要但容易被忽略的过程。Navarro 等(2018)将 POPEM (Population Parameterization for Earth Models) 模块引入 CESM,实现了网格尺度上化石燃料 CO_2 排放的简单参数化,结果有助于提高模式对气温和降水空间变化的模拟能力(图 2.7)。POPEM 是用 Fortran 语言编写的人口预测模型,旨在以人口数据为输入,使用自下而上的方法,在模型网格尺度上计算每月的化石燃料 CO_2 排放量。当与 CESM 的其他部分耦合时,这种方法具有更高的灵活性。

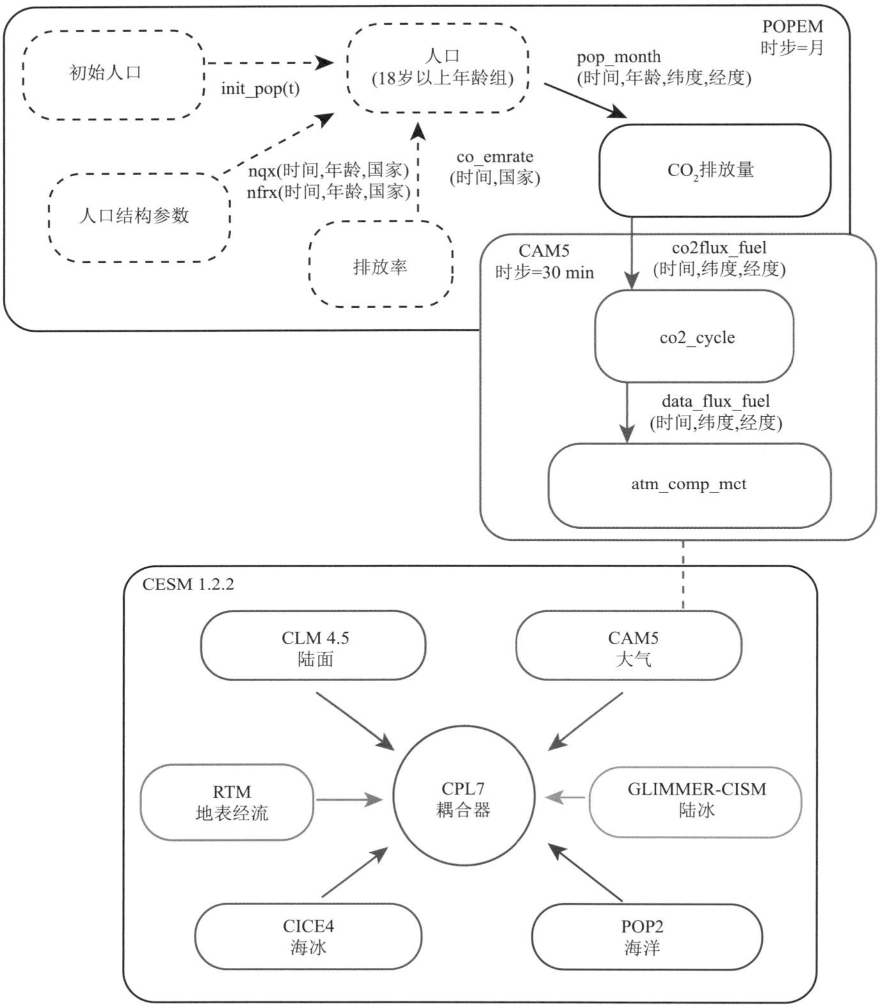

图 2.7 POPEM 模块与 CAM5 大气模块相耦合的概念图(Navarro et al. ,2018)

POPEM 需要三种输入数据集来计算排放(黑色虚线矩形框):各个国家的初始人口分布、人口结构参数(年龄结构、死亡率和出生率)以及人均排放量。POPEM 将提供一个三维数组(时间,纬度,经度)存放排放数据,排放数据将由 co2_cycle 模块读取并传递给计算大气中 CO_2 总量的 atm_comp_mct 模块。

第 3 章　区域气候-化学-生态耦合模式 RegCM-Chem-YIBs

RegCM-Chem-YIBs 由区域气候模式 RegCM、大气化学模式 Chem 和生态模式 YIBs 三个模式耦合构成，本章重点介绍区域气候-化学-生态耦合模式 RegCM-Chem-YIBs 的发展历程、系统构架和模块组成。

3.1　RegCM 的发展历程

20 世纪 80 年代末期到 90 年代初期，美国国家大气研究中心（NCAR）研发了第一代用于气候降尺度的区域气候模式系统 RegCM 1（Dickinson et al.，1989；Giorgi et al.，1989；Giorgi，1990），经过一系列发展，后续版本 RegCM2（Giorgi et al.，1993a，1993b）、RegCM2.5（Giorgi et al.，1999）、RegCM3（Pal et al.，2007）、RegCM4（Giorgi et al.，2012）等相继问世。目前 RegCM 系统由 Abdus Salam 国际理论物理中心 ICTP（The Abdus Salam International Center for Theoretical Physics）和地球系统物理（ESP）部门负责运营、维护和发展，它的源程序公开并被广泛用于区域气候的研究，形成所谓区域气候研究网络（RegCNET）（Giorgi et al.，2006）。该模式可应用于全球所有区域（Giorgi et al.，2012），同时通过与海洋（Artale et al.，2010；Turuncoglu et al.，2013）、湖泊（Small et al.，1999）、气溶胶（Solmon et al.，2006）、沙尘（Zakey et al.，2006）、化学（Shalaby et al.，2012）、水文（Coppola et al.，2003）、陆面过程（Oleson et al.，2008）等模式的耦合，正在发展成为全耦合的区域地球系统模式。

3.2　RegCM1

区域气候模式的第一代 RegCM1 开发于 20 世纪 80 年代末，其动力组件模型起源于 NCAR 和 PSU（Pennsylvania State University）的中尺度模型 MM4。RegCM1 是一个可压缩的，具有流体静力平衡和垂直 sigma 坐标的有限差分模型，包括生物圈-大气圈输送方案、陆面过程 BATS 方案、辐射传输模式 CCM1、中等分辨率行星边界层方案、Kuo-type 积云对流方案、显式水汽方案。

3.3　RegCM2

区域气候第二代 RegCM2 开发于 20 世纪 90 年代初期，基于 CCM2（Community Climate Model version 2）和中尺度模型 MM5。RegCM2 采用兰勃特保角投影下 σ 坐标系中通量形式的基本方程组，水平和垂直方向上采用跳点的“Arakawa B”网格，将 u 和 v 定义在“圆点”上，其他变量定义在“叉点”上（见图 3.1a），“垂直速度”σ 放在整 σ 层上，其他变量放在半 σ 层上（见图 3.1b）。通常大气底部分得细一点，并与高分辨边界层方案连用，这样可以照顾到中尺度过程和大气污染化学问题在低层垂直方向上的复杂性。

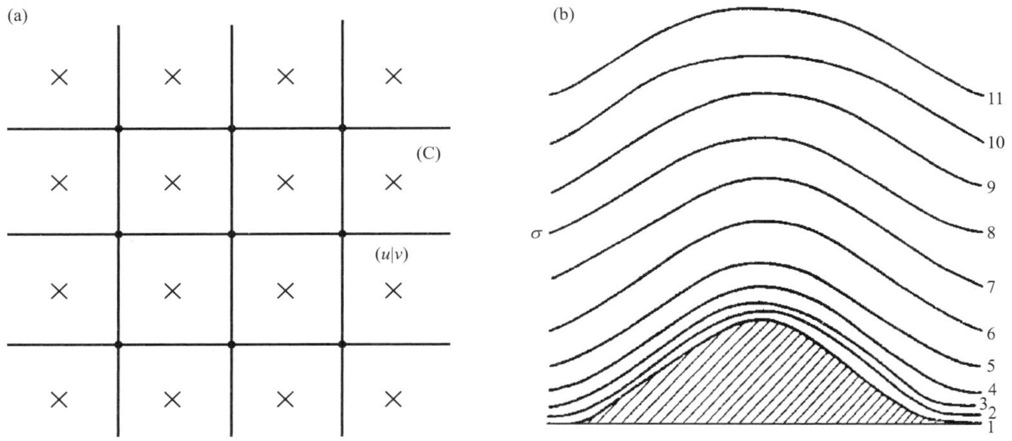

图 3.1　区域气候模式的网格系统

(a)水平网格结构；(b)垂直网格结构

3.3.1　动力框架

RegCM2 的动力框架与中尺度模式 MM5 相同，模式采用的是静力正压原始动力方程组，水平方向采用 Lambert 投影的直角坐标系。铅直方向采用 σ 坐标，σ 定义为：

$$\sigma = \frac{p - p_t}{p_s - p_t} \tag{3.1}$$

式中，p 为气压，p_s 为地面气压，p_t 为模式大气顶气压。采用分裂-显式时间积分技术，具有较高的计算效率。

3.3.2　物理过程

(1)垂直扩散

混合层以上，采用 K 理论描述垂直扩散，其中垂直扩散系数是局地 Richardson 数的函数。

(2)水平扩散

为了克服非线性不稳定和混淆误差，在模式中考虑了水平扩散。采用两种扩散类型，在贴近侧边界处的网格点上采用二次形式，在区域内部采用四次形式。

(3)边界层方案

采用高分辨率边界层模式方案(Holtslag et al.，1990)，而 RegCM1 采用简单的中分辨率边界层方案。

(4)陆面过程

采用 BATSIE(Dickinson，1993)描述土壤-植被之间的相互作用，比 RegCM1 中的 BASIA 有所改进。

(5)辐射方案

采用 CCM2 的辐射计算方案(Briegleb,1992)。红外辐射传输计算包括 CO_2、O_3、H_2O 和云的贡献。云被当作灰体,其比辐射率依赖于垂直积分云水含量。短波辐射考虑了 O_3、H_2O、CO_2 和 O_2 的吸收及瑞利散射,采用 σ-Eddington 近似方法,将光谱 0.2～5 μm 划分为 18 个波段。晴空计算参照 Lacis 等(1974)的总体参数化方案,有云计算方案考虑了云顶的反射、云和地面之间的多次反射、云层之间的多次反射、云中气体的吸收。

(6)凝结加热

考虑了大尺度凝结加热和积云对流加热,前者是在稳定层结条件下由大尺度运动引起的凝结加热,这种大尺度凝结在格点相对湿度超过 100%时发生;后者采用 Kuo(Anthes,1987)或 Grell(1993)的积云对流参数化方案。

3.4 RegCM3

21 世纪初,区域气候模式发展到了第三代(RegCM3),增加了对并行运算的支持,极大缩短了积分耗时,改变了调试模型与各种试验设计的思路。RegCM3 是 RegCM2 的改进版本,主要的差别是把 RegCM2 中的 CCM2 辐射方案(Briegleb,1992)用 CCM3 辐射方案(Kiehl et al.,1996)代替,另外对水汽过程做了一些改进。相对 CCM2 辐射模块,CCM3 增加了温室气体(CH_4、N_2O、CFC_{11}、CFC_{12})、大气硫物质以及云冰的影响。

3.5 RegCM4

2010 年,第四代版本 RegCM4 开发完成。模型继承了之前的 CCM3 辐射方案,但又有了较大的改进,如:在气溶胶辐射计算方案新增了红外光谱的贡献,这对于沙尘和海盐气溶胶的计算是非常重要的。另外,模式还增加了混合对流参数化方案,即在陆地和海洋上可选择不同的对流参数化方案。随着模式不断发展和改进,越来越多的过程和方案都加入到 RegCM4 中,模式的应用也更加的广泛。

RegCM4 引入了新的陆面方案、边界层方案和海气通量方案,改进了先前的辐射传输方案,增加了简化的气溶胶方案。全面升级模式代码以提高灵活性、可移植性和用户友好性,实现了并行运算,大大提高了模式运行效率。

RegCM4 模拟系统包括四个重要模块,分别是地形 Terrain、初始与侧边界 ICBC、主程序 Main 和模式后处理 Postprocessor。Terrain 和 ICBC 是 RegCM4 两个预处理模块,Postprocessor 是 RegCM4 的后处理模块。地形变量(包括海拔高度、土地利用类型和海表面温度)和三维气象数据须经过特定的地图投影方式,从经纬网格插值到所研究的区域上。常用的地图投影方式包括旋转(或正形)墨卡托投影、兰伯特投影或者极射赤面投影。在垂直方向上,把变量从等压面插值到等 σ 面。近地层的等 σ 面与地表平行,高度越高等 σ 面越接近等压面(如图 3.2 所示)。在实际应用过程中,空间分辨率和研究范围可以自由设定,但必须符合 CFL(Courant,Friedrichs,Lewy)的计算稳定性条件。

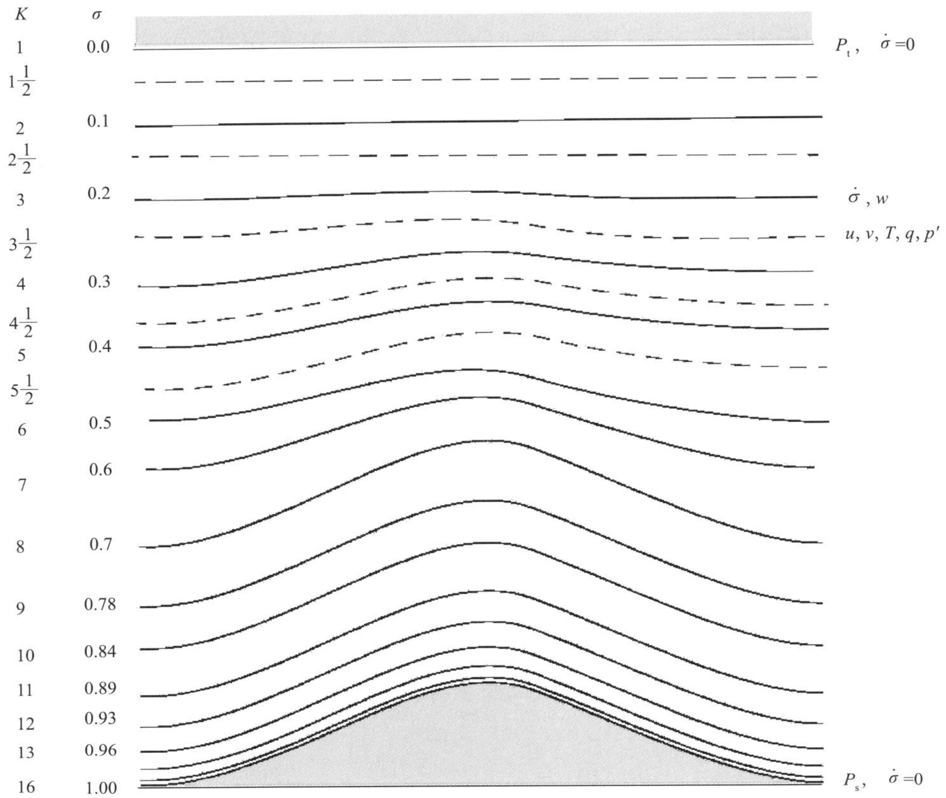

图 3.2　RegCM4 垂直坐标结构示意图(虚线表示半 σ 层,实现表示整 σ 层)。图中,K:层数;σ 坐标系:地形坐标系;P_s:地表气压;P_t:大气层顶气压;$\sigma=\dfrac{P-P_t}{P_s-P_t}=\dfrac{P-P_t}{P'}$;$P$:任意位置处的气压;$P'$:地面和大气层顶气压差;$\dot{\sigma}$:σ 坐标系中的垂直速度 $\dot{\sigma}=\dfrac{d\sigma}{dt}$;$u$:纬向风;$v$:经向风;$T$:温度;$W$:垂直风;$q$:比湿

在 RegCM4 的主程序部分,模式提供了多种物理过程的参数化方案选择,方便用户根据实验区域和不同的模拟需求选择合适的参数化过程。表 3.1 列出了 RegCM 模式中可供选择的主要参数化选项。

表 3.1　RegCM 中主要的物理参数化方案

物理过程	参数化方案
辐射传输方案	CCM3 方案、RRTM 方案
陆面过程	BATS 方案、CLM3.5 方案、CLM4.5 方案
积云对流	Kuo 方案、Grell 方案、Betts-Miller 方案、Emanuel 方案、Tiedtke 方案、kain-Fritsch 方案
行星边界层方案	Frictionless 方案、Holtslag PBL 方案、UW PBL 方案
边界条件方案	Fixed、Relaxtion, linear technique 方案、Time-dependent 方案、Time and inflow/outflow dependent 方案、Sponge 方案、Relaxtion, exponential technique 方案
水汽方案	次网格显式水汽方案(SUBEX)、Nogherotto/Tompkins
海洋通量方案	BATSle Motion-Obukhov 方案、Zeng 方案

3.6　RegCM-Chem

2012 年，Shalaby 等(2012)在 RegCM4 基础上增加了气相化学模块，形成 RegCM-Chem，实现了区域气候和化学的耦合。与大气化学有关的过程如下。

3.6.1　气溶胶化学机制

Solmon 等(2006)在 RegCM 中引入简化的气溶胶方案模拟硫酸盐、黑碳和有机碳气溶胶，随后又加入沙尘和海盐气溶胶方案(Giorgi et al.，2012；Solmon et al.，2012)。模式中假设气溶胶外部混合，考虑水平平流、湍流扩散、垂直输送、排放、干湿沉降和气液转化等过程对气溶胶浓度的影响。为了进一步完善 RegCM-Chem 对气溶胶的模拟，Yin 等(2015)在模式中引入了二次有机气溶胶方案 VBS，该方案在东亚地区的模拟结果和观测较为一致。Li 等(2016b)进一步耦合热力学平衡模式 ISORROPIA 来描述二次无机盐的形成过程，增加了模式对硝酸盐和铵盐等二次无机气溶胶的模拟能力。Liu 等(2016)在 RegCM 中加入了生物气溶胶的模拟。

3.6.2　气相化学机制

RegCM4 增加臭氧的气相化学模块，采用的大气化学机制是 CBM-Z(Zaveri 等，1999)，由于 CBM-Z 能同时兼顾模拟准确性和计算效率，CBM-Z 方案是基于广泛使用的 CBM-IV 发展而来(Gery et al.，1989)，主要应用于城市空气质量的研究。虽然 CBM-IV 和 CBM-Z 都是依据碳键结构把 VOC 分成几个大类，然后用集总物种来表征 VOC 的类别，但 CBM-Z 在 CBM-IV 的基础之上新增了一些物种和反应，这些新增的物种和反应不仅对于典型城市空气质量模拟，而且在区域到全球尺度上更长期的模拟都是非常重要的。与 CBM-IV 相比，CBM-Z 的改进主要表现在：①对较稳定烷类(如甲烷和乙烷)的显式表征；②对高级烷烃的参数进行了修正；③把烯烃分为 2 种聚合类(一种是外部 C=C，一种是内部的 C=C，两种不同的 C=C 各自发生不同的反应)；④新增过氧烷烃类的自反应，该反应在偏远地区低 NO_x 的环境下非常的重要；⑤新增烷烃、过氧酰基与 NO_3 的反应，该反应在夜间非常重要；⑥新增长寿命的有机硝酸盐和过氧化氢物；⑦新增更详细的异戊二烯的化学反应和异戊二烯过氧基团。总的来说，CBM-Z 化学机制的改进一方面能提高对长寿命 VOCs 的模拟结果，另一方面又能更好的考虑从城市到郊区大气化学的转变。如今 CBM-Z 机制被广泛应用于大气化学模拟，已经在 WRF-Chem 等模式中成功应用，被用于解释城市和区域的观测现象。

3.6.3　辐射方案

RegCM4 采用 CCM3 的辐射方案(Kiehl et al.，1996)，太阳光谱满足 σ-Eddington 近似，考虑大气成分 O_3、H_2O、CO_2、O_2 等对太阳辐射的削减作用。CCM3 的辐射方案中光谱从 0.2～5 μm，分为 18 个波段。云散射和云吸收参数采用 Slingo(1989)提出的方案，其中云滴的光学特性(包括云光学厚度、单次散射反照率)用云中液态水含量和液滴有效半径表示。一旦有积云形成，假设从云底伸展到云顶，云是随机重叠的，单个网格点上云量就是水平格点的函数。云的厚度假设等于模式垂直层的厚度，指定中云和低云云水含量不同。

3.6.4 光解率

光解率取决于气象条件和化学输入场，其中包括海拔、太阳天顶角、O_3、SO_2、NO_x柱含量、地表反照率、气溶胶光学厚度、气溶胶单次散射反照率、云光学厚度和云高。除了 SO_2 和 NO_x 之外的其他变量都是由 RegCM 模块中辐射传输、陆地表面和云参数化方案模块提供。这些变量随时间变化，一般每 3～30 min 更新一次，更新的频率取决于源程序的设定。模式里 SO_2 和 NO_x的柱含量是固定的，根据美国标准大气的垂直廓线反演计算出来。特定条件下的光解率是从 TUV(Tropospheric Ultraviolet-Visible Model)(Madronich et al.,1999)和 8 条数据流的球谐离散坐标计算好的结果中通过内插的方法得到的。利用 8 条数据流的 TUV 方法计算得到的光解率非常准确，但是由于计算成本太高，在模拟中采用的是查表和内插的方法。

云对光解速率有非常显著的影响。所以需要对云量进行校正，采用 Chang(1987)的方法，该方法需要模式的每一个格点单元上的云光学厚度信息。由于云对紫外辐射的吸收和散射，导致云内和云下光解率减小，云上的光解率增大。晴空局地光解率的修正值取决于与云层的相对位置。云高和云的光学厚度需要用来计算光解率，因此在每一个时间步长，都需要把光解率与化学反应这两者和气象条件耦合起来。晴空条件下，云下和云层中的光解率为：

$$J_{\text{cloud}} = J_{\text{clear}}[1 + F_c(1.6\tau_r\cos\theta - 1)] \tag{3.2a}$$

式中，F_c是云量，θ 是天顶角，τ_r是云的透射率，J_{cloud}是云下和云中的光解率，J_{clear}是晴空光解率。一般来说，云下的光解率比晴空的光解率要低。同理，云层上部的光解率为：

$$J_{\text{cloud}} = J_{\text{clear}}[1 + F_c((1 - \tau_r)\cos\theta)] \tag{3.2b}$$

3.6.5 沉降过程

干沉降是模式中微量气体的主要清除过程，干沉降速率主要受三重阻力的影响：①空气动力阻力；②准层流子层阻力；③表面阻力，包括土壤和植物的吸收，植物的吸收包括气孔吸收和非气孔吸收。干沉降模块包含 29 个气相物种，与 CLM4 干沉降模式一样，都是基于 Wesley (1989)的干沉降方案，包括 11 种陆地覆盖类型。干沉降方案中，既考虑气孔阻力又考虑非气孔阻力，这样可以使模拟干沉降的日变化更加准确。所有的沉降阻力都是在 CLM 的陆面模型中计算出来的。

湿沉降采用 MOZART 全球模式的湿沉降参数化方案(Horowitz et al., 2003; Emmons et al., 2010)，包括 CBM-Z 中 26 种气相物种，湿沉降量是基于模拟的大尺度降水量计算的。

3.7 YIBs

YIBs 模式是美国耶鲁大学开发的、基于植物生理过程的动态植被模型，能够模拟植物光合作用、呼吸作用等生理过程对于环境扰动(包括辐射、温度、水分等)的响应以及全球和区域尺度碳循环(Yue et al., 2015)。YIBs 模式模拟的陆地碳通量与地面通量观测、卫星反演数据基本一致，已经被应用于美国、中国等多个区域(Yue et al., 2017b; Yue et al., 2017c)。

3.7.1　YIBs 模式主要过程

YIBs 模式中考虑了 8 种不同的植被功能类型(Plant Functional Types,PFTs),包括常绿阔叶林、落叶阔叶林、常绿针叶林、灌木林、苔原、碳三(C3)草地、碳四(C4)草地和农作物。植物的光合作用采用米氏酶动力学方案(Michaelis-Menten Enzyme-Kinetics Scheme)(Farquhar et al., 1980),叶片总光合作用 (A_{tot}) 受到 Rubisco 酶活性(J_c)、电子传递速率 (J_e)、光合产物(磷酸丙糖)转运能力 (J_s) 的限制:

$$A_{tot} = \min(J_c, J_e, J_s) \tag{3.3}$$

其中,对于 C3 植物,有:

$$J_c = V_{cmax}\left[\frac{C_i - \Gamma_*}{C_i + K_c\left(1 + \frac{O_i}{K_o}\right)}\right] \tag{3.4}$$

$$J_e = a_{leaf} \times PAR \times \alpha \times \left(\frac{C_i - \Gamma_*}{C_i + 2\Gamma_*}\right) \tag{3.5}$$

$$J_s = 0.5\, V_{cmax} \tag{3.6}$$

对于 C4 植物,有:

$$J_c = V_{cmax} \tag{3.7}$$

$$J_e = a_{leaf} \times PAR \times \alpha \tag{3.8}$$

$$J_s = K_s \times V_{cmax} \times \frac{C_i}{p_s} \tag{3.9}$$

式中,C_i和O_i分别是叶细胞间 CO_2 和氧气分压,Γ_* 为 CO_2 补偿点,V_{cmax}为最大羧化速率,K_c为 CO_2 米氏常数,K_o为 O_2 米氏常数,PAR 是光合有效辐射,a_{leaf}是叶片光吸收效率,p_s对应大气压。

植被气孔导度采用广泛应用的半经验 Ball-Berry 模型计算(Ball et al., 1987),该模型基于植物生理学特征,能够描述环境 CO_2 浓度和叶片相对湿度变化对气孔导度的影响;同时模型中认为气孔导度依赖于光合作用速率的大小,且两者之间存在线性关系,从而能够描述由于气孔运动所导致的光合作用速率的变化对气孔产生的生理反馈:

$$g_s = m\frac{A_{net} \times RH}{c_s} + b \tag{3.10}$$

式中,g_s 是气孔导度,m、b 分别对应斜率和截距项,A_{net}是净光合作用速率,RH 是相对湿度,c_s是叶表面 CO_2 浓度,表 3.2 给出了不同植被功能类型所对应的 m、b 值。

植被物候表现为植物随气候的季节性变化而发生的生长、发育和荣枯等规律性变化的现象,对植被生产力、陆地生态系统碳储量及碳循环过程有着重要影响。通常来说,温度、水分和光照时长等环境因子是影响植被物候的主要因子,但不同的植被类型对这些环境因子的敏感性有明显的差异,比如落叶林在裂芽期对温度更为敏感,秋后衰老期大多依赖于温度和光照时长;对于相对矮小的灌木和草地,土壤湿度和温度的影响则显得更加重要。YIBs 模式中物候方案源自于 Kim 等(2015)的参数化方法,并利用长期的物候和 GPP 观测数据来更新和优化原始方案中的相关参数(Yue et al., 2015)。

表 3.2　YIBs 模式中光合作用和异速生长相关参数

植被功能类型	苔原	C3 草地	C4 草地	灌木林	落叶阔叶林	常绿针叶林	常绿阔叶林	农作物
V_{cmax} (μmol · m^{-2} · s^{-1})	33	43	24	38	45	43	40	40
m	9	9	5	9	9	9	9	11
b (mmol · m^{-2} · s^{-1})	2	2	2	2	2	2	2	8
σ_1 (kg C · m^{-2} · LAI^{-1})	0.05	0.025	0.05	0.05	0.0375	0.1	0.0375	0.025
a_{wl} (kg C · m^{-2})	0.1	0.005	0.005	0.1	0.95	0.85	0.95	0.005
b_{wl}	1.667	1.667	1.667	1.667	1.667	1.667	1.667	1.667

植被自养呼吸和碳再分配方案来自动态全球植被模型 TRIGGID(Top-Down Representation of Interactive Foliage and Flora Including Dynamics)(Clark et al.，2011)。模式中考虑 3 种植被碳库，叶碳库 C_l 、根碳库 C_r 和茎碳库 C_w ，植被总的碳储量 C_{veg} 是 3 种碳库的总和：

$$C_{veg} = C_l + C_r + C_w \tag{3.11}$$

其中，3 种碳库取决于植被叶面积指数 LAI 的大小：

$$C_l = \sigma_l \times \mathrm{LAI} \tag{3.12}$$

$$C_r = \sigma_l \times \mathrm{LAI_b} \tag{3.13}$$

$$C_w = a_{wl} \times \mathrm{LAI_b^{b_{wl}}} \tag{3.14}$$

式中，σ_l是叶片碳密度，a_{wl}和b_{wl}是 PFTs 尺度异速生长参数，$\mathrm{LAI_b}$是和树高相关的最大可能叶面积指数。植被总的碳储量C_{veg}直接来源于植被的净初级生产力 NPP：

$$\frac{\mathrm{d}\, C_{veg}}{\mathrm{d}t} = (1\text{-}\lambda)\times NPP - \Lambda_l \tag{3.15}$$

式中，Λ_l 是调落物下降率，NPP 是指单位时间、单位面积上植被所积累的有机物质的总量，是光合作用所吸收的碳(总初级生产力 GPP)扣除自养呼吸部分的值：

$$\mathrm{NPP} = \mathrm{GPP} - R_a \tag{3.16a}$$

式中，R_a 是自养呼吸，GPP 是植被光合作用速率在整个植被冠层上的积分：

$$\mathrm{GPP} = \int_0^{\mathrm{LAI}} A_{tot}\, \mathrm{d}L \tag{3.16b}$$

YIBs 模式中土壤呼吸的计算采用 CASA(The Carnegie-Ames-Stanford Approach)模式中的方案(Potter et al.，1993；Schaefer et al.，2008)，考虑植被光合作用固定的碳在 12 种碳库中的分配转换。这其中包括 3 个植被碳库、1 个粗木质残体库(Coarse Woody Debris，CWD)、3 个地表库和 5 个土壤库。碳在不同碳库间的流动如图 3.3 所示。

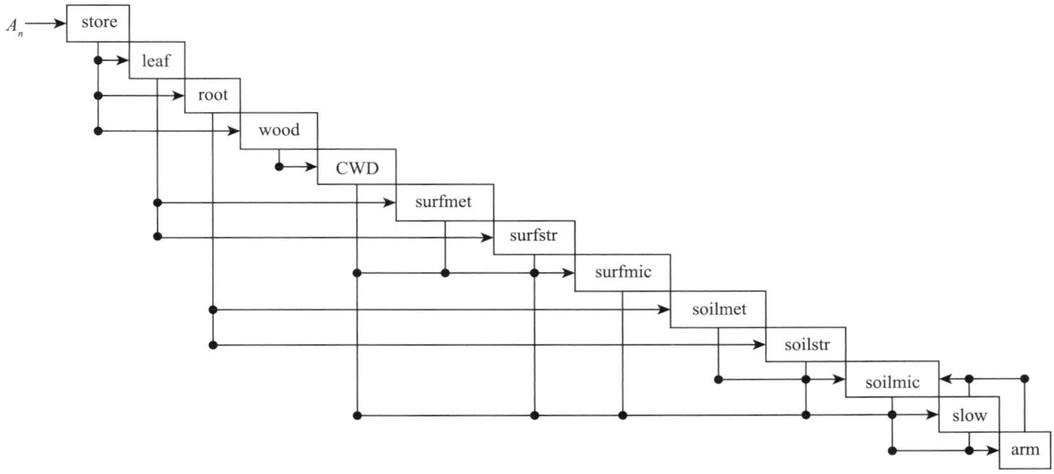

图 3.3　碳在碳库间的流动概念图。生物碳从左上到右下流动，垂直线表示碳库损失，水平箭头表示碳库收益，圆点表示碳库间的转移。A_n 表示冠层净同化量，图片来源：Schaefer 等(2008)(图中从上到下依次是非结构性碳水化合物、叶片、细根生物质、木质生物质、粗木屑、表面代谢、表面结构、表面微生物、土壤代谢、土壤结构、土壤微生物、土壤慢有机碳库、土壤惰性碳库)

3.7.2　冠层辐射方案

YIBs 模式中冠层辐射传输采用 Spitters 等(1986)提出的多层冠层辐射传输方案，该方案是根据植被总叶面积指数、消光系数和植被高度建立的辐射传输模型。整个植被冠层通常被分成 2～16 层，具体层数可依据冠层高度自动调整。冠层内的光密度随着叶面积指数呈指数性递减：

$$I = (1-\rho) \cdot I_t \cdot e^{-kL} \tag{3.17}$$

式中，I_t 是冠层顶总的光合有效辐射(PAR)，L 指从冠层顶部到第 n 层的累积叶面积指数，I 是第 n 层处可被植被吸收的光合有效辐射值，k 是消光系数。ρ 是冠层反射系数，取决于太阳高度角 α 和单个叶片的散射系数 σ：

$$\rho = \left[\frac{1-(1-\sigma)^{\frac{1}{2}}}{1+(1-\sigma)^{\frac{1}{2}}}\right] \times \left(\frac{2}{1+1.6\cos\alpha}\right) \tag{3.18}$$

根据式(3.19)可得到单位叶面积吸收的光合有效辐射值 I_a：

$$I_a = -\frac{dI}{dL} = (I-\rho) \cdot I_t \cdot k \cdot e^{-kL} \tag{3.19}$$

冠层顶总的光合有效辐射 I_t 由散射辐射 I_{tf} 和直射辐射 I_{tr} 组成，按照式(3.20)可计算植被吸收的散射辐射通量 I_{fa}：

$$I_{fa} = (I-\rho) \cdot I_{tf} \cdot k_f \cdot e^{-k_f L} \tag{3.20}$$

式中，k_f 是散射辐射通量的消光系数，$k_f = 0.8\,(1-\sigma)^{\frac{1}{2}}$。照射到冠层顶的直射辐射一部分被植被直接吸收，另一部分则由于植物叶片的散射转换成散射辐射再被吸收。植被吸收的总直射辐射通量 I_{ra} 为：

$$I_{ra} = (I - \rho) \cdot I_{tr} \cdot (1 - \sigma)^{\frac{1}{2}} \cdot k_r \cdot e^{-(1-\sigma)^{\frac{1}{2}} k_r L} \tag{3.21}$$

植被直接吸收的总直射辐射通量中的直射部分 I_{rra} 为：

$$I_{rra} = (I - \sigma) \cdot I_{tr} \cdot k_r \cdot e^{-(1-\sigma)^{\frac{1}{2}} k_r L} \tag{3.22}$$

模式中植被叶片分为阳生叶和阴生叶。阴生叶一方面能够吸收散射辐射，另一方面又可以吸收直射辐射中的散射部分：

$$I_{sha} = I_{fa} + (I_{ra} - I_{rra}) \tag{3.23}$$

而阳生叶既能吸收散射辐射，又能吸收直射辐射：

$$I_{sun} = I_{sha} + (I - \sigma) \cdot k_r \cdot I_{tr} \tag{3.24}$$

YIBs 模式中根据对光的吸收性不同，分别计算对阳生叶和阴生叶的光合作用。整个植被冠层内的光合作用是阳生叶和阴生叶的总和：

$$A = f_{sun} \cdot A_{sun} + (I - f_{sun}) \cdot A_{sha} \tag{3.25}$$

式中，A_{sun} 和 A_{sha} 分别是阳生叶和阴生叶的光合作用，f_{sun} 是阳生叶的比例。

3.7.3　生物源挥发性有机物排放方案

YIBs 模式中使用基于植被光合作用的叶片尺度生物源挥发性有机物(BVOC)排放方案，区别于传统的 MEGAN(Model of Emissions of Gases and Aerosols from Nature)模型(Guenther et al.，1995)，该方案中引入了植物光合作用对 BVOC 排放的影响，更加接近于真实的植被生理过程。叶片 BVOC 排放强度取决于电子传递速率限制下的光合作用速率 J_e、叶表面温度以及叶细胞内 CO_2 浓度：

$$I = J_e \cdot \beta \cdot k \cdot \tau \cdot \varepsilon \tag{3.26}$$

式中，β 项是电子传递通量转换成 BVOC 排放量的系数：

$$\beta = \frac{C_i - \Gamma_*}{6(4.67C_i + 9.33\,\Gamma_*)} \tag{3.27}$$

k 和叶细胞内 CO_2 浓度 C_i 有关：

$$k = \frac{C_{i\_standard}}{C_i} \tag{3.28}$$

式中，$C_{i\_standard}$ 是标准情况下(大气 CO_2 取 370 ppmv 时)叶细胞内 CO_2 浓度。τ 项体现 BVOC 排放强度对温度的响应：

$$\tau = \exp[0.1(T - T_{ref})] \tag{3.29}$$

式中，T 是叶片表面温度，T_{ref} 是标准温度(30 ℃)。因此，当叶片温度在 40 ℃时，BVOC 排放强度最大，随着温度的进一步上升，BVOC 排放逐渐减弱。实际情况中，出现如此高温的现象相对较少，仅有可能发生在极端干旱的气候条件下。

3.7.4　臭氧损伤方案

对流层臭氧通过气孔进入植物后能够直接损伤植物细胞组织，从而减缓植物的光合作用速率，进一步削弱植被的固碳能力。YIBs 模式中引入 Sitch 等(2007)提出的半机制参数化方案来描述臭氧对植被的影响：

$$A = A_{tot} \times F \tag{3.30}$$

式中，A 是扣除臭氧影响的光合作用，F 是扣除臭氧影响的光合作用比例，取决于从气孔进入植被体内超出阈值部分的臭氧通量：

$$F = 1 - a \cdot \max[(F_{ozn} - F_{ozncrit}), 0] \tag{3.31}$$

式中，a 是基于观测数据得到的植被对臭氧的敏感性参数，模式中分别给定高敏感性和低敏感性两种方案。$F_{ozncrit}$ 表示臭氧对植被产生危害对应的阈值，F_{ozn} 表示通过气孔进入叶片的臭氧通量：

$$F_{ozn} = \frac{[O_3]}{r_b + k \cdot r'_s} \tag{3.32}$$

式中，$[O_3]$是冠层顶的臭氧浓度，r_b 是边界层阻力，r'_s 是考虑臭氧影响的气孔阻力：

$$r'_s = \frac{1}{g'_s} = \frac{1}{F \cdot g_s} \tag{3.33}$$

该参数化方案既考虑臭氧对植被光合作用速率的影响(式(3.30))，也考虑臭氧对植被气孔导度的影响(式(3.33))。

模式中颗粒物对植被及二氧化碳影响见图 3.4。

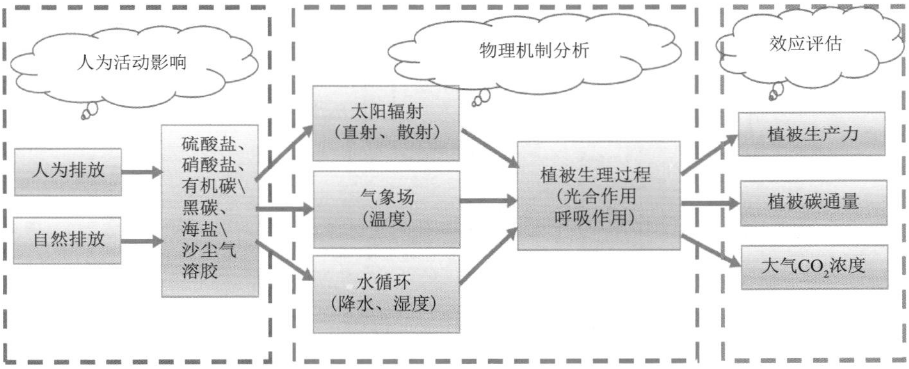

图 3.4　颗粒物对植被及二氧化碳影响的途径

3.8　RegCM-Chem-YIBs

区域气候-化学耦合模式能够给出区域尺度气候和污染物的特征，是研究大气污染物及其辐射气候效应的重要手段。相比于全球模式，区域模式拥有更高的时空分辨率，对于小尺度的气候变化更加敏感，对于复杂地形、沿海及岛屿区域的处理更加精确，能够更准确地模拟和再现区域尺度的环流特征，从而提高模式的模拟性能。然而目前的区域气候模式对陆地植被生理过程的描述相对简单，且没有考虑大气污染物(细颗粒物和臭氧)和二氧化碳间的相互作用，同时模式中没有考虑二氧化碳浓度时空非均匀分布对区域气候和陆地生态系统的影响。

为了科学认识区域臭氧和细颗粒物等大气污染物的时空分布特征及其与二氧化碳的相互作用规律，研究大气污染物、温室气体与区域气候相互影响的过程和机理，开展大气污染控制和气候变化应对，Xie 等(2019)将 RegCM-Chem 与 YIBs 耦合，发展了区域气候-化学-生态耦合模式 RegCM-Chem-YIBs。

3.8.1　耦合模式框架

RegCM-Chem-YIBs 耦合模式在原有的 RegCM-Chem 基础上新增了 CO_2 物种，考虑大气中 CO_2 的源汇、输送和扩散过程。CO_2 的源汇过程主要考虑化石燃料排放、生物质燃烧排放、大气-海洋 CO_2 交换通量以及陆地生态系统 CO_2 通量对大气 CO_2 浓度的影响。其中，化石燃料排放、生物质燃烧排放和海气 CO_2 交换通量在模式中是提前给定的，而陆地生态系统 CO_2 通量则通过耦合的陆地生态系统模式 YIBs 在线计算。图 3.5 给出了 RegCM-Chem-YIBs 耦合模式的基本框架。

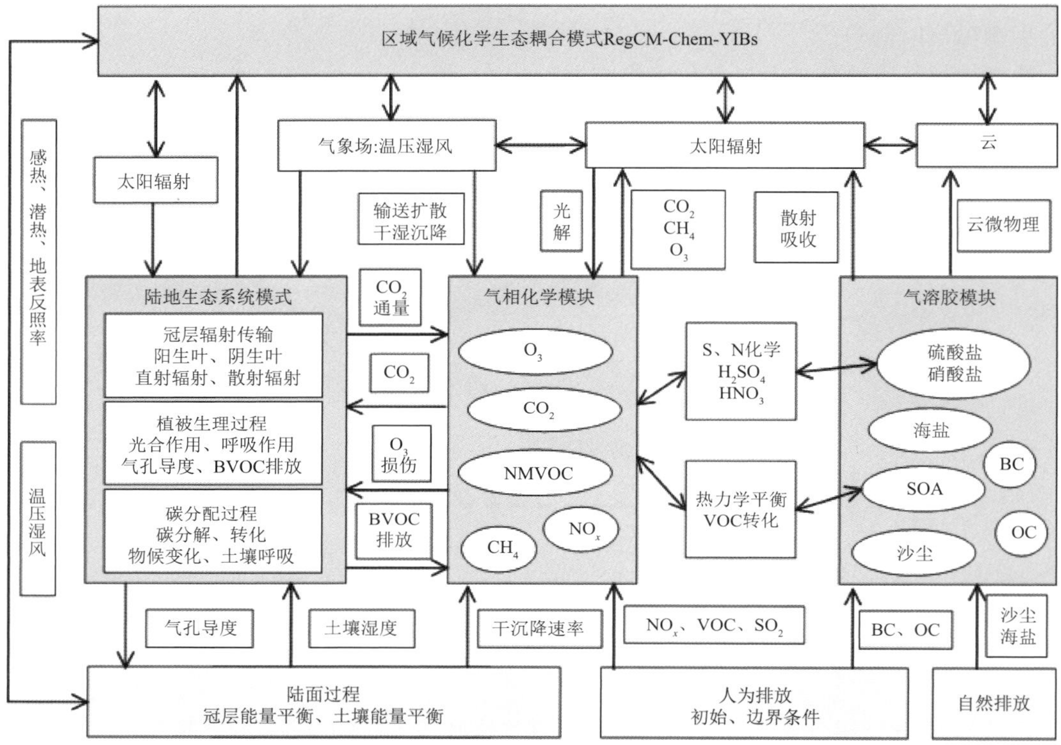

图 3.5　RegCM-Chem-YIBs 耦合模式基本框架

在耦合模式系统中，每隔 6 min 将 RegCM-Chem 模式输出的气象因子（如温度、湿度、降水、辐射等）和大气污染物（臭氧和颗粒物）浓度输入 YIBs 模式，由 YIBs 模式模拟植被的生理过程（如光合作用、呼吸作用等），计算陆地生态系统的 CO_2 通量、BVOC 排放量以及气孔导度等陆面参数。YIBs 模式计算的结果进一步反馈给 RegCM-Chem 模式，对下个时刻大气中的 CO_2、臭氧和颗粒物浓度以及大气低层的温湿度、环流等气象场进行调整，从而实现气候、化学和生态过程之间的耦合。

3.8.2　模式输入数据

RegCM-Chem-YIBs 的输入数据主要包括四类：地表数据、初始边界数据、人为排放数据和 CO_2 地表通量数据，以下分别进行介绍。

(1)地表数据包括地表植被覆盖类型数据、地形数据和叶面积指数等。地表植被覆盖类型数据是基于 MODIS 和 AVHRR(The Advanced Very High Resolution Radiometer)卫星反演的全球土地覆盖类型数据,该数据集使用 Lawrence 等(2007)提出的分类方法,利用 MODIS 数据初步区分森林、草地、裸土等,进一步结合 AVHRR 数据对森林做详细的分类。该数据集一共包含 16 种不同的植被功能类型,为了匹配 YIBs 模式的分类设置,将 16 种植被功能类型转换成 YIBs 模式中对应的 8 种类型,结果如图 3.6 所示。

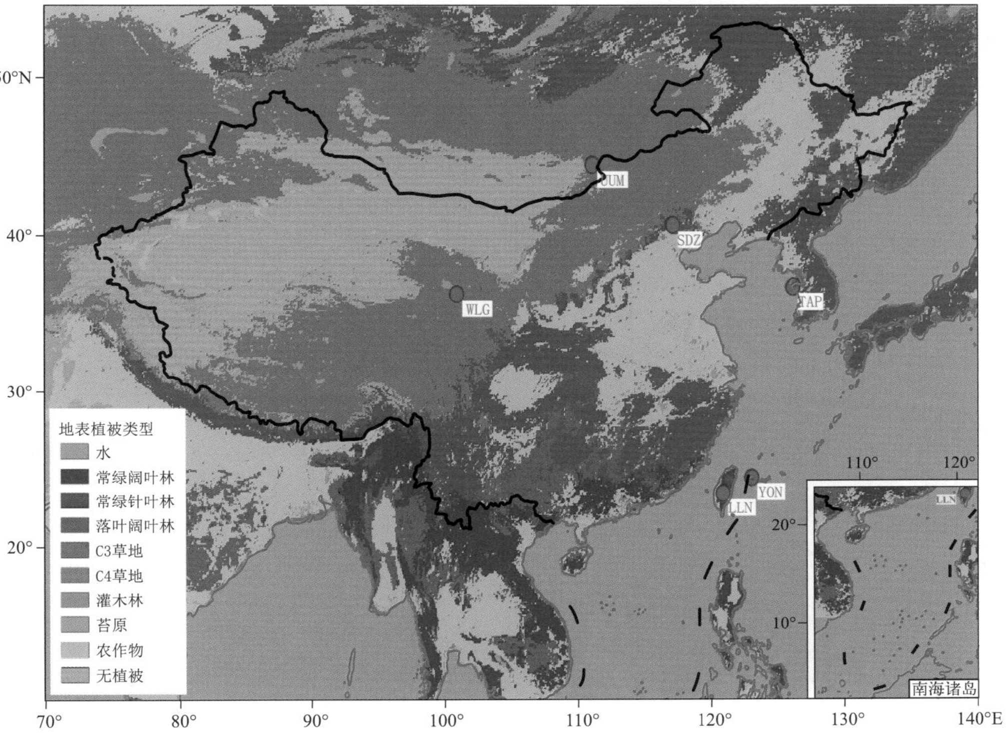

图 3.6　模拟区域内地表植被类型分布图

(红色圆圈表示 CO_2 观测站点的位置)

(2)初始、边界数据包括气象要素初始边界条件和大气化学成分初始边界条件。其中气象初始场和侧边界条件来自 ERA-Interim 再分析资料,该资料是欧洲中期天气预报中心 ECMWF(European Centre for Medium-Range Weather Forecasts)采用四维变分同化生成的全球再分析数据,垂直方向 37 层,水平分辨率最高可达 0.125°×0.125°,时间分辨率为 6 h 一次。相比于其他的再分析资料,ERA-Interim 再分析资料时空分辨率和可信度较高,已经在气候分析、模式预报等方面得到广泛应用,预报产品的性能也受到普遍认可。海表面温度数据来源于美国国家海洋和大气管理局周平均的最优插值 SST 产品(Optimum Interpolation SST;OI_WK)(Reynolds et al.,2002)。大气化学成分如臭氧等的初边界条件来自于全球大气化学输送模式 MOZART(Model of Ozone and Related Chemical Tracers)的模拟结果(Emmons et al.,2010; Horowitz et al.,2003)。另外,CO_2 的初边界条件来源于 NOAA 地球系统研究实验室 ESRL 开发的 CarbonTracker 全球碳同化系统(Peters et al.,2007),该系统使用集合卡尔曼滤波算法同化 ESRL 温室气体观测网络和全球各地合作机构提供的 CO_2 观测数据。同化的数据不仅包括常规的固定站点观测，还包括飞机和轮船等移动监测数据。自 2007 年以来，CarbonTracker 每年更新一次碳同化产品，能够提供全球每 3 h 一次，水平分辨率 3°×2°，垂直方向 25 层的 CO_2 三维浓度数据产品。本书使用的是 2017 年更新的 CT2016 产品，数据时间范围为 2000 年 1 月 1 日—2016 年 1 月 1 日(数据下载地址为 ftp://aftp. cmdl. noaa. gov/products/carbontracker)。

(3)人为排放数据包括臭氧和颗粒物的前体物如 NO_x、VOC、BC、OC 等。模式中采用清华大学开发的 MIX 亚洲人为源排放清单，水平分辨率 0.25°×0.25°(Li et al.，2017b)，集成了亚洲各个地区的排放清单的结果，其中中国地区排放来自中国多尺度排放清单 MEIC (Multi-resolution Emission Inventory for China)以及北京大学开发的高分辨率 NH_3 排放清单，印度地区人为排放来自 ANL(Argonne National Laboratory)开发的印度本地排放清单，韩国地区人为排放来自 CAPSS(The Clean Air Policy Support System)开发的韩国本地排放清单，其他地区人为排放则来自 REAS(Regional Emission Inventory in Asia)排放清单 2.1 版本。本书使用 2008 年和 2010 年的 MIX 排放清单，同时为了得到模拟年份(2005—2015 年)的排放数据，依据 Zheng 等(2018)和 Li 等(2017b)提供的不同年份的污染物排放总量将已有的排放通量数据插值到模拟年份。模拟区域中主要污染物的人为排放通量如图 3.7 所示。

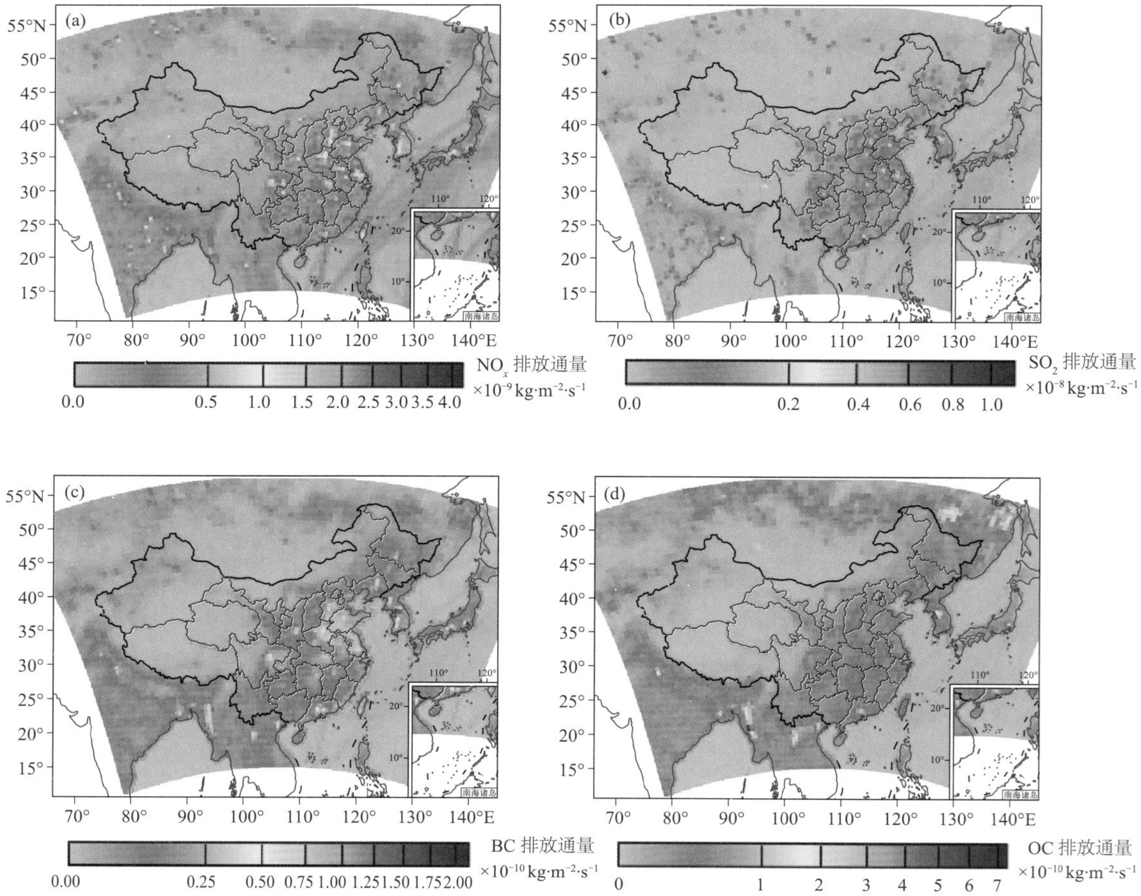

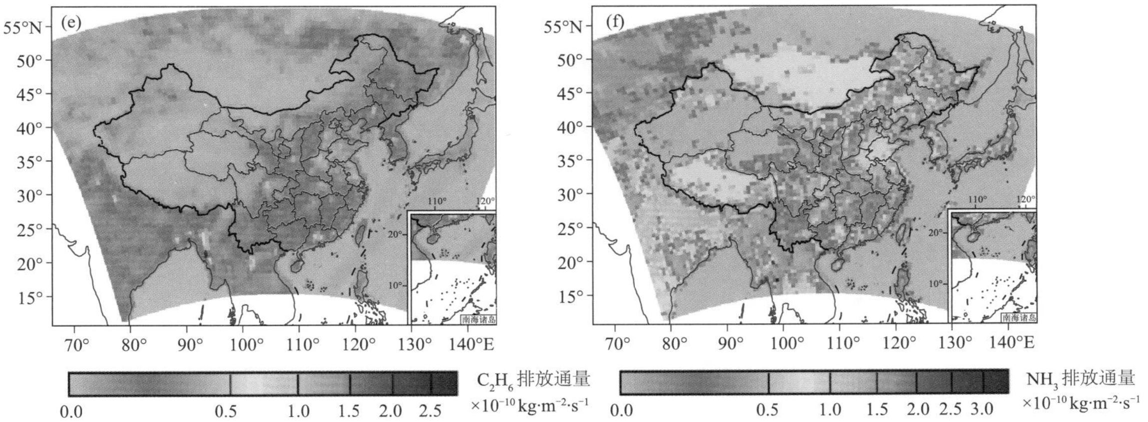

图 3.7　模拟区域内主要污染物的人为排放通量

(a)NO_x;(b)SO_2;(c)BC;(d)OC;(e)C_2H_6;(f)NH_3

(4)CO_2 地表通量数据包括化石燃料 CO_2 排放、生物质燃烧 CO_2 排放以及海洋与大气 CO_2 交换通量。其中化石燃料 CO_2 排放数据来自于 MIX 亚洲人为源排放清单,时间分辨率为 1 个月。生物质燃烧 CO_2 排放来自美国国家大气研究中心开发的 FINN(Fire Inventory from NCAR)清单(Wiedinmyer et al., 2011),该清单利用 MODIS 卫星监测的火点数据,结合土地覆盖类型和排放因子等信息,估算生物质燃烧的排放量。FINN 清单的水平分辨率为 1 km×1 km,时间分辨率为 1 天。由于其较高的时空分辨率,目前已经广泛用于区域空气质量模式模拟和全球大气化学输送模式中。模式中的海洋与大气 CO_2 交换通量来源于 CarbonTracker 同化系统的碳通量产品(http://carbontracker.noaa.gov),该产品基于全球大气输送模式 TM5,利用集合卡尔曼滤波算法同化 CO_2 观测数据,能够提供全球 1°×1°分辨率,每 3 h 一次的海洋与大气 CO_2 交换通量数据。模拟区域中化石燃料和生物质燃烧 CO_2 排放通量如图 3.8 所示。

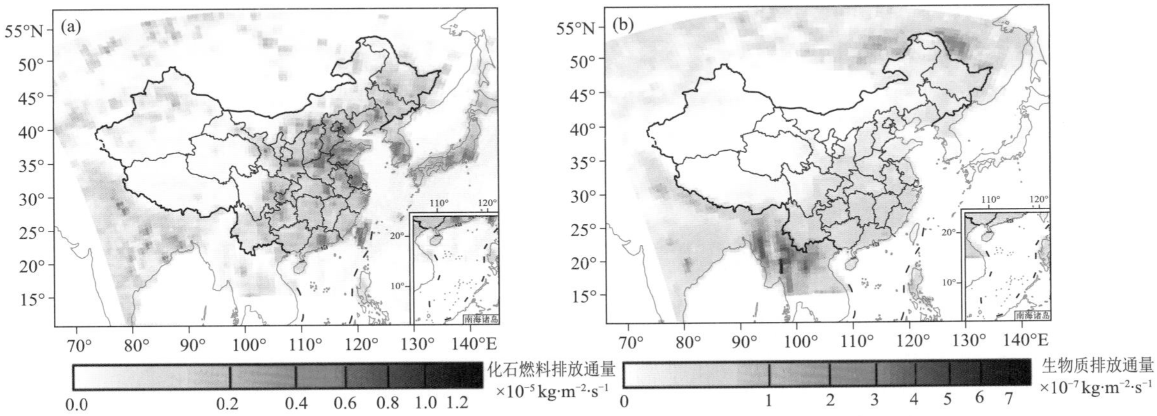

图 3.8　模拟区域内化石燃料(a)和生物质(b)燃烧 CO_2 排放通量

第 4 章　区域不同类型气溶胶模拟

本章主要利用区域气候模式 RegCM4、区域气候-化学模式 RegCM-Chem，针对欧洲、非洲或东亚地区生物气溶胶、二次有机气溶胶、黑碳气溶胶、沙尘气溶胶、硫酸盐气溶胶开展模拟或预测研究，分析不同地区、不同类型气溶胶的时空分布特征。

4.1　中国地区未来人为气溶胶的时空分布

4.1.1　研究背景

近 20 年来，中国的工业化和城市化发展非常迅速，伴随着人为二氧化硫、黑碳和有机碳气溶胶的大量排放，中国已成为世界上颗粒物污染最严重的地区之一（如 Cao et al.，2007；Tao et al.，2012；Zhao et al.，2013a）。尽管预计到 21 世纪末东亚的颗粒物浓度将显著下降，但根据多模式估计（Fiore et al.， 2012），在不久的将来（2030 年前后），仍将保持在高水平。

IPCC 第五次评估报告（IPCC，2013）指出，未来持续的温室气体排放将导致全球气温进一步升高，进而影响海平面、海冰面积、降水、季风等。未来气候和排放的变化将不可避免地对污染物时空分布产生显著影响。目前已经有一些工作估计了未来气溶胶的时空分布。Pye 等（2009）使用 GEOS-Chem 模式来估计 A1B 情景下美国目前和 2050 年的无机气溶胶水平，发现仅气候变化就可能导致美国东南部的硫酸盐和铵盐气溶胶减少，而中西部和东北部地区的此类气溶胶增加。与此同时，美国各地的硝酸盐水平有所下降。当考虑排放变化影响时，硫酸盐会减少，硝酸盐会增加。Carmichael 等（2009）模拟了亚洲目前和 2030 年 $PM_{2.5}$ 和气溶胶光学厚度的分布发现，排放量的变化导致 2030 年亚洲大部分地区 $PM_{2.5}$ 浓度增加，并加剧了对人类健康的影响。Tai 等（2012）根据多模式模拟的 A1B 情景下 2000—2050 年期间天气周期的变化，预测了美国 $PM_{2.5}$ 的未来时空分布。他们的研究表明，美国东部的年平均 $PM_{2.5}$ 浓度可能会上升，而在西北部地区则可能会下降。

刘红年等（2012）使用区域气候模式研究了 2020 年不同排放情景下中国人为气溶胶的时空分布特征和辐射效应，发现人为气溶胶负荷和辐射效应将在很大程度上取决于未来采用的排放政策。在未来排放增加的背景下，各区域气溶胶浓度、辐射强迫、气温和降水变化幅度也将相应增加。Jiang 等（2013a）使用全球大气化学输送模式 GEOS-Chem 研究了 A1B 情景下 2000—2050 年中国气溶胶的浓度变化，发现到 2050 年，中国东部 $PM_{2.5}$ 浓度将下降 10%～40%。如果只考虑气候变化的影响，$PM_{2.5}$ 浓度会变化 10%～20%；如果只考虑排放变化的影响，除硝酸盐外的气溶胶浓度会降低。杨冬冬等（2017）使用气溶胶-气候在线耦合模式模拟了 2010—2030 年和 2030—2050 年不同代表性浓度路径（RCP）情景下总的、人为的和自然的气溶胶的时空变化，并估计了 RCP4.5 情景下人为和自然气溶胶对中国 $PM_{2.5}$ 总浓度变化的影响。

总体来说，目前对中国未来人为气溶胶的时空分布和可能浓度范围的估算还不多见。此外，气候差异和排放差异等各种影响因素对未来中国气溶胶浓度的相对贡献也不是很明确。2030 年是近期一个关键的时间节点，届时中国的温室气体排放预计会达到峰值并转为下降，化石能源消费的比重将达到新低。对 2030 年中国区域人为气溶胶的时空分布、浓度变化以及不同影响因子的贡献开展研究，既具有重要的科学价值，又可为制定相关的温室气体减排和污染防治政策提供参考依据。本书利用区域气候模式 RegCM4，模拟了 RCP4.5 和 RCP8.5 两种情景下 2030 年中国地区硫酸盐、黑碳和有机碳等人为气溶胶的时空分布，分析了气候变化、排放变化和区域外输送变化对该地区上述人为气溶胶浓度变化的贡献。主要研究成果见 Li 等(2019b)。

4.1.2 模式与方法

本书使用区域气候模式 RegCM4，模拟区域南北方向格点数为 77，东西方向格点数为 77，水平分辨率为 50 km，范围覆盖中国大部分地区。模式垂直方向分 18 层，模式顶高度为 100 hPa。气象边界条件、海温场采用由 ICTP 网站提供的 MPI-ESM 全球模式模拟结果。此外，还采用了 Holtslag 边界层方案(Holtslag et al.，1990)、大尺度降水方案(Pal et al.，2000)和 Emanuel 积云对流参数化方案(Emanuel，1991；Emanuel et al.，1999)。排放源采用代表浓度路径情景的未来排放清单，包含了人为污染源排放和生物质燃烧排放(IPCC，2013)。化学边界条件来自 MOZART 模式的结果。

本书选择了 IPCC 的 RCP4.5 和 RCP8.5 两个排放情景以估计未来中国区域人为气溶胶的时空分布。RCP8.5 排放情景是最高的温室气体排放情景，这一情景下假定人口最多、技术革新率不高、能源改善缓慢，所以收入增长慢，这导致长时间高能源需求及高温室气体排放，而缺少应对气候变化的政策。RCP4.5 排放情景考虑了与全球经济框架相适应的，长期存在的温室气体和短寿命物质的排放，以及土地利用和陆面变化，该情景下为了限制温室气体排放，要改变能源体系，多用电能、低排放能源技术，发展碳捕获及地质储藏技术。

本书考虑了三个影响中国地区气溶胶时空分布的因子，它们包括：①气候变化(主要是温室气体造成的气候效应)；②中国本地气溶胶及前体物排放变化；③全球其他地区气溶胶及前体物对中国地区输送的变化。共设计了 6 个数值试验，如表 4.1 所示。针对不同的试验，选择不同情景下的气象边界条件、海温场、本地颗粒物和痕量气体排放以及化学边界条件。试验 ECD、ELE、EET 的结果分别减去试验 E45 的结果可以看作未来气候差异、未来本地排放差异和未来区域外输送差异单独产生的影响。试验 E85 的结果减去试验 E45 的结果可以看作所有影响因子差异所产生的影响。

表 4.1　试验设计

试验	CO_2 排放情景与气象边界条件、海温	本地排放	化学边界条件
现状情景试验(EPD)	RCP4.5 (～2010[a])	RCP4.5 (～2010)	现状
RCP4.5 情景试验(E45)	RCP4.5 (～2030)	RCP4.5 (～2030)	RCP4.5 (～2030)
RCP8.5 情景试验(E85)	RCP8.5 (～2030)	RCP8.5 (～2030)	RCP8.5 (～2030)
气候变化影响试验(ECD)	RCP8.5 (～2030)	RCP4.5 (～2030)	RCP4.5 (～2030)
本地排放变化影响试验(ELE)	RCP4.5 (～2030)	RCP8.5 (～2030)	RCP4.5 (～2030)
区域外输送变化影响试验(EET)	RCP4.5 (～2030)	RCP4.5 (～2030)	RCP8.5 (～2030)

～2010[a] 表示 2010 年前后，其他类推

4.1.3 2030 年中国地区人为气溶胶的分布

图 4.1a、b 和 c 显示了当前观测和模拟的气溶胶月均地面浓度的散点图。2006—2007 年期间的观测值是从中国的 12 个站点获得的(Zhang et al.,2012d)。这些站点是:成都(30°39′N,104°2.4′E)、大连(38°54′N,121°37.8′E)、皋兰山(36°0′N,105°51′E)、古城(39°7.8′N,115°48′E)、金沙(29°37.8′N,114°12′E)、临安(30°18′N,119°44′E)、龙凤山(44°43.8′N,127°36′E)、南宁(22°49.2′N,108°21′E)、番禺(23°0′N,113°21′E)、太阳山(29°10.2′N,111°42.6′E)、西安(34°25.8′N,108°58.2′E)和郑州(34°46.8′N,113°40.8′E)。由图可见,该模式基本可以捕获中国地区人为气溶胶的空间分布和季节变化特征,但对地面浓度有所低估,尤其是对于有机碳而言,这可能与模式的排放清单不完善以及未考虑二次有机气溶胶有关。此外,观测值通常容易受局部排放的影响,而模拟结果则代表了网格单元的平均浓度。图 4.1d

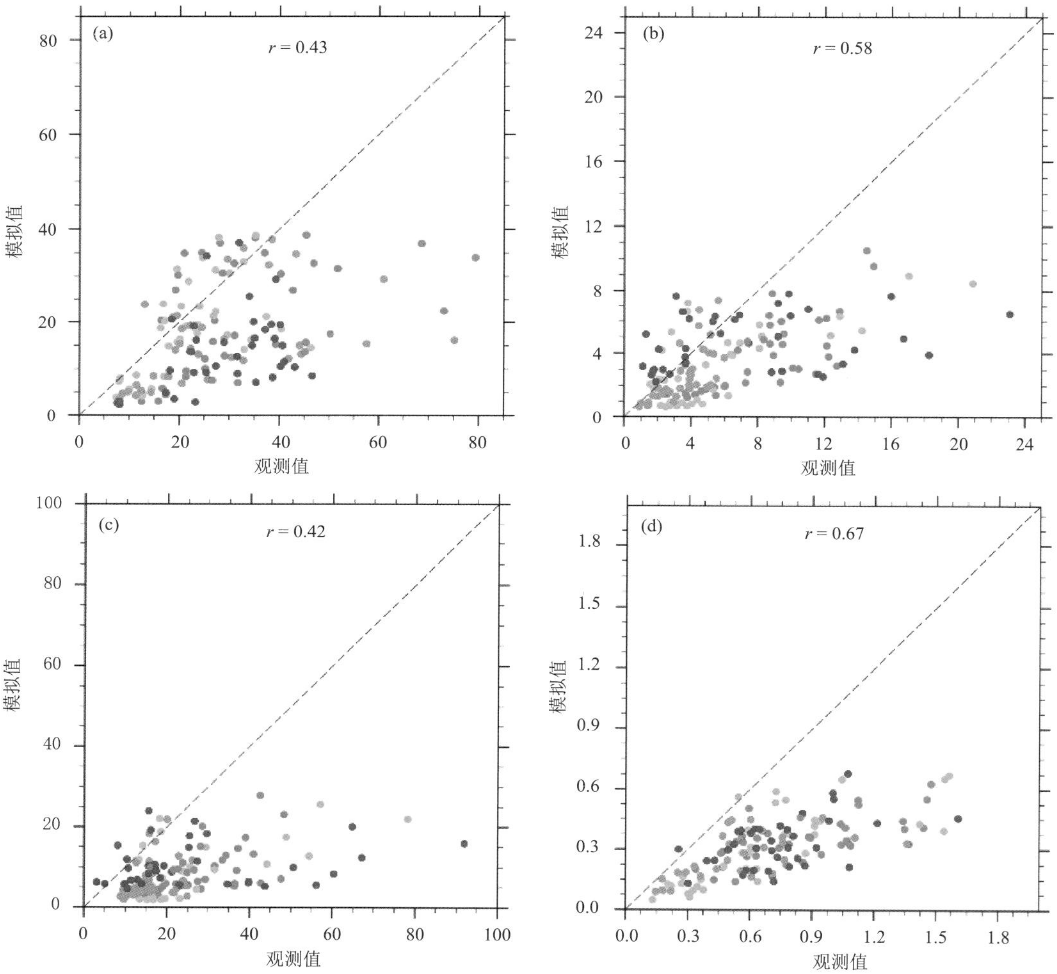

图 4.1 中国 12 个站点观测和模拟的月均硫酸盐(a)、黑碳(b)和有机碳(c)的平均浓度(单位:$\mu g \cdot m^{-3}$),以及观测和模拟的月均 AOD(d)(红色、橙色、绿色和蓝色点分别表示冬季(12、1、2 月)、春季(3、4、5 月)、夏季(6、7、8 月)和秋季(9、10、11 月)的值,r 值为相关系数)

显示了观测的和模拟的月均AOD,观测的AOD来自中分辨率成像光谱仪的卫星数据。相对较高的相关系数表明,RegCM4在模拟人为气溶胶柱含量时空分布方面具有良好的能力。由于试验中不包括硝酸盐和天然气溶胶,例如海盐和沙尘,并且如上所述低估了人为气溶胶,因此模拟的AOD明显低于实测值。

图4.2给出了不同情景下硫酸盐气溶胶地面浓度的季节分布以及RCP4.5和RCP8.5情景的差异。可见,硫酸盐的分布表现出明显的季节差异,在未来夏季和春季的地面浓度相对较高,秋季和冬季的地面浓度相对较低。硫酸盐气溶胶主要集中在华中、华北、华东和四川盆地,在夏季,最高地面浓度出现在华北平原。在RCP4.5和RCP8.5情景下,最高浓度分别达到22 $\mu g \cdot m^{-3}$和24 $\mu g \cdot m^{-3}$。未来2030年前后的硫酸盐地面浓度相对于现状显著下降,并且其时空分布高度相似。与RCP4.5情景相比,RCP8.5情景下中国大部分地区的硫酸盐地面浓度明显更高,在华中地区,冬季、春季和夏季的地面浓度增加更为明显,最大增加幅度为3～4 $\mu g \cdot m^{-3}$,而在华北平原,秋季的最大浓度增加幅度为3 $\mu g \cdot m^{-3}$,此外,冬季长江三角洲的地面浓度有所下降。

图4.3给出了不同情景下黑碳气溶胶地面浓度的季节分布以及RCP4.5和RCP8.5情景下的差异。在空间分布方面,黑碳与硫酸盐气溶胶相似,主要分布在华中、华北、华东和四川盆地。黑碳的地面浓度在冬季和秋季较高,在春季和夏季较低。除了排放季节差异的影响外,还与冬季对流层低层的稳定天气,较低的边界层高度和空气污染物扩散较弱有关。与RCP4.5情景相比,RCP8.5情景中国大部分地区的黑碳地面浓度明显更高,最大增幅达0.8～1.6 $\mu g \cdot m^{-3}$。明显增加的地区与黑碳气溶胶的高浓度地区相吻合,这些地区主要分布在华中、华北、华东和四川盆地。此外,台湾地区黑碳的地面浓度显著下降。值得注意的是,在RCP8.5情景下,春季中南半岛的黑碳地面浓度显著增加,这应与春季东南亚地区生物质燃烧活动导致的黑碳气溶胶排放大量增加有关。

图4.4给出了2030年RCP4.5情景和RCP8.5情景下有机碳气溶胶地面浓度及其差异的季节分布。总体来看,中国地区有机碳气溶胶的地面浓度在冬季最高,其次为春季,夏秋季较低。高值区主要位于四川盆地、华中、华东和华北地区。在春季,西南地区的地面浓度也比较高。相对于RCP4.5情景,RCP8.5情景下中国大部分地区的有机碳气溶胶的地面浓度有所增加,其中受东南亚地区的生物质燃烧排放大量增加的影响,春季中国西南、华南和华中地区的有机碳气溶胶地面浓度出现了显著增加。

图4.5和图4.6分别为不同排放情景下我国中东部地区(22°～42° N,105°～122° E)硫酸盐、黑碳、有机碳气溶胶地面浓度和柱含量在不同季节和全年的平均值、最大值和最小值。RCP8.5情景下三种气溶胶的柱含量和地面浓度平均值明显高于RCP4.5情景,且柱含量和地面浓度的变化幅度也有所放大。在RCP4.5情景下,硫酸盐、黑碳和有机碳地面浓度的年均值分别为8.5、1.7和3.7 $\mu g \cdot m^{-3}$,柱含量的年均值分别为9.9、1.1和3.1 $mg \cdot m^{-2}$。在RCP8.5情景下,硫酸盐、黑碳和有机碳地面浓度的年均值分别为10.0、2.2和4.4 $\mu g \cdot m^{-3}$,柱含量的年均值分别为11.6、1.4和4.0 $mg \cdot m^{-2}$。比较两种情景可以发现,年均地面浓度变化幅度最大的是黑碳,为29%,其次是有机碳和硫酸盐。有机碳和黑碳的年均柱含量变化幅度较大,分别达到29%和27%,其次是硫酸盐。

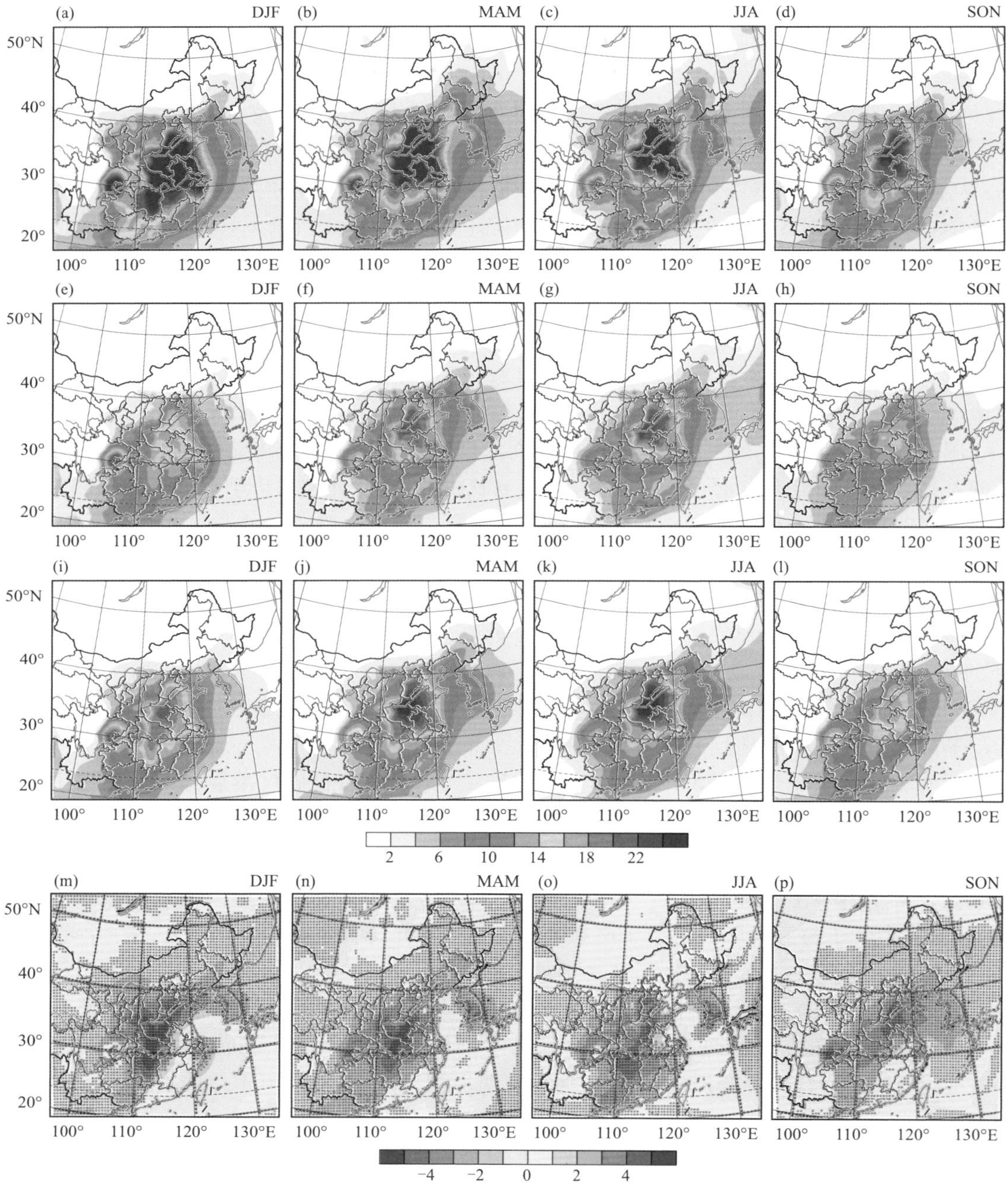

图 4.2　不同情景下(EPD:a,b,c,d; E45:e,f,g,h; E85:i,j,k,l)硫酸盐气溶胶地面浓度的季节分布及其差异(E85－E45:m,n,o,p)(单位:$\mu g \cdot m^{-3}$)

(打点区域表示通过了置信度为95%的显著性检验(下同))

(a、e、i、m)冬季;(b、f、j、n)春季;(c、g、k、o)夏季;(d、h、l、p)秋季

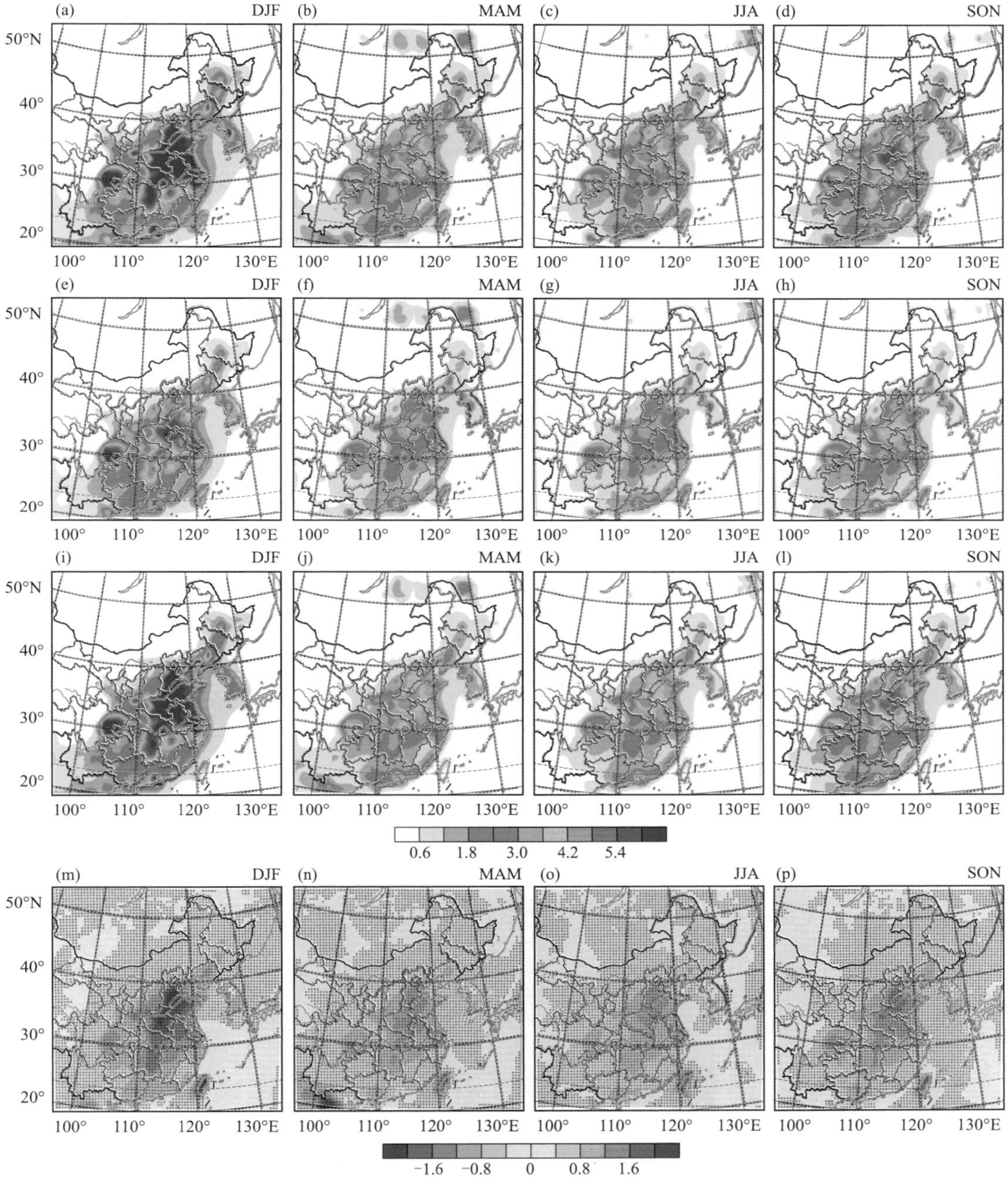

图 4.3　黑碳气溶胶地面浓度的季节分布及其差异，其他同图 4.2

(a、e、i、m)冬季；(b、f、j、n)春季；(c、g、k、o)夏季；(d、h、l、p)秋季

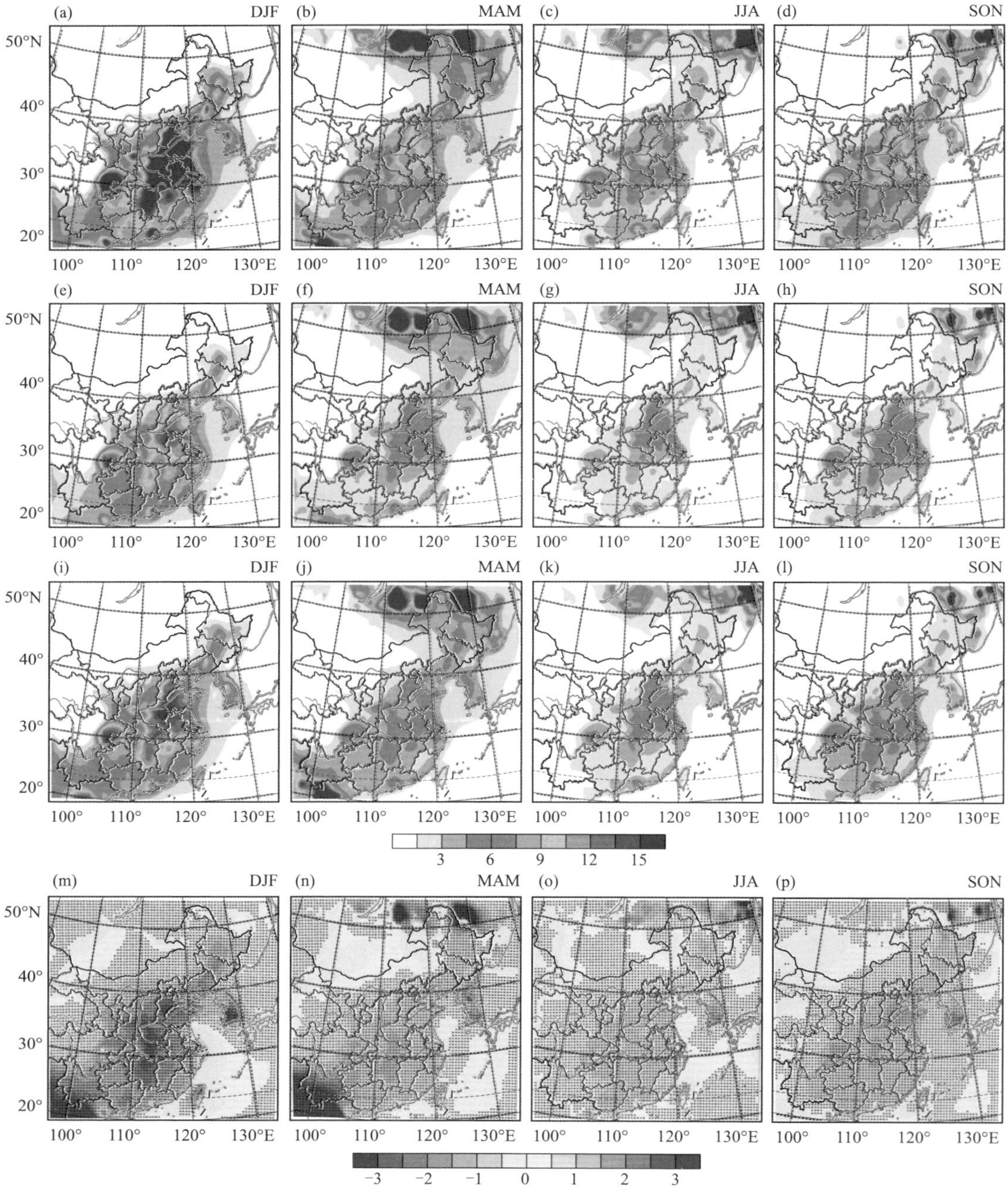

图 4.4　有机碳气溶胶地面浓度的季节分布及其差异，其他同图 4.2

(a、e、i、m)冬季；(b、f、j、n)春季；(c、g、k、o)夏季；(d、h、l、p)秋季

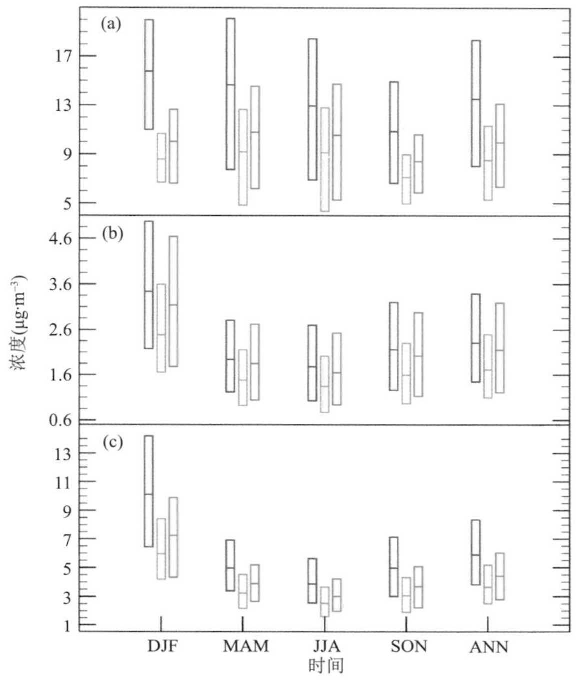

图 4.5　不同情景下(红色:EPD；蓝色:E45；橙色:E85)四季和全年中国中东部地区硫酸盐(a)、黑碳(b)、有机碳(c)气溶胶地面浓度的平均值,最大值和最小值(单位:$\mu g \cdot m^{-3}$)(色柱顶端代表最大值、底端代表最小值、中部短横代表平均值,冬季(DJF):12、1、2 月,春季(MAM):3、4、5 月,夏季(JJA):6、7、8 月,秋季(SON):9、10、11 月,ANN:全年)

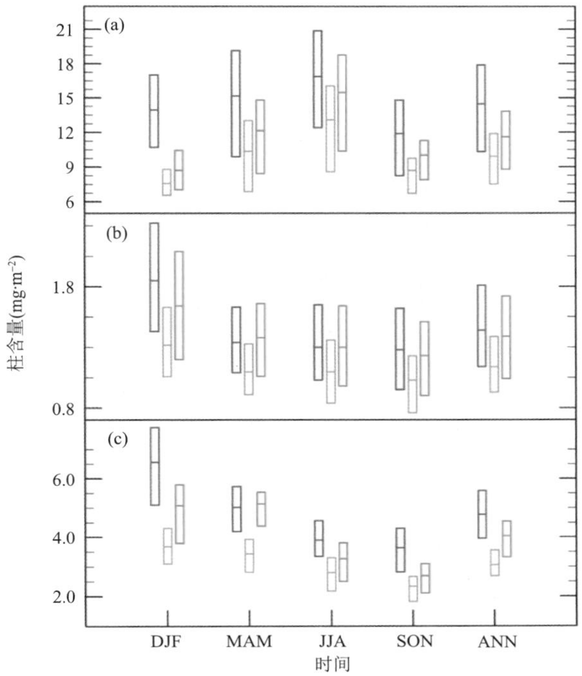

图 4.6　不同情景下气溶胶柱含量的平均值、最大值和最小值(单位:$mg \cdot m^{-2}$),其他同图 4.5

4.1.4 人为气溶胶时空分布变化的成因分析

4.1.4.1 气候差异的影响

从以上讨论可以发现，相对于 RCP4.5 情景，RCP8.5 情景下中国地区硫酸盐、黑碳、有机碳气溶胶浓度出现了明显的增加，可能是多个因子共同作用的结果。为了考察不同因子的相对贡献以及影响机制，通过比较各组试验的结果来研究气候差异、本地排放差异、区域外输送差异这三个因子对人为气溶胶时空分布的影响。图 4.7 为 2030 年 RCP8.5 和 RCP4.5 情景下由于气候差异引起的硫酸盐、黑碳、有机碳气溶胶地面浓度差异的季节分布。如图 4.7 所

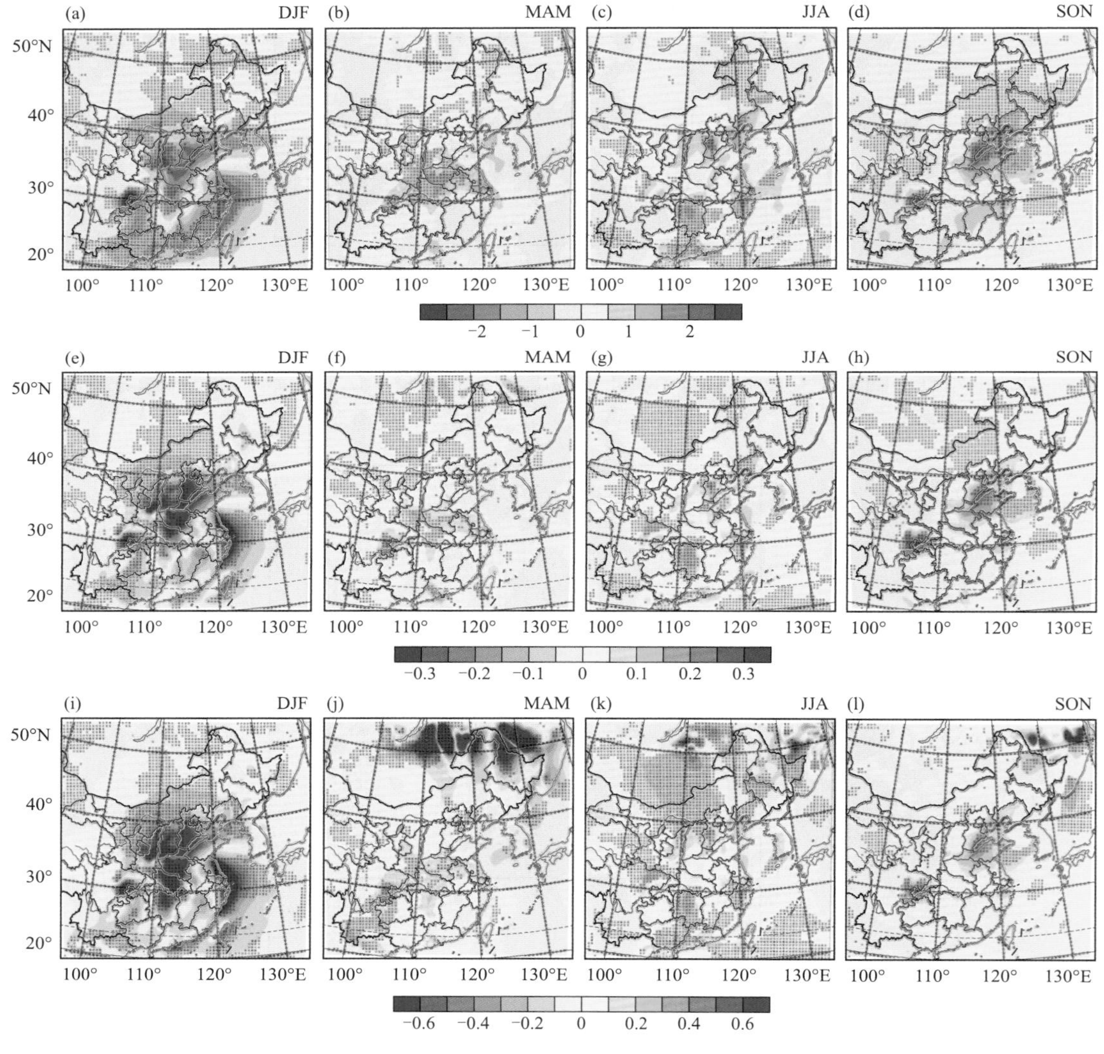

图 4.7　2030 年 RCP8.5 和 RCP4.5 情景下气候差异引起的硫酸盐(a、b、c、d)、黑碳(e、f、g、h)、有机碳(i、j、k、l)气溶胶地面浓度差异(ECD－E45)的季节分布(单位：$\mu g \cdot m^{-3}$)

(a、e、i)冬季；(b、f、j)春季；(c、g、k)夏季；(d、h、l)秋季

示，两种排放情景下三种气溶胶的地面浓度差异分布十分相似。冬季华中、华北地区气溶胶地面浓度明显增加，华东和四川盆地则明显减少。其他季节，中国大部分地区气溶胶地面浓度略有上升。图 4.8 给出了 2030 年 RCP8.5 和 RCP4.5 情景下气象因子差异的季节分布，可以发现两种排放情景下，气象因子的差异有明显的季节变化。冬季，中国东南沿海地区气温上升明显，减小了海陆温差，导致冬季陆地上对流层中低层盛行的偏北风减弱，导致华北、华中地区污染物不易扩散，气溶胶地面浓度增加。夏季，中国中东部地区气温下降，海陆温差减小，盛行的偏南风减弱，降水减少，导致部分地区污染物浓度升高。春秋季的情况与冬季接近，华北和华中的地面浓度略有增加。

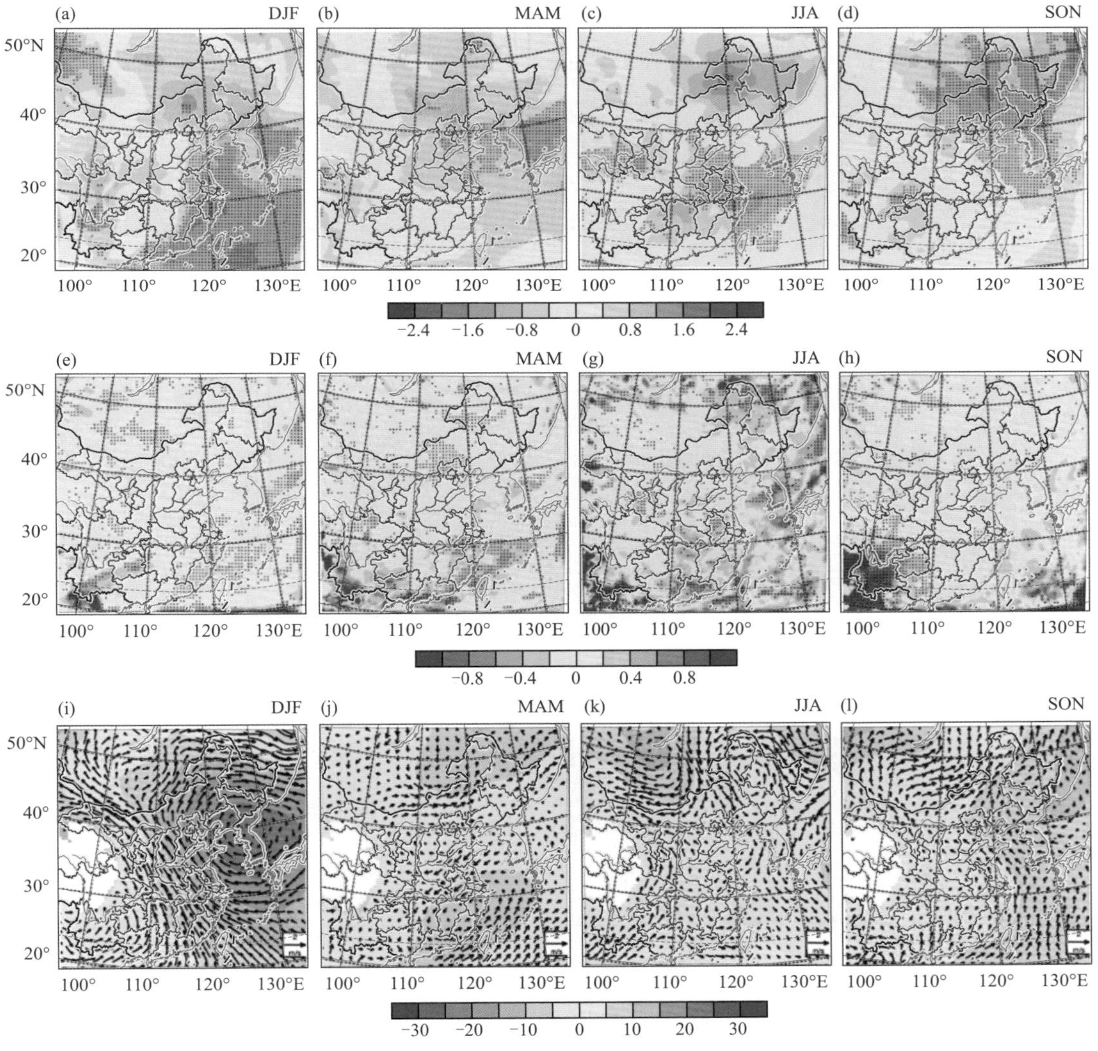

图 4.8 2030 年 RCP8.5 和 RCP4.5 情景下地表气温差异(a、b、c、d，单位：K)、降水差异(e、f、g、h，单位：mm · d^{-1})、850 hPa 高度场(填色，单位：m)和风场(矢量，单位：m · s^{-1})(i、j、k、l)差异的季节分布

(a、e、i)冬季；(b、f、j)春季；(c、g、k)夏季；(d、h、l)秋季

4.1.4.2　本地排放差异的影响

图 4.9 给出了 2030 年 RCP8.5 和 RCP4.5 情景下二氧化硫、黑碳、有机碳气溶胶的排放通量差异的季节分布。相对于 RCP4.5 情景，RCP8.5 情景下二氧化硫排放除少部分区域（如长三角地区、珠三角地区）有所减少外，中国中东部地区的排放整体有较显著增加。黑碳气溶胶排放除在台湾地区有明显减少以外，在中国中东部地区有明显增加。此外春季中南半岛地区的排放出现了显著增加，这与生物质燃烧活动的增加有关。有机碳气溶胶排放在中国大部分地区有所增加，春季在中南半岛地区也出现了显著增加。

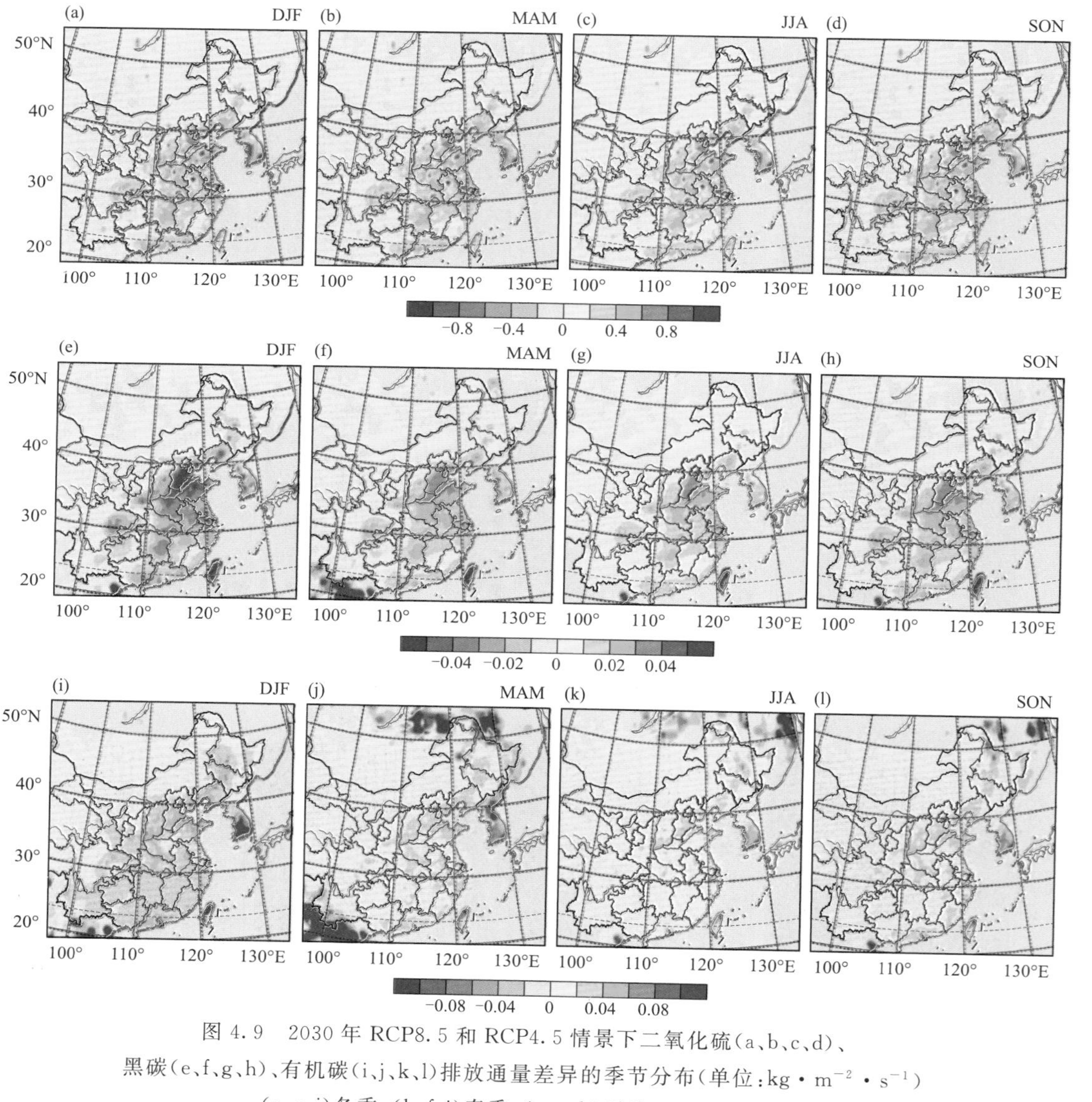

图 4.9　2030 年 RCP8.5 和 RCP4.5 情景下二氧化硫(a、b、c、d)、黑碳(e、f、g、h)、有机碳(i、j、k、l)排放通量差异的季节分布(单位：kg·m^{-2}·s^{-1})
(a、e、i)冬季；(b、f、j)春季；(c、g、k)夏季；(d、h、l)秋季

图 4.10 为 2030 年 RCP8.5 和 RCP4.5 情景下二氧化硫、黑碳、有机碳三种污染物本地排放差异引起的硫酸盐、黑碳、有机碳气溶胶地面浓度差异（ELE－E45）的季节分布。本地排放

的差异对污染物的分布产生了显著影响，总的来说，污染物浓度增加较多的区域与排放增加较多的区域一致。春季中南半岛生物质燃烧排放的增加对有机碳和黑碳气溶胶的分布产生了十分显著的影响，导致中国南方地区春季的有机碳气溶胶浓度显著增高。

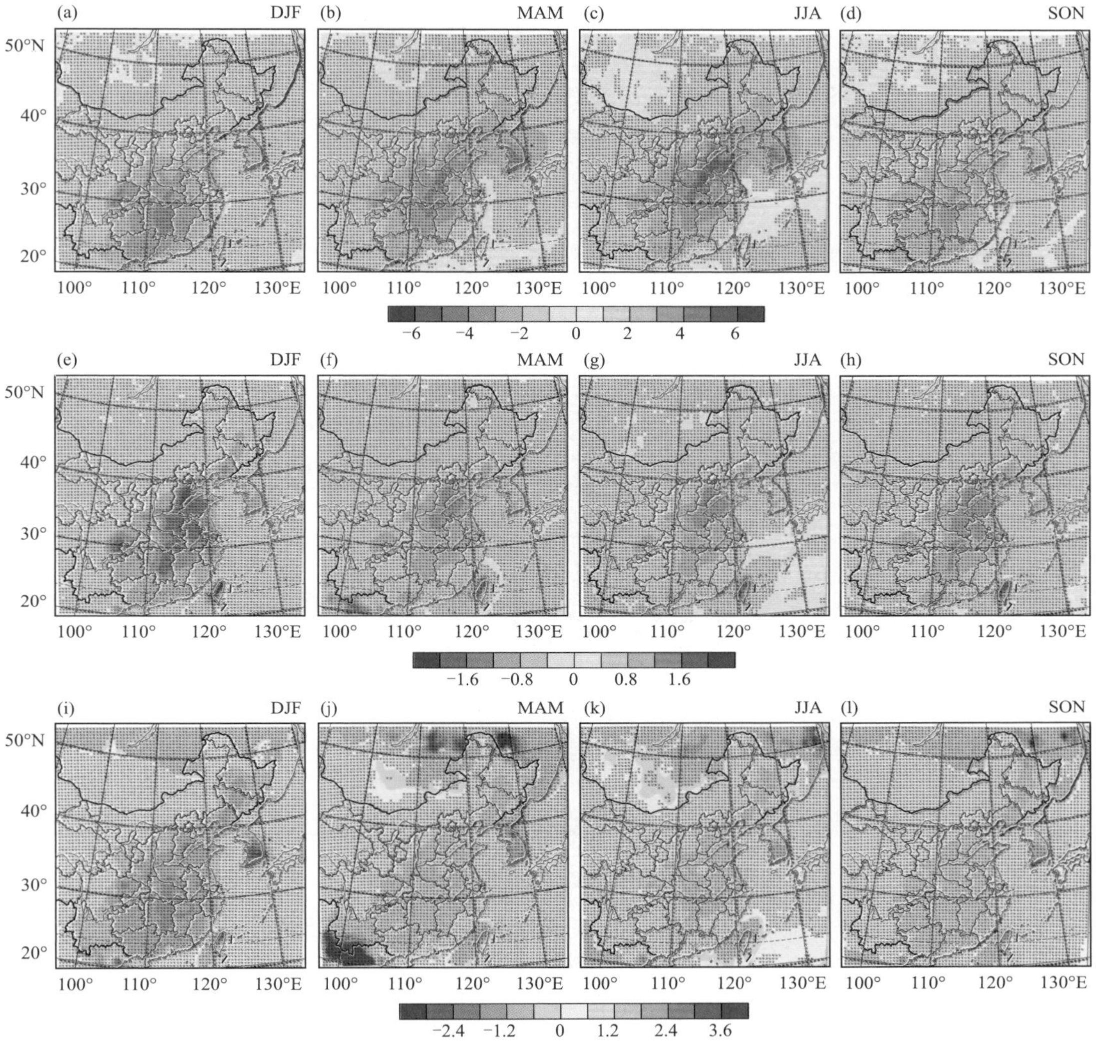

图 4.10　2030 年 RCP8.5 和 RCP4.5 情景下本地排放差异引起的硫酸盐(a、b、c、d)、黑碳(e、f、g、h)、有机碳气溶胶(i、j、k、l)地面浓度差异(ELE－E45)的季节分布(单位：$\mu g \cdot m^{-3}$)
(a、e、i)冬季；(b、f、j)春季；(c、g、k)夏季；(d、h、l)秋季

4.1.4.3　外部污染物输送差异的影响

图 4.11 为 2030 年 RCP8.5 和 RCP4.5 情景下二氧化硫、黑碳、有机碳三种污染物区域外输送差异引起的硫酸盐、黑碳、有机碳气溶胶地面浓度差异(EET－E45)的季节分布。由图 4.11 可见，区域外污染物的输送差异总体对中国地区三种气溶胶的分布影响相对较小，但在冬春季，西南地区气溶胶有较明显增加，夏季华东地区北部气溶胶有较明显增加。

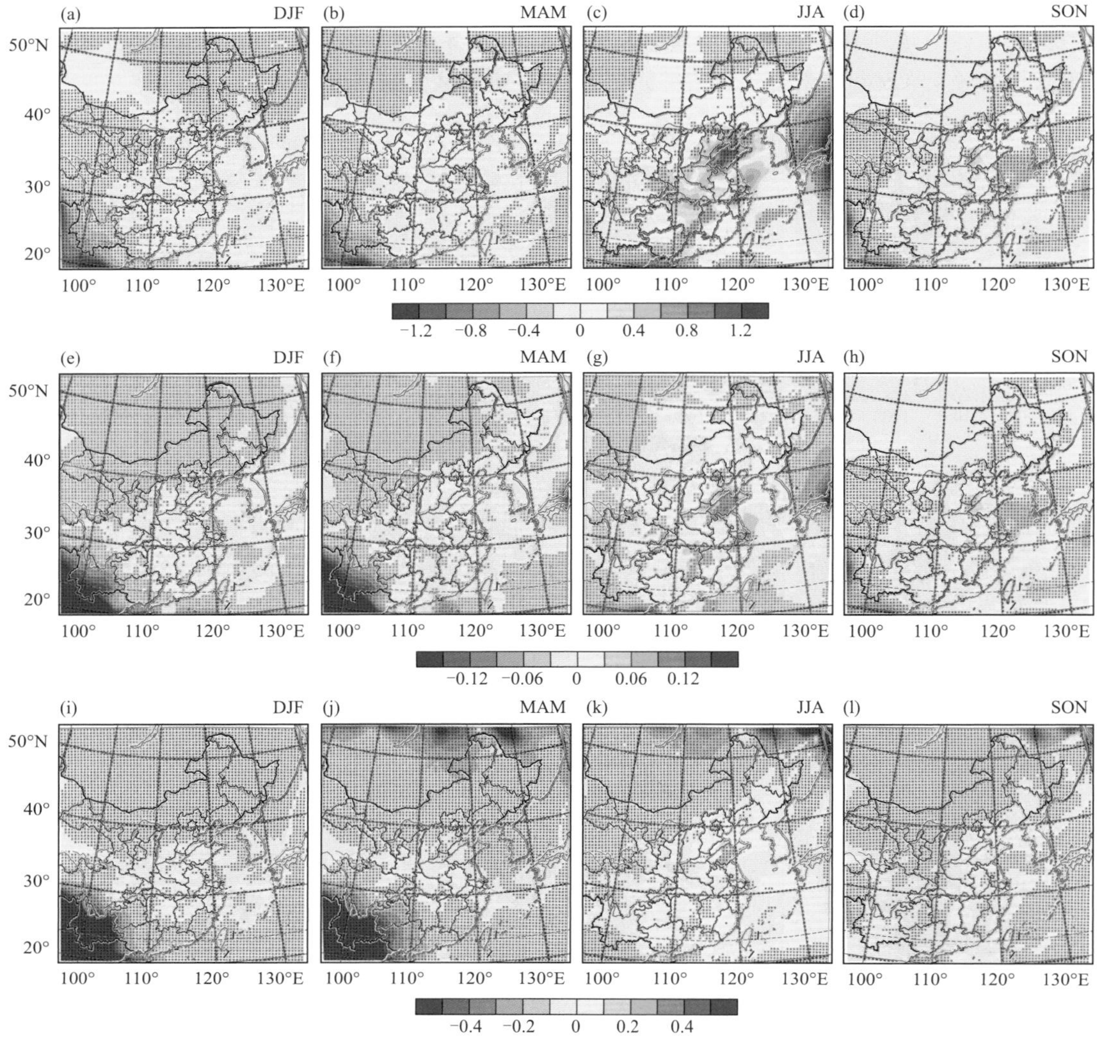

图 4.11　2030 年 RCP8.5 和 RCP4.5 情景下区域外输送差异引起的硫酸盐(a、b、c、d)、黑碳(e、f、g、h)和有机碳气溶胶(i、j、k、l)地面浓度差异(EET－E45)的季节分布(单位:$\mu g \cdot m^{-3}$)
(a、e、i)冬季;(b、f、j)春季;(c、g、k)夏季;(d、h、l)秋季

4.1.4.4 各影响因子的比较

图 4.12 显示了 2030 年相对于 2010 年四季和全年中国中东部地区硫酸盐、黑碳和有机碳气溶胶地面浓度的相对变化。在 RCP4.5 情景下,2030 年硫酸盐、黑碳和有机碳气溶胶的年均地面浓度相对于 2010 年分别变化了－36 %、－25%和－38%。在 RCP8.5 情景下,三种气溶胶的地面浓度分别变化了－25%、－7%和－25%。可以发现,2030 年所有情景下气溶胶地面浓度均出现显著下降,其中黑碳气溶胶地面浓度下降幅度相对较小。各种因子的差异对不同人为气溶胶的地面浓度表现出相似的影响,其中本地排放差异的贡献最大,而气候差异和区域外输送差异的贡献则小得多。气溶胶柱含量的相对变化显示出与地面浓度相似的情况(图 4.13)。值得注意的是,对于黑碳和有机碳气溶胶,区域外输送差异对柱含量的影响更为重要。

特别是在春季和冬季，区域外输送差异对有机碳柱含量的贡献已经超过了本地排放差异的贡献，导致 RCP8.5 情景下 2030 年春季的黑碳和有机碳柱含量超过了 2010 年，说明虽然区域外输送差异对气溶胶地面浓度影响不大，但可能通过改变气溶胶柱含量对区域气候产生较大的影响。

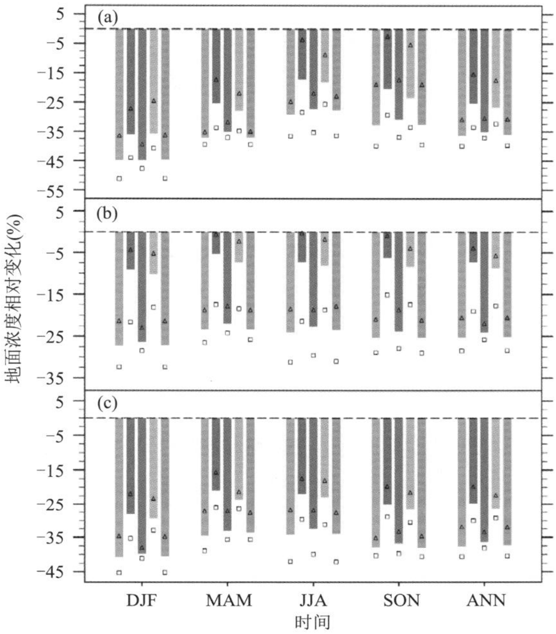

图 4.12　相对于 2010 年，2030 年四季和全年中国中东部地区硫酸盐(a)、黑碳(b)和有机碳(c)气溶胶地面浓度的相对变化(%)(粉色：E45；红色：E85；蓝色：ECD；绿色：ELE；橙色：EET)(色柱代表平均值，三角形代表最大值，方形代表最小值)

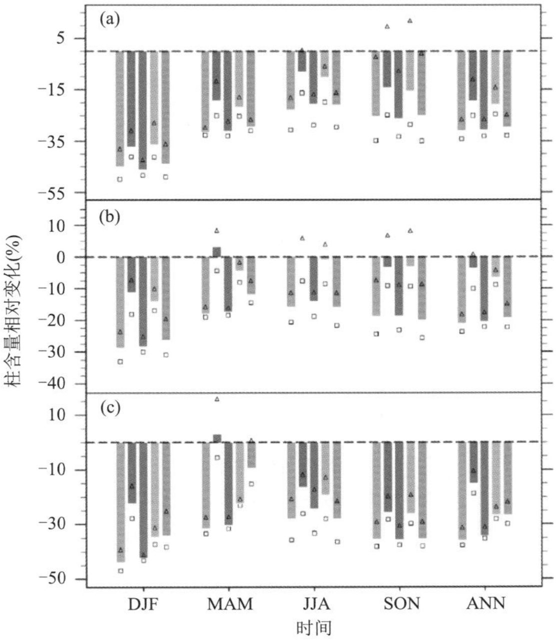

图 4.13　硫酸盐(a)、黑碳(b)和有机碳(c)气溶胶柱含量的相对变化(%)，其他同图 4.12

4.1.5 主要结论

模拟结果表明，相对2010年，2030年人为气溶胶年均浓度显著下降，其中黑碳地面浓度下降幅度最小(尤其是在RCP8.5情景下)。在RCP4.5情景下，中国中东部地区硫酸盐、黑碳和有机碳气溶胶地面浓度的年均值分别为8.5、1.7和3.7 $\mu g \cdot m^{-3}$，在RCP8.5情景下则分别为10.0、2.2和4.4 $\mu g \cdot m^{-3}$。人为气溶胶主要集中在华北、华中、华东、四川盆地等工业发达地区。RCP8.5情景下中国地区人为气溶胶的分布特征与RCP4.5情景相似，但总体来看气溶胶浓度更高。硫酸盐气溶胶地面浓度在夏季和春季较高，在冬季和秋季较低。黑碳和有机碳气溶胶地面浓度在冬季较高，其他季节较低。

敏感性试验结果表明，未来RCP8.5和RCP4.5情景下，本地排放的差异对中国地区气溶胶地面浓度的影响最大，其次是未来气候差异和区域外输送差异的影响。未来不同情景下，本地排放的差异导致中国中东部地区人为气溶胶地面浓度出现显著变化，未来气候差异引起的气溶胶地面浓度差异在冬季的华北和华中地区较明显，在冬春季的西南地区由区域外输送差异引起的有机碳和黑碳气溶胶地面浓度变化较为明显。对于年均气溶胶柱含量而言，未来RCP8.5和RCP4.5情景下，本地排放差异的影响仍然占主导地位。RCP8.5情景下，由于东南亚地区冬春季生物质燃烧产生的排放大幅增加，有机碳和黑碳气溶胶区域外输送差异的影响变得非常显著。

本书的结果显示，未来本地排放差异是中国人为气溶胶最重要的影响因子。此外，未来气候差异和区域外输送差异对人为气溶胶的影响在某些地区和季节是不可忽视的，这可能会阻碍或影响政府改善空气质量所作的努力。

4.2 中国地区二次有机气溶胶模拟

4.2.1 研究背景

二次有机气溶胶由挥发性有机物的氧化产物凝结生成，是大气气溶胶中最丰富的细颗粒物之一。大气中挥发性有机物VOC在气相或液相中，经过大气氧化剂OH自由基、NO_3自由基和臭氧的氧化，生成半挥发性有机物，其中一些挥发性较低的气体或被大气中一次排放的有机碳吸附，从而形成二次有机气溶胶SOA，或直接通过成核、碰并过程生成新颗粒。根据自上而下的方法估计，全球从VOC氧化生成的SOA大约为115 Tg C $\cdot$ a^{-1}(Hallquist et al., 2009)。Spracklen等(2011)利用气溶胶质量谱观测，估计SOA的生成量达140 Tg(SOA) $\cdot$ a^{-1}。大气中已经观测到10000～100000种不同种类的VOC，主要来源于海洋、森林等自然源排放，以及汽车尾气排放、化工产业排放等人为活动，这些VOC参与数量巨大的化学反应过程。SOA的前体物种类繁多、生成机制复杂，影响其生成的因素较多。VOC的排放强度、大气氧化剂的浓度和气象因子等是SOA气相生成不确定性的主要来源，VOC的溶解性、气溶胶液态水含量、云水含量、液相反应速率等是影响SOA液相生成的主要因子。

由于VOC组成的复杂性，考虑到计算成本，气候化学模式中对有机物成分没有显式处理。Odum等(1996)提出用2-product热力学方法来进行有机气体/颗粒物的划分以估算SOA前体物的生成，此方法已用于一些空气质量或气候化学模式中(Schell et al., 2001;

Chung et al., 2002b; Grell et al., 2005)。然而 2-product 划分方法不能够解释观测到的挥发性有机物的增长速率,依赖于对气溶胶微物理的处理,热力学划分方法通常导致 SOA 质量分担在更大的颗粒上。Riipinen 等(2011)提出了一个类似的动力学划分方法,并证明能够显著地促进 SOA 生成的模拟。

SOA 的辐射效应具有特殊性,由于粒径小且接近于可见光波段,因此比粗颗粒物具有更强的气候效应(Shindell et al., 2013)。同时细颗粒物容易被传输到远离源区的地方,相应地,它们的辐射效应会远离源区。另外,SOA 可以通过云内的液相化学生成,其垂直分布不同于其他颗粒物,使得其柱浓度和光学厚度也具有特殊性。SOA 会在大气中逐渐老化,亲水性增强,通过吸湿增长影响大气能见度。亲水性气溶胶能成为云凝结核(Cloud Condensation Nuclei, CCN),因此可以通过改变云特性产生间接气候效应。随着未来二氧化硫、氮氧化物减排,有机气溶胶可能成为大气中主要的细颗粒物。因此研究各种人为和自然源 SOA 生成与消耗机制及其有关的物理化学过程、掌握其时空分布,对了解 SOA 的直接和间接辐射效应在全球和区域气候中的影响具有重要意义。

本书通过在 RegCM-Chem 中耦合 SOA 模块,计算并分析 SOA 的地面浓度、柱浓度以及光学厚度的时空分布特征,同时将模式结果和地面及卫星观测进行对比,评估模式性能。主要研究结果参见殷长秦(2015)和 Yin 等(2015)。

4.2.2 模式与方法

4.2.2.1 模式设置

本书基于 RegCM4,模式物理参数化设置参照 Solmon 等(2006),利用 MIT-Emanuel 积云参数化方案来描述湿对流,Singh 等(2006)敏感性试验证明 MIT-Emanuel 方案在东亚具有更好的模拟性能,气溶胶模拟采用包含颗粒尺寸分布的总体积气溶胶方案。最新的 RegCM-Chem 包括了在线的生物源排放模块 MEGAN(Tawfik et al., 2012)和气相化学模块 CBMZ(Shalaby et al., 2012),两个模块对 SOA 的模拟起着关键作用。另外,还耦合了一个 VBS 方案以描述 SOA 生成和计算其短波直接辐射强迫。

模式区域以中国为中心,水平分辨率为 50 km,垂直分为 18 个 Sigma 坐标层,模式顶高为 50 hPa。模拟时间为 2005 年 11 月—2006 年 11 月,其中 2005 年 11 月作为模式的预积分时间。采用 NCEP 再分析资料作为模式的动力初始条件和边界条件。人为源和生物质燃烧排放来自"大气化学-气候模式比较计划 ACCMIP"清单,详细描述请参考 Shalaby 等(2012)。气候化学边界条件来自全球大气化学传输模式 MOZART,为 2000—2007 年的月平均值(Horowitz et al., 2003; Emmons et al., 2010)。

4.2.2.2 SOA 生成

本书采用了一个基于烟雾箱试验的 4-bin 挥发性基组来描述有机气溶胶(OA)的划分过程,4 个挥发属性段在温度 300K 下的饱和蒸汽浓度分别为 1、10、100、1000 $\mu g \cdot m^{-3}$。Donahue 等(2006)首次提出了 VBS 方法以更好地描述一次和二次有机物的化学过程,经过不同的模式在不同区域的应用,证明其促进了模拟性能,尤其是在城市地区(Lane et al., 2008),有关 VBS 的详细描述可参见 Ahmadov 等(2012)。本书没有考虑具有高 OH 反应活性的烷类和倍半萜烯,因为其排放相对于其他 VOCs 低得多,它们与大气氧化剂的反应没有在 CBMZ

机制中显示表达。4 个另外的气相和 4 个具有不同挥发属性的气溶胶相的示踪剂被引入 RegCM4，以描述人为源和生物源 VOC 前体物的半挥发性氧化产物，这些氧化产物可进一步被羟基氧化。例如，人为源半挥发性氧化产物的老化可表示为：

$$GAOR_i + OH \rightarrow 1.075\ GAOR_{i-1} \tag{4.1}$$

式中，$GAOR_i$ 表示第 i 段人为源 VOC 前体物的气相半挥发性氧化产物，生物源的老化过程采用类似的方法处理，所有的这些反应公式均加入 CBMZ，并且采用一个恒定的氧化速率 $4\times10^{-11}\ cm^3\cdot$分子$^{-1}\cdot s^{-1}$(Shrivastava et al.，2008，2011)。参照 Shrivastava 等(2011)，一次挥发性有机物的排放和化学演变也加入到 RegCM 中，采用"2-species"的 VBS 划分方法，其排放设置为一次有机碳(POC)排放的 6.5 倍。

4.2.2.3 SOA 的光学参数

使用辐射传输模块 CCM3 来描述气溶胶对太阳辐射的散射和吸收。为减小计算成本，简化了 SOA 的光学属性，从 0.2～5 μm 18 个谱段的消光横截面、单次散射反照率，不对称因子和前向散射比通过米(Mie)理论预先计算并存储到一个数据集。

米(Mie)计算需要输入折射指数和颗粒物粒径分布，模式中 SOA 划分为人为源和生物源两种类型，人为源和生物源气溶胶的折射指数(RI)分别设置为与甲苯和 a 蒎烯 SOA 相同。甲苯和 a 蒎烯 RI 的实部和虚部具有不同的光学属性，a 蒎烯在所有波段具有轻微的吸收效应，在 532 nm 波段的折射指数为 1.44(Kim et al.，2013)。Nakayama 等(2012)和 Yu 等(2008)均得出 a 蒎烯的 RI 随波长增加而减小。对相关文献中推荐的 RI 进行线性多项式拟合，得出生物源 SOA 在波长 350 和 700 nm 的折射指数分别为 1.48 和 1.42。甲苯 SOA 的 RI 实部和虚部更依赖于 NO_x 浓度水平(Nakayama et al.，2013)，因为光学参数需要预先计算以节省计算时间，与 NO_x 浓度有关的 RI 没有考虑进来。类似于 a 蒎烯 SOA，对有关文献报道的 RI 进行线性多项式拟合，得出人为源 SOA 在波长 350 和 700 nm 的折射指数分别为 $1.53-0.0043\,i$ 和 $1.43-0.0\,i$。近紫外波段的 RI 通过线性插值或外推获得，近红外光学参数设置与RegCM 中有机气溶胶的相同，质量密度、模态半径和模态宽度分别为 $1.5\ g\cdot cm^{-3}$、0.0212 μm 和 0.35(Kirkevag et al.，2005)。

4.2.2.4 气象场模拟

首先对 SOA 生成具有影响的气象因子(如风场、温度和降水)进行模拟和观测的比较。可以看出，RegCM-Chem 模拟的中国东北部气旋的位置(图 4.14a)和 NCEP 再分析资料的分析结果基本相同(图 4.14b)。模拟的 7 月 840 hPa 的平均风在中国东部比观测强，这会使该区域的气溶胶更容易被传输到东海区域。模式中孟加拉湾的东风以及太平洋的西风都比观测弱。模拟的华南区域的 840 hPa 平均风场比再分析场强，因此，该区域 VOC 和颗粒物能被传输到更北的位置。总体来看，模拟的降水比卫星观测少，特别是在孟加拉湾和日本海南部。模式未能模拟出中国北部的降水，南部降水也偏弱。

4.2.3 人为源二次有机气溶胶分布

图 4.15 为 2006 年 1 月四个挥发性基组的人为源 SOA 地表平均浓度的空间分布。饱和蒸汽压越大，其挥发性越高。对于蒸汽压为 $1000\ \mu g\cdot m^{-3}$ 的 SOA，分布主要集中在中国东部区域，其中高值区域位于四川盆地(超过 $0.4\ \mu g\cdot m^{-3}$)、山东及其周围省份(超过 $1.6\ \mu g\cdot m^{-3}$)。

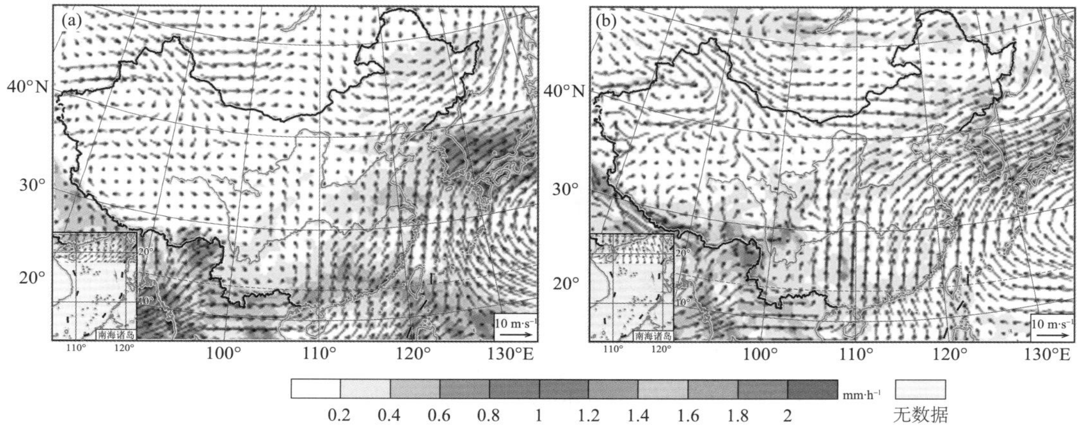

图 4.14　2006 年 7 月 NCEP 再分析资料 850 hPa 平均风场及 TRMM 降水(a)和模拟的 840 hPa 风场及降水(b)

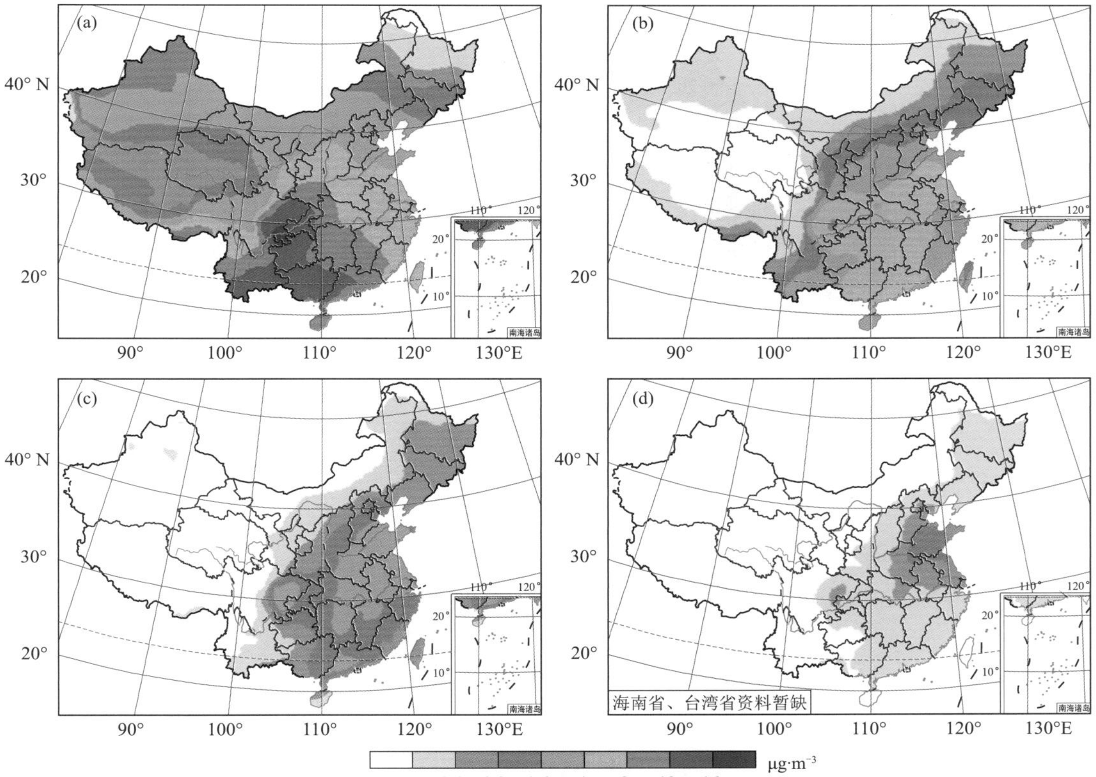

图 4.15　2006 年 1 月人为源 SOA 地表平均浓度，分四种饱和蒸汽压
(a)1 $\mu g \cdot m^{-3}$；(b)10 $\mu g \cdot m^{-3}$；(c)100 $\mu g \cdot m^{-3}$；(d)1000 $\mu g \cdot m^{-3}$

对于蒸汽压为 100 μg · m^{-3}的 SOA，基本也分布在中国东部区域，但高值区域的范围向南扩散到江西、湖南等区域，珠三角区域的高值区的浓度均超过了 1.6 μg · m^{-3}。随着挥发性进一步降低(蒸汽压为 10 μg · m^{-3})，高值区(浓度大于 4 μg · m^{-3})范围也逐渐向南覆盖到广东和广西区域，其中四川盆地的部分区域，SOA 浓度达到了 8 μg · m^{-3}以上。对于挥发性最低的 SOA(蒸汽压为 1 μg · m^{-3})，高值区域基本位于中国南部区域，浓度向北逐渐递减，最大浓度出现在四川盆地，达到了 16 μg · m^{-3}以上。总体来看，随着 SOA 挥发性降低，区域 SOA 的平均浓度也逐渐增加，同时浓度的高值区域逐渐从北部向南部移动，四川区域始终出现高值浓度。尽管在 VBS 机制中，蒸汽压为 1000 μg · m^{-3}的 SOA 产率最高，但是高挥发性的 SOA 以 1×10^{-11} cm^3 · 分子$^{-1}$ · s^{-1}的反应速率被 OH 氧化生成低挥发性的 SOA，因此低挥发性的 SOA 浓度高。由于 SOA 浓度主要受前体物排放和气象条件的影响，对于低挥发性的 SOA，其分布和前体物的排放分布保持一致。由于冬季中国地区主要受北风影响，气态半挥发性有机物向南部输送，并在输送途中与 OH 自由基氧化生成低挥发性的有机物，而四川盆地的独特地理条件，使得该地区生成的半挥发性有机物不易向南部扩散，因此对于四种挥发性的 SOA，均在该区域出现浓度高值。

从 2006 年 7 月人为源 SOA 地表平均浓度(图 4.16)来看，对于蒸汽压为 1000 μg · m^{-3}的 SOA，在中国区域的浓度均在 0.04 μg · m^{-3}以下。随着挥发性降低，浓度也逐渐增大，蒸汽压为 100 μg · m^{-3}和 10 μg · m^{-3}的 SOA 的高值区域主要分布在山东、河北、河南、江苏、四川盆

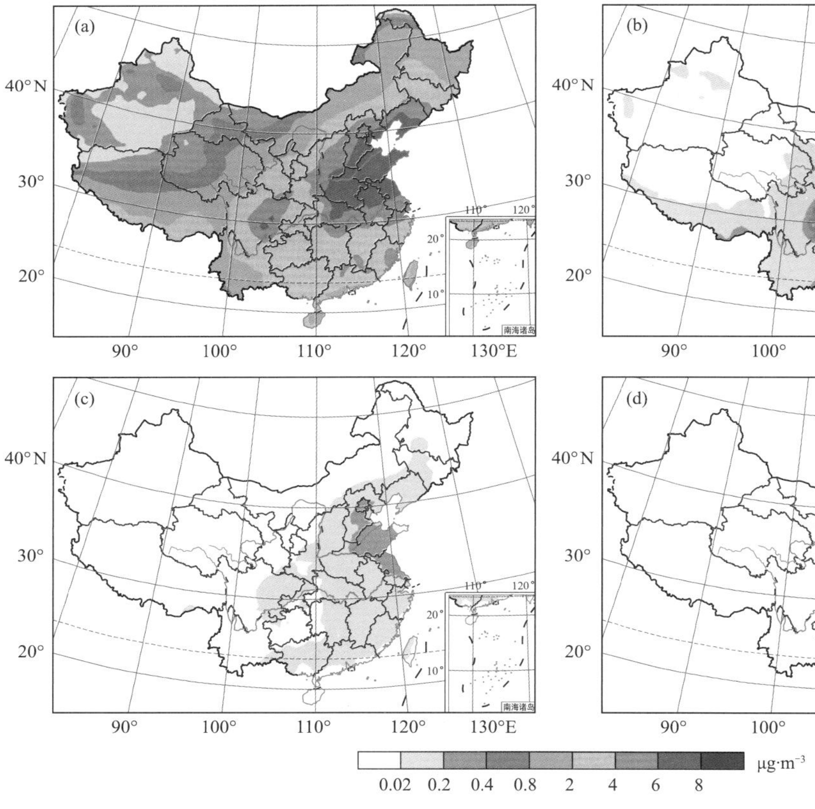

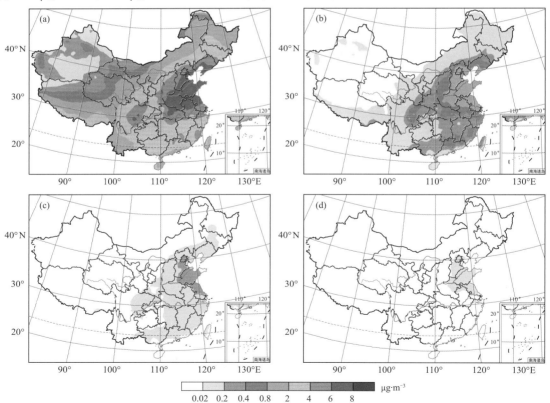

图 4.16　2006 年 7 月人为源 SOA 地表平均浓度，分四种饱和蒸汽压

(a)1 μg · m^{-3}；(b)10 μg · m^{-3}；(c)100 μg · m^{-3}；(d)1000 μg · m^{-3}

地、广东以及福建区域，高值浓度分别达到了 0.2 $\mu g \cdot m^{-3}$ 和 0.8 $\mu g \cdot m^{-3}$ 以上。挥发性最低的 SOA 的高值区域(6 $\mu g \cdot m^{-3}$ 以上)则主要出现在长江以北区域。四川盆地、广东和福建区域的 SOA 高值区明显向北偏离前体物的排放区域(重庆、珠三角区域)，主要原因为中国区域在 7 月受季风系统的影响，南风较强，半挥发性的有机物向北传输。与 1 月相比，除了 SOA 浓度分布差异较大外，7 月的 SOA 浓度显著低于 1 月，特别是对于挥发性较高的物种。

由图 4.17 全年人为源 SOA 地表平均浓度分布来看，对于蒸汽压为 1000、100 和 10 $\mu g \cdot m^{-3}$ 的 SOA，高值区域主要分布在四川盆地、山东及其周边省份和珠江三角洲区域。蒸汽压为 1 $\mu g \cdot m^{-3}$ 的 SOA 浓度高值区与前体物排放的高值区分布不一致，出现在四川盆地以及部分华中和华南区域。四种挥发性的 SOA，按挥发性从高到低，高值区浓度分别达到了 0.08、0.8、1.6 和 8 $\mu g \cdot m^{-3}$ 以上。

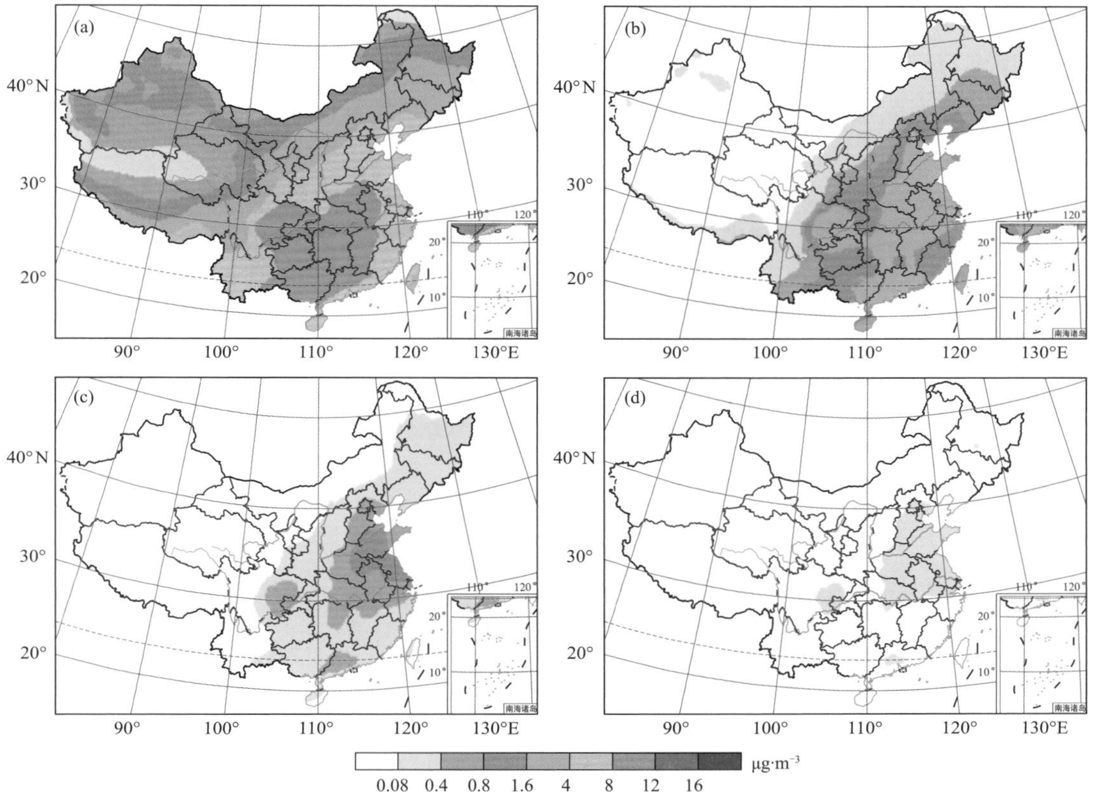

图 4.17　2005 年 12 月—2006 年 11 月人为源 SOA 地表平均浓度，分四种饱和蒸汽压
(a)1 $\mu g \cdot m^{-3}$；(b)10 $\mu g \cdot m^{-3}$；(c)100 $\mu g \cdot m^{-3}$；(d)1000 $\mu g \cdot m^{-3}$

对于半挥发性有机物的年均浓度(图 4.18)，四种半挥发性的气体在中国区域的浓度平均值之间的差异比颗粒态有机物小。对于气体，挥发性越高，浓度越高。高挥发性的有机气体年均浓度的高值区域达到了 0.8 $\mu g \cdot m^{-3}$ 以上，随着挥发性降低，高值区域逐渐缩小，对于蒸汽压为 10 $\mu g \cdot m^{-3}$ 的半挥发性气体，高值区域集中在江苏、山东和珠江三角洲区域。对于挥发性最低的半挥发性气体，其高值区域分布在广东、广西和西藏区域。这类气体由于在气粒分离过程中更易形成颗粒态物质，因此气态物质在总半挥发性物质中所占的比重较小。由于气粒

分离时，温度越低，半挥发性物质越容易以颗粒态存在，因此，在中国南部区域，气态半挥发性有机物的浓度比北部高。

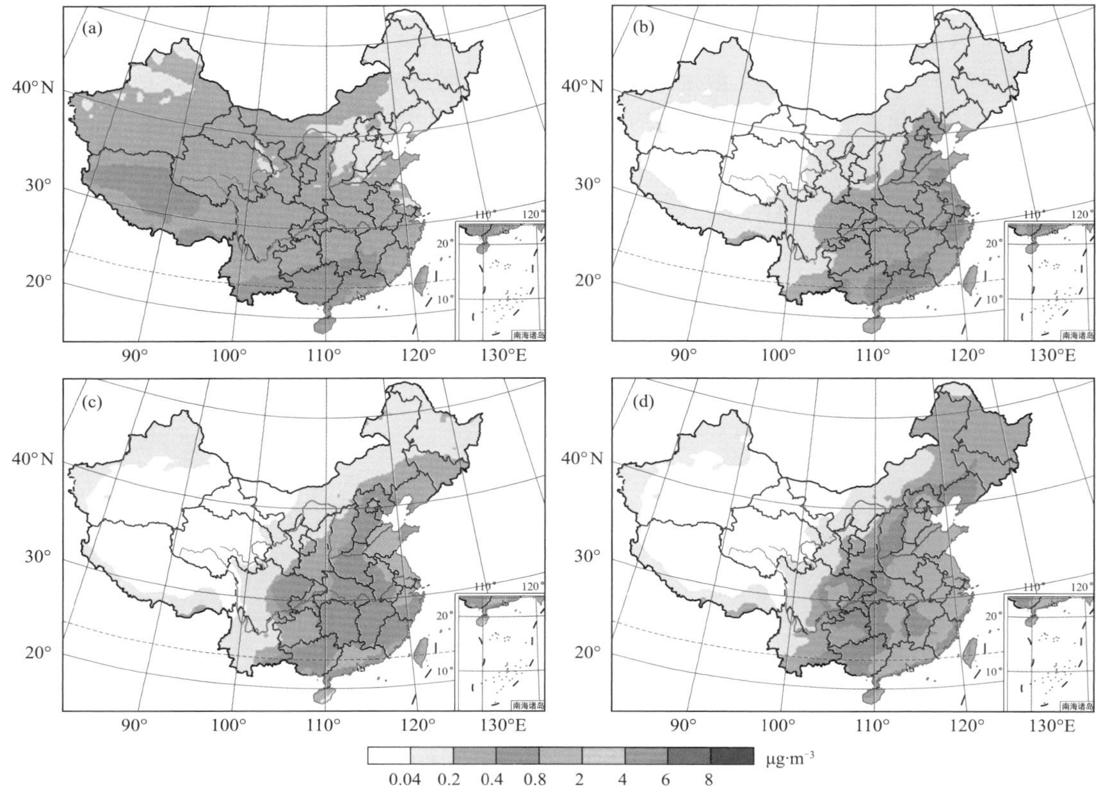

图 4.18　2005 年 12 月—2006 年 11 月人为源半挥发性有机物地表平均浓度，分四种饱和蒸汽压 (a)1 $\mu g \cdot m^{-3}$；(b)10 $\mu g \cdot m^{-3}$；(c)100 $\mu g \cdot m^{-3}$；(d)1000 $\mu g \cdot m^{-3}$

以 2006 年 1 月为例，分析 SOA 纬向平均浓度的垂直分布特征，见图 4.19。可见，SOA 随着挥发性越低，浓度越高，地面浓度的中心随着挥发性降低而逐渐向南移动(从 35°N 左右向 24°N 左右移动)。SOA 的浓度从低层向高层逐渐减小。从挥发性最低的 SOA 垂直分布可以看出，SOA 被传输到了较高的高度，越往高纬度，传输的高度也越高。如在 30°N，SOA 在 4 km 以内的垂直浓度保持不变；在 45°N，SOA 在约 5 km 以内保持浓度不变。一方面，根据前人的研究(Nair et al.，2012)，模式采用的边界层方案可能会产生过度的垂直输送，模拟的 SOA 浓度在地面偏低，在高层偏高。另一方面，人为源 SOA 的前体物的边界条件来自 MOZART 全球模式，这些前体物在模式高层的北边界有较高浓度，随着北风的传输，造成了 SOA 在高纬度地区的高层浓度较高。

根据以上讨论可知，SOA 的浓度分布与前体物的排放有很高相关性。由 SOA 模型可知，模式中估算的人为源 SOA 的主要有机前体物包含烷烃(HC5)、烯烃(OLT 和 OLI)以及芳香烃(TOL、XYL 和 CSL)类化合物。根据这些物质的 SOA 产率以及消耗速率，可以大致估算出在这些前体物中对 SOA 生成贡献较大的物种。若不考虑半挥发性有机物的老化过程，在高 NO_x 情形下，这些前体物的 SOA 产率分别为 0.0375、0.5708、0.3810、0.9030、0.9315、

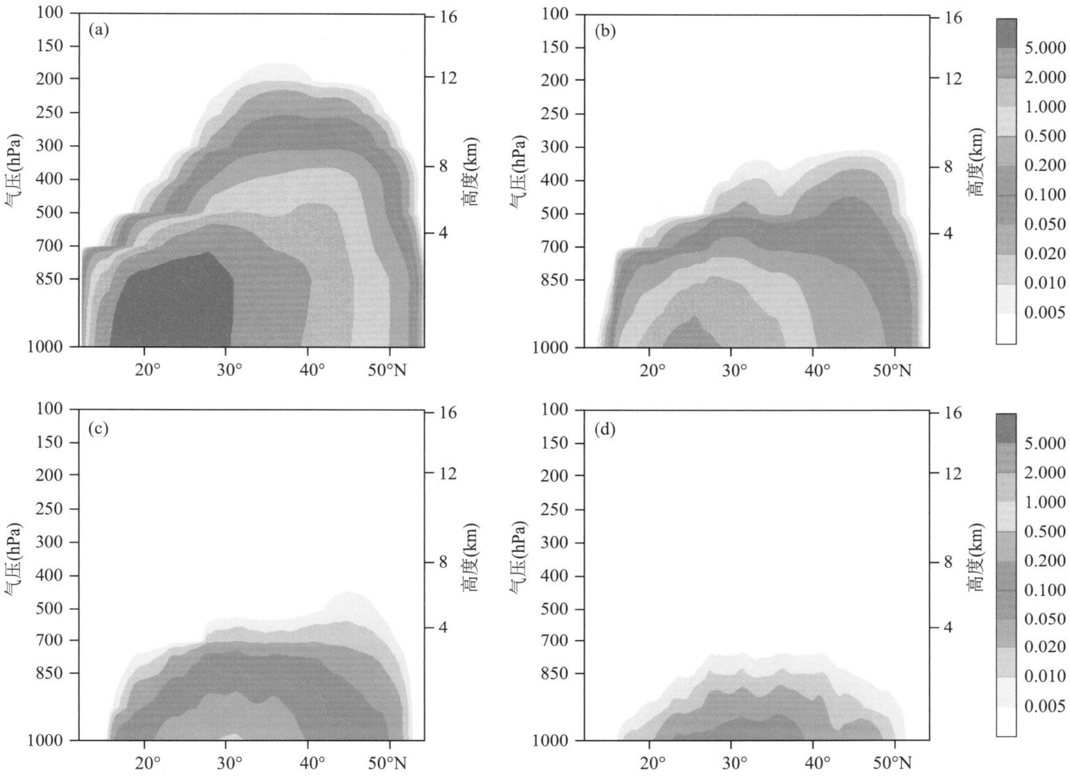

图 4.19　2006 年 1 月人为源 SOA 纬向平均浓度在垂直方向的分布，分四种饱和蒸汽压
(a)1 μg·m^{-3}；(b)10 μg·m^{-3}；(c)100 μg·m^{-3}；(d)1000 μg·m^{-3}

0.9315，在低 NO_x 情形下，这些前体物的 SOA 产率分别为 0.0750、0.2985、0.5700、1.2000、1.2750、1.2750。从图 4.20 可以看出，低 NO_x 情形下，VOC 对 SOA 总的生成贡献比高 NO_x 情形大。高 NO_x 情形下，芳香烃类 VOC 对 SOA 生成贡献最大，在 12 月占总 SOA 生成贡献的 50%左右，到 6 月比例逐渐增大到 60%左右，随后逐渐降低。烯烃类 VOC 的 SOA 生成贡献比芳烃类 VOC 小，同时月变化特征不明显。烷烃类 VOC 的 SOA 生成贡献最小，其月变化特征和芳烃类 VOC 基本一致。在低 NO_x 情形下，随着烷烃类 VOC 的 SOA 产率的提高，SOA 生成贡献也相应提高，在 6 月，烷烃类 VOC 的 SOA 生成贡献基本与烯烃类 VOC 相同。由人为源 VOC 排放的月变化量可知，由于冬季含碳物质的燃烧，人为源 VOC 的排放大于夏季排放。但模式中考虑到温度对反应速率的影响，夏季 VOC 反应速率高于冬季，同时由于模拟的夏季臭氧浓度较高(Shalaby et al.，2012)，大气氧化性较强，有利于 VOC 的氧化反应。因而这些前体物的 SOA 生成贡献的月变化趋势与源排放相反，即在冬季低，夏季高。

大气中物质的浓度受多种因素的影响，如水平和垂直平流、扩散、对流传输、垂直湍流、降水、干湿沉降、边界、源排放和化学反应。图 4.21 给出了不同过程对 SOA 浓度变化的贡献，从图中可以看出，化学反应在每个月份恒为正值，区域和时间平均的化学反应速率各月均在 4×10^{-14} kg·kg^{-1}·s^{-1}以上，该反应速率与前体物的化学反应消耗速率的月变化保持一致，即在冬季速率较低，夏季速率较高。对于平流过程，在 11 月、12 月和 1 月，中国地区水平平流速率

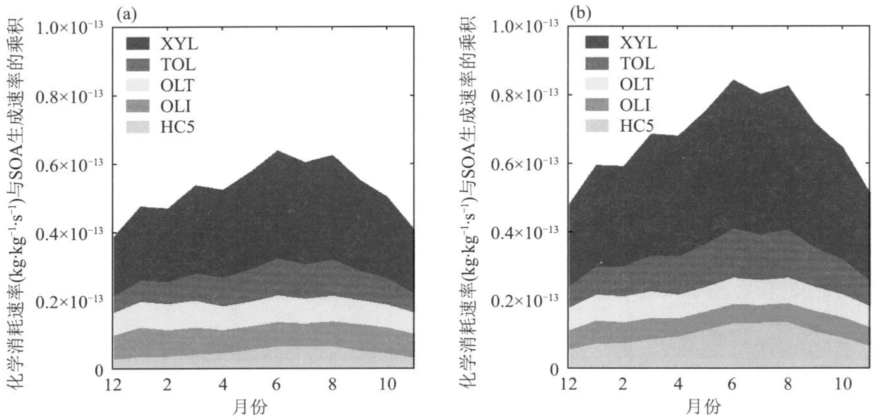

图 4.20　地表挥发性有机化合物化学反应消耗的速率与高 NO_x 情形(a)和低 NO_x 情形(b)下 SOA 生成速率的乘积在 2005 年 12 月—2006 年 11 月期间中国区域的月均值

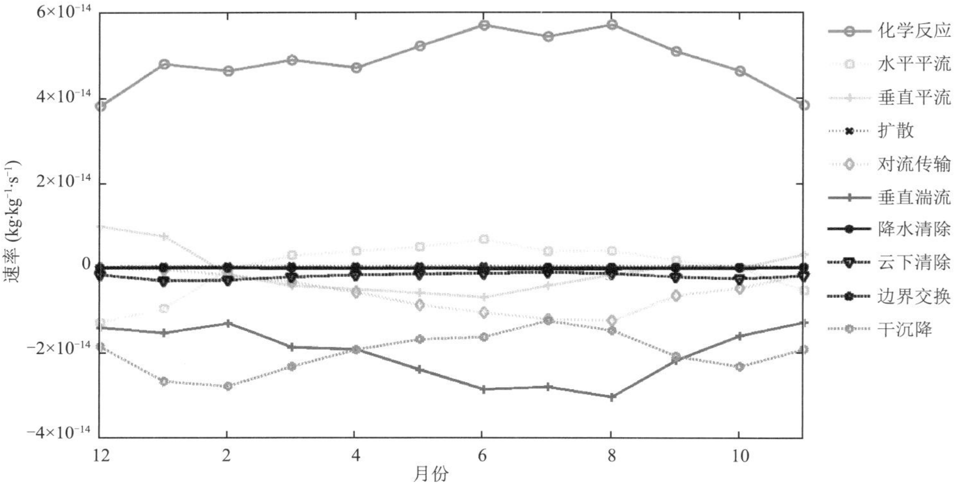

图 4.21　地面人为源 SOA 各物理化学过程变化速率(单位：$kg \cdot kg^{-1} \cdot s^{-1}$)在 2005 年 12 月—2006 年 11 月期间中国区域的平均值

的区域平均值为负，垂直平流速率的区域平均值为正，即中国地区有 SOA 质量的净的水平流出和净的垂直流入；相反，在 2—9 月，SOA 质量有净的水平流入和净的垂直流出。平流速率的变化与流场的月变化有关，而平流速率在整个区域上的平均值与其他物理化学过程的速率相比较小，因此模拟的风场对整个区域上 SOA 的浓度平均值的影响不大，但其在局部区域对 SOA 浓度的分布有较大影响。SOA 的对流传输速率在 12 个月均为负值，即会使 SOA 向区域外流出。在 7、8 月，由于对流活动旺盛，对流传输速率达到最大，为 1×10^{-14} $kg \cdot kg^{-1} \cdot s^{-1}$ 左右；在冬季，基本没有对流活动，因而对流传输速率基本为 0。垂直湍流过程对 SOA 的浓度变化影响较大，在夏季，对流层高度高，湍流活动强，垂直湍流速率达到了 3×10^{-14} $kg \cdot kg^{-1} \cdot s^{-1}$ 以上；在冬季，对流层高度低，湍流活动被抑制，垂直湍流速率保持在 1.5×10^{-14} $kg \cdot kg^{-1} \cdot s^{-1}$ 左右。干湿沉降是模式中重要的颗粒物清除过程，从区域的平均结果来看，湿清除速率远小于干清除速率。不同于干沉降过程，湿清除过程通常与降水有关，仅发生在特定时间的局部区域，整个中国区域的月平均降水量相对较小。模式选取三层阻力模型计算颗粒物的干沉降，干沉降速率受气象条件（相对湿度、温度、风速和摩擦速度等）和颗粒物密度等影响（Zhang et al.，2001），变化相对复杂。模拟的干沉降过程造成的 SOA 浓度变化速率的季节变化特征为在冬春季较高，夏季较低，年均变化速率为 2×10^{-14} kg · kg^{-1} · s^{-1}左右。总体来看，化学反应、干沉降和垂直湍流对区域 SOA 浓度变化起主要贡献；尽管平流和扩散过程对中国区域的 SOA 浓度变化的贡献并不大，但其在局部区域对 SOA 浓度的影响应该得到重视；对于特殊天气条件，如对流活动和降水过程频繁发生的地区，对流扩散和湿沉降对 SOA 浓度的影响会增强。

对以上所有物理化学过程造成的 SOA 浓度变化速率求和，可以得到 SOA 在区域上平均的浓度速率变化（如图 4.22）。除 1、7、8 月外，其他月份各过程的速率和的变化与 SOA 浓度变化基本符合以下特征：速率和为正时，SOA 浓度在下一个月增加，速率和为负时，SOA 浓度在下一个月减小。人为源 SOA 的地表平均浓度在 1 月和 10 月最高，分别为 6.23 和 5.90 μg · m^{-3}；在 7 月最低，为 2.42μg · m^{-3}。

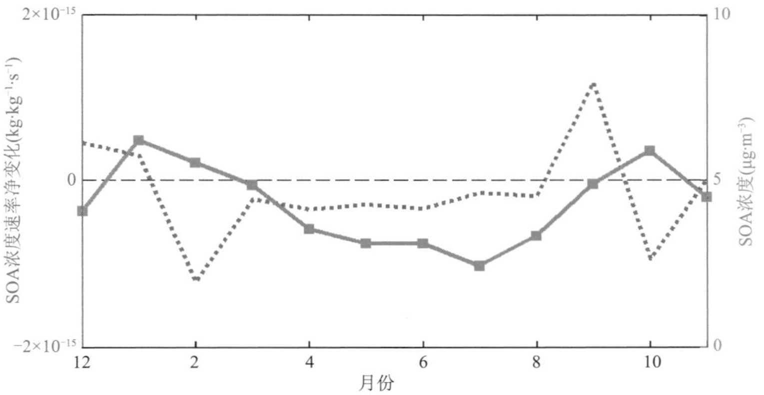

图 4.22　地面人为源 SOA 浓度（红色实线，单位：μg · m^{-3}）及各物理化学过程变化速率和（绿色点线，单位：kg · kg^{-1} · s^{-1}）在 2005 年 12 月—2006 年 11 月期间中国区域的平均值

CO 的主要来源为含碳物质的不完全燃烧（Zhuang et al.，2014b），而人为源 SOA 的前体物也可以认为主要来源于含碳物质的燃烧。通过比较人为源 SOA 和 CO 的相关性（图 4.23），可以更好地认识人为源 SOA 在空间分布上与人为污染物的关系。由图可知，挥发性较高时（1000 μg · m^{-3}和 100 μg · m^{-3}），SOA 的生成距离源区较近，因此在中部和南部地区，SOA 与 CO 的地面浓度相关性较大。随着挥发性降低（10 μg · m^{-3}和 1 μg · m^{-3}），SOA 逐渐远离源区，这两个物种的相关性逐渐减小，对于挥发性为 1 μg · m^{-3}的 SOA 在华北和东北地区，它们之间的相关性甚至在 0 以下。

HCHO 是 VOC 氧化过程的重要中间产物之一，其空间分布与人为源 VOC 排放的空间分布保持一致，即在山东、江苏、珠江三角洲和四川盆地等区域浓度较高。从图 4.24b 可以看出，HCHO 和人为源 SOA 的相关性在以上区域均在 0.5 以上。

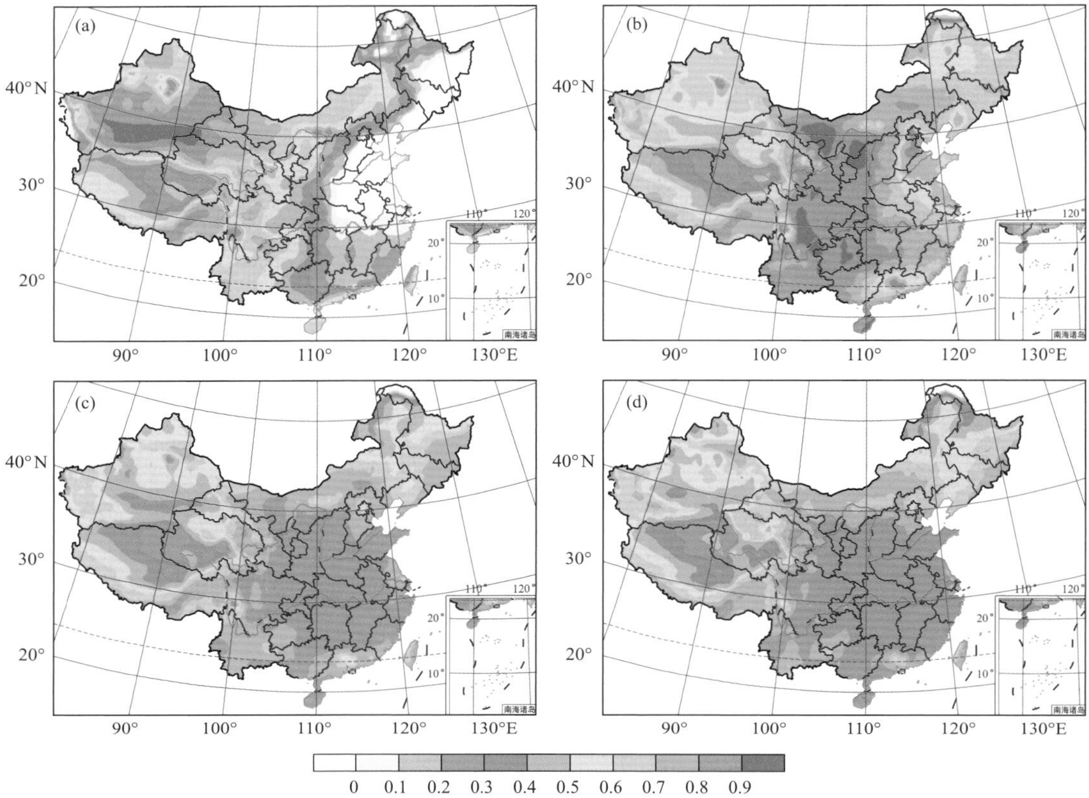

图 4.23　2005 年 12 月—2006 年 1 月人为源 SOA 地表平均浓度与 CO 地表平均浓度的相关性，分四种饱和蒸汽压

(a)1 μg・m⁻³；(b)10 μg・m⁻³；(c)100 μg・m⁻³；(d)1000 μg・m⁻³

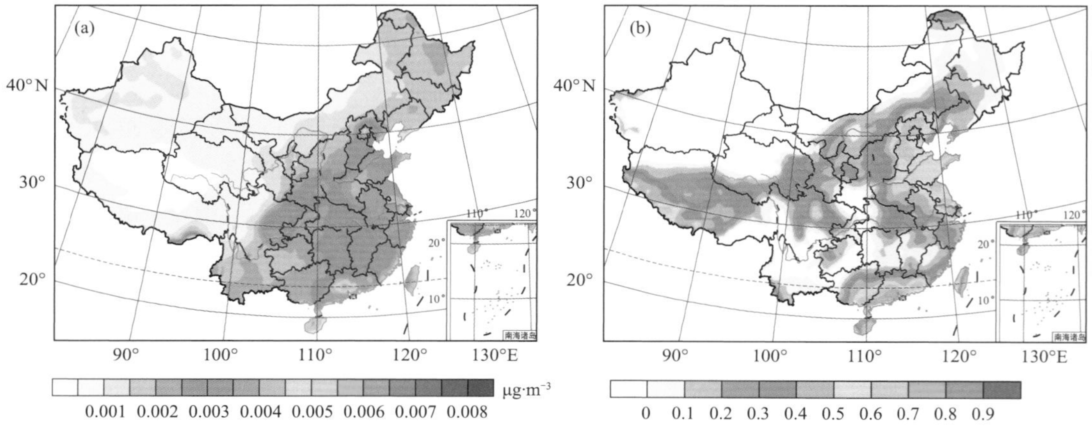

图 4.24　2005 年 12 月—2006 年 1 月 HCHO 地表平均浓度(a)和人为源 SOA 地表平均浓度与 HCHO 地表平均浓度的相关性(b)

4.2.4　自然源二次有机气溶胶分布

自然源 SOA 主要来源于异戊二烯和单萜烯的氧化，异戊二烯和单萜烯的排放与植被的类型和分布以及区域气候的相关性较大，中纬度地区阔叶林是异戊二烯的主要植被排放类型，针叶林主要排放单萜烯（王永峰 等，2005），这两种类型的 VOC 主要分布在东北、秦岭、云贵高原、四川和华南区域。由图 4.25 可知，由于 1 月受北风影响较大，同时温度较低，各挥发性的自然源 SOA 均主要分布在中国南部区域，如云南、广东和广西区域。挥发性越高，SOA 的浓度越低。挥发性最高（蒸汽压为 1000 $\mu g \cdot m^{-3}$）的 SOA 在高值区的浓度在 0.01 $\mu g \cdot m^{-3}$ 以上，挥发性最低（蒸汽压为 1 $\mu g \cdot m^{-3}$）的 SOA 在云南部分区域达到了 2 $\mu g \cdot m^{-3}$ 以上。蒸汽压为 10 $\mu g \cdot m^{-3}$ 的 SOA 在东部地区也有浓度分布，但由于北风的影响，半挥发性有机物被传输到中部和南部，因此，蒸汽压为 1 $\mu g \cdot m^{-3}$ 的 SOA 在东部地区不存在明显的高值区。

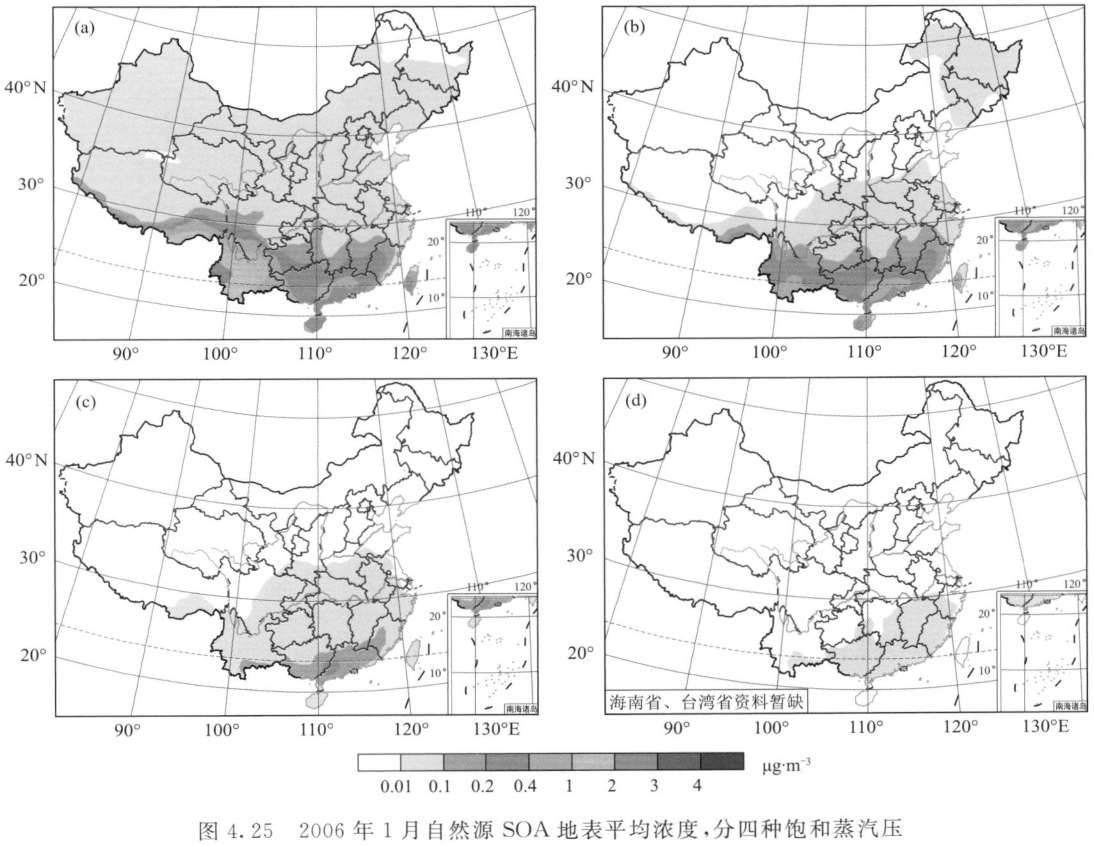

图 4.25　2006 年 1 月自然源 SOA 地表平均浓度，分四种饱和蒸汽压

(a) 1 $\mu g \cdot m^{-3}$；(b) 10 $\mu g \cdot m^{-3}$；(c) 100 $\mu g \cdot m^{-3}$；(d) 1000 $\mu g \cdot m^{-3}$

7 月，随着温度逐渐升高，VOC 的排放显著增加，中国大陆地区主要受南风控制，具有较显著的浓度分布。从图 4.26 可以看出，蒸汽压为 1000 $\mu g \cdot m^{-3}$ 的 SOA 浓度最低，主要分布在福建、四川和山西区域，浓度均低于 0.1 $\mu g \cdot m^{-3}$。蒸汽压为 100 $\mu g \cdot m^{-3}$ 的 SOA 浓度主要分布在中国东部、南部和东北地区，在四川、甘肃和山西地区有 0.1 $\mu g \cdot m^{-3}$ 以上的浓度出现。蒸汽压为 10 $\mu g \cdot m^{-3}$ 的 SOA 浓度中心相对于源区向北偏移，如 VOC 在福建地区排放较

高，但 SOA 浓度高值区偏移到浙江和安徽南部地区；云南北部地区的 SOA 浓度比南部地区高。陕西、山西和东北地区的 SOA 浓度也较高，高值区浓度在 0.4 $\mu g \cdot m^{-3}$ 以上。蒸汽压为 1 $\mu g \cdot m^{-3}$ 的 SOA 在东部沿海的高值区逐渐向北扩散安徽和河北地区，浓度在 2 $\mu g \cdot m^{-3}$ 以上，在四川等区域 SOA 浓度在 3 $\mu g \cdot m^{-3}$ 以上。

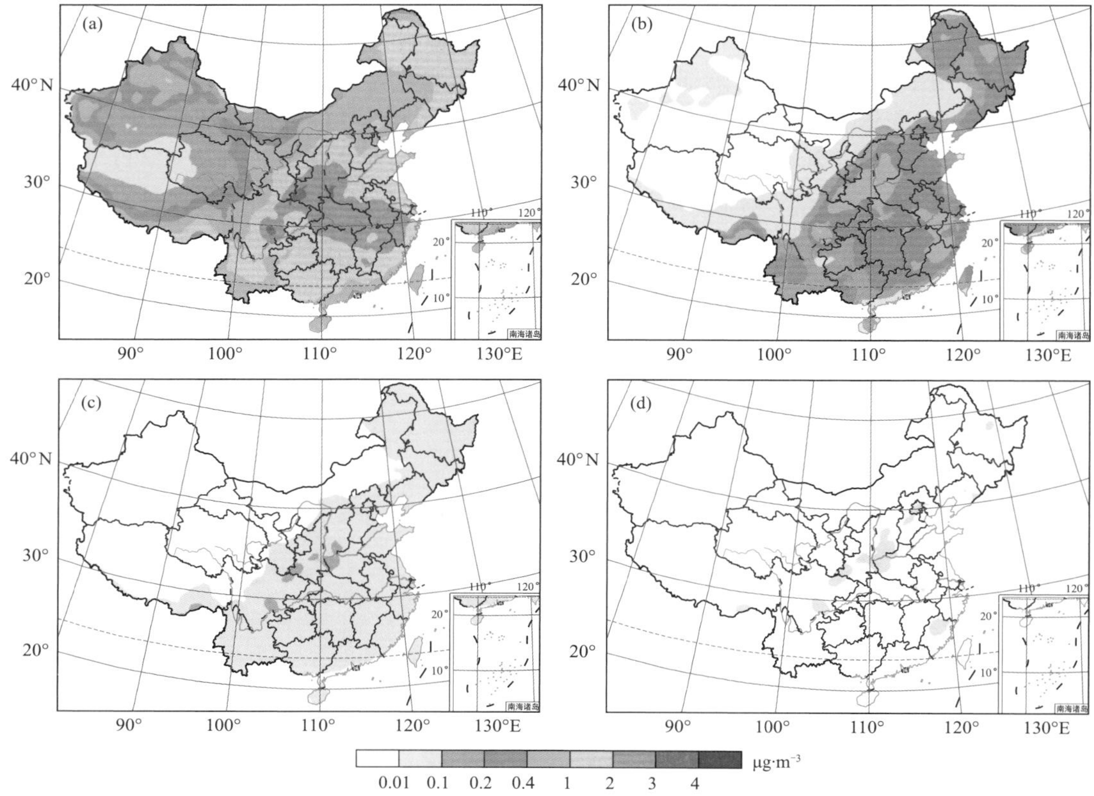

图 4.26　2006 年 7 月自然源 SOA 地表平均浓度，分四种饱和蒸汽压

(a)1 $\mu g \cdot m^{-3}$；(b)10 $\mu g \cdot m^{-3}$；(c)100 $\mu g \cdot m^{-3}$；(d)1000 $\mu g \cdot m^{-3}$

从全年平均的浓度来看(图 4.27)，各种挥发性的 SOA 浓度分布基本保持一致，即主要分布在东北的局部地区、华中、华东和华南地区，其中高值区位于广东、福建和云南地区，对于蒸汽压为 1 $\mu g \cdot m^{-3}$ 的 SOA，这些高值区的浓度达到了 2 $\mu g \cdot m^{-3}$ 以上。相对于人为源 SOA，自然源 SOA 的年均浓度较低，可见在中国地区人为源 SOA 占主要贡献。即使在夏季，自然源排放较高，而人为源排放较低时，依然是人为源对 SOA 浓度的贡献较大。

对于自然源半挥发性有机物(图 4.28)，与人为源类似，高挥发的有机物浓度较高。分子量越大，气溶胶在总有机物的比例越高。人为源和自然源有机气体的分子量分别为 150 和 180 $g \cdot mol^{-1}$。相对于人为源，更多自然源有机气体转化为颗粒态气溶胶。

Heald 等(2006)的研究结果表明，SOA 在边界层浓度比观测结果低 50%，在自由对流层浓度比观测结果低 10～100 个量级，而这样的结果并不能用 SOA 的气相生成理论解释。由于本书所使用的边界层方案，使得 SOA 能被传输到较高的层次，造成地面浓度偏低，而高层浓度偏高。由于在夏季，自然源 SOA 的浓度较高，因此以 7 月为例，分析各挥发性 SOA 的垂直浓

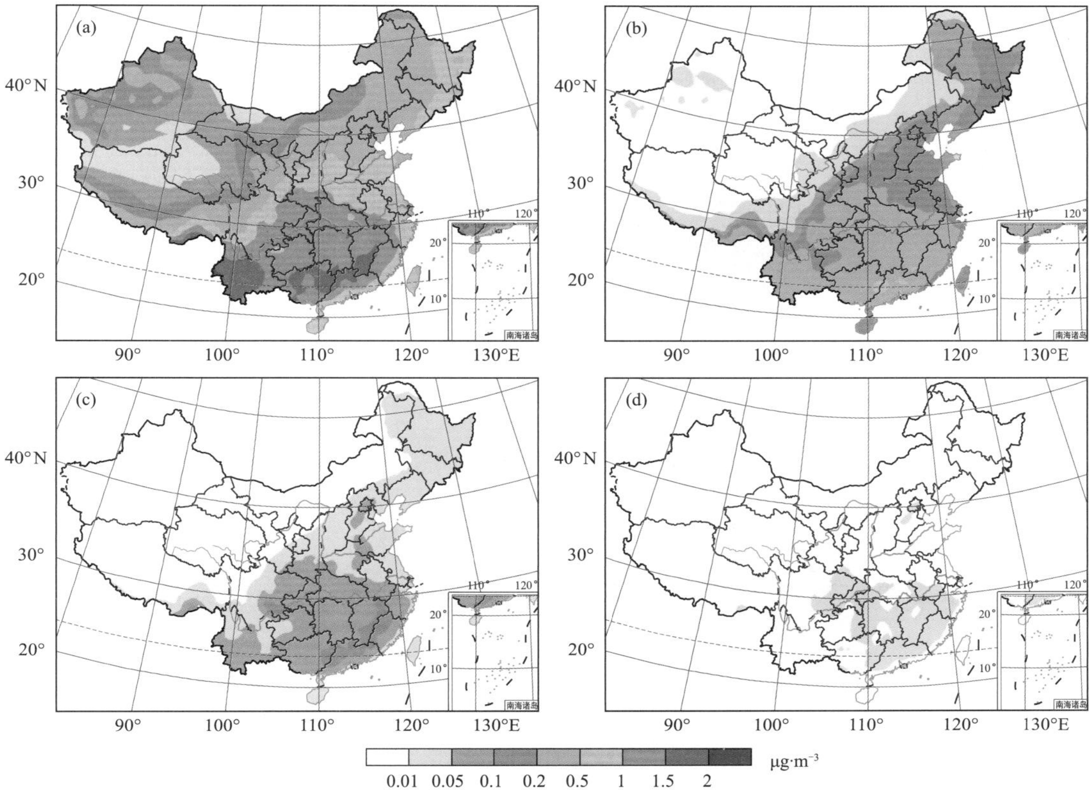

图 4.27　2005 年 12 月—2006 年 11 月自然源 SOA 地表平均浓度，分四种饱和蒸汽压
(a)1 $\mu g \cdot m^{-3}$;(b)10 $\mu g \cdot m^{-3}$;(c)100 $\mu g \cdot m^{-3}$;(d)1000 $\mu g \cdot m^{-3}$

度分布。由图 4.29 可知，在地面，SOA 浓度中心的位置随着挥发性的变化并没有显著的变化，基本保持在 28°N 和 50°N 左右，分别对应于华南和东北地区的 SOA 浓度高值区。由于低纬度的 VOC 源排放更强，同时对流活动也相应较强，SOA 也被传输到更高的高度，蒸气压为 1 $\mu g \cdot m^{-3}$的 SOA 在 4 km 高度处的浓度在 0.5～1 $\mu g \cdot m^{-3}$之间，在 12 km 的高空，浓度保持在 0.2～0.5 $\mu g \cdot m^{-3}$之间。

在高 NO_x 情形下，异戊二烯和单萜烯的 SOA 产率分别为 0.0378 和 0.8415；在低 NO_x 情形下，两种 VOC 的 SOA 产率分别为 0.0540 和 1.1653。由图 4.30 可以看出，α 蒎烯(API)对自然源 SOA 生成的贡献最大，综合排放及温度对反应速率的影响，在 5—10 月，自然源 VOC 对 SOA 生成贡献大于其他月份，在 7 月达到最大。尽管异戊二烯(ISO)的 SOA 的产率远低于单萜烯，但由于其是自然源中排放量最大的 VOC，其对 SOA 生成贡献大于柠檬烯(LIM)。在低 NO_x 情形下，VOC 更易生成 SOA，在 7 月，生成贡献约为高 NO_x 情形的 1.5 倍。

研究表明，尽管倍半萜相对于单萜烯和异戊二烯的排放较小，但由于其高反应活性，导致其可能是大气中 SOA 的一个重要来源(Sakulyanontvittaya et al., 2008)。由于 CBMZ 化学机制中没有考虑倍半萜的氧化反应，本书未考虑其 SOA 生成能力，因而自然源 SOA 浓度可能会被低估。

通过分析各物理化学过程对自然源 SOA 的贡献，能更好地分析自然源 SOA 的浓度变化。

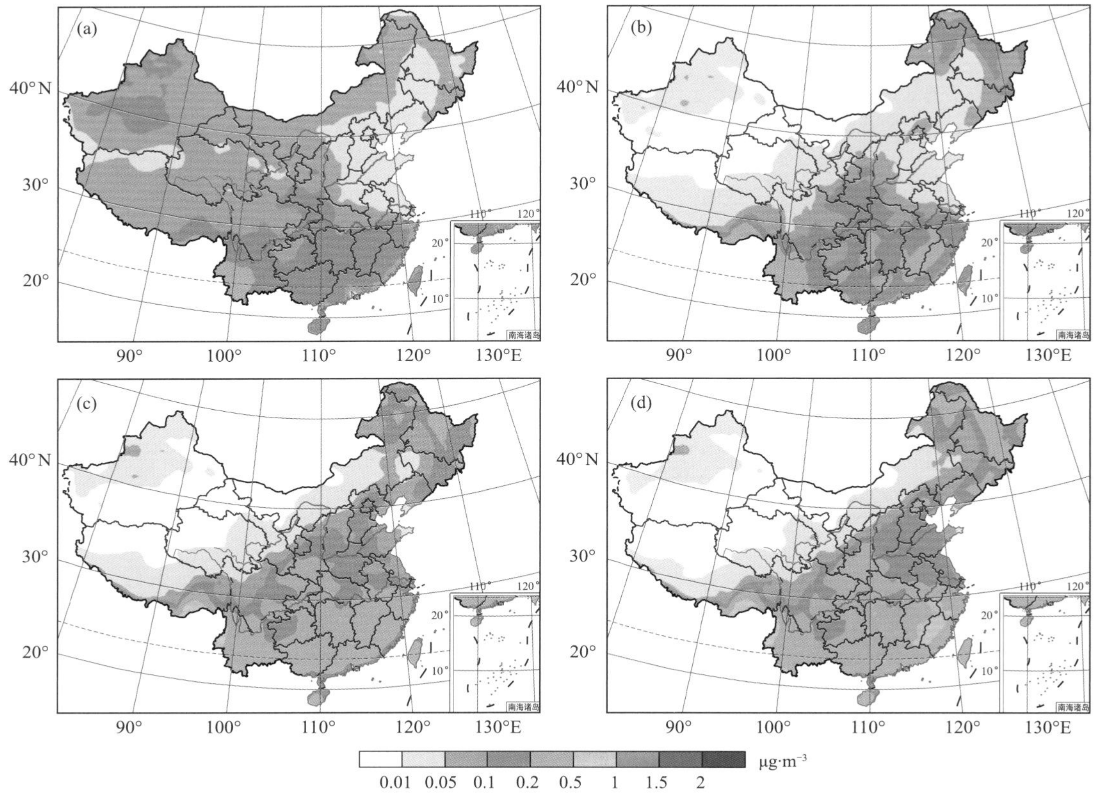

图 4.28　2005 年 12 月—2006 年 11 月自然源半挥发性有机物地表平均浓度，分四种饱和蒸汽压 (a)1 $\mu g \cdot m^{-3}$；(b)10 $\mu g \cdot m^{-3}$；(c)100 $\mu g \cdot m^{-3}$；(d)1000 $\mu g \cdot m^{-3}$

化学反应对 SOA 浓度的贡献与 VOC 对 SOA 生成的贡献基本一致(图 4.31)，即在 4—10 月，化学反应对 SOA 浓度的贡献大于其他月份，并且在 7、8 月达到最大，约为 7×10^{-14} kg・kg^{-1}・s^{-1}，超过了对人为源贡献的最大值。化学过程对自然源 SOA 贡献的月变化大于人为源，主要由于人为源 VOC 在冬季的排放大于夏季，从而减小了冬夏季化学反应贡献的差异。尽管自然源 SOA 的化学生成速率在夏季比人为源高，但由于在冬春季的浓度较低，其累积化学生成量比人为源 SOA 低。垂直湍流过程对 SOA 浓度贡献仅次于化学生成，由于湍流活动在夏季较活跃，对 SOA 的输送在夏季较大，在 8 月达到最大，约为 4×10^{-14} kg・kg^{-1}・s^{-1}。积云对流过程在 7 月较活跃，对 SOA 的输送也最大，但由于积云对流活动通常发生在局部地区，因此在整个中国区域的平均值较小，在 7 月最大值约为 1×10^{-14} kg・kg^{-1}・s^{-1}。其他过程如平流、扩散和干湿沉降对 SOA 的生成贡献相对较小，其中扩散和干沉降过程清除 SOA 的速率与 SOA 的浓度相关性较大。

各物理化学过程变化速率的和表示的是月初浓度与月末浓度的差，由于自然源 VOC 的排放具有日变化，相对于人为源 SOA，自然源 SOA 速率和的变化与月均浓度的变化规律并不一致(图 4.32)。自然源 SOA 在 12 月—次年 3 月浓度基本保持一致，约为 0.2 $\mu g \cdot m^{-3}$。随后浓度逐渐增大，到 9 月达到最大，为 1.40 $\mu g \cdot m^{-3}$，随后浓度逐渐减小。

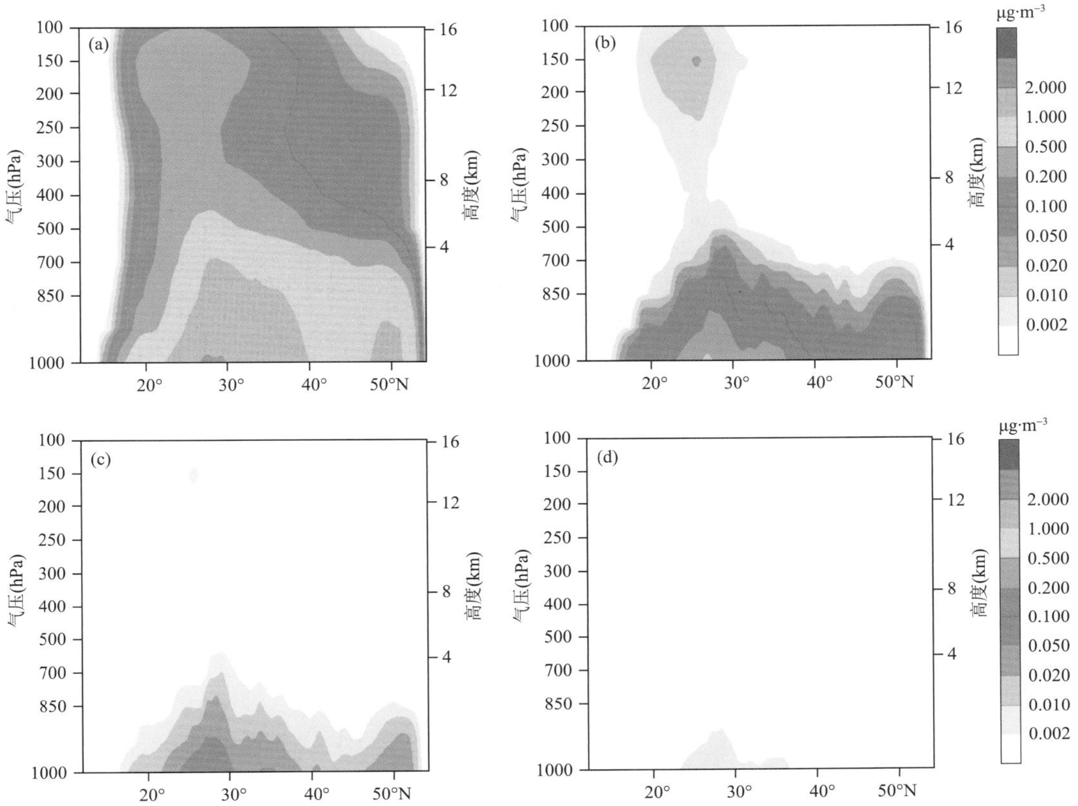

图 4.29 2006 年 7 月自然源 SOA 纬圈平均浓度在垂直方向的分布，分四种饱和蒸汽压 (a)1 $\mu g \cdot m^{-3}$；(b)10 $\mu g \cdot m^{-3}$；(c)100 $\mu g \cdot m^{-3}$；(d)1000 $\mu g \cdot m^{-3}$

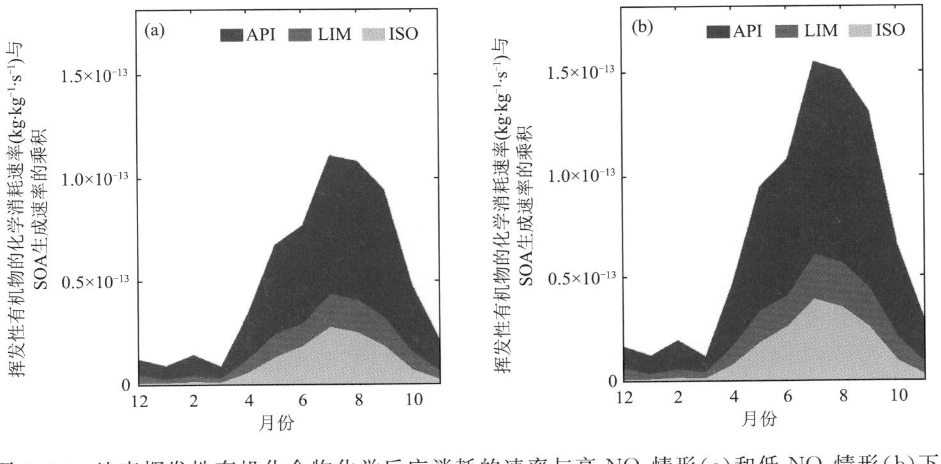

图 4.30 地表挥发性有机化合物化学反应消耗的速率与高 NO_x 情形(a)和低 NO_x 情形(b)下 SOA 生成速率的乘积在 2005 年 12 月—2006 年 11 月中国区域的月均值

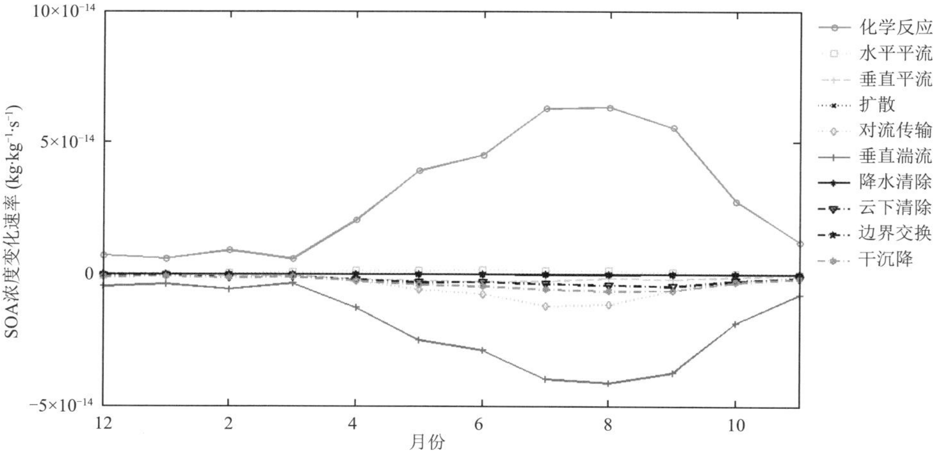

图 4.31　地面自然源 SOA 各物理化学过程变化速率(单位：kg·kg^{-1}·s^{-1})在 2005 年 12 月—2006 年 11 月期间中国区域的平均值

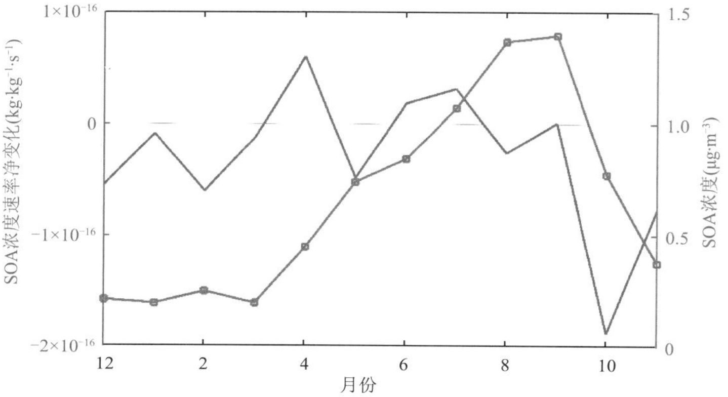

图 4.32　自然源 SOA 地面浓度(右坐标，单位：μg·m^{-3})和各物理化学过程变化速率(单位：kg·kg^{-1}·s^{-1})之和(左坐标)在 2005 年 12 月—2006 年 11 月中国区域平均值

4.2.5　中国地区二次有机气溶胶液相生成

通过在模式中耦合 SOA 液相生成的参数化方法，实现 SOA 液相生成的模拟，模式中只有当液态水含量大于 0.01 g·m^{-3}时，SOA 液相生成参数化才被激活(Chen et al.，2007)。由于参数化方法仅考虑了甲基乙二醛的液相 SOA 生成，考虑到计算效率，通过一个月的模拟了解模式估计的液相 SOA 生成与气相生成的相对贡献。本节模拟时段为 2006 年 6 月 15 日—8 月 1 日，其中前半个月为模式预处理时间。从图 4.33 可以看出，中国大部分地区液相 SOA 的地面浓度仅为 0.002 μg·m^{-3}，区域平均值为 1.2×10^{-3} μg·m^{-3}。从垂直分布来看，液相 SOA 在 30°N 附近的地面浓度最高，浓度随着高度递减的幅度比气相 SOA 小。

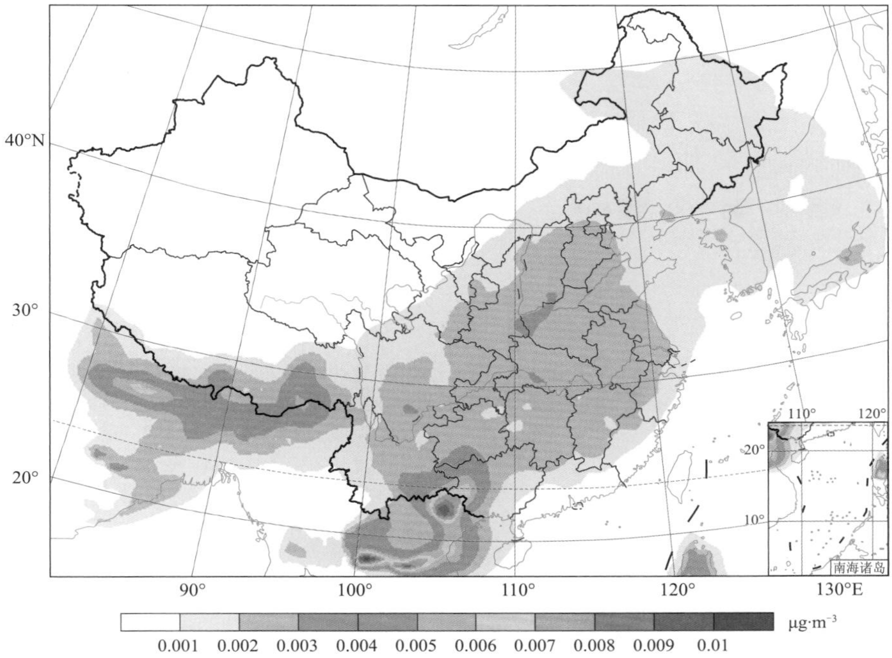

图 4.33　2006 年 7 月中国地区液相 SOA 的地面浓度分布

4.2.6　气溶胶浓度与观测对比

本书模拟的时间为 2005 年 12 月—2006 年 11 月，采用的排放源为 2006 年。Zhang 等(2012d)在 2006 年对中国范围内的 14 个站点进行了全年的颗粒物采样观测，应用其观测数据对比模式与观测结果的偏差。中国地区夏季主要受到季风的影响，根据 Li 等(2002)的研究结果，1948—2012 年间的标准化东亚夏季风指数在 2006 年为 0.625，这个值和气候平均值较接近，因此可以认为 2006 年夏季是一个“正常”的夏季。

14 个观测站点中有 6 个城市站点，分别是成都(CD)、大连(DL)、南宁(NJ)、番禺(PY)、西安(XA)和郑州(ZZ)，这些站点高度在 50～100 m 范围内；其余为郊区站点，分别是敦煌(DH)、皋兰山(GLS)、古城(GC)、金沙(JS)、拉萨(LS)、临安(LA)、龙凤山(LFS)和太阳山(TYS)。为了和观测数据保持一致，将模拟的 SOA 转换成 SOC。根据 Murphy 等(2009)的研究结果，SOA/SOC 取为 2.0。尽管使用一个值并不能涵盖所有氧化水平的 SOA，但这个值基本代表了中等氧化水平的 SOA(Aiken et al.，2008)。如图 4.34a 所示，由于模式中 DH 和 LS 站点 VOC 和一次有机碳的排放较弱，模拟的浓度显著低于观测。模拟的一次有机碳较好地再现了有机碳的月变化规律，模式中加入二次有机气溶胶使得有机碳的浓度更接近观测。

4.2.7　主要结论

通过在 RegCM-Chem 中耦合 SOA 热力学平衡模型(挥发性基组方法)，应用中国地区 2006 年的人为和生物质燃烧排放源及离线的自然源(MEGAN-MACC)，模拟 2006 年中国地区 SOA 的浓度分布，主要结论如下。

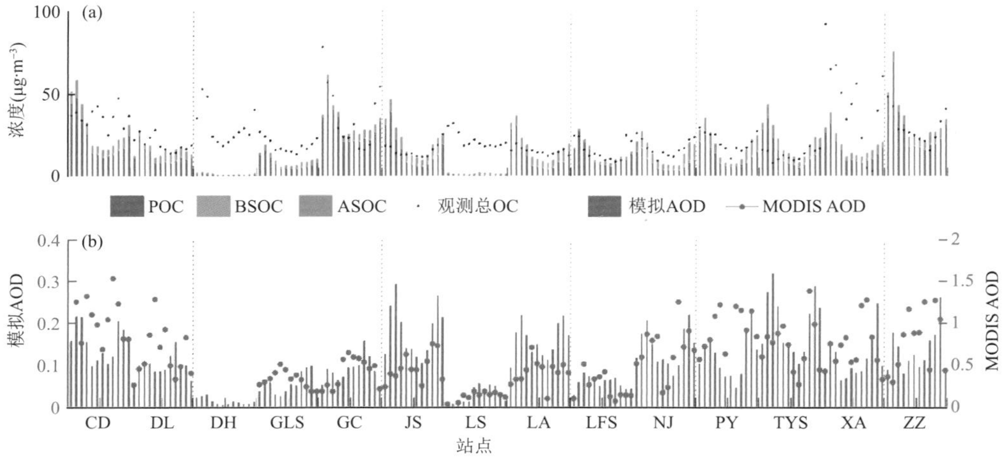

图 4.34　14 个站点模拟的有机碳地面浓度(柱)与观测的浓度(点)的对比(a),
及模拟的 AOD(柱)与 MODIS AOD(点)的对比(b)

(1)将模拟的有机碳地面浓度与地面观测对比发现,模式能较好地再现有机碳的空间分布和季节变化特征。

(2)SOA 的空间分布具有较明显的季节差异:1 月人为源 SOA 的浓度高值区出现在四川盆地,达到 16 $\mu g \cdot m^{-3}$以上,7 月浓度高值区位于山东、河南和安徽区域,达到 8 $\mu g \cdot m^{-3}$以上;1 月自然源 SOA 的浓度高值区出现在云南、广东和广西区域,达到 0.9 $\mu g \cdot m^{-3}$以上,7 月浓度高值区位于四川、安徽和河南区域,达到 3 $\mu g \cdot m^{-3}$以上。人为源 SOA 秋冬季的地面浓度高于春夏季,自然源 SOA 夏秋季的地面浓度高于冬春季。总的 SOA 在春、夏、秋、冬四个季节的平均浓度分别为 5.50、4.31、4.05 和 5.95 $\mu g \cdot m^{-3}$。

(3)年均浓度空间分布与源排放的空间分布并不一致,SOA 能被传输到 850 hPa 以上的高度。通过分析挥发性有机物的反应速率与 SOA 产率的乘积发现,由于反应速率高,尽管人为源 VOC 的排放量大,其在夏季的化学消耗大于冬季,芳香烃类 VOC 对人为源 SOA 化学生成贡献最大,自然源 VOC 在夏季的化学消耗显著大于冬季,其中 α 蒎烯对自然源 SOA 的化学生成贡献最大。SOA 饱和蒸汽压越高,其浓度越小,半挥发性有机物的浓度越大。

(4)过程分析的结果表明,化学反应、干沉降和垂直湍流是影响区域 SOA 浓度最重要的过程。甲醛与人为源 SOA 地面浓度的相关性在人为源排放区域达到 50%以上,为通过甲醛的卫星观测反演人为源 SOA 的分布提供了依据。

4.3　东亚地区不同来源黑碳气溶胶模拟

4.3.1　研究背景

黑碳气溶胶是大气气溶胶中的重要组成成分,可通过直接、间接、半直接等效应影响区域或全球气候变化(Menon et al., 2002;Zhuang et al., 2013b)。黑碳气溶胶在大气中的增温能力被认为仅次于温室气体二氧化碳(Jacobson, 2002),研究黑碳气溶胶的增温能力有利于深化对全球变暖的科学认识，并可为应对区域大气污染和全球变暖问题提供一定的科学参考。

到目前为止，在全球范围内已开展了不少关于黑碳气溶胶辐射强迫和气候效应方面的研究（Forster et al.，2007；IPCC，2013；Bond et al.，2013 等）。此前估算的全球平均的黑碳气溶胶直接辐射强迫介于 10^{-1}～10^{0} W · m^{-2}之间，其中污染的城市地区辐射强迫较强。Bond 等（2013）指出，基于模式模拟的全球黑碳气溶胶平均辐射强迫约为＋0.71 W · m^{-2}，Li 等（2016a）指出，在占有全球 25％以上排放量的亚洲地区，平均的直接辐射强迫约为 1.22 W · m^{-2}，Zhuang 等（2014a）则指出，我国东部城市地区晴空条件下黑碳气溶胶的直接辐射强迫高达＋4.5 W · m^{-2}。因此，散射气溶胶引起的负的辐射强迫能够被黑碳气溶胶正的辐射强迫显著抵消。此外，其造成的地气系统辐射能量平衡的改变进一步引起了不同尺度上气候因子在不同程度上的响应（如 Lohmann et al.，2000；Qian et al.，2003；Bollasina et al.，2008 等）。研究指出，南亚地区的黑碳气溶胶使得印度季风在从活跃期转向非活跃期的时间提前（Manoj et al.，2011）；东亚地区的黑碳气溶胶直接效应促进了东亚夏季风的发展，抑制了东亚冬季风的发展（Zhuang et al.，2018）；20 世纪后 50 年我国雨带的变化（南涝北旱）被认为与排放的黑碳气溶胶加热效应有关（Menon et al.，2002）。同时，黑碳气溶胶的加热效应进一步改变了大气的稳定度，从而可加剧区域性的大气污染水平（Ding et al.，2016）。上述研究均表明了黑碳气溶胶可在区域气候变化和大气污染方面发挥重要的作用。

近几十年来，随着经济和人口的快速增长，东亚地区面临着非常严峻的空气污染形势，区域气候也发生了显著的变化，同时二者之间还可发生密切的相互作用（Wang et al.，2015b）。亚洲地区黑碳气溶胶排放源种类多、排放量大，且具有很强的非均匀性，观测表明，在我国污染城市，年均的黑碳气溶胶浓度超过了 10 μg · m^{-3}，在乡村地区也超过了 4 μg · m^{-3}（Zhang et al.，2012d）。此前的研究已表明了黑碳气溶胶在区域气候变化和大气污染方面存在潜在的重要影响，但对其影响的认识并不全面，特别是区域气候在面对不同污染程度的黑碳时将进行怎样的响应尚不清楚，因此有必要进一步对黑碳气溶胶的气候效应开展更深入的研究，以便能够有效应对和缓解全球变暖、气候变化和大气污染等问题。

本书基于 2010 年黑碳气溶胶排放清单，利用改进的区域气候模式 RegCM4 模拟和量化不同行业（民用、工业、电力和交通）排放的黑碳气溶胶对东亚夏季气候和区域性增暖的影响，主要研究成果可参见 Zhuang 等（2019）。

4.3.2　研究方法

用于模拟不同行业黑碳气溶胶辐射强迫和气候效应的区域气候模式 RegCM4 来自国际理论物理中心（ICTP），关于该模式的详细介绍请参见前面章节的内容。驱动模式运行的初始、边界条件来自美国国家环境预测中心（NCEP）的水平分辨率为 2.5°×2.5°的再分析资料，海温资料来自美国国家海洋和大气管理局提供的周平均数据，在进行黑碳气溶胶辐射强迫与气候效应的估算时，保持海温场固定不变。黑碳气溶胶的排放清单来自清华大学编制的高分辨率中国人为源大气污染物及二氧化碳排放清单（Li et al.，2017b）。黑碳气溶胶的光学厚度可通过下式进行计算（Kasten，1969）：

$$\tau_i(\lambda) = M_i \beta_{i\lambda} (1 - \mathrm{RH})^{-\kappa_i} \tag{4.2}$$

式中，τ_i 为消光系数，λ 为波长，M 为黑碳气溶胶浓度，β 为黑碳气溶胶的质量消光系数，RH 为相对湿度，κ 为系数，对憎水性黑碳，该系数为 0，对亲水性黑碳，该系数为 0.25，i 为气溶胶种类。将该消光系数在高度上求和(积分)便可得到黑碳气溶胶的光学厚度(Solmon et al.,2006)。

模式模拟的区域覆盖了亚洲多数国家和地区,中心点设置在(29.5°N,106.0°E),水平分辨率为 60 km,垂直方向分为 18 层。为了实现对不同行业黑碳气溶胶光学厚度、辐射强迫、气候效应的估算和评估,设计了 6 组试验,试验 1 是控制试验,在该试验中不考虑黑碳气溶胶对气候的任何影响,试验 2～6 是敏感性试验,较之控制试验,它们分别考虑了居民生活、工业、电力、交通和总的黑碳排放。基于敏感性试验 2～6 可得到不同行业黑碳气溶胶的光学厚度和瞬时辐射强迫。基于敏感性试验 2～6 与控制试验的差值,可得到不同行业黑碳气溶胶对区域气候的影响。6 组试验均被积分了 12 年(1995 年 1 月—2007 年 2 月),其中第 1 年作为模式预热的积分周期,在此仅对模拟的夏季结果进行分析和讨论。

4.3.3　夏季黑碳光学厚度和晴空直接辐射强迫

不同来源黑碳气溶胶光学厚度的空间分布与其排放分布相似(图 4.35)。夏季,中国北部和西南部以及印度东北部为黑碳光学厚度的大值区,最大值超过 0.05。民用产生的黑碳(ResBC)和工业产生的黑碳(IndBC)光学厚度占主导,超过总黑碳光学厚度的 80%。印度地区民用排放的黑碳光学厚度远高于中国,与交通运输和工业部门的黑碳光学厚度情况相反。在印度和中国,电力部门产生的黑碳(PowBC)光学厚度表现出相同的数量级,夏季 PowBC 光学厚度低于 1.2×10^{-4}。

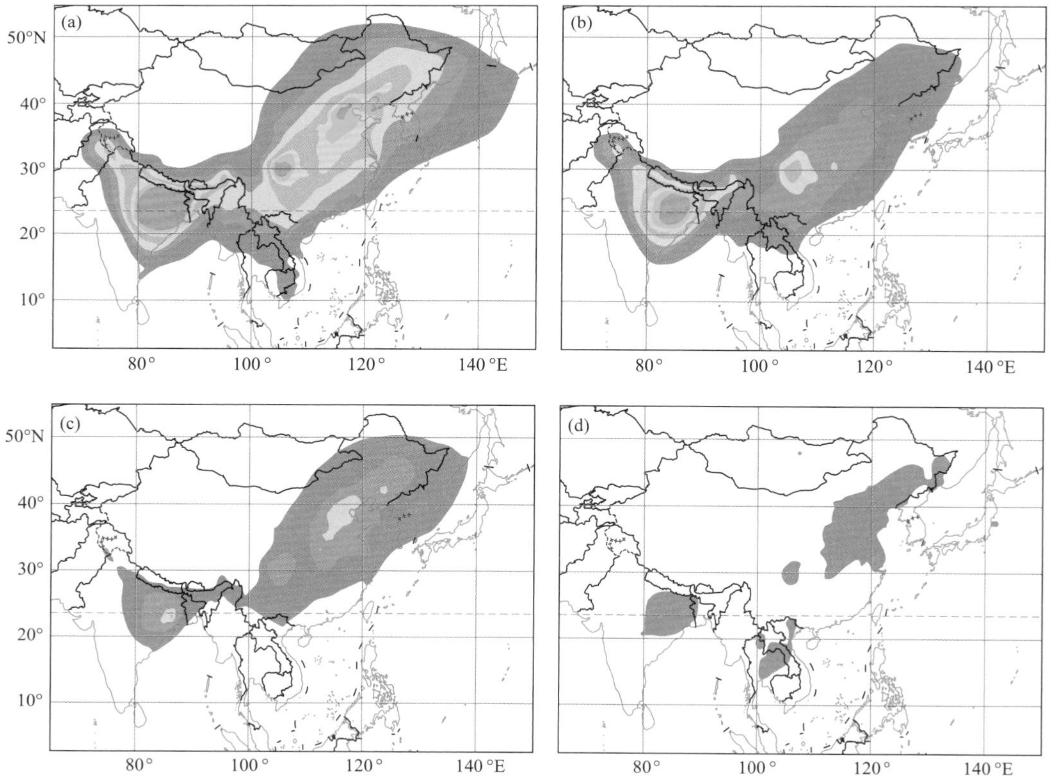

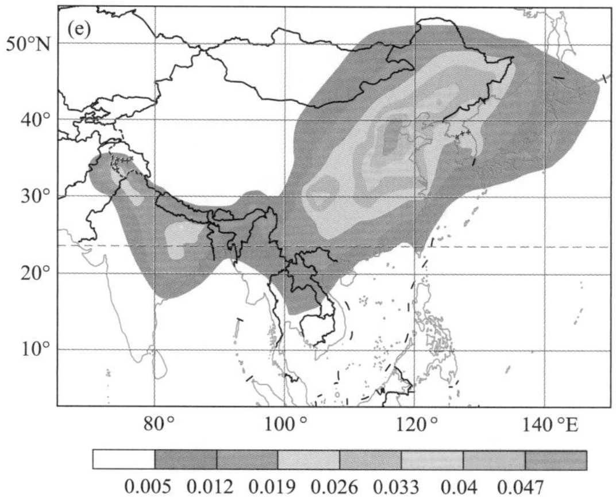

图 4.35　夏季来自所有源(a)、民用(b)、工业(c)、电力(d)、交通(e)的季节平均黑碳 AOD(495 nm)在东亚地区的分布

将模拟的黑碳光学厚度与从气溶胶观测网络(AERONET)的吸收光学厚度以及全球化学模型 GEOS-Chem 的模拟结果进行比较,见图 4.36。AERONET 和 GEOS-Chem 值以及站点信息均来自 Li 等(2016a)。尽管 RegCM4 的模拟结果有些偏低,但其基本可以模拟出黑碳光学厚度的大小和空间分布,并与 GEOS-Chem 的模拟结果一致。RegCM4 和 AERONET 光学厚度之间的线性相关系数为 0.49,RegCM4 和 GEOS-Chem 光学厚度之间的线性相关系数为 0.96。模拟的站点平均 BC 光学厚度为 0.027,而 GEOS-Chem 的模拟结果为 0.023,两者均小于 AERONET 的吸收光学厚度(0.043),部分原因来自于 AERONET 的吸收光学厚度还包含了沙尘和棕碳的贡献。

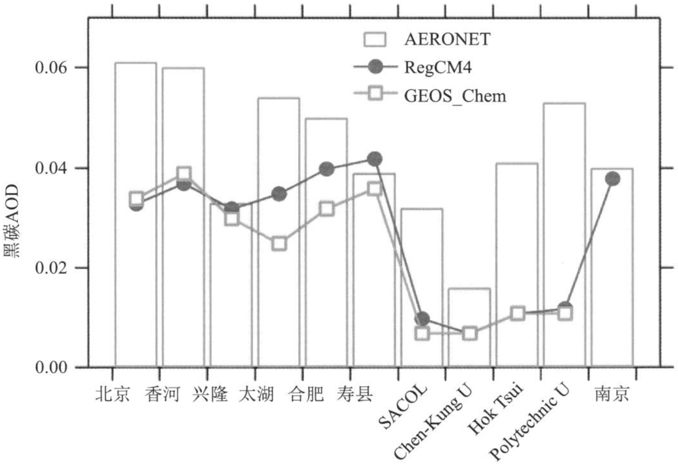

图 4.36　RegCM4 模拟的黑碳 AOD 与 AERONET 观测资料以及 GEOS-Chem 模拟结果的对比(SACOL 代表兰州大学半干旱气候与环境观测站,Chen-Kung U 代表台湾成功大学,Hok Tsui 代表香港鳌磡石,Polytechnic U 代表香港理工大学)

黑碳在大气层顶部(TOA)引起正的直接辐射强迫(DRF),在地表处引起负的直接辐射强迫。图 4.37 显示了夏季不同排放黑碳的晴空直接辐射强迫情况,其空间分布与黑碳光学厚度

相似。由于较亮的地表面可以导致更强的正的 DRF，尽管青藏高原西部的黑碳光学厚度很小，但该地区黑碳的 DRF 却很强。与此同时，沿海地区的黑碳的光学厚度虽然很大，但其 DRF 却相对较弱。夏季最强的 DRF 区域位于印度东北部、青藏高原西部以及中国西南和华北地区，这些区域内所有黑碳产生的大气层顶 DRF 的最大值则超过 4.5 W · m^{-2}。由民用排放黑碳产生的 DRF 最强，其余依次是工业、交通和电力。

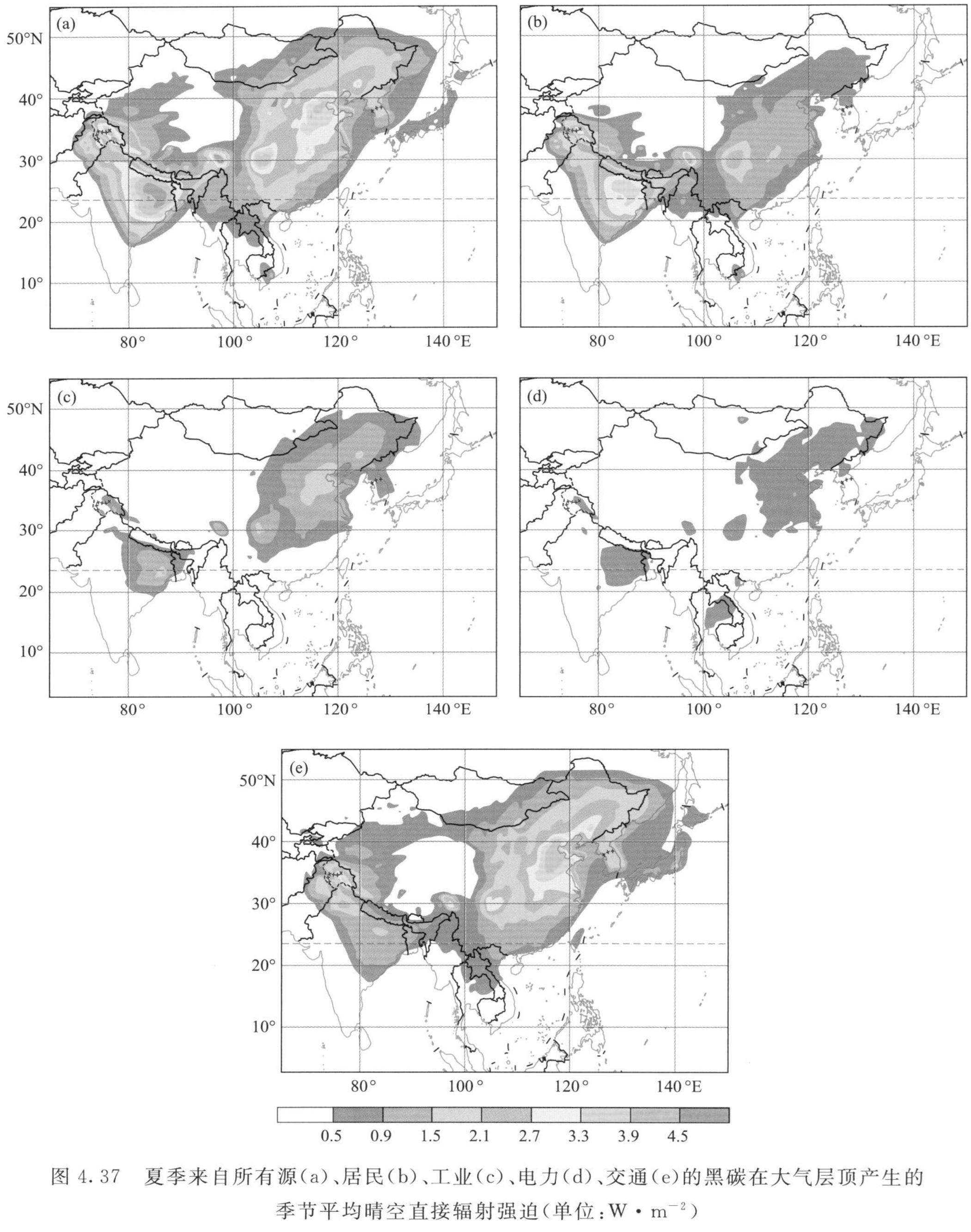

图 4.37　夏季来自所有源(a)、居民(b)、工业(c)、电力(d)、交通(e)的黑碳在大气层顶产生的季节平均晴空直接辐射强迫(单位：W · m^{-2})

4.3.4　夏季黑碳对东亚热力学场和降水的影响

图 4.38 展示了夏季东亚近地面气温对不同排放源黑碳直接辐射强迫的响应。在夏季，每类排放源产生的黑碳几乎都在不同程度上诱发了中国东部、西北和东北地区的区域变暖，这将有利于东亚夏季风(EASM)的增强。近地面气温对民用和工业排放黑碳直接辐射强迫的响应超过 0.5 K，大于其他排放黑碳的影响(0.3 K)。在中国东北地区，近地面气温对电力和交通

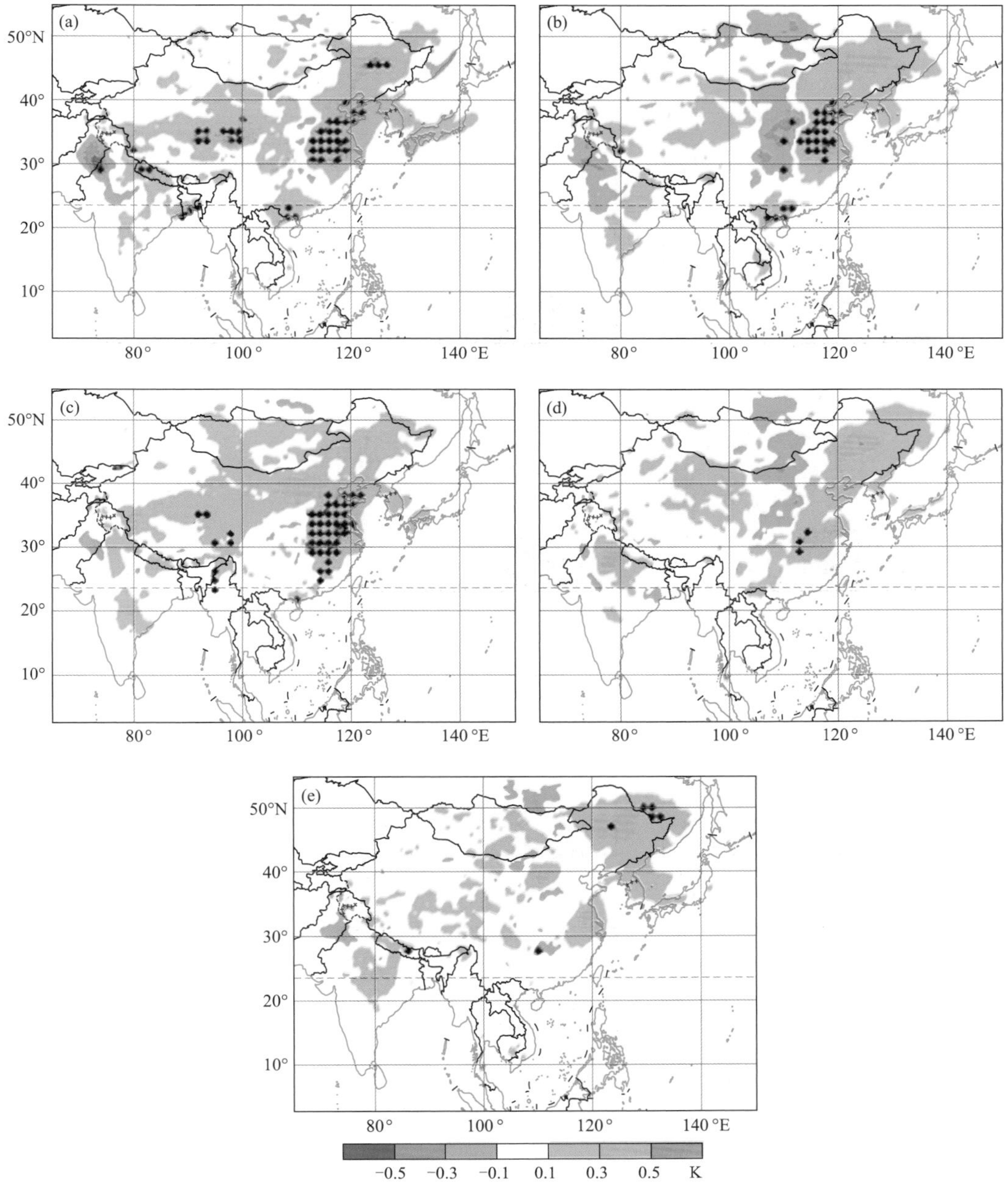

图 4.38　夏季东亚地区所有源(a)、民用(b)、工业(c)、电力(d)、交通(e)排放黑碳的增暖效应导致近地面气温(单位：K)变化(打点区表示通过了置信度为 95%的 t 检验)

产生的黑碳的直接辐射强迫的响应相当。夏季，东亚地区近地面气温对黑碳的直接辐射强迫的响应不会随黑碳负荷的增加而线性增加或变化。例如，尽管来自电力的黑碳浓度非常小，但近地面气温对电力部门产生的黑碳的响应与对交通部门一样重要。此外，在某些地区，由于单一排放源产生的黑碳导致的近地面气温变化可能会超过总黑碳引起的变化。近地面气温的变化随后可能引起长波加热速率（LWHR）异常，在空气温度升高的地区，对流层低层的长波加热速率显著增加（$>10^{-6}$ K · s^{-1}）。在中纬度地区，几乎长波加热速率对来自不同排放源黑碳的最大响应都出现在 850 hPa 高度层上。

除了黑碳的直接加热作用外（图 4.39），其他因素（例如云层异常和地表直接辐射强迫）也可能导致气温变化。因此，近地面气温的响应将不完全与短波加热速率（SWHR）或直接辐射

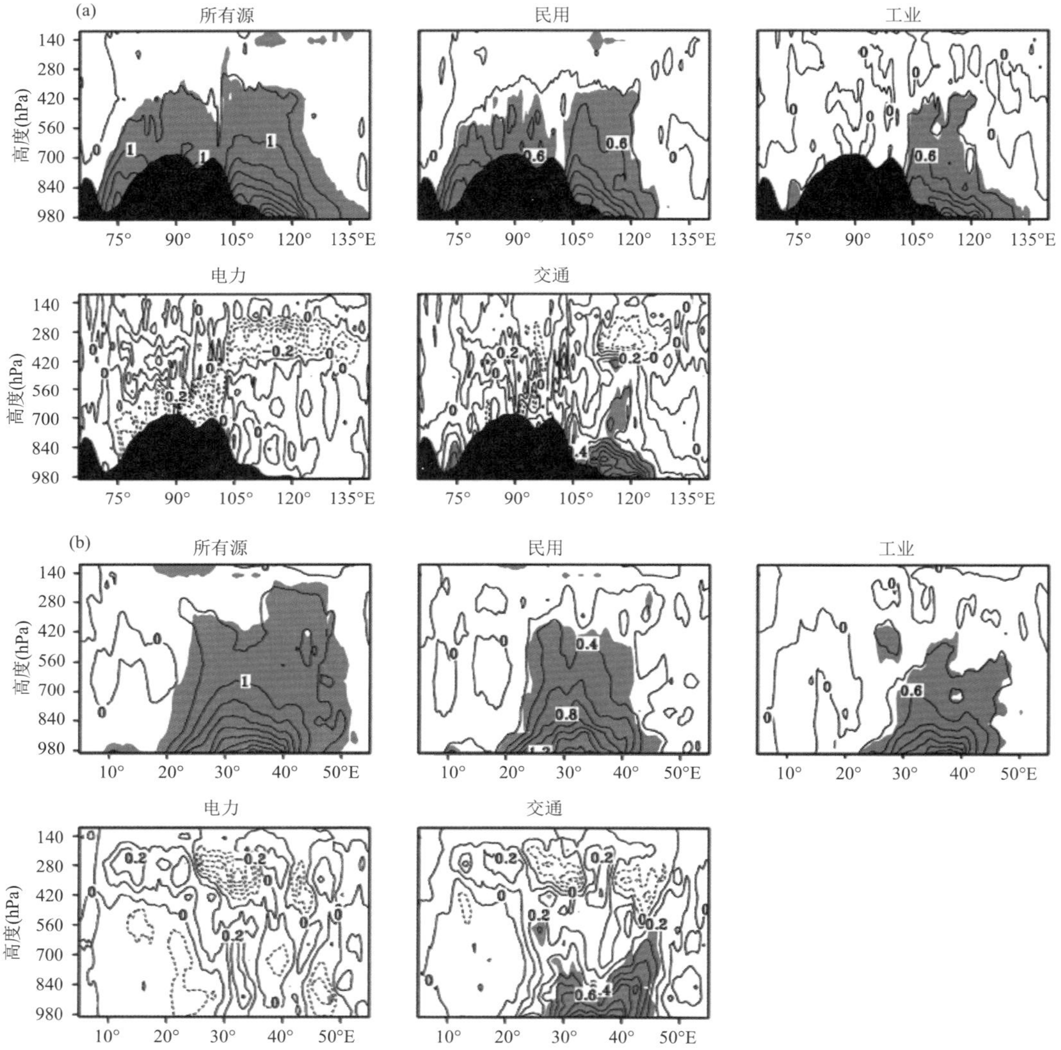

图 4.39　夏季东亚地区所有源、民用、工业、电力、交通排放黑碳的增暖效应导致 SWHRs
（单位：10^{-6} K · s^{-1}，紫色阴影区表示通过了置信度为 95%的 t 检验）
(a)26°～36°N 高度-经度垂直方向上的变化（等值线）；(b)105°～125°E 高度-纬度垂直方向上的变化（等值线）

强迫的变化相一致。如图 4.39 所示，高的黑碳浓度会增强对太阳辐射的吸收，直接导致对流层低层的短波加热速率增加。在中国和印度，由民用排放黑碳导致的短波加热速率的变化以及由总黑碳造成的短波加热速率的变化均很大。但是，短波加热速率对工业和运输产生的黑碳响应在东亚比在印度更为显著。在黑碳排放量较小的地区，短波加热速率的响应可能来自气候系统的反馈。电力行业产生的黑碳最少，短波加热速率响应较弱。如图 4.38 和图 4.39 所示，电力部门产生的黑碳导致东亚地区近地面气温升高，但此时该区域短波加热速率响应或直接辐射强迫(图 4.37)均较弱，此时云量(CA)的响应对温度变化的影响可能更重要(Zhuang et al.，2013a)。

图 4.40 展示了夏季对流层低层(>850 hPa)云量对不同源排放黑碳的响应。尽管不同源产生的黑碳导致云量变化程度互不相同，但每个排放源产生的黑碳均导致中国东部和东北部地区云量的减少，印度东北部云量增加，这些地区的云量变化为 1%～3%。河套地区北部至中国中部(117°E，39°N)地区，民用、电力和交通的黑碳导致云量呈正异常。与短波加热速率或直接辐射强迫相比，近地面气温的变化与云量变化更一致，正/负近地面气温变化总是出现在具有负异常/正异常云量响应的区域。如 Zhuang 等(2013b)所述，黑碳的半直接效应可以在一定程度上降低云量并进一步加热地表，中国东部云量的减少可能部分由于黑碳的半直接效应导致的，尤其是来自民用和工业的黑碳，且这一变化会导致更多的太阳辐射到达地表，从而引起局部变暖。此外，黑碳的增暖作用所引起的大气环流异常也可能导致云量变化，并将进一步影响降水。

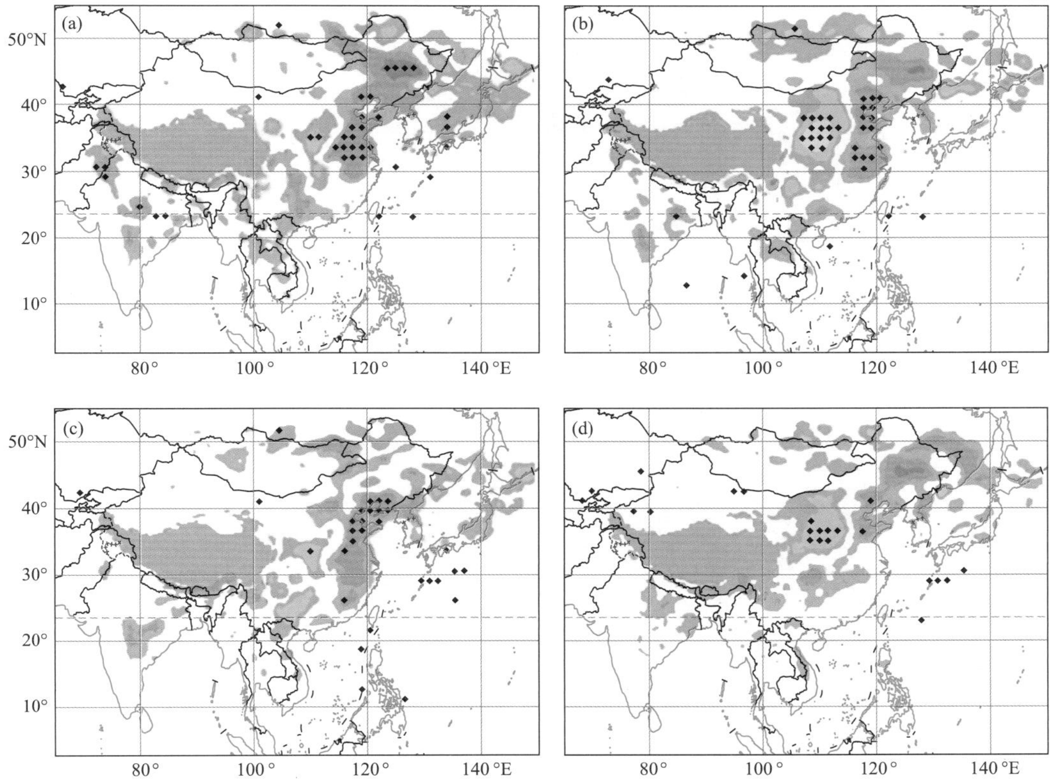

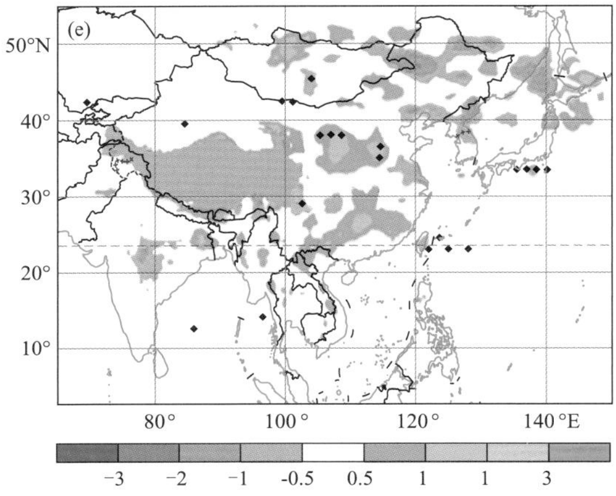

图 4.40　夏季东亚地区所有源(a)、民用(b)、工业(c)、电力(d)、交通(e)排放黑碳的增暖效应导致 850 hPa 层以下云覆盖率的变化(阴影,%,打点部分表示通过了置信度为 95%的 t 检验)

如图 4.41 所示,大气环流还受到黑碳增暖效应的影响,每个排放源产生的黑碳都在印度东北部到青藏高原南坡这一范围内引起了辐合异常。尽管不同源产生的影响存在差异,但民用、工业和交通产生的黑碳均可能导致中国南部的气旋异常。由于电力产生的黑碳的作用,这种异常出现的位置会更为偏南和偏东,可能是因为来自电力的黑碳在东亚大陆的浓度水平较低。东亚至东北亚范围内存在弱或小的反气旋异常，每个源区产生的黑碳还会引起中低纬度

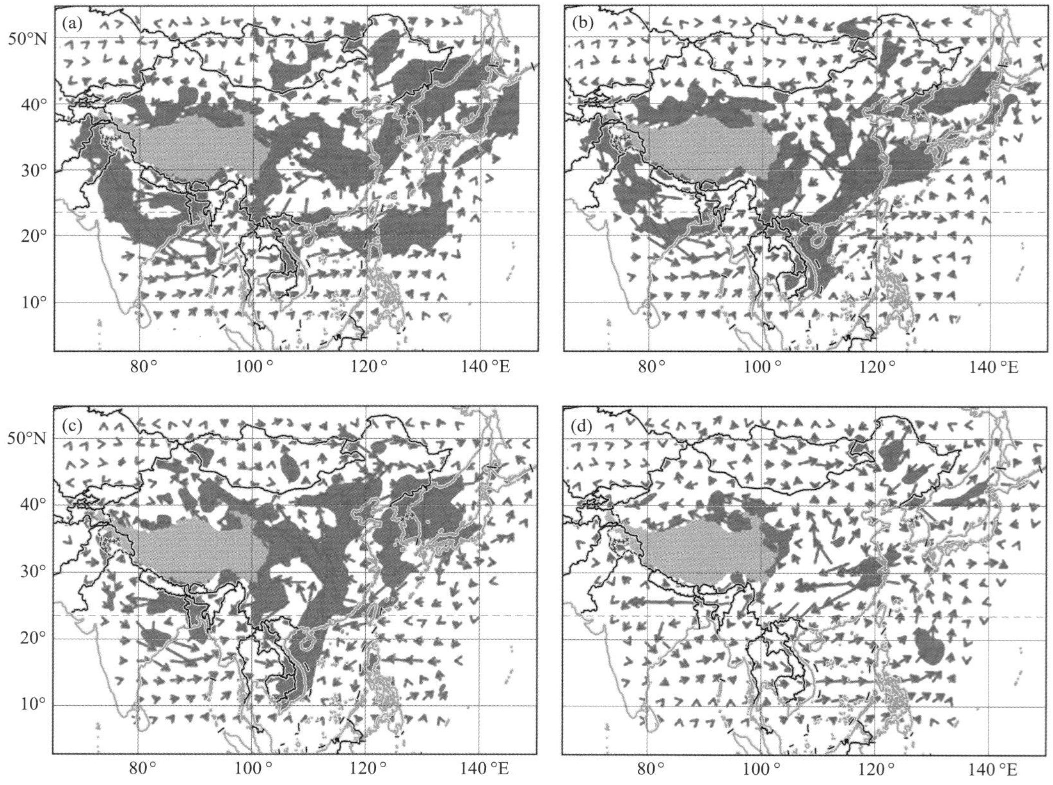

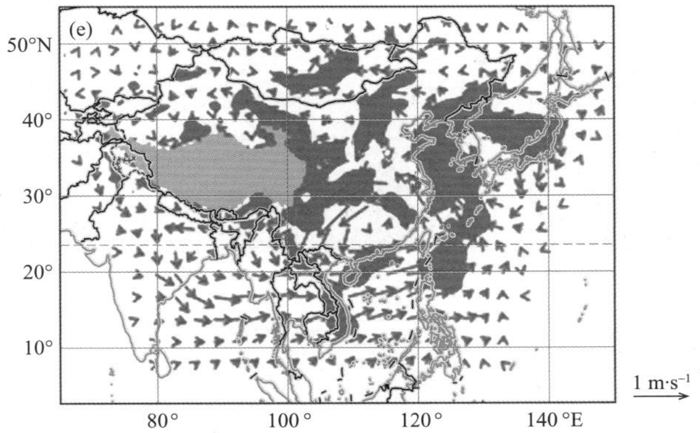

图 4.41　夏季东亚地区所有源(a)、民用(b)、工业(c)、电力(d)、交通(e)排放黑碳的增暖效应导致 850 hPa 风场的变化(箭头:单位 $m \cdot s^{-1}$,紫色阴影部分表示通过了置信度为 95%的 t 检验)

的南风和西南风异常。但是,由于东亚大陆上的加热作用减弱,电力产生的黑碳引起的异常将出现在更低纬度地区。850 hPa 的风对黑碳的响应有利于东亚夏季风的增强,对流层低层的风场响应会影响水分输送以及云和降水的形成。在中国南部,形成辐合异常的地区,云量有所增加。工业排放的黑碳相较于民用产生的黑碳对河套东部地区云量正异常的影响较弱,可能是由于工业排放的黑碳会造成较强的大气层顶直接辐射强迫(图 4.37)和较弱的辐合异常(图 4.41)所致。

从印度北部到青藏高原南坡(大约 85°E)这个范围内,每类源排放的黑碳均可在垂直方向上引起相对一致的逆时针纬向环流异常(图 4.42a),并伴随着辐合上升异常现象(图 4.41)。Lau 等(2006a)将此现象称为“热泵”(EHP)效应,本书同样发现了类似的现象。相反,不同源排放的黑碳在东亚地区引起的环流异常彼此之间的差异要大于在青藏高原南部地区造成的差异,而且这些环流变化与排放量并不一致。如果东亚地区黑碳浓度较大,那么中国南部的南风或西南风异常可能会更加显著。图 4.42a 进一步表明,受黑碳的直接辐射强迫和短波加热速率的影响,东亚地区(115°~120°E)的上升运动也有所加强。尽管不同源产生的黑碳所造成的影响间存在差异,但夏季每类源产生的黑碳均可在东亚中低纬度地区引起逆时针经向环流异常(图 4.42b)。由民用、工业和交通产生的黑碳导致最显著的上升运动异常大约出现在 25°N 的位置,由电力产生的黑碳导致的异常出现在 20°N 左右的地区。图 4.42b 同样表明,虽然印度地区黑碳在一定程度上会影响经向环流,但东亚的黑碳可以进一步加强经向环流异常(更北偏),且对流层下层强烈的上升运动异常在一定程度上有利于云的形成(图 4.40)。

黑碳增暖效应引起的大气热力场和环流的变化会进一步影响云的形成(图 4.40)和降水的变化(图 4.43)。夏季,来自各类排放源的黑碳可能导致印度东北部至孟加拉湾(超过 0.4 $mm \cdot d^{-1}$)以及中国南部(大于 0.15 $mm \cdot d^{-1}$)的降水量增加。与中国南部至中部地区电力或交通产生的黑碳相比,民用和工业产生的黑碳会造成更为显著的降水增多。以上这些变化出现的区域可能会扩展到中国北部。由于黑碳增暖的影响,中国东部地区(包括长江下游)的降水减少(大约减少 0.15 $mm \cdot d^{-1}$),对流层下部的云量减少。此外,由于辐合异常,从中国东北部到日本海的降水也有所增加。黑碳引起的局地降水增加主要是由于水分输送的增加或辐合异常引起,反之亦然,黑碳半直接效应可能会进一步减少降水。本书的结果进一步表明,在

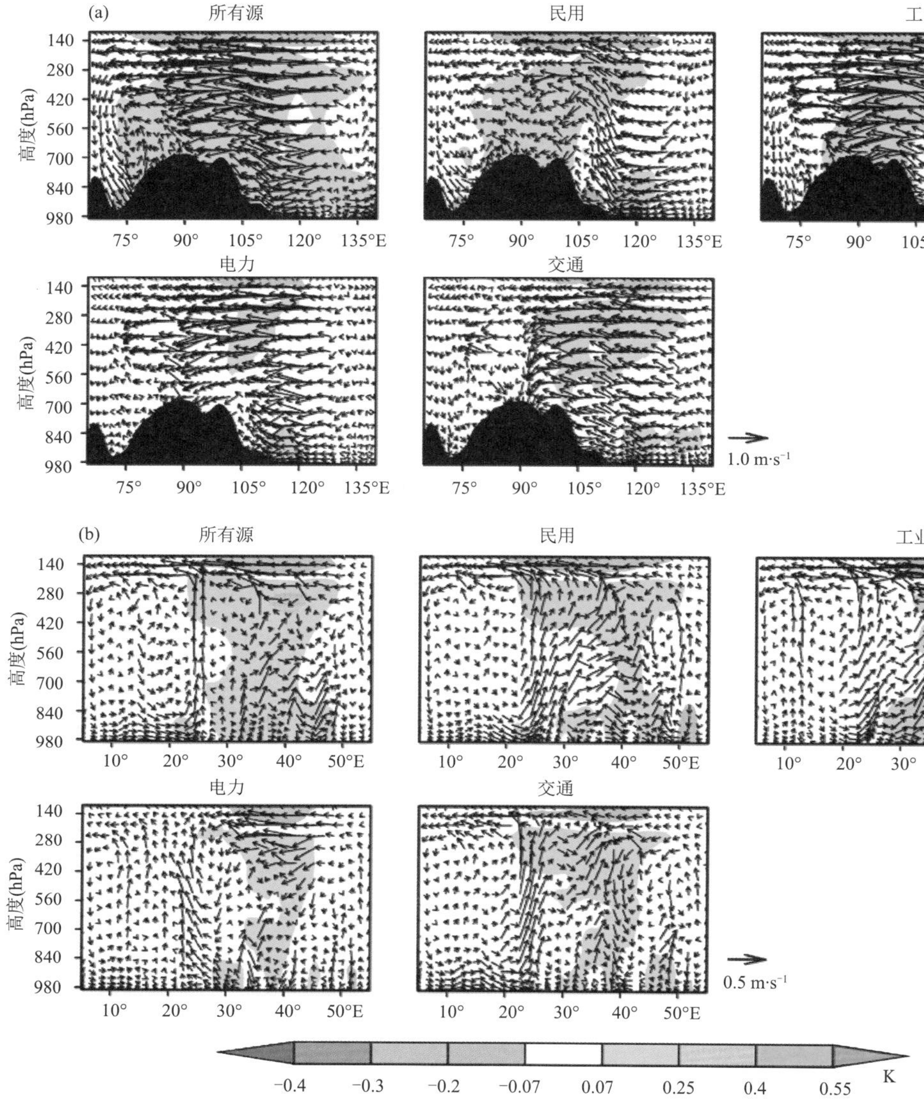

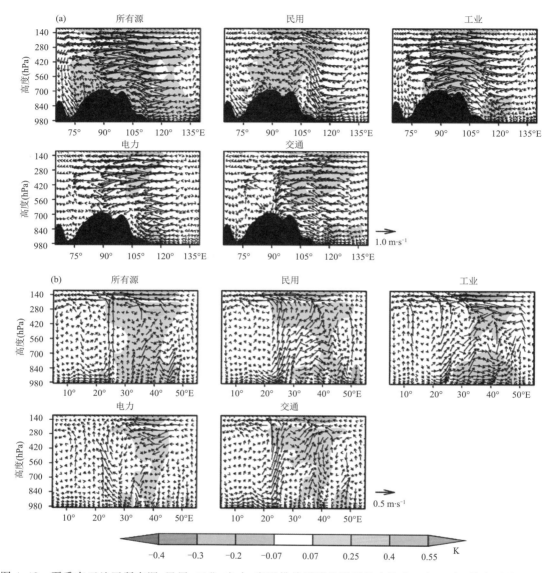

图 4.42　夏季东亚地区所有源、民用、工业、电力、交通排放黑碳的增暖效应导致 26°～36°N 纬向平均环流的变化(a)和 105°～125°E 经向环流变化(b)(阴影区代表相应区域气温的响应(单位:K))。图像中的 1 单位尺度参考箭头代表水平风(单位:m • s^{-1})异常和垂直运动异常(单位:-5×10^{-3} Pa • s^{-1})

东亚地区,降水对于不同黑碳排放物的响应是非线性且复杂的,这主要取决于大气热力学场响应的变化。因此,即使某些源排放的黑碳浓度很小,也可引起较大的降水变化。云量和降水都会受到环流扰动的影响,但是,在黑碳高浓度区域,没有降水的云似乎会比雨云减少得更多,这可能与黑碳半直接效应有关。

由于黑碳的直接和半直接效应的影响,中国东部到东北部范围内出现地表变暖的现象,从而导致了大气边界层高度(PBLH)增高,平均增量超过 25 m(图 4.44)。尽管各排放源产生的黑碳导致的影响存在差异,但几乎所有源产生的黑碳均可使这些区域的边界层高度升高。边界层对民用和工业产生的黑碳的响应区域延伸到中国南部。与近地面气温的变化类似，受民用排放黑碳的影响，边界层在中国北部到蒙古东南部一带变低，边界层对电力排放的黑碳的直接辐射强迫也很敏感，夏季东亚地区的边界层对黑碳浓度的响应也是非线性且复杂的。

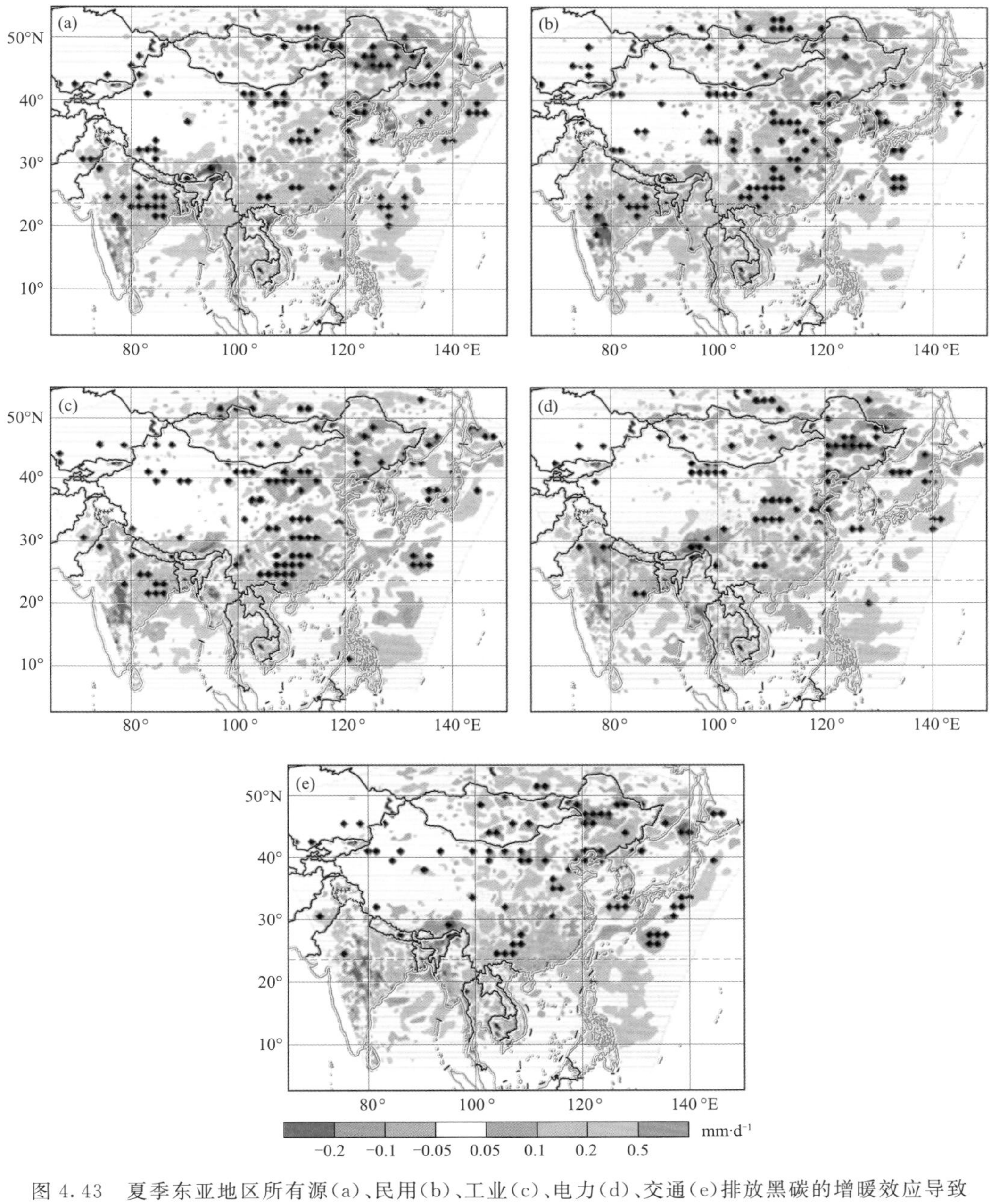

图 4.43　夏季东亚地区所有源(a)、民用(b)、工业(c)、电力(d)、交通(e)排放黑碳的增暖效应导致总降水量的变化(阴影，单位：mm · d^{-1}，打点部分表示通过了置信度为 95%的 t 检验)

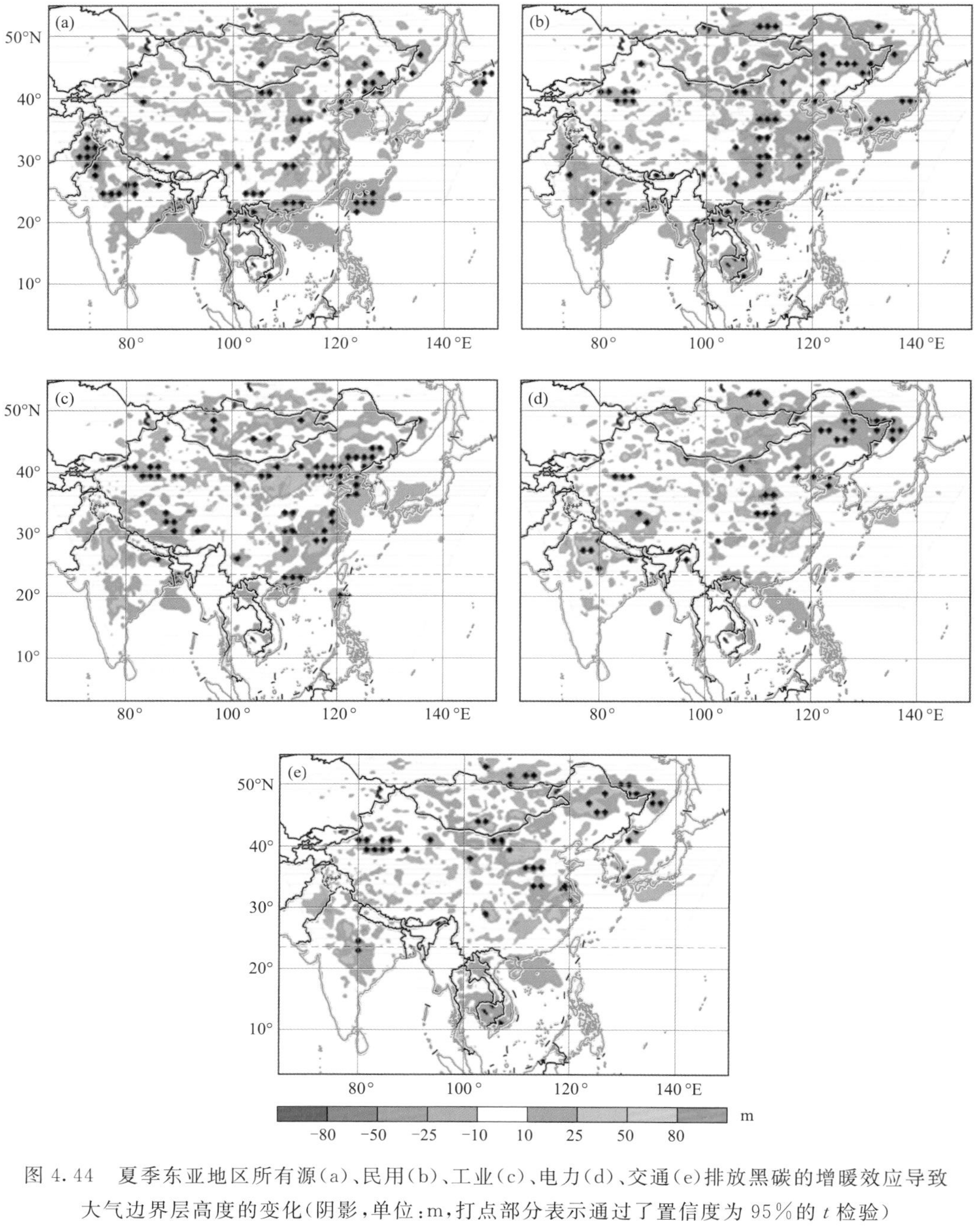

图 4.44　夏季东亚地区所有源(a)、民用(b)、工业(c)、电力(d)、交通(e)排放黑碳的增暖效应导致大气边界层高度的变化(阴影,单位:m,打点部分表示通过了置信度为 95%的 t 检验)

4.3.5　主要结论

本项研究的结果表明,黑碳气溶胶可能会对夏季的东亚气候产生显著影响,这与 Li 等(2007b)和 Wang 等(2015b)的发现一致。东亚夏季气候的响应对黑碳气溶胶排放表现出很强的非线性，较小的黑碳排放也可引起近地面气温、云量、降雨和边界层高度的较大响应。Sadiq 等(2015)认为，黑碳扰动的大气环流可能在这种非线性气候响应中起重要作用。因此，当有气候反馈产生时，由电力排放的黑碳引起大气环流的异常现象也会变得显著。同时，东亚气候对不同源排放黑碳的响应互不相同。如果黑碳排放率较小时，则气候异常在南亚较弱、在东亚位置偏南。青藏高原地区和周边地区的热力扰动可能对亚洲地区的气候变化很重要。从印度东北部到青藏高原南坡，该区域所有排放源排出的黑碳都引起了一致的环流变化，并伴随着辐合和上升运动异常，这可能会在不同程度上进一步调整东亚的大气环流，该结果与 Sun 等(2012a)的发现一致。在可能受到局地黑碳影响的东亚区域，不同排放源产生的黑碳所造成的气候异常表现出较低的一致性。

总体而言，夏季从中国东部到北部、西南部以及印度东北部都具有较高的黑碳光学厚度。在整个研究区域中，民用和工业排放黑碳的贡献超过 85%，而电力产生的黑碳仅贡献 0.19%。不同源区的黑碳具有不同的空间分布特征，印度地区民用产生的黑碳远大于东亚地区，这与交通和工业产生的黑碳分布相反。黑碳气溶胶通常会导致正的大气层顶直接辐射强迫和负的地表直接辐射强迫。来自不同源区的黑碳的直接辐射强迫的空间分布与光学厚度一致。但是，在区域较亮的地表上黑碳的直接辐射强迫依旧较强。夏季整个研究范围的区域平均黑碳光学厚度和晴空大气层顶的直接辐射强迫分别约为 0.007 和 0.57 $W \cdot m^{-2}$，而东亚地区的区域平均值分别为 0.02 和 1.34 $W \cdot m^{-2}$。

由于黑碳对太阳短波辐射的吸收，大气中的短波加热速率明显增加，尤其是在高浓度黑碳所在区域和气层，此现象最为显著。短波加热速率的增加通常有利于近地面气温的增加，反之亦然。每类排放源产生的黑碳均可导致东亚大部分地区夏季近地面大气变暖、陆地-海洋温度梯度变大、边界层升高、低层云量减少，从而进一步导致季风环流增强，并伴随着中国南部地区降雨增加，东部至东北地区降水减少。近地面气温的响应不仅与短波加热速率或直接辐射强迫的变化有关，同时还受到气候反馈的影响。由于黑碳总排放量的影响，华东地区近地面气温升高了 0.2 K，降雨减少了约 0.01 $mm \cdot d^{-1}$。

区域气候对黑碳排放的响应具有高度的非线性，每类排放源产生的黑碳均可导致夏季东亚区域气候发生变化，黑碳浓度空间分布的不均匀性可能进一步强化东亚地区的气候响应。本书结果可为东亚地区空气污染控制和黑碳减排计划提供必要的科学参考。

4.4 非洲地区沙尘气溶胶模拟

4.4.1 研究背景

气溶胶通过许多反馈机制影响地球的能量收支，在全球尺度上，沙尘被认为是对气候具有轻微负辐射强迫($-0.1\ W \cdot m^{-2}$)的影响因子(IPCC，2013)。结合欧洲地区卫星的观测结果，RegCM4-CCM3 详细评估结果表明，地表太阳辐射偏差可归因于对一系列相互影响的参数的高估或低估，如其中最重要的云量、云光学厚度和气溶胶光学厚度(Alexandri et al.，2015)。由于大气中的沙尘在总 AOD 中起着相当重要的作用，因此了解沙尘光学厚度偏差的可能原因十分重要。

当地面风或某一高度的风超过阈值时，就开始产生沙尘。在大多数研究中，临界摩擦速度被定义为能够维持颗粒运动的最小风速(Iversen et al., 1982)。实际的起动风速取决于土壤粒径、粒间黏聚力和表面粗糙度。假设颗粒密度不变,土壤颗粒大小影响其重量,因此大颗粒需要更高的表面摩擦速度来启动。另一方面,作用于小颗粒沙尘的粒间力(范德华力、毛细管力、库仑力)取决于土壤湿度和化学成分,与大颗粒相比,粒间力更强且难以估算(Shao et al., 2000)。由于颗粒重量与粒间黏聚力相反的作用,估计直径为 60 μm 的颗粒具有最小的风蚀阈值(Knippertz et al., 2014),更有可能首先被释放出来并触发沙尘排放的下一个阶段(跃移和解聚)。

矿物沙尘主要产生于沙漠,起沙取决于地表的风、降水和植被覆盖的变化(Tegen et al., 2000)。撒哈拉沙漠是地球上最重要的土壤沙尘来源(Prospero et al., 2002),来自撒哈拉沙漠的沙尘经常向北输送到欧洲和地中海(Gkikas et al., 2013)。地中海地区的沙尘负荷在空间和季节上存在差异,地中海东部地区春季沙尘负荷较大,地中海西部地区沙尘负荷在夏秋季达到峰值(Moulin et al., 1998),地中海中部则被认为是一个过渡地区,从春季到秋季都可能发生沙尘传输事件(Israelevich et al., 2012)。根据季节和所处地中海地区位置,沙尘可能来自于撒哈拉沙漠不同的地方。Israelevich(2003)利用 TOMS AI 卫星数据确定了每个季节可能的沙尘路径,例如,春季沙尘沿着 Bodélé 洼地到阿尔及利亚南部的漫长轨迹移动,然后向北穿过北非海岸到达地中海东部。与其他季节相比,这条漫长的路径影响了春季到达地中海的土壤颗粒的大小,由于沙尘颗粒长距离的传输,重力作用使其中的粗颗粒沉降,因此春季穿越地中海的沙尘粒径(1.5 μm)是夏季和秋季经历较短轨迹的颗粒直径(3 μm)的一半(Israelevich, 2003)。

过去,由于卫星观测主要提供的是大气柱面 AOD 且固定的观测站点分布稀疏,沙尘的垂直分布估计仍然存在不确定性,模拟研究表明,地中海、大西洋和撒哈拉沙漠之间的沙尘垂直分布不同(Alpert et al.,2004)。自 2006 年 CALIPSO(The Cloud-Aerosol Lidar and Infrared Pathfinder Satellite Observation)卫星发射后,对气溶胶垂直分布的了解迅速增加(Winker et al.,2009)。沙尘的粒径分布随着高度而变化,细的颗粒能到达更高层大气,同时因为风速也随着高度增加,细颗粒有着更大的概率被进一步输送到大气更高的位置。考虑到细颗粒物对入射太阳辐射的散射和有效反射,可知沙尘垂直分布对短波辐射强迫的重要性。

在气候模拟中,影响沙尘输送和辐射特性的一个重要因素是沙尘粒径分段的数量。小的沙尘颗粒由于其重量小可以长距离飞行,并且可以有效地反射和后向散射入射的短波太阳辐射,而大的颗粒具有较短的大气生命史,可以有效地吸收和再发射长波光谱,因此大气模式中应根据不同的辐射特性和输送特性仔细地区分沙尘颗粒粒径的分档和数量。全球气候模式中对粒径段数量和粒径范围的划分因模式而异,大多数将 0.01～25 μm 的粒径分为 1～6 个粒径段(例如 Kinne, 2003; Huneeus et al., 2011)。更大数量的沙尘粒径段可以改善颗粒干沉降的模拟,从而更准确地模拟大气沙尘浓度和与辐射的相互作用(Foret et al., 2006;Menut et al., 2007)。然而,全球气候模式的高计算量需求要求尽可能少的沙尘粒径分段,而结果纳入的粒径范围较小。区域气候模式由于更小的模式域,通常模拟 4～12 个粒径段(例如,Alexandri et al., 2015;Basart et al., 2012;Giorgi et al., 2012;Nabat et al., 2012;Solmon et al., 2008;Spyrou et al., 2013;Zakey et al., 2006),而沙尘传输模型可用多达 40 个粒径段进行模拟试验(Menut et al., 2007)。

Fennec 2011 飞机观测活动对撒哈拉沙漠的沙尘粒径测量表明,沙尘粗模态的体积中值直径介于 5.8～45.3 μm 之间(Ryder et al.，2013)，当远离沙尘源区，沙尘颗粒的平均/中值直径急剧下降。在地中海地区，沙尘颗粒的平均直径在 2～30 μm 之间(Goudie et al.，2001)，显然直径大于 25 μm 的颗粒在源区附近、甚至某些情况下在远离源区的沙尘负荷中起着主要作用，因此，Foret 等(2006)提出，从土壤颗粒总数和质量分布两个方面考虑，传输的沙尘粒径应在 0.09～63 μm 之间。

本书展示了 RegCM4 新的沙尘特征，突出了不同气象方案下沙尘排放和沉降过程的敏感性，分析了不同粒径段分布对沙尘负荷和辐射强迫的影响，主要研究成果见 Tsikerdekis 等(2017)。

4.4.2 研究方法

4.4.2.1 沙尘方案

RegCM4 模式的化学部分包含气相化学(Shalaby et al.，2012)、自然源和人为源气溶胶(Solmon et al.，2006)模块。大多数自然源气溶胶，如沙尘和海盐，是由 RegCM4 气象模块驱动的，而所有的人为源气溶胶、有机碳、黑碳和花粉都需要排放数据集。当摩擦速度(RegCM4 模拟的风速和表面粗糙度的函数)大于最小摩擦速度阈值时，在网格单元中启动沙尘排放方案。沙尘跃移通量的计算遵循 Marticorena 等(1995)和 Zakey 等(2006)的方案，而沙尘气溶胶从跃移通量到垂直通量的计算遵循 Laurent 等(2008)的方案。利用 Alfaro 等(2001)理论或 Kok(2011a)理论可以模拟排放沙尘的粒径分布(PSD)及其与地面风况的关系。第一种理论建立在风洞试验的基础上，证明了加大近地面的风速会增加细尘颗粒排放的比例(Alfaro et al.，1997)。基于这些结果，Alfaro 等(2001)提出跃移能随着风速的增加而增加，从而引起更多细颗粒物的产生和影响沙尘的 PSD。另一方面，Kok(2011a)表示跃移对表面的冲击对易碎物起到破碎分裂的作用，且跃移冲击速度不依赖于风摩擦速度(Kok，2011b)，利用观测数据，他建立了一个独立于地面风速粒径分布的理论表达式。Kok(2011a)的 PSD 理论对 RegCM4 模拟的欧洲和北非地区沙尘光学厚度有显著改善(Nabat et al.，2012)，因此本书在沙尘模拟中使用了该参数化方案。表面粗糙度和土壤湿度是计算临界摩擦速度和跃移通量的关键，两个参数由 BATS(Zakey et al.，2006)表面方案提供。用于确定阈值风速和跃移通量的土壤团聚体分布型态采用 Menut 等(2013)，与 Zakey 等(2006)不同，采用的方案是基于 FAO 纹理分类和空间分布。排放过程只发生在沙漠或半沙漠网格单元上，RegCM4 还可模拟由不同土壤类型和土壤质地主导的网格单元上可能的亚网格沙漠排放。

计算沙尘质量排放通量之后，对每个输送的粒径段应用 RegCM4 的大气传输方程(Solmon et al.，2006)，该方程包括示踪剂通过风的输送、水平和垂直湍流扩散以及积云对流的垂直输送。RegCM4 默认沙尘输送粒径段是 4 个(Zakey et al.，2006)，每个粒径段的选择是根据沙尘颗粒的直径定义的，段的粒径范围用相等的对数分割总粒径范围计算而来。此方法会产生一些偏差，取决于所选段对段中实际沙尘粒径分布的代表性。根据 Foret 等(2006)的方法，本书使用了一种新的沙尘粒径划分方案，使用 12 个沙尘粒径段，每个段粒径范围的确定与干沉降速率梯度相联系，而干沉降速率是颗粒直径的函数，当干沉降速率相对于粒径的变化速率较大时，此粒径范围内会产生更多的段，反之，当干沉降速率变化较慢时则相反。改进的沙尘粒径的划分以及更高数量的粒径段从理论上增强了对输送过程中的物理清除过程的代表性，促进了沙尘粒子有效半径的估计和沙尘光学特性的计算。

模式中考虑了干沉降和湿沉降(冲洗)等清除过程。干沉降包括重力沉降(为颗粒大小和密度的函数)、布朗扩散(主要作用于靠近地面的小颗粒)和湍流输送,以及撞击、拦截和颗粒的回弹(Zhang, 2001)。湿沉降过程使用了一个和粒径有关的清除参数化方案(Gong, 2003b; Seinfeld et al., 1998),且只应用于小部分(10%)可溶的沙尘。

利用米理论,对使用的辐射方案(CCM3 或 RRTM)的每个粒径段和每个光谱波段预先计算沙尘的光学特性。由于米计算的高度非线性,假设每段粒子尺寸遵循 Kok(2011a)分布,进行尺寸和波长的加权平均,计算出每个段和每个光谱波段的光学特性,确保 12-bin 和 4-bin 两个方案覆盖了完全相同的总尺寸范围,并且无论段数量多少,整个分布的集成光学特性都是守恒的。图 4.45 描述了两个粒径段方案的沙尘比消光系数、单次散射反照率和不对称因子,图中所有光学参数的差异相对较小,由于计算采用的是每个粒径段范围内的多个有效粒子半径,并最终求出平均值,而不是每个粒径段的平均有效半径(图略),保证了两个试验的光学特性几乎相同。

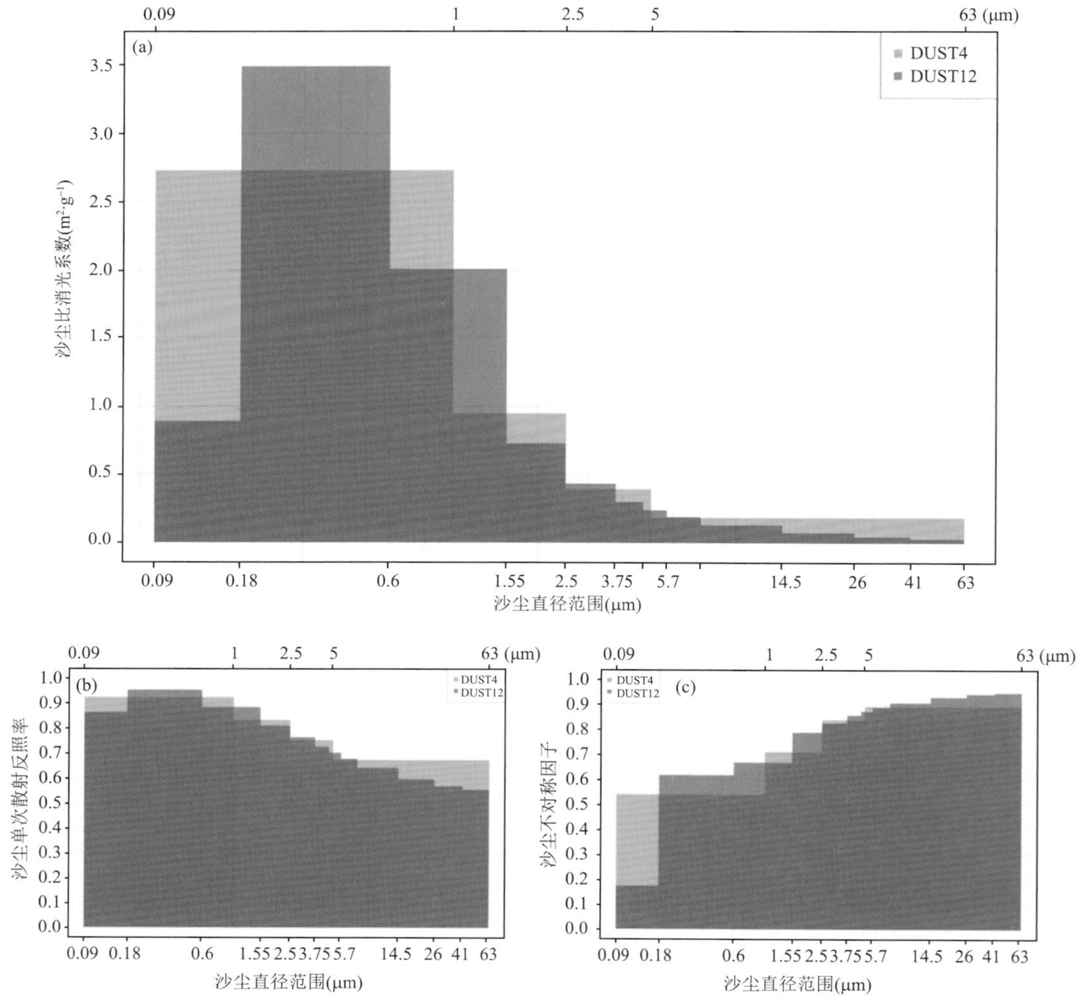

图 4.45　粒径段比消光系数(a)、单次散射反照率(SSA)(b)和 350 ～ 640 nm 波段的粒子不对称性参数(c)(红色代表 4-bin 试验(DUST4),蓝色代表 12-bin 试验(DUST12);顶部轴和底部轴分别代表 4 个和 12 个粒径段的尘粒直径范围)

在本书的模拟中，使用了默认的辐射方案 CCM3 研究两个粒径段方案之间的差异，保持两个试验方案的气象场完全相同。在当前版本的 RegCM4 中，RRTM 方案使用蒙特卡罗独立柱近似法 McICA(Pincus, 2003)计算云-辐射的相互作用。McICA 方法虽然提供了关于云的水平和垂直辐射结构的更详细和复杂的处理，但即使在模拟完全相同的试验时，也会引入随机产生的噪声。Pincus(2003)准确地指出，如果集合成员足够多，这种随机产生的噪音可以显著减少到零。然而，用 RegCM4 进行的敏感性测试表明，两种沙尘粒径段划分方法之间的辐射效应变化已经很小，由此即使在集合均值中包含微小扰动，结果也有显著改变。CCM3 方案的一个缺点是对沙尘粒子的长波光谱的描述过于简单。在 4.4.2.3 节中，将讨论两种辐射传输方案的长波辐射光谱中粒径划分方法的相关影响。

4.4.2.2　LIVAS

"用于天基激光雷达模拟研究的垂直气溶胶结构激光雷达气候序列"(LIVAS; Amiridis et al., 2015)是一个三维全球气候数据集，来源于欧洲航天局(ESA)资助的 CALIPSO 观测数据。CALIPSO 获得气溶胶和云在 532 nm 和 1064 nm 波段衰减后的后向散射高分辨率剖面，并反演出在晴空/薄云下和云层上方的气溶胶光学特性(Winker et al., 2009)。因此，在多云地区，气溶胶的观测资料是有限的，在少云地区，如撒哈拉，气溶胶物种(很可能是沙尘)的观测资料更为丰富。

LIVAS 使用了 CALIOP 观测的 2 级(版本 3)产品(Amiridis et al., 2015)。CALIPSO 的 2 级产品包含了云/气溶胶层的垂直位置(Vaughan et al., 2009)，并将云层与气溶胶层区分开来(Liu et al., 2009)，其中气溶胶层分为六类(沙尘、海盐、烟尘、污染沙尘、污染的大陆尘和清洁的大陆尘; Omar et al., 2009)，并计算了每个选定层的 AOD(Young et al., 2009)。

根据 EARLINET 激光雷达网(https://www.earlinet.org)的地基激光雷达站进行的多年观测对 LIVAS 沙尘产品的激光雷达比(LR)进行了校正。沙尘颗粒的 LR 取决于它们的折射率，折射率对于同一类型的气溶胶可能有所不同，其值取决于沙尘的成分，最重要的是取决于沙尘中黏土粒级的矿物伊利石的相对比例(Schuster et al., 2012)，因此不同区域的沙尘物理化学特征导致 LR 值不同。LIVAS 0.3.1 版本根据已知的沙尘来源和负荷以及每个区域的特定物理化学成分和 LR 将全球划分为三个区域，将 CALIPSO 反演算法(Omar et al., 2009)使用的整体 LR 值 40sr 替换为特定区域的 40、50 和 55sr 的 LRs 值(图略)。

Amiridis 等(2015)使用全球 AERONET 数据对 LIVAS 进行了评估。结果表明，在大多数站点两者 AOD 的差异在 ±0.1 之内。在撒哈拉沙漠西南部，LIVAS 与 AERONET 的 AOD 差异大于 −0.1，而这一偏差可能与之前研究中发现的 CALIPSO 对沙尘的低估有关(Amiridis et al., 2013)。Amiridis 等(2013)研究表明，LIVAS 与海上 Dark Target MODIS 反演产品的相关性较好，与 MODIS Deep Blue(C5 版本)在撒哈拉的相关性较弱，新版本的 MODIS Deep Blue(C6)产品提高了其反演精度和空间范围，覆盖全球(Sayer et al., 2014, 2015)和地中海地区(Georgoulias et al., 2016a)，因此 LIVAS 的沙尘光学厚度(DOD)与 MODIS Deep Blue(C6)的 AOD 产品相关性有待进一步研究。此外，Georgoulias 等(2016b)表明，地中海东部大陆地区 LIVAS 与高分辨率 TERRA MODIS 和 MACC 沙尘光学厚度相关性很好。

LIVAS 月平均数据水平分辨率为 1°×1°，垂直分辨率为 60 m(−0.5～21 km)至 180 m(21 km 以上; Amiridis et al., 2015)，在对流层的垂直分辨率是固定的。本书使用专门的 LI-

VAS纯沙尘产品，包括由CALIPSO“沙尘”和“污染沙尘”气溶胶子类别的沙尘百分比计算得出的纯沙尘的消光系数(Amiridis et al.,2013)。由于CALIPSO是一颗非地球同步卫星，所获得的月平均剖面值依赖于测量的日期和时间。因此，根据CALIPSO的确切飞行轨迹制作时空掩模，并在评估前应用到最接近的RegCM时步。

4.4.2.3　气象数据

ERA-Interim是由欧洲中期天气预报中心(Dee et al.,2011)开发的先进的全球大气再分析产品。数据同化系统使用来自地面站、无线电探空仪、船舶和卫星的各种类型的观测数据。产品自1979年开始延伸到近实时，它的同化方案每12 h循环一次，将观测数据与前一时间步长的预报信息结合起来，以构建当前时步全球大气条件。ERA-Interim再分析资料在像撒哈拉这样气象测站有限的偏远地区特别有用，本书利用该数据集中与沙尘排放和输送有关的风速和风向对RegCM4风场进行评估，ERA-Interim也被用于数个区域气候模式的边界条件以做追算模拟。

东英格利亚大学气候研究中心(CRU)的数据是一个格点化的全球月平均气候要素数据集，包含来自地面站的降水、温度等6个气象要素观测数据(Harris et al.,2014)，气象站被插值到0.5 × 0.5的网格点上，覆盖整个地球的陆地表面(除了南极洲)。可获取的CRU数据序列在1950—2000年期间达到顶峰，在过去10年中急剧下降。2007—2014年在撒哈拉及周边地区，数据集中包含了来自不同站点的600多个月平均降水测量数据。然而，值得注意的是，大多数的连续测量是在靠近沙漠边界的观测站，而撒哈拉沙漠的站点覆盖普遍有限。

4.4.2.4　沙尘粒径的分档

沙尘在气候模式中通常由沙尘粒子直径(D)定义的指定数量的粒径段描述，增加传输的沙尘粒径段的数量可提高对粒子物理特性的模拟。然而计算成本，特别是在气候研究中，通常限制了用于描述(沙尘)的粒径段数量，所以必须分成数量适中的粒径段。

等对数方法广泛用于确定气候模式中沙尘粒径段的尺寸范围，用一个相同的$\log D$范围来划分(Huneeus et al.,2011)。Foret等(2006)引入了另一种划分方法，根据干沉降速率随粒径的变化来划分每个段的总粒径范围，他们用一个简单的一维箱模型做了一个详细的粒径分布试验，使用1000个直径在0.001～100 μm范围内的粒径段，以试验结果为参考，评估了等对数法和等梯度法的区别。对于一个给定的粒径段数量(4～30个)，等梯度方案在限制总沙尘质量方面更好，但等对数方案在限制总沙尘粒子数方面结果更好。当使用8个以上的粒径段时，等梯度法在总粒子数和AOD计算方面产生的误差小于2%(Foret et al.,2006)。

根据上述结果，Menut等(2007)将等梯度方案应用到大气化学传输模式CHIMER-DUST中，并在撒哈拉地区进行了几次嵌套模拟。为了排除模式的排放、沉降和动力过程所带来的任何偏差，他们使用了40个粒径段的参考模拟结果做对比。得出的结论是，等梯度方案比等对数方案误差减少了2倍，而且即使采用Foret等(2006)提出的方法，6个粒径段也不足以重现实际的沙尘浓度水平。

这两项研究都表明，使用更多的粒径段数以及等梯度方案可以提高模拟结果的准确度。然而，无论是用简单的单箱模型(Foretet et al.,2006)或三维沙尘传输模式(CHIMER-DUST; Menut et al.,2007)，都只评估了粒径段划分对沙尘排放粒径分布的影响。本书开展了进一步分析，比较不同的沙尘粒径分档方案的RegCM4模拟结果，使用观测数据进行评估；考虑沙尘产生和损失过程的平衡所引入的偏差，计算了沙尘的光学特性，并利用卫星产品进行了评估。

4.4.2.5　试验设置

RegCM4 模拟的关键参数设置如表 4.2 所示。模拟区域包括撒哈拉沙漠和阿拉伯半岛（图 4.46），包含了地球上的两个主要沙尘源区（Tegen，2003），为了减少侧边界条件的影响，模式域向撒哈拉以南延伸。模拟区域被分为六个不同的子区域：萨赫勒（Sahel）、东撒哈拉（ESah）、西撒哈拉（WSah）、东地中海（EMed）、中地中海（CMed）和西地中海（WMed）（图 4.46b）。萨赫勒地区位于撒哈拉沙漠南部边缘，根据 2001—2014 年 CRU 降水划界，选定的网格单元的年降水量在 100～600 mm 之间（Ali et al.，2009；Nicholson，2013）。东撒哈拉和西撒哈拉是根据模式中指定的沙漠和半沙漠土地利用情况划分的，其南部边界被萨赫勒网格点所覆盖。三个地中海子区域仅包含非沙漠网格点，并根据其季节 DOD（Israelevich et al.，2012）进行划分。从 2006 年 9 月—2014 年 11 月，分别以 4 个和 12 个沙尘粒径段分档，进行了两个 8 年的模拟，分析时均不包括最初 3 个月的模拟结果。4-bin 试验（DUST4）使用等对数方法对沙尘粒径段进行划分，而 12-bin 试验（DUST12）使用等梯度方法。两个试验均采用了 Kok（2011a）沙尘粒径分布理论。

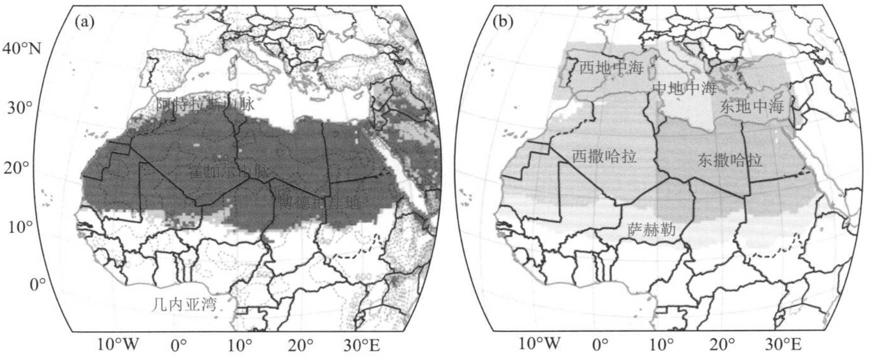

图 4.46　RegCM4 模拟域（黑色实线）和选择用于分析的子区域（蓝色实线）。背景颜色代表模式指定的沙漠（深棕色）和半沙漠（浅棕色）网格单元（虚线表示 RegCM4 使用的模拟地形，单位：m）

为确保两个试验在除粒径段和划分方法之外所有方面都相同，保持两个分布的总尺寸范围完全相同，并且无论考虑的是 4 个还是 12 个粒径段，均保持一致的整体光学特性。此外，沙尘颗粒和辐射场之间没有相互作用（例如，没有气溶胶对气候的直接反馈），以确保两个模拟之间没有气象驱动的变化，在模拟过程中，单独调用辐射模块计算沙尘的辐射强迫，因此两个试验的气象条件是相同的。

通过全球模拟（CAM＋EC-EARTH）获得 2000—2009 年和 2010—2019 年月平均沙尘负荷的初始条件和边界条件，因此，本书使用的是一个常值的静态分布图作为每个月的边界条件，在模拟区域的边界上会出现某种程度的误差，导致捕捉不到个别的沙尘事件或强烈的年际变化。由于气溶胶侧边界条件采用的是 4-bin 沙尘模型，在此对 12-bin 试验的边界条件进行了修正，根据 4 个和 12 个粒径段的范围和粒径大小之间的比例来进行，该方法假设粒子数均匀分布在每个粒径段中。

边界条件数据集的沙尘粒径范围为 0.01～20 μm，因此，在 DUST4 和 DUST12 两种方案中粗沙尘粒径段(如超过 20 μm 的上限)不受边界条件的影响。由于粗粒子(> 20 μm)的大气生命史很短,而且模式区域外的主要沙尘源区离本书的模拟边界很远,所以不会在本书的结果中引入显著的偏差。与 DUST4 相比,DUST12 试验的计算成本增加了 66.8%,在其他模式物理选项和不同模式域大小下,两个试验的计算成本可能有所不同。

表 4.2　RegCM4 的参数选项设置

参数	设置
水平网格	140×160 格点
垂直网格	18 σ 层
水平分辨率	50 km
模式顶气压	50 hPa
气象边界条件	ERA-Interim(Dee et al., 2011)
陆面方案	BATS(Dickinson,1993)
化学边界条件	CAM+EC-EARTH
积云对流方案	Tiedtke(Tiedtke, 1989)
辐射传输方案	CCM3(Kiehl et al.,1996)
微物理方案	SUBEX (Pal et al.,2000)
行星边界层方案	修正的 Holtslag(Holtslag et al.,1990)
沙尘方案 1	4-bin 等对数(DUST4)
沙尘方案 2	12-bin 等梯度(Foret et al.,2006)(DUST12)
沙尘粒径分布	Kok(Kok, 2011a)

4.4.3　研究结果

4.4.3.1　模式评估

利用气候 LIVAS DOD(图 4.47)对 4-bin 模拟进行评估。在 15°~25°N 之间的高沙尘带(DOD>0.2),RegCM4 中的 DOD 模拟结果与 LIVAS 观测到的基本一致,但存在一定空间上的不一致性,在此将在重点地区讨论(图 4.46)两者的均值偏差、95%置信区间的均值下限(LCI)和上限(UCI)以及百分比偏差(Pbias)。RegCM4 低估了萨赫勒以南至约 10°N 区域的 DOD 约 0.05;在东部撒哈拉,RegCM4 高估了乍得到利比亚,埃及和苏丹北部的 DOD 约 0.083(LCI:0.078;UCI:0.088;Pbias:63.1%);撒哈拉西部地区 DOD 较高,模式平均高估 DOD 约 0.043(LCI: 0.039;UCI: 0.047;Pbias: 26.2%);在地中海地区,所有格点的 DOD 均有较小的高估,三个地中海地区平均高估 0.027(LCI: 0.026;UCI: 0.029;Pbias: 54.7%)。

图 4.48 显示了 LIVAS 观测的 DOD 以及六个子区域 DUST4 模拟的 DOD 及其季节变化。在地中海地区,观测到的 DOD 月均值通常小于 0.1,RegCM4 在某些月份最大可达 0.15(图 4.48 a—c),尽管几乎地中海所有地区的 DOD 值都被高估,但充分模拟到了观测的年度最大值和最小值。观测的西地中海 DOD 峰值出现在夏季(图 4.48a),东地中海峰值出现在春季(图 4.48c),RegCM4 的 DUST4 模拟在地中海东部和西部分别在春季和夏季 DOD 出现了第

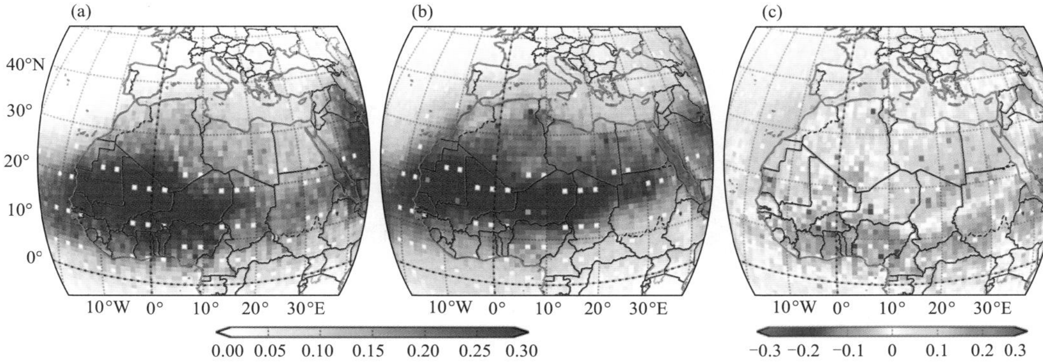

图 4.47　2007 年 1 月—2014 年 11 月 DUST4 试验和 LIVAS 产品的沙尘光学厚度

(a)LIVAS;(b)DUST4;(c)DUST4－LIVAS

二个年最大值。地中海中部是过渡区域,全年接收来自影响东地中海和西地中海传输的沙尘(Israelevich et al.,2012),因此呈现出一个持续的高值区间,主要出现在春季,一直持续到夏末(图 4.48b)。

与地中海子区域相比,沙漠和半沙漠地区的 DOD 值更高,表现出更大的年内变化和振幅(图 4.48d—f)。西撒哈拉 DOD 夏季最大值为 0.35,是冬季值的 7 倍(图 4.48d),RegCM4 精确模拟了前 6 个月的月平均值,但在夏秋两季高估了 0.03～0.07。在东撒哈拉地区,夏季和

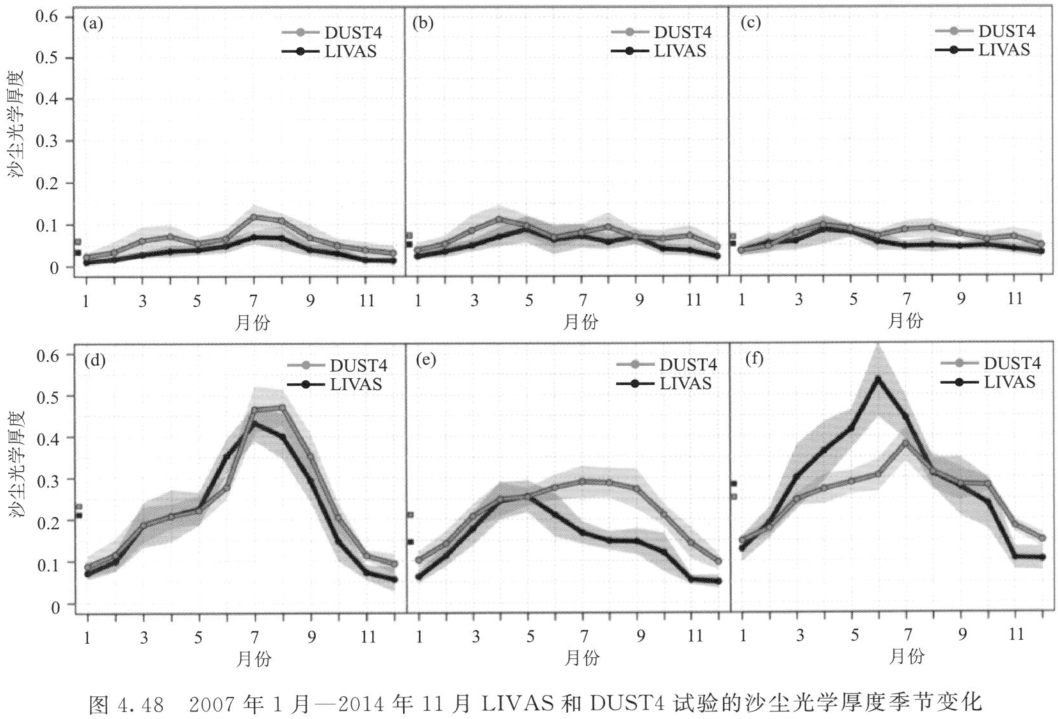

图 4.48　2007 年 1 月—2014 年 11 月 LIVAS 和 DUST4 试验的沙尘光学厚度季节变化

(阴影区域显示 95%的置信区间的平均值)

(a)西地中海;(b)中地中海;(c)东地中海;(d)西撒哈拉;(e)东撒哈拉;(f)萨赫勒

秋季的 DOD 有明显的高估，大部分月份模拟的正偏差都大于 0.1(图 4.48e)。萨赫勒每年都受到来自撒哈拉南向输送的沙尘和热带辐合带 ITCZ(Ridley et al.，2012；Rodríguez et al.，2015)季节性运动的影响，局地排放主要发生在土壤湿度较低的冬季(旱季)，而其 DOD 峰值出现在夏季(图 4.48f)，表明沙尘的年内变化强烈地受到来自撒哈拉沙尘流入的影响，RegCM4 在 8 月—次年 1 月高估了该地区的 DOD，在 3—6 月低估了该地区的 DOD(图 4.48f)。

为了解模式中沙尘产生-移出-传输的模拟过程并解释 DOD 的年内变化差异，进一步研究了粗颗粒沙尘($D_d>2.5$ μm，图 4.49)和细颗粒沙尘($D_d<2.5$ μm，图 4.50)的柱含量以及沙尘的产生/移除趋势。细颗粒主导了总柱含量的年内变化，而粗颗粒则表现出较弱的季节变化，其年内振幅与细颗粒相比一般可以忽略。控制细粒和粗粒沙尘柱含量的过程均主要是排放和沉降，此外垂直湍流以及水平平流和垂直平流在沙漠地区对细颗粒物的影响也相当大。年度细颗粒沙尘柱含量与产生/移除趋势的绝对值呈反相关关系，例如，在暖的月份，趋势绝对值小，细颗粒沙尘柱含量高，冷的月份则相反。在大多数地区，细颗粒和粗颗粒在同一个月内达到峰值，增强了总柱含量的季节性变化(如西撒哈拉、萨赫勒；图 4.49d 和 f、4.50d 和 f)。然而，在东撒哈拉(图 4.49e 和 4.50e)，细和粗的沙尘遵循完全不同的模式，粗颗粒峰值出现在春季，细颗粒呈现出较宽的春季-夏季高值区间，其峰值出现在夏末，这表明，细颗粒是造成撒哈拉东部 DOD 高估的主要原因，其体积比消光系数(图 4.45)相对于粗颗粒沙尘更高。

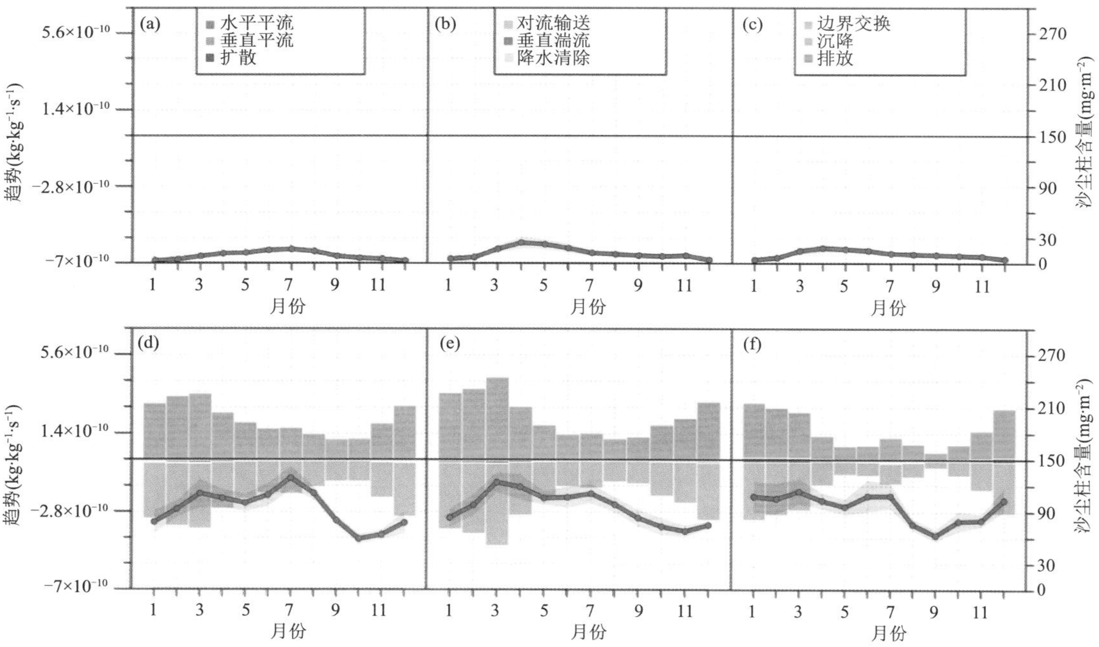

图 4.49　DUST4 试验的粗颗粒沙尘柱含量(线)与产生/移除柱趋势(条)，为 2006 年 12 月—2014 年 11 月期间的平均值(阴影部分表示 95%的置信区间)

(a)西地中海；(b)中地中海；(c)东地中海；(d)西撒哈拉；(e)东撒哈拉；(f)萨赫勒

在东撒哈拉和西撒哈拉地区，排放和沉降通量在 3 月都显示出明显最大值(图 4.49d、e 和

4.50d、e)，这不能解释沙尘柱含量的年内变化。沙尘柱含量与排放通量和干沉降通量的比值有关，而与两者的绝对值无关，比值大于 1 表示排放速率相对于干沉降速率占主导地位，小于 1 表示沉降速率占主导地位。由于粗颗粒在大气中的寿命较短，排放后在很短的时间内就会沉降在源附近，因此表现出非常小的季节性变化。而细颗粒物在大气中停留的时间更长，可以传播很长的距离，这极大地影响了排放与干沉降的比率。

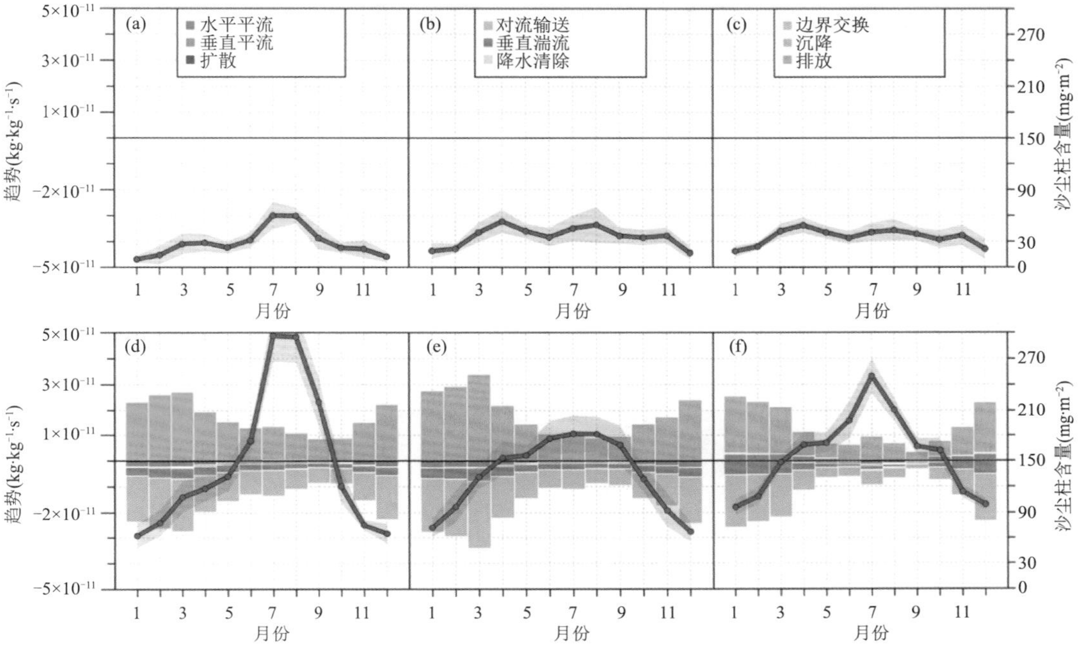

图 4.50　DUST4 试验的细颗粒沙尘柱含量(线)和产生/移除柱趋势(条)，为 2006 年 12 月—2014 年 11 月的平均值(阴影部分表示 95%的置信区间)

在西撒哈拉，整个模拟周期的细颗粒物排放与沉降比为 1.46，这表明模式中排放的细颗粒物比其沉降量多 46%，粗颗粒的排放与沉降比接近 1。东撒哈拉的排放沉降比远高于西撒哈拉，细颗粒物和粗颗粒物的排放沉降比分别为 1.80 和 1.31。强且几乎稳定的年 NNE 和 NNW 风将沙尘从源区带出，加大了东撒哈拉的沙尘出流(图 4.51)，因此，东撒哈拉的沉降减少，排放与沉降的比值增大，此外，3—8 月细颗粒排放与沉降比稳步增加，导致细沙尘颗粒在大气中的堆积，增加了柱含量和 DOD。萨赫勒地区全年细颗粒物的排放量是沉降量的 2 倍，平均比率为 2.26。后续会讨论到，RegCM4 在年降水量的模拟中表现出一些偏差，从而影响了该比率。

沙尘柱含量受到许多气象变量的影响，这些气象变量可能会改变沙尘的排放、沉降/再循环和传输。因此，本书用观测的格点化再分析资料对这些变量进行评估，以解释 DOD 中观测到的空间分布偏差，选择 ERA-Interim 来评估风场(地面、925 hPa 和 850 hPa)，以便有大范围覆盖和长期、持续的数据。RegCM4 中地表风速是侵蚀产沙的主要驱动力，虽然平均风速与沙尘排放有关，但阵风和沙尘排放通量表现出更高的时空相关性(Engelstaedter et al.,2007)，阵风被定义为突然的风速增加且持续时间少于 20 s。在本书的模拟中，风速是在模式内部的时间步长(120 s)内计算的，而阵风则考虑为上一次输出时间步长(6 h)内风速的最大值。典型

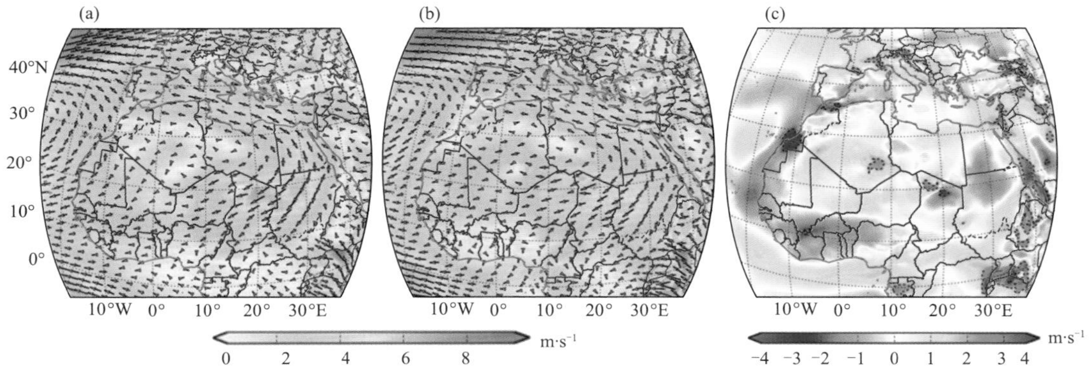

图 4.51　2006 年 12 月— 2014 年 11 月 DUST4 试验与 ERA-Interim 再分析资料 850 hPa 风场
(a)ERA-Interim；(b)DUST4；(c)DUST4－ERA-Interim

地，这种计算方法应用在大多数具有不同内部和输出时间步长的气候模式和再分析产品。因为计算阵风的时间段不同，所以比较 RegCM 和 ERA-Interim 的阵风难以得出结论。折中考虑，本书计算了三个沙漠子区域（东撒哈拉、西撒哈拉、萨赫勒，图略）超过 0.9％风速值的 6 h 时间步长的平均场，ERA-Interim 和 RegCM4 平均风速分别为 4.93 m・s^{-1}和 5.92 m・s^{-1}，RegCM 明显高估沙漠上空局地的高风速 1～3 m・s^{-1}，表明该模式可能高估了沙尘排放通量。

在埃及和苏丹北部，RegCM 低估了 ERA-Interim 中强烈的地面 NNE 风，可能会降低模拟的东撒哈拉沙尘产生量，然而考虑到同样的风型分布在大量沙尘集中的 925 hPa 和 850 hPa 两层持续存在（图 4.51），减少其向南输送和在撒哈拉东部的沙尘外流。图 4.52 的经向风分量证实，夏季（6—9 月）南向风被模式低估了 1 m・s^{-1}，因此，撒哈拉东部上空长期保持更高负荷的沙尘，增加了模拟的沙尘柱含量和 DOD（图 4.48e）。

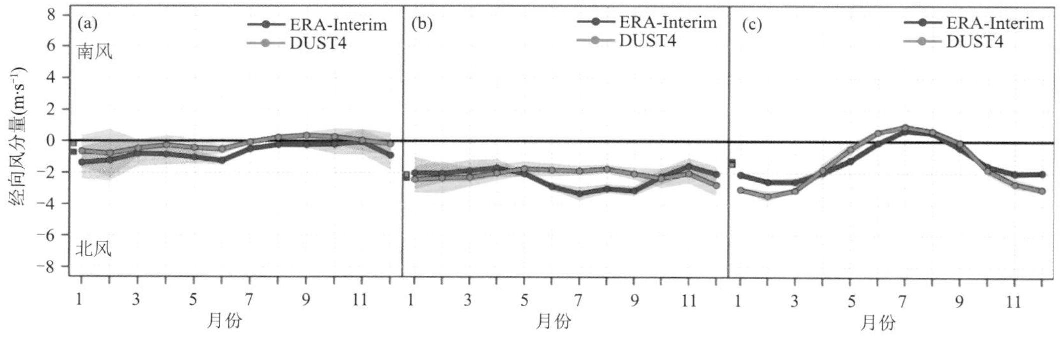

图 4.52　2006 年 12 月—2014 年 11 月 ERA-Interim 和 DUST4 试验的经向风分量（正负分别表示南风和北风，阴影部分表示 95％的置信区间）
(a)西撒哈拉；(b)东撒哈拉；(c)萨赫勒

远离撒哈拉的地区，尤其在半干旱的环境，如萨赫勒，降水可以影响排放和湿沉降过程。根据 CRU 数据集，RegCM4 高估了萨赫勒地区月降水量 10～20 mm（图略），加大了湿沉降，并增加了土壤水分和植被（Engelstaedter et al.，2006），因此更多的沙尘沉降下来而更少的沙尘被释放。从年降水量来看(图 4.53),4 月、5 月和 6 月降水量的高估可能是 DOD 低估的原因之一(图 4.48f),同样的 NNE 风的低估阻止了沙尘向南向更低纬度地区的传播,也是导致靠近几内亚湾的 DOD 严重低估的部分原因。

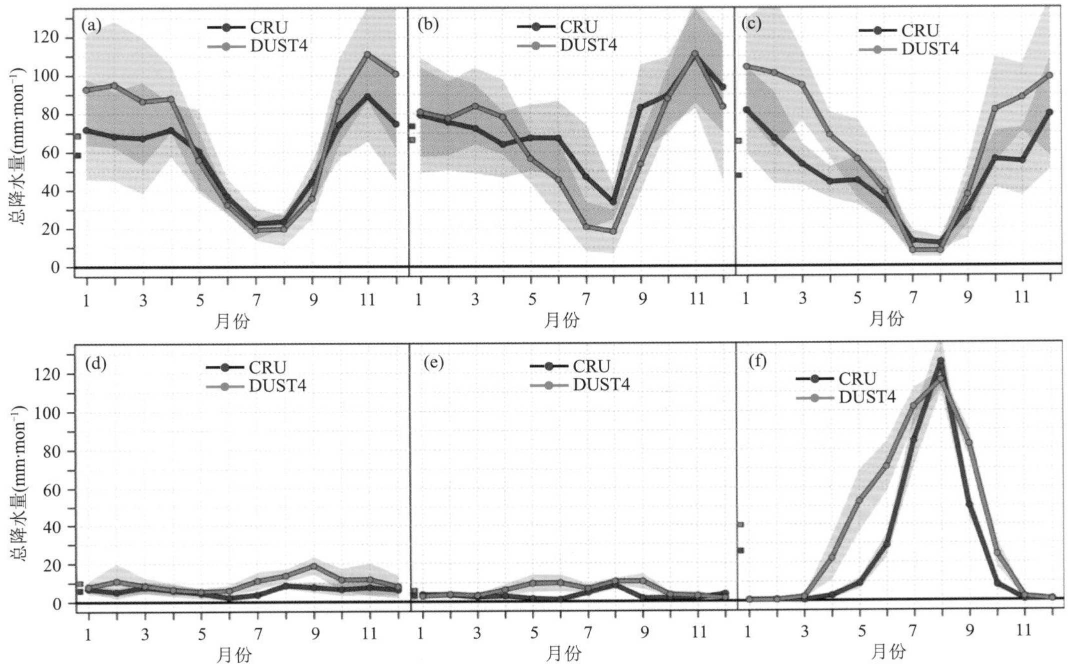

图 4.53　2006 年 12 月—2014 年 11 月 ERA-Interim 和 DUST4 试验的降水量年内变化
(a)西地中海;(b)中地中海;(c)东地中海;(d)西撒哈拉;(e)东撒哈拉;(f)萨赫勒

图 4.54 中,根据垂直倾向(平流、对流输送、垂直湍流和沉降)对六个子区域的沙尘垂直分布进行了评估,由于 LIVAS 的观测限制,近地面 200 m 的 DEX(沙尘消光系数)值被排除在分析之外,0.2～5 km 和 5～10 km 大气层的上述趋势以百分比表示。RegCM4 在各子区域的对流层中上层均高估了 DEX,根据 LIVAS 的 DEX 观测,超过 95%的沙尘位于距离地表 5 km 以内,而 RegCM4 在更高的高度模拟出更多的沙尘,只有 80%～90%位于 0～5 km。在西撒哈拉和萨赫勒地区,RegCM4 低估了近地面 5 km 高度内的 DEX(图 4.54d 和 f),此高度以上存在一个持续的正偏差,随海拔高度降低。与东撒哈拉和西撒哈拉相比,萨赫勒上空 3～5 km 较大的 DEX 观测值表明大量细颗粒沙尘达到更高层。在撒哈拉东部,3～13 km 的 DEX 被高估。在地中海西部、中部和东部地区,2～3 km 以上 DEX 被高估,此高度以下被低估(图 4.54a—c)。

模式中,沙尘的垂直输送主要受沉降、垂直湍流、垂直平流和对流输送四个过程控制。沉降趋势在所有高度上都是负的,同样重要的垂直湍流主要在近地面几千米内起作用,而垂直平流和对流输送在更高的高度占支配地位。如图 4.54 所示,在近地面 5 km,沉降呈现负值(贡献>－40%)将沙尘从大气中清除。垂直湍流是扬尘上升的主要动力(贡献>50%)。基于 Holtslag 等(1990)的行星边界层(PBL)方案在近地面几千米产生相对于 LIVAS 观测更高的垂直湍流,可能导致模式 DEX 剖面的低估或高估。本书在 Bretherton 等(2004)的基础上,利用

RegCM4 中的备选 PBL 方案进行模拟(2008 年),结果表明,尽管 DOD 和 DEX 柱偏差增加了,特别在东撒哈拉地区(图略),但在模拟 PBL 中的沙尘垂直分布方面有了改进。垂直平流和更重要的对流输送,在 5～10 km 平均为正值,导致扬尘向上输送。在地中海地区,垂直平流(>20%)和对流输送(>30%)的贡献同等重要(图 4.54a—c),而在撒哈拉和萨赫勒地区,对流输送是最重要的因素(>65%;图 4.54d—f),此高度范围内被高估的 DEX 剖面表明,Tiedtke 方案(Tiedtke,1989)中积云对流活动/对流输送机制过于活跃,或者另一个负向过程(例如沉降)没有被该模式恰当地表示出来。局部排放误差、缺乏模拟的垂直层或湿沉降偏差都可能导致沙尘垂直分布的差异,为了减小模型中沙尘的平均垂直分布偏差,还需作进一步研究。

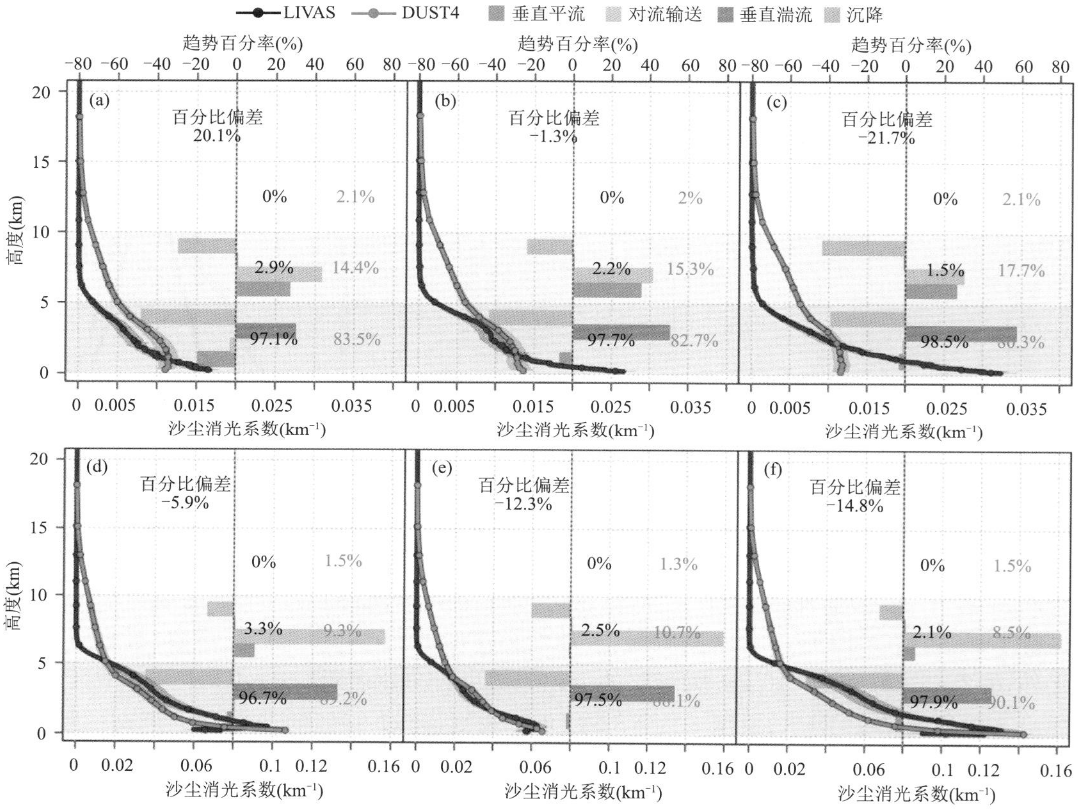

图 4.54 LIVAS 和 DUST4 试验的沙尘消光系数垂直剖面。图中显示了各子区域 0.2～5 km、5～10 km、10～20 km 范围内的沙尘消光系数百分比偏差(P. Bias),条形图表示 0.2～5 km 和 5～10 km 的垂直趋势的百分比

(a)西地中海;(b)中地中海;(c)东地中海;(d)西撒哈拉;(e)东撒哈拉;(f)萨赫勒

4.4.3.2 4-bin 和 12-bin 试验的比较

利用米散射程序计算了 4-bin 和 12-bin 沙尘粒径段的光学特性。如前所述,驱动两个试验的气象场是相同的,因此两个试验中柱含量的变化只能来自于新的沙尘粒径划分,新方案从理论上改善了沙尘的输送和干沉降过程,而 DOD 的变化只能归因于输送和沉降相关的变化。

图 4.55 比较了整个模拟期间 DUST4 和 DUST12 试验的 DOD 以及粗、细颗粒柱含量。

DUST12 试验的 DOD 在所有区域增高的百分率在 10.4%～13%之间，在撒哈拉上空，特别是在 DOD 值较高的萨赫勒地区，12-bin 模拟相比 4-bin 显著增加了 0.04(图 4.55c)。与 DUST4 模拟相比，DUST12 模拟中细颗粒和粗颗粒的沉降寿命(柱含量/总沉降通量)分别提高了 3.5 h和 2 min，由此增加了细颗粒(+4%)和粗颗粒(+3%)的沙尘柱含量(图 4.55f 和 i)。细颗粒的变化与 DOD 的变化有较好的相关性，因为细颗粒(<2.5 μm)的消光系数要高得多(图 4.45)。在中东和阿拉伯半岛北部，粗颗粒的沙尘柱含量明显增加了 10 mg・m^{-2}。两个试验之间 DOD 和柱含量的差异由每个网格的月数据计算，对模拟域几乎所有的网格点进行双尾配对 t 检验，显示统计显著达 95%置信水平。

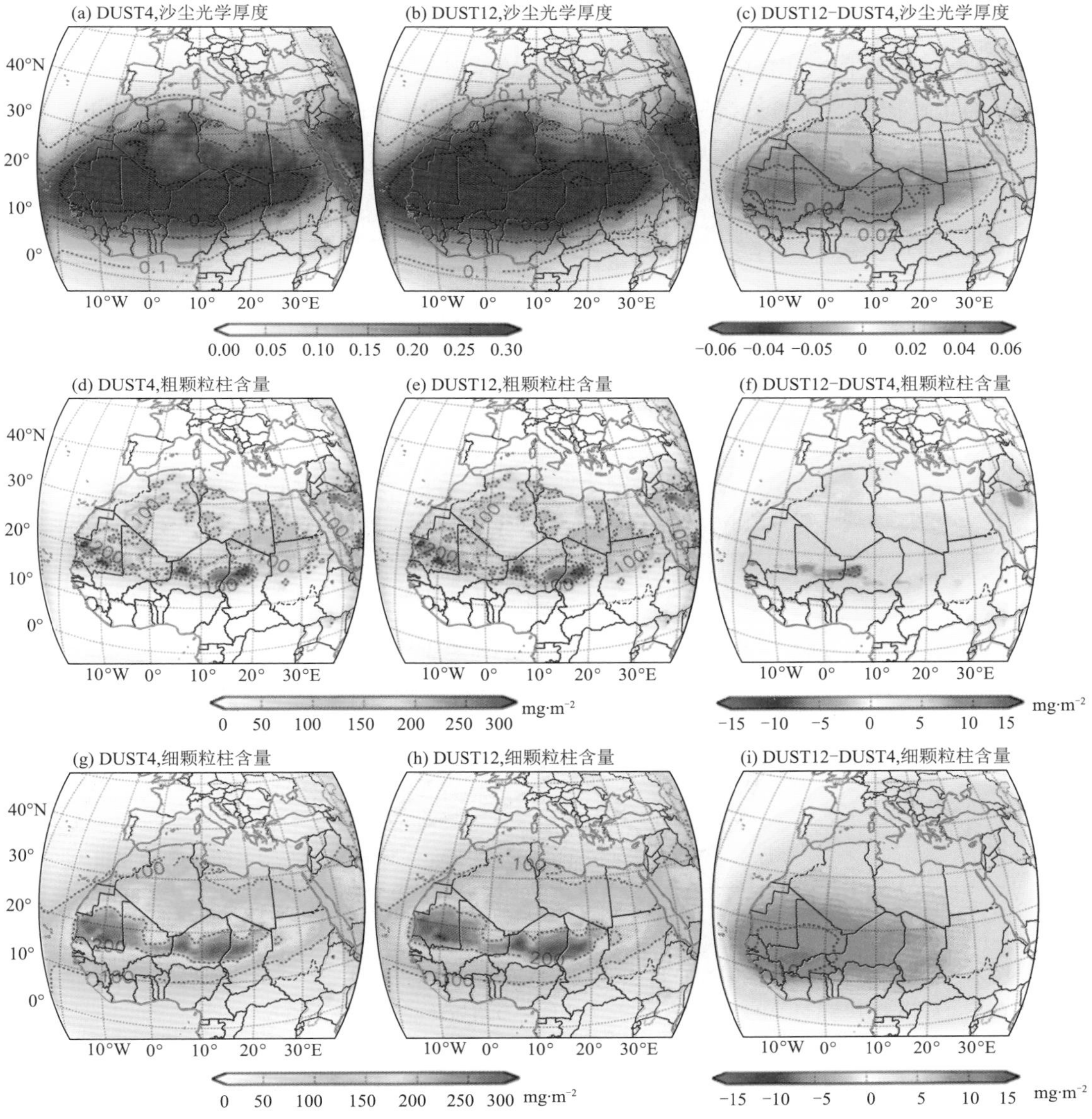

图 4.55　DUST 4 和 DUST 12 试验的沙尘光学厚度和粗(>2.5 μm)、细(<2.5 μm)颗粒柱含量，模拟周期为 2006 年 12 月—2014 年 11 月

沙尘粒径段的分辨率取决于排放的沙尘本身的粒径分布。上述研究已表明，采用 Kok(2011a)沙尘 PSD 后促进了撒哈拉地区 DOD 及其季节变化模拟(Nabat et al.,2012)。然而 Kok(2011a)所使用的 PSD 随沙尘颗粒大小下降非常快，而其他典型的沙尘粒径分布(例如，Alfaro et al.,1998;Zender, 2003)在增大或减小沙尘粒径时，并没有出现这样的急剧下降(Kok, 2011a)，因此，其他 PSD 对分段方法和分段数量更加敏感，将产生更大的沙尘柱含量和 DOD 变化。

图 4.56 显示了 LIVAS、DUST4 和 DUST12 试验的 DOD 结果。在所有子区域，DUST12 相比 DUST4 模拟出更高的 DOD，这归因于 DUST12 中的细颗粒沙尘和粗颗粒沙尘有着更长的生命史。前人的研究(Foret et al.,2006;Menut et al.,2007)发现，沙尘粒径段的划分和数量方面的新方法(本书的 DUST12 试验也采用了这一方法)更真实地模拟了沙尘的输送和干沉降，但并不意味着 DUST12 试验中所有子区域的模拟偏差都会减小。主导和产生沙尘模型一阶偏差的主要因素是排放和沉降之间的平衡(如图 4.49 和图 4.50)，正如 4.4.2.1 节所讨论的，一些正向的 DOD 偏差(例如东撒哈拉)可能是由于低估了沙尘的流出量或局部高估了由地面风速误差产生的排放通量。因此尽管新的沙尘粒径参数化方案在理论上改善了干沉降，但并不一定能改善来自其他过程的偏差。

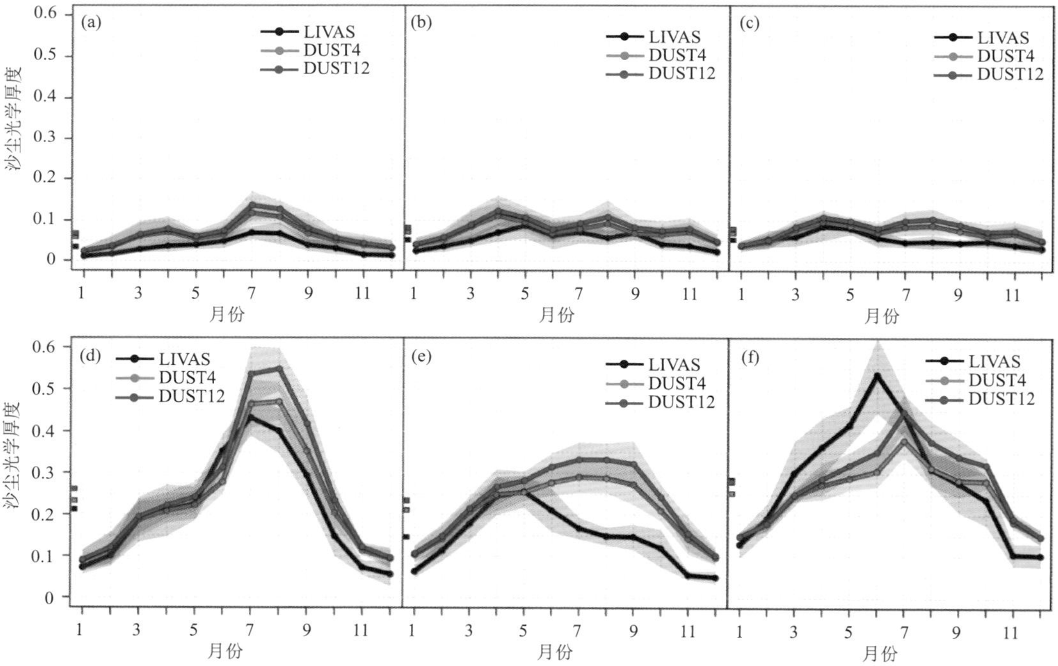

图 4.56 2006 年 12 月—2014 年 11 月期间 LIVAS、DUST4 和 DUST12 试验沙尘光学厚度

(a)西地中海;(b)中地中海;(c)东地中海;(d)西撒哈拉;(e)东撒哈拉;(f)萨赫勒

4.4.3.3 辐射强迫(RF)

沙尘颗粒可以与短波和长波辐射相互作用，对气候产生调整或辐射加热效应(Liao et al., 1998)。利用 RegCM4 模拟的萨赫勒和北大西洋上空的辐射强迫大于 $-5\ W \cdot m^{-2}$(图 4.57a

和 b)。在大多数情况下，沙漠地区的反照率已经非常高，地表反照率并不因悬浮的沙尘而改变，然而接近高沙尘排放源 Bodélé 洼地的位置，可以观察到正的 RF 值。模式中，高空沙尘降低了沙漠本已很高的反照率，在大气层顶部产生一个正的 RF。卫星图像中可看到在 Bodélé 洼地的大乍得古湖沉降层在全新世期间沉积形成的大型硅藻土沉积物具有高反照率值(Bristow et al. ,2010)，有趣的是，RegCM4 模拟到该区域由于高地表反照率值和高排放通量造成的正向辐射强迫，使用 DUST12 的方案则会减小这种正强迫(图 4.57c)。DUST12 试验增强了地中海中部−0.24 W·m^{-2}(10.5%)和地中海东部的−0.18 W·m^{-2}(8.7%)的负辐射强迫。绝对值变化最高的区域位于萨赫勒地区，负辐射强迫变化为−0.41 W·m^{-2}(12.1%)。

对入射太阳辐射进行后向散射和反射的辐射过程是影响全球气候的主要机制。如图 4.57d 和 e 所示，沙尘阻止了到达沙漠表面 20 W·m^{-2}的太阳辐射和地中海地区表面 5～10 W·m^{-2}的太阳辐射。DUST4 和 DUST12 试验之间最大的 RF 绝对差异位于西部非洲 15°～20°N 之间，这里存在两个试验之间最大的细颗粒柱含量差异(图 4.55i)。负的 RF 变化发生在沙尘浓度最持久的区域(图 4.55g 和 h)，沙尘粒径段的变化对远距离跨大西洋输送的影响可能比局地强迫更大。DUST12 和 DUST4 试验(图 4.57f)中地表正辐射强迫的差异来源值得讨论，这与 TOA 的 RF 差异有关。在 DUST12 试验中，Bodélé 洼地上方 TOA 正的 RF 减少，使得到达地表的向下短波辐射减少，因此在这些区域被散射和向下反射的有效辐射较少，并且 DUST12 中的负辐射强迫小于 DUST4，使得试验差异(DUST12−DUST4)是正的。4-bin 方法模拟的短波辐射强迫一定程度尚可接受，然而简化的 4-bin 方法低估了沙尘的直接辐射强迫约 13.7%(−0.29 W·m^{-2})和地表(SRF)的辐射强迫 1.8%(−0.23 W·m^{-2})。

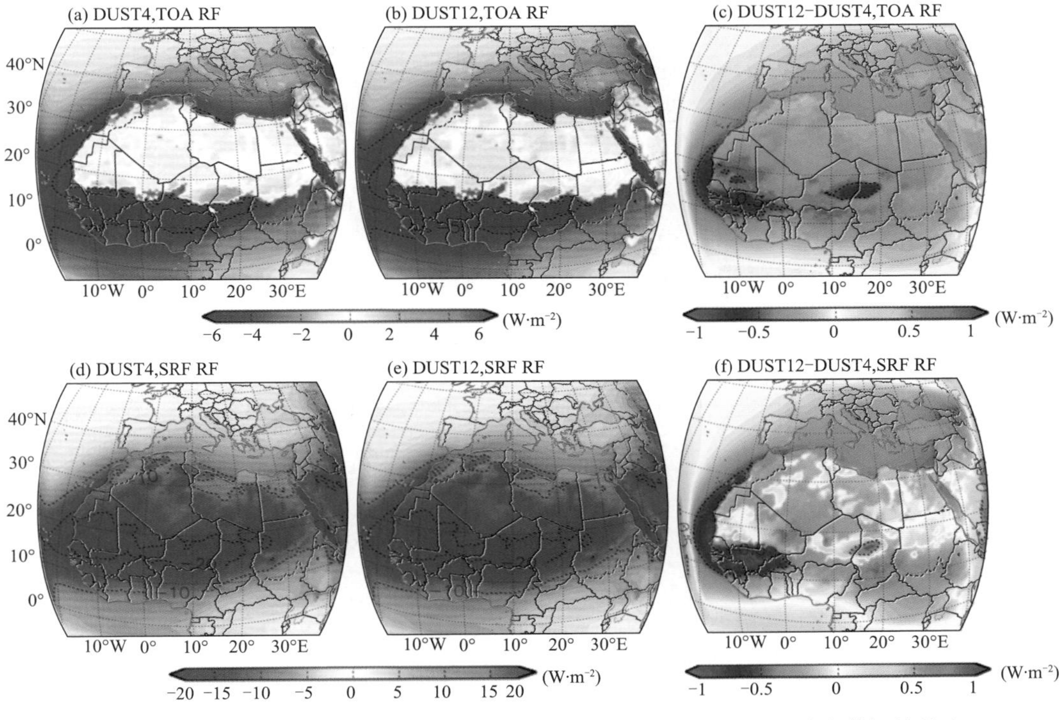

图 4.57　2006 年 12 月—2014 年 11 月大气层顶(上)和地表(下)短波光谱辐射强迫

在长波谱段，沙尘的 RF 总是正的。大气中的粗颗粒沙尘吸收了来自地球向上的长波辐射，并将其重新发射回地表或向上发射到太空。地球的一部分长波辐射被沙尘吸收，限制了到达 TOA 的向上长波辐射的比例，使 RF 为正(图 4.58a 和 b)。一部分吸收的长波辐射被重新发射回地球，增加了地面接收的向下的长波辐射，从而产生正 RF (图 4.58d 和 e)。DUST12 试验在撒哈拉沙漠大部分地区、阿拉伯半岛和中东地区北部将正 RF 增强了 0.1 $W \cdot m^{-2}$(图 4.58c 和 f)。更具体地说，在 TOA，东撒哈拉和西撒哈拉正的辐射强迫分别增加了 0.08 $W \cdot m^{-2}$(6.9%)和 0.07 $W \cdot m^{-2}$(5.9%)，而地中海西部、中部和东部分别增加了 0.02(7.8%)、0.03(7.8%)和 0.04 $W \cdot m^{-2}$(8.3%)(图 4.58c)。在地表，东撒哈拉和西撒哈拉正的辐射强迫分别上升了 0.08(3.0%)和 0.09 $W \cdot m^{-2}$(2.7%)，地中海西部、中部和东部分别上升了 0.9(6.3%)、0.08(4.8%)和 0.9 $W \cdot m^{-2}$(6.5%) (图 4.58f)。两个试验之间短波和长波辐射强迫的差异由每个网格的月数据计算，几乎所有网格点的模拟结果都通过了置信度为 95% t 检验。

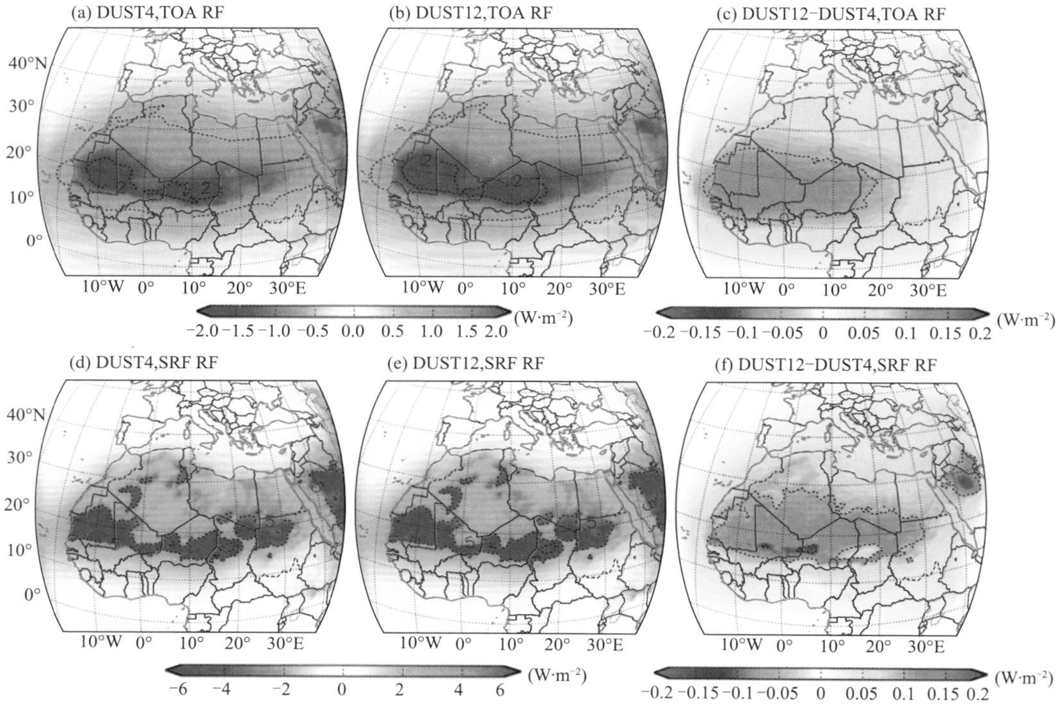

图 4.58　2006 年 12 月—2014 年 11 月大气层顶(上)和地表(下)长波辐射强迫

然而，当前 CCM3 方案的长波谱段中对沙尘光学特性的处理是有限的，并没有考虑到每个沙尘粒径段的比吸收系数。此外，CCM3 方案的长波带集中在 H_2O 和 CO_2 的吸收带，并没有详细地整合长波吸收中气溶胶的部分。因此利用辐射传输方案 RRTM 进行了两个类似的沙尘试验，模拟了 2008 年 6 月的结果，该辐射方案以其详细的长波计算而闻名。值得注意的是，当前版本的 RRTM(+McICA)在辐射场上产生随机噪声，导致 DUST4 和 DUST12 试验的沙尘排放通量并不相同。

4.4.4 主要结论

本书在一个区域气候模式中，模拟了粒径分布对沙尘DOD、总柱含量和辐射强迫的影响。大体上，RegCM4对重要沙尘排放源区如东撒哈拉和西撒哈拉地区的沙尘光学厚度分别高估了0.083(Pbias：63.1 %)和0.043(Pbias：26.2%)，对地中海地区的沙尘光学厚度高估了0.027(Pbias：54.7%)。

在大多数地区，LIVAS的沙尘光学厚度与RegCM4模拟结果有较高相关性。在西地中海地区，RegCM4模拟出了LIVAS观测到的出现在夏季的年最大值，在东地中海地区，RegCM4模拟出了LIVAS的出现在春季的年最大值，但另外还模拟出在夏季的第二个最大值。在西撒哈拉地区，RegCM4模拟的DOD年变化与LIVAS存在较好相关性，但夏季和秋季存在持续的高估。而东撒哈拉地区，RegCM4模拟结果显示春季-夏季出现持续的年最大值，LIVAS观测结果的最大值出现在春季。在萨赫勒地区，模式捕捉到了观测到了出现在夏季的DOD年最大值。

评估了模拟沙尘排放和沉降所需要的过程参数。垂直湍流、水平平流和垂直平流对细颗粒沙尘(D_d<2.5 μm)有较大的负向影响。模拟结果与ERA-Interim的年经向风分量的比较显示，该模式低估了撒哈拉东部的南风，这可能减少了该地区的沙尘外流。此外，沙漠上空超过0.9%风速值的RegCM4和ERA-Interim的平均风速分别为4.93 m·s^{-1}和5.92 m·s^{-1}，表明模式可能高估了沙尘排放通量。与CRU数据集相比，模式高估了萨赫勒地区4月、5月和6月的总降水量，这导致当月地面湿度较高，排放通量降低和湿沉降增强。总的来说，从过程上分析诸多气象驱动因素，如风和降水，从而解释了一些模式的偏差。这些物理过程中的变化与影响气候的辐射特性有关。使用LIVAS观测值评估了模式模拟的沙尘消光系数，发现RegCM4高估了对流层中上层所有子区域的DEX，这可能是因为在沙尘传输的模拟中高估或低估了某些过程(例如沉降)。在西撒哈拉和萨赫勒地区，RegCM4低估了大气5 km以下的DEX，表明模式的排放和沉降过程并不平衡。为期1年的敏感性试验结果表明，PBL混合方案通过减少过度活跃的沙尘混合，可以潜在地改善边界层中沙尘的垂直分布的模拟。

模式中，通过基于等对数方法的4-bin模拟(DUST4)和基于等梯度方法的12-bin模拟(DUST12)，研究了两种不同沙尘粒径段划分方法的影响。与DUST4相比，DUST12将细颗粒和粗颗粒的沉降寿命分别提高了3.5 h和2 min，导致沙尘柱含量增加了4%(细颗粒)和3%(粗颗粒)，从而使沙漠和地中海上空DOD提高约10%。

DUST12模拟的地表负辐射强迫在短波光谱中增强−0.5 W·m^{-2}，而TOA辐射强迫增强几乎达到−1 W·m^{-2}(10%)。两个试验地表辐射强迫负的差异集中在非洲西部，并延伸到大西洋东部，那里几乎是尘羽常年存在的地区。在撒哈拉的大部分地区、阿拉伯半岛的北部和中东地区，DUST12长波试验使地表和TOA的正RF提高了0.1 W·m^{-2}(分别为3%和7%)。尽管辐射传输方案RRTM以其在长波谱段的详细描述而闻名，长波RF变化也可以同样局部为负，使得在撒哈拉上空的空间平均值更小。

总的来说，本书发现两种沙尘粒径段处理之间的DOD、沙尘柱含量和辐射强迫差异相对较小。12-bin等梯度方法更真实地表现了沙尘的沉降和光学特性等物理过程，尽管如此，4-bin等对数方法在数值计算上速度快、效率更高，可以用于长期区域气候模拟。值得注意的是，其他典型的沙尘粒径分布方法可能对粒径分段方法和数量更为敏感，这会对沙尘柱含量、

DOD 和 RF 产生较大的影响。

4.5 欧洲地区生物气溶胶-豚草花粉产率和扩散模拟

4.5.1 研究背景

豚草是一种来自北美且释放大量过敏性花粉的入侵植物，自 20 世纪侵入欧洲以来，引起人群严重的过敏性反应(Pinke et al.，2011)。据 Taramarcaz 等(2005)报道，仅 5～10 粒 • m^{-3} 的浓度就会造成敏感人群的健康问题。豚草开花时间一般在 7—10 月(Kazinczi et al.，2008)，由于风媒授粉机制，每植株可产生数百万的直径为 18～22 μm 花粉粒(Payne，1963)，一旦条件成熟则释放到大气中(Smith et al.，2008；Šikoparija et al.，2013)。为了更好地理解和量化环境变化与豚草花粉的关系及其健康影响，本书发展了一个嵌套的区域气候和花粉模式系统 RegCM-pollen，用来模拟豚草花粉的释放和在大气中的扩散，也可用于研究气候变化和土地利用对豚草分布的影响，如 Hamaoui-Laguel 等(2015)，从而为敏感人群的健康影响评估提供依据。

目前，一些具备空气质量模拟性能的区域模式也考虑了花粉的释放和扩散动力学（如 Sofiev et al.，2006；Skjøth，2009；Zink et al.，2012；Prank et al.，2013；Zhang et al.，2014b)，适合嵌入区域尺度模式的豚草花粉排放模拟方法也得到了相应发展(Skjøth et al.，2010；Chapman et al.，2014)。由于缺少植株地理分布和密度等统计信息，由“自下而上”方法建立植株存在清单对大多数草本过敏源物种如豚草是不实际的，这些物种定量化的栖息分布图通常采用“自上而下”的方法，即通过对其花粉年总量的空间分布、植株生态动力学和详细的土地利用等信息的综合分析来建立(Skjøth et al.，2010；Thibaudon et al.，2014；Karrer et al.，2015)。“欧洲豚草评估、扩散和影响控制计划”(Bullock et al.，2012)发布了一个以植株采样观测为基础的欧洲豚草栖息图，Prank 等(2013)将此清单与气载花粉浓度观测进行校正以更精确地重现豚草分布。结合植株密度采样的假设和花粉浓度观测，Hamaoui-Laguel 等(2015)利用碳/水文/生态动力学模式 ORCHIDEE 和物候模式 PMP，在 Bullock 等(2012)清单基础上绘制了豚草密度分布图，以获得日可释放花粉潜势量。一株豚草每年平均能产生 11.9±1.4 亿粒花粉，但生长季可得到的资源(太阳辐射、水、CO_2 和养分)会改变个体植株的健壮程度并进一步影响其花粉的产率(Rogers et al.，2006；Simard et al.，2011，2012)。Fumanal 等(2007) 研究了自然环境中不同豚草品种个体植株的花粉产率，提出了年花粉产率与始花期植株生物量的定量关系，使得可以通过陆面模式综合考虑花粉产率对各种环境条件的响应。

花粉排放时间可以通过物候和具体物种受短期气象条件影响的花粉释放型态估计(Zink et al.，2013)，豚草是一种短日照夏季植物，种子发芽前需要一段时期的冷催化以打破休眠状态(Willemsen，1975)，发芽后的生长和物候期取决于温度和光周期(Deen et al.，1998a)，日长短于临界值开花启动，受霜冻(Smith et al.，2013)和干旱(Storkey et al.，2014)影响而终止。基于气候和物候期的相关拟合(García-Mozo et al.，2009)或通过生物学机制显式地表达(Chapman et al.，2014)，一些豚草物候模式得以发展起来。机理模式考虑了生长速率对温度、光周期、土壤湿度或应力状态(霜冻、干旱等)的响应，模式大部分基于生长试验，然而当运用于实际条件时，开花的启动需要设置一个标准的日期或固定的日长。从欧洲花粉监测站的数据分析，气载花粉浓度具有一个较强的年际变化和随站点的变化，因此，在对植株生理和物候的局地适应性认识有限的情况下，采用机理模式和相关拟合相结合是较为可行的。

本书基于通用陆面模式(CLM 4.5)框架，设计了一个融合植株分布、物候、花粉产率、开花概率和释放型态等过程的花粉排放方案，结合花粉在大气中的平流输送、湍流扩散和干、湿沉降等过程的考虑，引入区域气候模式 RegCM4，实现在线模拟豚草花粉的产率和大气扩散。将此花粉模式系统 RegCM-pollen 应用于欧洲模式域，为了减小豚草排放清单信息缺乏带来的不确定性，利用气载花粉浓度的观测对植株密度分布进行校正以减小排放估计的不确定性，对模拟性能进行评估并将模式结果应用于 2000—2010 年欧洲豚草花粉健康风险评估，主要研究结果见 Liu 等(2016)。

4.5.2　研究方法

RegCM-pollen 模式发展基于国际理论物理中心的区域气候模式系统 RegCM4，花粉模式框架主要实现：①计算花粉颗粒的年潜势产率和季节排放量；②模拟决定区域花粉浓度有关的输送、沉降等大气过程。其中花粉产率模块嵌入 RegCM 的通用陆面模式 CLM 4.5(Oleson et al.，2013)，花粉输送模块嵌入 RegCM 现有的大气化学传输模块，从而花粉的陆面排放过程实现与 RegCM 的气候、大气化学传输过程的实时在线耦合(图 4.59)。

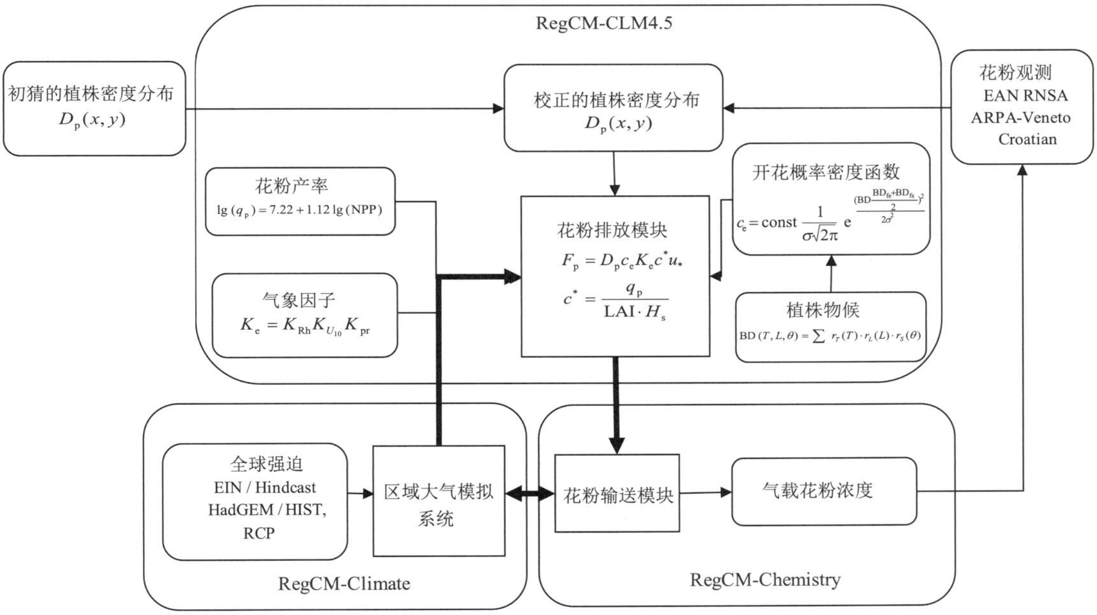

图 4.59　在线的 RegCM-pollen 模式框架下豚草花粉模拟流程

4.5.2.1　观测的花粉浓度

花粉的观测浓度是校正和检验发展的花粉模式的关键。花粉浓度数据由欧洲气源性致敏原监测网(https://ean.polleninfo.eu/Ean/)、附属的国家大气生物监测网 RNSA (France, http://www.pollen.fr)、ARPA-Veneto(Italy, http://www.arpa.veneto.it)、ARPA-FVG 和克罗地亚有关组织如公众健康研究所、"Andrija Štampar"公众健康研究所的环境保护与健康生态发展部和 Velika Gorica 大学提供,数据集覆盖了 44 个观测站 2000—2012 年的日豚草花粉浓度(表 4.3),花粉观测站分布范围在 42.649°~48.300°N 和 0.164°~21.583°E 之间,划分为 4 个片区:法国(FR)、意大利(IT)、德国和瑞士(DE+CH)、中部欧洲(Central EU)包括奥地利、克罗地亚和匈牙利(图 4.60)。豚草花粉采用基于 Hirst(1952)设计的容积孢子捕捉器以进气速度 10 L·min^{-1}收集。对采集的样本用光学显微镜进行花粉粒的识别和计数,国际大气生物学协会推荐样本应按 400×放大率最少 3 个纵向带和最少 12 个横向带或 500 个随机镜像场(Jäger et al., 1995)进行读取,实际的放大倍率和纵向带、横向带、镜像场采样读取在几个国家的监测网有所变化但基本一致(Jato et al., 2006;Skjøth et al., 2010;Sofiev et al., 2015)。虽然一些国家站网也进行小时花粉浓度观测,本书使用的是日花粉浓度观测数据,观测时间段从 2000—2012 年,但一些站点只有部分时段的数据,其中 2000—2010 年的数据用于模式应用和豚草花粉风险评估,2011—2012 年数据用于检验物候模式的花粉季模拟。

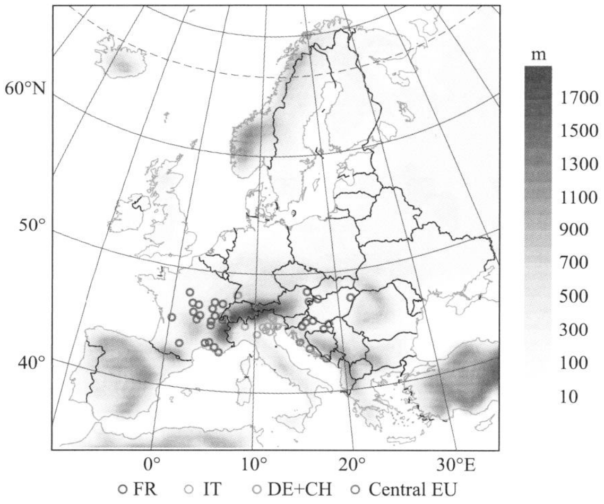

图 4.60　模式域、地形与观测站点

4.5.2.2　模式设置

豚草花粉模拟设置在 35°~70°N、20°W ~ 40°E 的欧洲模式域,水平分辨率为 50 km,从地表至 50 hPa 设 23 个大气层,初始和侧边界大气条件采用 ERA-Interim 的 1.5°空间分辨率 6 h 时间间隔的分析场,使用 NOAA 最优插值法获得的周海表面温度 SSTs 分布。除了 CLM4.5 陆面模式方案外,其余的物理参数化选项分别采用 Holtslag 边界层方案(Holtslag et al., 1990),陆面 Grell(Grell, 1993)海面 Emanuel(Emanuel et al., 1999)对流降水方案,SUB-EX 大尺度降水方案(Pal et al., 2000),semi-Lagrangian 气溶胶和湿度平流方案。模拟周期 2000—2010 年,虽然豚草花粉季是在 7—10 月,为了物候期的模拟,花粉模式系统 RegCM-pollen 仍采取连续计算。为了与观测浓度对比,模拟的花粉浓度时间序列插值到站点并进行日平均处理。

表 4.3　2000—2010 年花粉观测站信息(年总花粉量统计从 7 月 15 日—10 月 31 日,7 月 20 日—9 月 2 日之间有效观测值超过 67%的样本用于确定观测的开始日期,9 月 3 日—10 月 18 日之间有效观测值超过 56%的样本用于确定观测的结束日期)(Liu et al.,2016)

站点	城市	国家代码	经度(°E)	纬度(°N)	资料来源	资料年数(a)	年花粉总量(粒·m^{-3})	观测的花粉季(儒略日)			模拟的花粉季(儒略日)			花粉季模拟 $RMSEs$		
								开始	中值	结束	开始	中值	结束	开始	中值	结束
ATPULL	Oberpull	AT	16.504	47.503	EAN	6	656.0	224	243	268	226	242	264	3.6	8.2	0.0
ATWIEN	Vienna	AT	16.350	48.300	EAN	11	1607.7	227	247	276	230	248	276	7.1	4.3	7.6
CHGENE	Geneva	CH	6.150	46.190	EAN	11	200.0	230	243	264	231	243	270	5.2	2.7	10
CHLAUS	Lausanne	CH	6.640	46.520	EAN	11	96.2	231	238	255	232	238	265	5.8	4.1	5.9
DEFREI	Freiburg	DE	7.866	48.000	EAN	11	24.9	239	240	248	236	237	246	2.0	3.0	7.9
AIX	Aix-en-P	FR	5.442	43.535	RNSA	11	238.8	232	243	260	232	245	258	0.0	0.0	0.7
FRANGO	Angouleme	FR	0.164	45.649	RNSA	4	191.5	234	244	256	234	244	255	6.0	3.4	3.4
FRANNE	Annecy	FR	6.133	45.904	RNSA	6	81.3	226	231	247	227	234	256	0.0	0.0	0.0
FRAVIG	Avignon	FR	4.805	43.920	RNSA	6	361.7	230	242	261	230	242	261	5.5	4.1	6.6
FRBESA	Besancon	FR	6.026	47.241	RNSA	6	53.8	239	242	245	244	247	251	0.0	0.0	0.0
FRBOUB	Bourg en B	FR	5.221	46.210	RNSA	5	593.6	229	241	258	229	240	258	5.1	4.2	5.2
FRBOUR	Bourges	FR	2.396	47.084	RNSA	2	300.0	221	236	263	227	238	267	10.0	0.7	0.7
FRCHAL	Chalon S S	FR	4.845	46.780	RNSA	6	252.6	229	241	256	229	240	257	2.7	3.7	4.1
FRCLER	Clermont-F	FR	3.094	45.759	RNSA	6	251.8	236	244	256	235	243	256	5.8	2.8	5.6
FRDIJO	Dijon	FR	5.066	47.319	RNSA	6	134.7	236	246	255	238	247	257	7.9	1.2	6.1
LYON	Lyon	FR	4.825	45.728	RNSA	11	1528.1	222	240	264	224	242	266	4.0	5.3	5.1
FRMONT	Montlucon	FR	2.606	46.344	RNSA	6	197.4	235	243	257	234	242	256	5.9	3.1	4.9
FRNEVE	Nevers	FR	3.161	46.987	RNSA	6	834.2	225	242	261	226	241	261	2.7	1.9	6.6
FRNIME	Nimes	FR	4.350	43.833	RNSA	6	157.3	236	245	258	236	244	258	2.2	3.3	6.4
FRORLE	Orleans	FR	1.898	47.908	RNSA	3	21.3									
ROUSSILLON	Roussillon	FR	4.812	45.371	RNSA	9	5210.2	221	242	262	223	242	263	3.3	3.1	8.0
TOULON	Toulon	FR	5.978	43.127	RNSA	11	133.6	238	246	251	238	243	254	2.5	2.0	0.0

续表

站点	城市	国家代码	经度(°E)	纬度(°N)	资料来源	资料年数(a)	年花粉总量(粒·m^{-3})	观测的花粉季（儒略日）			模拟的花粉季（儒略日）			花粉季模拟 *RMSEs*		
								开始	中值	结束	开始	中值	结束	开始	中值	结束
FRTOUS	Toulouse	FR	1.454	43.559	RNSA	6	56.2	245	248	256	243	245	254	0.0	0.0	0.0
FRVICH	Vichy	FR	3.434	46.131	RNSA	3	343.0	227	240	259	229	240	261	6.1	2.8	3.7
BJELOVAR	Bjelovar	HR	16.843	45.897	HRTEAM	6	6993.8	221	240	261	222	239	262	2.9	2.5	4.1
DUBROVNIK	Dubrovnik	HR	18.076	42.649	HRTEAM	6	152.8	240	242	257	241	243	265	3.4	2.9	4.3
KARLOVAC	Karlovac	HR	15.542	45.492	HRTEAM	3	5159.0	218	237	256	219	238	260	1.9	1.4	3.8
OSIJEK	Osijek	HR	18.688	45.558	HRTEAM	4	6924.5	218	240	259	219	241	261	3.3	1.7	4.7
SLAVONSKI	Slavonski	HR	18.023	45.154	HRTEAM	3	13964.0	220	240	266	223	242	267	4.2	3.1	8.0
SPLIT	Split	HR	16.299	43.540	HRTEAM	3	281.3	232	249	259	233	254	266	0.7	8.6	5.5
ZADAR	Zadar	HR	15.235	44.107	HRTEAM	4	515.2	232	244	270	234	245	275	3.4	4.1	9.7
HRZAGR	Zagreb	HR	16.000	45.800	EAN	8	4207.5	221	240	262	222	240	263	4.3	1.8	4.5
HUDEBR	Debrecen	HU	21.583	47.533	EAN	11	7275.4	217	240	264	220	240	265	5.0	3.0	8.5
HUGYOR	Györ	HU	17.600	47.667	EAN	11	2976.5	222	241	268	223	242	271	3.3	5.3	9.4
AGORDO	Agordo	IT	12.021	46.284	ARPA-Veneto	3	0.3									
BELLUNO	Belluno	IT	12.200	46.136	ARPA-Veneto	5	1.4									
JESOLO	Jesolo	IT	12.661	45.510	ARPA-Veneto	5	221.6	235	244	262	236	243	264	2.0	2.7	9.8
LEGNAGO	Legnago	IT	11.315	45.185	ARPA-Veneto	5	175.7	231	244	255	231	245	256	1.9	6.2	11.8
ITMAGE	Magenta	IT	8.883	45.466	EAN	4	5584.8	221	242	267	223	244	267	4.0	4.7	6.6
MESTRE	Mestre	IT	12.250	45.480	ARPA-Veneto	5	290.5	234	244	263	234	243	263	5.2	3.4	10.2
ITPARM	Parma	IT	10.310	44.800	EAN	7	244.1	226	240	257	227	240	258	5.7	2.4	6.2
ROVIGO	Rovigo	IT	11.786	45.049	ARPA-Veneto	4	81.0	240	244	250	238	244	250	6.0	3.0	3.5
VERONA	Verona	IT	10.992	45.427	ARPA-Veneto	5	172.4	230	242	255	230	244	257	1.6	6.7	8.3
VICENZA	Vicenza	IT	11.562	45.546	ARPA-Veneto	5	223.1	232	244	260	232	245	262	7.2	4.9	10.8

4.5.2.3　豚草植株密度

豚草地理分布通过 Hamaoui-Laguel 等(2015)(补充材料)讨论的方法获取。在拥有较高观测质量的国家,豚草分布假定与栖息地适应性和入侵率有关。栖息地适应性采用宜栖的土地利用面积比例 $H(x,y)$与 SIRIUS 生态模式(Storkey et al.,2014)计算的气候适应性指数 $\mathrm{CI}(x,y)$之积来衡量。入侵率从 Bullock 等(2012)的 10 km×10 km 格点植株存在密度 $K(x,y)$估计而来,假定每一个(50 km×50 km)RegCM 模式格点上宜栖地呈均匀的分布并且观测员采样时仅调查了宜栖的区域,植株存在的概率即入侵率应正比于 $K(x,y)/25$,但是比起随机搜索,观测员可能更频繁地发现豚草植株,因而实际密度应当低于预计的 $K(x,y)/25$,假定实际入侵率标定为$(K(x,y)/25)^r$,而 $r>1$,r 取 2,最终 50 km 格点上豚草密度 D_p(株·m^{-2})可以从入侵率、宜栖面积和气候适应性指数获得:

$$D_p(x,y)=\mathrm{const}\cdot H(x,y)\cdot \mathrm{CI}(x,y)\cdot\left[\frac{K(x,y)}{25}\right]^r \tag{4.3}$$

式中,const=0.02 为在最适宜栖息地上最大的植株密度(Efstathiou et al.,2011),$H(x,y)$为 CMIP5 土地利用分类的作物和城市的面积百分比例(Hurtt et al.,2006)。对观测质量较低或无存在清单的国家,侦测到的概率使用拥有可信任资料的邻近国家的平均值取代。

4.5.2.4　花粉排放通量的参数化

区域尺度上花粉排放型态取决于植株密度、产率和气象条件。本书花粉排放通量的参数化在 Helbig 等(2004)方案上加以改进。网格点上花粉粒的垂直通量 F_p假设正比于每植株的特征花粉数浓度 c^*(粒·m^{-3}·株$^{-1}$)和局地的摩擦速度 u_*之积,这个潜在的通量进一步受物种有关的开花概率因子 c_e和气象因子调节,最终的经植株密度调整后的通量表达为:

$$F_p=D_p\cdot c_e\cdot K_e\cdot c^*\cdot u_* \tag{4.4}$$

4.5.2.5　花粉产率

与植株花粉产率有关的特征花粉数浓度 c^*表示为:

$$c^*=\frac{q_p}{\mathrm{LAI}\cdot H_s} \tag{4.5}$$

式中,q_p为植株的年花粉产率(粒·株$^{-1}$),LAI=3 为叶面积指数项,$H_s=1$ 为冠层高度(m),后两个参数根据 CLM4.5 模式 C3 草地植被类型的夏季参数确定。

年花粉产率 q_p根据植株生物量估计而来,假定花粉产率与植株干物质即 CLM4.5 模式 C3 草地植被生长季累计净初级生产率 NPP 有关,基于此假定,q_p按照 Fumanal 等(2007)的公式 6 计算。Fumanal 参数化公式综合考虑了花粉产率对影响 C3 植被 NPP 的各种环境条件的响应,如气候变量和大气 CO_2 浓度等,涉及到光合作用、物候、碳/氮在植株不同部位的吸收和分配、生物量转换、垃圾分解和土壤碳/氮动力学等一系列生物物理和生物化学过程。

$$\lg q_p=7.22+1.12\lg(\text{植株干物质量}) \tag{4.6}$$

按照此方案,从成熟植株干物质量估计年总花粉产率需要提前确定,即在花粉模式链启动之前计算,可通过诊断的 NPP 初始场来预运行 RegCM-CLM4.5 获得最终的 NPP 数据集,或者为了减小模拟成本和确保模式移植到其他地理区域,事先计算了全球 C3 草地年累积 NPP 数据集以供参考,可直接插值后引入 RegCM4 的花粉模拟,NPP 数据集是运行通用地球系统模式 CESM1.2(Oleson et al., 2013)的陆面组件 CLM4.5,并启动其中 Biome-BGC 生物化学模式(Thornton et al., 2002,2007)和 CRUNCEP 数据集(Viovy, 2018)强迫计算而来。由此获得的 NPP 虽然没有和 RegCM 模拟的气候完全一致,但也是实际可行的折中处理办法。

4.5.2.6　开花概率密度分布

式(4.4)中 c_e 是一个概率密度函数,描述植株开花和向大气释放花粉的可能性。豚草花序由许多先后抵达花期的小花组成(Payne, 1963)。花季初期,尽管气象条件很有利,也仅有一小部分植株开花,释放的花粉量很少,随时间的演变开花增加直至达到一个最大值,随后开花减少直至花粉季结束。使用一个归一化分布函数 Prank 等 (2013)描述这一动态过程,开花时间概率分布是一个基于累积生物日 BD 和始花累积日 $\mathrm{BD_{fe}}$、末花累积日 BD_{fs} 的高斯型态函数:

$$c_e = \mathrm{const} \cdot \frac{1}{\sigma\sqrt{2\pi}} \cdot \mathrm{e}^{-\frac{(\mathrm{BD}-\frac{\mathrm{BD_{fe}}+\mathrm{BD_{fs}}}{2})^2}{2\sigma^2}} \tag{4.7}$$

式中,const$=20\times10^{-4}$为比例因子,是始花累积日和末花累积日之间的花粉累积量与从 NPP 计算的年总花粉产率 q_p 的调整量,σ 为花期长度的标准偏差,表示为高斯分布的 4 倍标准差 $4\sigma=BD_{fe}-BD_{fs}$,考虑到初霜冻终止豚草开花(Dahl et al., 1999),一旦日最低温度低于 0 ℃概率分布设为零,生物日 BD 的确定详见 4.5.2.7 节。

4.5.2.7　物候和花期定义

(1)生物日

基于生长试验(Deen et al., 2001),Chapman 等(2014)发展了一个机理物候模式,对 Chapman 模式加以修改用于模拟豚草开花的时间,物候模拟采用生物日 BD,从模拟当年春分后日最低温度高于门限值 $T_{\min}$ 的第一天(t_0)开始累积(Chapman et al., 2014),BD 随时间 t 的累积主要取决于以下环境变量:

$$\mathrm{BD}(T,L,\theta) = \int_{t_0} r_T(T) \cdot r_L(L) \cdot r_S(\theta)\mathrm{d}t \tag{4.8}$$

式中,r_T、r_L、r_S 分别为植株生长速率对温度 T、光周期 L 和土壤湿度 θ 的响应 。由此,生物日随着局地气候条件变化,豚草物候发展开花前可分为受不同因子影响的营养生长和生殖生长阶段。营养生长阶段分为种子发芽到出苗期(4.5 BD)、出苗到幼芽期(7.0 BD)(Deen et al., 2001)。种子发芽到出苗期生长速率受温度和土壤湿度影响,而出苗到幼芽期仅受温度影响。从幼芽到始花期是生殖生长时期,需要 13.5 BD 生物日(Deen et al., 2001),主要受温度和光周期影响。营养生长和生殖生长过程假设对温度具有相同的响应,温度响应函数按照 Chapman 等(2014)的基点温度表示为:

$$r_T(T) = \begin{cases} 0 & T < T_{\min} \\ \left[\dfrac{T-T_{\min}}{T_{\mathrm{opt}}-T_{\min}}\left(\dfrac{T_{\max}-T}{T_{\max}-T_{\mathrm{opt}}}\right)^{\frac{T_{\max}-T_{\mathrm{opt}}}{T_{\mathrm{opt}}-T_{\min}}}\right]^c & T_{\min} \leqslant T \leqslant T_{\max} \\ 0 & T > T_{\max} \end{cases} \tag{4.9}$$

式中,$T_{\min}$、T_{opt}、$T_{\max}$ 为最低、最适、最高温度,分别设为 4.88 ℃、30.65 ℃和 42.92 ℃ 。c 为比例因子,取值 1.696,上述参数均从生长试验推导而来。

生长速率对光周期的响应用修改的 Chapman 等(2014)函数公式来表达：

$$r_L(L)=\begin{cases}e^{(L-14.0)\ln(1-L_s)} & L \geqslant 14.0\\ 1 & L<14.0\end{cases} \tag{4.10}$$

式中，L 为日长，用小时来表达。当日长大于门限值 14.0 h(Deen et al.，1998b)时，光周期响应延迟植株生长，L_s 是一个在 0 与 1 之间变动的光周期敏感参数，控制着生长延迟量，可根据豚草物候对局地生态条件适应性的敏感性测试来确定。光周期的影响假定从幼芽期后的生殖生长开始。

生长速率对土壤湿度的响应 r_S 假定发生在种子发芽到出苗期，类似于 MEGAN 模式(Guenther et al.，2012)中反映土壤湿度影响生物排放的活动因子，使用一个线性函数来表示 r_S：

$$r_S(\theta)=\begin{cases}0 & \theta<\theta_w\\ \dfrac{\theta-\theta_w}{\theta_{opt}-\theta_w} & \theta_w \leqslant \theta \leqslant \theta_1\\ 1 & \theta>\theta_1\end{cases} \tag{4.11}$$

式中，θ 为土壤体积含水量($m^3 \cdot m^{-3}$)，θ_w($m^3 \cdot m^{-3}$)为凋萎点(土壤湿度低于此植株不能从土壤吸收水分)，θ_{opt}($=\theta_w+0.1$，$m^3 \cdot m^{-3}$)为种子埋藏区域生长速率达到最大的土壤最适含水量(Deen et al.，2001)。

按照式(4.8)的物候模式，理论上总共需要累积 25 BD 达到始花累积日 BD_{fs} 的花粉季开始日期。然而由于模式依赖的是试验控制条件下的参数，切换到自然环境中很难直接地计算出实际的 BD_{fs}。而且模式本身也无法计算出式(4.7)所需的先验的末花累积日 BD_{fe}，但模式又必须依靠生物日 BD 来表示物候随季节的演变，因此只能采用花粉的观测来限制从而确定出始花累积日和末花累积日。

(2)开花季日期

有几种方法如 Jato 等(2006)所列，可以从观测到的花粉浓度确定出花粉季，应用得较普遍的定义是年总花粉累积量达到一定百分比的日期，另外也用花粉浓度超过某一具体数的开始和结束日期来定义。分析观测到花粉的时间分布，一些样本中花粉的开始和结束日期往往拖得较长，特别是在花粉浓度有一点但不太大的一些站点，这使得定义的花粉季相当不精确，虽然在通常有较高的年花粉总量的地区花粉季可以确定得较好。因此，根据 44 个观测站数据，本书对花粉季定义为当达到 2.5% 的年总花粉量后在一周的时间窗里有连续 3 天花粉浓度超过 5 粒 · m^{-3} 的第一天为始花期；当达到 97.5% 的年总花粉量前，在一周的时间窗里有连续 3 天花粉浓度超过 5 粒 · m^{-3} 的最后一天为末花期，其中 5 粒 · m^{-3} 被认为是引起健康风险的最低浓度。花粉季中期则简单定义为年总花粉量达到 50% 的日期。使用 Kriging 法将确定站点花粉季日期空间插值到模式域上，每个格点的始花累积日 BD_{fs} 和中期累积日 BD_{fm} 采用物候模拟的方法来确定，分别将生物日累积至上述定义的始花日期和花粉季中期得出，末花累积日根据式(4.7)采用 $2BD_{fm}-BD_{fs}$ 计算而出。这一方法再次需要预先运行 RegCM4/CLM4.5 以输出生物日 BD 与每年观测的花粉季日期进行匹配，完成后格点的 BD_{fs} 和 BD_{fe} 则可用其逐年的平均值取代，用于集成的花粉链模式模拟。

4.5.2.8 瞬时释放因子

式(4.4)中,K_e因子解释了气象条件对花粉通量的短期调节作用,按照 Sofiev 等(2013),K_e是一个风速、相对湿度和降水量的函数,由 RegCM-CLM45 实时计算而出:

$$K_e = \frac{h_{max} - h}{h_{max} - h_{min}} \left[f_{max} - \exp\left(-\frac{U + w_*}{U_{satur}}\right) \right] \frac{p_{max} - p}{p_{max} - p_{min}} \tag{4.12}$$

式中,h 和 p 为相对湿度(%)和降水量($mm \cdot h^{-1}$),低于其门限值(h_{min},p_{min})不影响释放量,高于上限值花粉释放完全受到抑制。U 是与 RegCM 的诊断风和地面粗糙度关联的 10 m 活动风速($m \cdot s^{-1}$),w_* 为对流速度尺度($m \cdot s^{-1}$),U_{satur}为饱和风速($m \cdot s^{-1}$),f_{max}为能贡献释放率的最大风速,这些门限值的定义详见 Sofiev 等(2013)。

4.5.3 模式应用和评估

经过上述过程搭建的花粉模式系统 RegCM-pollen 考虑了花粉排放和输送动力学,其中花粉排放与陆面模式 CLM 4.5 耦合,花粉输送作为 RegCM 的大气化学传输模块的一部分,由于气候、陆面过程和化学组件是同步耦合在 RegCM 的框架下,使得花粉的成熟、释放和扩散能动态地响应关键环境因子如温度、光周期、土壤湿度、降水、相对湿度、湍流、风等的变化,通过花粉产率与 NPP 的关联,其他与环境和气候有关的因子如大气 CO_2 浓度也考虑进来。但豚草物候的参数化是基于生长控制试验,需要观测的调整使花粉季的模拟更符合欧洲实际情况,同样上述豚草植株的空间分布也是一个非常粗略的估计,需要一个校正过程来调整。以下介绍的校正过程使用了所有站点 10 年尺度的平均花粉量进行。

4.5.3.1 初猜模拟和豚草植株密度校正

采用 4.5.2.3 节描述的初猜豚草密度分布进行第一步模拟,如图 4.61a 所示,初猜密度图显示高值分布在法国东南部、比荷卢国家和中部欧洲。结合浓度场与观测进行对比发现,用初猜密度图获得的模拟浓度场在法国、瑞士和德国普遍有所高估,在部分中部欧洲有所低估,在意大利和克罗地亚的一些站点具有相同量级(图 4.62a),显著的偏差大部分来源于初猜密度分布的估计,通过调整初猜密度分布进行模拟校正以减小这些偏差,在每个站点,校正系数通过限制模拟的 11 年(2000—2010 年)平均花粉浓度与 11 年(2000—2010 年)平均观测的浓度差在容许值范围内并使得年均方根误差(RMSE)最小而获得,每站的校正系数用普通 Kriging 方法插值到模式域上,然后用校正的密度分布进行一个校正模拟并反复迭代,经过 3 次迭代后,年总花粉量的整体相关系数从 0.23 增加到 0.98,并且各站相关系数集中于 1∶1 线(图 4.62b)。

校正后的豚草密度分布图(图 4.61 b)显示,较高的密度值分布在中部欧洲的匈牙利、塞尔维亚,波斯尼亚、黑塞哥维那等地以及克罗地亚与罗马尼亚西部、意大利北部、法国西部、荷兰南部和比利时北部,整个网格点上校正调整比例因子范围为 0.1~4.4,平均值为 0.98。

利用校正后的豚草分布图获得的 2000—2010 年平均花粉排放通量可达 1×10^8 粒 · m^{-2}(图 4.63),通量整体上与密度分布图一致,高值分布在中部欧洲、意大利北部、法国西部、荷兰南部和比利时北部。整个模式域年总花粉数浓度平均可达 242 粒 · m^{-3},最高超过 20000 粒 · m^{-3},最高花粉浓度出现在中部欧洲潘诺尼亚平原,意大利北部、法国西部、荷兰南部和比利时北部也呈现出较高浓度,潘诺尼亚平原常年弱天气尺度的通风条件也有利于区域花粉积累贡献其最高浓度。

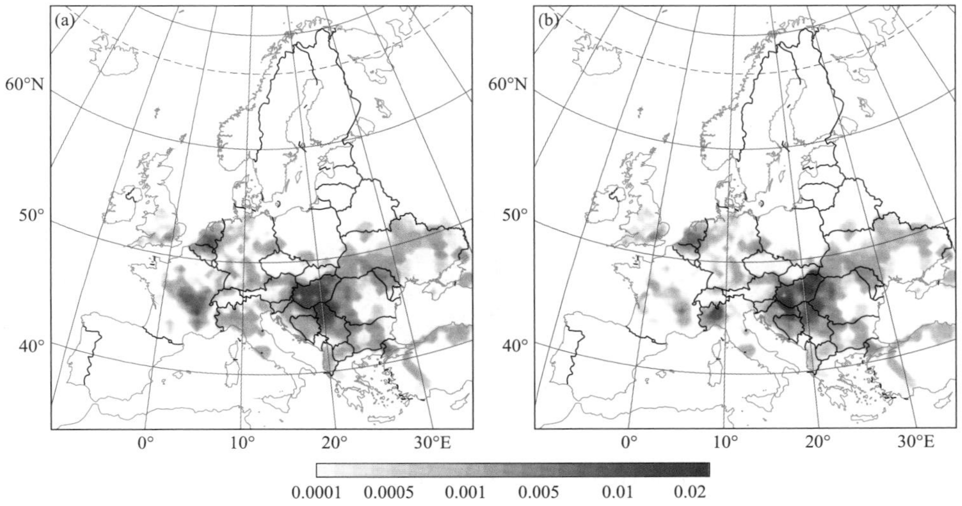

图 4.61　初猜(a)和校正(b)的豚草植株密度(单位：株·m^{-2})分布

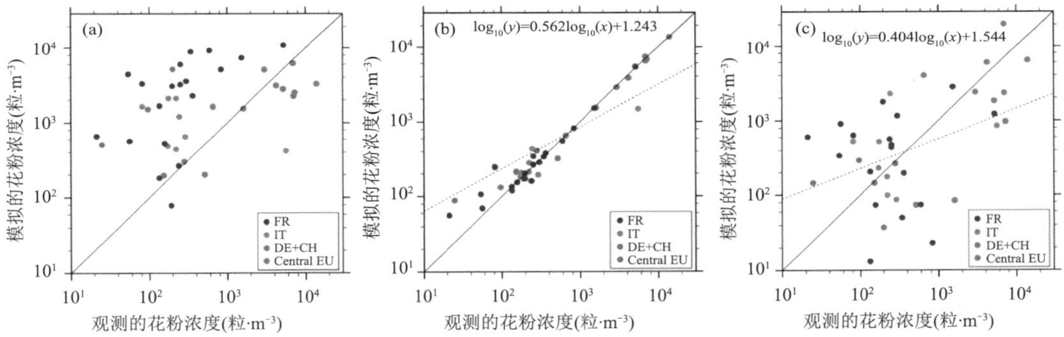

图 4.62　站点 2000—2010 年豚草平均花粉年总量

(a)初猜模拟与观测值对比；(b)校正模拟与观测值对比；(c)检验模拟与观测值对比

为了估计模拟误差和校正对站点个体的敏感性，进行了一个 5 重横向检验，即 44 个站点随机地分成 5 组，分别进行 5 个校正试验模拟，每次模拟剩下一组站点作为检验，5 个检验组组合起来用于评估最后的模拟性能。采用此方法获得的模式检验的 Pearson 相关系数为 0.54、归一化均方根误差(RESM)为 21％(图 4.62c)，这比用全部站点数据来做校正效果偏低，尤其表现在突出于周围浓度特别高的少数站点如 ITMAGE 和 ROUSSILLON，其校正对检验结果的影响较大。比较本书的横向检验(每次剩下 8 至 9 个站点)与另外 3 篇有关于估计潘诺尼亚平原、法国和奥地利豚草花粉的文章(Skjøth et al.，2010；Thibaudon et al.，2014；Karrer et al.，2015)，其横向检验(每次剩下 1 个站点)结果相应的相关系数分别为 0.37、0.25 和 0.63，RESM 分别为 25％、16％和 3％，本书的结果在此范围内，不过，在缺乏足够站点覆盖使校正不能进行的区域需要小心使用。

值得注意的是，通过校正，其他系统性来源可能影响模式链的误差也很有可能隐含地被校正了，导致不良的误差补偿问题。然而，通过另外的测试模拟，如变动模式的动力边界条件，表明相对于豚草密度分布，其余变化对花粉模式性能的影响相当小。

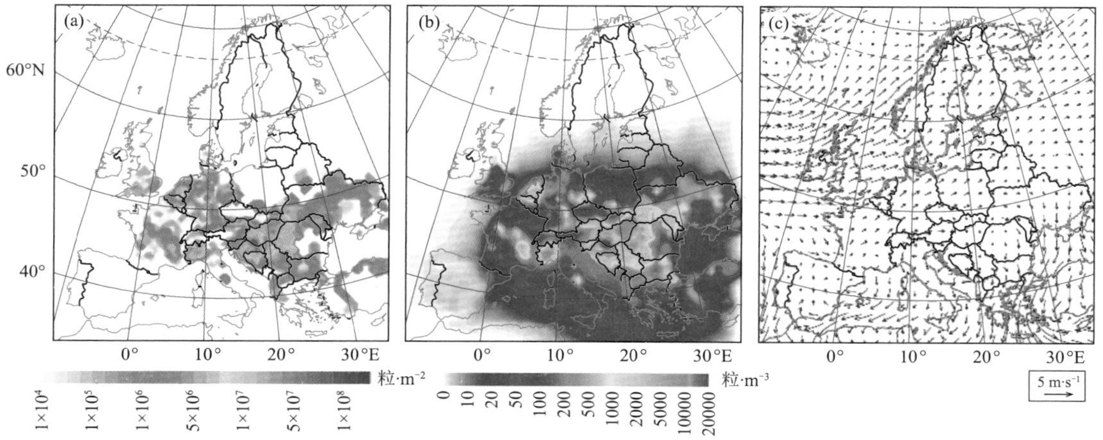

图 4.63　2000—2010 年平均年花粉排放通量(a)、平均年总花粉数(b)和 8—10 月平均风场分布(c)

4.5.3.2　花粉季的模拟

对模拟的花粉季开始日期、中值日期和结束日期进行 2000—2010 年平均，如图 4.64 所示，在温度、日长和土壤湿度的综合影响下，花粉季总体表现为一个从南至北从低海拔至高海拔正的梯度分布。开始日期变动在 7 月 21 日—9 月 8 日之间，中部欧洲源区开花早于西部和北部源区；中值日期陆续在 8 月 1 日—9 月 27 日之间抵达，中部源区和西部源区没有明显的差距；结束日期在中部欧洲晚于西部源区；花粉季在中部欧洲源区最长。

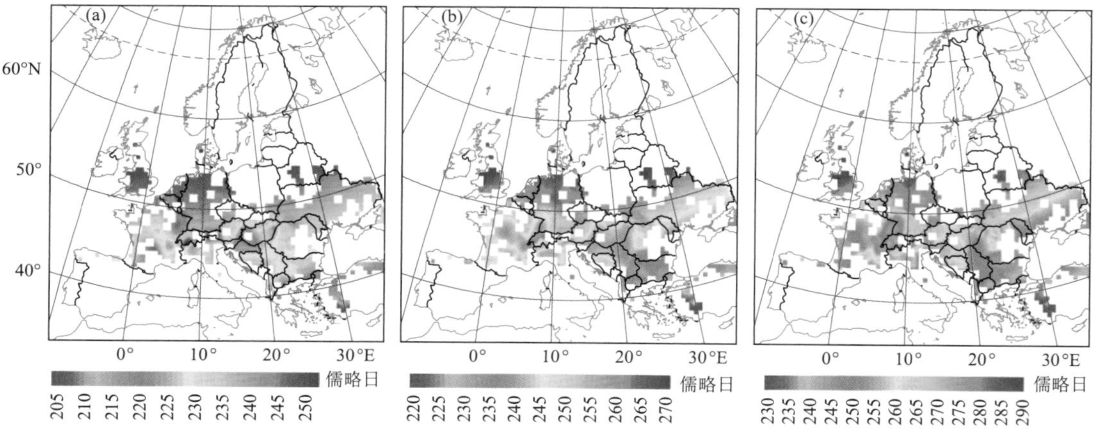

图 4.64　2000—2010 年平均花粉季

(a)花粉开始日期；(b)花粉中值日期；(c)花粉结束日期

图 4.65 展示了模拟和观测的豚草花粉开始、中期、结束日期的相关统计情况。模式对开始和中值日期的模拟要好于结束日期，拟合优度检验表明模式分别解译到了 68.6%、39.2% 和 34.3%的观测的开始、中期、结束日期方差 R，均方根误差 RESM 分别为 4.7、3.9 和 7.0 日。模式对中心源区的花粉季再现相当理想(图 4.66)，模拟和观测的花粉季日期差异小于 3

日，RESM 小于 6 日。在豚草存在较少的区域模拟结果的变动较大，对大部分站点的开始和中值日期的模拟效果仍然较好，而结束日期差异较大，在一些站点模拟与观测日期相差达 6～10 日，RESM 大于 8～12 日。这可能与零星的豚草植株分布和花粉的长距离输送有关，长距离输送的花粉常被认为是局地产生的花粉，从而影响花粉季的确定，另外一些站点在花粉季结束前过早地停止观测也是导致结束日期模拟精度较低的原因。

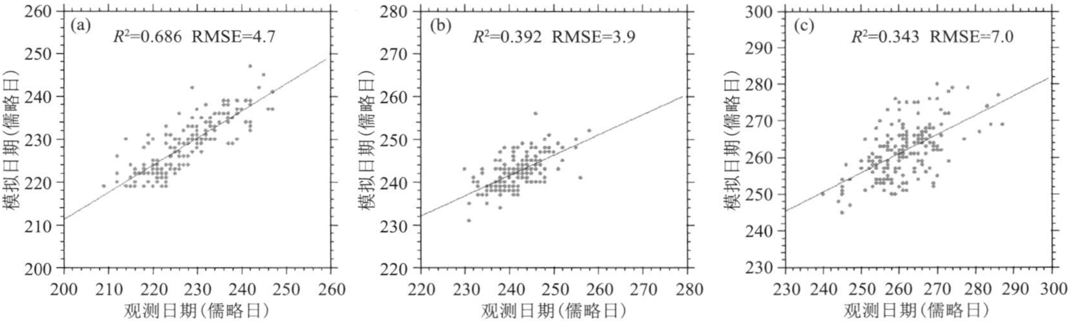

图 4.65　模拟和观测的 2000—2010 年花粉季统计相关情况

(a)花粉开始日期对比；(b)花粉中值日期对比；(c)花粉结束日期对比

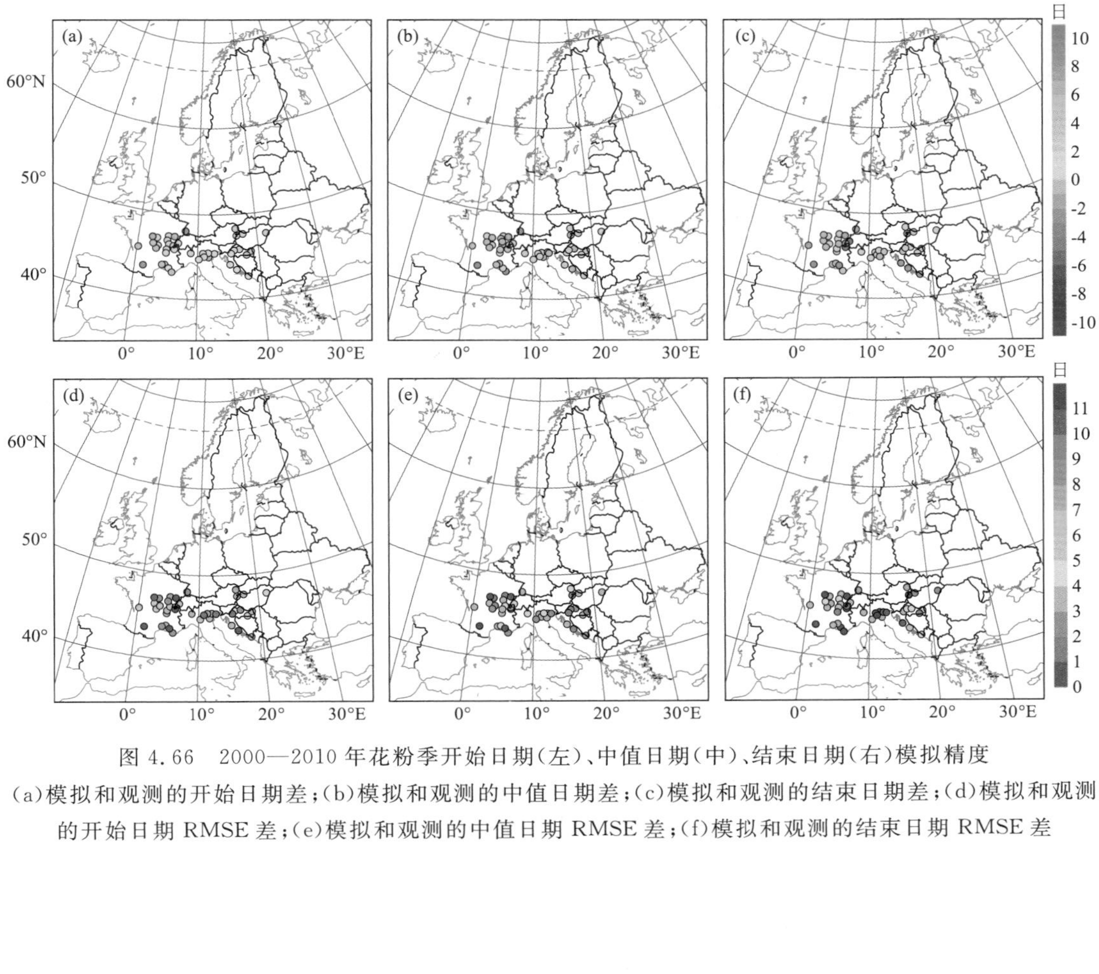

图 4.66　2000—2010 年花粉季开始日期(左)、中值日期(中)、结束日期(右)模拟精度

(a)模拟和观测的开始日期差；(b)模拟和观测的中值日期差；(c)模拟和观测的结束日期差；(d)模拟和观测的开始日期 RMSE 差；(e)模拟和观测的中值日期 RMSE 差；(f)模拟和观测的结束日期 RMSE 差

利用2011—2012年的观测的花粉日期进一步对物候模式进行测试(表4.4)。尽管相关程度有所降低,但是两年的开始日期和2012年的结束日期模拟的仍较好,其解释方差分别为38.5%、28.7%和26.1%,模式没能预测2011年的中值日期,然而RMSE显示预报误差两年都控制得较好,所有日期拟合和预报的RMSE差异在1.6日以内,表明模式性能的衰减对花粉季预报的影响是有限的,采用更多年份的观测来拟合会促进拟合的始花累积日BD_{fs}和中期累积日BD_{fm}等门限值的稳健性,从而进一步促进豚草物候模式。

表4.4　拟合时段(2000—2010年)和预报时段(2011、2012年)模拟和观测的豚草花粉季统计相关情况

时段(年份)	解释方差(%)			RMSE		
	开始	中值	结束	开始	中值	结束
2000—2010	68.6	39.2	34.3	4.7	3.9	7.0
2011	38.5	0.03	14.4	6.2	5.0	8.0
2012	28.7	48.0	26.1	6.3	3.4	8.2

4.5.3.3　模式性能和评估

采用模拟和观测的2000—2010年气载花粉浓度对模式性能进行评估。泰勒图4.67显示了2000—2010年模拟和观测值在时间和空间相关、标准偏差和均方根误差RMSE方面的情况。相关统计以日、年和11年总时段的不同时间尺度给出,分析的变量包括日浓度,年花粉浓度的总量、平均值、最大值,11年平均花粉浓度的总量、平均值、最大值。图中对标准偏差和RMSE按相应的时空频率用观测的标准差进行了归一化处理,观测值由图中的OBS点表示,特定变量越接近参考点OBS,表明模式在此方面的性能越好,如图4.67所示。

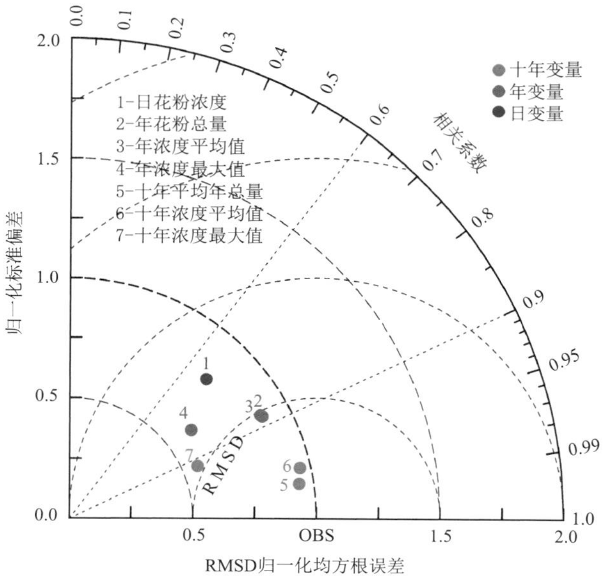

图4.67　2000—2010年模拟和观测的花粉浓度值归一化泰勒图:空间和时间相关系数、标准差和均方根误差

当变化纯粹与空间有关如 11 年平均浓度模拟模式性能很好，表现为点 5 和 6 最接近 OBS，意味着通过校正过程其不确定性已大大减小。然而模式对浓度最大值的模拟不如总量和平均值表现得好，趋向于低估测得的空间标准差，如图中 11 年平均的最大值点 7 和年的最大值点 4。当变化与空间和时间均有关时，模式表现得也较好，如反映各个站点花粉浓度年际变化的年统计量，其相关系数均超过 0.8，年总量、平均和最大值的归一化标准差分别为 0.89、0.88 和 0.61。在站点日浓度的模拟方面，整体的时间-空间相关系数达 0.69，标准偏差量为 0.80。

日变化的模拟无疑是最困难的，但同时也是与健康影响最有关联的，为了进一步分析日变化的模拟情况，对模式性能分别采用离散的和类型统计指示因子(如 Zhang et al.，2012e)进行评估。本书离散的指示因子考虑了相关系数、归一化平均偏差因子(NMBF)、归一化平均误差因子(NMEF)、平均分数偏差(MFB)和平均分数误差(MFE)。Yu 等(2006) 提出 NMBF≤±0.25和 NMEF≤0.35 是模式性能良好的判据。Boylan 等(2006)推荐 MFB≤±0.30 和 MFE≤±0.50 作为颗粒物污染模拟性能良好的判据，而 MFB≤±0.60 和 MFE≤±0.75 作为性能可接受的判据。在欧洲模拟区域内对每站日花粉浓度时间序列进行模式性能指示因子计算(表 4.5)，整个模拟区域的 NMBF、NMEF、MFB、MFE 平均值分别为 −0.11、0.83、−0.15、−0.31，按照上述判据，除了 NMEF 外其余指示因子均在性能良好的范围内。根据 NMBF 指示，整个模式域花粉浓度被低估 1.11 倍，NMEF 作为绝对总体误差的衡量因子，表示模拟和观测值偏差的分布，虽然呈现出较大的误差 0.83，但仍然与业务化的空气质量模式(Yu et al.，2006；Zhang et al.，2006)的性能值相当。

表 4.5　2000—2010 年日平均浓度模拟的模式性能

离散统计指示因子	值		
归一化平均偏差因子	−0.11		
归一化平均误差因子	0.83		
平均分数偏差	−0.15		
平均分数误差	−0.31		
相关系数	0.69		
类型统计指示因子(%)	门限值(粒·m^{-3})		
	5	20	50
命中率	67.9	73.3	74.3
误警率	33.3	31.9	32.2

相关系数、NMBF、NMEF 的空间分布如图 4.68 所示，模拟和观测的日时间序列相关系数在中部欧洲源区高于 0.6～0.7，在意大利北部和法国东部大部分地区高于 0.5～0.6，而在没有较强局地排放源的地区相关性较低，这些地区大部分观测到的花粉可能来源于长距离输送或零星的豚草植株。总计 56.8%的站点 NMBF 在±0.25、79.5%的站点 NMBF 在±0.50 范围，在中部欧洲和法国东部源区，几乎所有的站点 NMBF 在±0.25 范围，在意大利北部，模式高估了日花粉浓度 1.25～2.0 倍(除了 ITMAGE 站)。低估和高估均会同时发生在临近站点，说明模式 50 km 的分辨率很难模拟出局地或零星的花粉源。中部欧洲源区能够获得更好的模式性能，绝大部分 NMEF 在 1.0 范围内，在法国模式性能降低，大部分站点 NMEF 在 1.2

范围，在意大利北部 NMEF 值往往高于 1.2，整体上 51.4%的站点 NMEF 在 1.0 范围，79.5%的站点在 1.4 范围。

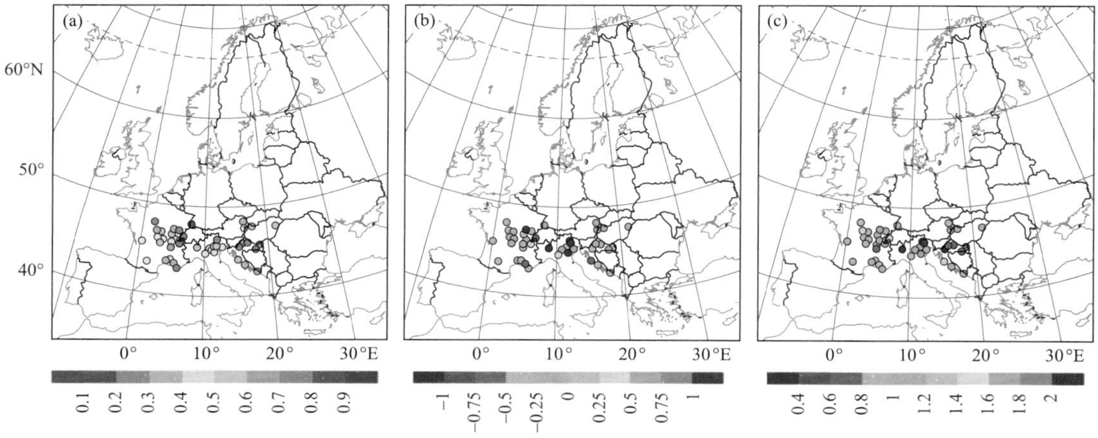

图 4.68　模拟和观测的日花粉浓度统计相关量

(a)相关系数；(b)归一化平均偏差因子；(c)归一化平均误差因子

按照门限值 5、20 和 50 粒·m^{-3}对花粉浓度值模拟进行类型统计评估，计算整个模拟周期日时间序列的命中率（正确模拟到超过数与观测到的所有超过数之比）和误警率（错误模拟的超过数与所有模拟的超过数之比）。在整个模式域，超过上述门限值的命中率分别为 67.9%、73.3%、74.3%，误警率分别为 33.3%、31.9%、32.2%，模式对高门限值的超过数模拟表现得更好，对低门限的超过数模拟误警率更高。如图 4.69 所示，模式性能具有较大的地区差异，在中部欧洲源区，对中等和高门限值超过数的正确预报往往超过 80%，对低和中等门限值超过数误警率大约在 10%左右，高门限超过数误警率在 20%左右。模式性能在法国和意大利北部有所降低，对低和中等门限值超过数的正确预报在 50%～70%之间，但误警率较高，尤其在中等门限值情况下。

4.5.3.4　豚草花粉分布与风险评估

经过上述植株密度分布校正和模式评估后，从校正的模拟结果可以划分出花粉风险区域，风险的定义参考健康有关的门限值。首先考虑引起过敏反应的最小花粉浓度，此门限值通常基于短期暴露在花粉环境下的试验，然后外推到日平均浓度来定义日健康门限值。然而尚不清楚，短期暴露在较大的花粉浓度下是否与更长的时间段吸入更少的花粉量具有同等作用的剂量，而且这些门限值在不同的地区随种族变化很大，Oswalt 等（2008）估计日门限值可能的范围为 5～20 粒·m^{-3}每日，少量的敏感人群低至 1～2 粒·m^{-3}每日就可以受到影响（Bullock et al.，2012）。

在此基础上，对模拟的浓度进行后处理生成日平均浓度，从日平均浓度选出月和年的最大浓度生成豚草花粉风险印痕，年和月的最大浓度进一步平均处理到 10 年尺度（2000—2010 年）以进行风险评估（见图 4.70 和图 4.71）。将风险划分成 16 个等级，以体现不同国家和地区使用的健康有关门限值的范围（如 Bullock 等（2012）的表 4.3）。不同风险等级的格点数列于表 4.6，下面选择一些代表性的风险等级加以讨论。从豚草传播风险的年印痕图看，模式域

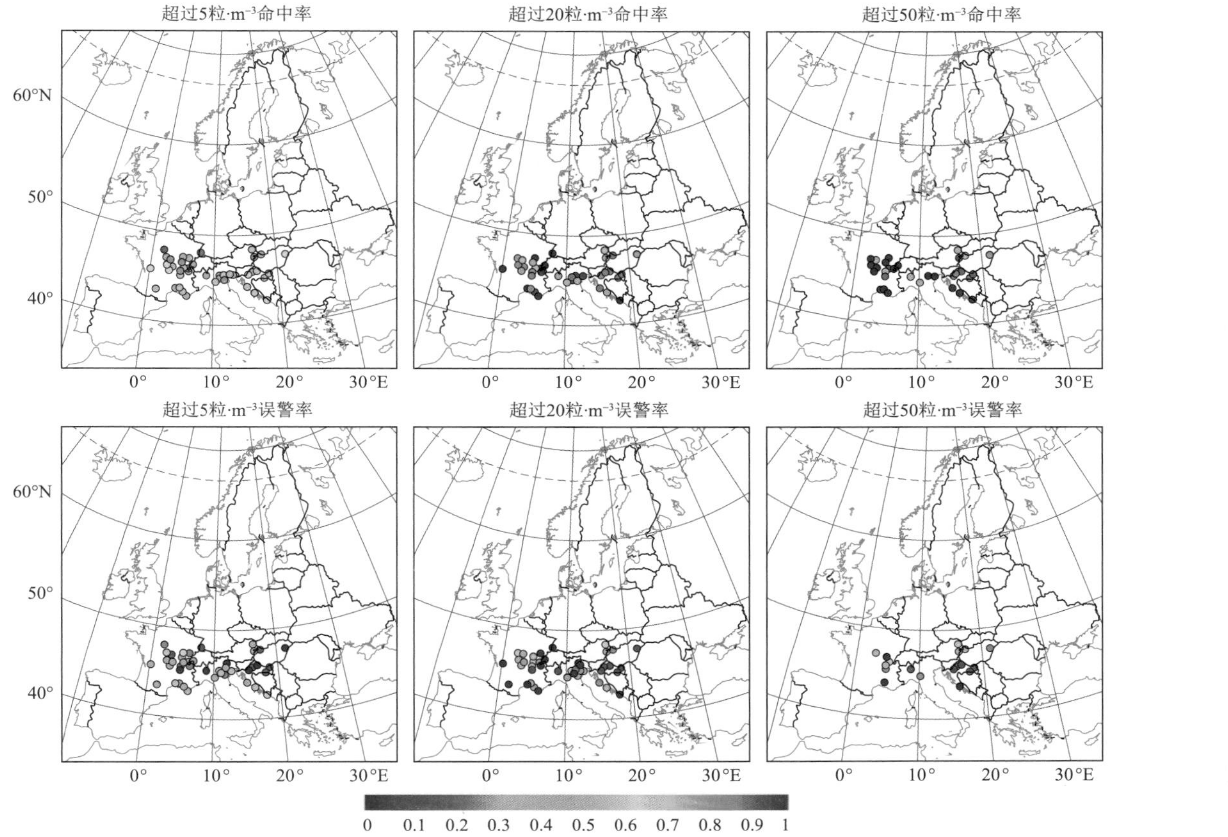

图 4.69　超过门限值 5(左)、20(中)和 50(右)粒 · m^{-3} 的花粉浓度模拟类型统计量

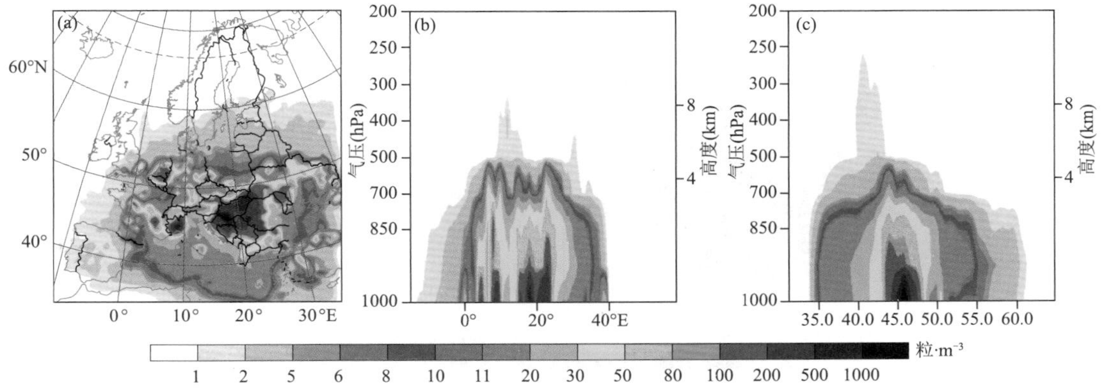

图 4.70　年的最大浓度生成的豚草花粉风险(2000—2010 年平均)
(a)地面年印痕;(b)45.4°N 垂直方向年印痕;(c)18.0°E 垂直方向年印痕

浓度≥1 粒 · m^{-3} 的面积大约占 50.3%,平均为 23.7 粒 · m^{-3},由于长距离的输送,风险区从欧洲大陆延伸到海面;浓度为 1～5 粒 · m^{-3} 的最低风险区位于海面和远离源区上风向的一些国家,如西班牙、英国、波兰、白俄罗斯和拉脱维亚;浓度为 5～20 粒 · m^{-3} 的低风险区在源区

周围和地中海上，面积约 18.2%；浓度为 20～50 粒·m^{-3}的中等风险区接近于源区，面积约 6.1%；最严重的区域浓度 ≥50 粒·m^{-3}集中在主源区，面积占 5.2%。

时间上，花粉风险取决于季节的变化(图 4.71)，八月通常是对年的风险贡献最大的月份，其平均浓度为 25.6 粒·m^{-3}，然而在一些北部地区如比利时和德国，最大的风险发生在 9 月，整体上 9 月仍然具有 18.9 粒·m^{-3}的较高浓度水平，10 月和 7 月的风险较小，逐月的花粉浓度不同风险等级的百分比面积见表 4.6。

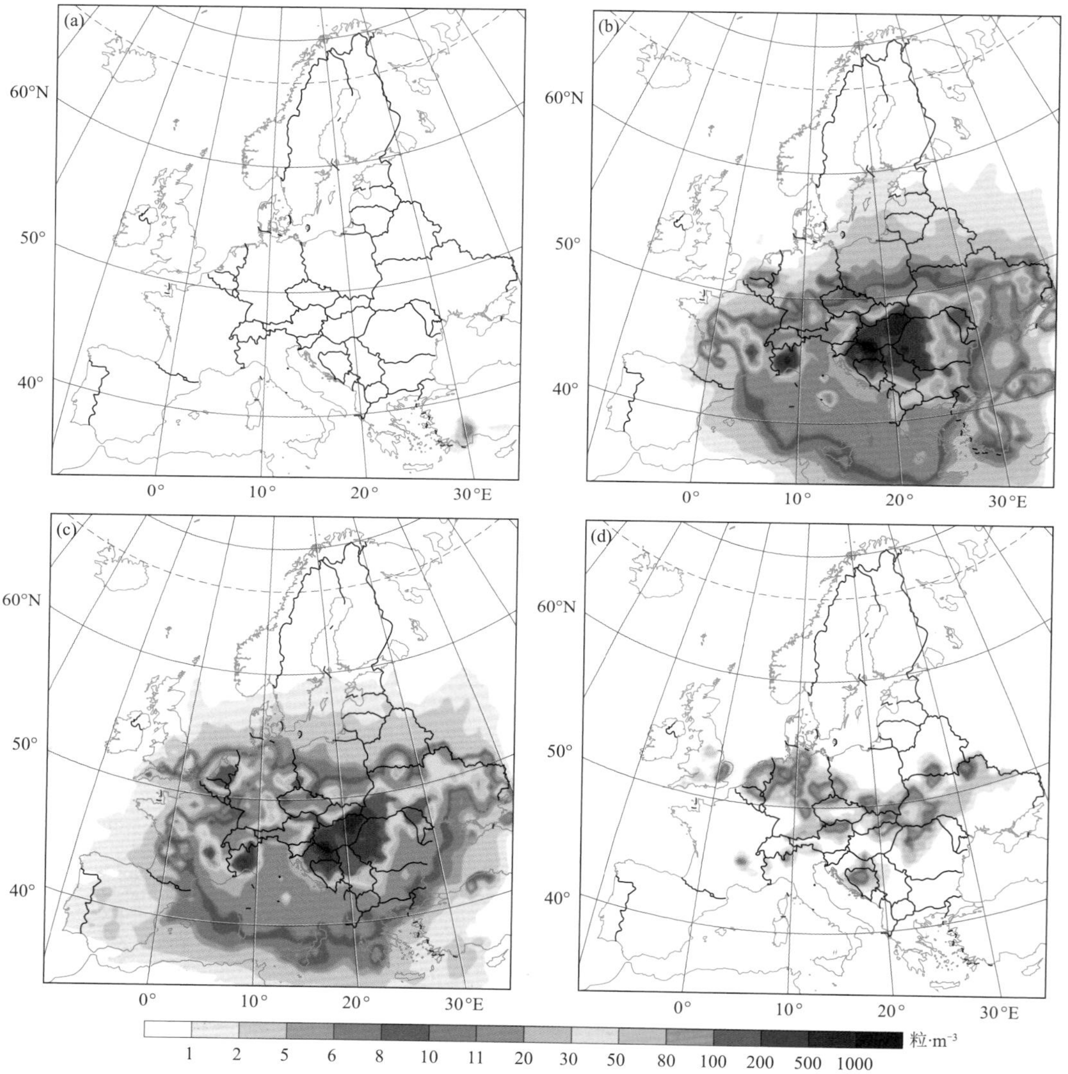

图 4.71　月的最大浓度生成的豚草花粉风险月印痕(2000—2010 年平均)
(a)7 月豚草花粉印痕；(b)8 月豚草花粉印痕；(c)9 月豚草花粉印痕；(d)10 月豚草花粉印痕

表 4.6　豚草花粉浓度不同风险等级的百分比面积(2000—2010 年平均)

级别	下限浓度(粒·m^{-3})	占模式域百分比面积(%)				
		7 月	8 月	9 月	10 月	年
1	0	99.6	61.1	54.3	92.4	49.7
2	1	0.2	6.8	11.5	2.3	9.1
3	2	0.1	8.8	10.2	2.7	11.7
4	5	0.0	2.5	1.9	0.3	2.1
5	6	0.1	3.1	3.6	0.5	3.8
6	8	0.0	2.1	2.7	0.3	2.9
7	10	0.0	1.0	1.2	0.1	1.3
8	11	0.0	6.8	6.5	0.8	8.1
9	20	0.0	2.6	2.1	0.4	3.5
10	30	0.0	1.3	1.9	0.2	2.6
11	50	0.0	1.2	1.3	0.0	1.6
12	80	0.0	0.4	0.4	0.0	0.6
13	100	0.0	1.1	1.4	0.0	1.4
14	200	0.0	1.0	0.8	0.0	1.2
15	500	0.0	0.2	0.2	0.0	0.3
16	1000	0.0	0.0	0.0	0.0	0.1

从豚草花粉的致敏性分析，除了引发过敏反应的门限值，超过某一门限值的暴露时间也很重要。为评估这一风险，将暴露时间表示为 10 年平均的每季超过某一门限值的日数，计算超过门限值 5、10、20 和 50 粒·m^{-3}的暴露时间见图 4.72。

对上述所有的门限值，最长的暴露时间发生在潘诺尼亚平原，如超过 20 粒·m^{-3}的时间长达 30 日，意大利北部和法国也呈现出较长的暴露时间。图 4.72 展示了各站点观测和模拟的超过不同门限值的暴露时间，图中，观测值在圆圈左侧用相应等级的颜色表示，模拟值在圆圈右侧显示。对大多数站点模拟值和观测的暴露风险比较一致，超过中等门限值(10 和 20 粒·m^{-3})的暴露时间模拟效果好于超过高和低门限值的暴露时间，尽管如此，除了少数站点，模拟的暴露时间偏向于高估。

4.5.4　主要结论

本书发展了一个基于 RegCM 的区域气候-花粉模拟框架，用于研究豚草花粉的排放和输送动力学特征，将此花粉模式系统应用于欧洲模式域，并利用站点 2000—2010 年平均的气载花粉浓度观测对植株密度分布进行校正以减小花粉排放估计的不确定性。通过校正，模拟和观测的花粉浓度的空间相关系数由 0.23 增加到 0.98，而横向检验的相关系数和归一化均方根误差也分别达 0.54 和 21%，说明校正的有效性和敏感性。校正后日花粉浓度的观测值和模拟值的相关系数由 0.28 增加到 0.69，由于是对 10 年尺度的浓度进行校正，日花粉浓度的相关性不仅仅是依赖于校正过程，在一定程度上反映了模式的性能。

与观测的花粉季相比，模式很好地拟合了开花日期和中值日期，分别达到了 68.6%、

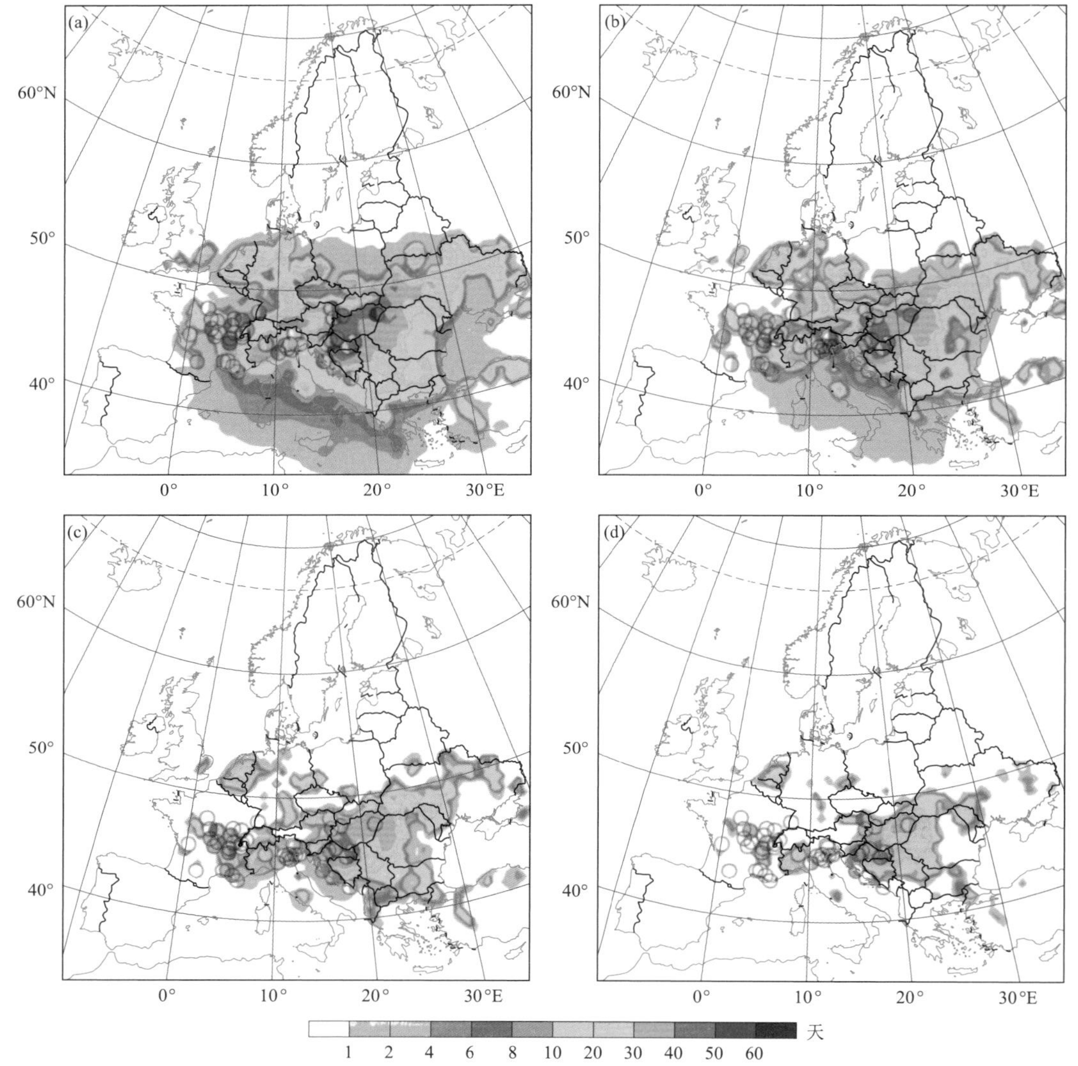

图 4.72　日平均浓度超过特定风险等级的日数(观测的日数在圆圈左侧用相应等级的颜色表示，模拟的日数在圆圈右侧显示)

(a)超过 5 粒·m^{-3};(b)超过 10 粒·m^{-3};(c)超过 20 粒·m^{-3};(d)超过 50 粒·m^{-3}

39.2%的解释方差和 4.7、3.9 天的均方根误差，花粉季的拟合在主要源区表现得很好，而在植株入侵率低的地区出现明显的偏差。总体上，模式捕捉到了欧洲豚草花粉气载浓度的主要特征，除了 NMEF 值 0.83 偏高外，整个模式域的统计特征变量 NMBF、MFB 和 NMEF 处于推荐的良好模式性能范围，花粉浓度模拟在中心欧洲源区表现得最好，其大部分站点日相关系数大于 0.6～0.7，NMEF 在 1.0 以内，模式性能在法国和意大利北部衰减，但 NMEF 值仍然在业务用气溶胶空气质量模式的可接受范围内。类型统计评估表明，模式对高门限值的模拟性能好于较低的门限值，误警率较低，同样，所有时间尺度的浓度模拟在中心欧洲源区表现最好，各站点校正后的命中率大于 80%，误警率在 20%以内。

由校正的模拟生成多年平均豚草花粉传播风险印痕，花粉浓度≥1 粒 · m^{-3} 的范围可由欧洲大陆延伸至海上，大于 5 粒 · m^{-3} 的风险区位于各源区和地中海，占 29.5% 的模式域，而大于 50 粒 · m^{-3} 的高风险区局限在个别源区。季节分布上，8 月的浓度对年的风险印痕贡献最大，9 月次之。大于各门限的最长风险暴露时间发生在潘诺尼亚平原，意大利北部和法国也表现出相当长的风险暴露时间。

本书发展的花粉模式框架可用于过去的豚草花粉的追算模拟，包括各种参数的敏感性研究，也可用于未来气候变化情景下花粉潜在风险的演变模拟，如 Hamaoui-Laguel 等（2015）文中所示。然而现有的模拟框架也存在很多的不确定性，影响气载花粉和传播风险的精确估计，尤其在缺少适当观测站网而不能达成有效校正的地区更需警惕。未来挑战性的研究应集中在更好地了解豚草植株的分布和生物量方面。另外，更好地理解物候过程和花粉释放对气象条件的响应也有助于减少不确定性从而促进模式性能，这需要更精确和多方面的豚草物候观测以更好地模拟局地花粉季，以及更多的实验观测来约束花粉释放模式，同样也需要进一步发展空气质量模式框架下的系统性花粉模式以及提供更多公众可获取的资料。

4.6　本章小结

本章利用区域气候化学模式 RegCM4、RegCM-Chem、RegCM-pollen 等进行了不同区域、不同类型气溶胶的模拟。

通过对现在和未来 2030 年 RCP4.5、RCP8.5 两种情景下中国地区硫酸盐、黑碳和有机碳等人为气溶胶时空分布的模拟研究发现，2030 年人为气溶胶年均浓度将显著下降，人为气溶胶主要集中在中东部和四川盆地等工业发达地区，相对 RCP4.5 情景，RCP8.5 情景下气溶胶浓度更高。未来本地排放对中国地区气溶胶地面浓度的影响最大，其次是全球气候变化和区域外输送的影响。

不同行业排放的黑碳气溶胶对东亚夏季气候和区域性增暖的影响研究表明，黑碳气溶胶可能会对夏季的东亚气候产生显著影响，导致东亚大部分地区夏季近地面大气变暖、陆地-海洋温度梯度变大、边界层升高、低层云量减少，从而进一步导致夏季风环流增强，并伴随着中国南部地区降雨增加、东部至东北地区降水减少。

通过在 RegCM-Chem 中耦合 SOA 热力学平衡模型，较好地再现了中国地区 SOA 的空间分布和季节差异。研究发现，在夏季人为源和自然源 VOC 的化学消耗均大于冬季，其中芳香烃类 VOC 对人为源 SOA 化学生成贡献最大，而 α 蒎烯对自然源 SOA 的化学生成贡献最大。SOA 饱和蒸汽压越高，其浓度越小，半挥发性有机气体的浓度越大。过程分析表明，化学反应、干沉降和垂直湍流是影响区域 SOA 浓度最重要的过程。

利用 RegCM4 评估了非洲地区沙尘排放和沉降模拟所需要的过程参数，分析了不同粒径段分布对沙尘负荷和辐射强迫的影响，发现 12-bin 等梯度方法更真实地表现了沙尘的沉降和光学特性等物理过程，而 4-bin 等对数方法在数值计算上速度快、效率更高，适于长期区域气候模拟，两种沙尘粒径段处理方法之间的沙尘光学厚度、沙尘柱含量和辐射强迫差异相对较小。

基于通用陆面模式 CLM 4.5，设计了融合植株分布、物候，花粉产率、开花概率和释放形态等过程的花粉排放方案，搭建了区域气候-花粉模拟框架 RegCM-pollen，并应用于欧洲区域，实现在线模拟豚草花粉的产率和大气扩散过程。同时利用站点气载花粉浓度的观测，对植株密度分布进行校正以减小排放清单的不确定性，应用于欧洲豚草花粉健康风险评估。结果表明，最高的花粉浓度和最长的风险暴露时间均发生在潘诺尼亚平原，意大利北部和法国也表现出相当高的浓度和暴露风险。

第 5 章　东亚地区对流层大气臭氧模拟

本章主要利用区域气候-化学模式 RegCM-Chem 开展东亚地区对流层大气臭氧研究，通过观测与模拟结果的对比，定量评估模式的性能；针对中国地区高温热浪过程中发生的高浓度臭氧污染典型个例进行数值模拟，开展成因分析；利用合成分析和过程分析方法，研究东亚夏季风年际变化对近地面臭氧分布的影响。

5.1　东亚地区大气臭氧的季节变化模拟

5.1.1　研究背景

对流层臭氧既是备受全球关注的大气污染物，又是全球主要的温室气体，是影响对流层大气动力、热力、辐射、化学等过程的关键成分。东亚地区已成为全球化石能源消耗量最大，经济发展最迅速的地区之一。自工业革命以来，东亚地区对流层臭氧含量在不断增加，对大气环境、气候变化、生态环境和人体健康的影响越来越受到重视。本节以 2009 年为基准年，利用区域气候-化学模式 RegCM-Chem 模拟研究东亚地区大气臭氧的季节变化特征。

5.1.2　模式设置

5.1.2.1　模拟区域

采用区域气候-化学模式 RegCM-Chem，RegCM 版本为 V4.3。模拟区域见图 5.1，覆盖了东亚大部分地区，包括中国、蒙古、日本、朝鲜、韩国等。网格系统中心经纬度为 36°N、110°E，水平网格数为 112×80，格距为 60 km；垂直方向采用 σ 坐标，层数为 18，各层的 σ 值见表 5.1，其中 1.5 km 以下 6 层，模式顶气压 50 hPa。地图投影方式采用兰波托正形投影，标准纬度为 25°N 和 50°N。

5.1.2.2　物理化学方案

RegCM-Chem 模式为用户提供了有关内部物理、化学过程的多种选项，在本书中，大气短波、长波辐射过程分别选用 RRTM 方案和 Goddard 方案，积云物理过程选用 Grell 积云对流参数化方案，边界层过程选用 Holtslag 边界层方案，臭氧的光化学反应过程选用 CBMZ 机制，污染物的平流、扩散过程分别选用 YAMO 方案和 ACM2 方案，其他的设置参见表 5.1。

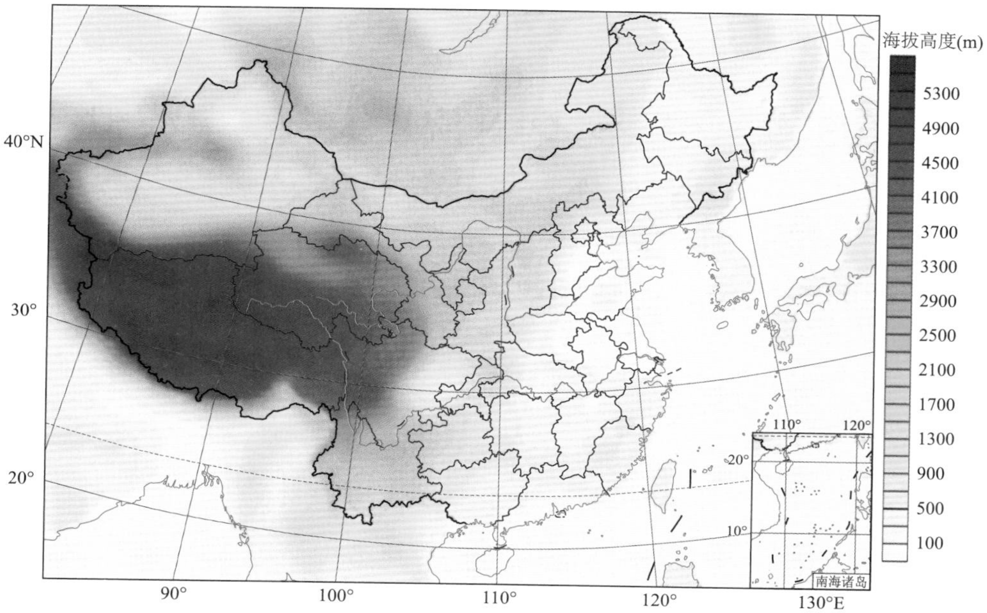

图 5.1　RegCM-Chem 模式的区域设置

表 5.1　RegCM-Chem 模式物理、化学方案设置

参数	说明
积分步长	120 s
计算太阳辐射间隔	30 min
输出结果时间间隔	6 h
纬向网格数	112
经向网格数	80
网格距	60 km
垂直分层	18(0,0.05,0.1,0.16,0.23,0.31,0.39,0.47,0.55,0.63,0.71,0.78,0.84,0.89,0.93,0.96,0.98,0.99)
模式顶	50 hPa
侧边界方案	松弛边界条件(指数)
边界层方案	Holtslag PBL
积云对流方案	Grell 方案
陆面方案	BATS
表面层方案	Monin-Obukhov scheme
水汽方案	显式水汽方案(SUBEX; Pal et al.,2000)
海洋通量方案	Zeng 等(1998)
全球 SST	OI_WK
全球再分析资料	NNRP1
气象场边界强迫间隔	6 h
浓度场边界强迫间隔	6 h
化学机制	CBMZ

5.1.2.3　排放清单

选用 IPCC A1B 情景下的 2009 年东亚地区排放源清单，IPCC 排放情景包括 A1、B1、A2、B2。其中 A1 情景族的主要特征是：经济增长非常快，全球人口数量峰值出现在 21 世纪中叶并随后下降，新的更高效的技术被迅速引进。主要特征是：地区间的趋同、能力建设以及不断扩大的文化和社会的相互影响，同时伴随着地域间人均收入差距的实质性缩小。A2 情景族描述了一个极不均衡的世界，主要特征是：自给自足，保持当地特色。各地域间生产力方式的趋同异常缓慢，导致人口持续增长。经济发展主要面向区域，人均经济增长和技术变化是不连续的，低于其他情景的发展速度。B1 情景族描述了一个趋同的世界：全球人口数量与 A1 情景族相同，峰值也出现在 21 世纪中叶并随后下降。所不同的是，经济结构向服务和信息经济方向迅速调整，伴之以材料密集程度的下降，以及清洁和资源高效技术的引进。其重点放在经济、社会和环境可持续发展的全球解决方案，其中包括公平性的提高，但不采取额外的气候政策干预。B2 情景系列描述了这样一个世界：强调经济、社会和环境可持续发展的局地解决方案。在这个世界中，全球人口数量以低于 A2 情景族的增长率持续增长，经济发展处于中等水平，与 B1 和 A1 情景族相比，技术变化速度较为缓慢且更加多样化。尽管该情景也致力于环境保护和社会公平，但着重点放在局地和地域层面。A1 情景族进一步划分为 3 组情景，分别描述了能源系统中技术变化的不同方向。以技术重点来区分，这 3 种 A1 情景组分别代表着化石燃料密集型（A1FI）、非化石燃料能源（A1T）以及各种能源之间的平衡（A1B）（平衡在这里定义为：在所有能源的供给和终端利用技术平行发展的假定下，不过分依赖于某种特定能源）。从排放量来看，A1B 情景介于 A1FI 情景和 A1T 情景之间，最有可能成为未来世界的发展情景（IPCC，2007）。

该排放清单的空间分辨率为 1°×1°，包含了所有人为活动所产生的大气污染物排放。图 5.2 为甲烷、一氧化碳、氮氧化物、二氧化硫排放源在模拟区域内的空间分布。从图上可以看出，中国地区臭氧前体物排放的高值区主要集中在华北平原、长江三角洲、珠江三角洲等地，与我国东部三大城市群区的空间分布具有很好的对应关系。另外，四川盆地的大气污染物排放强度亦十分可观。

5.1.3　模拟结果评估与分析

积分时间设为 2008 年 12 月 10 日—2009 年 12 月 31 日。本次模拟前 22 天为模式的预积分时段，取 2009 年 1 月 1 日—12 月 31 日的模拟结果进行分析，各气象要素与臭氧浓度输出时间间隔为 6 h。

5.1.3.1　气象场

利用全球再分析资料对 RegCM-Chem 模拟结果进行验证，评估模式对气象场的模拟性能。由于模式气象场的初始值和边界值都来自于 NNRP1 再分析资料，所以采用欧洲中期天气预报中心的再分析（EIN15）数据来验证 RegCM-Chem 模拟结果。

图 5.3 是东亚地区 2009 年 1—12 月 500 hPa 和 850 hPa 高度的平均风场和温度场的对比，从图上可以看出，RegCM-Chem 模拟结果与 EIN15 的再分析资料的结果大体一致，温度场的高值中心、低值中心以及空间变化都能很好地匹配，风向、风速以及风场结构也趋于一致。

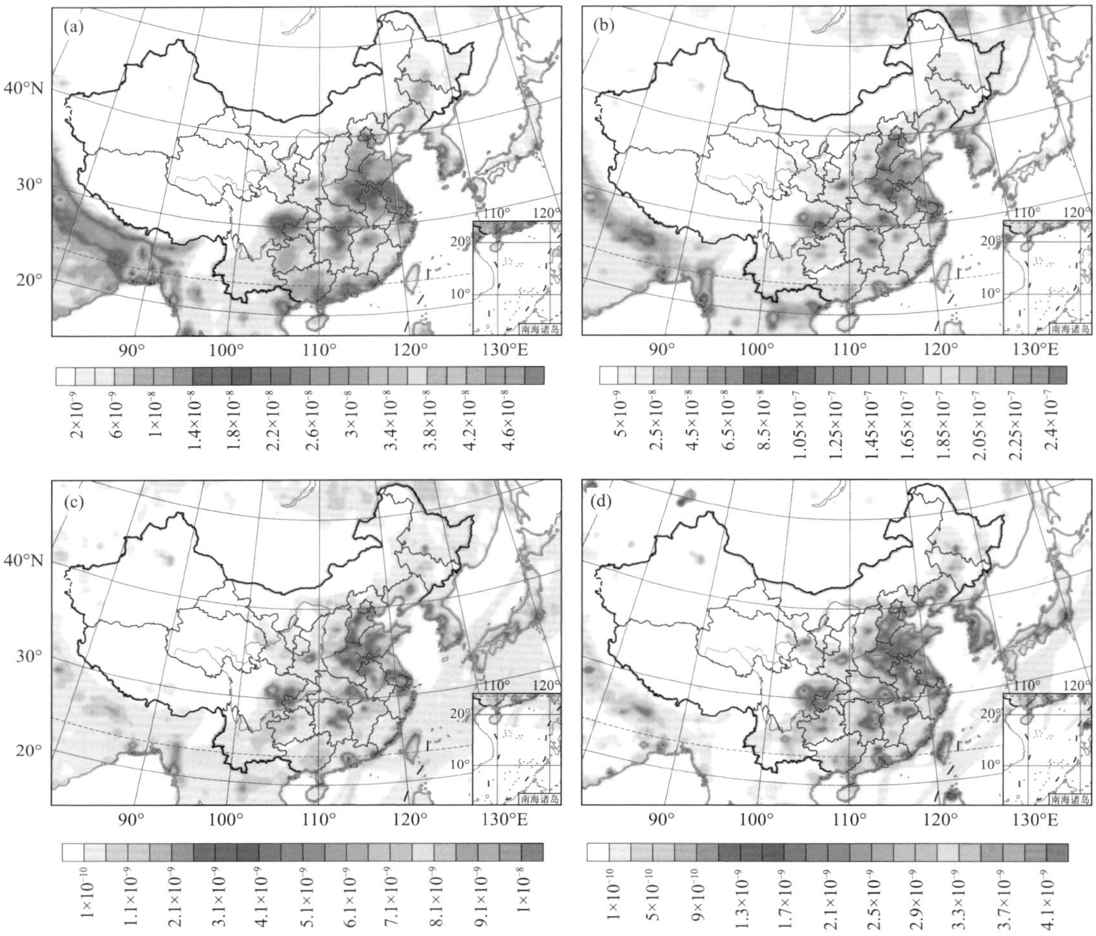

图 5.2　IPCC A1B 情景下东亚 CH_4(a)、CO(b)、NO_x(c)、SO_2(d)的排放通量(单位：$kg \cdot m^{-2} \cdot s^{-1}$)

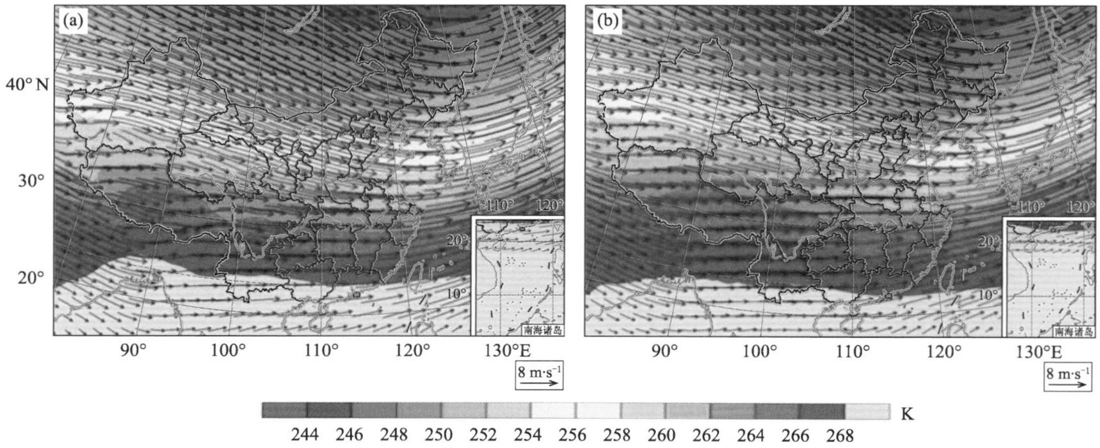

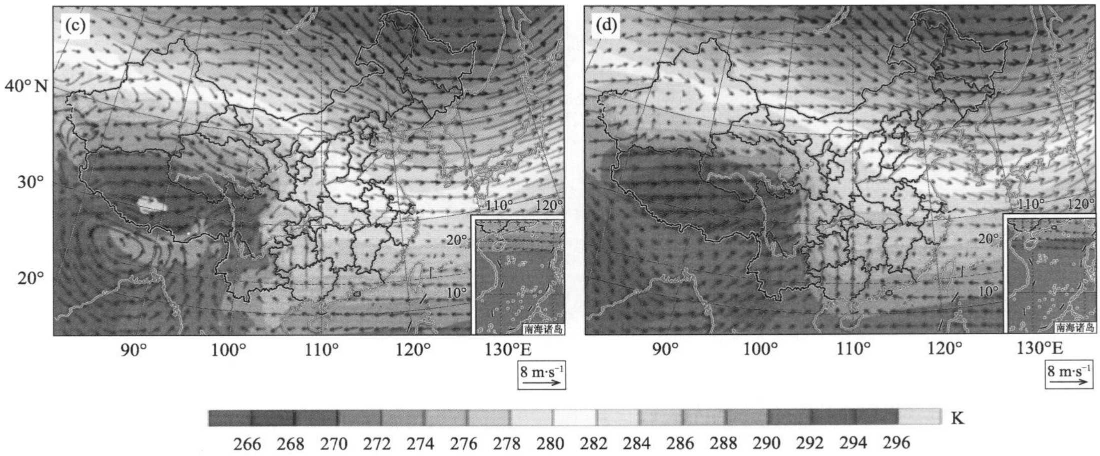

图5.3　2009年1—12月500 hPa和850 hPa风场和温度场的对比

(a)RegCM-Chem模拟的500 hPa的风场和气温场；(b)EIN15再分析资料500 hPa风场和气温场；(c)RegCM-Chem模拟的850 hPa的风场和气温场；(d)EIN15再分析资料850 hPa风场和温度场

5.1.3.2　臭氧浓度场

图5.4是RegCM-Chem模拟的2009年1—12月近地面臭氧的空间分布，可以看出，东亚地表臭氧浓度具有显著的时空变化，全年平均值约为35.0 ppbv，月均浓度空间变化范围为16～70 ppbv。冬季青藏高原地区是臭氧的高值中心，陆地上臭氧浓度较低，海洋上臭氧值明显高于同纬度的陆地。夏季地表臭氧高值中心位于华北、长三角、珠三角、四川盆地等地区，海洋上空是臭氧的低值中心。

图5.5给出了月平均臭氧浓度的验证结果，RegCM-Chem模拟结果与EANET观测结果基本相符，模拟与观测偏差较小，大多都在7 ppbv以内，4月和5月的臭氧模拟值整体偏低。从季节变化的验证结果来看(如图5.6所示)，模式基本能够反映出臭氧的季节变化，其中Hedo和Ogasawara站模拟和观测的臭氧季节变化一致性最好。总体来说，臭氧观测结果的季节变化更为明显，而模拟结果的季节变化则相对平缓。

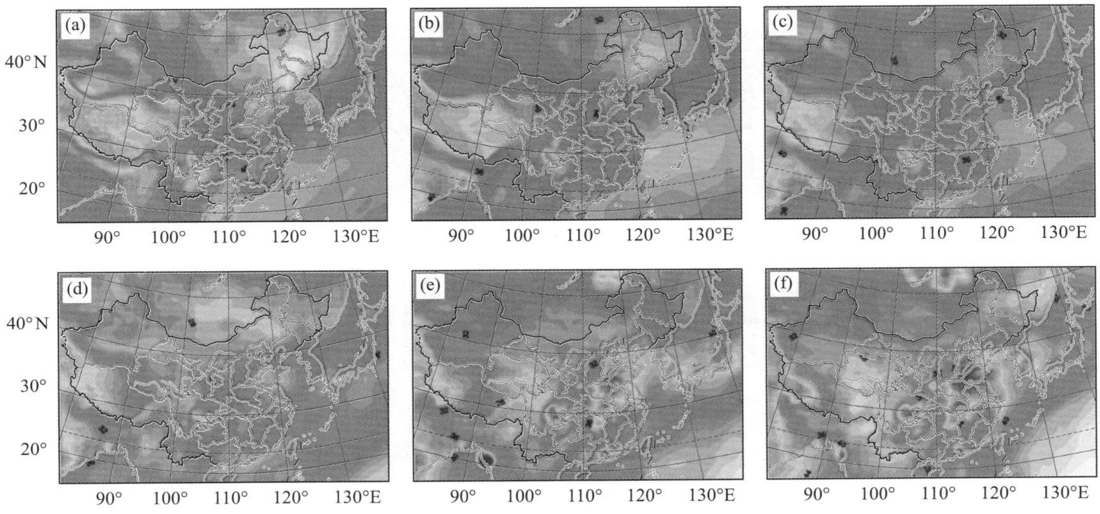

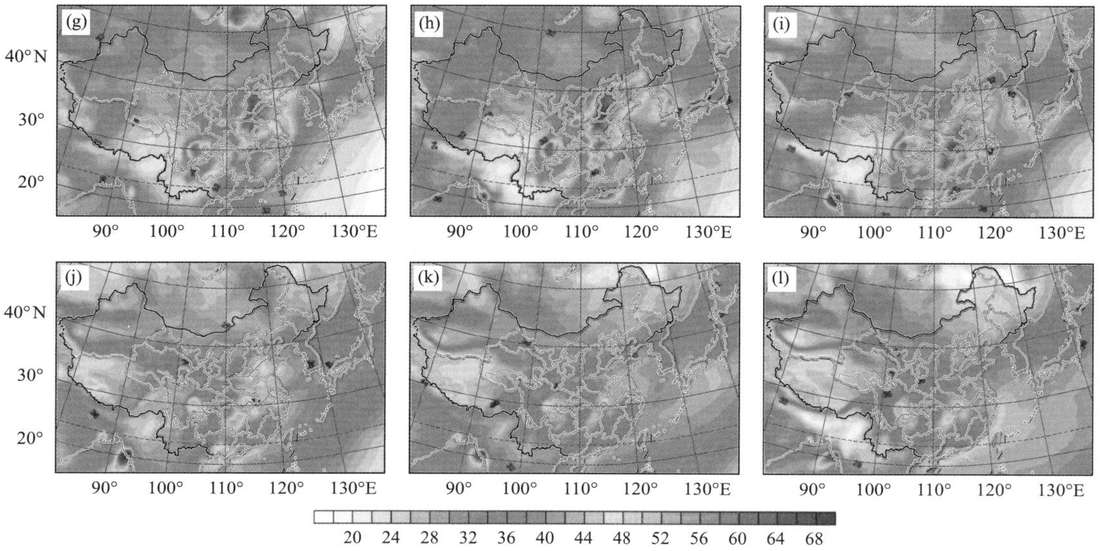

图 5.4　2009 年 1—12 月东亚局部地表臭氧浓度模拟结果(ppbv)

(a)1 月;(b)2 月;(c)3 月;(d)4 月;(e)5 月;(f)6 月;(g)7 月;(h)8 月;(i)9 月;(j)10 月;(k)11 月;(l)12 月

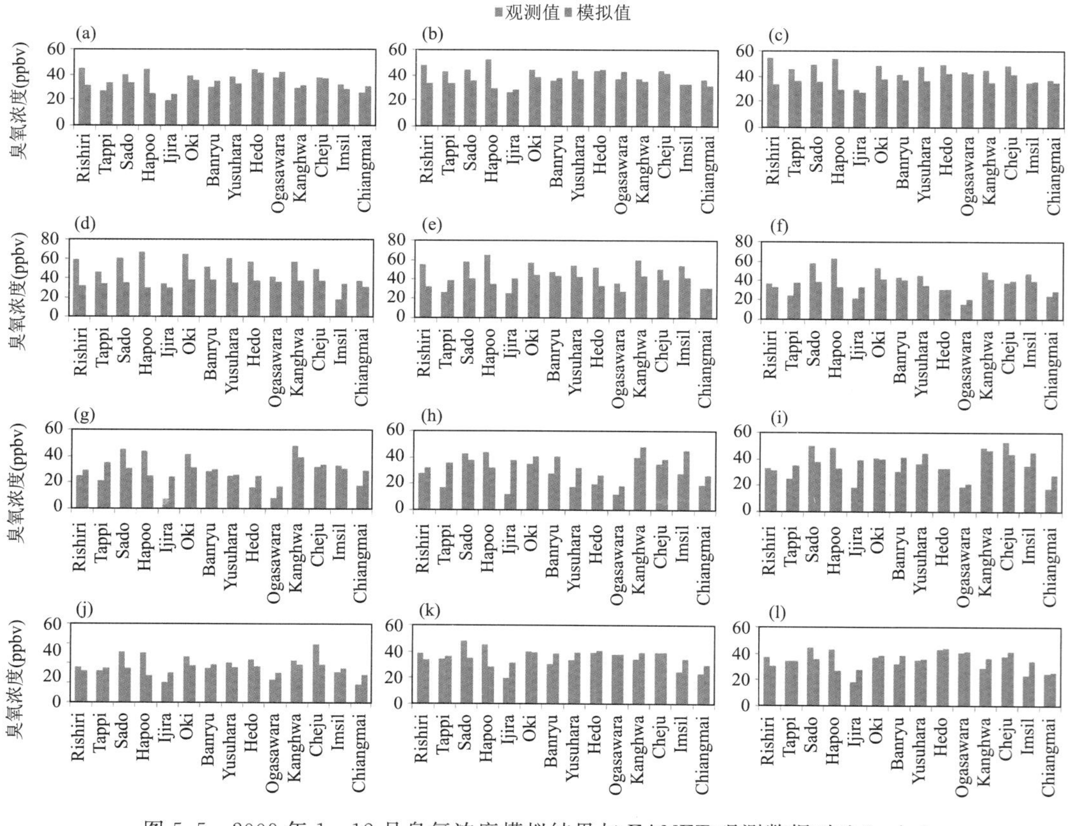

图 5.5　2009 年 1—12 月臭氧浓度模拟结果与 EANET 观测数据对比(ppbv)

(a)1 月;(b)2 月;(c)3 月;(d)4 月;(e)5 月;(f)6 月;(g)7 月;(h)8 月;(i)9 月;(j)10 月;(k)11 月;(l)12 月

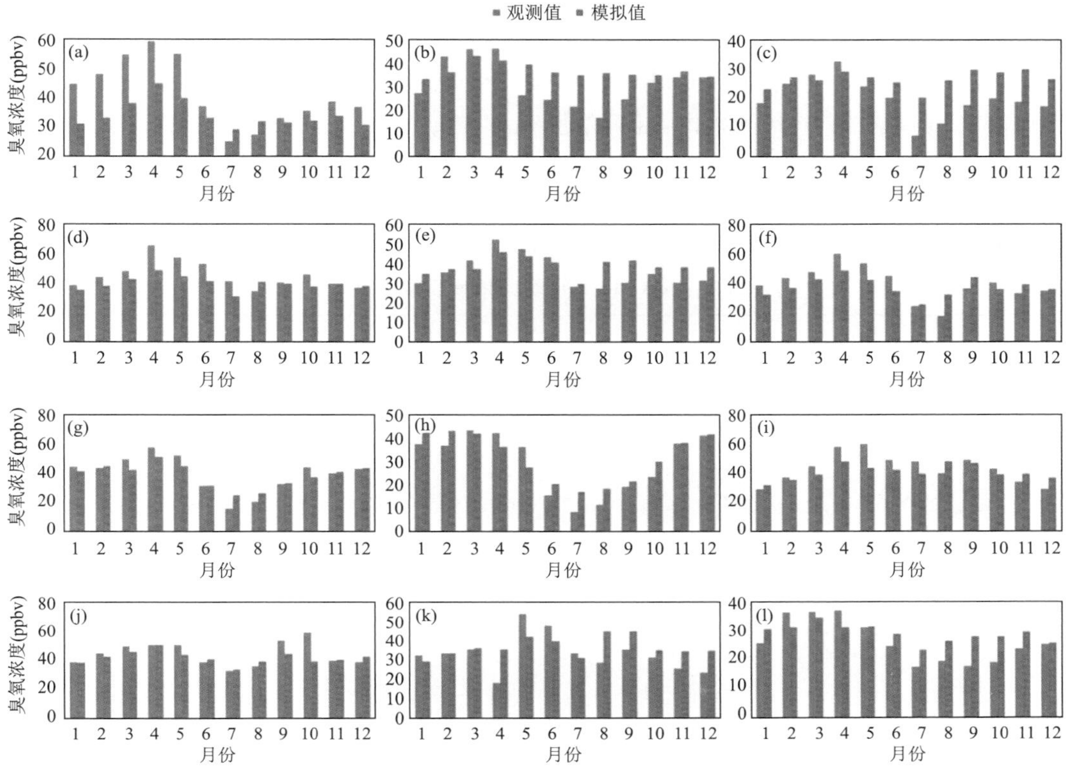

图 5.6　不同站点臭氧浓度模拟结果的季节变化验证(ppbv)

(a)Rishiri;(b)Tappi;(c)Ijira;(d)Oki;(e)Banryu;(f)Yusuhara;(g)Hedo;(h)Ogasawara;(i)Kanghwa;(j)Cheju;(k)Imsil;(l)Chiangmai

定义以下变量来描述观测和模拟的差异:

$$\overline{X} = \frac{1}{n}\sum_{n} X_i \tag{5.1}$$

$$Y_{\mathrm{NMSE}} = \frac{\overline{(X_{\mathrm{s}} - X_{\mathrm{o}})^2}}{\overline{X}_{\mathrm{s}}\,\overline{X}_{\mathrm{o}}} \tag{5.2}$$

$$Y_{\mathrm{CORR}} = \frac{\overline{(X_{\mathrm{s}} - \overline{X}_{\mathrm{s}})(X_{\mathrm{o}} - \overline{X}_{\mathrm{o}})}}{\sigma_{\mathrm{s}}\sigma_{\mathrm{o}}} \tag{5.3}$$

$$Y_{\mathrm{FB}} = \frac{\overline{X}_{\mathrm{s}} - \overline{X}_{\mathrm{o}}}{0.5(\overline{X}_{\mathrm{s}} + \overline{X}_{\mathrm{o}})} \tag{5.4}$$

$$Y_{\mathrm{FS}} = \frac{\sigma_{\mathrm{s}} - \sigma_{\mathrm{o}}}{0.5(\sigma_{\mathrm{s}} + \sigma_{\mathrm{o}})} \tag{5.5}$$

式中,X_{s}为模拟值,X_{o}为观测值,σ_{s} 为模拟值序列标准差,σ_{o} 为观测值序列标准差,Y_{NMSE}为归一化均方误差(用以描述模拟值与观测值之间误差的平均情况),Y_{CORR}为相关系数(用以描述模拟值与观测值之间的线性相关程度),Y_{FB}为平均偏差(用以描述模拟值高/低估观测值的程度),Y_{FS}为标准差的平均偏差(用以描述模拟值序列标准差高/低估观测值序列标准差的程度)。

从统计结果来看(如表 5.2 所示),除了 Ijira 站,其他站点观测和模拟结果的归一化均方误差(Y_{NMSE})均在 8%以内,表明模拟和观测的年平均浓度非常接近。观测与模拟结果的相关系数(Y_{CORR})较高,且能通过显著性检验,表明模拟和观测的变化趋势较为一致。模拟和观测的平均偏差(Y_{FB})大都在 10%以内,且偏差值有正有负,表明模拟结果可靠性较高且较为稳定。标准差的平均偏差(Y_{FS})绝对值较大,且全部是负值,这是由于观测结果的季节变化非常明显,而模拟值是网格单元空间平均的结果,其季节变化较小,所以观测结果的标准差远大于模拟结果,从而导致 Y_{FS} 值全部为负,且接近于−1。

表 5.2　RegCM-Chem 臭氧浓度模拟结果评估

站点	统计量					
	$\overline{X_o}$	$\overline{X_s}$	Y_{NMSE}	Y_{CORR}	Y_{FB}	Y_{FS}
Rishiri	41.3	34.1	0.07	0.85	−0.19	−0.83
Tappi	31.2	36.6	0.08	0.62	0.16	−1.07
Ijira	20.8	31.1	0.28	0.04 *	0.40	−0.24
Oki	45.8	40.0	0.04	0.74	−0.13	−0.67
Banryu	36.2	39.0	0.03	0.64	0.07	−0.64
Yusuhara	39.9	37.7	0.05	0.74	−0.06	−0.61
Hedo	39.4	38.4	0.02	0.96	−0.03	−0.43
Ogasawara	29.4	31.5	0.03	0.92	0.07	−0.23
Kanghwa	43.4	40.7	0.03	0.69	−0.07	−0.65
Cheju	43.8	40.9	0.03	0.56	−0.07	−0.64
Imsil	32.9	36.4	0.08	0.36	0.10	−0.62
Chiangmai	26.1	29.0	0.05	0.81	0.11	−0.83

注:* 表示没有通过显著性检验,置信水平为 95%

从观测和模拟结果的散点图来看(如图 5.7 所示),观测值和模拟值大多集中在 20～50 ppbv 之间,通过线性拟合,得到的拟合方程为 $Y=0.9865X+3.4552$,能通过显著性检验(置信水平为 95%),其中 Y 为观测的月均值,X 为模拟的月均值,拟合系数为 0.9865,非常趋近于 1,表明臭氧模拟与观测浓度非常接近。

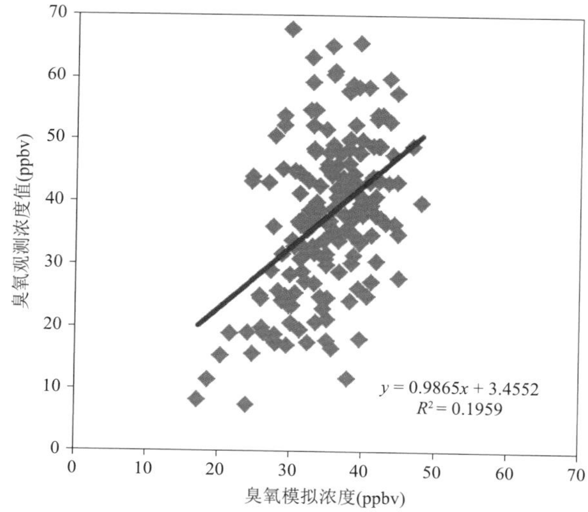

图 5.7　模拟与观测臭氧月均浓度的散点图(ppbv)

从臭氧年平均浓度的验证结果来看(如图 5.8 和图 5.9 所示),各个站点的模拟值与观测结果总体上非常接近,其中 Rishiri、Tappi、Ijira 的偏差相对较大,绝对偏差值分别为 6.8 ppbv、5.4 ppbv、10.3 ppbv。

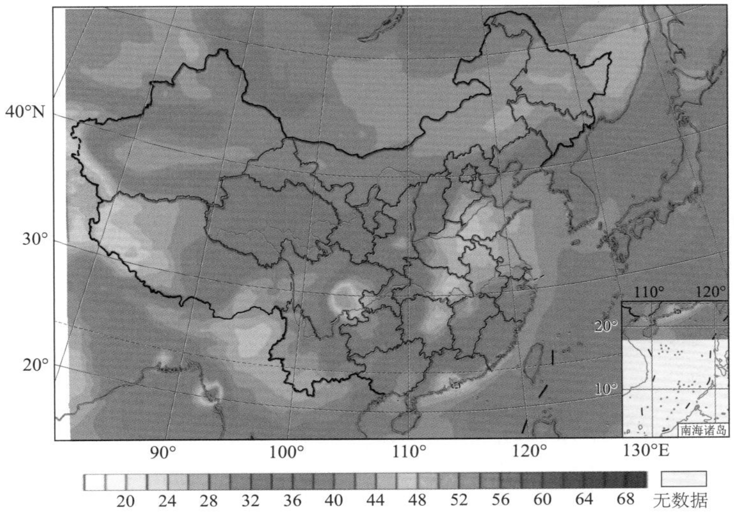

图 5.8　东亚地区 2009 年地表平均臭氧浓度(ppbv)

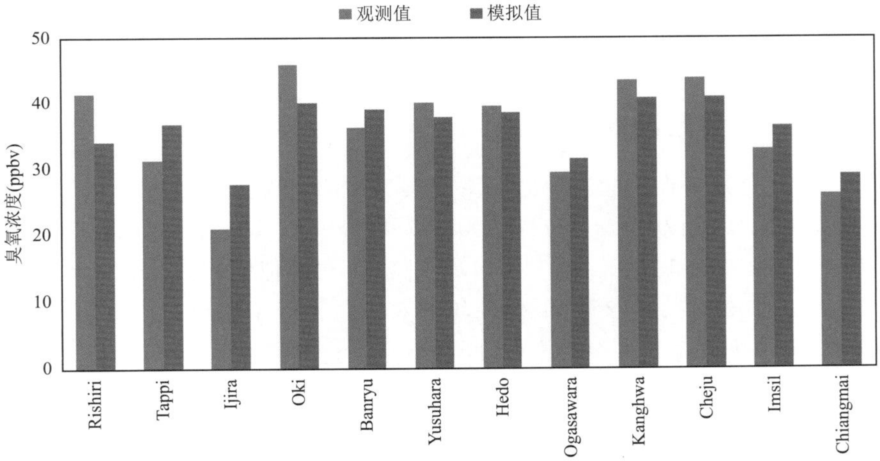

图 5.9　2009 年 RegCM-Chem 臭氧模拟结果与 EANET 观测结果对比(ppbv)

5.2　东亚地区高温热浪天气下的臭氧模拟

5.2.1　高温热浪定义和成因

高温热浪通常指持续的、极端高温的天气过程,其标准主要依据高温对人体产生影响或危害的程度而制定。世界各国和地区研究高温热浪所采取的方法不同,高温热浪的标准也有很大差异。目前国际上还没有一个统一而明确的高温热浪判定标准(Meehl et al., 2004)。

世界气象组织建议高温热浪的标准为:日最高气温高于 32 ℃,且持续 3 天以上。荷兰皇家气象研究所则定义为:日最高气温高于 25 ℃,且持续 5 天以上,其中至少有 3 天最高气温高于 30 ℃。在美国不同的地区,高温热浪有不同的定义和标准。中国一般把日最高气温达到或超过 35 ℃时称为高温,连续数天(3 天以上)的高温天气过程称之为高温热浪(或高温酷暑)。21 世纪以来高温热浪天气频繁出现,高温带来的灾害日益严重。研究表明,当下及未来高温热浪发生的频率更高,持续时间更长,强度更大(Meehl et al., 2004;Hansen et al., 2012)。

深厚的暖性高压系统是夏季高温热浪形成的最主要诱因。对流层中上层深厚的暖性高压系统(如副热带高压)非常稳定,形成后能维持几天到几周,且移动缓慢。由于受高压系统影响,大气低层盛行下沉气流,如同圆顶帽扣在大气中上层,一方面阻碍了热量的向上扩散,另一方面抑制了对流云的形成,引起降水减少。结果导致受暖高压控制地区形成持续的高温和干旱天气,最终引发高温热浪。

5.2.2 高温与臭氧

大量观测结果显示:在高温热浪过程中,往往伴随着异常高浓度的臭氧污染事件(Fischer et al., 2004;Vautard et al., 2005;Filleul et al., 2006)。一方面由于受暖高压控制,天气晴好,太阳辐射强,大气光化学反应非常活跃,有利于边界层内臭氧的生成,且天气稳定,风速较小,不利于污染物扩散。另一方面干沉降是边界层臭氧最主要的汇,白天极端高温迫使植被为减少水分散失而关闭气孔,导致臭氧的干沉降量明显减小,所以高温热浪使白天臭氧的源增强而汇减弱,导致白天臭氧的峰值非常高,尤其是在城市地区更加明显(Eremenko et al., 2008;Knowlton et al., 2009;Vieno et al., 2010)。

5.2.3 个例挑选和参数设置

挑选 2010 年 6 月发生在东北亚地区的一次典型高温事件进行模拟研究。本次事件中东北亚地区温度异常偏高,相对全球 1971—2000 年的平均值,温度距平最高达到+5 ℃(见图 5.10)。研究区域为 112°～134°E、40°～52°N,全部包含在模拟区域内。为了增强模拟结果的可比性,对 2002 年、2005 年、2008 年和 2009 年的 6 月也进行了模拟,且这些年份的 6 月气温距平较小。在模拟中排放源始终保持不变,所有模拟试验都使用 2005 年的排放清单。除了输出结果的时间间隔和模拟时间外(如表 5.3 所示),其他参数设置与表 5.1 相同。

表 5.3　模拟高温热浪个例的参数设置

参数	说明
输出结果时间间隔	1 h
模拟时间	5 月 10 日—6 月 30 日(2002,2005,2008,2009,2010)

5.2.4 结果分析

研究区域内不同年份平均气温和臭氧的模拟结果分别如图 5.11 和图 5.12 所示,在 2010 年 6 月高温热浪期间,平均气温比其他年份(2002 年、2005 年、2008 年、2009 年)6 月气温要高,尤其是在 6 月下旬,气温大约要高 9.2 ℃。从气温的模拟结果中可以看出,RegCM-Chem

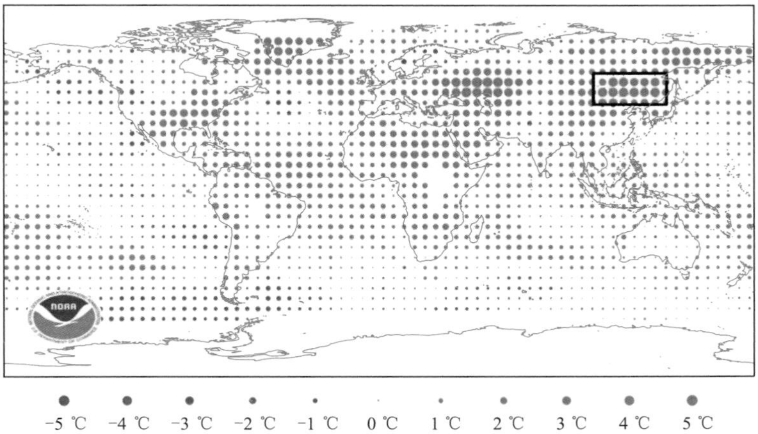

图 5.10　2010 年 6 月全球气温距平场(相对于 1971—2000 年基准期)

(注:本图引自于 National Climate Data Center/NESDIS/NOAA)

对高温热浪过程具有较好的模拟能力,能够再现东北亚地区的高温事件。从不同年份 6 月臭氧浓度值的对比来看,2010 年 6 月的臭氧浓度明显高于其他年份,且在 6 月下旬与其他年份的差异更明显。从 2010 年 6 月臭氧和气温的变化来看,地表臭氧变化趋势和气温具有较好的一致性,两者的 24 h 滑动平均值相关系数达到 0.65,并通过置信度为 95%的显著性检验。

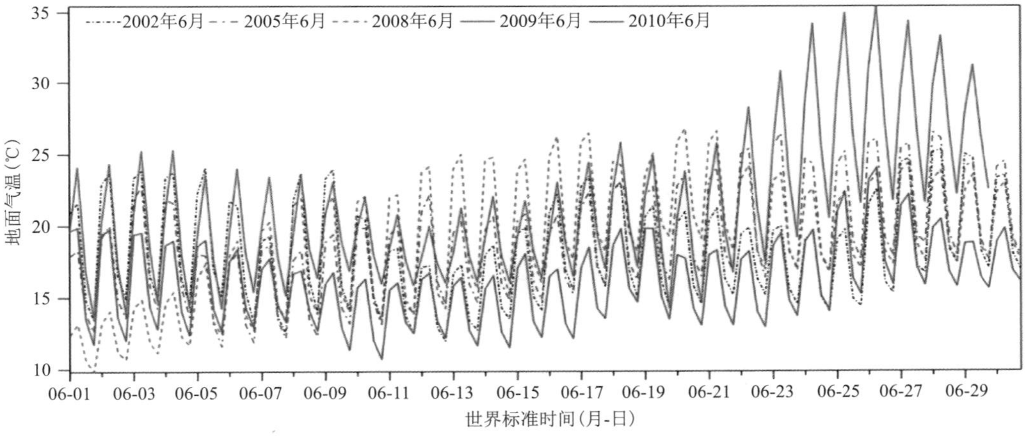

图 5.11　研究区域内不同年份地表温度对比

从统计结果来看(如表 5.4 和图 5.13 所示),2010 年 6 月平均气温明显比其他年份 6 月高,其中比 2002 年 6 月高 3.11 ℃,比 2005 年 6 月高 2.55 ℃,比 2008 年 6 月高 2.44 ℃,比 2009 年 6 月高 5.23 ℃。2010 年 6 月平均臭氧浓度明显比其他年份 6 月要高,其中比 2002 年 6 月臭氧浓度高 4.98 ppbv,比 2005 年 6 月臭氧浓度高 3.3 ppbv,比 2008 年 6 月臭氧浓度高 6.06 ppbv,比 2009 年 6 月臭氧浓度高 5.22 ppbv。与 5 年(2002、2005、2008、2009 和 2010 年)平均值相比,2010 年 6 月气温要高 2.67 ℃,臭氧浓度高 3.91 ppbv,分别比平均值高 14.2%和 15.1%。

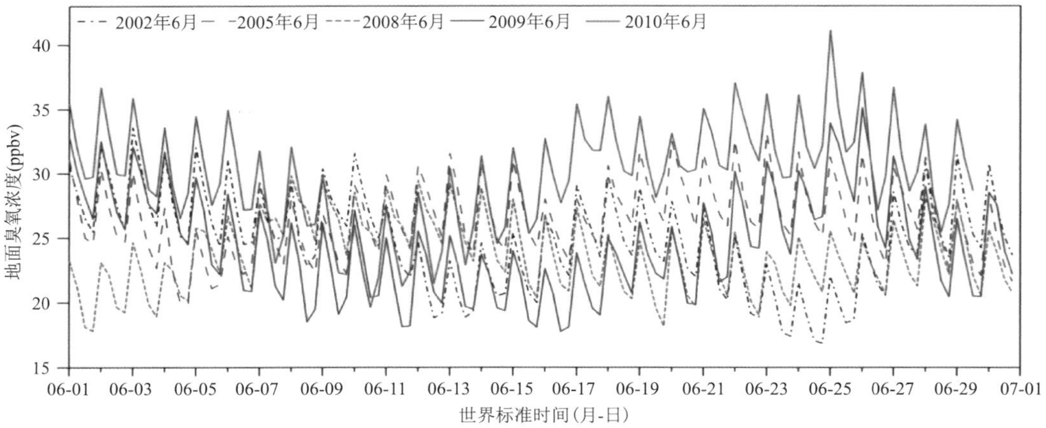

图 5.12　研究区域内不同年份地表臭氧对比

表 5.4　地表气温和地表臭氧对比的统计结果

统计量	高温热浪	无高温热浪				平均值
	2010-06	2002-06	2005-06	2008-06	2009-06(年-月)	
气温(℃)	21.41	18.3	18.86	18.97	16.18	18.74
气温差异(℃)		3.11	2.55	2.44	5.23	
臭氧(ppbv)	29.77	24.79	26.47	23.71	24.55	25.86
臭氧差异(ppbv)		4.98	3.3	6.06	5.22	
高温期间臭氧增加率(%)		20.1	12.5	25.6	21.3	

注:气温差异=2010 年 6 月气温-各年份 6 月气温

臭氧差异=2010 年 6 月臭氧浓度-各年份 6 月臭氧浓度

高温期间臭氧增加率=(2010 年 6 月臭氧浓度-各年份 6 月臭氧浓度)/(各年份 6 月臭氧浓度)×100%

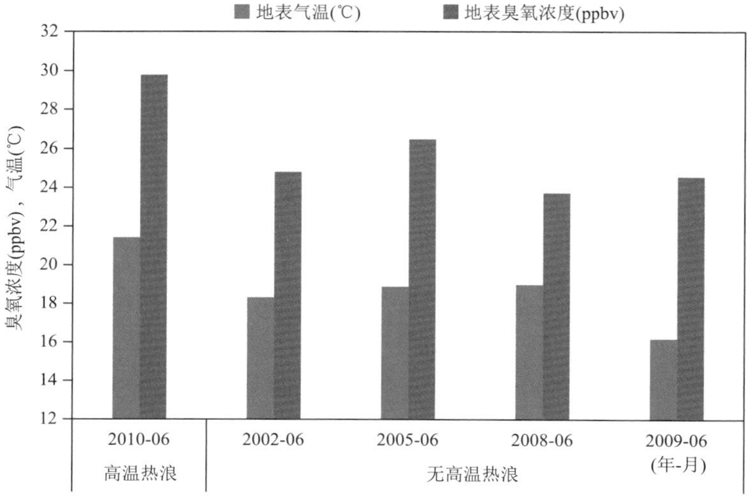

图 5.13　地表气温、地表臭氧的对比结果

5.3　长三角地区高温热浪影响近地面臭氧浓度的机理分析

5.3.1　研究背景

观测表明，我国夏季高温高臭氧现象明显，长三角地区作为我国经济发展最快的地区之一，臭氧问题尤为突出，对高温条件下大气臭氧影响过程的综合分析有助于对边界层内大气臭氧污染形成机理的认识。本节利用区域气候模式 RegCM-Chem 对长三角地区近地面臭氧展开研究，选择典型的高温热浪时段和非高温热浪时段，比较臭氧浓度差异，结合过程分析研究高温条件下造成近地面臭氧升高的主要原因，为深入认识长三角地区大气臭氧污染提供科学依据。主要研究结果见 Pu 等(2017)。

5.3.2　模式设置

5.3.2.1　模拟区域

本节结合观测资料，运用区域气候模式 RegCM-Chem 研究高温热浪期间臭氧的形成机理，图 5.14 是模拟区域以及地形高程分布。模拟区域覆盖了东亚大部分地区，包括中国及其周边地区，其中长三角地区地处中国东部沿海，南京、上海和杭州的位置如图所示。网格中心位置为 36°N、107°E，网格数为 122×90，格距为 60 km；垂直方向采用 σ 坐标分为 23 层，顶层气压 50 hPa；地图投影方式采用的是兰伯特投影，标准经纬度为 25°N 和 50°N。基于观测资料的分析结果 2013 是典型的高温热浪年，模拟时间确定为 2013 年 5—8 月四个月，其中 5 月作为模式的预积分时间。

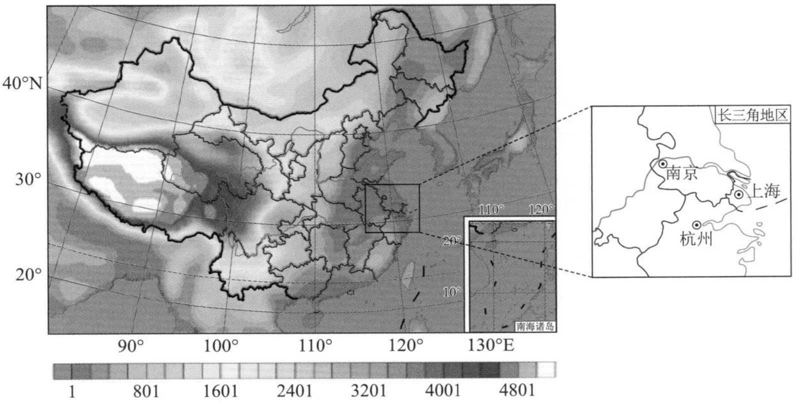

图 5.14　RegCM-Chem 模拟区域及地形高程(单位：m)

5.3.2.2　参数化方案

数值模拟过程中，选取的各类参数化方案与表 5.1 一致，其他参数的设置如表 5.5 所示。

表 5.5 RegCM-Chem 模式部分参数设置

参数	说明
输出结果时间间隔	1 h
纬向网格数	122
经向网格数	90
垂直分层	23(0,0.05,0.1,0.15,0.2,0.25,0.3,0.35,0.4,0.45,0.5,0.55,0.6,0.65,0.7,0.75,0.8,0.85,0.89,0.93,0.96,0.98,0.99)

选用 A1B 情景下的排放清单,空间分辨率为 0.5°×0.5°,进一步插值到模式模拟区域。图 5.15 是该清单中 CH_4、NO、CO、SO_2 的夏季平均情况,可以看出,我国污染物排放主要集中在华北地区、长三角、珠三角和四川盆地,与当地快速的经济发展和密集的人口分布紧密相关,其中 CO 和 SO_2 的值较大。

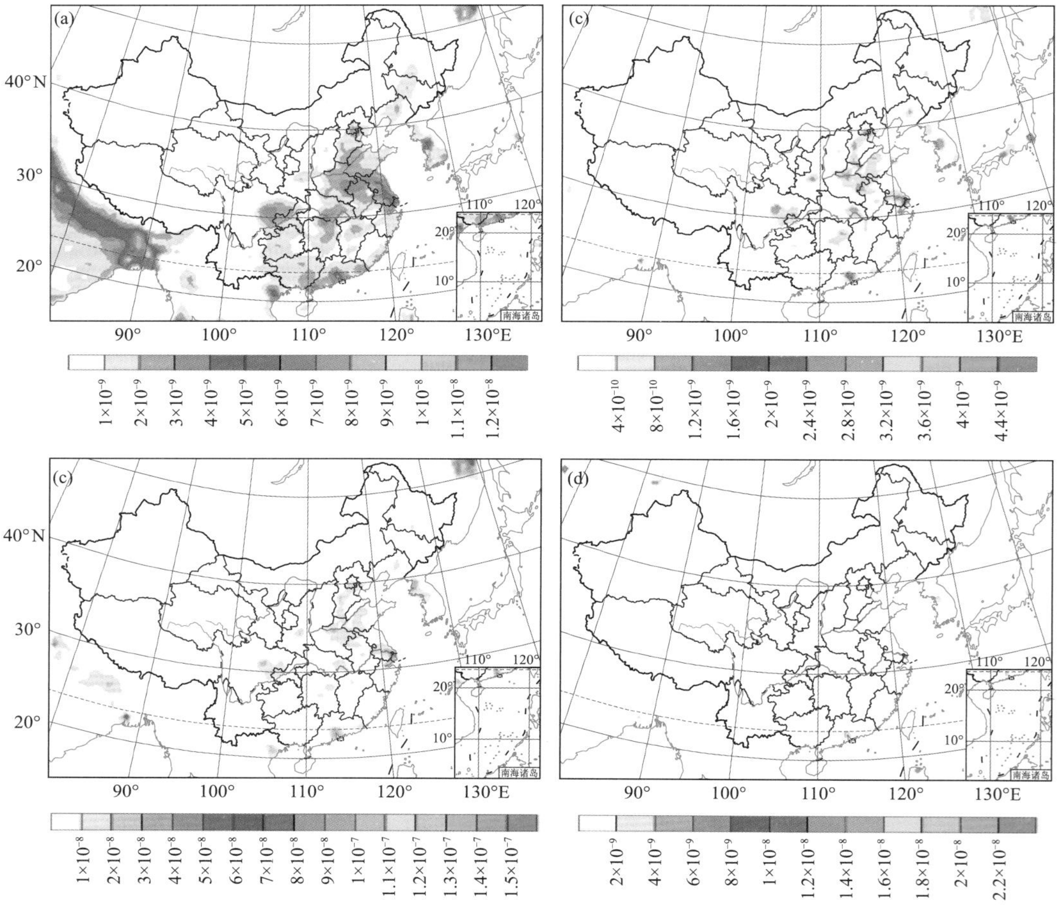

图 5.15 模拟区域 CH_4(a)、NO(b)、CO(c)、SO_2(d)的排放通量(单位:$kg \cdot m^{-2} \cdot s^{-1}$)

5.3.3　模式评估与验证

本节运用 RegCM-Chem 模拟 2013 年 5—8 月臭氧浓度场和气象场，其中 5 月作为模式的预积分时段，取后三个月模拟结果用于夏季高温热浪期间的臭氧生成机制研究。为了检验所用模式模拟的可靠性，将模拟结果与观测资料进行对比分析，模式评估分为气象场和化学场两部分。

5.3.3.1　气象场评估

首先利用 EIN15 再分析资料对模拟的气象场进行评估。图 5.16 展示的是 2013 年夏季再分析资料和模拟的 850 hPa 和 500 hPa 温度场和风场的空间分布，可见，模拟的风场和温度场与 EIN15 再分析资料具有较高的一致性。从温度场来看，850 hPa 温度的高值中心在青藏高原，该气压层温度随纬度变化的梯度不大，在 45°N 以北温度下降较多；500 hPa 温度的高值中心在青藏高原及其以南地区，在 35°N 以南温度梯度变化不大，35°N 以北温度递减。模拟的风向、风速与再分析资料也比较一致。整体来看，模拟的温度比 EIN15 再分析资料略微偏高，风场强度稍有偏大，但模拟和观测具有很高的空间相关性。

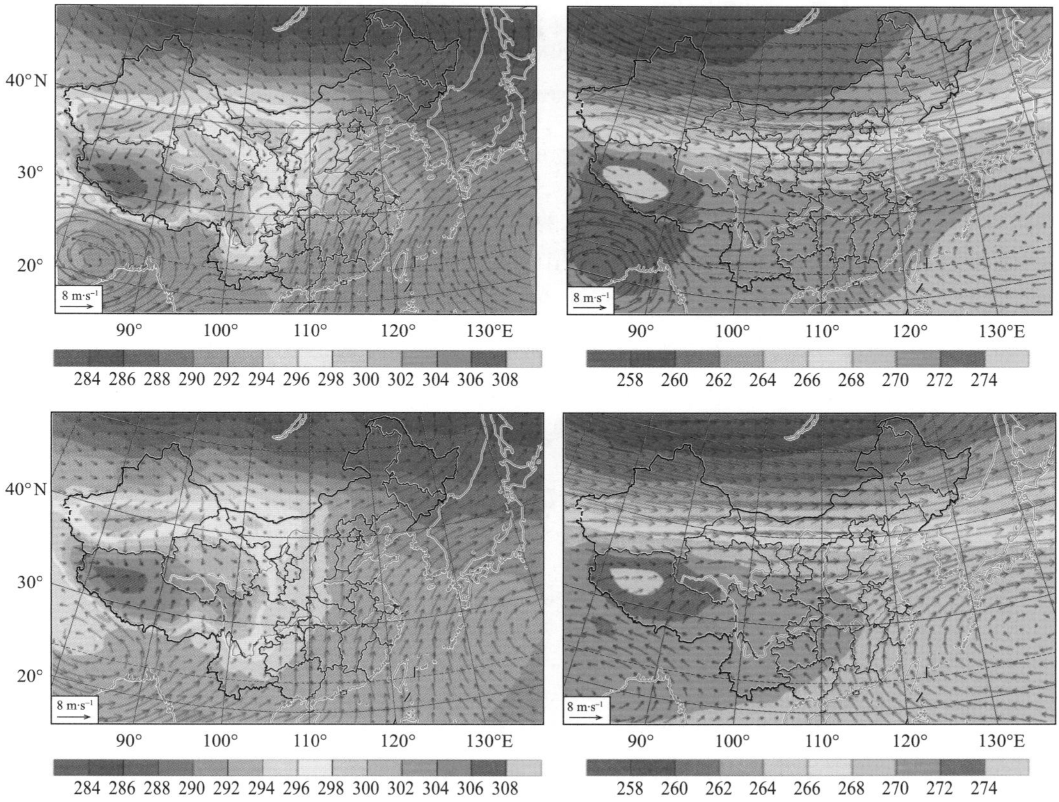

图 5.16　2013 年夏季 EIN15 再分析资料(下)和模拟结果(上)850 hPa(左)和 500 hPa(右)风场(单位:m · s^{-1})和温度场(单位:K)比较

5.3.3.2　化学场验证

图 5.17 是 2013 年夏季近地面臭氧平均浓度分布结果，可以看出，近地面臭氧的空间分布差异较大，臭氧的平均值为 25.7 ppbv，空间变化范围为 12.3～48.3 ppbv。臭氧高值区主要分布在华北地区、长三角、四川盆地以及东部沿海海域，一方面由于这些地区经济快速发展，较强的污染物排放为生成臭氧提供了充足的前体物，另一方面则与当地的地形和输送条件有关。

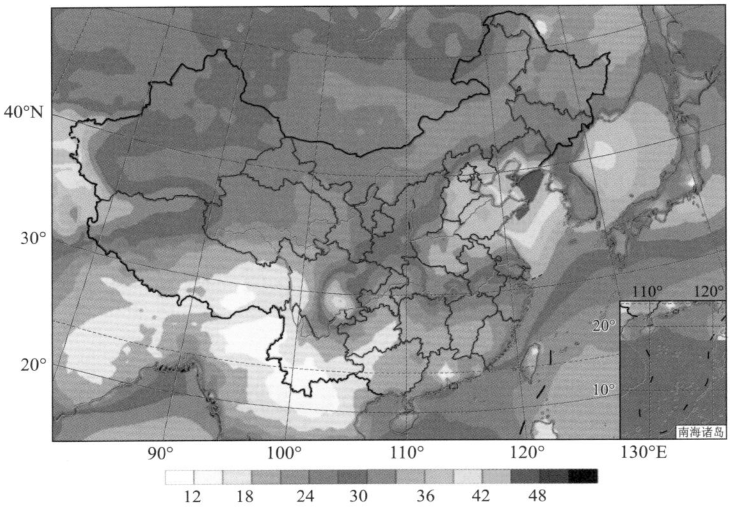

图 5.17　2013 年夏季臭氧平均浓度分布(ppbv)

图 5.18 是 2013 年夏季上海、南京、杭州的臭氧小时模拟值与观测值的散点及其拟合曲线图，可以看出，观测值和模拟值相对比较集中，三个站点的拟合方程分别为：$y=0.393x+14.65$、$y=0.252x+20.737$、$y=0.306x+17.89$，其中 y 为模拟值，x 为观测值，R^2 分别为 0.374、0.124、0.282。模式对于低值的模拟效果较好，对于高值的模拟存在偏低的现象，尤其是对于臭氧极大值的模拟。从月均浓度结果来看(图 5.19)，模拟值和观测值比较接近，但模拟值较观测值偏小。除南京的 6 月和 8 月偏差相对较大以外，其他月份的绝对偏差均在 10 ppbv 以内。

臭氧浓度观测值与模拟值的统计关系如表 5.6，定义相关系数 R、归一化平均偏差 NMB 以及均方根误差 RMSE 如下：

$$R=\frac{\sum_i^N (S_i-\overline{S})(O_i-\overline{O})}{\sqrt{\sum_i^N (S_i-\overline{S})^2}\sqrt{\sum_i^N (O_i-\overline{O})^2}} \tag{5.6}$$

$$\mathrm{NMB}=\frac{\sum_i^N (S_i-O_i)}{\sum_i^N O_i} \tag{5.7}$$

$$\mathrm{RMSE}=\sqrt{\frac{1}{N}\sum_i^N (S_i-O_i)^2} \tag{5.8}$$

式中，S_i 代表臭氧模拟值，O_i 代表臭氧观测值，$\overline{S}$ 代表模拟臭氧的平均值，$\overline{O}$ 代表观测臭氧的平均值，N 代表有效样本数。当 NMB 和 RMSE 越接近 0，且 R 越接近 1，则说明模拟效果越

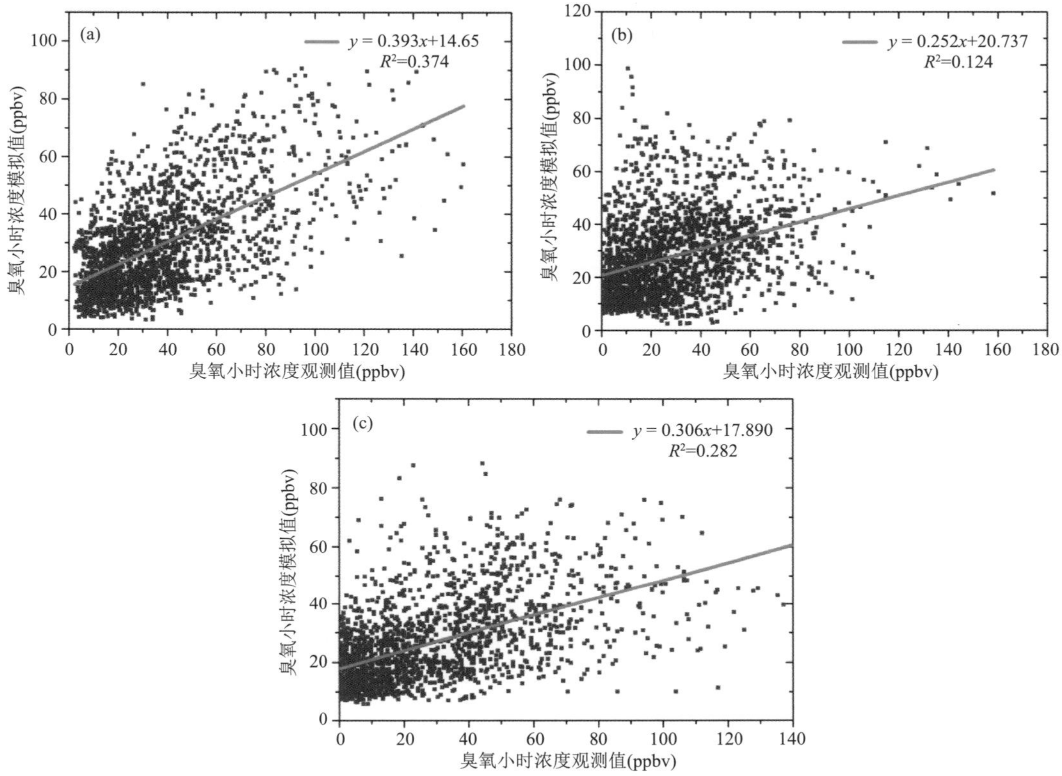

图 5.18　上海(a)、南京(b)和杭州(c)2013 年夏季臭氧小时浓度模拟值和观测值散点图(ppbv)

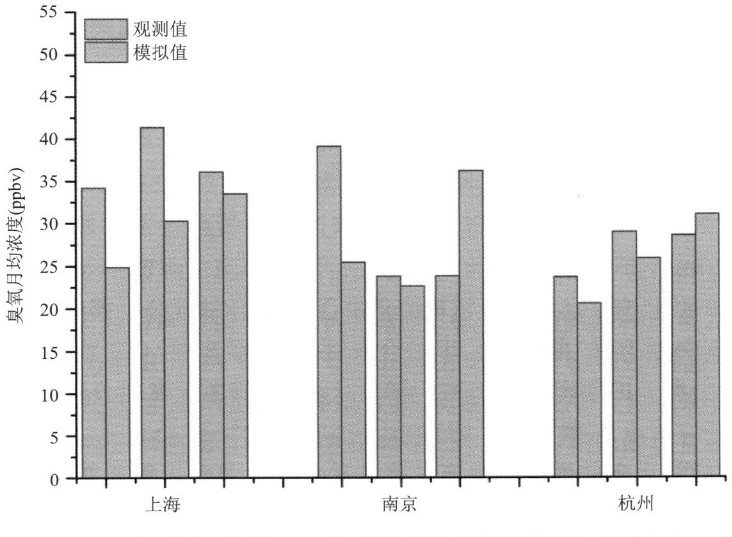

图 5.19　上海、南京、杭州 2013 年夏季臭氧月均模拟值和观测值的比较

好。从统计结果来看，模拟与观测的平均值较为接近，最小相差 0.4 ppbv，相关系数上海可达 0.63，南京和杭州分别为 0.48 和 0.54，归一化平均偏差分别为－0.18、0.1 和－0.01，均方根误差分别为 24.49、17.05 和 21.5。

通过与观测结果的比较，可以看出 RegCM-Chem 能够较为准确地模拟气象场的空间分布以及臭氧的浓度水平，具有较好的模拟性能。

表 5.6　RegCM-Chem 臭氧模拟结果评估

变量	站点	平均值		归一化平均偏差	相关系数	均方根误差
		观测	模拟			
O_3(ppbv)	上海	38.84	31.85	－0.18	0.63	24.49
	南京	23.82	26.29	0.10	0.48	17.05
	杭州	28.82	28.42	－0.01	0.54	21.5

5.3.4　结果分析

5.3.4.1　热浪和非热浪个例选取

我国将日最高气温达到或超过 35 ℃，且持续 3 天及以上的高温事件定义为高温热浪。根据该定义，图 5.20 给出了全国机场温度站点的分布以及高温热浪发生强度，中间图所示为全国机场站点每日最大温度的平均分布情况，实心点代表该站点温度达到我国高温热浪定义标准，空心点代表该站点温度未达到热浪事件发生标准，点的大小代表高温热浪强度，定义为高温热浪总天数除以高温热浪发生频率。从图中可以看出，2013 年夏季华北地区、中部区域、长江中下游地区以及部分华南区域均发生了不同程度的高温热浪事件，其中以长江中下游地区最为显著(图中矩形区域)，平均气温均达到 36 ℃以上，平均气温最高达 38 ℃。

根据图 5.20 中矩形区域内 7 个典型城市的气温情况，给出各城市每日最大气温的距平值(相对 35 ℃)，7 个城市站点均呈现出几个不同程度的正负距平集，正距平主要集中在 7、8 月，数值范围为 0～7 ℃；负距平主要集中在 6 月，数值范围为－13～0 ℃。挑选 7 个城市站点共有的正距平时段和负距平时段分别作为高温热浪时段和非高温热浪时段，且对应时段时间尺度不低于 7 天，分别得出高温热浪(HW)时段为 7 月 24—31 日，非高温热浪(NHW)时段为 6 月 5—12 日，用于高温热浪期间影响近地面臭氧生成的过程分析。

5.3.4.2　过程分析

根据选出的高温热浪和非高温热浪个例，分别进行模拟。图 5.21 给出了两个时段内近地面气温和臭氧的模拟结果差异(HW－NHW)，可以看出，在空间分布上高温和高臭氧有很好的正相关，高浓度臭氧主要分布在华北平原、四川盆地以及长三角地区，臭氧浓度差异最高值达到 45 ppbv；低值区主要出现在温度差异较小的北部和西南地区，最低可达－20 ppbv。在北部的高温区域并没有出现臭氧的高值区，可能的原因是这些地区大气污染物排放较华北和东部地区少，无法生成高浓度臭氧。华南地区热浪与非热浪期间并没有正的温度差异存在，因此也没有出现高浓度的臭氧污染现象。

通过对温度和臭氧观测资料以及模拟结果的分析发现，温度和臭氧浓度有着显著的相关，进一步利用 RegCM-Chem 过程分析模块探究影响臭氧生成的主要因子。过程分析是对臭氧

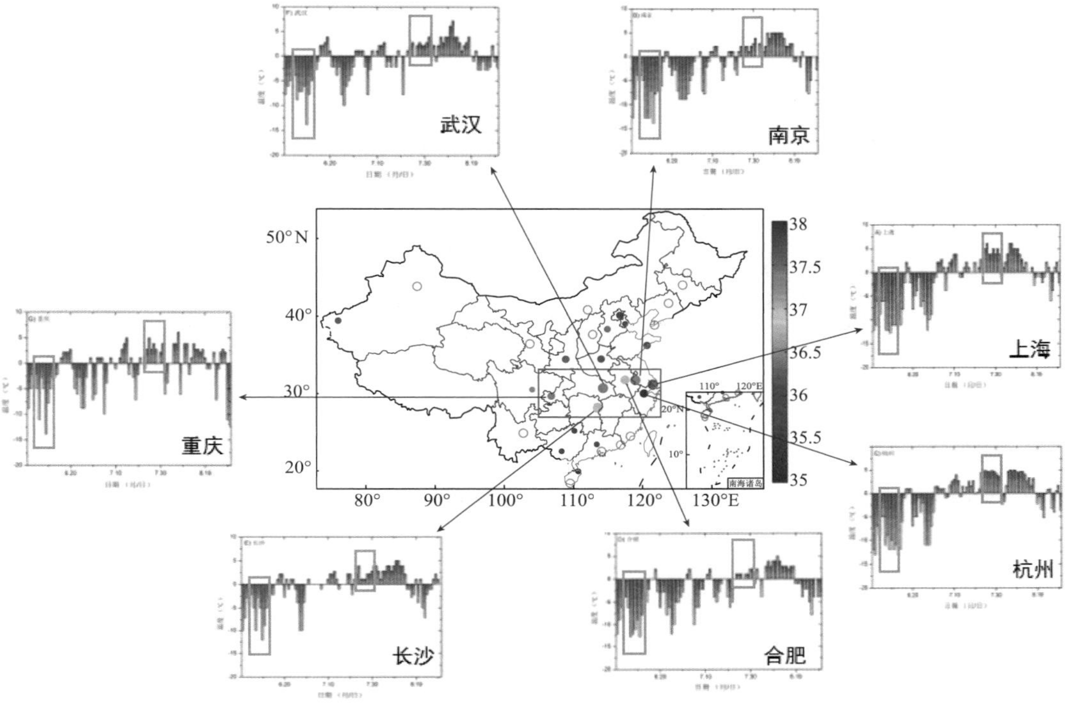

图 5.20　每日最大温度的平均温度(℃)及其全国机场站点分布(图中实心点代表该站点气温达到高温热浪温度阈值,空心站点代表温度没有达到高温热浪定义的温度;点的大小代表高温热浪强度,定义为高温热浪总天数除以高温热浪事件频率)和长江流域重点城市温度距平(单位:℃,距平是参照高温热浪阈值 35 ℃)

的化学生成和消耗、源排放以及各类清除过程等 11 个变量的追踪(表 5.7)。对于臭氧,无直接排放,高温热浪下是晴好天气,因此排放、湿清除和云雾清除过程为 0;水平扩散、垂直平流、对流输送和边界条件的量级很小,对臭氧的贡献和影响可忽略,因此过程分析主要包括 4 项,分别是水平平流、化学反应、干沉降以及垂直湍流。

表 5.7　RegCM-Chem 模式过程分析所含变量及其解释

变量	解释
chemistry reaction	化学反应
horizontal advection	水平平流
vertical advection	垂直平流
horizontal diffusion	水平扩散
convective transport	对流输送
vertical turbulence	垂直湍流
rain out	雨水清除
wash out	云水清除
boundary conditions	边界条件
dry deposition	干沉降
emission	排放源

图 5.22 是高温热浪期间和非高温热浪期间化学反应、干沉降、垂直湍流和水平平流导致

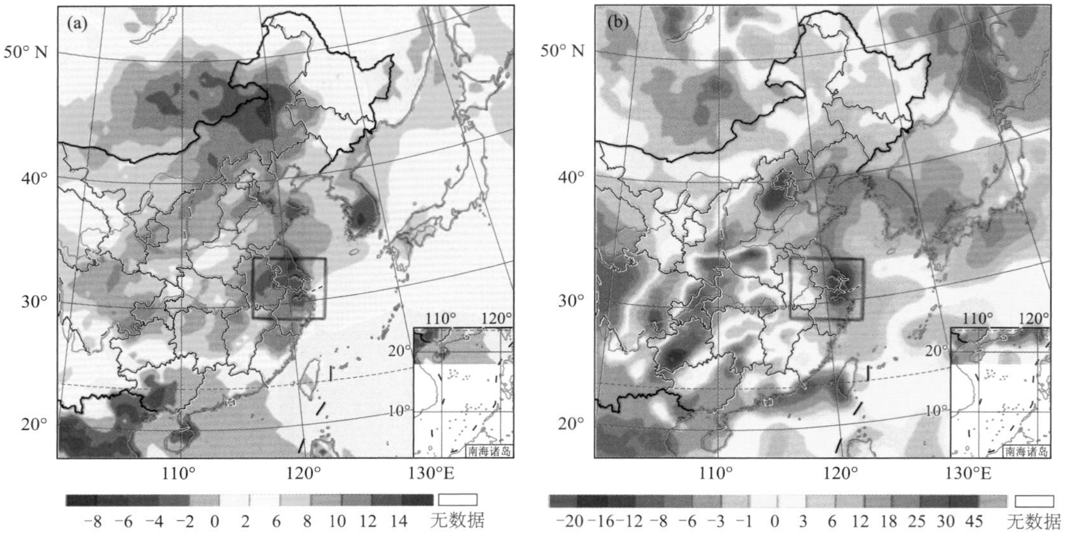

图 5.21　高温热浪和非高温热浪时段近地面气温(a,单位:℃)和臭氧(b,ppbv)的差异
(图中矩形区域为长三角地区,下同)

的臭氧差异。从过程分析的结果来看,化学反应对臭氧贡献的高值区主要集中在华北、长三角和四川盆地,与图 5.21 中高温和高臭氧的区域吻合较好,说明高温热浪期间化学反应对臭氧的增加有显著贡献,最高可达 12 ppbv。干沉降使得高温热浪期间臭氧增加了 0.2～0.4 ppbv,而垂直湍流和水平平流过程基本是削弱臭氧的。

化学反应对臭氧增量的贡献是最显著的,该项受到包括太阳辐射、云、温度在内的多种气象因子的影响。Katragkou 等(2011)研究指出,云量的减少以及温度、太阳辐射的改变都会导致臭氧浓度的增加。图 5.23 给出了高温热浪与非高温热浪期间近地面气压和风场、相对湿度、总云量以及近地面短波辐射通量差异,可见,东南沿海和青藏高原地区受高压系统控制,四川盆地和日本处于显著的低压区,削弱了从海上吹向陆地的南风。一方面在长三角地区形成

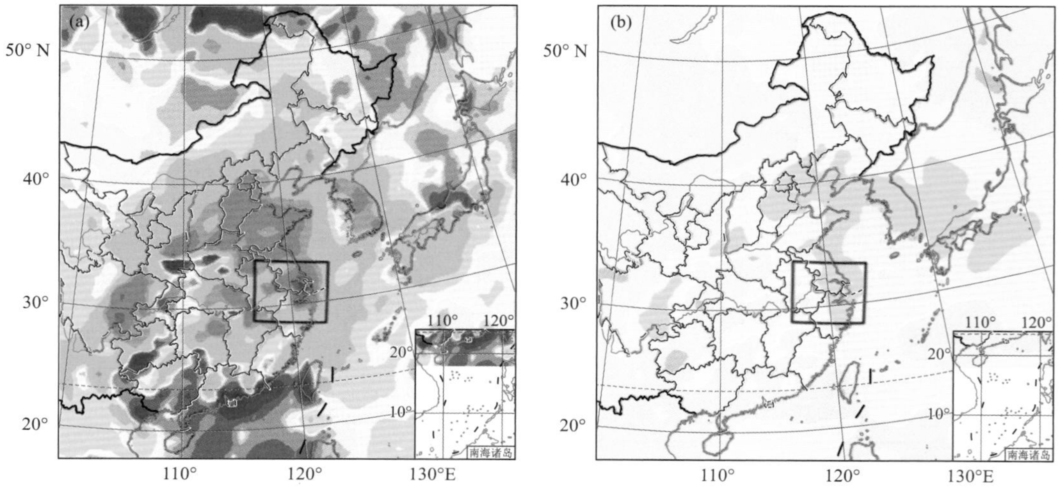

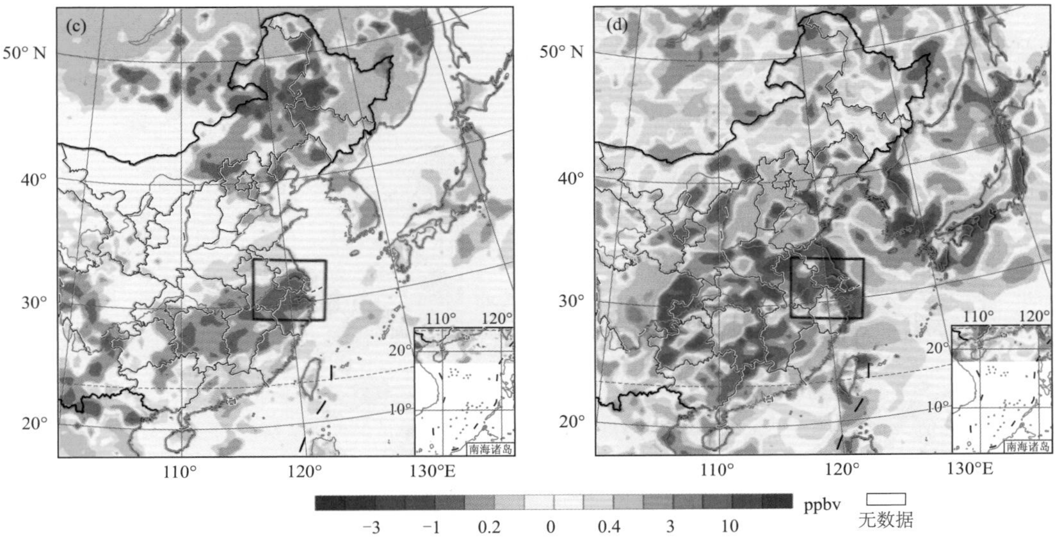

图 5.22　高温热浪和非高温热浪期间不同过程引起的臭氧差异(ppbv)
(a)化学反应;(b)干沉降;(c)垂直湍流;(d)水平平流

稳定的大气结构,不利于臭氧的输送扩散。另一方面减少了来自海上的干净空气和水汽的输送,导致高温热浪期间相对湿度的减少,长三角地区相对湿度最大减少量高达 50%,使得热浪期间云量减少(平均减少量为 0.2～0.5),到达地面的短波辐射通量增加,促进光化学反应的进行,引起近地面气温的升高,导致臭氧的生成量增加。

干沉降作为臭氧重要的汇,取决于干沉降速率和干沉降通量。模拟结果表明,与非高温热浪时段相比,干沉降速率和干沉降通量在高温热浪期间均受到抑制(图 5.24),从而使得在高温热浪期间臭氧有微小增加。RegCM-Chem 模式中,干沉降采用三层阻力模型:空气动力学阻力、黏附层阻力以及与植被气孔和土壤相关的表面层阻力。臭氧的峰值通常发生在气温较

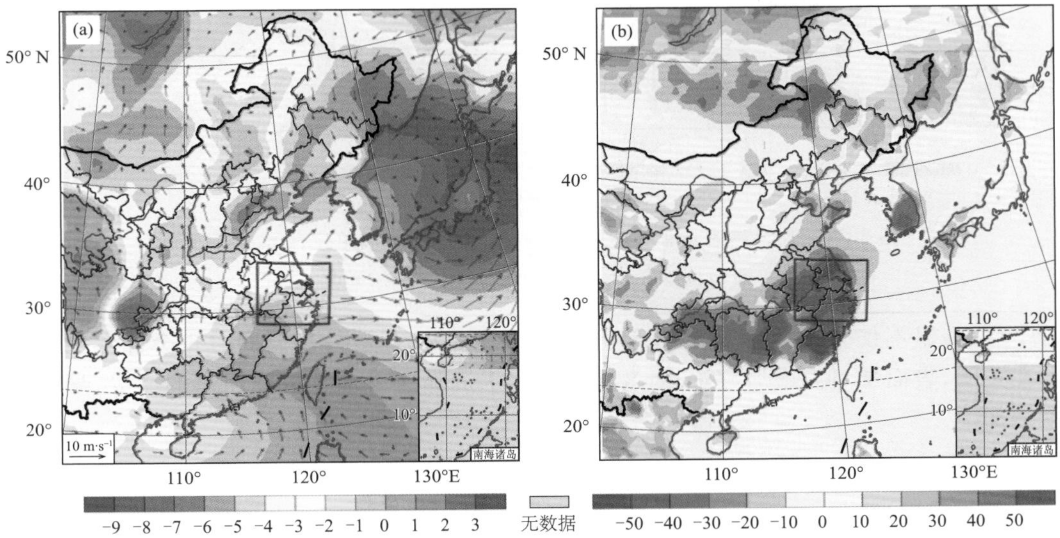

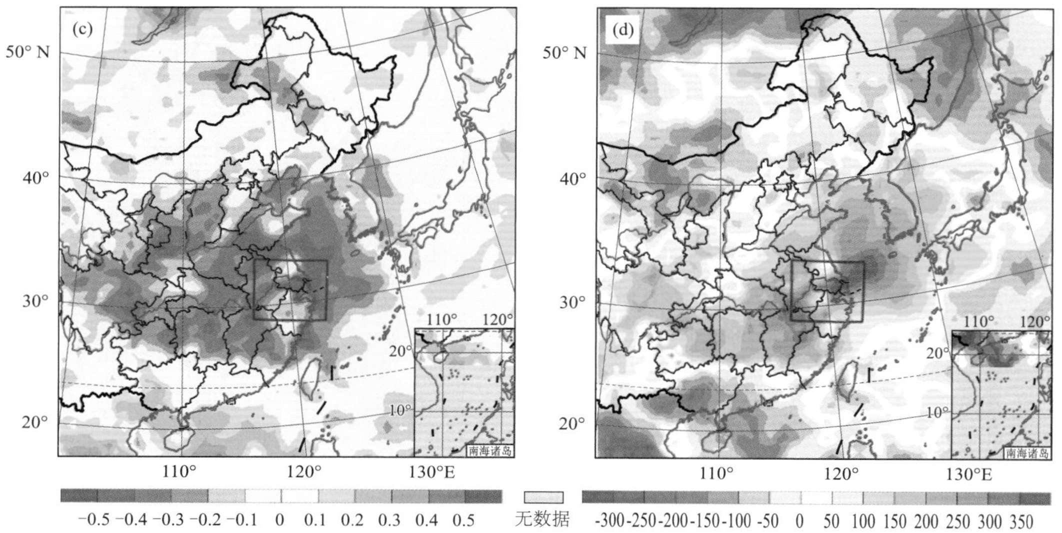

图 5.23　高温热浪与非高温热浪期间近地面气压(单位:hPa)和风场(单位:m·s^{-1})、相对湿度(%)、总云量(1)以及近地面短波辐射通量(单位:W·m^{-2})差异

(a)气压和风场;(b)相对湿度;(c)总云量;(d)近地面短波辐射通量

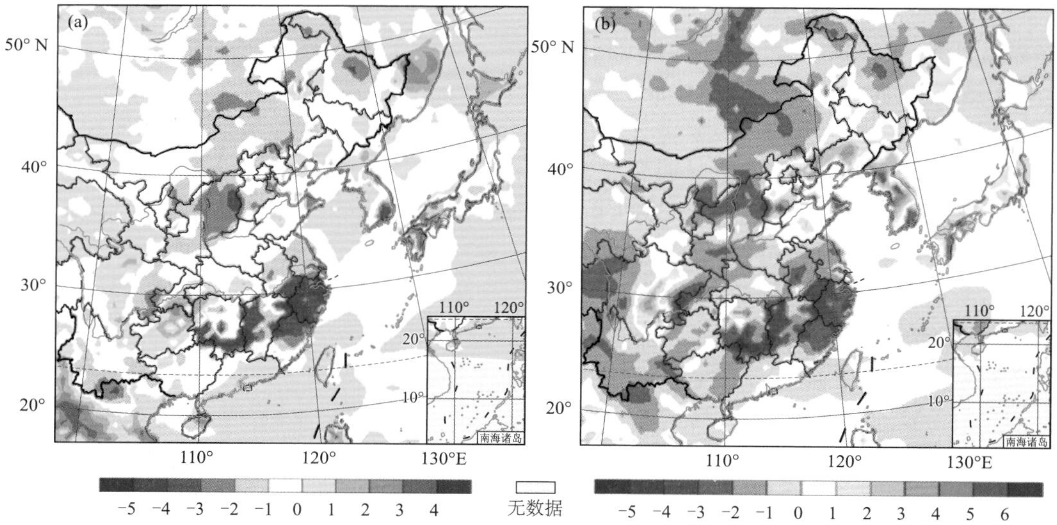

图 5.24　高温热浪与非高温热浪时段干沉降速率(a,单位:mm·s^{-1})和干沉降通量(b,单位:mg·m^{-2}·h^{-1})差异

高的午后,高温不仅会使得湍流增强,使得空气动力学阻力减小;高温同时也会导致更多的植被气孔关闭,表面层阻力增加,两个因素综合决定干沉降速率和干沉降通量的减少,导致臭氧浓度增加。

5.4　东亚季风年际变化对臭氧的影响

5.4.1　东亚季风与东亚季风指数

5.4.1.1　东亚季风

东亚季风(East Asian Summer Monsoon)是亚洲季风的重要组成部分,其移动和变化显著地影响着东亚的天气和气候。东亚季风是一个相对独立的季风系统,其主要组成部分、环流形势、季节变化、水汽输送、降水性质等与南亚季风有显著的差异。东亚季风系统的主要成员包括:南海与赤道西太平洋季风槽、印度西南季风气流、100°E 以东的越赤道气流、西太平洋副热带高压与赤道东风气流、中纬度扰动、梅雨准静止锋和澳大利亚冷性反气旋。

从形成机理上看,东亚季风的形成不仅取决于海陆分布造成的季节温差,还受太阳辐射变化、大气环流调整和大地形等各种内外因素的相互作用(陶诗言 等,1957)。高由禧等(1957)指出,海陆热力差异是东亚季风形成的根本原因,但大地形(如青藏高原)的热力和动力作用对东亚季风的影响不容忽视。陈隆勋等(1979)把东亚夏季风环流形成和维持的原因归纳为四个方面:经向和纬向的海陆分布热力差异;青藏高原的动力和热力作用;南北半球的相互作用;大气能量耗散机制。曾庆存等(2002)则提出季风主要受两大推动力控制:行星热对流环流和地表特性差异(海陆热力差异和地形高度等)。经圈环流上升下沉和南北关联及与中高纬准定常行星波的配置则使全球范围内从低纬到高纬,从低空到高空出现区域性的明显季节变化区,从而形成了三维空间的全球季风分布。

从季风降水来看,东亚夏季风和东亚主要雨带的季节进程及旱涝灾害有密切关系。中国主雨带以二次北跳、三次准静止的形式随季节阶段性向北推进。中国乃至东亚雨季是伴随着东亚夏季风的爆发而开始,随夏季风消退而结束(陈隆勋 等,1991;吴尚森 等,2003;丁一汇 等,2004)。Ding 等(2004)把亚洲夏季风活动分为 4 个主要阶段:①4 月末—5 月初亚洲夏季风最早在中南半岛及邻近区域开始爆发;②5 月中旬夏季风控制区域向北扩展至孟加拉湾,向东扩展至南海地区,南海夏季风爆发,青藏高原反气旋性风场发展,且有高层辐散增加和深对流突然增强。华南前汛期雨季(包括台湾梅雨)在该阶段(6 月上旬)达到最强;③发生于 6 月中上旬,以印度季风爆发和东亚雨季如长江流域和日本的梅雨到来为主要特征;④夏季风可在 7 月的上、中旬推进至华北、朝鲜半岛甚至日本北部,7 月后半月东北雨季正式开始,该区域内盛行夏季风,东亚夏季风到达最北位置。

5.4.1.2　东亚季风指数

季风指数既是衡量季风强弱年际变化的一个标准,也是研究季风和其他气候系统相互作用的重要指标,定义季风指数是目前国际上关于季风研究的一个重要课题。东亚季风指数的定义有多种方法,其中一种方法是根据海陆热力差异定义东亚夏季风强度,如郭其蕴(1983)和施能等(1996)以特定区域平均海平面气压差定义东亚夏季风指数,孙秀荣等(2002)利用地表和海表的经向和纬向温度差定义东亚夏季风指数;另一种方法则根据大尺度季风环流异常定义季风强弱,如 Ni 等(1991)、Yang 等(1992)取特定区域(0°～20°N,40°～110°E)的 850 hPa 平均经向风速距平作为东亚夏季风指数,张庆云等(2003)利用两个辐合带中 850 hPa 纬向风距平差定义东亚夏季风指数。

上述两种定义季风指数的方法均限定于某个固定区域，且以月或季为时间单位，不能具体详尽描述东亚夏季风的推进状况。东亚季风与南亚季风的差别之一是东亚季风存在明显的南北移动，强降水发生在夏季风前沿附近，东亚夏季风前沿移动速度异常是导致中国东部降水年际变化显著的重要原因。因此，为了描述和刻画季风的南北移动，许多学者试图寻找一种能够反映季风前沿移动的指数。一种方法是建立在东亚夏季风北边缘暖湿气团中湿球位温的基础上，如汤明敏等（1993）利用假相当位温定义季风前沿；朱乾根等（1989）使用 1971—1980 年 850 hPa 上 14 ℃等露点线表征副热带季风活动的前沿。这些方法均能在很大程度上反映东亚夏季风向北的推进过程，但在较高纬度确定夏季风前沿位置上，效果却不是很理想。另一种方法是根据夏季降水定义东亚夏季风前沿，如 Chen（2001）通过降水资料的分析研究建立了东亚季风建立和撤退的平均日期；Lau 等（1996）利用 6 $\mathrm{mm \cdot d^{-1}}$ 降水量为临界值的办法定义东亚夏季风前沿；Ramage（1971）利用降水定义东亚夏季风的推进过程。这些方法在一定程度上对季风推进进行了较好地描述，但无法排除实测降水量中非季风降水的影响。第三种方法则是结合热力、动力因素定义东亚夏季风的前沿，如胡豪然等（2007）综合利用降水、风场和假相当位温，表征东亚夏季风北边缘；王安宇等（1999）则根据 850 hPa 高度上西南风和假相当位温表征东亚夏季风的推进。这些定义方法均在很大程度上反映了东亚夏季风阶段性的推进过程。

为了能更准确表征东亚夏季风的年际变化，本书中同时引用了三种东亚夏季风指数，分别是施能等（1996）、Li 等（2002，2003）、张庆云等（2003）提出的东亚夏季风指数。施能等（1996）利用海陆气压差定义季风指数，具体方法是：20°～50°N，7 个纬度带（间隔 5°）的纬向标准化海平面气压差（110°E 减 160°E）的和，并对所得序列进行标准化（如式（5.9）、式（5.10）所示）。Li 等（2002，2003）则是利用 10°～40°N，110°～140°E 区域 850 hPa 平均的动态标准化季节变率定义东亚季风的季节变化和年际变化（如式（5.11）、式（5.12）所示）。张庆云等（2003）则将东亚热带季风槽（10°～20°N，100°～150°E）与东亚副热带地区（25°～35°N，100°～150°E）6—8 月平均的 850 hPa 风场的纬向风距平差，定义为东亚夏季风指数（I_{EASM}），如式（5.13）所示：

$$\mathrm{MI}_t = \sum_{i=1}^{7}(\mathrm{SLP}_{1it}^{*} - \mathrm{SLP}_{2it}^{*}) \tag{5.9}$$

$$\mathrm{MI}_t^{*} = \frac{\mathrm{MI}_t - \overline{\mathrm{MI}}}{\sigma_{\mathrm{MI}}} \tag{5.10}$$

式中，$\overline{\mathrm{MI}}$、σ_{MI}表示 MI 的平均值与均方差；* 表示标准化处理；SLP_{1it}^{*}、SLP_{2it}^{*} 分别是 110°E、160°E 的第 i 纬带第 t 年的海平面气压标准化测值。

$$\delta_{m,n} = \frac{||\overline{\boldsymbol{V}}_1 - \overline{\boldsymbol{V}}_{m,n}||}{||\bar{V}||} - 2 \tag{5.11}$$

式中，$\overline{\boldsymbol{V}}_1$ 是 1 月气候平均风矢量，$\overline{\boldsymbol{V}}$ 是 1 月和 7 月气候平均风矢量的平均，$\overline{\boldsymbol{V}}_{m,n}$是某年（$n$）某月（$m$）的月平均风矢量。

$$||\boldsymbol{V}|| = (\iint_s |\boldsymbol{V}|^2 \mathrm{d}S)^{\frac{1}{2}} \tag{5.12}$$

式中，S 表示所计算的区域。

$$I_{\mathrm{EASM}} = U'_{850[10^\circ\sim20^\circ\mathrm{N},100^\circ\sim150^\circ\mathrm{E}]} - U'_{850[25^\circ\sim35^\circ\mathrm{N},100^\circ\sim150^\circ\mathrm{E}]} \tag{5.13}$$

式中，$U'_{850[10^\circ\sim20^\circ\mathrm{N},100^\circ\sim150^\circ\mathrm{E}]}$、$U'_{850[25^\circ\sim35^\circ\mathrm{N},100^\circ\sim150^\circ\mathrm{E}]}$ 分别是东亚热带季风槽区（10°～20°N，100°～

150°E)与东亚副热带地区(25°～35°N,100°～150°E)6—8 月平均的 850 hPa 风场的纬向风距平。

三种不同指数(施能 等,1996;Li et al.,2002,2003;张庆云 等,2003)分别根据海平面气压差、850 hPa 纬向风距平和 850 hPa 动态标准化季节变率表征东亚夏季风的年际变化,指数为正代表夏季风强,指数为负代表夏季风弱。利用 1999—2013 年美国国家环境预测中心/国家大气研究中心(NCEP/NCAR)再分析资料,根据上述三种方法计算各年东亚夏季风指数,结果如图 5.25 所示。

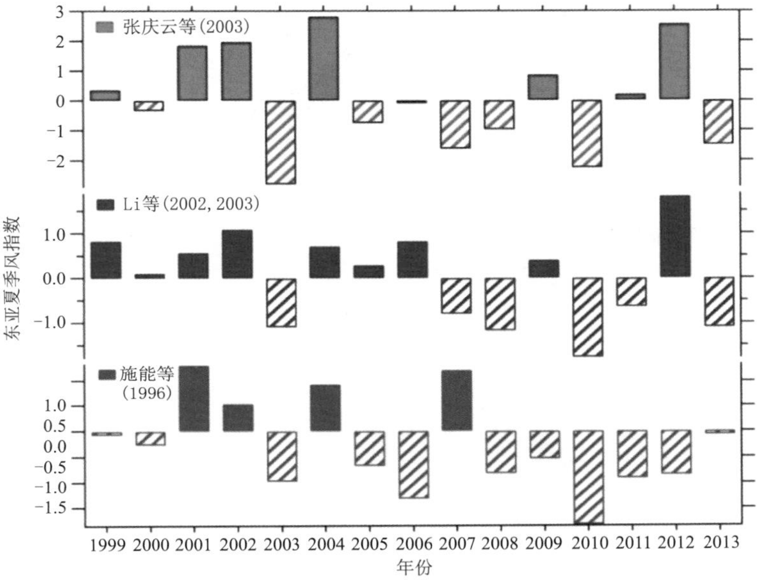

图 5.25　1999—2013 年三种东亚夏季风指数变化

从图 5.25 可以看出,三种指数存在明显差异,对有些年份季风强弱程度的表征结果刚好相反,可见单一季风指数无法多方面、多角度完整的表征东亚夏季风强弱变化。因此结合三种东亚夏季风指数,分别从海陆气压差、纬向风距平和动态标准化季节变率三个角度同时分析,结果表明:2001 年、2002 年、2004 年的三个指数均为正,即表征结果皆为强夏季风,2003 年、2008 年、2010 年的三个指数均为负,即表征结果皆为弱夏季风,因此判定 2001 年、2002 年、2004 年为东亚夏季风强年,判定 2003 年、2008 年、2010 年为东亚夏季风弱年。

5.4.2　模式参数设置

对 2001、2002、2004、2003、2008 和 2010 年 6—8 月分别进行臭氧模拟,分析东亚夏季风强弱变化对臭氧的影响。模式参数设置如表 5.8 所示,其他部分与表 5.1 中的一致。

表 5.8　模拟东亚夏季风异常对臭氧影响的参数设置

参数	说明
输出结果时间间隔	1 h
模拟时间	4 月 10 日—8 月 31 日(2001,2002,2003,2004,2008,2010)
排放源	固定为 2005 年
气象场边界强迫间隔	6 h
浓度场边界强迫间隔	6 h

为了排除排放源对臭氧的影响，模拟不同年份时保持排放源不变，所有模拟都使用 2005 年的排放清单（各污染物排放量如图 5.26 所示）。模拟时段从 4 月 10 日—8 月 31 日，舍弃模式前 20 天的结果，以减少初始场的偏差对模拟结果的影响。

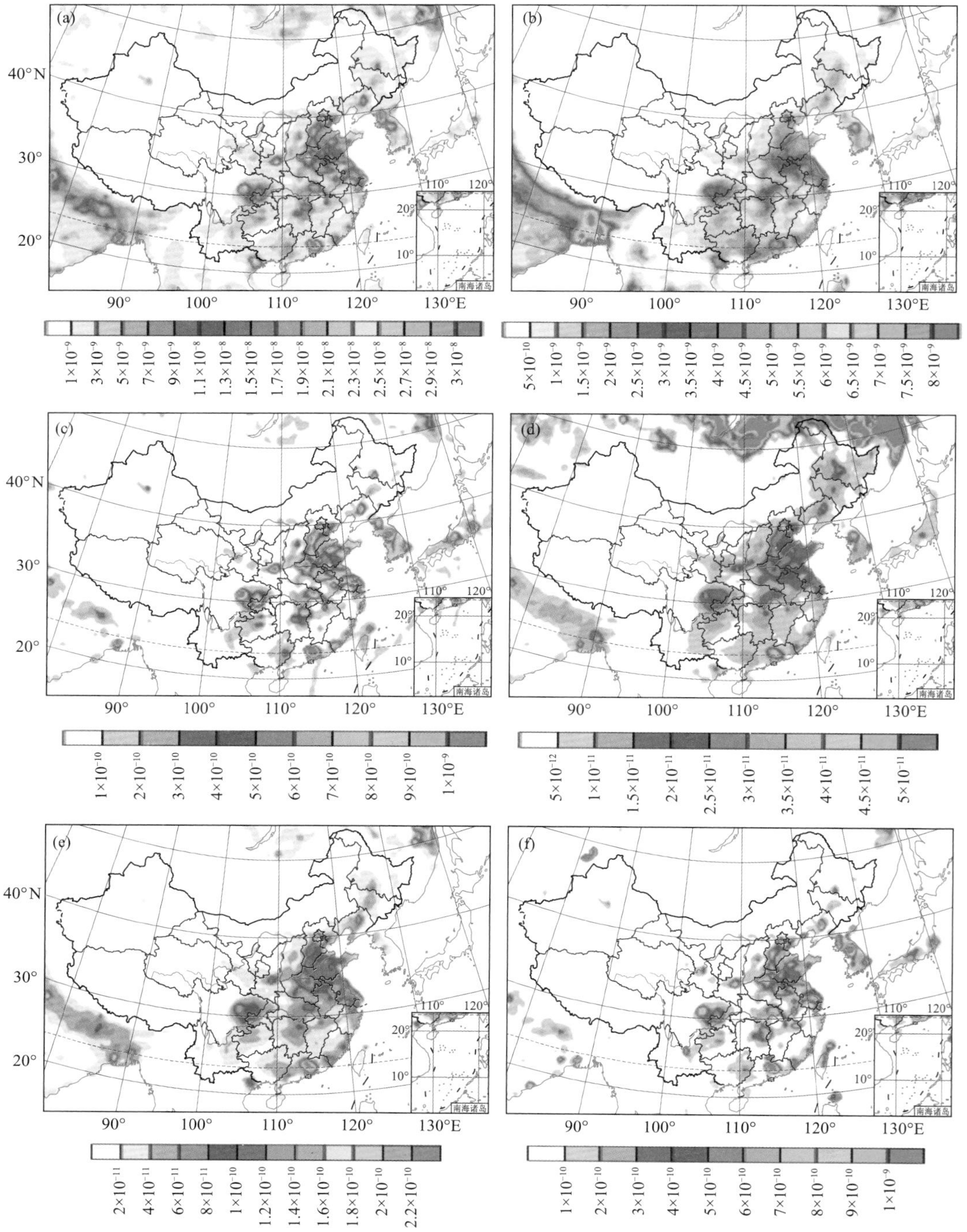

图 5.26　2005 年夏季 CO(a)、CH_4(b)、NO_x(c)、HCHO(d)、C_2H_6(e)、SO_2(f)排放通量（单位：kg · m^{-2} · s^{-1}）

5.4.3 结果分析

根据三种不同季风指数综合确定夏季风偏强年份和夏季风偏弱年份，然后对三个夏季风偏强年进行合成，得到偏强夏季风结果；对三个夏季风偏弱年进行合成，得到偏弱夏季风结果。最后结合气压场、风场、输送通量等因子，分析夏季风偏强年与夏季风偏弱年之间低层臭氧的空间分布差异，并进一步研究导致该差异的主要因素，主要研究结果见 Li 等(2018c)。

5.4.3.1 季风强弱年气象场差异验证

分别利用 NNRP1 和 EIN15 两种全球再分析资料对季风强弱年低层位势高度和风场差异进行验证，空间差异场均为强夏季风合成结果减去弱夏季风合成结果，在模式输出结果中选取 925 hPa 和 850 hPa 两个高度层次 5—8 月时间平均结果进行对比验证。

夏季风强弱年的差异场均为夏季风强年合成结果减去夏季风弱年合成结果，以下全部简称为差异。如图 5.27—图 5.29 所示，大气低层(925 hPa 和 850 hPa)风场和位势高度场的模拟结果和 NNRP1、EIN15 再分析资料基本一致。从 925 hPa 位势高度场的差异来看，与弱夏季风相比较，当东亚夏季风偏强时，位势高度正异常中心位于中国东部沿海地区，如环渤海湾、长三角等地区，125°～135°E 区域则是位势高度差异场的负值中心。从 925 hPa 风场的差异来看，最为明显的是在 35°N 以南、105°E 以东的区域，该区域上存在明显的气旋性环流，对应的是位势高度差异的负值中心，在该气旋性环流的北部是偏东气流，西部是东北气流，南部则是偏西气流，而在东北地区，则是较强的西北气流，其他区域的风场差异较小。850 hPa 位势高度和风场的差异与 925 hPa 基本相同，从位势高度差异来看，125°～135°E 区域是负值中心，正值中心则位于华北地区。从风场差异来看，35°N 以南、105°E 以东区域的气旋性环流非常明显，差异场的偏东气流有利于西北太平洋上的暖湿气流向西输送，中国东北部则是较强的偏北气流。综合强弱夏季风不同高度层次上的差异场来看，位势高度差异场的负值中心和风场差

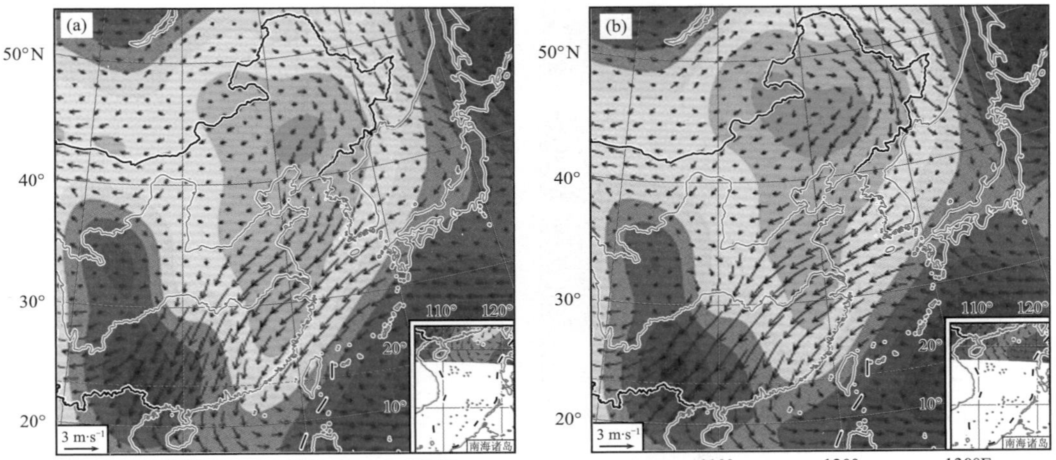

图 5.27　RegCM-Chem 模拟的低层位势高度(gpm)和风场($m \cdot s^{-1}$)差异

(a)925 hPa；(b)850 hPa

异的气旋性环流相对应，位势高度差异场的正值中心和风场差异的反气旋性环流相对应，但负值中心的梯度更大，因而与之对应的气旋性环流也更显著。可见，季风强弱年的气象场差异非常明显。与夏季风弱年相比，当夏季风偏强时，35°N 以南地区，受一个气旋性环流西部控制，偏东气流更强，增强夏季东亚地区的海陆环流，有利于海洋上的暖湿气流向西往陆地输送，造成降水增多。35°N 以北地区，位于气旋性环流的西南部，西北气流更强，有利于西北干冷空气向南输送。

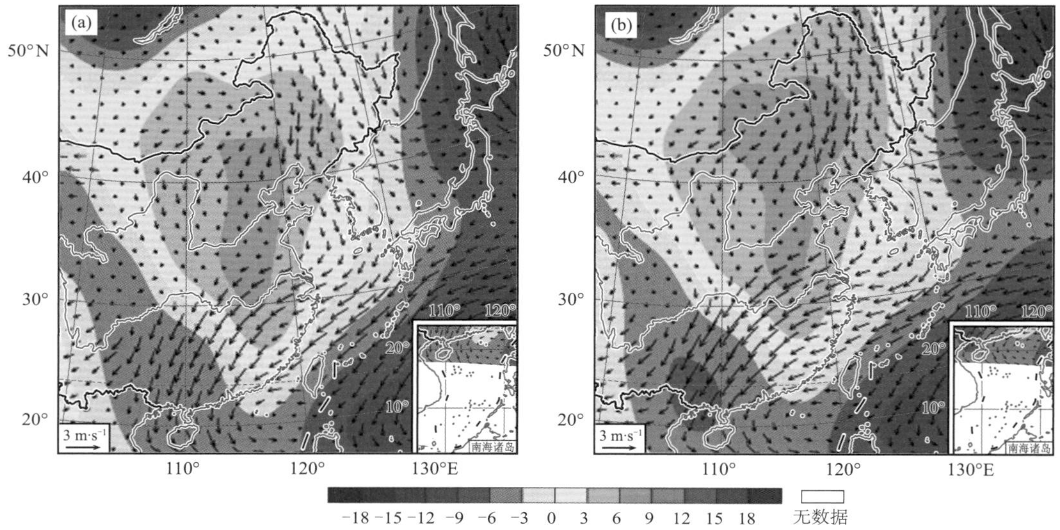

图 5.28　EIN15 再分析资料的低层位势高度(gpm)和风场(m · s^{-1})差异
(a)925 hPa;(b)850 hPa

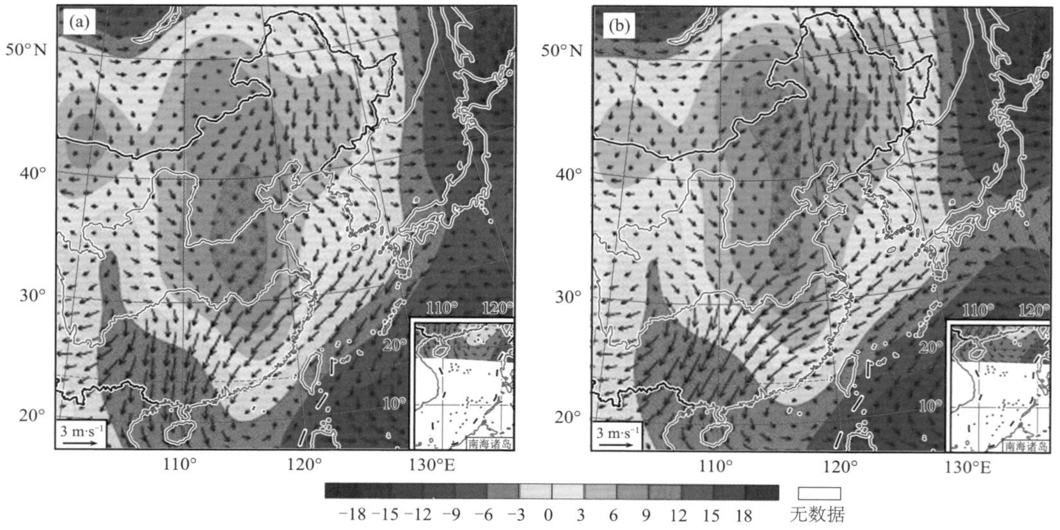

图 5.29　NNRP1 再分析资料的低层位势高度(gpm)和风场(m · s^{-1})差异
(a)925 hPa;(b)850 hPa

5.4.3.2　季风强弱年臭氧分布差异

如上所述，东亚夏季风的强弱变化在低层气象场上表现出明显的差异，同样夏季风的年际变化对近地层臭氧的分布也会产生重要的影响。Yang 等(2014)分析了 1986—2006 年东亚夏季风和臭氧浓度的关系指出，东亚夏季风越强中国地区夏季臭氧浓度越高，而当东亚夏季风偏弱时，夏季臭氧浓度则偏低，夏季风强弱变化对近地层臭氧浓度的影响强度与人为排放源变化对臭氧影响强度大致相当，夏季风强弱年臭氧年际变化量最大能达到平均值的 10%。

本书以 1000 hPa 高度层次上的臭氧浓度为例，分析东亚夏季风年际变化对臭氧的影响。图 5.30 和图 5.31 给出了东亚夏季风强弱年 1000 hPa 5—8 月各月均臭氧浓度对比和差异，可以看出，东亚地区臭氧空间分布差异非常明显，5—8 月近地层臭氧浓度高值中心位于环渤海湾、长江三角洲等沿海地区，低值中心则位于副热带海洋上(30°N 以南，125°E 以东)，最高值和最低值之差约为 36 ppbv，从副热带西北太平洋到中国华北地区，臭氧浓度逐渐升高，且海洋和陆地之间臭氧的浓度梯度较大。夏季风偏强年和偏弱年之间臭氧差异非常明显，变化范围为−7～7 ppbv。5 月差异的正值中心位于山东半岛和黄海地区，最大正值为 4.6 ppbv，最大负值中心位于四川盆地，中心值约为−4.1 ppbv。6 月臭氧差异的幅度明显比 5 月大，东北和西南地区是明显的正值区，最大正值为 4.3 ppbv，山东半岛以及黄海和西北太平洋副热带海域则是主要的负值区，中心值为−6.1 ppbv。7 月正值区面积较 6 月大，且以正值区为主。东北、华南地区是明显的正值区，最大值为 5.6 ppbv，华北、四川盆地和东海是负值区，最小值为−6.9 ppbv。8 月陆地上绝大部分区域臭氧浓度差值为正，最大正值为 6.5 ppbv，长三角、日本及其附近海域为臭氧差异的负值中心，最小值为−5.8 ppbv。

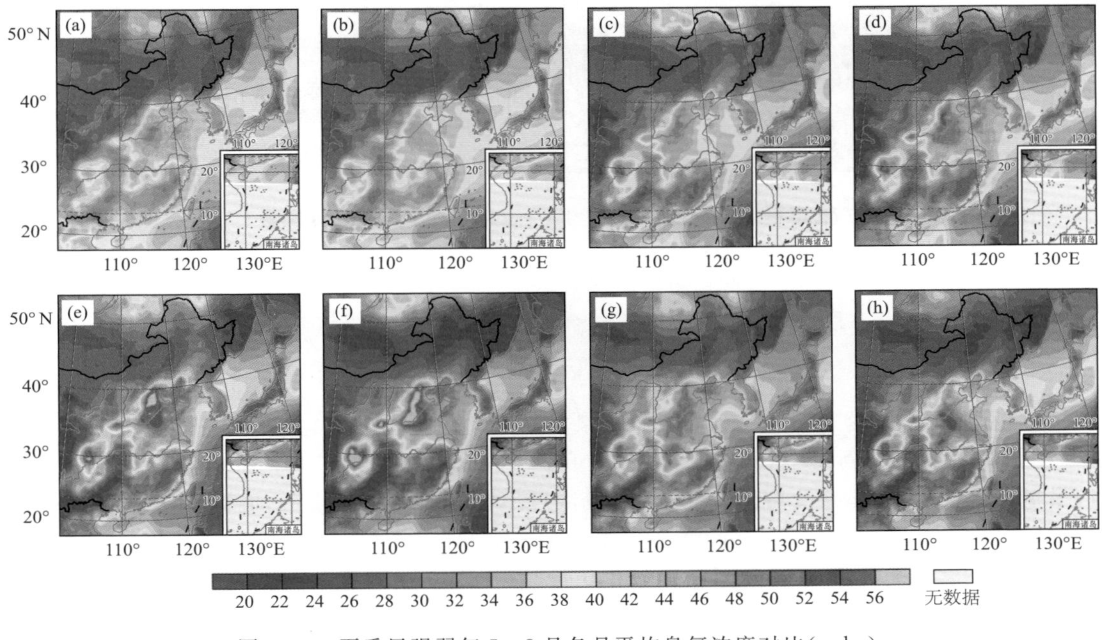

图 5.30　夏季风强弱年 5—8 月各月平均臭氧浓度对比(ppbv)

(a)强年 5 月 1000 hPa；(b)弱年 5 月 1000 hPa；(c)强年 6 月 1000 hPa；(d)弱年 6 月 1000 hPa；(e)强年 7 月 1000 hPa；(f)弱年 7 月 1000 hPa；(g)强年 8 月 1000 hPa；(h)弱年 8 月 1000 hPa

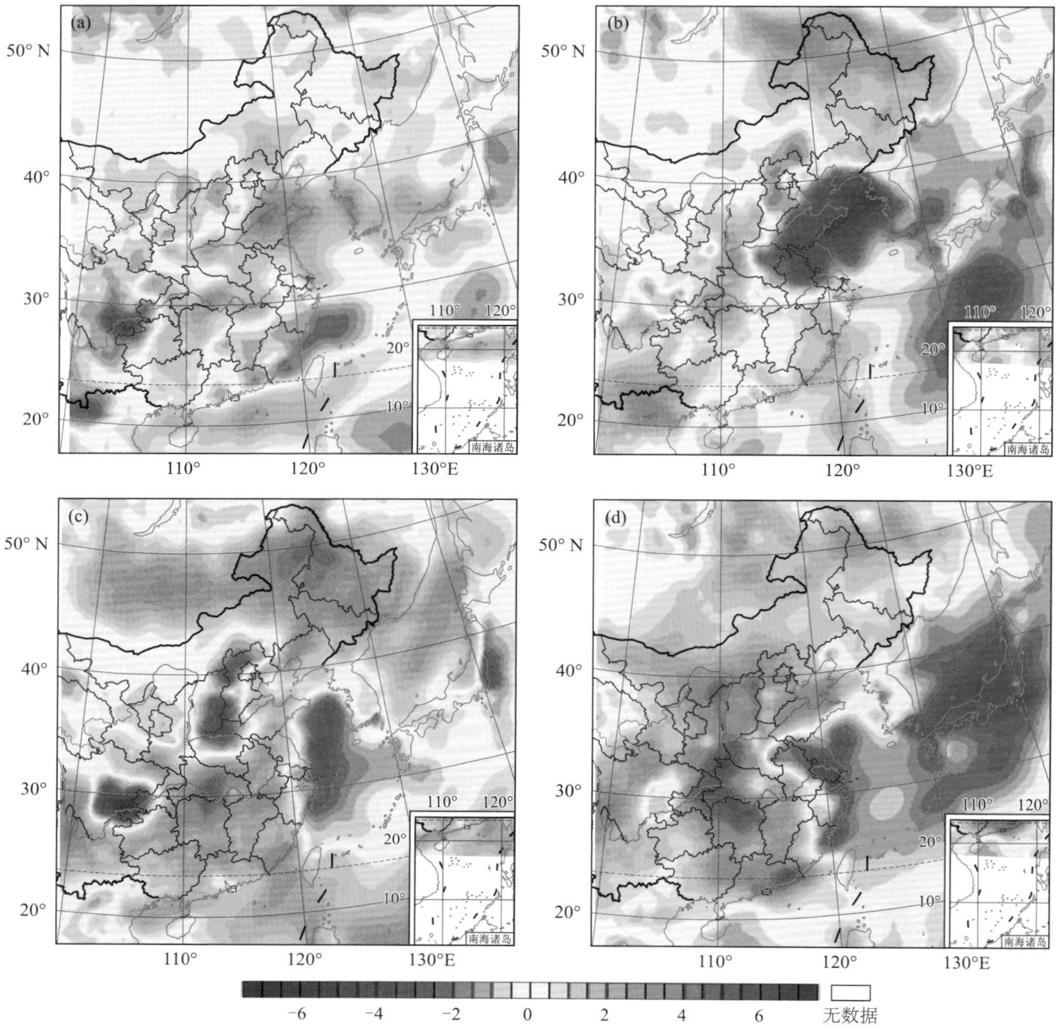

图 5.31　季风强弱年 5—8 月各月平均臭氧浓度差异(ppbv)
(a)强年－弱年 5 月 1000 hPa;(b)强年－弱年 6 月 1000 hPa;(c)强年－弱年 7 月 1000 hPa;
(d)强年－弱年 8 月 1000 hPa

图 5.32 和图 5.33 给出了 5—8 月平均臭氧浓度的对比和差异。四川盆地、华北、长三角是近地层臭氧明显的高值中心,最高值接近 60 ppbv,低值中心则位于西北太平洋的副热带海域,最低值为 18.4 ppbv,从海洋到陆地,臭氧浓度不断升高。由于臭氧前体物(如 NO_x、VOC、CO 和 CH_4 等)主要在陆地上,因此陆地上生成的臭氧量远远高于远离陆地的海洋地区。从夏季风强弱年 5—8 月平均臭氧的差异和变化幅度(定义为强弱年臭氧之差/强弱年臭氧平均值)来看,东北、华中、华南、台湾和菲律宾北部及其北部海域皆为正值区,最大差异为 3.8 ppbv,变化幅度为 12.5%,四川盆地,长三角、黄海、日本南部和东部是臭氧差异的负值中心,最小值为－3.0 ppbv,变化幅度为－10.0%。

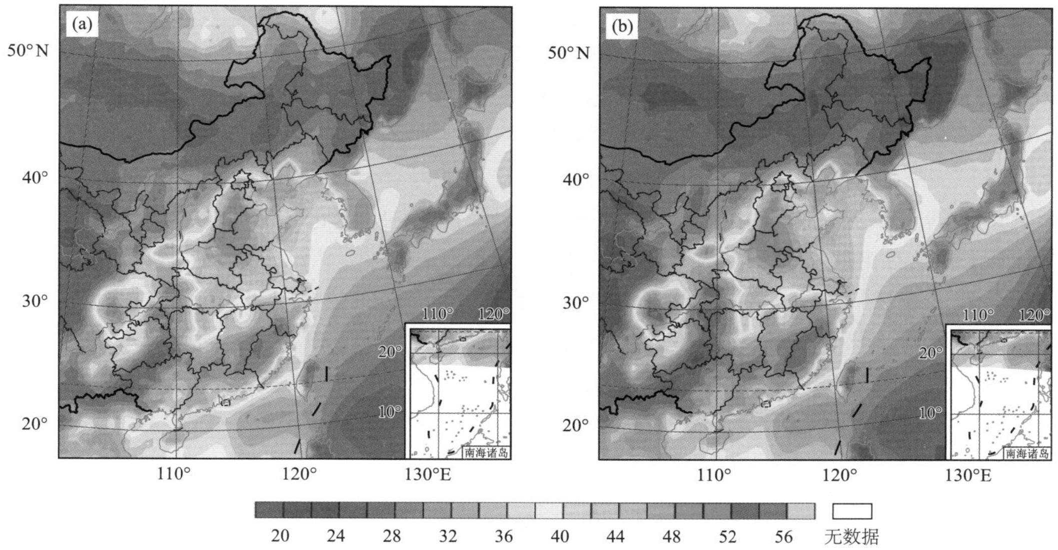

图 5.32　夏季风强弱年 5—8 月低层平均臭氧浓度对比(ppbv)
(a)夏季风强年 1000 hPa;(b)夏季风弱年 1000 hPa

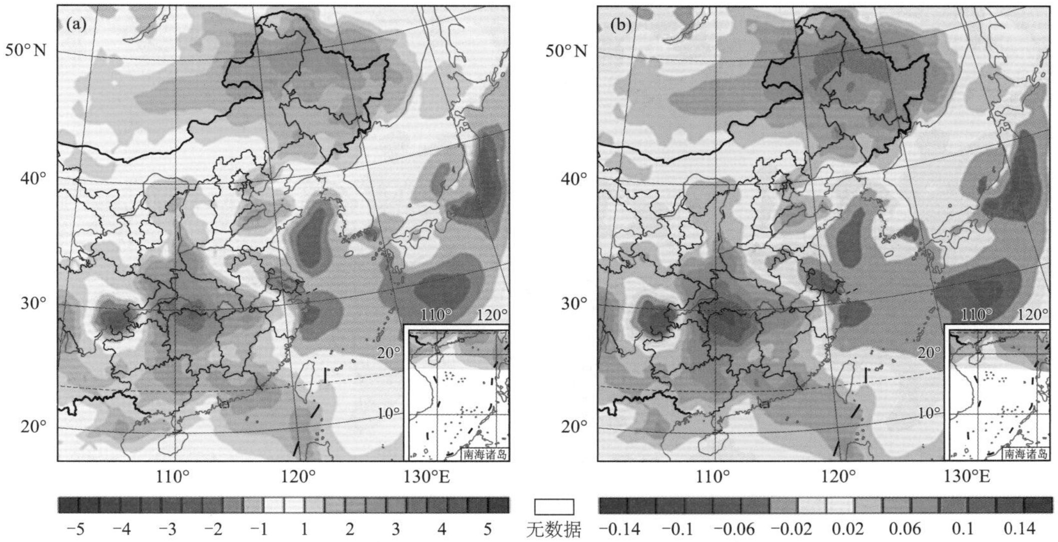

图 5.33　夏季风强弱年 5—8 月低层平均臭氧浓度差异(a,ppbv)与变化幅度(b)

5.4.3.3　季风强弱年臭氧分布差异的过程分析

东亚夏季风强弱变化对大气低层臭氧的空间分布有明显影响,相对夏季风弱年,夏季风强年致陆地上臭氧增多,海洋上臭氧减少。由于影响臭氧分布的因素非常多,过程复杂,进一步使用过程分析的方法来确定影响臭氧的关键因素。受计算条件和存储空间的限制,在过程分析中仅计算了两个年份,分别是夏季风偏强年(2001 年)和夏季风偏弱年(2003 年)。过程分析中总共包含了 11 个变量，如表 5.7 所示。由于其他过程相对不重要，重点考虑化学反应、平流（水平平流和垂直平流）、对流输送、垂直湍流和干沉降五种过程。

图 5.34 给出了过程分析的结果，如图所示，夏季风偏强年（2001 年）与夏季风偏弱年（2003 年）的差异与上述合成结果的差异基本相似，空间上差异值范围为－3.7～4.5 ppbv，其中负值中心位于华东、黄海、东海和日本北部地区，正值中心位于东北，华北北部和南海地区。从化学反应、平流、对流输送、垂直湍流和干沉降五个过程变量的差异场来看，对低层臭氧差异场影响最大的是平流过程和化学过程。平流过程差异的空间变化非常明显，与臭氧浓度的差异相比较，可以看出两者主要的正值区和负值区基本重合，表明平流过程是导致夏季风强弱年份臭氧差异的主要因素。其次是化学反应过程的作用，从空间分布上来看，化学反应过程的差异在长江中下游地区和东南沿海都是明显的负值区，东北、华北和朝鲜半岛北部是正值区，与臭氧浓度的差异基本相符，表明化学反应过程对臭氧差异的贡献也非常明显。垂直湍流和干沉降过程导致的臭氧差异在空间上呈明显的反相关。与平流和化学反应过程相比，垂直输送过程的差异对臭氧浓度差值的贡献很小。

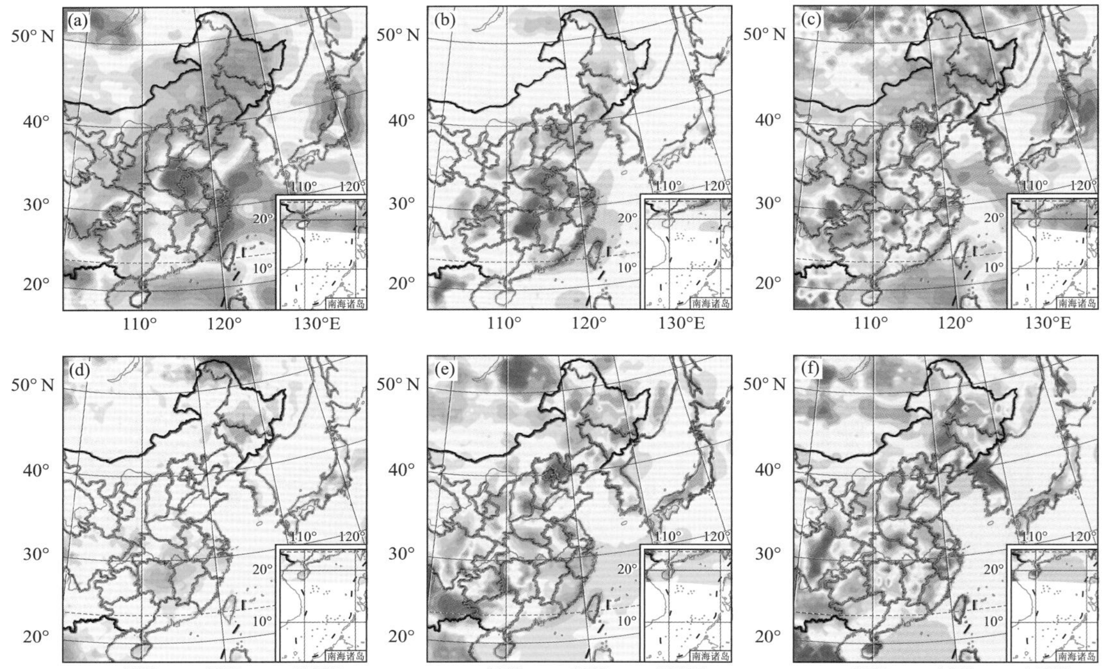

图 5.34　五种过程对臭氧差异的贡献（所有差异均为 2001 年减去 2003 年）
(a)臭氧浓度差异；(b)化学反应过程差异；(c)平流过程差异；(d)对流输送过程差异；
(e)垂直湍流过程差异；(f)干沉降过程差异

以上过程分析的结果表明，平流过程是影响夏季风强弱年臭氧分布差异的主要因素，其次是化学反应过程，进一步通过分析夏季风强弱年 5—8 月平均的风场、环流场以及臭氧输送通量三者的差异，研究平流过程影响臭氧分布差异的原因；通过分析夏季风强弱年 5—8 月平均温度、云量和短波辐射通量的差异，研究化学反应过程影响臭氧分布差异的机制。

首先，结合臭氧平均浓度场，夏季风强弱变化导致的臭氧浓度差异和风场差异三者来看。如图 5.35 所示，从夏季风强弱变化导致的气象场差异来看，1000 hPa 和 925 hPa 上风场差异基本相同，在 35°N 以南，风场的差异是明显的气旋性环流，在气旋性环流的北部(20° ～35°N)是偏东气流，表明在东亚夏季风偏强时，20°～35°N 纬度带上由东向西的气流更强，将更多的来自于海洋上的清洁气团吹向陆地，气流的方向和臭氧浓度梯度方向趋于一致，进一步表明，在东亚季风偏强时，更多来自于海洋上、臭氧浓度非常低的清洁气团向陆地输送，导致 20°～35°N 纬度带上臭氧平均浓度降低，导致该区域是臭氧差值的主要负值区。在气旋性环流的西侧主要是东北气流，从臭氧平均浓度分布上来看，华北地区是臭氧浓度的高值中心，华中、华南、福建以及东南沿海地区臭氧浓度则较低，当东亚夏季风偏强时，近地层臭氧由北往南，由高浓度区向低浓度区的输送过程增强，进而导致华中、华南等地区臭氧浓度增加，华北等地臭氧浓度减少。臭氧浓度差异场的正值中心位于臭氧浓度高值中心的西南面，同时风场差异在该区域内以东北风为主，所以浓度高值中心的下风方向正是差异场的正值中心。在气旋性环流南部主要是偏西气流，同时该区域臭氧浓度分布则是西面浓度高，东面臭氧浓度低，浓度梯度方向和气流方向相反，与该环流西侧的情形相似，所以当东亚夏季风偏强时，近地层臭氧由西向东，由高浓度向低浓度的输送过程增强，进而导致该气旋性环流南部的臭氧浓度增多。结合该气旋性环流北侧、西侧和南侧的臭氧输送过程来看，在臭氧高浓度的下风向是浓度差异场的正值中心，在臭氧低浓度的下风向则是臭氧差异场的负值中心。图 5.36 是对上述过程进行简化得到的示意图，图的右下角灰色圆代表海洋上臭氧低值中心，左上角绿色圆代表陆地上即华北地区的臭氧高值区，高值中心和低值中心之间的弧线代表臭氧浓度等值线，黑色虚线则代表臭氧浓度梯度，箭头表示夏季风强弱年风场差异，左下角红色虚线三角形(区域 A)代表季风强

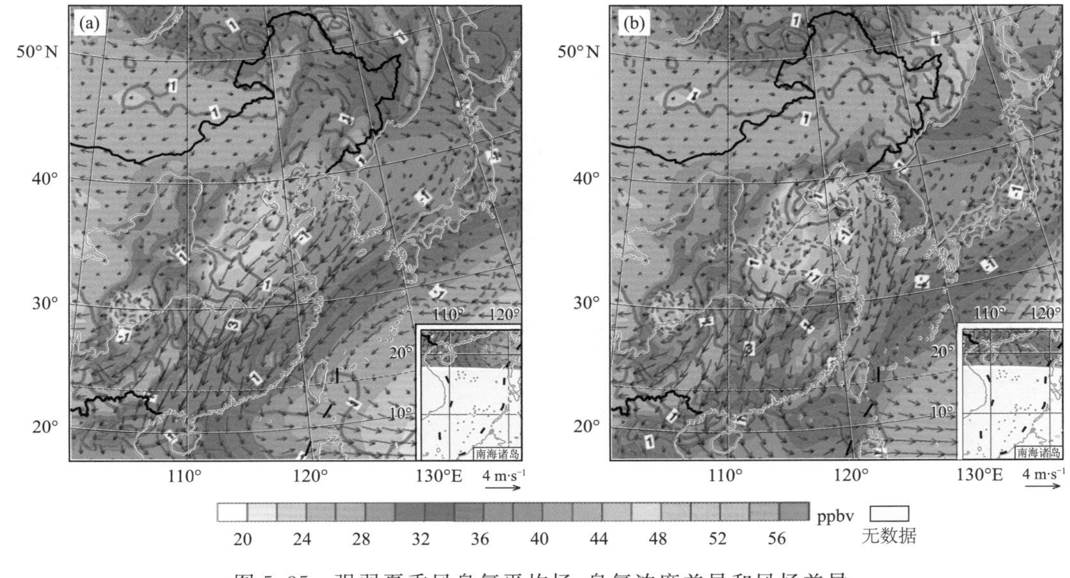

图 5.35　强弱夏季风臭氧平均场、臭氧浓度差异和风场差异

(填色图为臭氧平均浓度，等值线为强弱夏季风臭氧浓度差异，臭氧浓度单位为 ppbv，风速单位为 $m \cdot s^{-1}$)

(a)925 hPa；(b)1000 hPa

弱年臭氧浓度差异的正值区，右上角蓝色虚线三角形(区域 B)则代表臭氧浓度差异的负值区，由于臭氧浓度场和风场、环流场的配置，导致当夏季风偏强时，在 B 区域中由海洋向陆地，由低浓度向高浓度输送过程更强，导致 B 区域臭氧减少；在 A 区域中由陆地向海洋，由臭氧高浓度向低浓度输送过程更强，导致 A 区域臭氧增多。可见东亚夏季风强弱变化通过影响气象场，包括影响近地层风场、环流结构和输送过程，进而影响近地层臭氧的分布。

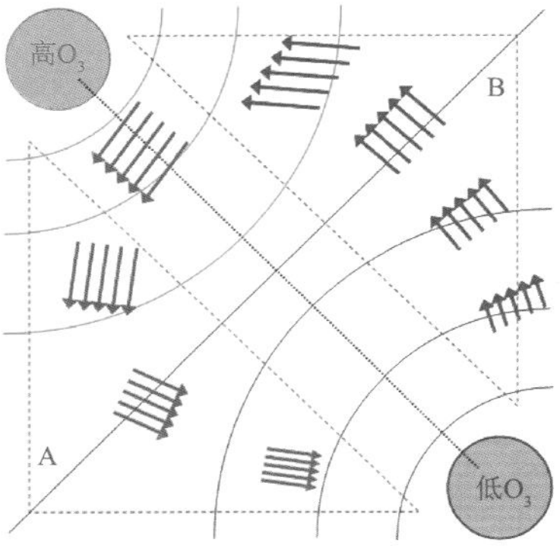

图 5.36　臭氧空间分布和季风强弱年风场差异示意图

从夏季风强弱年近地层内臭氧输送通量差异(图 5.37)来看，1000 hPa、925 hPa 和 850 hPa 三个高度层上输送通量差异基本一致，35°N 以南气旋性环流的西部和南侧输送过程较为明显，其中环流西侧，臭氧输送方向为从东北向西南；环流南侧，臭氧输送方向为从西往东，这与强弱夏季风变化引起环流西侧和南侧近地层臭氧增加的结果相吻合，而在环流北部，输送通量小，且输送通量差值散度大于零，为辐散，因而引起环流北部近地层臭氧减少。35°N 以北，东北亚地区风场的差异是西北气流，输送通量的差异非常明显，且散度小于零，为辐合，表明当夏季风偏强时，该区域中臭氧的净输入量更大，从而引起臭氧增多。可见，东亚夏季风的年际变化通过影响对流层低层环流场，继而影响臭氧输送过程，导致近地层臭氧空间分布的变化。

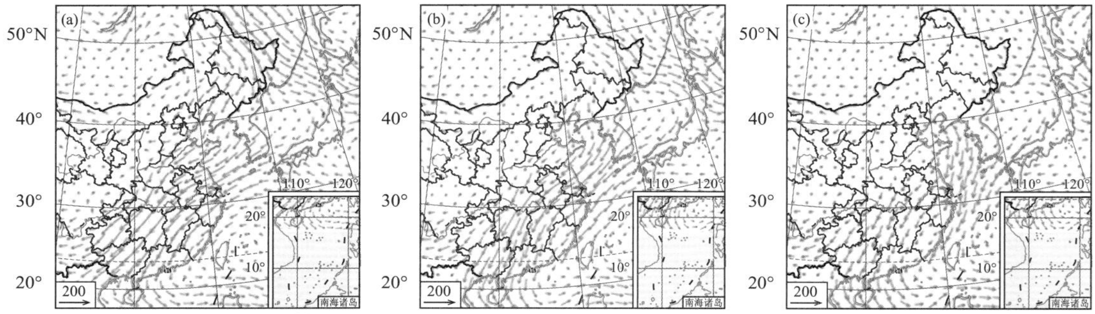

图 5.37　夏季风强弱年 850 hPa(a)、925 hPa(b)、1000 hPa(c)高度上臭氧输送通量差异(单位：$(kg \cdot kg^{-1}) \cdot (m \cdot s^{-1}) \cdot 10^{-9}$)

其次，结合温度场、总云量和地表向下短波辐射通量差异(图 5.38)来看，当夏季风偏强时，在东亚南部地区(如长江以南的区域)的云量增多，北部的云量减少，主要是由于夏季风偏强时，在东亚南部地区从海洋吹向陆地的暖湿气流更强，从而导致东亚南部的云量增多，而东亚北部则是干冷的西北气流更强，缺乏必要的水汽和对流条件。当夏季风偏强时，东亚南部的云量增多，进一步引起地表向下短波辐射通量减少，一方面会直接使大气光化学速率减慢，另一方面也会引起近地层温度的下降，也会导致生成臭氧的化学反应速率减慢，两个方面的综合结果导致东亚南部臭氧减少。东亚北部的情况与南部则刚好相反，当夏季风偏强时，干冷的西北气流更强，云量减少，地表向下短波辐射通量增多，直接导致北部生成臭氧的光化学反应速率加快和近地层增温，加大了化学反应速率，导致了东亚北部的臭氧增多。

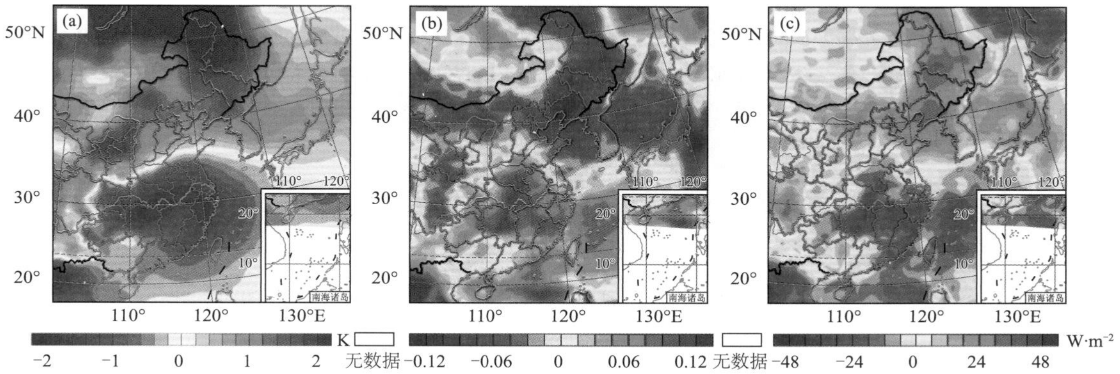

图 5.38　夏季风强弱年近地层温度(a)、总云量(b)和地表短波辐射通量(c)差异

5.5　本章小结

本章利用区域气候-化学模式 RegCM-Chem 对东亚地区 2009 年 1—12 月地表臭氧进行模拟和分析，基于再分析资料和 EANET 的观测资料对模拟结果进行验证。此外，对东亚北部地区的一次高温热浪过程进行模拟分析，探讨高温和近地层高浓度臭氧的关系。通过长三角地区高温热浪和非高温热浪的个例模拟，探讨高温热浪期间影响近地面臭氧浓度的主要影响因子，得出以下主要结论。

(1)区域气候-化学模式 RegCM-Chem 能够模拟东亚地区气象场和近地层臭氧浓度的空间及季节变化，臭氧模拟与观测的平均偏差为 3.5 ppbv，相对偏差为 9.6%，相关系数为 0.72。

(2)东亚北部地区的高温热浪个例模拟结果表明：地表气温和臭氧浓度具有一致的变化趋势，两者具有显著的正相关。与其他年份的平均结果相比，高温热浪过程中东亚北部气温和臭氧分别升高了 2.67 ℃和 3.91 ppbv，比平均值分别高 14.2%和 15.1%。

(3)长三角地区的高温热浪模拟结果表明，高温和高臭氧在空间分布上具有很好的一致性，高温热浪与非高温热浪期间臭氧浓度最大差异达到 45 ppbv。高温热浪期间化学反应增强是导致臭氧增加的主要原因，臭氧增加最大可达 12 ppbv，干沉降作用的减弱使得臭氧增加 0.2～0.4 ppbv，垂直湍流和水平平流有利于臭氧浓度的降低。

(4)高温热浪期间，海上带来更少的水汽输送，使得长三角地区相对湿度减少，进而导致云量的减少，造成到达地面的短波辐射通量增强，从而促进臭氧的化学生成。

此外，还探讨了 1999—2013 年东亚夏季风的年际变化，重点研究东亚夏季风强弱变化对近地层臭氧的影响。根据三种不同季风指数确定东亚夏季风偏强年和偏弱年，分析强弱年气象场和臭氧浓度场的差异和成因，得出以下主要结论。

(1)东亚夏季风强弱变化能明显影响低层臭氧的空间分布。夏季风强年与弱年5—8月近地层臭氧浓度差异范围为－6.5～6.9 ppbv，其中8月臭氧差异最明显。四个月平均浓度差异范围为－3～3.8 ppbv，区域变化幅度为－10％～12.5％。

(2)影响夏季风强弱年臭氧分布差异首要的因素是平流输送过程，其次是化学反应过程，其他过程的作用相对较小。

(3)夏季风强年与弱年5—8月气象场的差异非常明显，在低层的不同高度层上(1000 hPa、925 hPa和850 hPa)表现基本一致。东亚夏季风的年际变化通过影响对流层低层环流场、云量、向下短波辐射和气温，继而影响臭氧平流输送和化学反应过程，导致近地层臭氧空间分布的变化。

第 6 章　东亚地区气溶胶和臭氧的气候效应

本章利用改进的区域气候模式 RegCM4、区域气候-化学模式 RegCM-Chem 研究不同类型气溶胶的辐射气候效应、臭氧的辐射气候效应以及气溶胶和臭氧对东亚季风气候的影响。

6.1　黑碳气溶胶的增温效应及其与东亚季风的相互作用

6.1.1　研究背景

黑碳气溶胶通过对太阳短波辐射的强有力吸收可导致区域和全球气候发生变化。亚洲地区季风活跃，黑碳气溶胶排放量大，二者可能发生显著的相互作用。为了更好地理解亚洲地区人类活动与区域气候的相互作用，以及深化对气溶胶气候效应的科学认识，本书利用改进的区域气候模式 RegCM4 模拟并量化黑碳气溶胶对东亚冬季风（EAWM）和东亚夏季风的影响及反馈，揭示二者相互作用的主要物理机制。与此前的工作不同，本书在评估黑碳与东亚气候的相互作用时去除了全球变暖的影响，即二氧化碳浓度限定在工业革命前的水平，主要研究成果可参见 Zhuang 等(2018)。

6.1.2　模式验证

黑碳气溶胶的排放资料来自清华大学编制的中国多尺度排放清单 MEIC(Li et al., 2017b)，其空间分布如图 6.1 所示，可以看出，中国华北、西南、中部等地区 BC 排放强度较高。

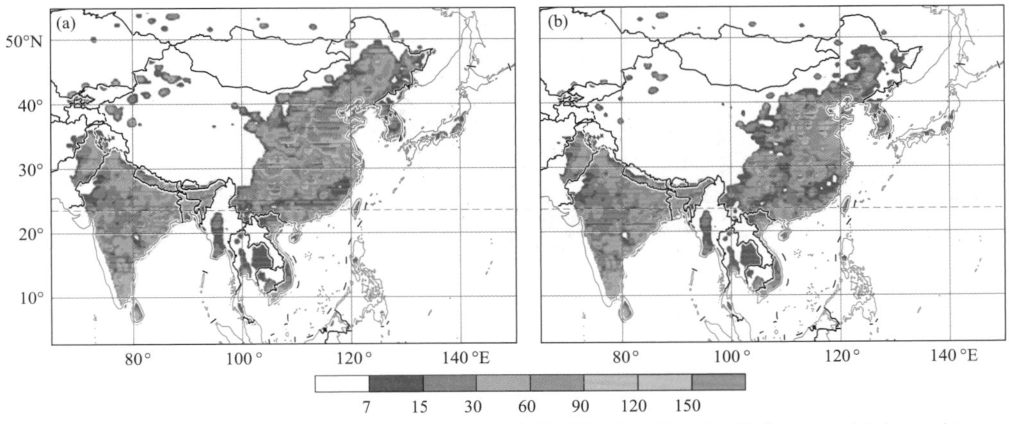

图 6.1　2010 年冬季(a)和夏季(b)亚洲地区季节平均黑碳排放率(单位：g · grid^{-1} · s^{-1})

为了验证 RegCM4 对东亚区域气候模拟的准确性，将冬季和夏季模拟的从地表到对流层中部的季节平均气温、比湿和风场与 NCEP 再分析数据进行比较(图 6.2)。图 6.2a 和 c 分别

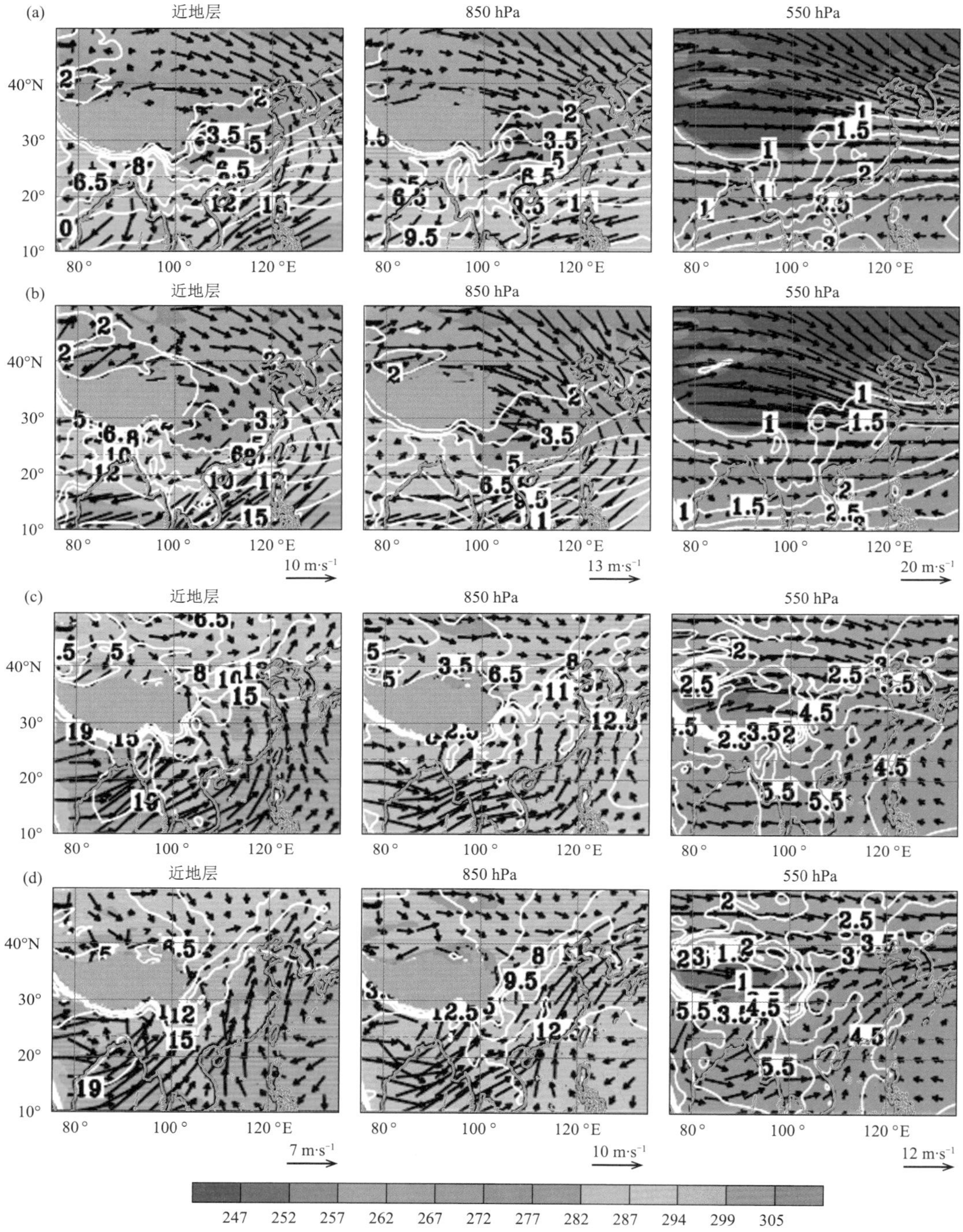

图 6.2　NCEP 再分析数据(a、c)和模拟气象场(b、d)的比较，包括东亚地区冬季(a、b)和夏季(c、d)近地层、850 hPa、550 hPa 高度的季节平均气温(填色，单位:K)、比湿(等值线，单位:$g \cdot kg^{-1}$)和风场(箭头，单位:$m \cdot s^{-1}$)

为冬季和夏季来自再分析数据的气温（填色）、比湿（等值线）和风场（箭头），图 6.2b 和 d 分别为以上变量的模拟结果。在对流层低层，模拟的大气温度和湿度偏低，而在冬季和夏季，东亚的风速偏强。此外，与再分析数据相比，模拟的夏季低空大气中东亚西南风的西风分量偏大。总体而言，RegCM4 基本模拟出了东亚冬季和夏季的大气热力场和湿度分布、量级的主要特征，但是，模拟结果和再分析数据之间仍然存在一些差异。

进一步将模拟的 BC 季节地表平均浓度与中国 15 个站点的观测值进行了比较，包括从南方到北方以及从西部到东部的农村和城市地区，站点信息在表 6.1 中列出。14 个站点的 BC 浓度来自 Zhang 等(2008,2012d)，他们在 2006 年和 2007 年每 3 天进行 24 h 采样，具有很好的可比性(Zhuang et al., 2011; Li et al., 2016a)。1 个站点（南京）的 BC 浓度是 2012—2014 年间通过 Aethalometer 在线测量获得(Zhuang et al., 2014b)。图 6.3 为冬季和夏季模拟和观测之间季节平均地表黑碳浓度的对比。所有站点平均 BC 浓度的模拟值在冬季为 5.49 $\mu g \cdot m^{-3}$，在夏季为 3.27 $\mu g \cdot m^{-3}$，分别比观测值小 2.39 和 1.03 $\mu g \cdot m^{-3}$。大多数站点模拟的 BC 浓度偏低，尤其在冬季。RegCM4 基本可以反映东亚地区 BC 的空间分布和季节变化。在冬季和夏季，模拟和观测的 BC 浓度之间的相关系数分别为 0.63 和 0.85，均通过了置信度为 95%的显著性检验。

表 6.1　站点信息

站点	名称	位置(°N, °E)	类型
CD	成都	30.65, 104.04	城市
DL	大连	38.90, 121.63	城市
DH	敦煌	40.15, 94.68	乡村
GLS	皋兰山	36.00, 105.85	乡村
GC	古城	39.13, 115.80	乡村
JS	金沙	29.63, 114.20	乡村
LAS	拉萨	29.67, 91.13	城市
LA	临安	30.30, 119.73	乡村
LFS	龙凤山	44.73, 127.60	乡村
NN	南宁	22.83, 108.35	城市
PY	番禺	23.00, 113.35	城市
TYS	太阳山	29.17, 111.71	乡村
XA	西安	34.43, 108.97	城市
ZZ	郑州	34.78, 113.68	城市

6.1.3　黑碳的光学厚度和有效直接辐射强迫

东亚地区冬季和夏季的季节平均黑碳气溶胶光学厚度(BC AOD)和有效直接辐射强迫(EDRF，敏感性试验和控制试验的净太阳短波辐射通量的差)的分布如图 6.4 所示，可见，高 BC AOD 出现在中国西南（四川盆地）、中部到北部地区，与排放的空间分布非常一致。此外，BC AOD 的大小和空间分布都具有明显的季节性，由于较高的排放率，冬季 BC AOD 较高，最大值超过 0.09，至少是夏季的 1.2 倍。图 6.2 和图 6.3 说明大气环流会影响 AOD 的空间分布，东亚地区冬季对流层底层的盛行风为偏北风，与夏季相反，因此即使这些地区 BC 排放空

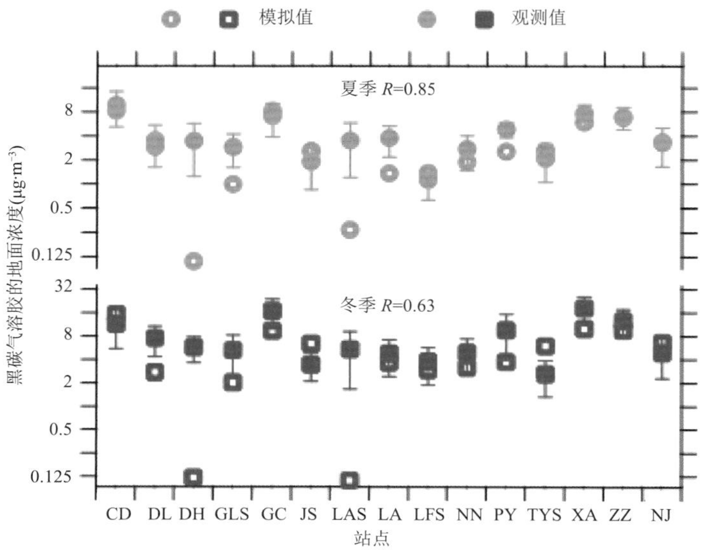

图 6.3　中国地区冬季和夏季的季节平均地表 BC 浓度的模拟值和观测值的比较

间分布的季节性差异很小，冬季的 BC AOD 分布还是比夏季稍微偏南，这些结果说明大气环流对气溶胶浓度分布有着重要影响，与 Liu 等(2011a)和 Mao 等(2017)的研究结果一致。因此，冬季和夏季之间以及不同季风年之间黑碳气溶胶对区域气候变化的影响可能有很大不同。

东亚地区 BC 的瞬时直接辐射强迫(IDRF，没有展示)和有效直接辐射强迫(图 6.4)与 AOD 有相似的空间分布，尤其是前者。与 EDRF 不同，IDRF 定义在晴空条件下，且不包括云层和气候反馈的影响。由于黑碳吸收太阳辐射，其在大气层顶产生正的直接辐射强迫，在地表辐射强迫为负值。大气层顶 EDRF 在冬季集中在中低纬度地区，而在夏季集中在中高纬度地区。东亚大部分地区的 EDRF 超过 2.5 W · m^{-2}，最大值超过 6 W · m^{-2}。即使夏季的 BC AOD 偏低，但部分地区夏季的 EDRF 和冬季一样强甚至更强。此外，由于地表反照率的不同，冬季和夏季的 EDRF 均在青海高原地区(QTP)较强，而在海洋地区(如中国北部的黄渤海地区)较弱。IDRF 和 EDRF 之间的差异也与 BC 增暖效应导致的云量变化有关，因为云量的增加会直接导致到达地表的太阳辐射减少，反之亦然。

冬季和夏季中国北部(NC，30°～45°N，108°～122°E)、中国南部(SC，20°～30°N，108°～122°E)和东亚地区(East Asia，20°～45°N，100°～130°E)的区域平均 BC AOD 和 DRF 总结在表 6.2 中，显示了 BC AOD 和 DRF 的季节性差异。冬季东亚地区平均的 BC AOD 为 0.021，夏季为 0.019，相应造成冬季和夏季 TOA 的 IDRF 分别为 1.33 和 1.44 W · m^{-2}，EDRF 分别为 1.36 和 1.85 W · m^{-2}。此外，夏季的 TOA 和地表 DRF 均比冬季强。在此定义一个吸收效率因子：即 TOA IDRF 与 BC AOD 之比，该因子在中国南部、中国北部和东亚分别为 68、80 和 75 W · m^{-2}/AOD，夏季比冬季大 10 W · m^{-2}/AOD 左右，不同地区存在一定差异。

不同季节 BC AOD 和 IDRF 的空间分布不同，冬季低纬地区 AOD 很高，而夏季高纬地区高，这分别是受东亚冬季风和东亚夏季风的影响。在同等 AOD 水平下，中国北部地区的 TOA IDRF 比中国南部强很多，可能是两个地区地表反照率不同所致。

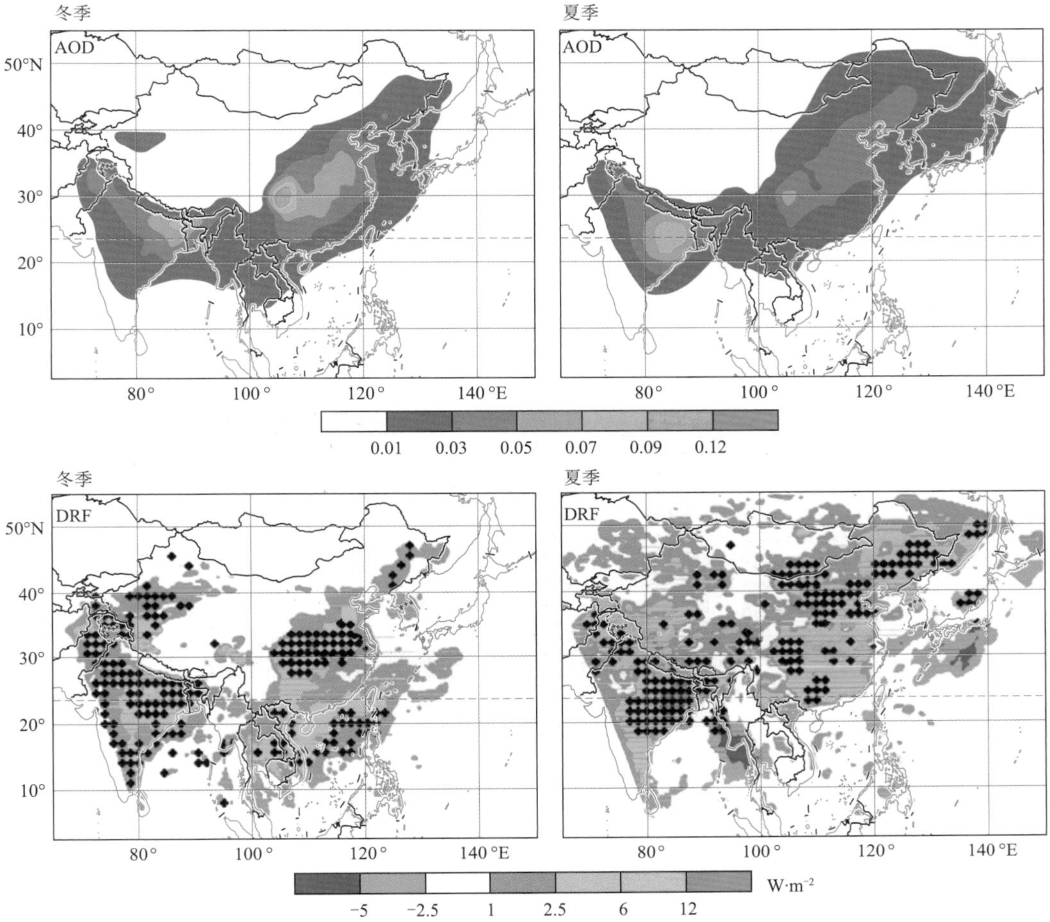

图 6.4　冬季(左)和夏季(右),研究区域季节平均的 BC AOD(上)和 EDRF(下,单位:W · m^{-2})
(黑点标记的区域表示通过了置信度为 95%的 t 检验)

表 6.2　冬季和夏季中国南部、北部和东亚地区平均黑碳光学厚度和直接辐射强迫(单位:W · m^{-2})

	黑碳光学厚度		瞬时(大气顶)		瞬时(地表)		有效(大气顶)		有效(地表)	
	冬季	夏季	冬季	夏季	冬季	夏季	冬季	夏季	冬季	夏季
华南	0.029	0.015	1.69	1.02	−6.05	−3.94	2.45	1.95	−1.00	−1.61
华北	0.030	0.030	2.14	2.41	−5.63	−8.06	1.52	3.49	−1.36	−3.46
东亚	0.021	0.019	1.33	1.44	−4.05	−5.07	1.36	1.85	−0.88	−2.65

在冬季和夏季,东亚地区大气层顶的 EDRF 与 IDRF 一样强,但地表的 EDRF 则弱很多。冬季中国南部地区的 EDRF 比北部地区强,接近 1 W · m^{-2},这可能与 BC 增暖效应造成的云量反馈有关。冬季中国北部地区的云量变化为 0.2%,大约是南部地区的三倍。

6.1.4　黑碳气溶胶的直接效应和东亚季风的相互作用

BC 吸收太阳辐射,可以影响大气动力-热力场和水循环。图 6.5 展示了 105°～125°E 平均的垂直方向短波加热速率和经向环流，此区域冬、夏两季 BC 浓度都较高。BC 主要集中在对流层低层，随高度升高浓度降低。夏季的垂直对流交换比冬季强，将更多的 BC 带到对流层上层。由于大气中黑碳的作用，SWHR 增加，尤其在高 BC 浓度层，超过了 3.5×10^{-6} K·s^{-1}（约 0.3 K·d^{-1}）。夏季 SWHR 的变化比冬季偏北，且在大气中向上扩散输送得更高。SWHR 的增加会直接加热大气，导致大气环流的变化，在中低纬度表现出经向环流异常。在冬季和夏季 SWHR 增加最多的中纬度地区上升运动加强，冬季 BC 增温效应导致的经向环流异常限于亚热带地区（15°～31°N，地面到 400 hPa 高度），比较偏南，而夏季环流异常更强且延伸到对流层顶部。BC 增温效应带来的大气环流的变化有利于东亚夏季风环流的发展，而抑制东亚冬季风环流的发展。BC 增温效应对夏季垂直环流的影响与总气溶胶的综合效应相反（Wang et al.，2015b）。

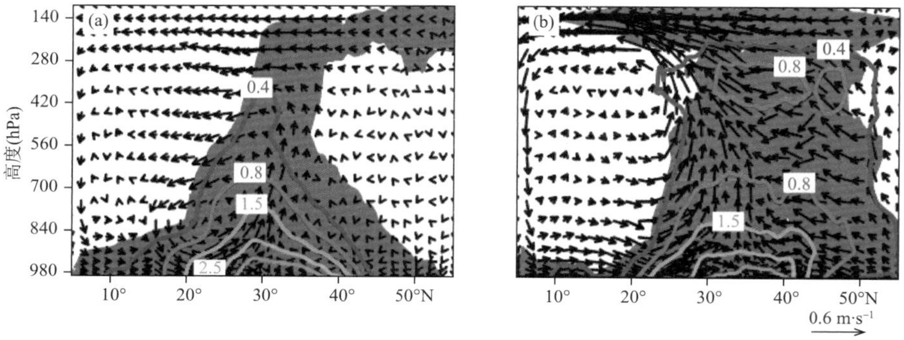

图 6.5　东亚地区冬季(a)和夏季(b)，BC 增温效应导致的 105°～125°E 平均的垂直短波加热率（等值线，单位：10^{-6} K·s^{-1}）和经向环流（箭头）的变化（紫色阴影表示加热率通过了置信度为 95%的 t 检验。图中的参考箭头比例，1 单位表示水平风场（m·s^{-1}）和垂直运动（-5×10^{-3} Pa·s^{-1}）中的风场异常）

SWHR 的增加会导致东亚大部分地区 850 hPa 高度以下的地区大气变暖，尤其在冬季（图 6.6）。冬季增暖的主要区域是中国南部，夏季增暖的地区为南部到中国北部地区，中国东南部的温度变化较小。冬季和夏季的大气温度响应均超过了 0.17 K。除了 BC 的直接加热作用，云量的变化也能改变温度，夏季部分地区温度变化的空间分布与对流层低层的云量变化密切相关，云量负异常对应正的温度变化，反之亦然。例如，中纬度地区（25°～30°N）云量的增加（大约 1%）在一定程度上减弱了相应地区的 BC 增温效应。

总体来说，由于黑碳的增温效应，东亚地区的海陆温度梯度在夏季变大，在冬季变小，这在某种程度上会影响 EASM 和 EAWM 环流。图 6.7 展示了冬季和夏季 850 hPa 和 230 hPa 的水平风场。冬季，BC 的增温效应导致 850 hPa 高度上在中国西南到中部地区出现气旋性环流（辐合）异常；夏季，异常出现在中国西南到东部。因此，冬季和夏季在东亚南部表现为南风异常。在对流层上层，风场的变化与 850 hPa 相反，产生了反气旋性环流异常，在冬季辐合区覆盖了将近整个东亚地区，夏季辐合区位于中国西部和日本海。在东亚南部的冬夏季节，对流层上部产生偏北风异常。此外，由于 BC 增暖效应，在 40°N 附近的对流层上部有偏东风异常。850 hPa 风场对 BC 增暖效应的响应有利于 EASM 的发展，与 Wang 等(2015b)的研究结果一致。如图 6.5 所示，水平方向风场的变化与垂直方向的异常有联系。夏季（在 850 hPa>1.5 m·s^{-1}）风场对 BC 效应的响应比冬季（在 850 hPa<1.0 m·s^{-1}）强。

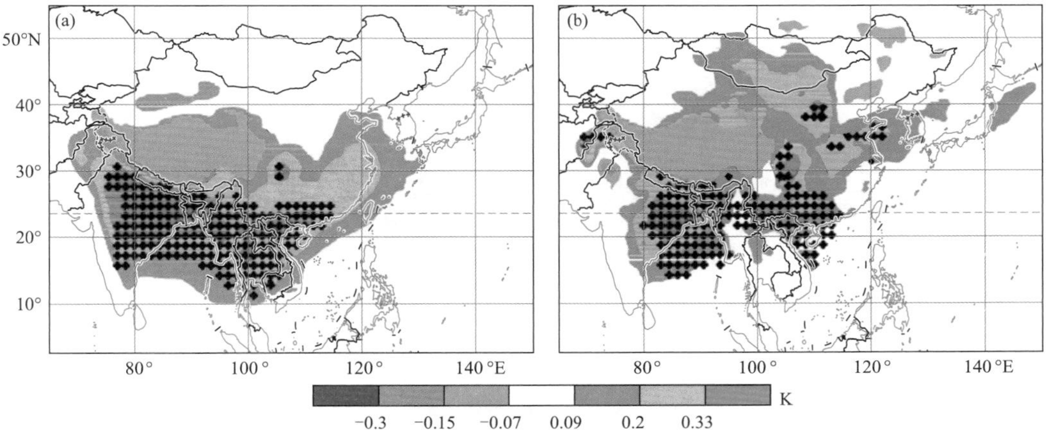

图 6.6　东亚地区冬季(a)和夏季(b)BC 增温效应导致的从地表到 850 hPa 高度平均的大气温度变化(K)(图中的黑点表示通过了置信度为 95%的 t 检验)

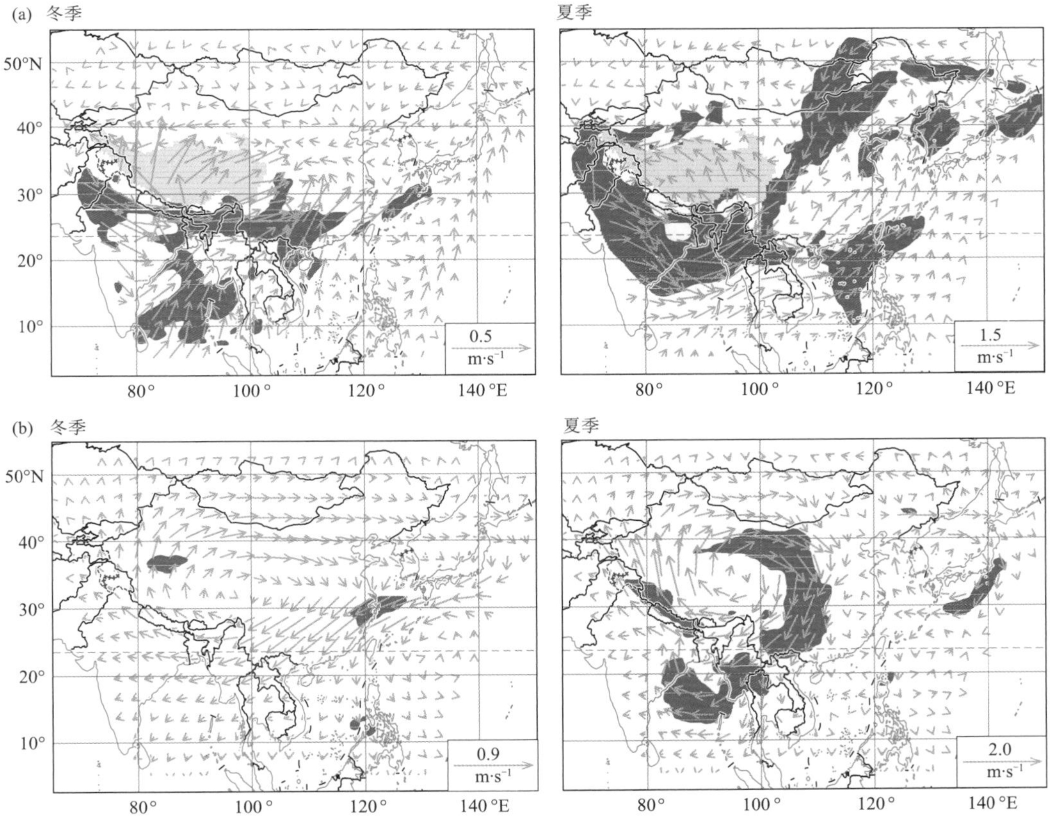

图 6.7　东亚地区冬季(左)和夏季(右),由于 BC 增温效应造成的 850 hPa(a)和 230 hPa(b)高度风场(箭头,单位:m • s^{-1})的变化(紫色阴影代表通过了置信度为 95%的 t 检验)

由于 BC 的增暖效应,中国南部、长江下游、北部部分地区和亚洲东北部的夏季降水在一定程度上增加,最大变化至少在 0.2 mm • d^{-1}(图 6.8),在河套地区北部(大致在 40°N,112°E),夏季降水减少。冬季 BC 导致的降水变化比夏季小很多。

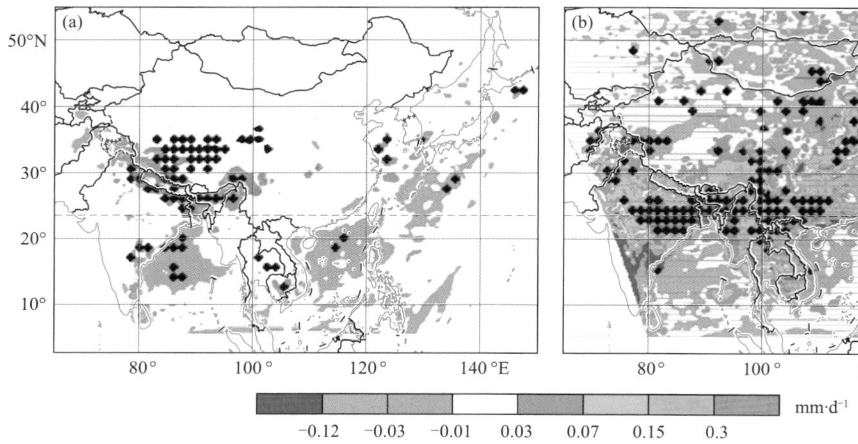

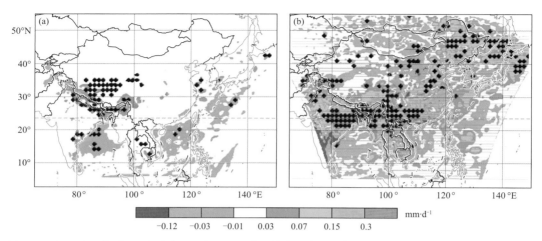

图 6.8　东亚地区冬季(a)和夏季(b),由于 BC 增温效应造成的整体降水(填色,单位:$mm \cdot d^{-1}$)的变化(图中的黑点表示通过了置信度为 95%的 t 检验)

如图 6.7a 和图 6.8 所示,局部地区 BC 引发的降水增多主要是水汽输送增加导致的,反之亦然。夏季东亚的辐合异常导致了中国东部和南部的降水增加。然而,BC 的半直接效应会削弱降水,图中展示的降水变化是所有影响因素的净作用。之前的研究表明,过去 50 年夏季降水的变化表现为东亚南部降水增加、东亚北部干旱,可能主要是 BC 排放变化引起的(Menon et al., 2002)。Lau 等(2006a)和 Meehl 等(2008)的研究指出,由于气溶胶的影响,东亚地区夏季总降水量增加。本书尽管没有在中国北部地区发现局部降水减小的结果,但总体而言与 Menon 等(2002)的结论更为一致。

如上所述,在冬季和夏季,BC 都会在某种程度上改变大气热力场、动力场和水循环,这些又会导致 BC 浓度的重新分布。由于 BC 增暖效应导致的大气环流和降水的变化会降低地表 BC 的浓度(图 6.9a)。冬季,BC 增暖效应对中国西南部的四川盆地和东部沿海地区的 BC 浓度的影响相对较大,这些地区降水加强;夏季,中国南部、西南和东部到东北部地区 BC 减少明显,这些地区的降水也增加。在冬季和夏季最大减少量均超过 0.25 $\mu g \cdot m^{-3}$。BC 浓度的降低延伸到 700 hPa 高度,尤其在夏季(图 6.9b)。如图 6.9b 所示的在垂直方向上,BC 对经向

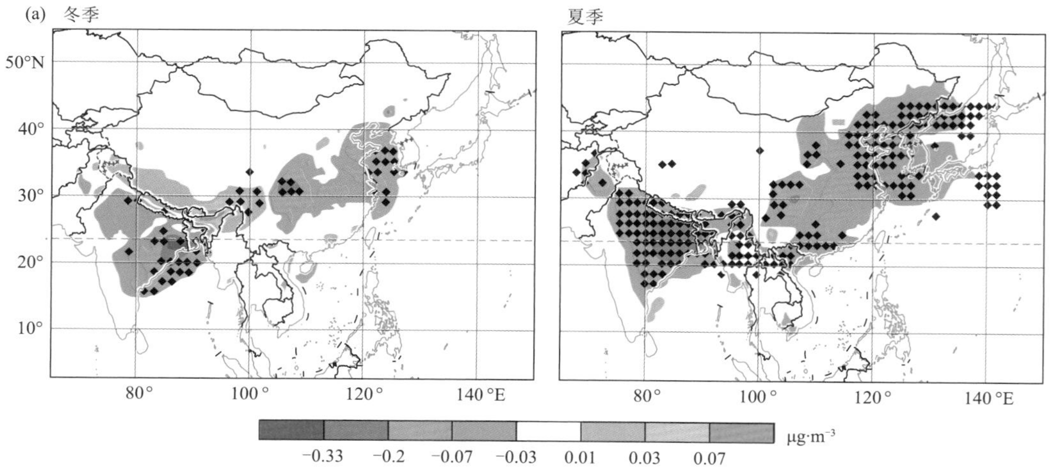

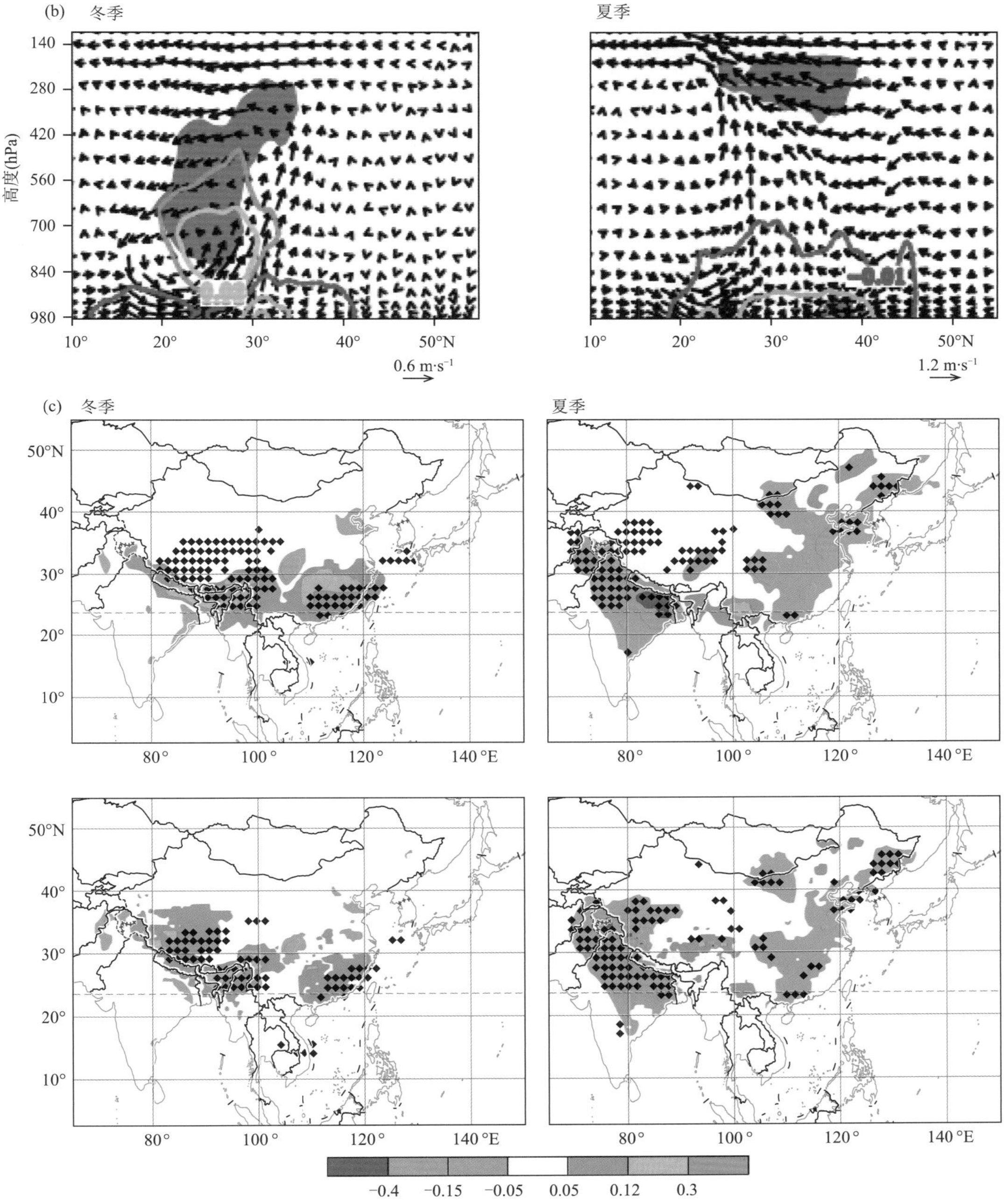

图 6.9　东亚地区冬季(左)和夏季(右),由于 BC 增暖效应导致的地表 BC 浓度(a)(填色,单位:$\mu g \cdot m^{-3}$),105°~120°E 平均的高度-经度图像的垂直剖面(b),BC 光学厚度(c,上图填色,$\times 10^{-2}$)和瞬时直接辐射强迫(c,下图填色,单位:$W \cdot m^{-2}$)的变化((a)(c)中的黑点和(b)中的紫色阴影表示通过了置信度为 95%的 t 检验)

环流异常的响应,除了降水,大气环流也能影响 BC 浓度。冬季和夏季,对流层低层的 BC 由于上升运动异常被输送到更高的高度,导致 105°E 处中国南部高海拔地区的 BC 积累。由于夏季大气环流的变化更大,BC 浓度增加的最大值在 550 hPa,而冬季的峰值在 850 hPa(105°E)。

冬季垂直方向 BC 浓度变化的绝对值与夏季具有相同的数量级。此外，冬季垂直环流异常导致的 BC 累积将近覆盖了中国南部全部地区；夏季的情况并非如此，可能是由于更加显著的降水变化所致。如图 6.9b 所示，其中垂直方向 BC 浓度和经向环流的响应为 105°～120°E 的平均结果。BC 浓度的负变化在低海拔区比高海拔区明显更大，且冬季的变化比夏季更加偏南。因此，冬季中国南部地区 BC 的柱含量增加，导致无云情况下 BC AOD 和大气层顶 IDRF 的增加分别超过 0.0005 和 0.05 W · m^{-2}(图 6.9c)。夏季 BC 柱含量的变化不如地面浓度显著，冬季则与之相反(图 6.9a 和 c)。

表 6.3 总结了冬季和夏季中国南部、北部和东亚地区平均的 850 hPa 以下大气温度(T)、降水(PR)的相对变化、地表 BC 浓度(SBC)、BC AOD 和大气层顶 BC IDRF 的绝对变化，该表清晰地展示了 BC 增温效应和东亚气候的相互影响。总之，BC 的直接效应会造成在冬季和夏季区域变暖和降水增加，最终减少地面 BC 浓度。由于中国南部 BC 柱含量的积累，冬季东亚地区的 BC AOD 和大气层顶 IDRF 增加。冬季和夏季，东亚地区 BC 对对流层低层大气温度的影响非常显著。夏季降水和 BC 反馈的变化比冬季大。中国地区对 BC 增温效应的响应有明显的季节和空间差异，中国南部和北部地区夏季降水、地面黑碳浓度、BC AOD 和大气层顶 BC IDRF 的变化都比冬季大。冬季中国南部地区 BC 导致的对流层低层增温比北部地区强很多，夏季则相反。冬夏两季，中国南部的 BC AOD 和大气层顶 BC IDRF 的反馈均比中国北部强。

表 6.3　冬季和夏季 BC 增暖效应导致的中国南部、北部和东亚地区平均的 850 hPa 以下大气温度(K)、降水的相对变化(%)、黑碳地面浓度、光学厚度和瞬时直接辐射强迫的变化

地区	气温(K)		降水量(%)		黑碳浓度(%)		光学厚度(%)		辐射强迫(%)	
	冬季	夏季	冬季	夏季	冬季	夏季	冬季	夏季	冬季	夏季
华南	0.23	0.11	−0.80	3.73	−0.75	−3.85	2.94	−3.98	+2.37	−4.13
华北	0.09	0.14	1.93	2.81	−0.96	−3.42	−0.36	−2.65	−0.49	−2.35
东亚	0.12	0.11	1.16	3.38	−1.17	−3.89	0.70	−2.19	+0.45	−2.07

6.1.5　季风强弱年中黑碳气溶胶和东亚季风的相互作用

东亚冬季风和夏季风都有明显的年际变化。通过分析 Wu 等(2002)的 EAWM 指数和 Li 等(2002)的 EASM 指数，以及 MERRA 和 GEOS-4 气象数据，Mao 等(2017)指出，1986—2006 年之间的五个最强和五个最弱的 EASM 和 EAWM 年，五个最强的 EAWM 年为 1986、1996、2001、2005 和 2006 年，五个最弱的 EAWM 年为 1990、1993、1997、1998 和 2000 年；五个最强的 EASM 年为 1990、1994、1997、2004 和 2006 年，五个最弱的 EASM 年为 1988、1993、1995、1996 和 1998 年。强、弱季风年的气象要素特征不同，东亚季风的年际变化对气溶胶浓度、直接辐射强迫及其空间分布有明显影响。为此，进一步研究了强、弱季风年 BC 增暖效应和 EAWM/EASM 的相互影响。

图 6.10 展示了冬季和夏季强、弱东亚季风年间 850 hPa 风场、BC AOD 和 IDRF 的差异。强、弱 EAWM 年 850 hPa 风场的差异主要出现在东亚东部，包括东北和东南地区，中国北部地区的西北风和中国南部地区的东南风在强 EAWM 中比弱季风年更强，这会导致冬季中国北部和东北部的 BC AOD 减小而长江流域的 BC AOD 增加，最大值超过 0.004，所以东亚中

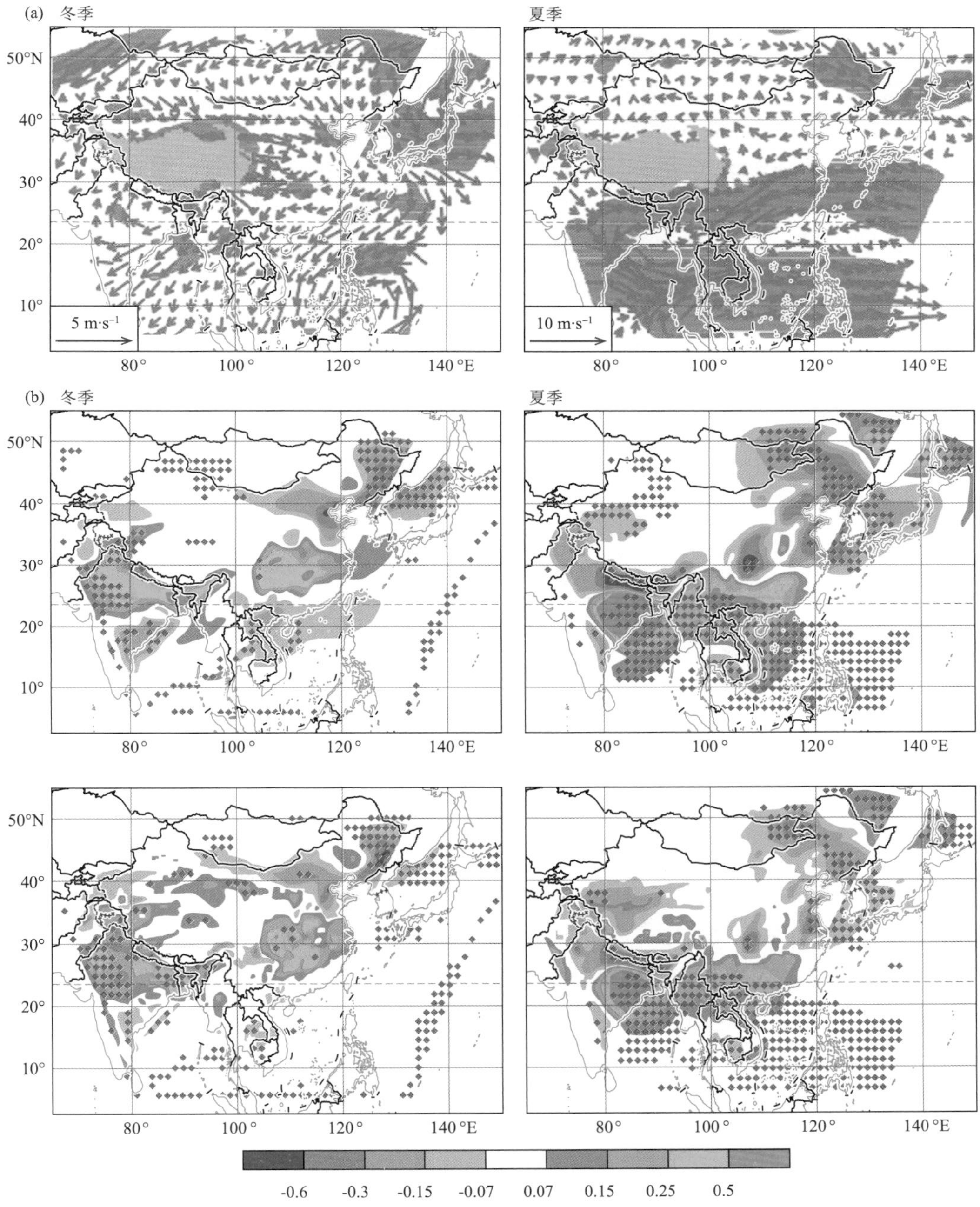

图 6.10　冬季(左)和夏季(右),季风强弱年间 850 hPa 风场(a,箭头,单位:m·s^{-1})、BC 光学厚度(b,上图中填色,$\times10^{-2}$)和瞬时直接辐射强迫(b,下图中阴影,单位:W·m^{-2})的差异((a)中黑点和(b)中的紫色阴影表示通过了置信度为 95%的 t 检验)

纬度地区的 BC IDRF 至少增大了 0.1 W·m^{-2},但在东亚东北部减弱了 0.15 W·m^{-2}。强、弱 EASM 年间 850 hPa 风场的差异主要在中国南部和东北部,与弱 EASM 年比,强 EASM 年在中国南部表现为东北风异常，在中国北部为西北风异常，因此，东亚东北部的 BC AOD 减小了 0.0015，中国南部增加了 0.004，强弱 EASM 年间 BC IDRF 的变化与 AOD 相似，在中国东北部减弱了 0.15 $W \cdot m^{-2}$，在中国南部增强了 0.3 $W \cdot m^{-2}$。此研究中季风强弱年间 850 hPa 风场的差异与 Mao 等(2017)的结果一致。垂直方向上，强、弱 EAWM 年间在 10°～32°N 区域内表现出顺时针方向的经向环流差异，强、弱 EASM 年间在 5°～20°N 区域内表现出逆时针方向的经向环流差异，这一差异分别与 EAWM 和 EASM 的主导环流一致。强、弱季风年间气象要素(图 6.10a)的差异也表明亚洲 BC 的增暖效应不利于 EAWM 环流的发展，而有利于 EASM 环流的发展。图 6.7a 中，由于 BC 的增暖效应，冬季和夏季低纬度(＜20°N)地区的 850 hPa 风场均为正的南风和西南风异常，这些异常与图 6.10a 中冬季的结果相反，与夏季的结果一致。

EAWM 和 EASM 的年际变化导致的区域平均 BC AOD 和 TOA IDRF 的变化如表 6.4 所示。强 EAWM 和 EASM 均会使中国南部的 BC AOD 和 TOA IDRF 变大，中国北部则相反。因此，BC 与 EAM 的相互作用在冬夏是不同的。EAWM 和 EASM 的年际变化导致的 BC AOD 和 TOA IDRF 的变化与 BC 增暖效应引起的变化具有相同的数量级(表 6.3 和表 6.4)，但比后者稍大。

表 6.4　冬季和夏季，季风强弱年间中国南部、北部和东亚地区平均的 BC 光学厚度和直接辐射强迫的相对变化(%)

地区	黑碳光学厚度(%)		黑碳辐射强迫(%)	
	冬季	夏季	冬季	夏季
华南	0.05	8.27	+2.21	+7.33
华北	−1.98	−7.41	−0.33	−4.96
东亚	−1.87	−4.68	−1.01	−3.01

6.1.5.1　冬季

如前所述，BC 的增暖效应会在冬季导致经向环流异常，然而强、弱季风年还存在差异(图 6.11a)。强 EAWM 年中，异常环流的下沉运动延伸到低纬度(近 10°N)地区，而非 15°N 附近，可能是因为强 EAWM 年中国南部较高的 BC AOD 和较强的增暖效应所致。东亚地区在不同季风年 BC 增暖效应导致的对流层低层的大气温度变化是不同的(图 6.11b)。

与弱 EAWM 年相比，强 EAWM 年中国南部较高的 AOD 和较强的 IDRF 以及中国北部较低的 AOD 和较弱的 IDRF(表 6.4)导致气温升高的区域主要集中在东亚低纬地区。与强 EAWM 年相比，弱 EAWM 年 30°N 附近 BC 导致的气旋性环流异常更偏东且更强，反气旋性环流异常偏东南且更弱。BC 引发的 EAWM 的变化最终促进了 BC 在垂直方向的积累，季风强弱年 BC 浓度增加最明显的区域都在 850 和 700 hPa 之间，然而由于中国南部地区 BC 增暖效应更强，故在强 EAWM 年峰值更加偏南。

6.1.5.2　夏季

与冬季相似，夏季中国南部的 BC AOD 在强 EASM 年比弱 EASM 高，中部到北部强 EASM 年比弱 EASM 低(表 6.4)，BC AOD 的大幅增加从中国南部向西延伸到印度(图 6.10b)。强弱 EASM 年 BC 的增温效应都会导致经向环流异常(图 6.12a)，强 EASM 年的环

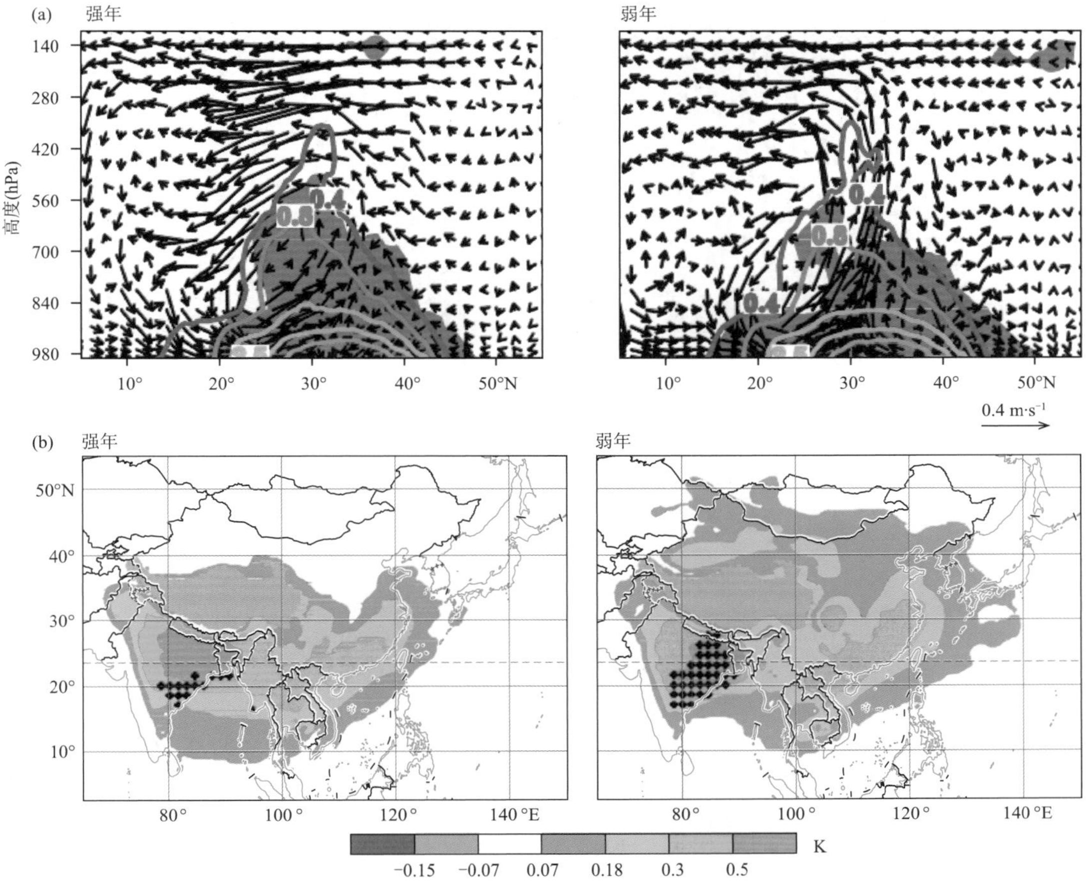

图 6.11　东亚地区强（左）弱（右）冬季风年中，BC 增暖效应导致的（a）高度-经度图中 105°～125°E 平均的垂直方向短波加热率（a，等值线，单位：10^{-6} K・s^{-1}）和经向环流（a，箭头）及（b）地表到 850 hPa 高度平均的对流层低层的大气温度（b，单位：K）变化（图中的参考箭头比例，1 单位表示水平风场（m・s^{-1}）和垂直运动（-5×10^{-3} Pa・s^{-1}）中的风场异常。（a）中紫色阴影和（b）中的黑点表示通过了置信度为 95％的 t 检验）

流异常比弱季风年更加偏南且稍弱，弱 EASM 年中国南部较高的 BC 浓度会导致高纬地区（40°～50°N）更明显的上升运动异常。夏季风强弱年，BC 会造成东亚大部分地区增暖，但在中国东北部地区造成区域冷却（图 6.12b），对流层低层大气温度的增暖和冷却超过 0.3 K，强 EASM 年中 BC 直接效应造成的大气温度变化稍弱，更加偏西且更集中。因此，强 EASM 年中 BC 引发的 850 hPa 的气旋性环流异常出现在中部到东部，而在弱 EASM 年出现在中国中部到东北部的大片区域，故强 EASM 年的西南风异常（气旋性环流的一部分）偏北且更弱。夏季风强弱年间 850 hPa 风场的差异会导致降水的不同，因为 850 hPa 风场的异常会造成水汽输送的异常，所以强 EASM 年 BC 引发的降水增加出现在长江中下游流域、中国西南部和东北部部分地区，而在弱 EASM 年几乎出现在整个华南地区和日本海部分地区（图 6.12c）。BC 浓度也表现出不一样的反馈，与冬季不同，尽管由于上升运动异常在对流层上层略有堆积，夏季气柱上的 BC 浓度通常会降低。夏季风强弱年间 BC 浓度反馈的差异与冬季相似。

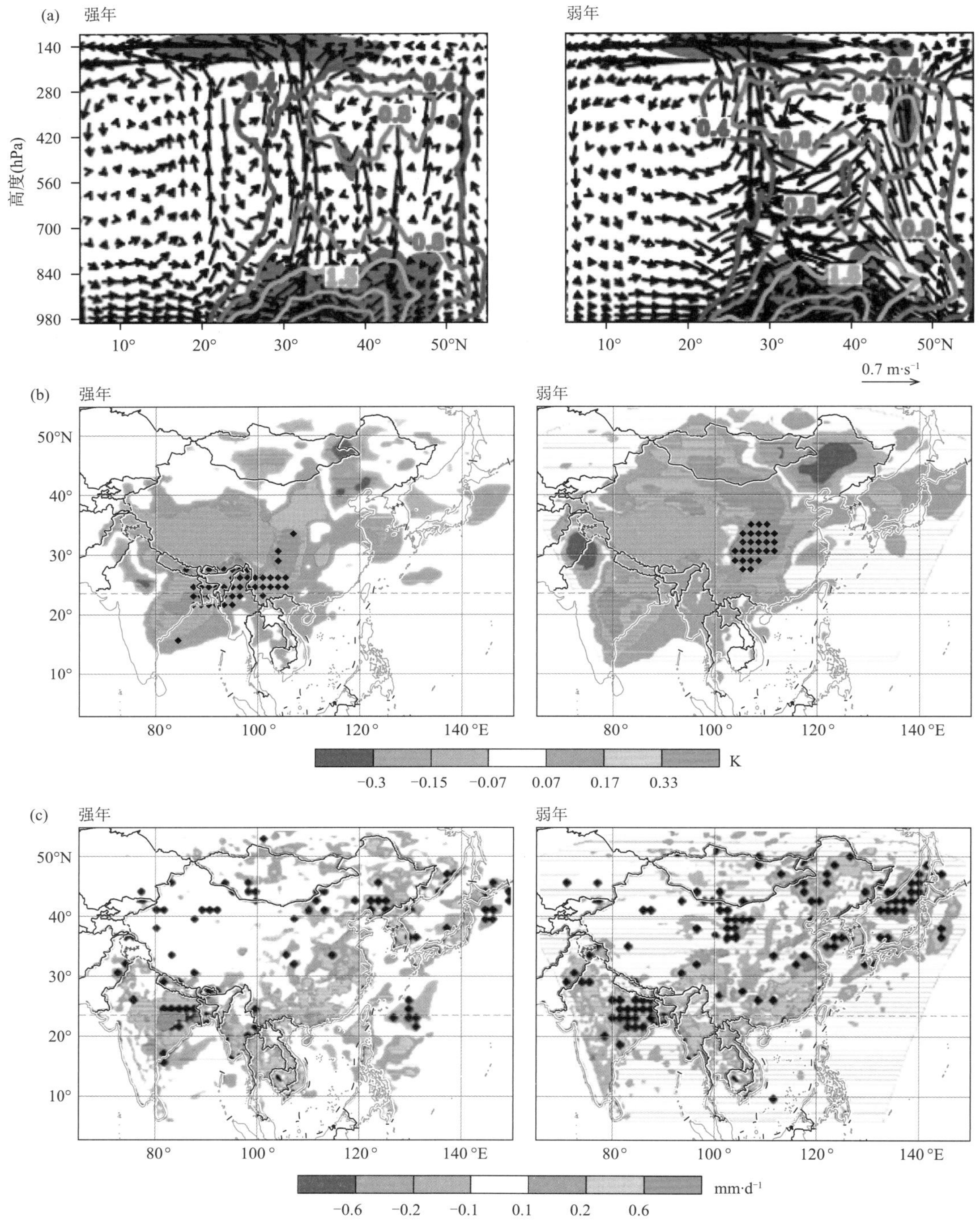

图 6.12　东亚地区强(左)弱(右)夏季风年中,BC 增暖效应导致的高度-经度图中 105°～125°E 平均的垂直方向短波加热率(a,等值线,单位:10^{-6} K · s^{-1})和经向环流(a,箭头)、地表到 850 hPa 高度平均的对流层低层的大气温度(b,单位:K)变化、整体降水(c,单位:mm · d^{-1})的变化(图中的参考箭头比例,1 单位表示水平风场(m · s^{-1})和垂直运动(-5×10^{-3} Pa · s^{-1})中的风场异常。(a)中紫色阴影和(b)(c)中的黑点表示通过了置信度为 95%的 t 检验)

6.1.6　小结

本项研究的结果表明，在冬季和夏季黑碳气溶胶对东亚区域气候都有重要影响，季风气候变化对黑碳气溶胶浓度也有明显影响。Zhu 等(2012)的研究表明，中国东部气溶胶浓度的升高与东亚夏季风在年代际尺度上的减弱有关，本书发现了弱东亚夏季风年中国南部的黑碳气溶胶光学厚度增加了 8.27%，在一定程度上支持了他们的观点。此外，本研究在前人的基础上，对黑碳气溶胶增温效应与东亚冬季风的相互影响做了进一步分析，并发现了该相互作用在东亚季风年际变化中的差异。

6.2　夏季印度和中国地区黑碳气溶胶排放对东亚气候的影响

6.2.1　研究背景

黑碳气溶胶是大气气溶胶中的重要组成部分，也是一种重要的短寿命气候强迫因子，对区域大气环境、气候变化等可产生重要影响。中国大陆和印度是亚洲两个主要黑碳气溶胶的排放区，为了进一步厘清这两个区域黑碳气溶胶的不同贡献，利用区域气候模式 RegCM4 模拟研究了印度和中国大陆黑碳气溶胶的直接效应对东亚夏季大气环境和气候变化的影响。与以往研究有所不同，本书在分析黑碳气溶胶直接效应的同时，还考虑了散射气溶胶直接和间接效应的反馈影响，主要研究结果可参见 Chen 等(2020a)。

6.2.2　模式验证

RegCM4 对东亚气候特征和黑碳气溶胶特征具有较好的模拟能力，本书进一步比较了观测和模拟的一次有机碳和硫酸盐浓度的年均值(图 6.13 和表 6.1)。模拟一次有机碳和硫酸盐的年平均浓度分别为 9.10 和 22.28 $\mu g \cdot m^{-3}$，均略低于观测值，模拟与实测结果的线性相关系数分别为 0.59($p<0.05$)和 0.89($p<0.05$)。除了敦煌和拉萨外，其他地点的模拟值都略低于观测值。这种低估可归因于排放清单的偏差，而不是模型缺陷(Fu et al.，2012a；Li et al.，2016a)。一般来说，RegCM4 能刻画出东亚一次有机碳和硫酸盐的季节和量级变化，高值区主要出现在中国北部(故城)、西南部(成都)和中部(西安和郑州)，这与当地的高排放率有关(Zhuang et al.，2018)。尽管之前使用卫星反演(MODIS、MISR)和 GOCART 数据对散射气溶胶进行了验证(Sun et al.，2012a；Nair et al.，2012；Solmon et al.，2012；Ji et al.，2015)，该比较进一步丰富了对 RegCM4 的性能检验。

6.2.3　黑碳气溶胶的柱含量和有效辐射强迫

图 6.14 给出了夏季不同排放源区 BC 柱含量的分布，可见，在印度东北部、中国西南部和中部至北部均出现了高值区，最大负荷超过 7 $mg \cdot m^{-2}$，这种空间分布大体上与 Li 等(2017b)给出的排放分布一致。与排放水平相对应，中国地区黑碳气溶胶(CNBC)贡献占主导地位，其区域平均值是印度地区黑碳气溶胶(IDBC)柱含量的 1.5 倍。IDBC 呈现出较高的最大值(8 $mg \cdot m^{-2}$，出现在印度北部)。BC 柱含量与排放水平之间的这种轻微不一致是由于夏季印度东北部的强气旋造成的，夏季盛行的南风在喜马拉雅山脉的地形屏障效应下与西风带会合，

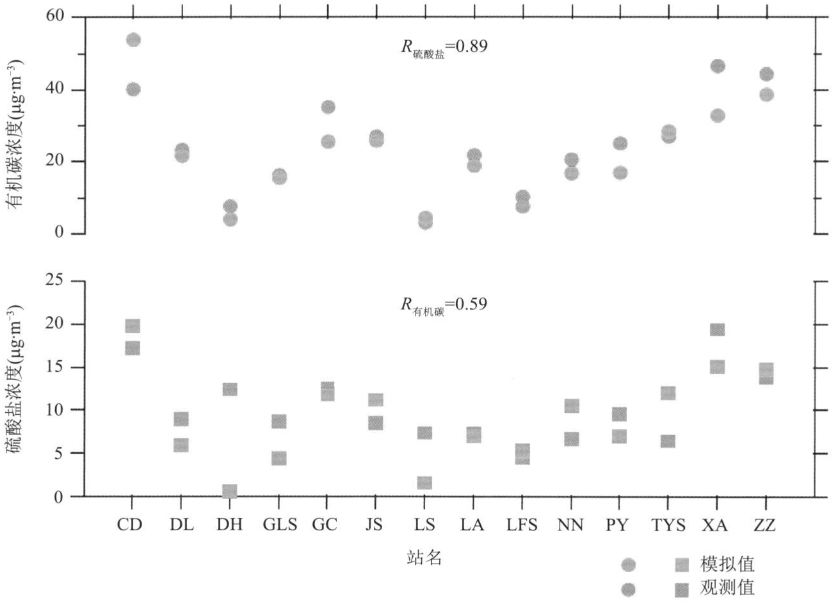

图 6.13　模拟和观测年均有机碳和硫酸盐浓度的比较

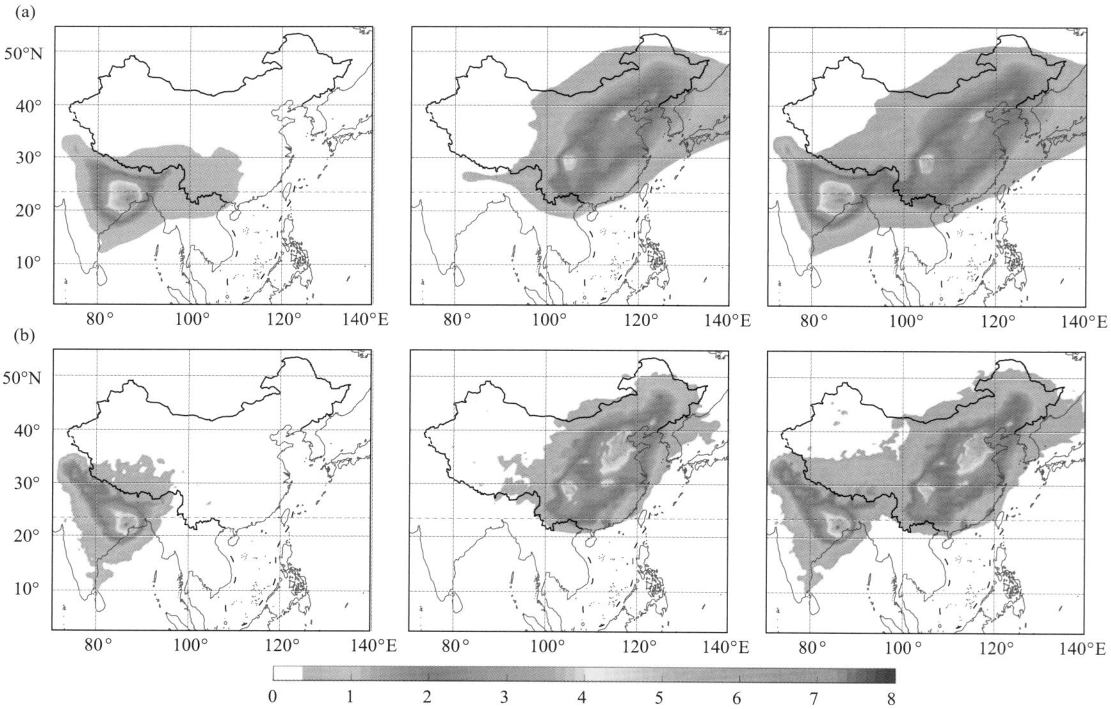

图 6.14　东亚地区 BC 柱含量(a,单位:mg • m^{-2})和 SWHR(b,单位:10^{-6} K • s^{-1})的季节平均值分布(SWHR 取地表到 840 hPa 的平均值,从左向右分别对应于 IDBC、CNBC 和总 BC 引起的变化)

一定程度上限制了印度次大陆内的季风发展(Ji et al., 2015)。在此基础上,由 BC 引发的对流层下部短波加热速率的变化是显著的,近地面平均值超过 10^{-6} K · s^{-1}),见图 6.14。较高的 BC 水平可以通过吸收更多的太阳辐射,导致对流层下部的加热速率变得更快,故在 BC 柱含量较高的地方,SWHR 变化也更为显著。

BC 能在 TOA 处产生正辐射强迫,而在地表引起负的辐射强迫。图 6.15 表明,来自不同排放源区的 BC 在 TOA 和地表造成的有效辐射强迫(ERF,敏感性试验和控制试验之间的净太阳通量差)呈现出与图 6.14 中相应的柱含量相似的空间特征。印度东北部、青藏高原及其周边地区、中国北部至西南部、长江中下游等地区出现了较强的 ERF,TOA 和 SRF 峰值分别为 10.00 W · m^{-2} 和 −15.00 W · m^{-2}。中国和印度 BC 在 TOA 引起的 ERF 在青藏高原西部和东部地区较强,尽管当地的柱含量很低。Zhuang 等(2014a)基于数值试验的结果推测,这可能是由于不同的地表反照率所致,较高的地表反照率可能导致较强的正的 ERF。在四川盆地,虽然 BC 浓度水平较高,但在 TOA 引起的 ERF 并不如其东部周围地区强烈,这与云量增加和辐合加强有关。

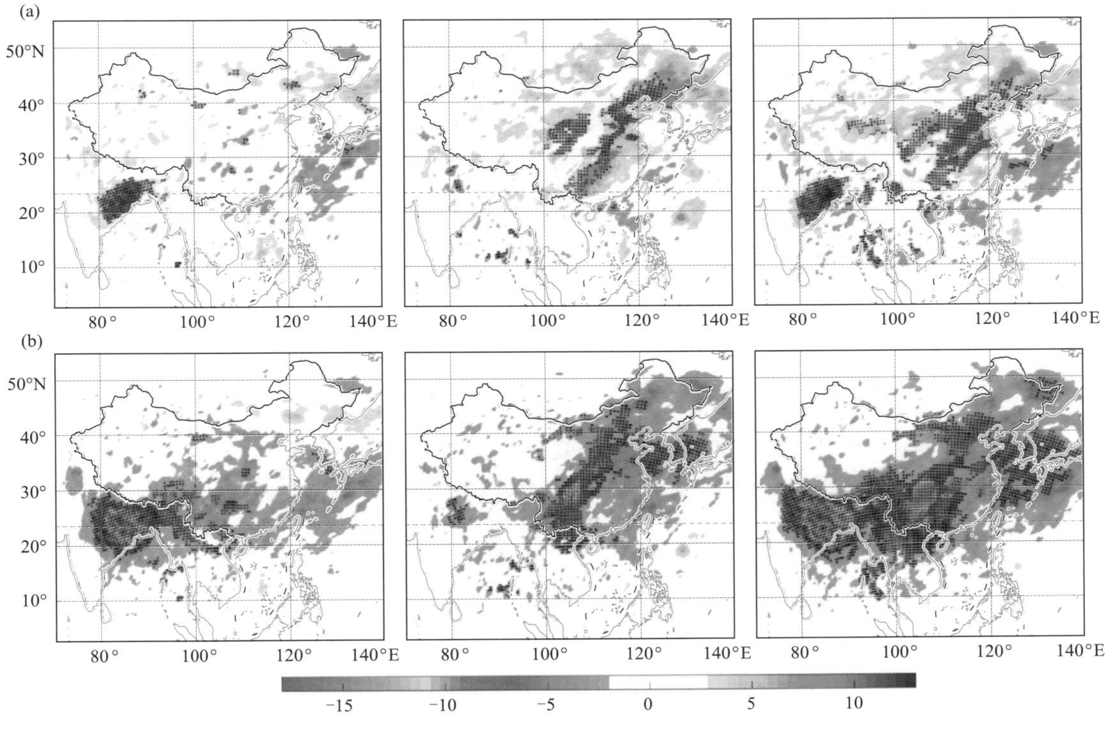

图 6.15 东亚地区 BC 在 TOA(a)和地表(b)引起的 ERF(单位:W · m^{-2})的季节平均值分布
(从左向右分别对应于 IDBC、CNBC 和总 BC 引起的变化,阴影区为通过置信度为 90% 的 t 检验的区域)

CNBC 和 IDBC 造成的 ERF 量级相近,但在空间分布不同。IDBC 在印度东北部地区的 TOA 引起的 ERF 为正值(最大达 11.84 W · m^{-2}),而在中国中部至南部地区为负值。CNBC 引起的 ERF 在中国北方地区(最大值 8.68 W · m^{-2})和长江中下游(4.00~8.00 W · m^{-2})均为正值。地表的 ERF 与 TOA 的分布相似,但量级稍大,符号相反。

表 6.5 总结了不同排放源区的 BC 柱含量及其引起的 ERF 在东亚地区 EA(20°~45°N,

100°～130°E)和高排放子地区，包括华北 NC(30°～45°N，108°～120°E)、中国东南部 SEC(20°～30°N，110°～120°E)和中国西南部 SWC(25°～35°N，100°～110°E)的区域平均值。在东亚地区，BC 柱含量和相应的 TOA 及地表 ERF 的区域平均值分别为 1.501 mg·m^{-2}、1.925 W·m^{-2}和－4.768 W·m^{-2}。CNBC(1.312 mg·m^{-2})的柱含量较高，比 IDBC(0.169 mg·m^{-2})高一个数量级。IDBC(－7.526 W·mg^{-1})在地表引起的瞬时辐射强迫与柱含量的比值较高，大约是 CNBC(－3.804 W·mg^{-1})的两倍，这表明尽管 BC 浓度水平相对较低且空间分布上比较分散，但强烈的气候响应仍能产生此类柱含量与辐射强迫之间的非线性效果。就不同源区的 BC 排放而言，CNBC 的柱含量在中国北部最高，其次是中国西南部和东南部，IDBC 的柱含量在中国北部最低，其次是中国东南部和西南部。地表 ERF 是 TOA ERF 的 2～3 倍。此外，IDBC 可以在 TOA 引起负的(或略为正的)ERF，这与 BC 的直接效应是不一致的，可以推测云量增加和气溶胶散射的反馈可以解释这一差异，这些差异能够部分抵消由 BC 引起的区域变暖。

表 6.5　BC 柱含量和有效辐射强迫的区域平均

要素	排放试验国家	东南	西南	华北	东亚
黑碳柱含量(mg·m^{-2})	印度	0.213	0.406	0.135	0.169
	中国	1.073	2.077	2.221	1.312
	中国和印度	1.283	2.420	2.435	1.501
地面有效辐射强迫 (W·m^{-2})	印度	－2.903	－3.609	－1.171	－1.746
	中国	－3.270	－5.677	－5.117	－3.609
	中国和印度	－4.580	－7.837	－5.158	－4.768
大气顶有效辐射强迫 (W·m^{-2})	印度	－1.623	－0.594	0.082	－0.505
	中国	1.177	2.219	3.362	1.871
	中国和印度	1.470	2.550	4.439	1.925

前人已经对东亚 BC 造成的 DRF 进行了各种模拟和观测研究。Wu 等(2008)、Zhuang 等(2013b)和 Li 等(2016a)指出，基于不同排放清单(分别为 1.01、1.81 和 1.84 Tg·a^{-1})，TOA 的年平均 DRF 分别约为＋0.32、＋0.81 和＋1.46 W·m^{-2}。Zhuang 等(2018)提出，夏季东亚地区在 TOA 和地表的平均 DRF 分别为＋1.85 和－2.65 W·m^{-2}。在区域尺度上，Zhuang 等(2019)的研究表明，中国北部、东南部和四川盆地的平均 DRF 在 TOA 分别为＋2.25、＋1.45 和＋1.63 W·m^{-2}，在地表分别为－8.07、－5.22 和－4.67 W·m^{-2}。此外，Zhuang 等(2014a)基于在中国南京的观测资料估计，吸收性气溶胶产生的 DRF 约为 4.5 W·m^{-2}，本研究估计的 DRF 为 3.782 W·m^{-2}。总体而言，尽管只有印度和中国被视为源区，本书中 BC 含量造成的 ERF 与前人研究相当，这可能是因为其他地区(如东南亚)的 BC 排放水平在夏季要低得多(Li et al.，2017b)。本书结果进一步量化了不同排放源区的 BC 对东亚地区 DRF 变化的贡献。

6.2.4　黑碳气溶胶的直接气候效应

BC 通过吸收太阳辐射对大气热力场和水文循环产生显著影响。本节中的所有图表结果均考虑到了区域气候系统对 BC DRF 反馈的净效应。下文将从热力场、动力场和水文场的角度进一步讨论这些影响。

6.2.4.1　热力场响应

图 6.16 给出了近地面气温(TAS)对不同排放源区 BC 引起的 DRF 的响应。CNBC 引发了中国东部和南部以及青藏高原地区的区域增暖，而 IDBC 则导致了中国西南部、中部和印度北部地区的区域降温，这与发生在地表的强烈的负的 ERF 相对应。对 DRF 最显著的 TAS 响应在中国地区的量级上大致相等(±0.3 K)。由 BC 导致的 TAS 变化在−0.6～0.4 K 之间，最大值出现在中国东部，最小值出现在印度北部。此外，两源区总的 BC 引起的 TAS 变化与 CNBC 引起的 TAS 变化的分布相似；印度次大陆 TAS 对两源区总的 BC 的响应与对 IDBC 的响应相同。

值得注意的是，TAS 响应的空间分布与相应 BC 柱含量的空间分布并不相似(图 6.14 和图 6.16)，因此 BC 浓度水平的上升可能无法促进 TAS 的线性增加，这在 Zhuang 等(2019)中被称为“非线性”。具体而言，在某些地区，例如在 IDBC 的柱含量较低的四川盆地，TAS 对 IDBC 的响应比对 CNBC 的响应更为显著。此外，在一些地区，单一排放源区的 BC 排放造成的 TAS 变化可能超过两个排放源区的 BC 总量引起的变化。例如，IDBC 在华中和西南地区的引起的显著降温和 CNBC 在华北地区造成的强烈增暖，在量级和影响范围上都超过了对 BC 总量的响应。

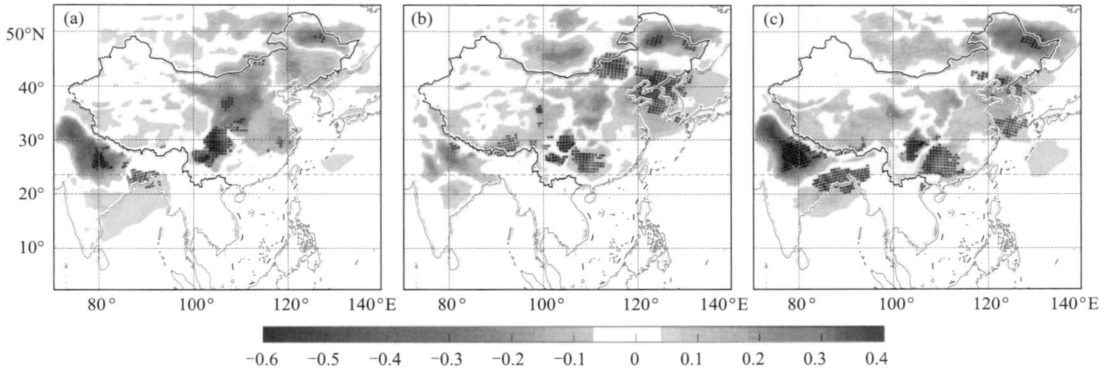

图 6.16　由 BC 引起的近地面温度变化(单位：K)的季节平均值在东亚地区的分布
(气温变化取地表到 840 hPa 的平均值，阴影区为通过置信度为 90% 的 t 检验的区域)
(a)IDBC 引起的变化；(b)CNBC 引起的变化；(c)总 BC 引起的变化

图 6.17 反映了 TAS 和 SWHR 的垂直响应情况。东亚的 BC 主要集中在对流层低层，并随高度的增加而减小。同时，夏季较强的垂直混合可以将 BC 带到对流层上部。由于 BC 加剧了对太阳辐射的吸收，BC 水平较高的对流层上部海拔低于 400 hPa 和对流层下部海拔高于 800 hPa 的 SWHR 显著增加，这在 SWHR 对 CNBC 和 BC 总量的响应中更为显著。相比之下，对流层上部 SWHR 对 IDBC 的正反馈不太显著(小于 1.0×10^{-6} K · s^{-1})，因为从印度北部输送的 BC 主要存在于对流层上部海拔低于 400 hPa 区域，且柱含量相对较低。BC 直接效应产生的额外加热有利于气温升高。然而，存在强烈的 SWHR 增加或高 BC 含量的区域不一定与显著的区域变暖有关。例如，尽管 SWHR 显著增加，在中纬度(30°～45°N)的地表附近(低于 800 hPa)，CNBC 导致 TAS 产生微弱的上升甚至下降。类似微弱的区域增暖甚至降温是区域气候反馈的结果。除 BC 直接效应外的其他因素，如云量和地表 DRF 的变化，也在很

大程度上决定了 TAS 响应的最终结果(Zhuang et al.，2013b,2018)。

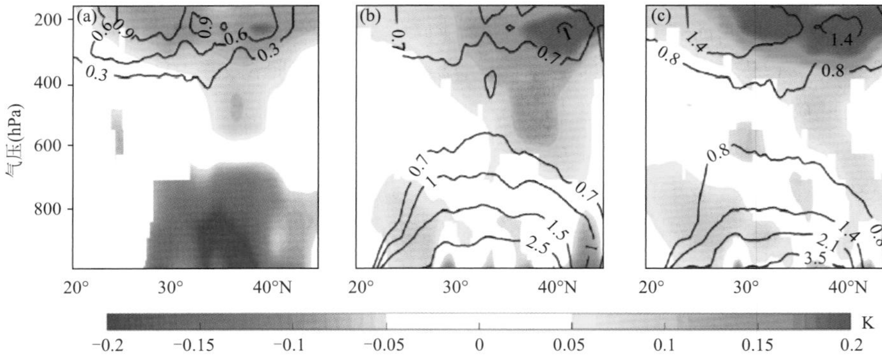

图 6.17　由 BC 引起的温度变化(填色,单位:K)和 SQHR(等值线,单位:10^{-6} K · s^{-1})的季节平均值在东亚地区的垂直分布(未通过置信度为 90%的显著性检验的部分被掩盖)

(a)IDBC 引起的变化;(b)CNBC 引起的变化;(c)总 BC 引起的变化

图 6.18 显示了对流层下部的云量(CF)变化。一般来说,云量增加对应 TAS 减少,反之亦然。因此,TAS 的反馈(图 6.16)与云量变化密切相关。BC 的直接效应导致中国东部沿海地区对流层低层云量降低,但印度北部和中国东北部有所增加,范围为−2.5%～4%。在东亚,CNBC 和 IDBC 引起了几乎相反的云量变化,这与 TAS 的反馈一致。CNBC 可引起华北至东南沿海地区的云量减少,而华中、东北和西南地区的云量则呈零星增加。Zhuang 等(2019)也发现 BC 引起中国北部至中部的河套地区(39°N,117°E)的云量显著增加。IDBC 可以造成从西南到华中地区云量的显著增加。由 IDBC 和 CNBC 引起的云量变化均在−2%～3%之间。Zhuang 等(2013b)阐述了 BC 的直接效应和云量之间的相互作用,他认为 BC 的半直接效应有助于降低云量,从而加剧增温。因此,由 CNBC(或两个排放源区的总 BC)在华东地区造成的云量减少可能归因于 BC 的半直接效应,进一步增强了区域变暖。另一个影响因素是环流异常(图 6.19)。同时由于间接效应,散射气溶胶的反馈也可能影响云量的变化(Twomey, 1974;Albrecht, 1989)。

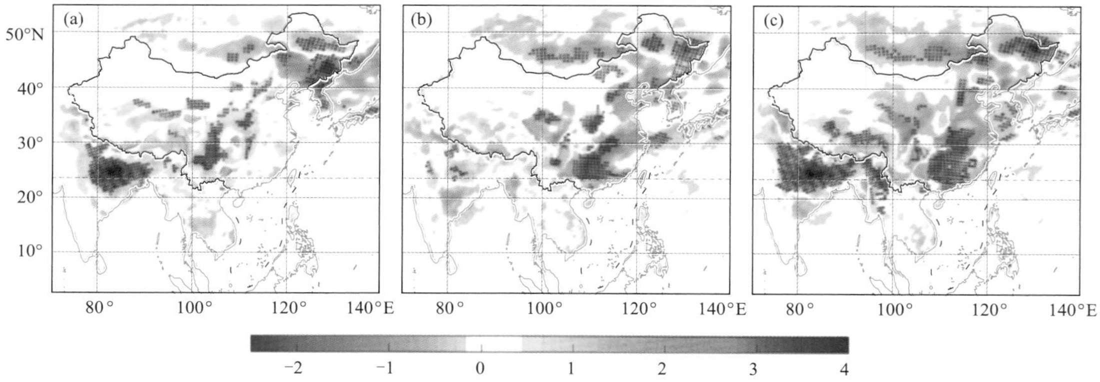

图 6.18　由 BC 引起的云量变化(%)的季节平均值在东亚地区的分布

(云量变化取地表到 840 hPa 的平均值,阴影区为通过置信度为 90%的 t 检验的区域)

(a)IDBC 引起的变化;(b)CNBC 引起的变化;(c)总 BC 引起的变化

6.2.4.2　动力场响应

一旦温度场发生变化，动力场也会受到影响。图 6.19 和图 6.20 分别展示了大气环流的水平和垂直变化。CNBC 在中国西南至东北地区引起气旋异常，促进 30°N 附近的偏南和西南风异常，Zhuang 等(2018)发现，类似的气旋异常出现位置偏东，这更有利于东亚夏季风的发展。这种位置的差异可能是由于大陆上较低的 BC 水平引发的较弱的增温，因此在中国东南部出现了一个带有偏北风的反气旋异常。与之相比，由于 IDBC 浓度水平较低，IDBC 引起的气旋异常显得较弱，且局限于中国西南部地区。因此，无论是 CNBC 还是 IDBC 引起的环流场异常在西南地区都是显著的，南风和北风的交汇有利于云的形成和气温的降低(图 6.16 和图 6.18)。IDBC 和 CNBC 在印度东北部到青藏高原南坡、华北到东北等地区也都诱发了不同强度的辐合异常。在两个排放源区总的 BC 的影响下，中国东南部的反气旋较弱且较小，并伴随着西南风异常(图 6.19)。因此，发生辐合的位置更偏东，有来自海洋的偏南风作为补充。这一结果也在 Zhuang 等(2019)中发现，他认为，如果东亚有足够高的 BC 浓度水平，华南地区的南风或西南风异常可能会变得更严重。在垂直方向上，向上(向下)运动通常发生在大气被强烈加热(冷却)的地方，这会进一步影响经向环流。CNBC 可导致对流层中低层逆时针环流异常，与偏南风和偏北风的合流共存(图 6.19 和图 6.20)，这进一步增强了 25°N 附近的增温。此外，近地面的偏南风异常也会显著增加，与图 6.19 所示的水平环流异常一致，IDBC 在东亚引起的环流场响应比 CNBC 弱。下沉运动出现在 35°N 附近，并进一步促进北风向气温鲜少下降的低纬度地区推移。两个排放源区的 BC 总量可进一步加强逆时针环流异常(向北延伸至 35°N 附近)。总的来说，CNBC 在东亚环流场变化中的作用更为显著。对流层低层的环流变化会影响水汽输送，以及云和降水的形成。华中地区云量对两个排放源区的总 BC 的正响应弱于对 CNBC 的正响应，这是南风进一步向东向沿海地区移动的结果。CNBC 和总 BC 造成的增湿中心一般伴随着上升运动，均十分有利于东亚地区云量的增加。

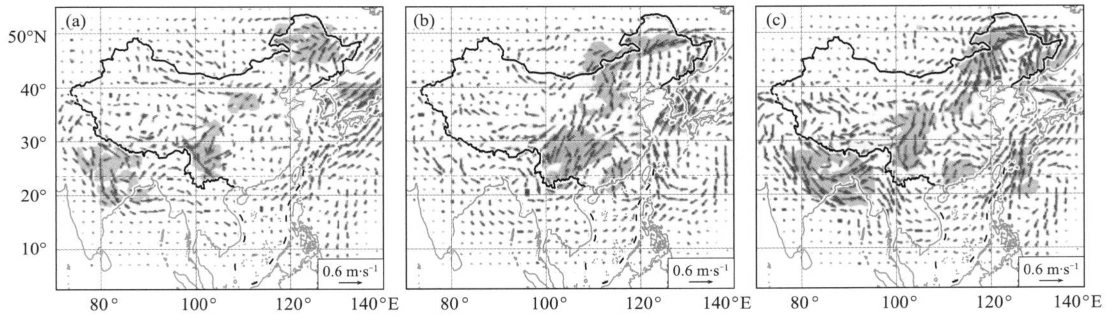

图 6.19　由 BC 引起的 840 hPa 环流场变化(箭头，单位：m · s^{-1})的季节平均值在东亚地区的分布(阴影区为通过置信度为 90%的 t 检验的区域)

(a)IDBC 引起的变化；(b)CNBC 引起的变化；(c)总 BC 引起的变化

6.2.4.3　水文场响应

大气对 BC 的直接效应作出的热力响应和动力响应可导致水循环的变化(图 6.21 和图 6.22)。在 BC 的影响下，中国东北部(大于 0.20 mm · d^{-1})、中国西南部至中部(大于 0.15 mm · d^{-1})和印度北部(最大超过 1.0 mm · d^{-1})的降水增加。从印度东部至孟加拉湾和中国东

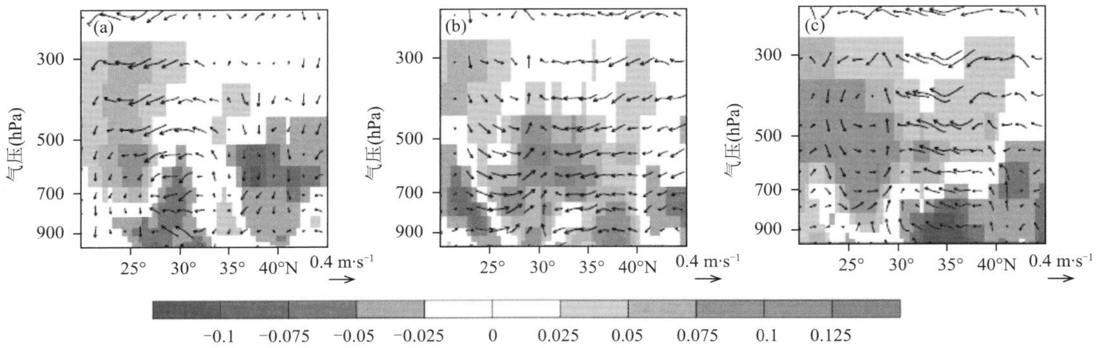

图 6.20　由 BC 引起的经向环流(箭头,单位:m·s^{-1})和比湿(阴影,单位:g·kg^{-1})变化的季节平均值(105°～125°E)在东亚地区的垂直分布(未通过置信度为 90%的显著性检验的部分被掩盖。对于参考箭头标度,图中 1 个单位表示水平风(m·s^{-1})和垂直运动(−5 ×10^{-3} Pa·s^{-1})的风矢量)
(a)IDBC 引起的变化;(b)CNBC 引起的变化;(c)总 BC 引起的变化

南部的降水量减少(高达−0.4 mm·d^{-1}),并可延伸到长江下游的华东地区。无论是 CNBC 还是 IDBC 都能引起华中到华北地区降水量的显著增加。洪涝通常是由于加强了水分输送和/或辐合异常,而局部干旱则是由于减弱了异常。一方面,印度北部和中国东北部的辐合(图 6.19)通过逆时针经向环流异常导致液态水路径增加和印度降水(图 6.21 和图 6.23)。西南到华中地区的偏南风和偏北风异常的会合(图 6.19)可以以类似的方式进一步增加降水量,这一点不太明显,因为南风向东移动是由于两个排放源区的总 BC 的引起的加热效果比 CNBC 或 IDBC 的引起的加热更强烈。另一方面,中国东南部的反气旋在很大程度上导致了液态水路径和降水量的减少(图 6.19)。因此,尽管华南 BC 的含量较低,但降水量的减少可能超过华北地区。此外,与 CNBC 或 IDBC 相比,华中至华北和孟加拉湾的 BC 含量较高(Zhuang et al., 2013b),具有较强的半直接效应,会使云-液-水路径以及云量减少(图 6.22 和图 6.18)。本书所发现的降水响应与前人的一些研究结果一致。王志立等(2009)指出,华北地区降水量增加,而长江以南大部分地区降水量减少。Gu 等(2006,2010)认为,BC 直接效应可以增加中国东北和南方部分沿海地区的降水量,但会减少中部地区的降水量。Meehl 等(2008)指出,中国大部分地区的降水量有所减少,但南亚地区的降水量有所增加。然而,本书结果与 Gu 等(2016)的结果不同,Gu 等(2016)认为,由于沙尘的直接效应,中国东南部的降水量显著增加,尽管本书发现孟加拉湾和印度西北部沿海的降水量也有所增加。这种环流和降水的矛盾可能是出自降雨带相对于热源的不同位置以及与降水相关的环流模式(Wu et al., 2013a;Gu et al., 2016)。东亚夏季风第二阶段(6 月中旬至 8 月上旬)中主要雨带向北跳跃时,降水量的变化取决于季风强度是否足以提供来自华南的暖湿气流来增强降水,而不是北部的雨带。因此,华南地区不同的降水量归因于季风减弱,这是由陆上增温较弱(比 Gu 等(2016)低约 0.3 K)造成的。BC 引起的降水量变化是环流和云量重新分布的结果。区域气候对不同源区 BC 含量的非线性响应也反映在降水量的变化上,表明东亚地区降水量的变化依赖于大气热力学场的反馈,而不仅仅依赖于 BC 含量水平。Gu 等(2016)也发现了类似的结果,他们将显著的降水变化归因于 AOD 差异较低地区的环流响应。图 6.18、图 6.19 和图 6.21 的对比表明,云和降水都受到环流扰动的影响。然而,图 6.22 表明,在某些地区,由于 BC 半直接效应的可能结果,云-液路径的减少比降水更为显著(Zhuang et al., 2013b)。

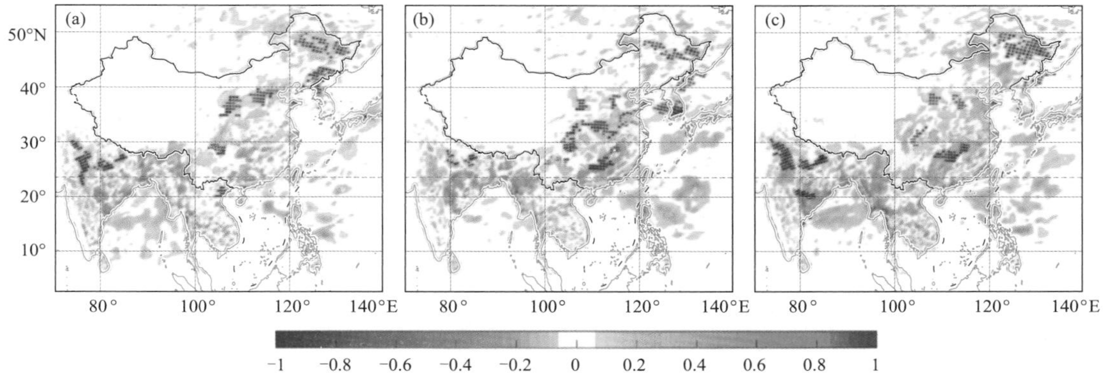

图 6.21　由 BC 引起的降水变化(单位：mm・d^{-1})的季节平均值在东亚地区的分布
(阴影区为通过置信度为 90％的 t 检验的区域)
(a)IDBC 引起的变化；(b)CNBC 引起的变化；(c)总 BC 引起的变化

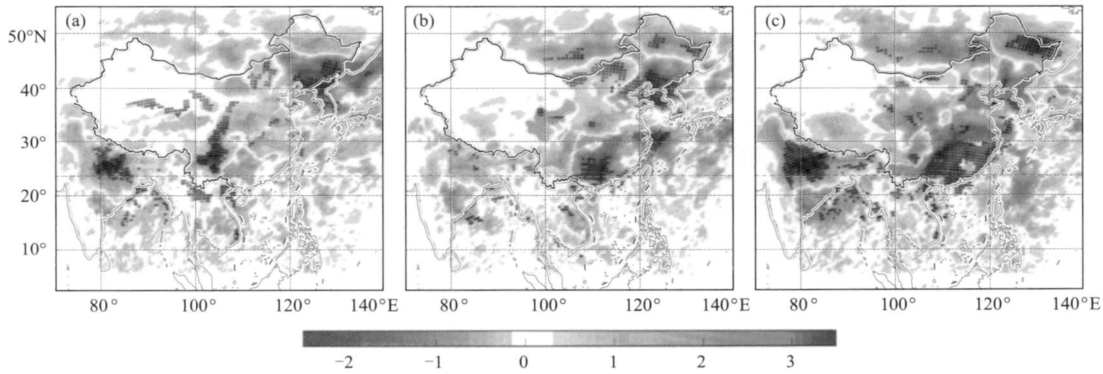

图 6.22　由 BC 引起的云水路径变化(单位：g・m^{-2})的季节平均值在东亚地区的分布
(阴影区为通过置信度为 90％的 t 检验的区域)
(a)IDBC 引起的变化；(b)CNBC 引起的变化；(c)总 BC 引起的变化

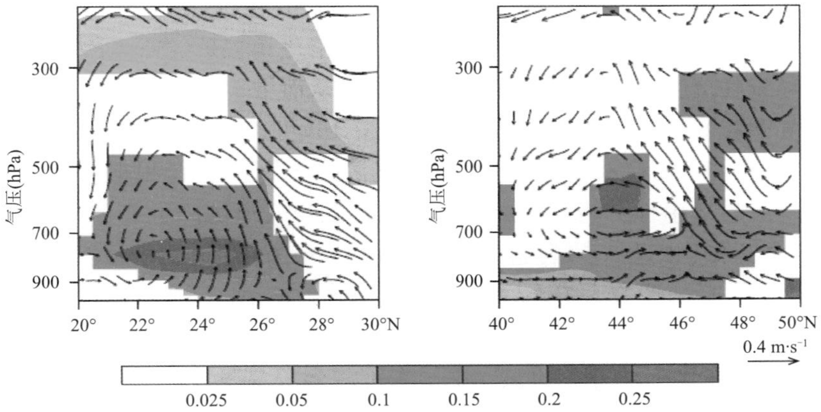

图 6.23　由所有 BC 引起的经向环流(箭头，单位：m・s^{-1})和比湿(阴影，单位：g・kg^{-1})变化的季节平均值在东亚地区的垂直分布(左图对应的范围是 80°～90°E，右图对应的范围是 120°～130°E。未通过置信度为 90％的显著性检验的部分被掩盖。对于参考箭头标度，图中 1 个单位表示水平风(m・s^{-1})和垂直运动(-5×10^{-3} Pa・s^{-1})的风矢量)

其他地区也发生了显著的气候反应。在印度北部和中国东北部（45°N 以北）地区在 BC 直接效应的影响下出现了区域气候响应，包括 TAS 降低、云量和降水增加以及气旋异常（图 6.16、图 6.17、图 6.19 和图 6.20）。在印度北部，BC 含量水平相对较低，区域冷却覆盖了印度河恒河平原的大部分地区。Meehl 等（2008）认为，气温的负响应是由于地表太阳辐射的大幅减少和上层对太阳辐射的反射造成的，如图 6.15 所示。然而，孟加拉湾地区的 TAS 增加，该地区的排放量比印度北部地区的排放量要高，并且在地表引起的负辐射强迫更强。TAS 响应的差异很大程度上是由环流异常引起的。孟加拉湾气旋向青藏高原南坡、印度和恒河平原南部延伸，产生上升运动，进一步增强了云层的形成，降低了大气层顶的正的辐射强迫。然而，孟加拉湾较强的 BC 半直接效应可能会抑制云和降雨的形成，从而增加 TAS。

TAS 的增加可导致青藏高原地区上空的气旋和上升运动（图 6.19），这被称为"热泵"效应（Lau et al.，2006a）。BC 直接效应引起的短波加热和印度北部地势升高都会导致热空气在青藏高原上空向北和向上流动，导致 45°N 附近的强烈增温，而印度北部在夏季持续降温（Meehl et al.，2008）。这也可能导致中国北部和环渤海地区在 IDBC 的直接效应影响下轻微变暖。以往的研究表明，这些异常可以进一步改变东亚的环流（Sun et al.，2012a；Jiang et al.，2017；Tang et al.，2018；Zhuang et al.，2019）。在 45°N 以北的东北地区，无论是 CNBC 还是 IDBC 都能导致 TAS 的显著降低和云量的显著增加，虽然响应相似，但原因可能不同。CNBC 可以产生气旋异常，有利于云的形成和温度的降低。然而，IDBC 引起的环流异常相对较弱。因此，IDBC 引起的温度和云量变化还受到出现在中国东北部地区散射气溶胶的积累影响，该地区的硫酸盐含量远远超过 BC（图 6.24）。

6.2.4.4　气溶胶响应

BC 的直接效应通过改变大气热场、动力环流和水文循环，导致气溶胶的再分配。硫酸盐浓度的变化如图 6.24 所示。POC 浓度的变化在空间上与硫酸盐浓度的变化相似，但幅度较小（图略）。东亚地区气溶胶含量在 IDBC 的影响下浓度水平有所增加，POC 和硫酸盐浓度的最大值分别为 +0.7 和+3.5 $\mu g \cdot m^{-3}$。增加的气溶胶负荷主要出现在 800 hPa 以下。气溶胶浓度增加的原因是多方面的：第一，气溶胶通常随着降水量的减少而积累，特别是在中国南方地区（图 6.21）。第二，大气环流的变化会进一步影响气溶胶的含量。例如，40°N 附近的下沉运动异常可导致气溶胶从上层向下输送（图 6.20），从而增加地表附近的气溶胶负荷进而降低对流层上层气溶胶的含量。第三，地表冷却（图 6.16）可以增强大气稳定性，抑制气溶胶从地面向对流层上部的扩散，有利于增加近地面的气溶胶含量。此外，根据 ISORROPIA 对气溶胶形成对气温响应的敏感性分析，Wang 等（2015b）认为气温的降低有利于散射气溶胶的形成，散射气溶胶的积累可以进一步增强区域降温。因此，中国东北地区的地面降温和气溶胶含量的增加可能形成正反馈。在 TAS 升高、降水减少的孟加拉湾地区，气溶胶含量降低，表明显著的增温效应除了对硫酸盐的输送有一定的抑制作用外，还对硫酸盐的形成有一定的抑制作用。CNBC 引起的气溶胶浓度变化并不明显。中国东部气溶胶最显著的响应与降水呈负相关（图 6.21 和图 6.23），尤其发生在沿海地区。POC 和硫酸盐的最大降幅分别为 0.6 和 3.0 $\mu g \cdot m^{-3}$。四川盆地气溶胶含量的增加（POC 和硫酸盐的最大变化分别为+0.6 和+3.0 $\mu g \cdot m^{-3}$）与区域冷却、辐合和地形有关，这些都不利于扩散（图 6.19）。因此，虽然降雨明显加强，但气溶胶含量仍然可以增加。尽管存在一些差异，但由两个排放源区 BC 总量引起的变化与 CNBC 引

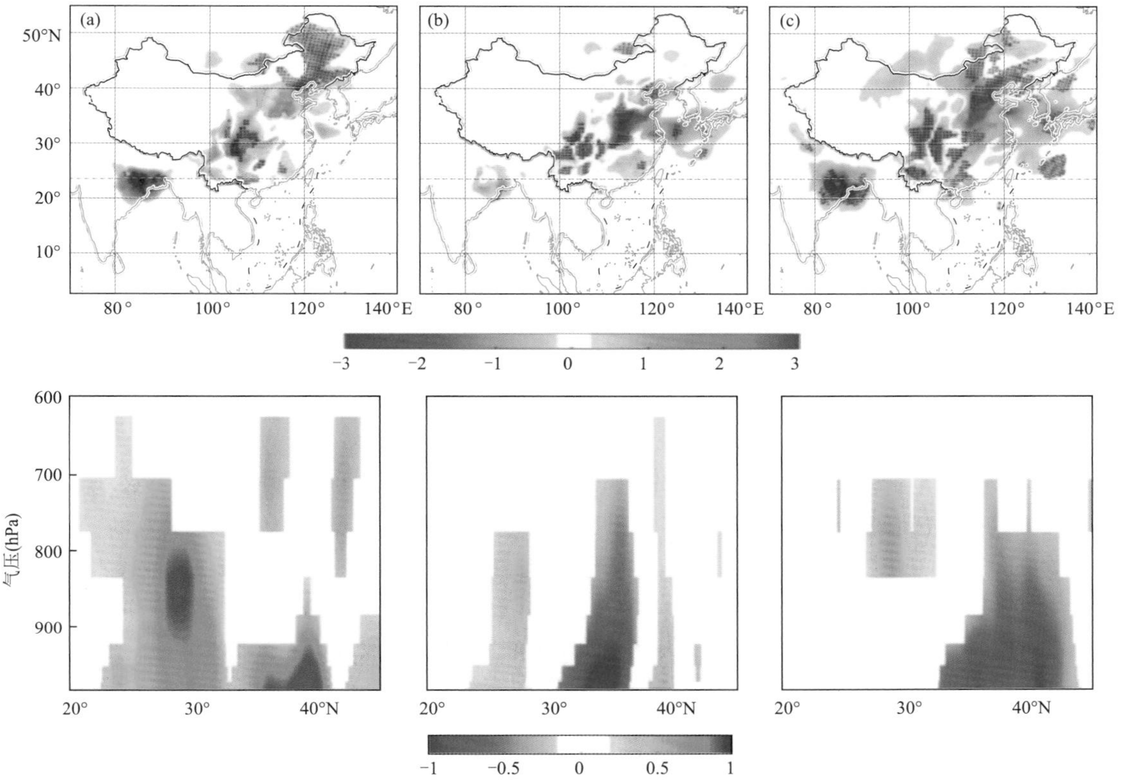

图 6.24　由 BC 引起的硫酸盐浓度变化(单位:μg · m^{-2})的季节平均值在东亚地区的水平和垂直分布(从左向右分别对应于 IDBC、CNBC 和总 BC 引起的变化。上图阴影区为通过置信度为 90%的 t 检验的区域，下图中未通过置信度为 90%的显著性检验的部分被掩盖)

起的变化大体相似。在 35°～45°N 上空的向北辐合气流和相应的上升运动(图 6.19 和图 6.20)导致华北和华中地区的气溶胶减少量增加。在不同的环流、降水和温度反馈的影响下，东南地区含量增加进一步减弱。

6.2.4.5　区域贡献

表 6.6 总结了由 IDBC、CNBC 和两个排放源区的 BC 总量的直接效应引起的气候要素和气溶胶浓度的变化，包括 840 hPa 以下的区域平均气温、降水量和 840 hPa 以下的云量以及 POC 和硫酸盐的浓度。区域平均包括中国南方(108°～120°E，20°～30°N)平均、中国北方(108°～120°E，30°～45°N)平均和东亚(100°～130°E，20°～50°N)平均。总的来说，每个源区的 BC 都会导致夏季东亚地区气候的显著变化。BC 的直接效应可以减少云量(平均－0.136%)，从而利于东亚地区变暖(最大超过 0.3 K)和干旱(平均－0.028 mm · d^{-1})，中国南方的反应更强烈。

夏季东亚各源区的 BC 可导致显著的区域气候变化。在 IDBC 的直接影响下，动力场和水文循环的显著变化可导致整个东亚地区散射气溶胶的大量积累(尤其是近地层的硫酸盐浓度，大约比 BC 高一个数量级)，尽管 IDBC 的浓度水平相对较低(表 6.5)。因此，云的光学深度和反照率(即“第一”间接或 Twomey 效应(Twomey，1974))得到增强。由于云层覆盖范围和持续时间的扩大，云辐射强迫进一步增强（即“第二”间接效应（Albrecht，1989））。因此，BC 在 TOA 处引起的正的辐射强迫一定程度上会被这一负辐射强迫抵消（表 6.5）。Liu 等（2010）指出，在中国降水减少过程中，硫酸盐气溶胶辐射效应比 BC 气溶胶辐射效应更为显著。另外，TAS 和降水量的减少也会进一步促进气溶胶的再分配和积累，从而形成一种反馈。因此，IDBC 引起的东亚地区气候响应也可能依赖于大气气溶胶的显著散射反馈。BC 引起的环流场异常在这种复杂的气候响应中可能起着重要作用。例如，BC 导致的大气加热不利于硫酸盐气溶胶的形成（Wang et al.，2015b），而冷暖空气团之间的实质性交换可以进一步超越 BC 的变暖趋势（Sadiq et al.，2015）。CNBC 可以导致东亚地区的 TAS 增加和降水减少，中国南部和北部的气候响应不同。例如，中国南方地区的云量响应为负，而北方地区的云量响应为正，但变化幅度较小。两个关键原因如图 6.18—图 6.20 所示：大气环流以及湿气输送的不同响应和 BC 半效应的不同贡献。此前的研究发现，区域气候响应可能是复杂的，与区域柱含量或 AOD 之间不存在线性关系，而非线性可能会因热力、动力反馈等气候反馈而增强（Zhuang et al.，2019）。本书的结果也反映出了类似的非线性，因为 IDBC 的低浓度可以引起较为显著的气候变化。区域气候对 IDBC 的响应也表明，气溶胶的反馈对非线性的增强是重要的。

总的来说，CNBC 在东亚地区的气候调节中起着主导作用，它对 TAS、云量和降水等气象要素的变化大小和分布起着主导作用。然而，两排放源区的 BC 总量的直接效应对区域气候产生的影响远比 CNBC 和 IDBC 的直接效应的线性组合更为复杂，这主要是因为 BC 的再分配更为均匀。如图 6.25 所示，通过对 TAS 和降水变化的比较发现，中国东部到中部地区对 BC 总量和单一排放源区 BC 的响应之和尤其不一致。此前的研究还发现，BC 排放的空间变化可能对气候响应产生重大影响，特别是在华南和华东地区（Zhuang et al.，2019）。

表 6.6　气候变量和气溶胶浓度变化的区域平均

要素	排放试验	华南	华北	东亚
气温（K）	印度	-2.10×10^{-2}	-1.28×10^{-1}	-5.10×10^{-2}
	中国	2.90×10^{-2}	-3.00×10^{-2}	2.20×10^{-2}
	中国和印度	4.40×10^{-2}	9.00×10^{-3}	2.60×10^{-2}
降水量（$mm\cdot d^{-1}$）	印度	-2.10×10^{-2}	4.00×10^{-3}	-7.00×10^{-3}
	中国	-6.80×10^{-2}	6.00×10^{-3}	-1.10×10^{-2}
	中国和印度	-6.70×10^{-2}	-3.00×10^{-2}	-2.80×10^{-2}
云量（%）	印度	1.57×10^{-1}	2.94×10^{-1}	1.29×10^{-1}
	中国	-4.41×10^{-1}	5.30×10^{-2}	-7.60×10^{-2}
	中国和印度	-3.08×10^{-1}	-2.84×10^{-1}	-1.36×10^{-1}
有机碳（$\mu g\cdot m^{-3}$）	印度	4.10×10^{-2}	4.30×10^{-2}	3.60×10^{-2}
	中国	2.00×10^{-3}	-9.00×10^{-3}	2.00×10^{-3}
	中国和印度	-3.30×10^{-2}	-6.10×10^{-2}	-2.60×10^{-2}
硫酸盐（$\mu g\cdot m^{-3}$）	印度	3.36×10^{-1}	4.58×10^{-1}	2.99×10^{-1}
	中国	1.75×10^{-1}	-3.05×10^{-1}	-5.50×10^{-2}
	中国和印度	-1.17×10^{-1}	-5.51×10^{-1}	-2.02×10^{-1}

在过去的 20 年中，对东亚地区 BC 的直接效应进行了大量的研究（Menon et al.，2002；

Zhang et al.，2009；Wang et al.，2015b 等)，所有这些研究都表明，BC 能够促进局部变暖，通过加强陆地-海洋空气温度梯度，抵消了总气溶胶的冷却效应，从而增强了东亚夏季风。因此，云的形成和降水的发展得到了明显的促进。本书的结果显示了类似的区域气候响应，尤其是在中国。但与以往的研究不同，本书还考虑了 POC 和硫酸盐散射效应的反馈作用。因此，对区域气候响应的评价进行了改进。例如，Wang 等(2015b)和 Zhuang 等(2018)认为东亚夏季 TAS 增加的区域平均值分别为 0.08 和 0.11 K。Zhuang 等(2019)认为，华南和华北的 TAS 分别增加了 0.082 和 0.127 K。总体而言，本书估算出的 TAS 变化相对较小，特别是在华北地区。

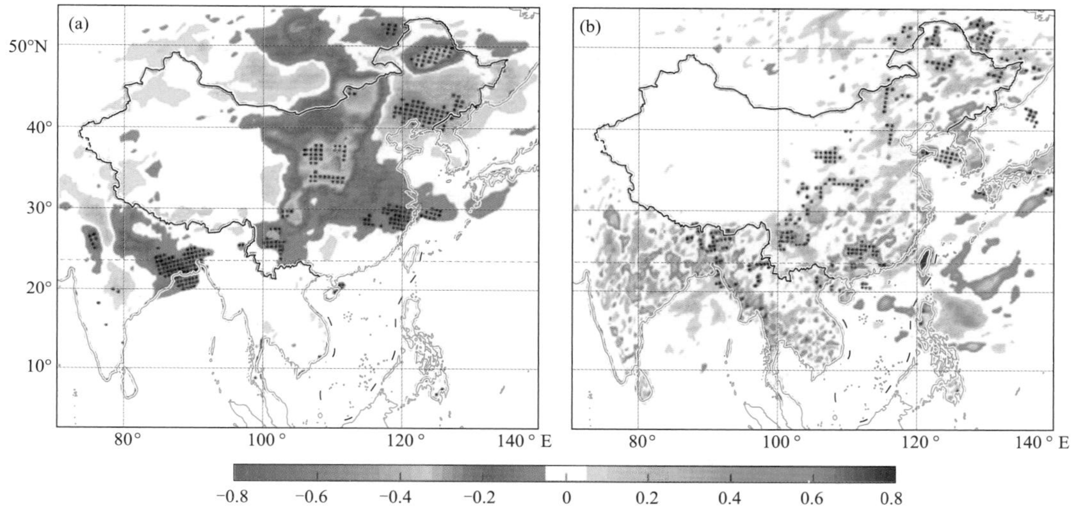

图 6.25　由所有 BC 引起的(a)近地面气温(单位：K)和(b)总降水量(单位：mm · d^{-1})和分别由 IDBC 和 CNBC 引起的近地面气温和总降水量变化之和的差异

(阴影区为通过置信度为 90%的 t 检验的区域)

6.2.5　小结

本书采用区域气候-化学耦合模式 RegCM4-Chem 研究了印度和中国两个不同源区排放的 BC 对夏季东亚气候的影响，分析了夏季东亚地区 BC 的辐射强迫和气候的相关影响。由于模拟过程中不仅考虑了 BC 的直接效应，还考虑了散射型气溶胶的气候效应，因此本书的发现相较于前人的研究成果更为贴近于真实大气的情况。

总的来说，华东、华北和西南以及印度东北部地区的 BC 浓度水平较高。CNBC 对东亚地区 BC 柱含量的贡献率高达 40%，IDBC 为 25%。BC 能够在 TOA 产生正的辐射强迫而在地表引起负的辐射强迫。一般来说，不同排放源区的 BC 造成的辐射强迫的空间变化与相应的浓度水平的变化相似。然而，在地表反照率和云量的影响下，情况并非总是如此。东亚地区的平均 BC 柱含量和地表辐射强迫分别为 1.501 mg · m^{-2} 和 −4.768 W · m^{-2}。BC 对太阳辐射的吸收引起的 SWHR 增加有利于局地温度的升高。总的来说，东亚对流层低层的气温增加了 0.026 K，降水量减少了 0.028 mm · d^{-1}。

进一步研究东亚气候对不同排放源区 BC 的直接效应发现，随着东亚大部分地区云量的减少,CNBC 会导致区域变暖,进而引发包括西南到东北的气旋异常和中国东南部的反气旋异常。因此,华中和华北地区的降水量增加,而华南地区的降水量减少。不同的是,虽然 IDBC 在东亚地区的含量与 CNBC 相比较低,但在东亚地区引起了区域降温,这是由于在 IDBC 造成的热力-动力反馈下硫酸盐含量显著增加,其散射特性引发了区域变冷。

虽然 IDBC 和 CNBC 都能导致不同但显著的区域气候变化,但由于较高的排放水平和较强的气候反馈作用,CNBC 对东亚地区起主导作用。气候对 BC 总量的响应比对单一排放源区 BC 的响应的简单线性组合更为复杂(尤其是中国东部和中部)。这一发现表明,BC 排放与区域气候变化之间的非线性关系,在今后的分析中应给予更多的关注。总体而言,本书有助于更好地了解 BC 对区域气候的直接效应,并为东亚地区 BC 排放控制策略提供科学参考。

6.3　强弱东亚夏季风年无机气溶胶对中国区域气候的影响

6.3.1　研究背景

考虑到季风强年和弱年气溶胶时空分布的明显差异,对由此产生的不同气候影响进行分析和量化,对于更好地理解气溶胶的区域气候效应以及气溶胶-东亚季风反馈过程的年际变化具有重要意义。本书利用改进的区域气候模式 RegCM4 模拟了东亚夏季风强年和弱年无机气溶胶对中国区域气候的影响,分析了气候效应的差异及其产生机制,主要研究成果见 Li 等(2016b)。

6.3.2　模式与方法

6.3.2.1　区域气候模式

使用新一代区域气候模式 RegCM4(Giorgi et al.,2012),为了考虑气溶胶的云反照率效应,在 RegCM4 中引入一个云滴数浓度参数化方案(Hansen et al.,2005):

$$N_c = \begin{cases} 162 \times \lg(N_a) - 273(\text{海洋地区}) \\ 298 \times \lg(N_a) - 595(\text{陆地地区}) \end{cases} \tag{6.1}$$

式中,N_c 是云滴数浓度,N_a 是总的气溶胶数浓度。在模式中通过 N_c 和云水含量可以计算得到云滴有效半径。N_c 的增加将会导致云滴有效半径的减少,从而增大云的光学厚度。

为了考虑气溶胶的云寿命效应,在 RegCM4 中引入一个降水转化率参数化方案(Boucher et al.,1995):

$$P = C_{1,\mathrm{aut}} q_1^2 \rho/\rho_w (q_1 \rho/\rho_w N_c)^{1/3} H(r_e - r_{ec}) \tag{6.2}$$

式中,P 是雨水的自动转化率,C 为常数,ρ 是空气密度,ρ_w 是水的密度,q_l 是云水含量,r_e 是云滴半径。H 是 Heaviside 函数,r_e 大于临界半径 r_{ec} 时,H 等于 1,否则等于 0。N_c 的增加将会导致雨水的自动转化率减少,从而减少降水,增加云的寿命。

6.3.2.2　试验设计

模拟所采用的排放源是 REAS v2.1(Kurokawa et al.,2013),该清单考虑了主要的大气污染物和温室气体,来源包括发电厂、工业、运输和民用等部门的燃料燃烧,工业过程,农业活动(施肥和牲畜)等。排放源的时间为 2002—2008 年,在本书中排放源被固定为 2006 年夏季,以排除排放变化对气溶胶时空分布的影响。采用 lambert 投影,模式的水平分辨率为 60 km,

垂直分辨率为 18 层，模式顶气压为 100hPa。模拟区域覆盖了整个中国和周边地区。气相化学模块采用 CBMZ 机制、Holtslag 边界层方案(Holtslag et al.，1990)和 Emanual 积云对流参数化方案(Emanuel，1991；Emanuel et al.，1999)。模式的大尺度气象场来自欧洲中心(European Centre for Medium－Range Weather Forecasts)的 ERA-Interim 再分析资料，分辨率为 1.5°×1.5°。模拟时间为 1997 年、1998 年、2002 年、2003 年、2010 年、2012 年的 5、6、7、8 月，其中 5 月为模拟起步时间。为了研究气溶胶在强季风年和弱季风年的气候效应差异，本书设计了 4 组数值试验，如表 6.7 所示。EW1 和 EW2 为夏季风弱年的试验，分别为不考虑和考虑气溶胶气候效应。ES1 和 ES2 为夏季风强年的试验，分别为不考虑和考虑气溶胶气候效应。EW2 和 ES2 都考虑了硫酸盐、硝酸盐、黑碳、有机碳、海盐和沙尘气溶胶的直接和间接效应(包括云反照率效应和云寿命效应)。通过比较 EW1 和 EW2 的差异以及 ES1 和 ES2 的差异，可以得到气溶胶在夏季风弱年和夏季风强年对东亚夏季风的影响。关于夏季风强年和夏季风弱年的选择，将在 6.3.2.3 节讨论。

表 6.7 试验设计

试验	模拟时间	说明
EW1	1998、2003、2010 年 6—8 月	不考虑气溶胶气候效应
EW2	1998、2003、2010 年 6—8 月	考虑气溶胶气候效应
ES1	1997、2002、2012 年 6—8 月	不考虑气溶胶气候效应
ES2	1997、2002、2012 年 6—8 月	考虑气溶胶气候效应

6.3.2.3 季风强弱年的选择

通常可以通过季风指数来判断东亚季风的强弱，本书采用了 Li 等(2002)、张庆云等(2003)提出的两个东亚夏季风指数 EASMI1、EASMI2 来选择强/弱季风年。这两个季风指数应用广泛，可以很好地反映东亚大气环流和降水的年际变化。EASMI1 可以从夏季的矢量风数据 (110°～140°E，10°～40°N，850hPa) 中计算获得。EASMI2 定义为 850 hPa 高度 (100°～150°E，10°～20°N) 和 (100°～150°E，25°～35°N) 之间纬向风异常的季节性差异。图 6.26 显示了近 18 年来两个东亚夏季风指数的变化。EASMI1 的数据来自网站 (http://ljp.gcess.cn/)，EASMI2 使用 NCEP/NCAR 再分析项目(Kalnay，et al.，1996)的数据计算得出。最终确定 1997、2002 和 2012 年为东亚夏季风强年，1998、2003 和 2010 年为东亚夏季风弱年，因为这些年份 EASMI1 和 EASMI2 均明显偏高或偏低。夏季风强弱年的模拟结果分别来自 3 个夏季风强年的夏季平均值和 3 个夏季风弱年的夏季平均值。

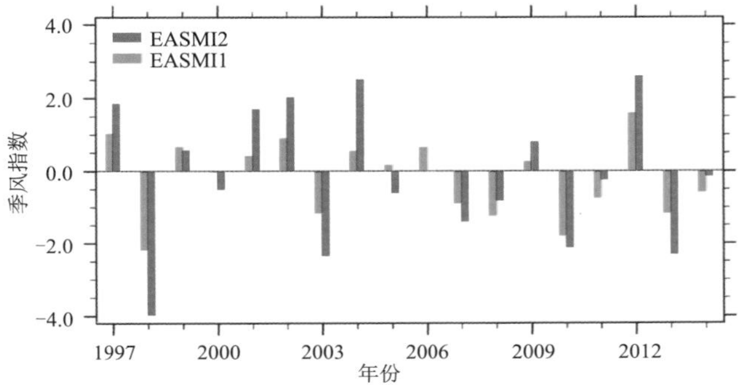

图 6.26 东亚夏季风指数(1997—2014 年)

图 6.27 给出了观测和模拟的夏季风强弱年 850 hPa 高度场、风场、降水及其差异。高度场和风场的观测数据来自 ERA-Interim (Dee et al., 2011),降水的观测数据来自 TRMM 的卫星资料和全球降水气候项目(GPCP)(Adler, et al., 2003)。为了讨论中国不同地区的气溶胶气候效应,此处定义了中国北部地区(NC,108°～122°E,32°～42°N)和中国南部地区(SC,108°～122°E,22°～32°N)。这两个区域之间存在明显的气候差异,SC 属于湿润区,而 NC 则由半湿润区和半干旱区组成。模拟结果很好地再现了夏季风强弱年环流和降水的观测差异,表明 RegCM4 非常适合东亚季风气候研究。夏季风强年,20°N 以南地区纬向风为正异常,25°～35°N 为负异常,符合 EASMI2 的定义。由于来自西南的水汽输送较弱,长江以北地区的降水明显少于夏季风弱年,而在长江以南地区则相反,因为那里有更多的水汽滞留。

6.3.3　研究结果

6.3.3.1　气溶胶空间分布

图 6.28 显示了东亚地区夏季不同类型气溶胶柱含量的空间分布。由图可见,硫酸盐、硝酸盐、黑碳、有机碳等来自人类活动的气溶胶主要分布在华北、华东和四川盆地,这是因为华北和华东地区工业和经济较为发达,已成为二氧化硫、一氧化氮、氨气、黑碳和有机碳的主要排放源地。此外受地形影响,四川盆地的污染物难以向外输送,因此浓度较高。沙尘气溶胶主要分布在西北部的戈壁沙漠地区,而海盐气溶胶主要分布在东南沿海。

6.3.3.2　气溶胶的光学厚度和辐射强迫

图 6.29 给出了东亚夏季风强弱年模拟和观测的气溶胶光学厚度。观测数据来自中分辨率成像光谱仪的卫星反演数据,1997 年和 1998 年由于没有观测结果而未包含在图 6.29 中。可见,模拟的 AOD 与人为气溶胶柱含量的分布非常一致,高值分布于华北、华东、华中和四川盆地,主要是由硫酸盐、硝酸盐、有机碳和黑碳气溶胶引起的。西北地区的 AOD 高值与沙尘气溶胶有关。通过对比模拟与观测结果发现,模拟的 AOD 在量级和空间分布上与观测大体接近。华东和华中地区的 AOD 模拟值低于观测值,可能与排放源的不确定性有关;另一个原因可能是本书未考虑农业残留物燃烧和二次有机气溶胶。印度北部的 AOD 被低估,可能是由于排放被低估和接近模拟区域的边界造成的。考虑到气溶胶的气候效应主要是区域性的,夏季气溶胶浓度相对较低,对东亚夏季风的影响不会很显著。此外,模式基本可以再现华北和华东地区夏季风弱年的 AOD 高于夏季风强年的情况。季风环流和降水可通过输送和湿清除过程明显地影响气溶胶的分布,考虑到季风强弱年 AOD 与降水量分布差异的相似性,季风环流可能在气溶胶分布中起到了主导作用。

图 6.30 显示了气溶胶的晴空直接辐射强迫和由于气溶胶引起的大气顶净吸收的太阳辐射通量的变化。直接辐射强迫与 AOD 的分布有很好的相关性。在华北和华东地区,夏季风弱年的直接辐射强迫高于夏季风强年。此外,大气顶净吸收的太阳短波辐射通量与直接辐射强迫的分布存在一些差异,主要是由于辐射通量的变化不仅与气溶胶直接效应有关,还与云的光学性质、寿命,以及大气环流的变化有关。在中国北部和南部地区,夏季风强年辐射通量的变化大于夏季风弱年,高值主要位于中国东北及其周边地区,这主要与云量的显著增加有关。

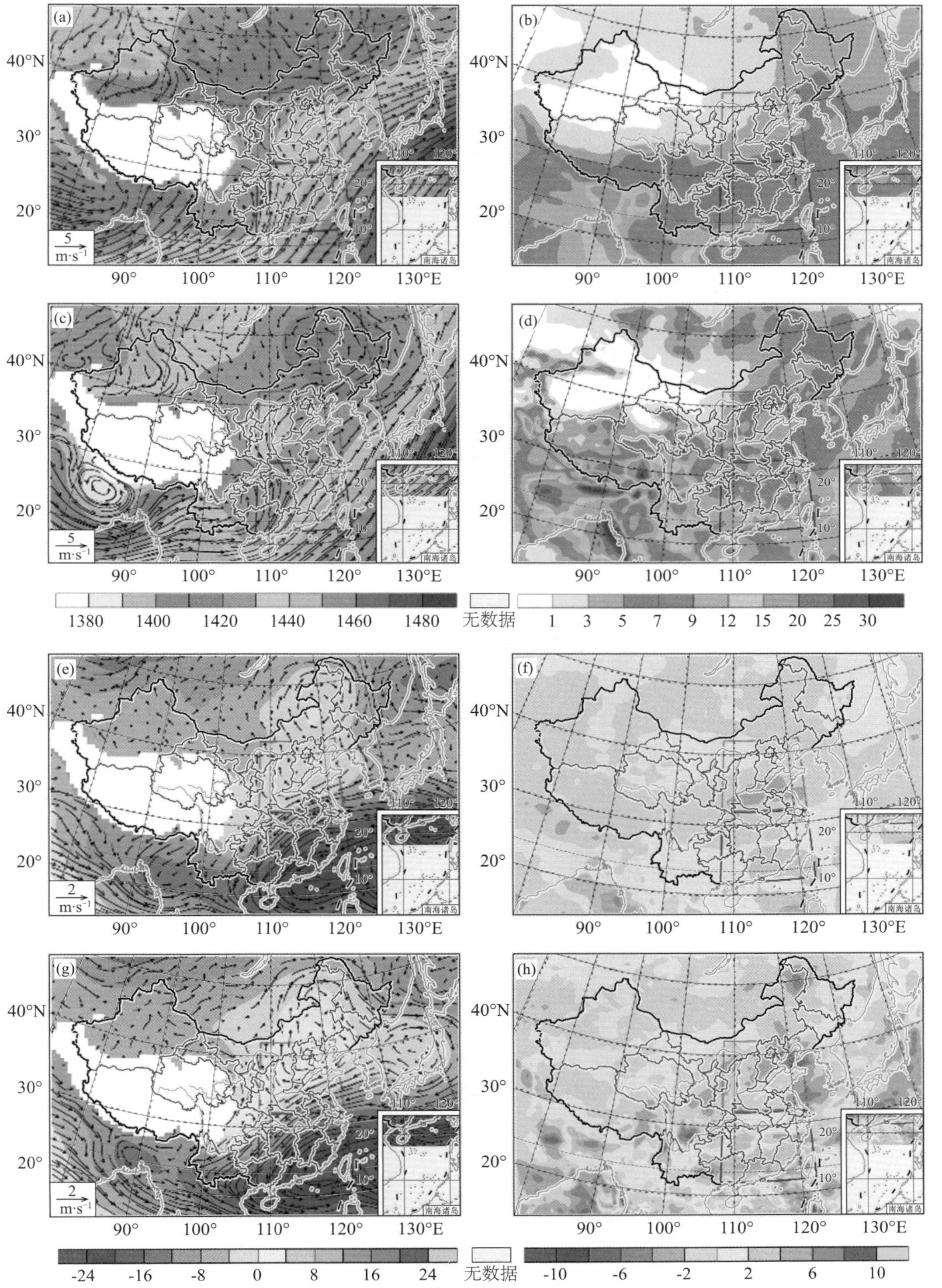

图 6.27　观测(a、b、e、f)和模拟(c、d、g、h)的 850 hPa 高度场、风场(a、c、e、g)和降水(b、d、f、h)及其在东亚夏季风强年和弱年的差异(e、f、g、h,强年减去弱年)(红框代表中国北方地区,蓝框代表中国南方地区)

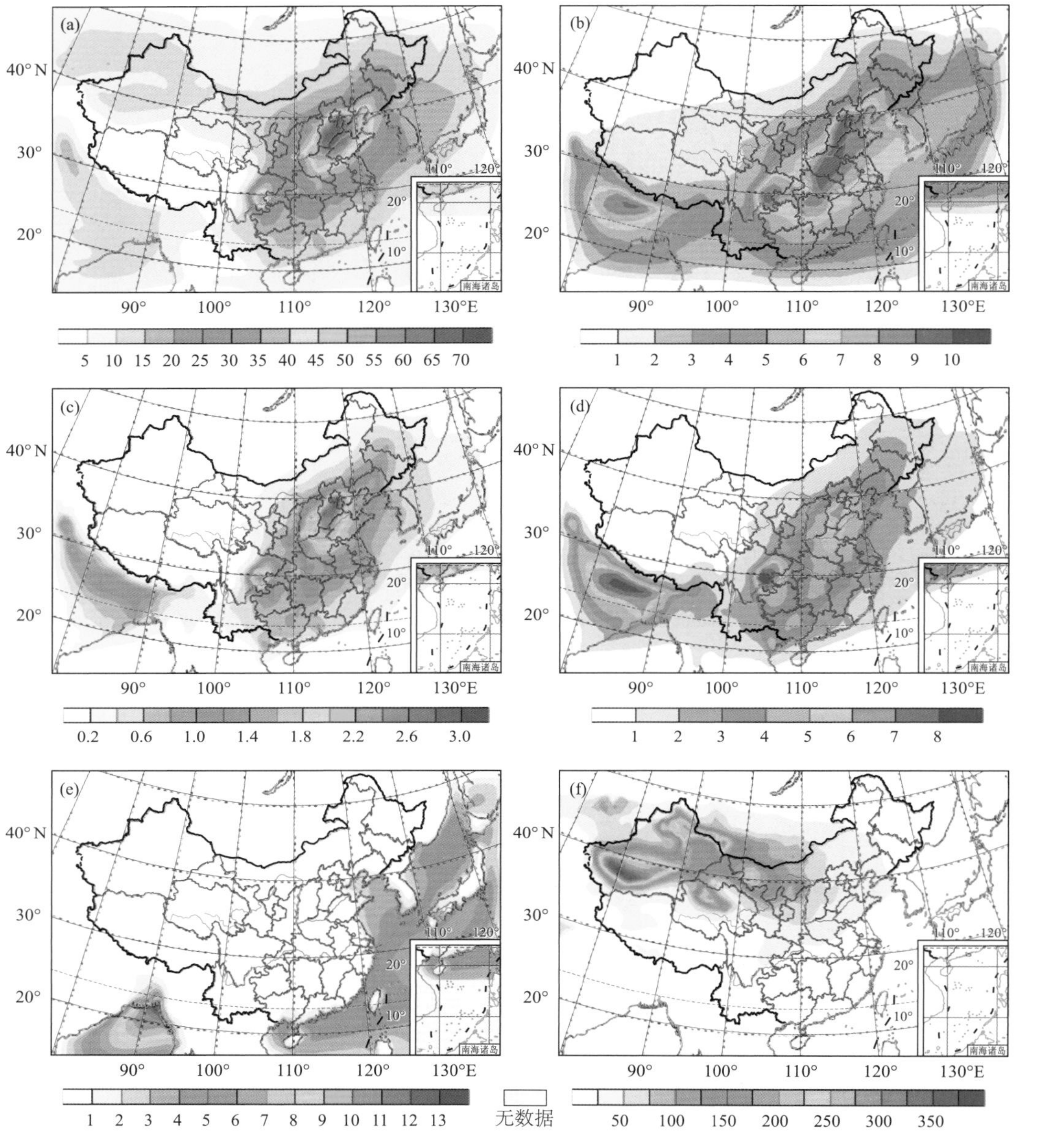

图 6.28　硫酸盐(a)、硝酸盐(b)、黑碳(c)、有机碳(d)、海盐(e)和沙尘(f)气溶胶柱含量($mg \cdot m^{-2}$)的空间分布（该分布是夏季风强弱年的夏季平均结果）

6.3.3.3　气候效应

东亚夏季风强弱年气溶胶引起的地表气温变化见图 6.31。气溶胶导致陆上地表气温在夏季风强年和弱年都显著下降，其中东北地区下降幅度最大。夏季风强年地表气温下降幅度大于夏季风弱年，部分对应于气溶胶引起的大气顶部净吸收太阳辐射通量的变化。此外，凝结加热异常可能是影响气温变化的另一个重要原因。

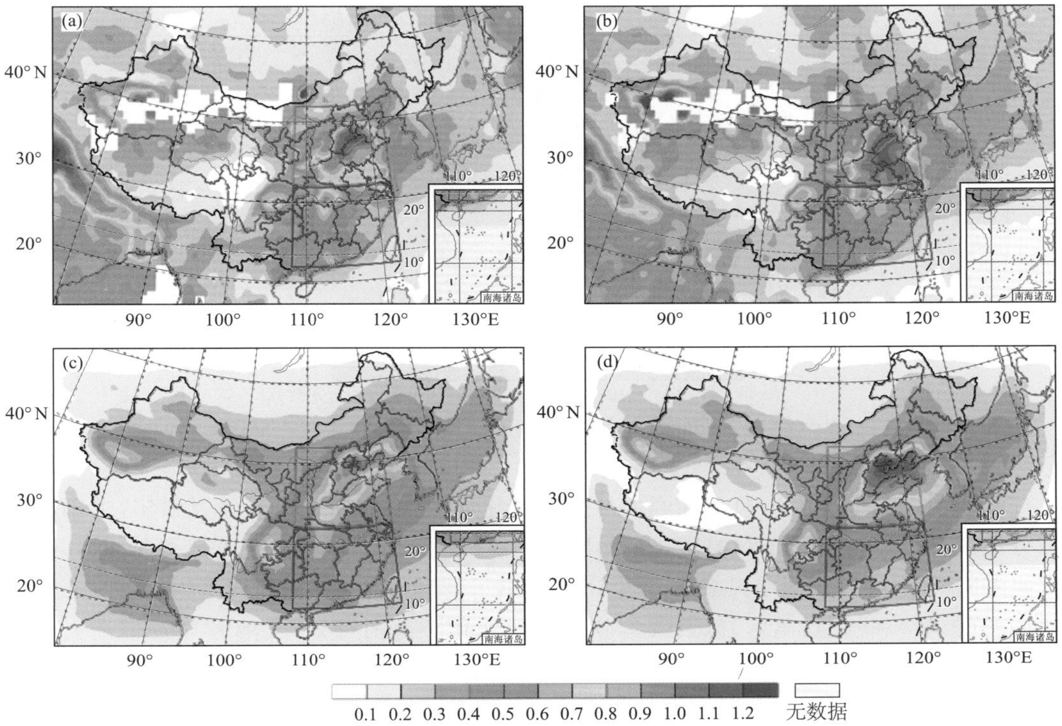

图 6.29　东亚夏季风强年(a、c)和弱年(b、d)观测(a、b)和模拟(c、d)的气溶胶光学厚度

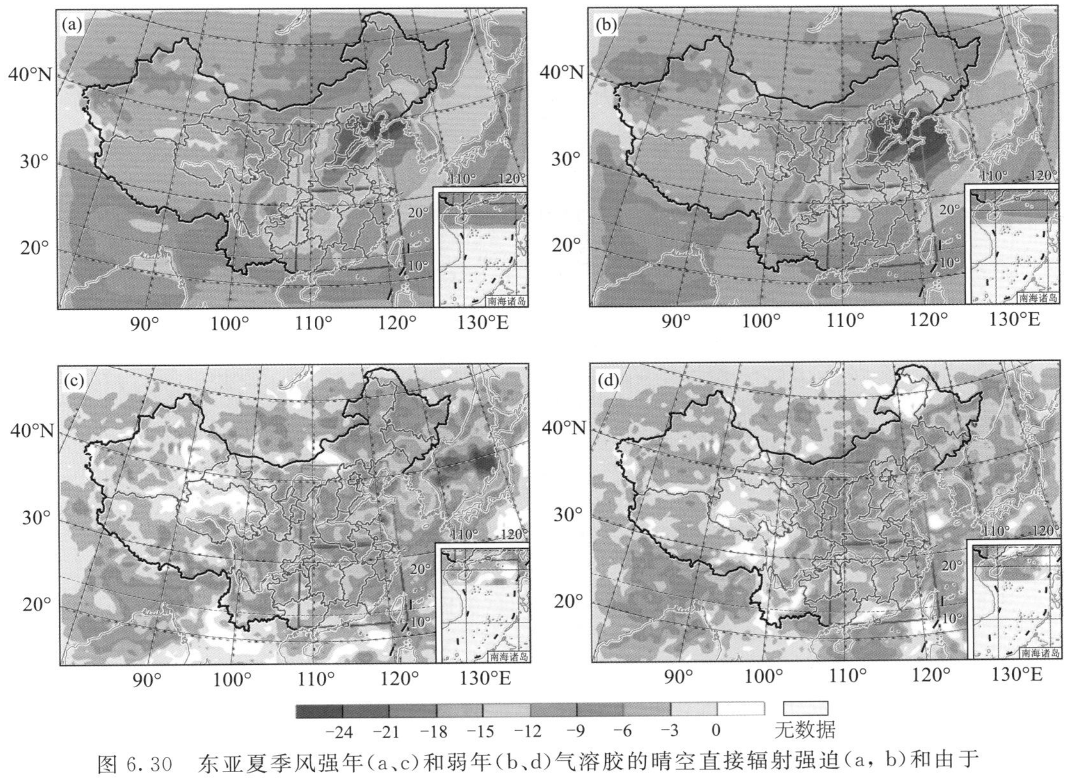

图 6.30　东亚夏季风强年(a、c)和弱年(b、d)气溶胶的晴空直接辐射强迫(a，b)和由于气溶胶引起的大气顶净吸收的太阳辐射通量($W \cdot m^{-2}$)的变化(c，d)

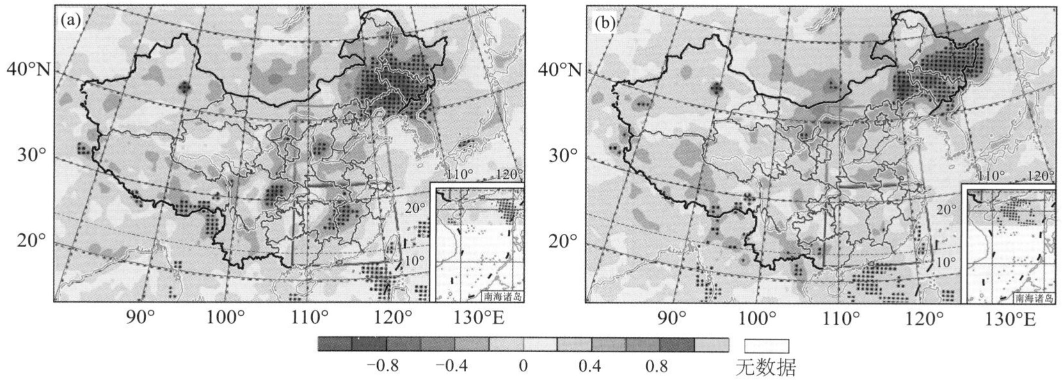

图 6.31　东亚夏季风强年(a)和弱年(b)地表温度(℃)变化(虚线表示通过了置信度为 90%的显著性检验的区域)

气溶胶引起的 850 hPa 风场和经向风速的变化如图 6.32 所示。夏季风强年，中国季风区大部分地区(除东北外)偏南风减弱，其中中国南部下降的最为显著。夏季风弱年，中国北部的西部偏南风增强，中国南部南风减弱。图 6.33 给出了夏季风强弱年的纬向平均(108°～122°E)的垂直风场(矢量)和气温(阴影)以及气溶胶引起的变化。由图可知，气溶胶导致整个大气温度下降，这种降温在夏季风强年更为明显。夏季风强年对流层上层气温的显著下降可能是由负的凝结加热异常引起的，该负凝结加热异常与 40°N 附近的下沉运动异常和 300 hPa 附近水汽通量的正散度异常有关。夏季风弱年，34°N 附近地区气温明显下降，导致空气密度增加，上升运动减弱。近地面的气流可能发生辐散，减弱了 34°N 以南地区的偏南风，增强了 34°N 以北地区的偏南风。夏季风强年，降温中心向 40°N 附近移动，因此，40°N 以南地区偏南风减弱。此外，夏季风强年降温越强，经向海陆热力差异越小，经向环流减弱越显著。总之，夏季风强年和弱年整个大气降温中心位置和强度的差异导致了经向环流异常的差异。

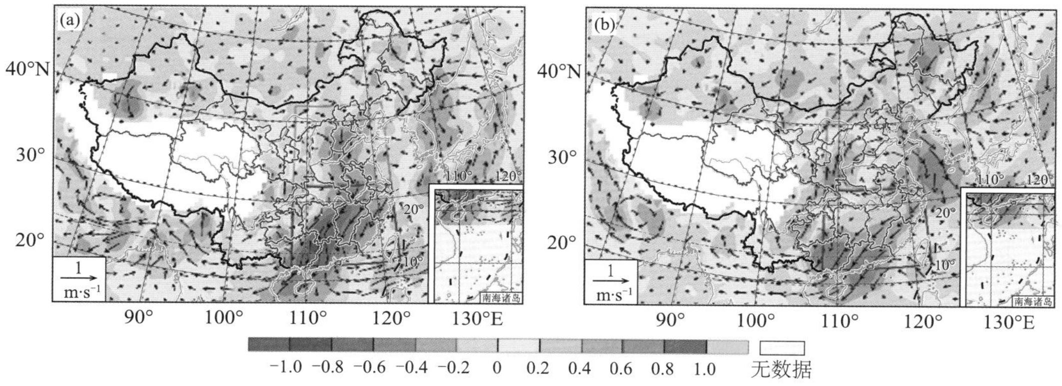

图 6.32　东亚季风强年(a)和弱年(b)850 hPa 风场(矢量)和经向风速($m \cdot s^{-1}$)(阴影)的变化

图 6.34 给出了夏季风强年和弱年气溶胶引起的降水变化。气溶胶的直接效应和云反照率效应使地-气系统吸收更少的太阳短波辐射，可能导致气温下降，减弱上升运动，抑制降水形成。此外，气溶胶的云寿命效应减少了云滴的收集和凝结，削弱了云水向雨水的转化，延缓了降水的形成。寿命更长的云会导致表面冷却，从而导致降水减少。现有的一些研究指出，吸收

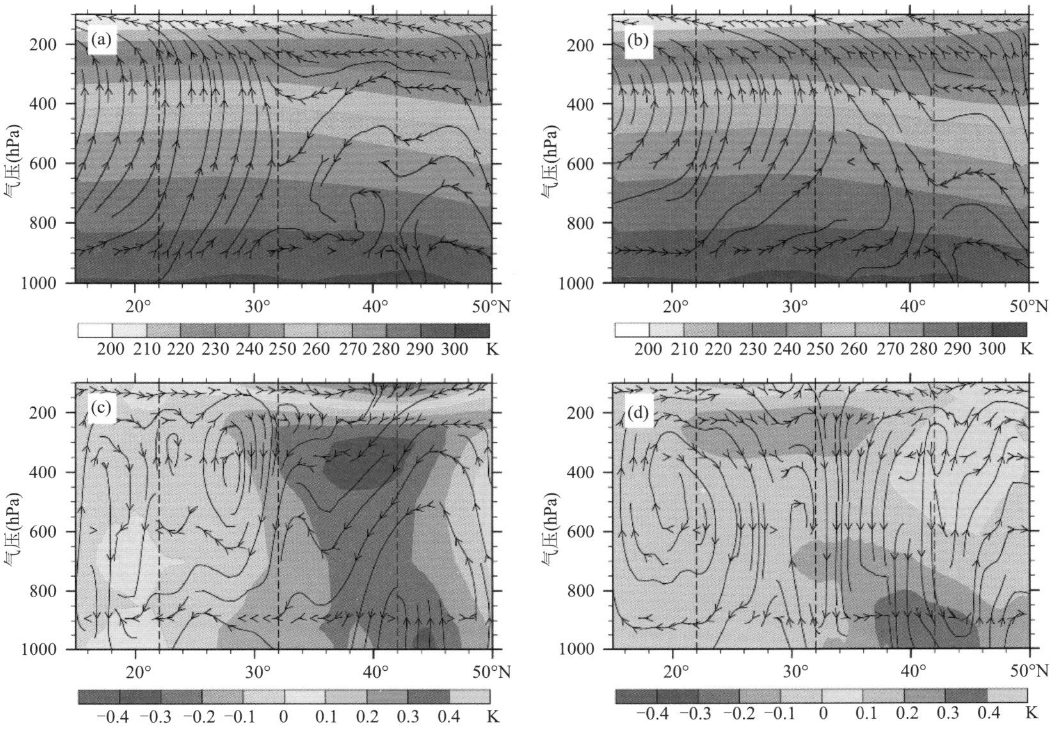

图 6.33 东亚夏季风强年(a、c)和弱年(b、d)纬向平均(108°～122°E)的垂直风场(流线)和气温(阴影)(a、b)及其由于气溶胶引起的变化(c、d)

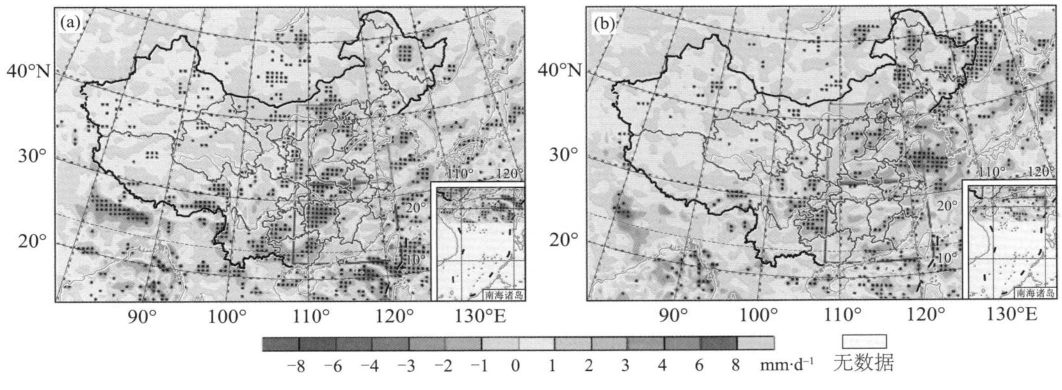

图 6.34 东亚夏季风强年(a)和弱年(b)降水变化

性气溶胶的直接作用可能会加热大气，增强季风，并导致降水量增加 (Chung et al.，2002a；Lau et al.，2006b)。然而，Ramanathan 等(2008)认为，在更大范围内，黑碳可能会通过冷却地表导致降水减少。本书中，中国气溶胶的整体影响导致降水量减少，这主要是由散射性气溶胶的直接效应以及所有气溶胶的间接效应造成的。由图 6.34 可以发现，气溶胶使我国大部分地区降水减少。在中国南部地区，夏季风强年降水量的减少比弱年更为明显，而在中国北部地区则相反。夏季风强年中国南部地区辐射通量下降幅度较大，可能导致气温下降，对流活动减弱，经向风减弱，进而导致降水减少。另外，夏季风强年中国南部地区的降水和气溶胶比夏季风弱年多(见图 6.27)，更容易引起降水的减少。

图 6.35 给出了纬向平均(108°～122°E)总云量、净吸收太阳辐射通量、850hPa 气温、850 hPa 纬向风、850 hPa 经向风、500 hPa 垂直速度、降水量及其由于气溶胶气候效应产生的变化。根据气象因子的平均值，可以看出夏季风强弱年间垂直环流的气候差异。夏季风强年和弱年中国北部地区垂直速度相反，夏季风强年上升运动强于弱年，这对 AOD、云量和降水分布有显著影响。

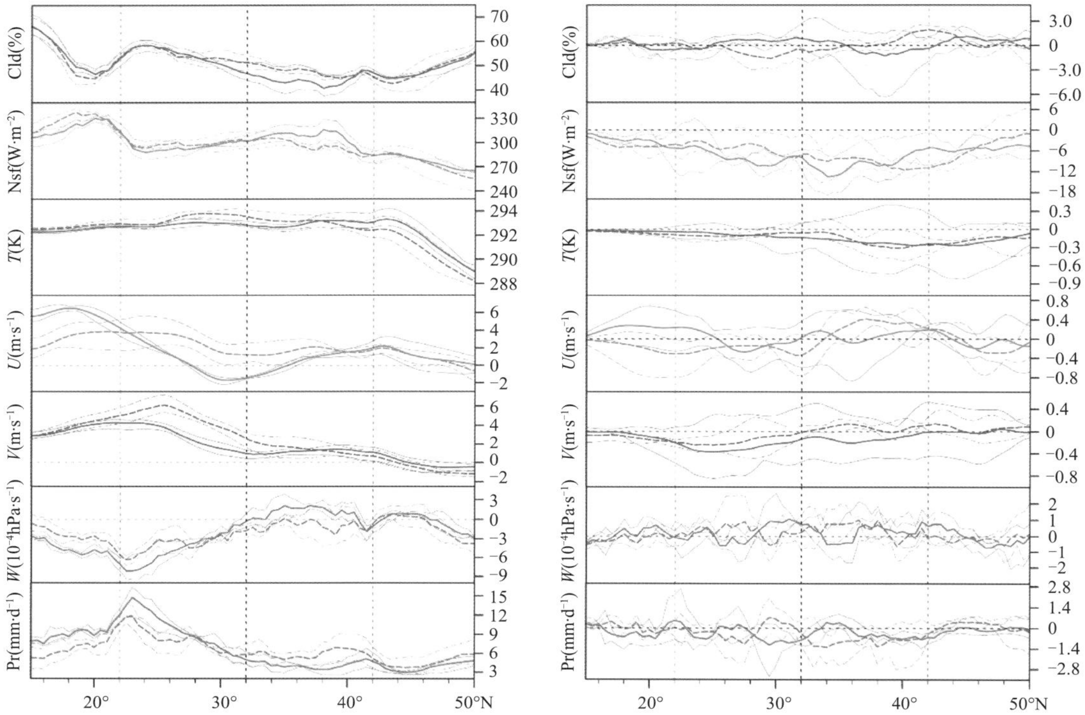

图 6.35　纬向平均(108°～122°E)的总云量(Cld)、净吸收太阳辐射通量(Nsf)、850 hPa 气温(T)、850 hPa 纬向风(U)、850 hPa 经向风(V)、500 hPa 处的垂直速度 (W)、降水量 (Pr)(左)及其由于气溶胶气候效应引起的变化(右)(彩色粗实线和粗虚线分别代表季风强年和季风弱年的平均值。彩色细线代表这些因子的范围。黑色垂直虚线划分了 SC 和 NC)

结合表 6.8 给出的区域平均统计结果可以发现，气溶胶导致中国东部季风区(ECMR，108°～122°E，22°～42°N)大气顶净吸收的太阳辐射通量减少，地表温度下降，降水量减少。在中国北部地区，夏季风弱年的 AOD 高于强年，而在中国南部地区则相反。在夏季风弱年，辐射通量在 40°N 附近变化最大，而在夏季风强年，在 35°N 附近变化最大，这可能是受气溶胶分布差异和云量变化的影响。850 hPa 的气温变化差异并不显著，但可以发现中国北部地区夏季风强年的降温幅度大于弱年，如图 6.33 所示。考虑到在夏季风强年偏南风减弱幅度较大，从南部海洋带来的水汽减少，在中国北部地区释放的潜热也较少。因此除了辐射通量变化的影响以外，环流和降水的变化也对夏季风强弱年的气温异常差异有很大影响。850 hPa 纬向风总体上在中国北部地区增大、在中国南部地区减小，夏季风强弱年差异不明显。850 hPa 经向风变化在夏季风强年和弱年差异显著。在夏季风弱年，经向风在中国南部地区减弱，在中国北部地区增强。但在夏季风强年，整个中国东部季风区的经向风都减弱，其中中国南部地区减弱最为明显。在夏季风强年和弱年中，与气溶胶分布相对应，大尺度降水的减少量在中国北部地区较大，在中国南部地区较小。尽管如此，呈现了明显年际差异的降水变化主要以对流性降水变化为主，这意味着夏季降水变化中气溶胶对环流的影响可能比对云微物理过程的影响更为重要。

表 6.8　气溶胶对东亚夏季风影响的统计结果

区域	夏季风强年			夏季风弱年		
	NC	SC	ECMR	NC	SC	ECMR
AOD	0.63	0.42	0.52	0.70	0.37	0.53
大气顶净的短波辐射通量 (W·m^{-2})	−9.4 (−3.1%)	−7.6 (−2.6%)	−8.5 (−2.8%)	−9.2 (−3.1%)	−5.1 (−1.7%)	−7.1 (−2.4%)
地表气温 (K)	−0.20 (−0.07%)	−0.07 (−0.02%)	−0.14 (−0.05%)	−0.16 (−0.05%)	−0.02 (−0.01%)	−0.09 (−0.03%)
850hPa 气温 (K)	−0.21 (−0.07%)	−0.09 (−0.03%)	−0.15 (−0.05%)	−0.19 (−0.07%)	−0.09 (−0.03%)	−0.14 (−0.05%)
总降水 (mm·d^{-1})	−0.35 (−8.4%)	−0.40 (−4.1%)	−0.36 (−5.2%)	−0.84 (−14.1%)	−0.16 (−1.9%)	−0.50 (−7.1%)
对流性降水 (mm·d^{-1})	−0.08 (−3.0%)	−0.38 (−4.4%)	−0.24 (−4.2%)	−0.42 (−10.9%)	−0.12 (−1.6%)	−0.28 (−5.1%)
大尺度降水 (mm·d^{-1})	−0.27 (−18.8%)	−0.02 (−1.8%)	−0.12 (−9.8%)	−0.42 (−20.2%)	−0.04 (−3.6%)	−0.22 (−14.5%)
850 hPa 经向风(m·s^{-1})	−0.12 (−9.8%)	−0.28 (−9.8%)	−0.20 (−9.8%)	0.07 (4.7%)	−0.15 (−3.2%)	−0.04 (−1.4%)
850 hPa 纬向风 (m·s^{-1})	0.08 (15.9%)	−0.03 (−5.0%)	0.03 (4.1%)	0.20 (12.7%)	−0.22 (−7.8%)	−0.0004 (−0.02%)

与其他关于各种气溶胶或散射性气溶胶对东亚夏季风的影响的研究结果相似，本书发现气溶胶引起了中国北部地区的显著下沉运动和南部地区对流层低层的偏北风异常，这些以往研究中北部地区的风场变化并不显著和一致，这恰好说明了可能存在夏季风强年和弱年的不同变化。至于降水的变化，不同研究之间的差异十分明显。本书的结果显示，中国北部和南部地区的降水减少，尽管在分布和数值上有一定差异，但与 Liu 等(2011b)、Wang 等(2015b)的结论基本一致。与本书不同，Jiang 等(2013c)发现，气溶胶导致中国南部地区降水总量增加，北部和南部地区大尺度降水增加，这反映了降水受多种因素影响，气溶胶对降水影响的不确定性仍然较大。区域模式的边界条件不会因气溶胶效应而改变，可能会限制气溶胶对区域气候的影响评估。本书的结果总体上与全球模式的一些研究(如 Yan et al.，2015)一致，这说明由于中国地区的气溶胶负荷比周边地区大得多，因此边界条件的影响可能相对较小。

6.3.4 小结

本书应用改进的区域气候模式 RegCM4 模拟了东亚夏季风强年和弱年气溶胶对中国区域气候的影响，分析了气候效应的差异及其产生机制。

气溶胶的总体影响是使得中国季风区夏季平均地表气温下降，中国北部地区下降较多，南部地区下降较少。夏季风强年的降温比弱年更明显，这是由于气溶胶分布的差异以及太阳辐射通量变化(直接和间接作用)的差异。此外，经向环流和降水变化的差异也是造成气温变化差异的重要因素。

气溶胶导致中国季风区夏季平均降水量减少，在南部地区，夏季风强年降水量的减少比弱年更显著，而在北部地区则相反。夏季降水变化以对流性降水变化为主，这意味着气溶胶对环流的影响可能比对云微物理过程的影响更为重要。

气溶胶的总效应使得纬向风在北部地区增强，在南部地区减弱。气溶胶引起的夏季经向风变化在季风强、弱年呈现明显差异。在夏季风弱年，经向风在北部地区加强，在南部地区减弱。在夏季风强年，经向风在北部和南部地区都减弱，其中南部地区减弱得更显著。这主要是由于冷却中心位置和强度的差异引起的，而这一差异可能受到气溶胶分布、辐射通量、环流和降水等在夏季风强年和弱年差异的影响。

一般而言，气溶胶的存在会导致地表气温下降，海陆热力差异减小，夏季风减弱。然而，气溶胶与区域气候之间存在复杂的反馈，某些区域气溶胶的浓度或光学厚度并不一定与气候效应的强弱相一致。在气溶胶-云-辐射-温度和气溶胶-云-降水两种反馈机制的综合作用下，气溶胶气候效应在夏季风强年和夏季风弱年以及中国不同地区表现出明显差异。

6.4 对流层臭氧对中国夏季气候的影响

6.4.1 研究背景

对流层臭氧是仅次于二氧化碳和甲烷的温室气体，考虑到东亚地区近年来对流层臭氧的增加趋势和明显的季节性变化特征，定量分析其对区域气候的影响可以更好地了解对流层臭氧-东亚季风之间的相互作用。本书采用区域气候-化学模式 RegCM-Chem 评估了对流层臭氧对夏季东亚季风气候的影响，并分析其可能的影响机制，主要研究成果见 Li 等(2018c)。

6.4.2 模式与方法

采用区域气候-化学模式 RegCM-Chem 来模拟中国夏季对流层臭氧的时空分布、辐射强迫及气候效应，使用国际应用系统分析研究所的空气污染物和温室气体排放清单(Höglund-Isaksson, 2012；Amann et al., 2013；Klimont et al.,2013；Stohl et al., 2013 ；Stohl et al., 2015)，其中包含了人为来源和农业残留物的露天焚烧。气相化学边界条件采用了来自大气化学输送模式 MOZART 的月平均浓度。模式还使用了 RRTM 辐射传输方案 (Mlawer et al., 1997)、Holtslag 边界层方案 (Holtslag et al., 1990)、大尺度降水方案 (Pal et al., 2000) 和 Emanuel 积云对流参数化方案 (Emanuel, 1991; Emanuel et al.,1999)。模拟区域覆盖中国及周边地区，垂直层数为 18 层，水平分辨率为 60 km，模式顶部的气压值为 50 hPa。该模式由

ERA-Interim 的气象数据驱动(Dee et al.,2011)。海温数据(Reynolds et al.,2002)分辨率为 1°×1°,来自美国国家海洋和大气管理局。为了估计对流层臭氧的辐射效应,使用了来自美国国家环境预测中心/国家大气研究中心的对流层顶气压再分析资料(Kalnay et al.,1996)。模拟时间为 2001—2010 年的 5—8 月,以每年的 5 月为模式起步时间。

设计了两组数值试验来研究对流层臭氧增加的气候影响。试验 1 (E1)中,辐射模块采用来自 SPARC(平流层-对流层过程及其在气候中的作用)臭氧数据库中的工业化前(1850 年)对流层臭氧的气候数据(Cionni et al.,2011)。试验 2 (E2)中,来自化学模块实时计算的对流层臭氧浓度被传输到辐射模块,E1 和 E2 都考虑了对流层臭氧的辐射效应。通过比较 E1 和 E2,可以评估对流层臭氧增加对东亚区域气候的影响。在 E2 中,瞬时辐射强迫(将状态变量如水蒸气、对流层温度和云等固定为未受扰动的值)通过两次调用辐射子程序(分别使用工业化前和现在对流层臭氧的浓度)来计算。

以下用于模式验证的对流层臭氧柱浓度资料来自于美国国家航空航天局的戈达德太空飞行中心,空间分辨率为 1.25°×1°,它们是利用 Aura 卫星上的臭氧监测仪(OMI)和微波临边探测器(MLS)的观测资料及对流层臭氧残差法(Ziemke et al., 2006;Ziemke et al., 2011)反演得到的,这些数据经过臭氧探空仪数据验证,显示出良好的可靠性。

6.4.3 研究结果

6.4.3.1 臭氧浓度

图 6.36 为 2005—2010 年夏季观测与模拟的对流层臭氧平均柱浓度,可见,臭氧主要分布在华中、华北、华东和四川盆地,最大约 55 DU。这可能是这些地区人口积聚、工业发达、交通繁忙,产生了大量臭氧前体物。此外,夏季风可能是影响臭氧分布的重要因素,例如,南风会将臭氧及前体物输送到北方。与之前的模拟研究结果相比(Hou et al., 2016),两者具有较好的一致性。与观测相比,模拟较好地捕捉到了臭氧的空间分布,虽然在中国大部分地区存在一定高估,但在华北和西北部分地区存在一定低估。柱浓度差异可能与模式中使用的物理和化学模块中缺少一些自然排放源(例如生物排放)有关。

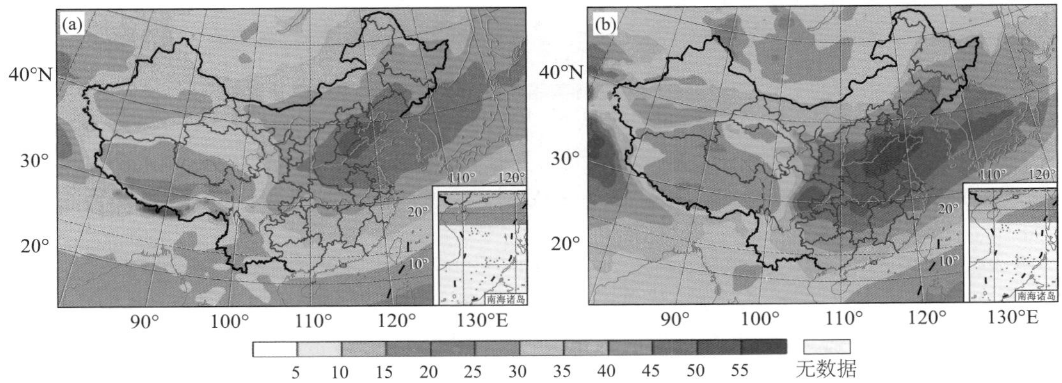

图 6.36 2005—2010 年夏季(a)观测和(b)模拟的对流层臭氧平均柱浓度(单位:DU)

(观测数据来自 AURA OMI/MLS (Ziemke et al., 2006))

6.4.3.2　辐射强迫

图 6.37 分别显示了工业化以来对流层臭氧增加导致的对流层顶晴空和云天的短波和长波辐射强迫。由于紫外辐射(波长<0.3 μm)主要被平流层臭氧吸收,对流层臭氧的晴空短波辐射强迫较小,其值在中国东部地区较高,华北、华东和华中地区的晴空长波辐射强迫较大,最大达 0.8 W · m^{-2}。短波和长波辐射强迫与对流层臭氧柱浓度的分布具有较好的相关性。

云天短波辐射强迫远大于晴空短波辐射强迫,而云天长波辐射强迫小于晴空长波辐射强迫,因为云可以增强反射效应并反射短波辐射,使臭氧吸收更多的短波辐射。同时,云层可以吸收长波辐射,使得云层上空的臭氧从地表吸收的长波辐射减少。云天短波与晴空短波辐射强迫的分布差异在华南和东北地区较大,可能是由于这些地区的云层较多。云天与晴空长波辐射强迫的分布则较为相似。

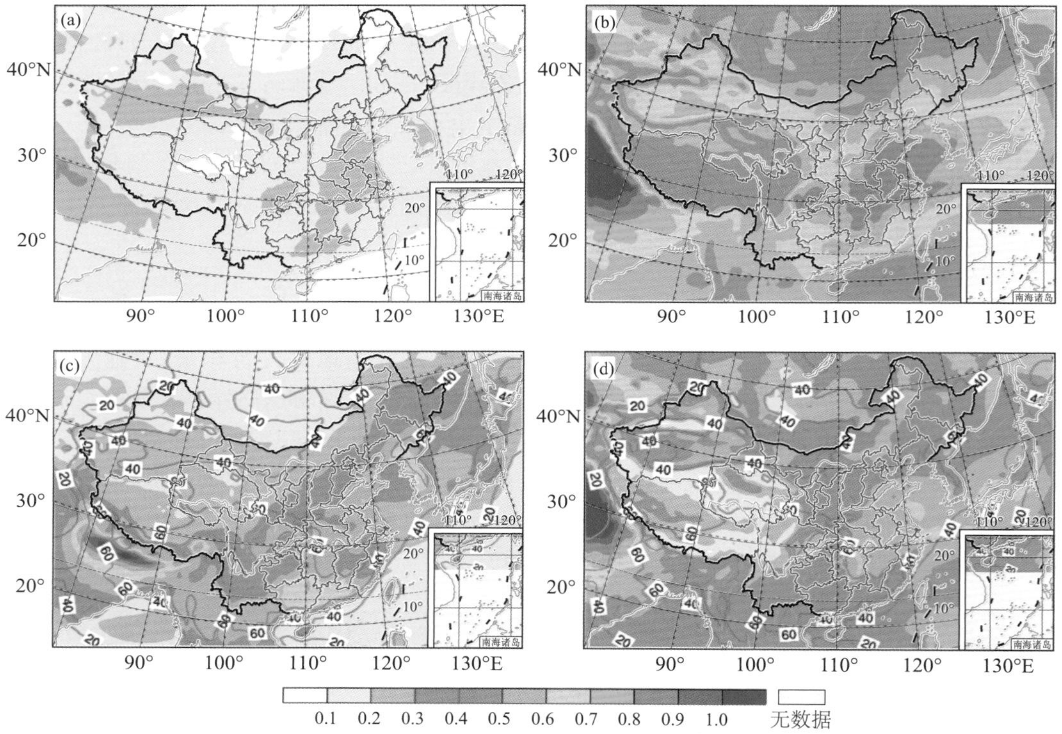

图 6.37　对流层臭氧引起的夏季平均对流层顶晴空短波(a)和长波(b)辐射强迫,以及云天短波(c)和长波(d)辐射强迫(单位:W · m^{-2})(红色等高线代表总云量(%))

表 6.9 显示了中国南方地区(22°～32°N,108°～122°E)、北方地区(32°～42°N,108°～122°E)、东部地区(22°～42°N,108°～122°E)以及整个模拟区域对流层臭氧增加引起的平均短波、长波和总辐射强迫以及一些前人的研究结果。晴空短波和长波辐射强迫的区域平均值分别为 0.14 W · m^{-2}和 0.54 W · m^{-2},这与其他研究中关于中国地区的辐射强迫值接近,高于政府间气候变化专门委员会报告(IPCC, 2013)给出的全球平均辐射强迫(0.40±0.20)W · m^{-2}。

表 6.9　本书和文献报道中对流层臭氧增加导致的辐射强迫（单位：W·m^{-2}）

	对流层顶晴空短波辐射强迫	对流层顶晴空长波辐射强迫	对流层顶晴空总辐射强迫	对流层顶云天短波辐射强迫	对流层顶云天长波辐射强迫	对流层顶云天总辐射强迫
中国南部	0.18	0.71	0.89	0.47	0.48	0.95
中国北部	0.18	0.71	0.89	0.41	0.44	0.85
中国东部	0.18	0.71	0.89	0.44	0.46	0.90
模拟区域	0.14	0.54	0.68	0.28	0.41	0.69
IPCC(2013)			0.40±0.20（全球年均）			
Skeie 等(2011)			0.44±0.13（全球年均）			
Sovde 等(2011)			0.38（全球年均）			
Stevenson 等(2013)	0.08 ± 0.02（全球年均）	0.33 ± 0.09（全球年均）	0.41 ± 0.20（全球年均）			
Chang 等(2009)			0.58（全球夏季）1.16（中国东部夏季）			
Wang 等(2005b)	0.19（中国 7 月）	0.49（中国 7 月）	0.68（中国 7 月）			

6.4.3.3　气候反馈

图 6.38 给出了对流层臭氧导致的对流层顶净短波和长波辐射通量（向下）变化和总云量变化。由于气候的响应，辐射通量变化值远大于辐射强迫。辐射通量变化的分布与云天辐射强迫之间存在一定对应关系。此外，短波辐射通量的变化幅度大于长波辐射通量，这可能与气候调整导致的云量变化有关，而云量的变化是由于辐射平衡的变化和由此产生的环流变化导致的。

图 6.39 显示了对流层臭氧引起的地表气温变化。对流层臭氧增加导致东亚大部分地区地表气温升高，华东、华北和西北地区最高可达 0.2 K。结合图 6.38 可以发现，臭氧不仅可以吸收长波辐射，还会引起云量和相应的短波辐射异常，对中国地表的气温变化产生显著影响。

图 6.40 显示了不同等压面的位势高度场和风向矢量以及对流层臭氧引起的变化。夏季，中国东部对流层低层盛行偏南风，同时带来大量南方的水汽。臭氧增加导致东北、日本海、黄海地区出现显著的气旋性风场变化和位势高度场异常，并延伸至华中地区，这种气旋性风场变化随着高度的增加而减弱。因此，在对流层低层，华北地区的偏南风减弱，华南地区的偏南风增强。

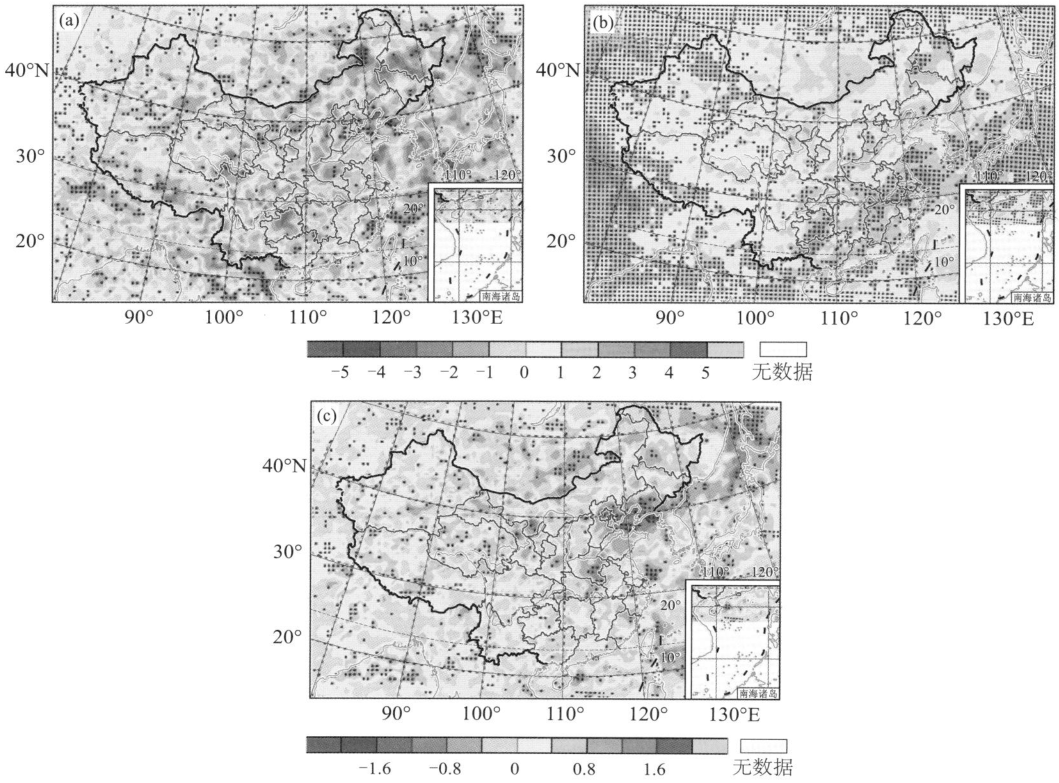

图 6.38　对流层臭氧引起的夏季平均对流层顶净短波(a)和长波(b)辐射通量变化(单位:W·m^{-2}),以及总云量(c)变化(%)(虚线区域表示通过置信度为 90%(以下同)的显著性检验的结果)

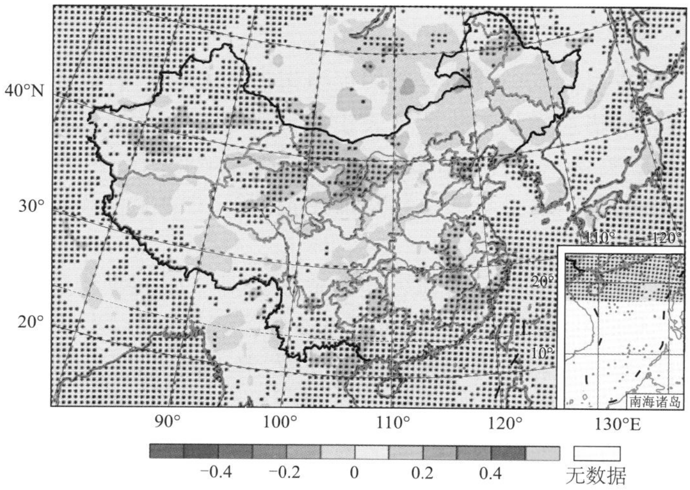

图 6.39　夏季对流层臭氧引起的平均地表气温变化(单位:K)

图 6.41 显示了纬向平均(108°～122°E)的气温(阴影)和垂直风场(流线)以及由于对流层臭氧增加而发生的变化。可见,臭氧导致整个大气中的气温升高,地表附近显著的气温正异

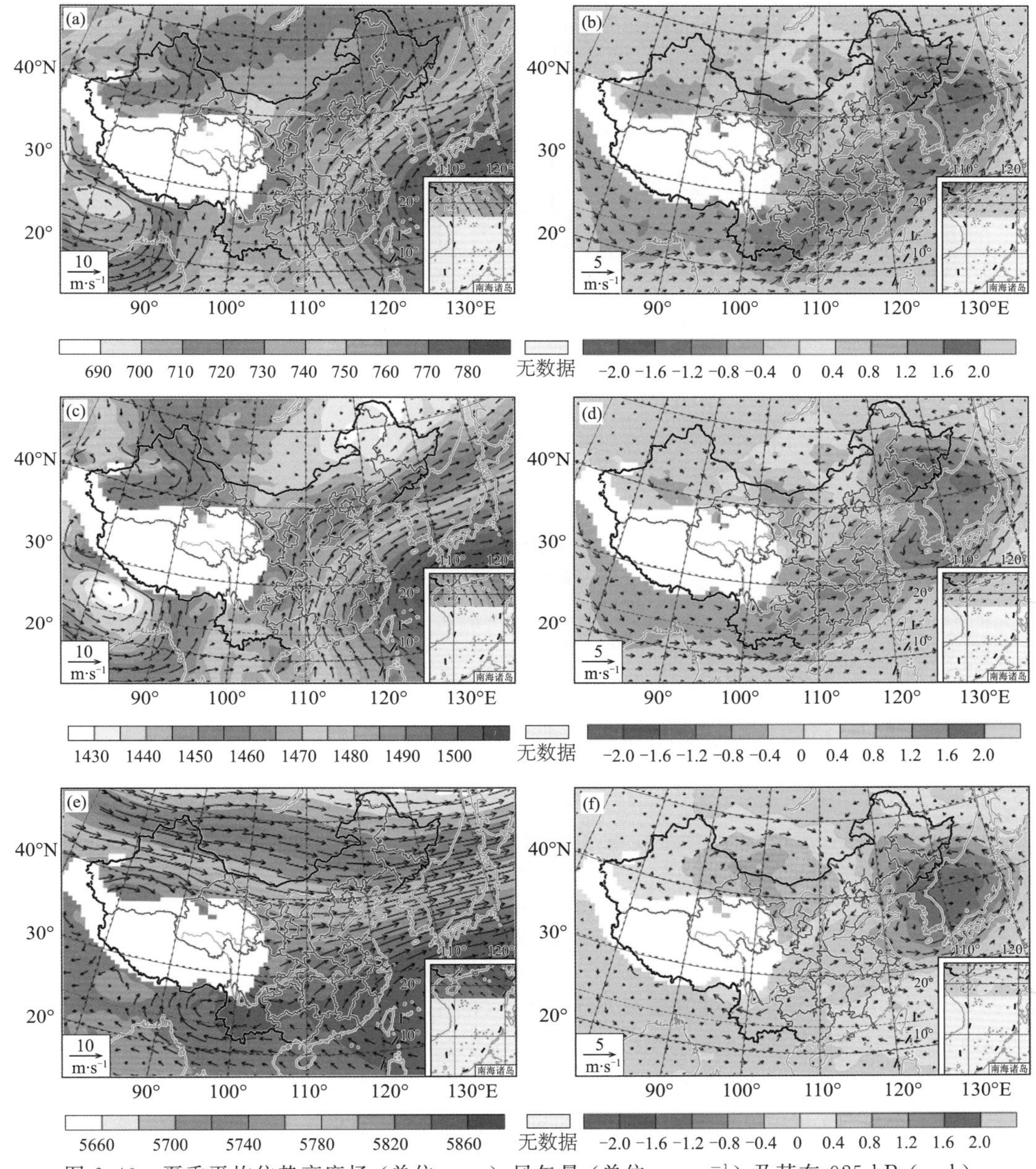

图 6.40　夏季平均位势高度场（单位：gpm）、风矢量（单位：m·s^{-1}）及其在 925 hPa(a, b)、850 hPa(c, d)和 500 hPa(e, f)处的变化

常可能是由于人为排放增加产生的臭氧引起的。同时，对流层上部的温度异常可能是由于向上运动增强相关的潜热释放引起的。30°N 附近地区气温明显升高，导致空气密度降低，向上运动加强。随之而来的靠近地面的辐合运动可能会导致 30°N 以南地区的南风增强。总体而言，由于陆地上空的显著加热，经向的海陆热力差异增大，使得加热中心以南的经向风增强。

图 6.42 显示了由于夏季对流层臭氧增加引起的降水和纬向平均（108°～122°E）比湿的变化。对流层臭氧导致我国多地降水增加，长江中下游地区降水量最大增加 3 mm·d^{-1}，这可能与 34°N 以南的上升运动增强有关(图 6.41)。此外，偏南风异常可以携带更多的水汽进

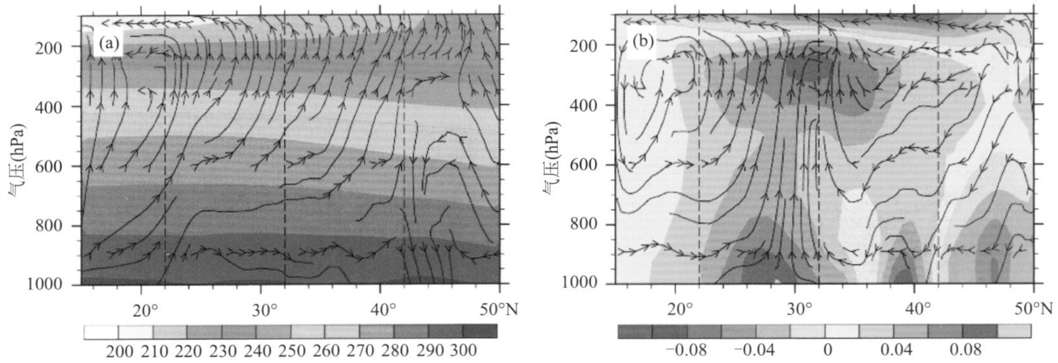

图 6.41　夏季纬向平均(a,108°～122°E)垂直风场和气温(阴影,单位:K)及其垂直风场和气温变化(b)

入该地区(见图 6.42b),有利于降水的形成。同时,华北地区降水减少可能与上升运动减弱和偏南风负异常有关。

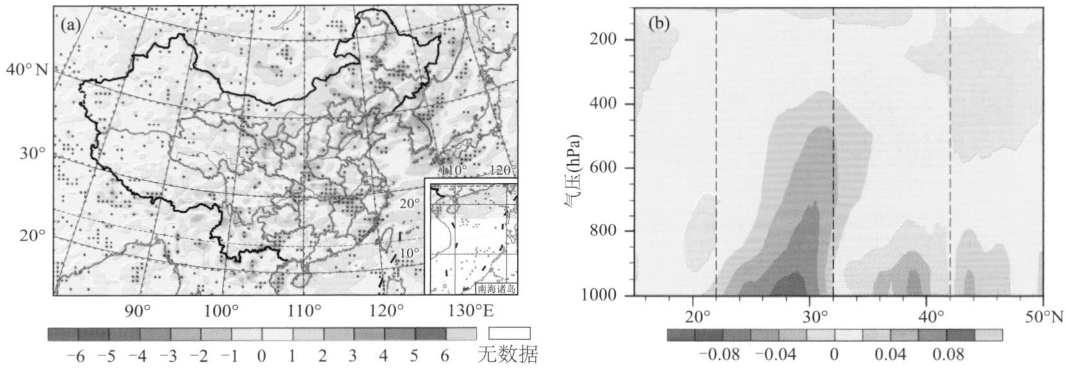

图 6.42　对流层臭氧引起的夏季平均降水量(单位:mm·d^{-1})变化(a)和纬向平均(108°～122°E)比湿(单位:g·kg^{-1})变化(b)

表 6.10 给出了不同区域对流层臭氧气候效应的平均统计结果。对流层臭氧导致地气系统净吸收的太阳辐射通量增加,大气顶的净长波辐射通量(向下)增加,以及东亚地区表面气温升高。此外,对流层臭氧的增加增强了中国南方的季风环流和相应的降水,而对华北地区的影响则呈现相反的趋势。与模拟区域中其他地区相比,中国东部地区臭氧的气候影响更为显著。将本书与以往中国对流层臭氧影响的研究(如 Chang et al.,2009)相比,温度变化的分布和范围存在一定差异。尽管如此,这些模拟结果仍表明,对流层臭氧导致中国平均地表气温升高。本书与其他研究之间的差异可能是由于模式和试验设计的不同引起的,此外,无法包含在区域模式中的更大尺度的全球反馈过程可能也会引起这些差异。

表 6.10　对流层臭氧对区域气候影响的统计结果

	中国南部	中国北部	中国东部	模拟区域
云天短波辐射通量(W·m^{-2})	0.58	0.63	0.61	0.35
云天长波辐射通量(W·m^{-2})	1.18	0.64	0.90	0.76
晴空短波辐射通量(W·m^{-2})	0.25	0.19	0.22	0.19

续表

	中国南部	中国北部	中国东部	模拟区域
晴空长波辐射通量($W \cdot m^{-2}$)	1.31	1.21	1.26	0.96
云量(%)	0.04	−0.30	−0.13	−0.01
表面气温(K)	0.07	0.05	0.06	0.03
纬向风($m \cdot s^{-1}$)	0.05	−0.05	0.0004	0.013
经向风($m \cdot s^{-1}$)	0.04	−0.04	0.0008	0.002
总降水($mm \cdot d^{-1}$)	0.49(2.7%)	−0.05(−0.3%)	0.22(1.2%)	0.08(0.5%)
大尺度降水($mm \cdot d^{-1}$)	0.14(5.3%)	0.24(4.0%)	0.19(4.3%)	0.04(1.5%)
对流性降水($mm \cdot d^{-1}$)	0.35(2.2%)	−0.29(−2.5%)	0.03(0.2%)	0.04(0.3%)

值得注意的是，对流层臭氧增加引起的降水变化呈现出“南涝北旱”的模式，类似于 Menon 等(2002)提出的黑碳气溶胶的气候影响，这可能是因为对流层臭氧的辐射特性与黑碳气溶胶有一些相似。对流层臭氧和黑碳气溶胶都加热了中国南方的空气，改变了经向环流和水汽循环。多项研究(例如，Wu et al.，2013b；Song et al.，2014；Li et al.，2015；Zhang et al.，2016)分析了温室气体和人为气溶胶增加对东亚夏季风变化的贡献发现，温室气体和人为气溶胶会对东亚的季风环流和降雨产生竞争性的影响。人为气溶胶会导致降水量减少和季风环流减弱，而温室气体会产生相反的效果。本项研究表明，对流层臭氧通常对东亚夏季风产生类似于温室气体的影响，特别是在中国南方。鉴于东亚地区存在高浓度的对流层臭氧，在研究东亚夏季风变化时，有必要考虑它的辐射效应。

6.4.4 小结

本书利用区域气候-化学模式 RegCM-Chem 研究了中国工业化时代以来夏季对流层臭氧增加引起的对流层臭氧分布、辐射强迫和气候效应。

受臭氧前体物排放通量的分布和夏季风影响，华东、华北、华中和四川盆地的对流层臭氧柱浓度较大。对流层臭氧产生正的短波辐射强迫和正的长波辐射强迫，导致亚洲东部夏季地表平均气温和降水增加。华东、西北和华北地区的气温变化显著，可能与臭氧对长波辐射的吸收和云量负异常及相应的短波辐射正异常有关。在上升运动加强的长江中下游地区，降水增加明显。增强的偏南风可以将更多的水汽带到该地区，也有利于增加降水。此外，夏季对流层臭氧引起的季风环流增强也增强了中国南方对流层低层的纬向风和经向风。

总体而言，对流层臭氧增加导致地表气温升高，海陆热力差异加大，从而加强了夏季风，使得降水增多。但是，对流层臭氧与区域气候之间的反馈复杂且不确定性较大，可能导致臭氧的分布与气候效应的强弱存在不一致。

6.5 对流层臭氧增加的辐射气候效应

6.5.1 研究背景

对流层臭氧作为温室气体之一，对长波辐射都有较强的吸收作用，这对地气系统的辐射收支平衡有着重要影响。关于臭氧气候效应的研究多是在全球尺度上进行，多集中于平流层和对流层中上层。当前边界层臭氧污染尤为突出，开展对流层低层臭氧的辐射效应研究，有助于加深对臭氧气候效应的认识。本书运用区域气候-化学模式 RegCM-Chem 对夏季对流层臭氧增加的辐射效应进行研究，通过改进模式中的辐射模块，探究对流层中下层臭氧增量对辐射通量的影响，定量分析辐射通量改变对气象要素的影响，为深入了解高温热浪期间臭氧的气候效应提供科学依据。

6.5.2　模拟方案设计

在区域气候-化学模式 RegCM-Chem 中，辐射模块所使用的臭氧廓线数据有两种类型，一种是模式内部的气候态臭氧廓线数据，另一种是来自 SPARC CMIP5 的气候态臭氧数据。所谓气候态臭氧廓线，即臭氧年均浓度没有区域变化但有垂直分布，大气臭氧浓度只与年份有关。使用气候态臭氧廓线的优点是计算稳定且具有一定的普适性，缺点是不能实时模拟出臭氧改变量对于辐射的贡献。因此，为了实现对高温热浪期间对流层臭氧辐射效应的研究，本书将 RegCM-Chem 中辐射模块使用的臭氧廓线替换为化学模块实时输出的臭氧浓度。

使用 RegCM-Chem 对 2013 年夏季臭氧及其辐射效应进行模拟，设计两个试验：一个是参考试验，使用模式自带的气候态臭氧廓线对辐射通量进行模拟；另一个是比较试验，将辐射模块的臭氧廓线替换为化学模块输出的臭氧浓度，两个方案的差作为臭氧变化带来的辐射通量改变及其辐射效应，具体见表 6.11。

表 6.11　模拟方案设计

试验	时间范围	臭氧廓线
方案 1	2013 年 6—8 月	气候态
方案 2	2013 年 6—8 月	化学模式输出结果

6.5.3　臭氧改变对辐射通量的影响

6.5.3.1　替换前后臭氧改变量

图 6.43 是辐射模块内替换前后臭氧廓线区域平均的比较结果，可以看出，从近地面到高层气候态臭氧随高度增加而增加，近地面臭氧量级为 30 ppbv 左右，在对流层中下层臭氧随高度增加缓慢，中上层增长速率加大。模拟的 2013 年夏季臭氧整体趋势仍然是随高度增加而增加，但增长速率小于气候态臭氧增长速率，且在边界层内臭氧变化与气候态臭氧有一定差异，臭氧在近地面层约 33 ppbv，略高于气候态臭氧，在边界层内，臭氧出现一个明显的增长，峰值范围为 37～39 ppbv 不等。

图 6.44 是臭氧廓线替换前后对流层中下层臭氧的平均变化情况，从图中可以看出，替换前后臭氧差异的高值区主要分布在大陆区域，包括华北以及西部和北部的模式边界处，33°N 以北，臭氧低值区出现在海上，6、7、8 月臭氧平均分别增加 4.85 ppbv、3.29 ppbv 和 3.92 ppbv，柱浓度分别增加 1.05 DU、0.580 DU 和 0.726 DU。臭氧在华北地区有明显的高值中心，这与当地的异常高温现象以及高污染物排放密切相关，而模拟区域边界上的高值可能与模式的化学初始边界相关。

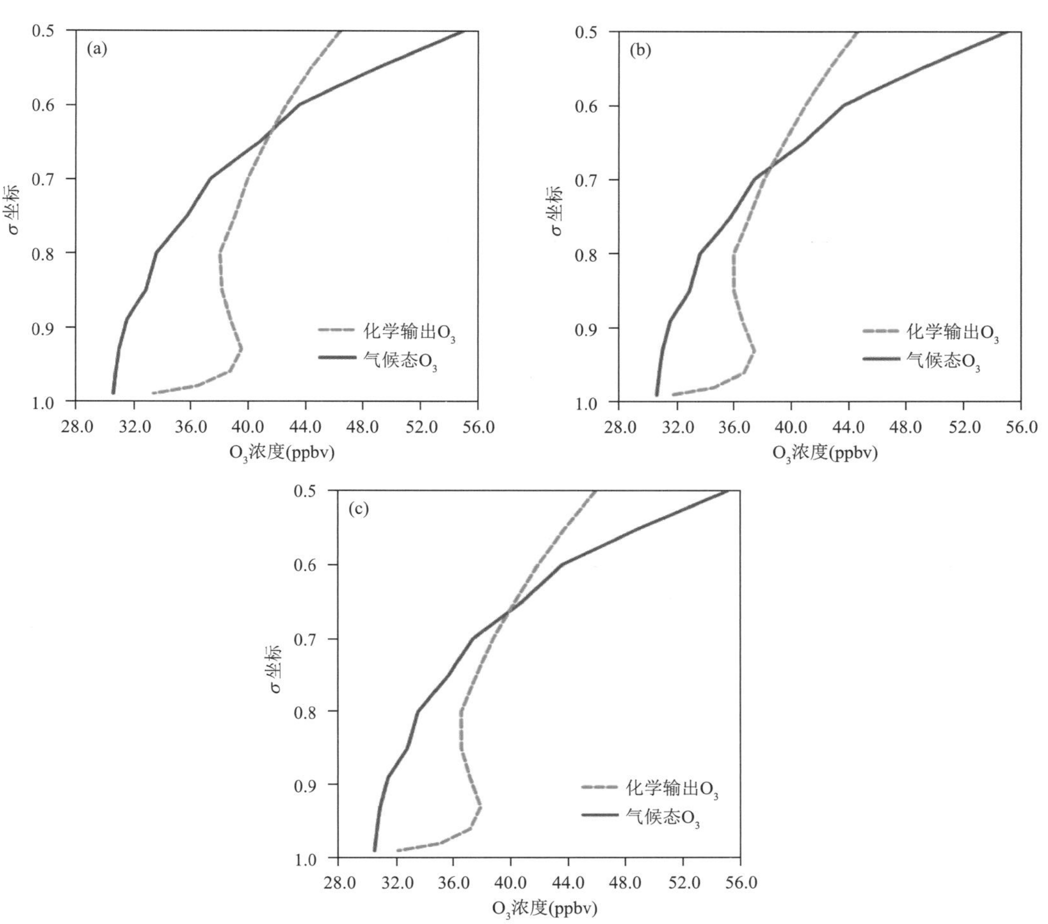

图 6.43　2013 年 6、7、8 月两种模拟方案的臭氧廓线比较（红线为化学输出的臭氧廓线，蓝线为气候态的臭氧廓线）

(a)6 月；(b)7 月；(c)8 月

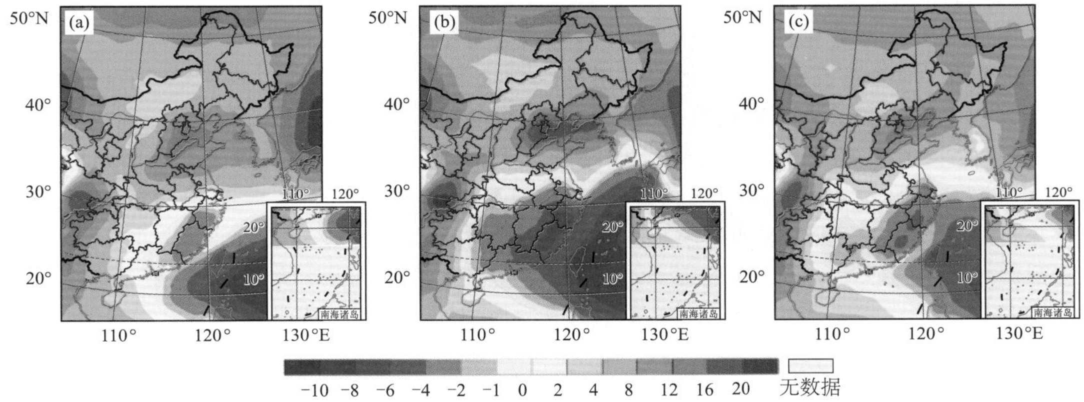

图 6.44　2013 年 6、7、8 月臭氧廓线替换前后对流层中下层臭氧的平均变化(ppbv)

(a)6 月；(b)7 月；(c)8 月

图 6.45 是替换前后臭氧经向平均和纬向平均的剖面结果，横坐标为网格格点数，纵坐标分别为气压坐标和高度坐标。可以看出，化学模块计算的臭氧浓度在低层高于气候态臭氧，在高层则低于气候态臭氧。垂直剖面图中臭氧浓度的变化主要是由东部低纬度海洋地区的臭氧低值中心以及日本地区的臭氧高值中心导致，该变化与图 6.44 中近地面臭氧浓度差异趋于一致。

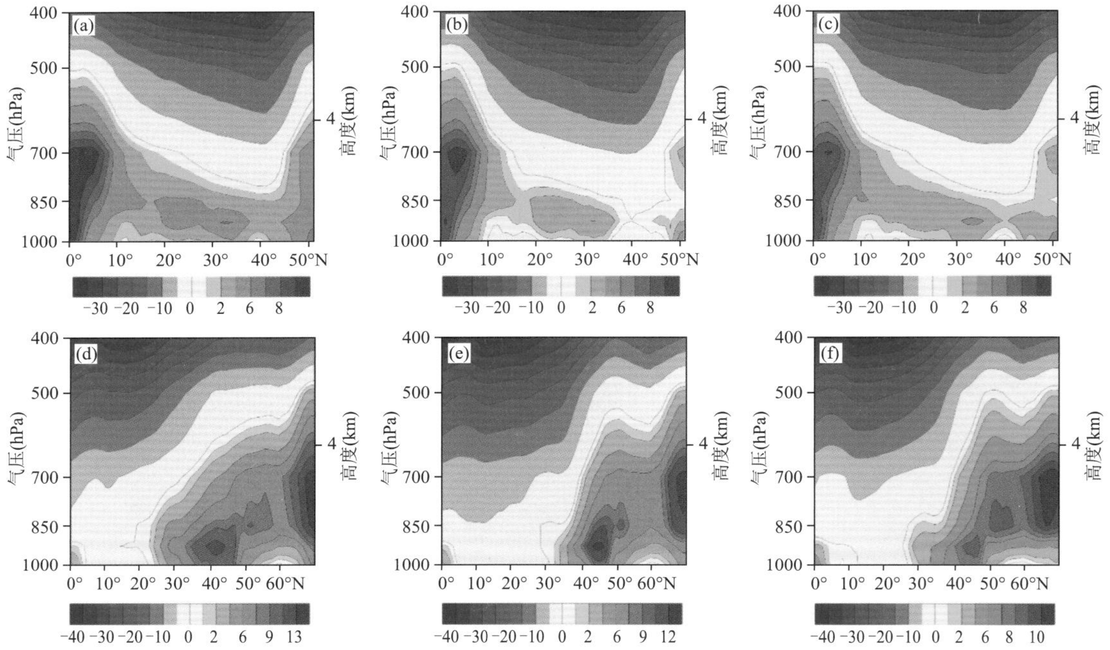

图 6.45　替换前后 2013 年 6、7、8 月臭氧经向平均和纬向平均垂直剖面结果(ppbv)
(a)6 月经向平均；(b)7 月经向平均；(c)8 月经向平均；(d)6 月纬向平均；(e)7 月纬向平均；(f)8 月纬向平均

6.5.3.2　臭氧对辐射通量的影响

(1)辐射通量的区域变化

方案 1 和方案 2 分别使用气候态和化学模式计算的臭氧廓线计算大气辐射，方案 2 减去方案 1 的结果，即为对流层臭氧增加对辐射的改变量。臭氧对长波和短波辐射均有影响，模式计算结果包括晴空和云天两种情况下大气顶和地表的净长波和净短波辐射通量，向下为正。

图 6.46 和图 6.47 分别是两个方案晴空和云天辐射通量之差，图中从左至右依次是短波、长波和长波加短波辐射通量，a—c 是大气顶(50 hPa)净辐射通量，d—f 是地表净辐射通量。晴空条件下，臭氧对短波辐射的影响均为负，辐射通量绝对值变化地表大于大气层顶，对长波辐射通量的改变在大气顶为负，地表为正，同样地表变化绝对值大于大气层顶；云天条件下，臭氧对短波辐射的影响均为正，对长波的影响在大气顶为正，地表为负。这与臭氧增量垂直分布不均匀有关，许多研究均表明，臭氧辐射强迫大小强烈依赖于它的分布(Hansen et al.，1997)和水平分布(Berntsen et al.，1997)。因为臭氧对于太阳短波辐射和长波辐射都有一定的吸收作用，当晴空条件下对流层中低层臭氧增加时，使得到达地表的短波辐射通量减少，同时使得向上的长波辐射更多地被阻挡，所以大气顶的长波辐射通量减少。臭氧也能发射长波辐射，

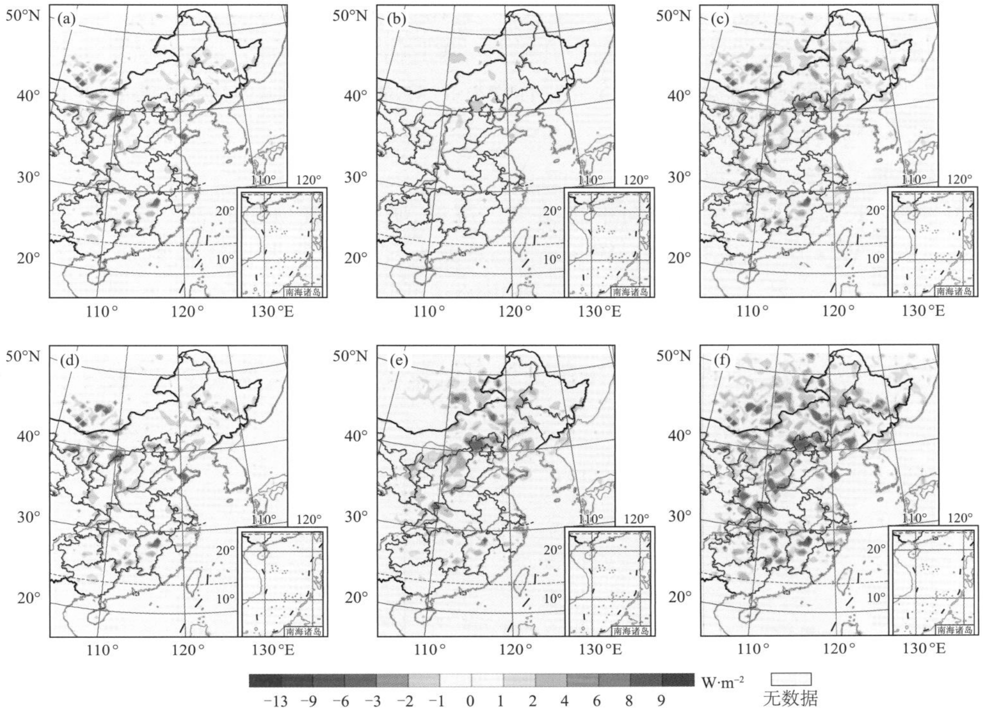

图 6.46　对流层低层臭氧增加对晴空辐射通量的影响(上行是大气顶辐射通量的变化，下行是地表辐射通量的变化，从左到右依次是短波辐射通量、长波辐射通量以及长波加短波辐射通量)

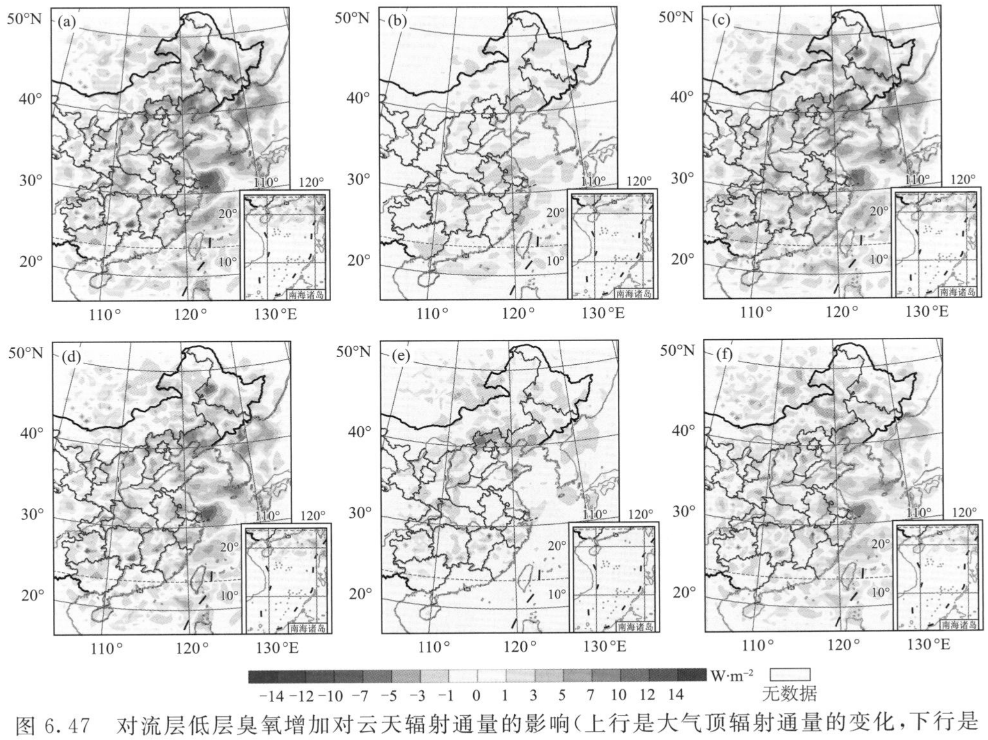

图 6.47　对流层低层臭氧增加对云天辐射通量的影响(上行是大气顶辐射通量的变化，下行是地表辐射通量的变化，从左到右依次是短波辐射通量、长波辐射通量以及长波加短波辐射通量)

因此地表的长波辐射通量有所增加。此外,还可看出臭氧对辐射通量的影响存在明显的地区差异,辐射通量变化较大的区域主要集中在陆地,海上辐射通量变化很小。辐射通量变化的高值区与对流层臭氧变化的高值区(图 6.44)有较好的对应关系,说明对流层臭氧浓度分布的不均匀是影响辐射通量变化的重要因素。

(2)辐射通量的纬向平均变化

图 6.48 是长波辐射通量的纬向平均结果。可见,晴空大气顶和地表长波辐射通量范围分别为 265～285 W・m^{-2} 和 55～85 W・m^{-2},云天大气顶和地表长波辐射通量范围分别为 210～260 W・m^{-2} 和 32～63 W・m^{-2}。大气顶的长波辐射通量比地表高,晴空的长波辐射通量比云天的高。从长波辐射通量变化来看,对流层臭氧浓度的增加,对晴空条件下净向外长波辐射有直接的影响作用,使得中高纬地区大气顶向外长波辐射通量减少,地表向上长波辐射增加。

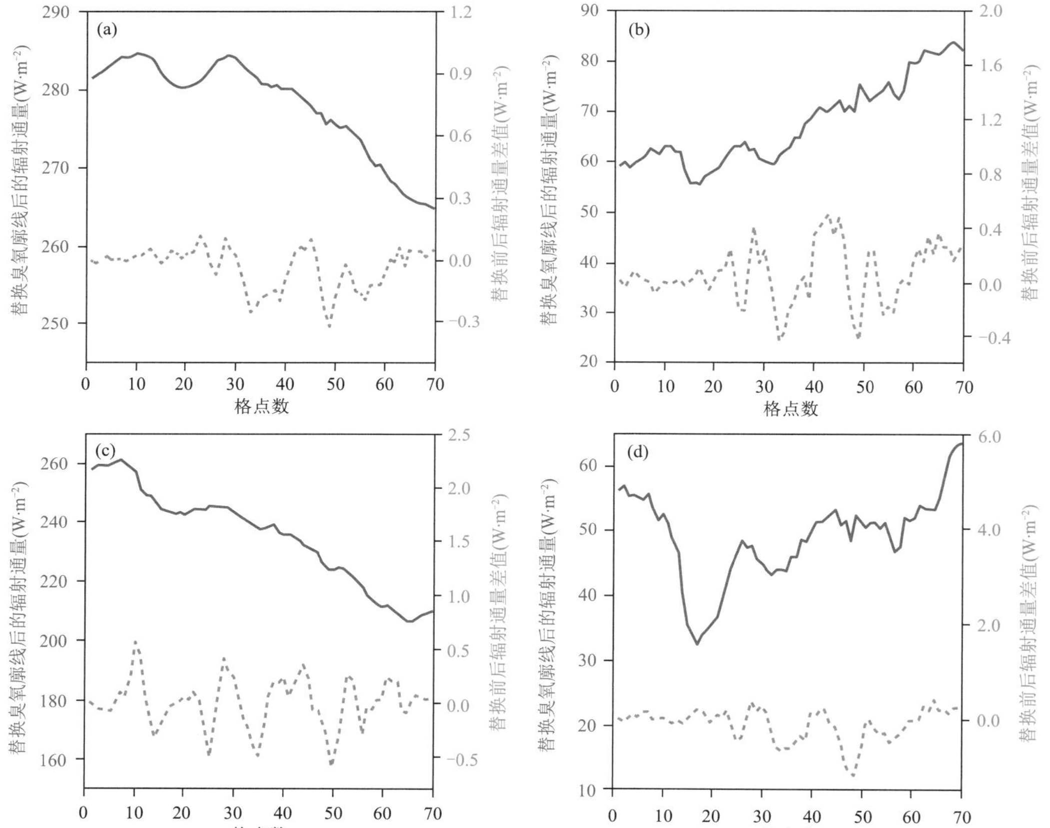

图 6.48　晴空和云天长波辐射通量纬向平均结果(横坐标是格点数,0 对应低纬,70 对应高纬)
(a)晴空大气顶;(b)晴空地表;(c)云天大气顶;(d)云天地表

图 6.49 是短波辐射通量的纬向平均结果。可见,晴空大气顶和地表短波辐射通量范围分别为 365～410 W・m^{-2} 和 285～318 W・m^{-2},云天大气顶和地表短波辐射通量范围分别为 260～370 W・m^{-2} 和 210～300 W・m^{-2}。大气顶的短波辐射通量比地表高,晴空的短波辐射通量比云天高。从短波辐射通量变化来看,对流层臭氧浓度的增加,对晴空条件下净向下短波

辐射有一定削弱的作用，主要使得中高纬地区进入到对流层的短波辐射通量减少。

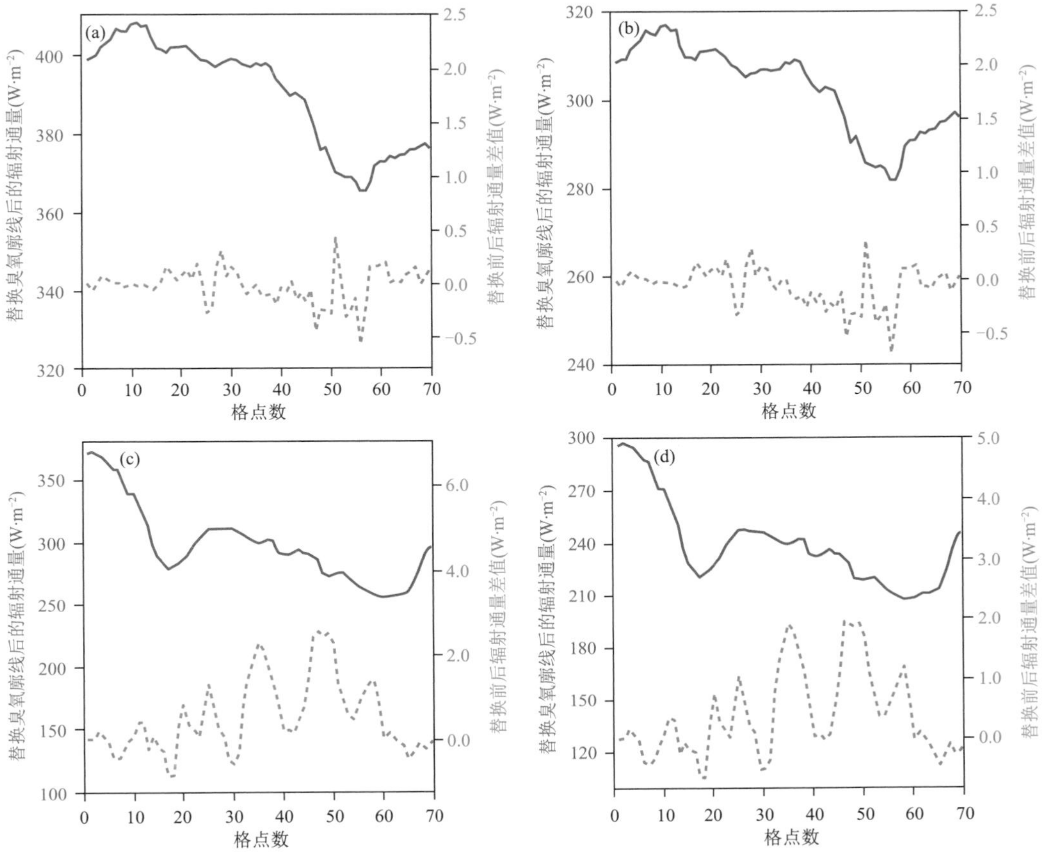

图 6.49　晴空和云天短波辐射通量纬向平均结果(横坐标是格点数，0 对应低纬，70 对应高纬)
(a)晴空大气顶；(b)晴空地表；(c)云天大气顶；(d)云天地表

图 6.50 是臭氧廓线替换前后感热通量、地表温度和云量的纬向平均变化情况，可以看出，感热通量变化幅度最大，主要以增加为主，变化范围为±2.1 $W\cdot m^{-2}$；云量变化幅度最小，主要以减少为主，最多减少 0.01；地表温度的变化以增温为主，最大增温可达 0.26 ℃。感热通量、地表温度和云量变化主要集中在中高纬度地区(25°～48°N)，与对流层臭氧增加的区域一致。

6.5.4　臭氧引起的气候效应

6.5.4.1　加热率变化

图 6.51 是臭氧廓线替换前后大气加热率的变化，由图可见，臭氧增加区域大气主要以长波加热为主。对流层臭氧增加，相对长波辐射加热率，短波辐射解热率变化很小，变化幅度基本在 0.01 $K\cdot d^{-1}$以内；长波辐射加热率的增加主要集中在除近地面层以外的对流层中低层，与图 6.43 臭氧增加的范围一致，加热率变化幅度最大可达 0.037 $K\cdot d^{-1}$。臭氧廓线替换后，近地面层大气长波辐射加热率减小，与云天地表平均长波辐射通量减少有关(图 6.47)，对流

层中上层 7、8 月主要以长波冷却为主，长波加热率变化幅度为 $-0.008 \sim 0.005\ K \cdot d^{-1}$，这与大气高层向上长波辐射减少(图 6.48)有关。

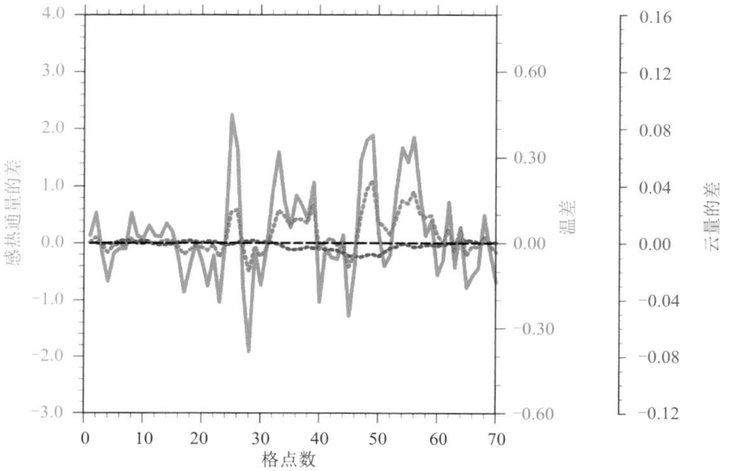

图 6.50　臭氧廓线替换前后感热通量(绿，单位：$W \cdot m^{-2}$)、地表温度(红，单位：℃)和纬向云量(蓝，单位：1)的变化

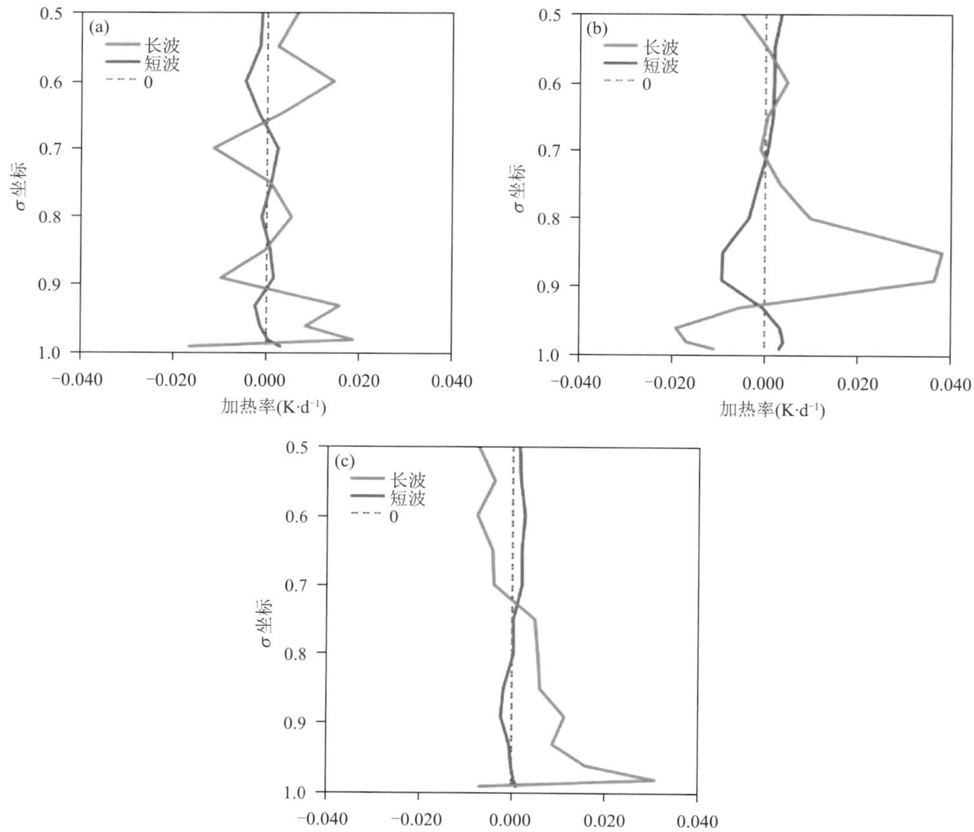

图 6.51　臭氧廓线替换前后大气长波和短波加热率之差(单位：$K \cdot d^{-1}$)

(a)6 月；(b)7 月；(c)8 月

6.5.4.2 温度响应

图 6.52 是臭氧廓线替换前后大气温度的经向和纬向剖面图，由图可见，温度变化范围为 −0.1～0.2 ℃，750 hPa 以下是显著的增温区，该高度层以上温度以降低或弱增温为主。从经向平均结果来看，温度升高的区域主要对应 118°～120°E，是我国京津冀和长三角所在地区。从纬向平均结果来看，温度升高有两个明显的区域，一个是京津冀对应的纬度区（35°～37°N），另一个是长三角所对应的区域（29°～30°N），气温分别升高 0.08～0.2 ℃和 0.02～0.06 ℃。大气温度升高的区域和高度与臭氧浓度增加区域一致，是对流层中下层臭氧增加直接作用的结果。结合臭氧的增加量估算得到，对流层臭氧每增加 1 DU，气温升高约 0.04 ℃。

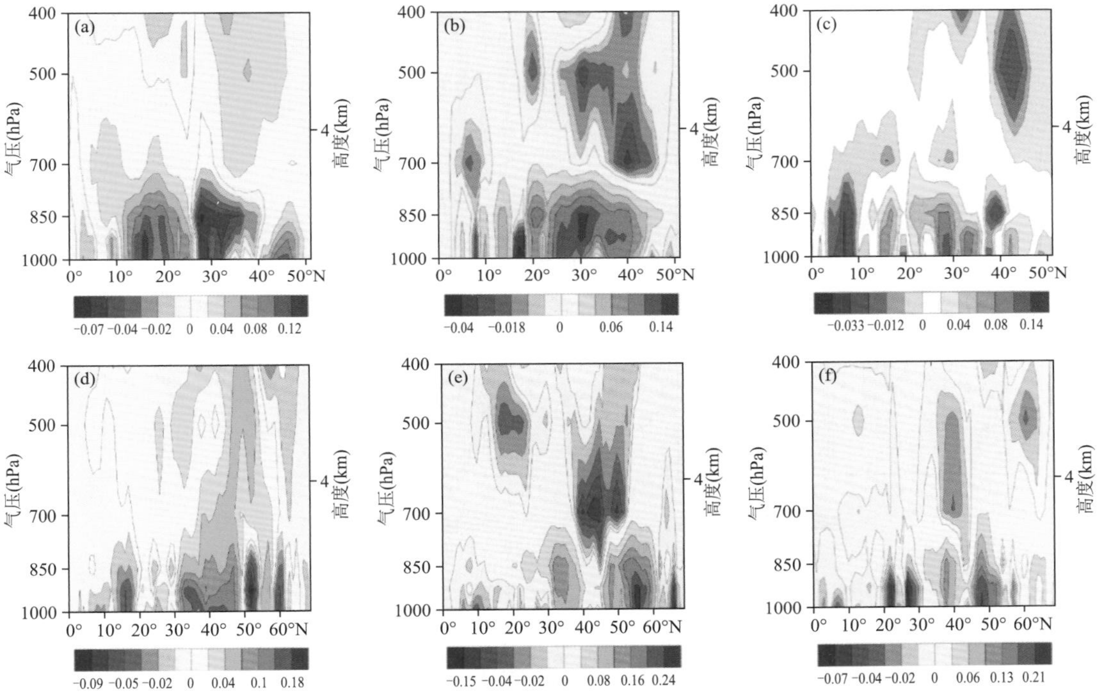

图 6.52 臭氧替换前后 2013 年 6、7、8 月温度的经向平均（上）和纬向平均（下）垂直剖面结果（单位：℃）
(a)6 月经向平均；(b)7 月经向平均；(c)8 月经向平均；(d)6 月纬向平均；(e)7 月纬向平均；(f)8 月纬向平均

6.5.4.3 其他变化

图 6.53—图 6.55 是臭氧廓线替换前后 2013 年 6、7、8 月总云量、感热通量和边界层高度的变化。整体来看，总云量呈减少趋势，感热通量和边界层高度呈增加趋势。云量的最大减少量为 0.01～0.1，感热通量最大增加 5～100 W · m^{-2}，边界层高度最大增加 60～300 m。云量的减少导致进入到对流层的短波辐射通量增加，从而使得感热通量增加，边界层高度增加。

6.5.5 小结

本节利用 RegCM-Chem 中化学模块计算的具有时空变化的臭氧浓度替换辐射模块中气候态的臭氧廓线，实现对区域气候-化学模式辐射模块的改进，进一步探究夏季对流层臭氧增

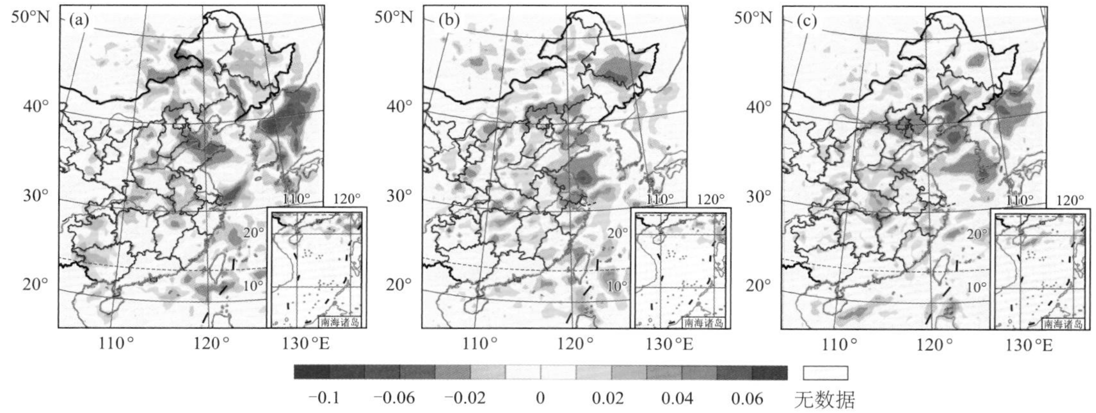

图 6.53　2013 年 6 月(a)、7 月(b)、8 月(c)臭氧替换前后总云量的变化

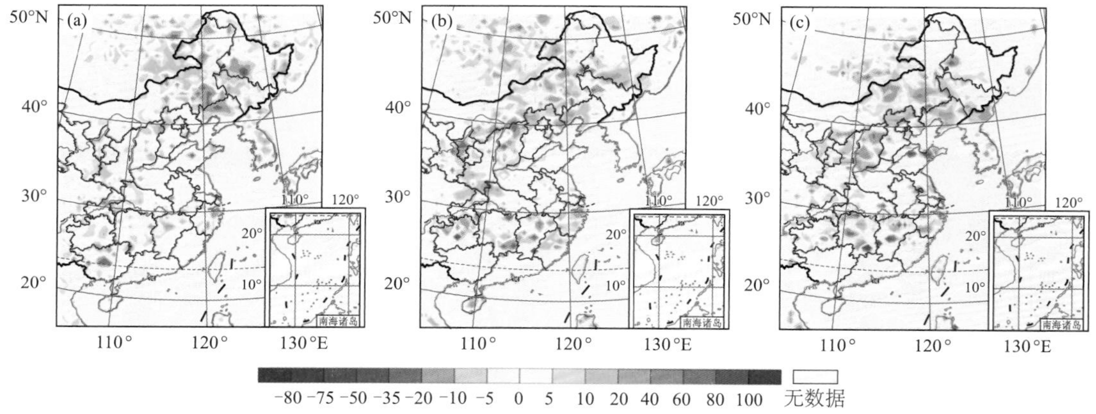

图 6.54　2013 年 6 月(a)、7 月(b)、8 月(c)臭氧替换前后感热通量的变化(单位:W · m^{-2})

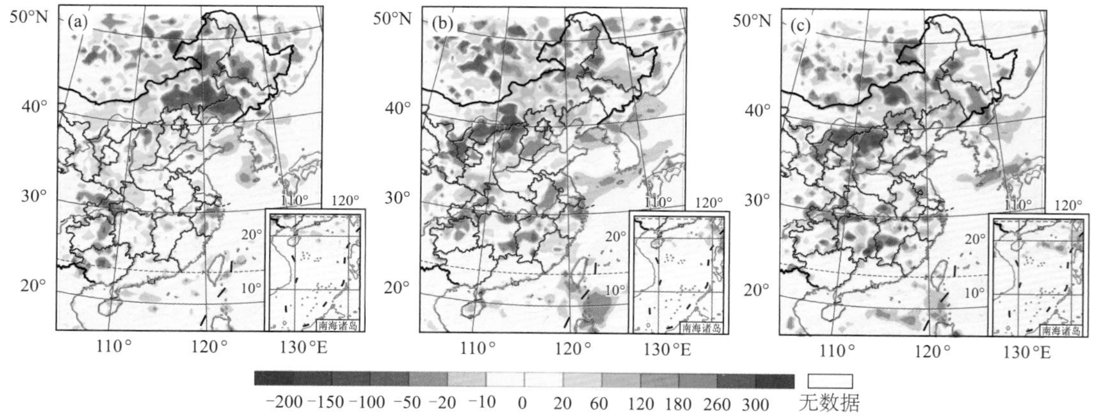

图 6.55　2013 年 6 月(a)、7 月(b)、8 月(c)臭氧替换前后边界层高度的变化(单位:m)

加引起的辐射效应,得到的主要结果如下。

(1)与辐射模块中内部的气候态臭氧廓线相比,化学模块计算的臭氧增加量主要体现在对

流层中下层，2013 年 6、7、8 月平均分别增加 4.85 ppbv、3.29 ppbv 和 3.92 ppbv，柱浓度含量分别增加 1.05 DU、0.580 DU 和 0.726 DU。

(2)臭氧廓线替换后，由于对流层中下层臭氧增加吸收了更多的地气长波辐射，地表长波辐射通量增加，对流层上层臭氧减少，到达大气顶的辐射通量减少，晴空条件下大气顶和地表长波辐射通量的平均改变量分别为-0.033和 0.063 $W \cdot m^{-2}$。

(3)辐射通量的改变直接引起对流层温度的变化，大气温度的变化区域与臭氧增加的区域基本一致，中纬度地区 750 hPa 以下是明显的温度正变化区。对流层臭氧每增加 1 DU，大气温度升高 0.04 ℃。此外，臭氧增加还会导致总云量减少、感热通量和边界层高度增加。

6.6　银河宇宙射线产生的臭氧和气溶胶对东亚年代际降温的影响

6.6.1　研究背景

东亚地区属于易受当前全球变暖影响的地区之一，第 5 阶段的耦合模式比较计划(CMIP5)预测，随着 21 世纪人口的增长，东亚地区将进一步变暖(Taylor et al.，2012)。另一方面，有充分的研究表明，CMIP5 气候模式忽视了自 2000 年以来地表温度的降低现象(称为全球变暖间断)(IPCC，2013)。此外，基于 ERA 中期再分析数据，对中东亚地区地表温度的年代际变化研究表明，与 1991—2001 年相比，2002—2012 年期间冬季地表存在明显的降温。

对这种地表降温现象的原因有两个初步的猜想：①气溶胶浓度的增加；②平流层低层臭氧浓度的增加。气溶胶的冷却效应(包括太阳辐射的散射、反射或吸收——这会减少地球接收到的热量)是众所周知的，在此不再讨论。

Kilifarska(2015)提出，近对流层顶臭氧可以影响地表温度。从根本上讲，近对流层顶臭氧对地表温度的影响机制依赖于其对对流层顶温度的影响。例如，平流层低层臭氧浓度的增加，会吸收更多的太阳辐射，从而使对流层顶温度升高(Randel et al.，2007)对流层温度的升高降低了垂直温度梯度，使对流层上层更加稳定，而稳定层结大气中向上传播的水汽受到抑制，从而使对流层顶更加干燥(Young，2003)。对流层上层水汽所提供的温室效应的影响占所有水汽含量所提供影响的 90%(Inamdar et al.，2004)，因此在这种情况下，地球可能会变冷。

这种机制还存在的问题就在于影响近对流层顶臭氧时空变化的因素。最近，人们发现在 regener-pfotzer 最大值处能量较低的电子引发二次臭氧的生成(Kilifarska，2017)，其电离量取决于银河宇宙射线(GCR)的强度，而 GCR 又受到日磁场和地磁场的影响，且日磁场和地磁场分别决定了 regener-pfotzer 最大值的非均匀时空间分布。因此，平流层低层臭氧分布的不对称性(Peters et al.，2008)可能与 GCR 对臭氧的非均匀强迫有关(Kilifarska，2017)。

为了验证这一猜想，利用 RegCM 模式进行了数值试验，以更好地解释观测到的地表升温暂停问题(Sun et al.，2017)，主要研究结果见 Kilifaska 等(2018)。

6.6.2　模式试验介绍

使用 RegCM-4.6 模拟中国地区气候的区域特征，RegCM 是一个有限区域模式，可以用来进行长期区域气候模拟(Giorgi et al.，2012)。选择积云对流的混合方案——陆地上的 Grell

方案和海洋上的 MIT-Emanuel 对流方案。陆地表面过程采用生物圈-大气传输方案(BATS)。海温数据是插值为 6 h 分辨率的由 NOAA 提供的周海表面温度数据。

本书进行了四组数值试验,如表 6.12 所示。包括了 2001—2012 年期间的控制试验,对流层顶上方臭氧浓度增加的试验,以及对流层顶以下水汽减少的试验,以及由于现有排放数据的限制,仅涵盖了 2001—2010 年的考虑气溶胶化学反应的试验。所有试验的第一年都被作为预积分期而不进行分析。GCR 产生的臭氧量是根据 Kilifarska(2017)的参数进行计算,regener-pfotzer 最大值处电离量的空间分布则来自 Bazilevskaya 等(2008)、Velinov 等(2005)。

表 6.12　基于 RegCM 模式进行的数值试验

试验	模拟时间(年份)	试验描述
Control	2001—2012	不考虑气溶胶化学作用,没有额外增加的 O_3;完全考虑水汽的作用
abvTropO_3	2001—2012	对流层顶(不含)至 50 hPa 之间由 GCR 产生的臭氧浓度增加;完全考虑水汽的作用
aerosols	2001—2010	考虑对流层气溶胶化学作用;没有额外增加的 O_3
redH_2O	2001—2012	350 hPa 至对流层顶的水汽减少;标准的模型 O_3 廓线

6.6.3　气溶胶化学和近对流层顶臭氧的影响

中国上空的气溶胶光学厚度非常大,特别是在春季和初夏(Luo et al., 2014)。因此,首先提出了该区域年代际降温与大气中气溶胶负荷的增加有关。试验中所有气溶胶源(即沙尘、海盐、有机碳和黑碳,以及 SO_2 和 SO_4^{2-})都被打开,并考虑了它们在大气中的排放、输送和清除。图 6.56(上)显示了地表温度(通过考虑气溶胶化学作用的试验)与控制试验模拟值之间的差值。在考虑气溶胶化学作用情况下的地表降温是非常明显的。2002—2010 年期间年平均降温为－3～3.5 K。

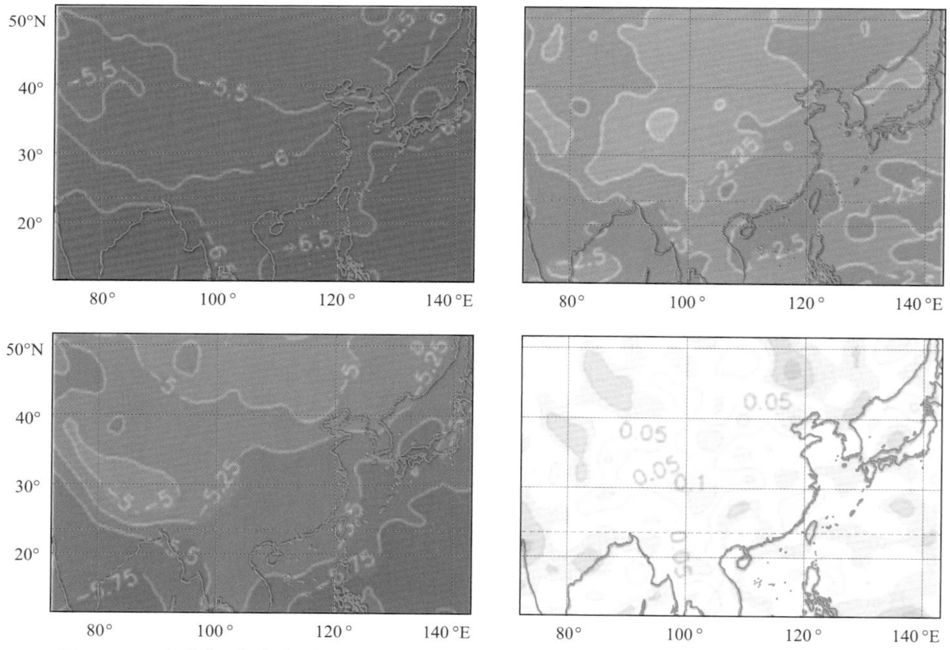

图 6.56　考虑气溶胶化学反应试验和控制试验的地表温差(上);在对流层顶以上增加臭氧浓度试验和控制试验的地表温差(下)(单位:K,左侧为冬季,右侧为夏季)

自 2004 年以来，太阳变得异常微弱，并且反映在太阳磁场的强度上——使更多的来自银河系和银河系外的粒子穿透日球层，尤其是地球的磁层(Tassev et al.，2017)。根据 Kilifarska(2013,2017)的研究，GCR 强度的增加将导致平流层低层产生更多的臭氧，导致地表降温。因此，对中国地区地表降温的另一种解释可能是对流层顶上方臭氧浓度的增加，其已在此前的试验中得到验证。

地表温度对臭氧浓度增加的响应如图 6.56(下)所示，即 abvTropO_3 试验和 Control 试验之间的温差。但是冬季地表的明显降温并不能归因于到达地表的太阳辐射的减少，这是因为绝大部分的太阳紫外线辐射在臭氧层中被吸收的最多。对流层顶至 50 hPa 之间的臭氧浓度太低，无法对地球表面的短波辐射强迫产生明显影响。同时，臭氧吸收带(9.6 μm)的红外辐射主要被对流层臭氧吸收，所以对流层顶臭氧的长波辐射强迫影响也较小。因此，地表降温的唯一解释是臭氧对对流层上层水汽的影响(Kilifarska，2012,2015)，水汽是地球大气中最强的温室气体。因此，利用该模式进一步对对流层上层水汽变化的气候响应进行了研究。

6.6.4　对流层上层水汽在地表降温中的作用

为了验证关于近对流层顶臭氧-水汽耦合作用影响地表温度设想的有效性，在 350 hPa～对流层顶进行了水汽双重减少的数值试验。本试验得到的地表温度响应(即 redH_2O 试验和 Control 试验之间的差异)如图 6.57(下)所示。首先，对流层上层水汽强迫造成的季节性特征是很明显的，冬季主要是降温，夏季中部部分地区是升温。ERA 再分析数据(图 6.57(上))与对流层上层水汽减少的气候响应相当吻合。此外，尽管变化幅度不同，但是模式对对流层顶上方 O_3 浓度增加(图 6.56(下))和其下水汽减少(图 6.57(下))的温度响应情况非常相似。

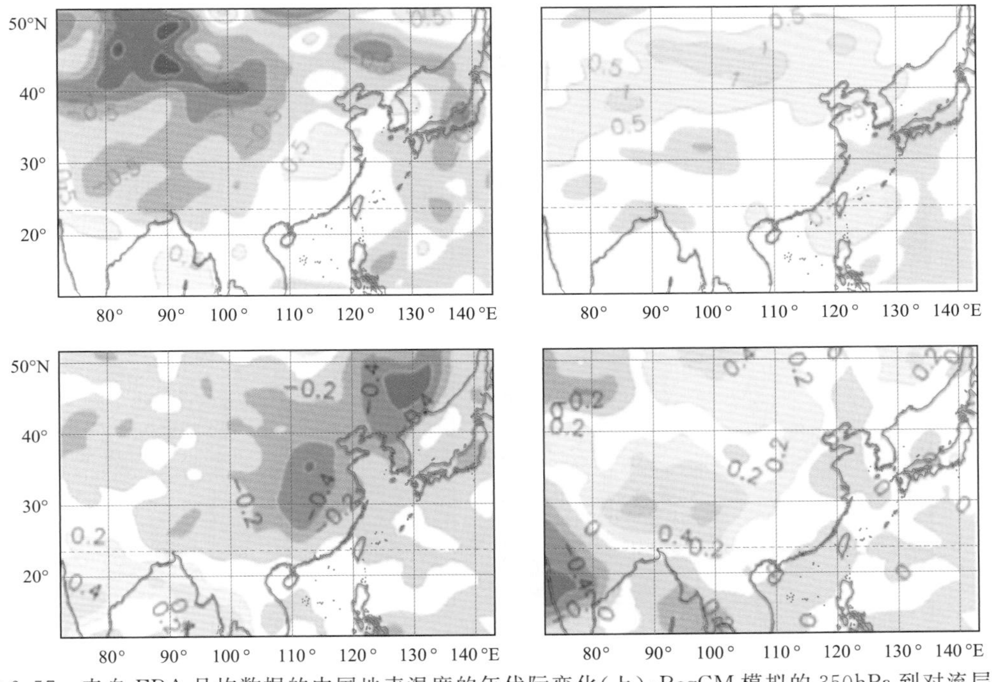

图 6.57　来自 ERA 月均数据的中国地表温度的年代际变化(上)；RegCM 模拟的 350hPa 到对流层顶之间水汽减少对地表温度的影响(下)(单位：K，左侧为冬季，右侧为夏季)

在模式最高的四层，对比控制试验分析了由臭氧浓度增加造成的水汽混合比的变化，结果如图 6.58 所示，abvTropO_3 试验中对流层上层～平流层下层(UTLS)变得持续干燥，并且在冬季更加明显。这一结果有力地证明了本书关于 O_3-H_2O 耦合机制影响气候的设想。

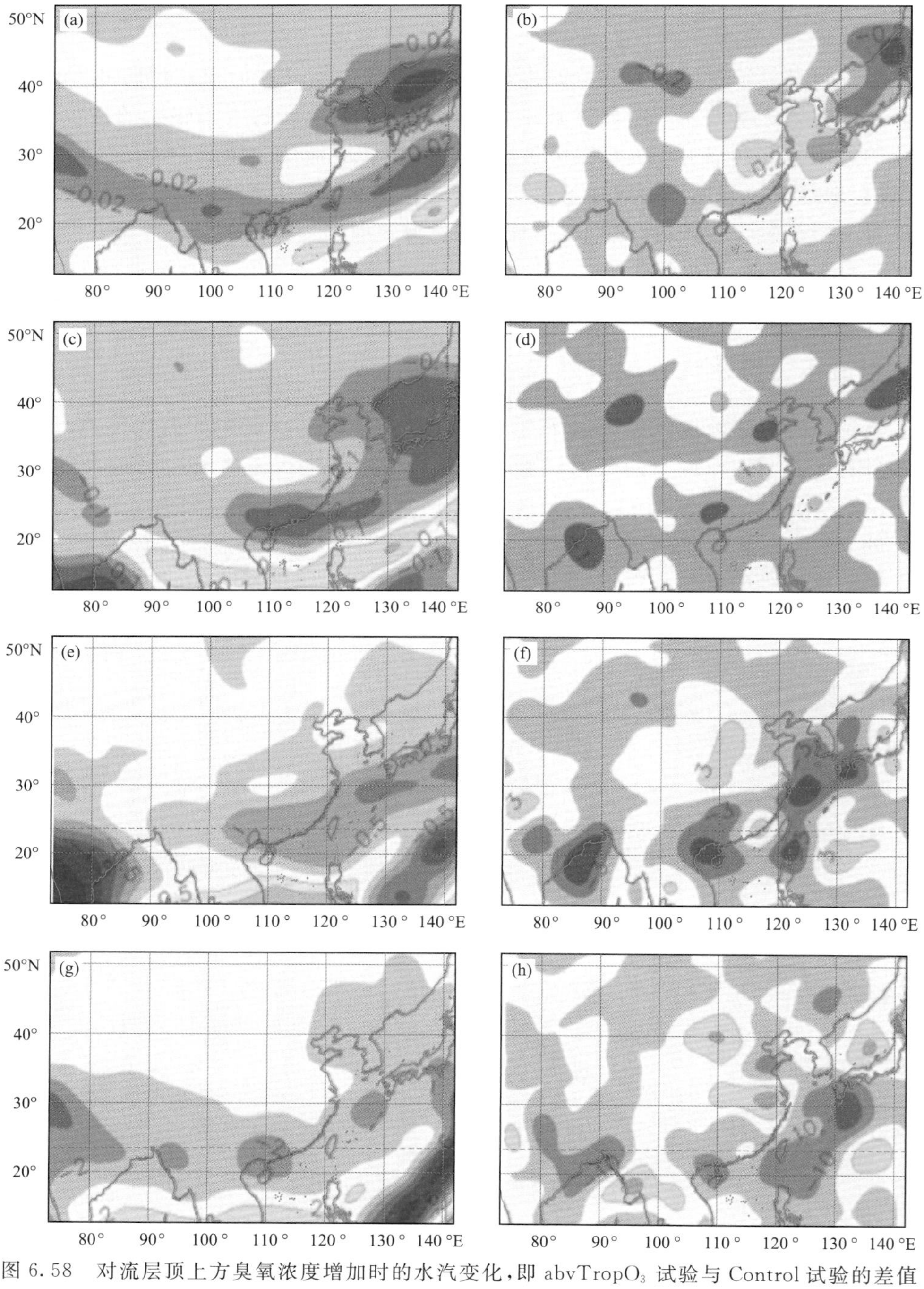

图 6.58　对流层顶上方臭氧浓度增加时的水汽变化，即 abvTropO_3 试验与 Control 试验的差值(左侧为冬季，右侧为夏季。单位：10^{-6} kg · kg^{-1})

(a、b)SpH(98 hPa)；(c、d)SpH(146 hPa)；(e、f)SpH(204 hPa)；(g、h)SpH(271 hPa)

考虑气溶胶化学作用的试验与控制试验进行对比，并没有造成对流层上层这样的持续干燥(图略)。水汽响应的这种差异可以认为是臭氧-水汽耦合机制影响地表温度设想的又一佐证。因此可以认为，就像 20 世纪最后几十年那样，平流层最低层臭氧的减少会导致对流层上层相应的湿润和地表的变暖。

6.6.5 小结

以往辐射传输模型的试验表明，臭氧的辐射强迫很大程度上依赖于其随海拔高度的变化(Hansen et al.，1997)。在臭氧浓度最大的高度附近，臭氧浓度的变化主要影响短波辐射强迫，原因有：①臭氧在太阳紫外线辐射最强烈波段(195～350 mm)有最强的吸收截面；②由于对流层臭氧在 9600 nm 波段(Clough et al.，1995)的吸收最强，所以臭氧在大气窗口(大气窗口对地球长波辐射几乎透明，即 8000～14000 nm 波段)的长波吸收效率较低。有趣的是，对地表温度影响最大的是近对流层顶臭氧的最小值(Tassev et al.，2017)，而不是平流层臭氧的最大值。

为了估算银河系宇宙线对对流层顶臭氧浓度变化的辐射效应，本书在对流层顶(不包括对流层顶)和模式顶部(即 50 hPa)之间进行了臭氧浓度非均匀增加的试验。RegCM 模式模拟表明，对流层上方臭氧浓度的增加(保持对流层臭氧浓度不变)会使地表温度降低(图 6.56(下))。这一结果与之前试验(Gauss et al.，2006)的当对流层顶上方臭氧增加时地表会变暖的结果相矛盾——并且认为这是臭氧温室效应的结果。

RegCM 模式的结果进一步表明，它应该与一些气候反馈有关，而且它超过了臭氧的正辐射强迫。这种反馈可能是对流层顶上方臭氧浓度变化使对流层顶变暖，从而造成大气温度递减率的变化(Kilifarska，2015)。对流层顶的升温增加了对流层上层的静稳定性，抑制了对流层的垂直运动。由于下层水汽向上传输的减少，较为稳定的对流层上层变得越来越干燥。而对地球辐射平衡影响最大的就是对流层上层的水汽，所以这会造成温室效应的减少(Inamdar et al.，2004)。因此在平流层低层 O_3 增加的情况下，模式模拟的气候变冷就完全可以理解了。反之，可以认为对流层顶附近的臭氧减少会使地表变暖是由于对流层顶变冷，导致对流层上层的不稳定性增加，随之而来的是水汽和长波辐射的增加(Kilifarska，2017)。

对比控制试验和 abvTropO_3 试验模拟得到的水汽垂直分布，证明了水汽受对流层顶附近臭氧浓度变化的影响。臭氧浓度增加导致对流层上层的水汽浓度降低，很好地解释了对流层顶上层臭氧浓度升高时的地表降温现象。这意味着臭氧对对流层上层温度递减率的调节及对地球辐射平衡有重要的影响。

由 ERA 再分析资料和地面观测数据表明的 2002—2012 年中国地区地表降温的现象，提出了是什么造成这种降温的问题。本书的模拟试验表明，气溶胶负荷和对流层顶上方臭氧浓度的增加是其主要原因，两者的作用在冬季比夏季更强，与真实的情况相比，模拟得到的降温情况要大很多——尤其是气溶胶的影响。

臭氧对地表温度的影响情况更像 ERA 再分析资料中观测到的情况，特别是该区域中心的夏季变暖。模拟的地表温度变化与实际温度变化幅度的不同可归因于夸大的臭氧强迫，其对应于最大的 GCR 强度。在整个试验中都考虑到了这种较强的非现实性的强迫。在实际情况中，GCR 的强度是由太阳活动调节的，并在研究期间不断变化的。事实上，施加的臭氧强迫仅在太阳活动最弱的时期与实际情况相对应，并且在 2009 年的最后一个太阳活动周期达到了这一情况。因此，引入对流层顶附近的银河系宇宙射线对不同时刻臭氧生成的影响，可以显著提高臭氧-水汽耦合机制对地表温度影响的模拟效果。

气溶胶辐射强迫是在现有模式的基础上建立的，在气溶胶增加试验中发现的与实际情况不符的地表降温，以及观测资料中地表降温的季节性，均表明气溶胶负荷的增加不是2002—2012年中国冬季地表温度降低的主要原因。

6.7 本章小结

本章利用发展的区域气候-化学耦合模式RegCM-Chem较为系统地评估了东亚地区大气复合污染与季风气候的相互作用，模拟结果与再分析资料、观测资料等的对比反映了该耦合模式能够很好地再现东亚地区气溶胶、臭氧等大气污染物与季风气候的基本特征。

通过开展东亚黑碳气溶胶与季风气候的相互作用研究发现，黑碳气溶胶的增温效应能够显著促进东亚夏季风的发展、抑制冬季风的发展，进一步改变了黑碳气溶胶的浓度水平和空间分布。同时，东亚季风气候对黑碳气溶胶浓度变化的响应表现出很强的非线性特征，印度地区的黑碳气溶胶通过动力—热力调整等方式可对东亚气候造成影响。东亚季风具有显著的年际变化，对污染物在大气中的输送、清除、化学转化等过程具有重要影响，气溶胶和东亚季风的相互作用在强、弱季风年表现出了显著的差异性。气溶胶的冷却效应及其对降水的抑制作用在东亚夏季风强年更加明显，同时在空间上表现出明显的差异性。黑碳气溶胶与东亚冬季风、夏季风的相互作用则在弱年更加显著。

在评估对流层臭氧对我国夏季气候的影响方面发现，对流层臭氧产生正的短波辐射强迫和正的长波辐射强迫，可以导致亚洲东部夏季地表平均气温和降水增加，从而导致海陆热力差异加大，促进夏季风的发展。对流层臭氧的气候效应对臭氧垂直分布比较敏感，利用在线计算的臭氧廓线替换模式默认值后，导致对流层中下层臭氧增加，吸收了更多的地-气长波辐射，地表长波辐射通量增加，而对流层上层臭氧减少，到达大气顶的辐射通量减少。大气温度的变化区域与臭氧增加的区域基本一致，中纬度地区750 hPa以下气温有明显增加。

此外，进一步分析了空间环境的变化对东亚气溶胶和臭氧年代际尺度气候效应的影响发现，气溶胶浓度和对流层顶上方臭氧浓度的增加会使得地面气温降低，且冬季比夏季更为明显。引入对流层顶附近的银河系宇宙射线对不同时刻臭氧生成的影响，可以显著提高臭氧-水汽耦合机制对地表温度影响的模拟效果。

第 7 章　中国地区二氧化碳时空分布的模拟

本章利用 RegCM-Chem 进行中国地区 CO_2 季节变化模拟，通过改进辐射方案，引入动态非均匀分布的 CO_2 浓度场，模拟分析 CO_2 的辐射强迫及气候效应。进一步基于 RegCM-Chem-YIBs，针对中国地区开展大气 CO_2 浓度的年际变化模拟，使用地面观测资料和卫星反演数据进行验证，利用模式分析中国地区陆地碳通量及大气中 CO_2 浓度的时空分布特征，研究中国地区陆地碳通量对大气中 CO_2 浓度的影响。

7.1　二氧化碳浓度季节变化模拟

本节利用 RegCM-Chem 进行中国地区 CO_2 模拟，分析 CO_2 浓度季节变化特征，详细结果参见黄晓娴(2015)。

7.1.1　模式设置

在 RegCM4 已有的辐射方案(Briegleb，1992)中，一年中全球三维空间大气 CO_2 浓度为一定值，不考虑时空变化，大气 CO_2 浓度只与年份有关，例如在模拟 2008 年时为 383.8 ppmv，工业革命前 1850 年为 284.7 ppmv。本节对 RegCM4 模式进行改进，在辐射方案中采用模式计算的随时空变化的大气 CO_2 浓度场，以 2008 年为例，进行区域大气 CO_2 的季节变化模拟。模拟范围设定为东亚地区，中心点经纬度为 34°N、116°E。模式水平分辨率为 60 km×60 km，网格数为 121×77，垂直方向分为 18 层。

7.1.2　二氧化碳空间分布

不同季节 CO_2 浓度空间分布的模拟结果如图 7.1 所示。可见，大气 CO_2 浓度具有明显的季节变化特征，总体来看，冬春较高，夏秋较低，尤其在近地层表现较为明显，这与大量地面观测结果较为吻合(Tans et al.，2014)。大气 CO_2 浓度的水平分布随高度不同，近地面不同下垫面差异较大，植被地区与城市密集地区可相差数十 ppmv，越往高空，浓度越趋于均一，水平梯度较小。模拟的 2008 年高空大气 CO_2 浓度在 385 ppmv 左右。近地面的大气 CO_2 浓度受下垫面影响显著，与陆地相比，海洋上空近地面大气 CO_2 浓度水平分布及季节变化波动较小，在 10 ppmv 以内。陆地上空大气 CO_2 浓度在人口密集的城市区和植被覆盖的背景区差异显著。在中国东部、韩国、日本，部分地区可达 410 ppmv 及以上，这与人为排放源高值区、人口分布密集区、高度城市化地区分布一致，这些地区的高浓度 CO_2 叠加在背景大气浓度场上，呈现随季节波动的高值区。

植被分布密集地区近地面上空大气 CO_2 浓度季节变化显著，青藏高原以南的亚热带及热带东南亚地区，大气 CO_2 浓度全年维持较低的水平，显示出该地区为大气 CO_2 重要的汇；而高

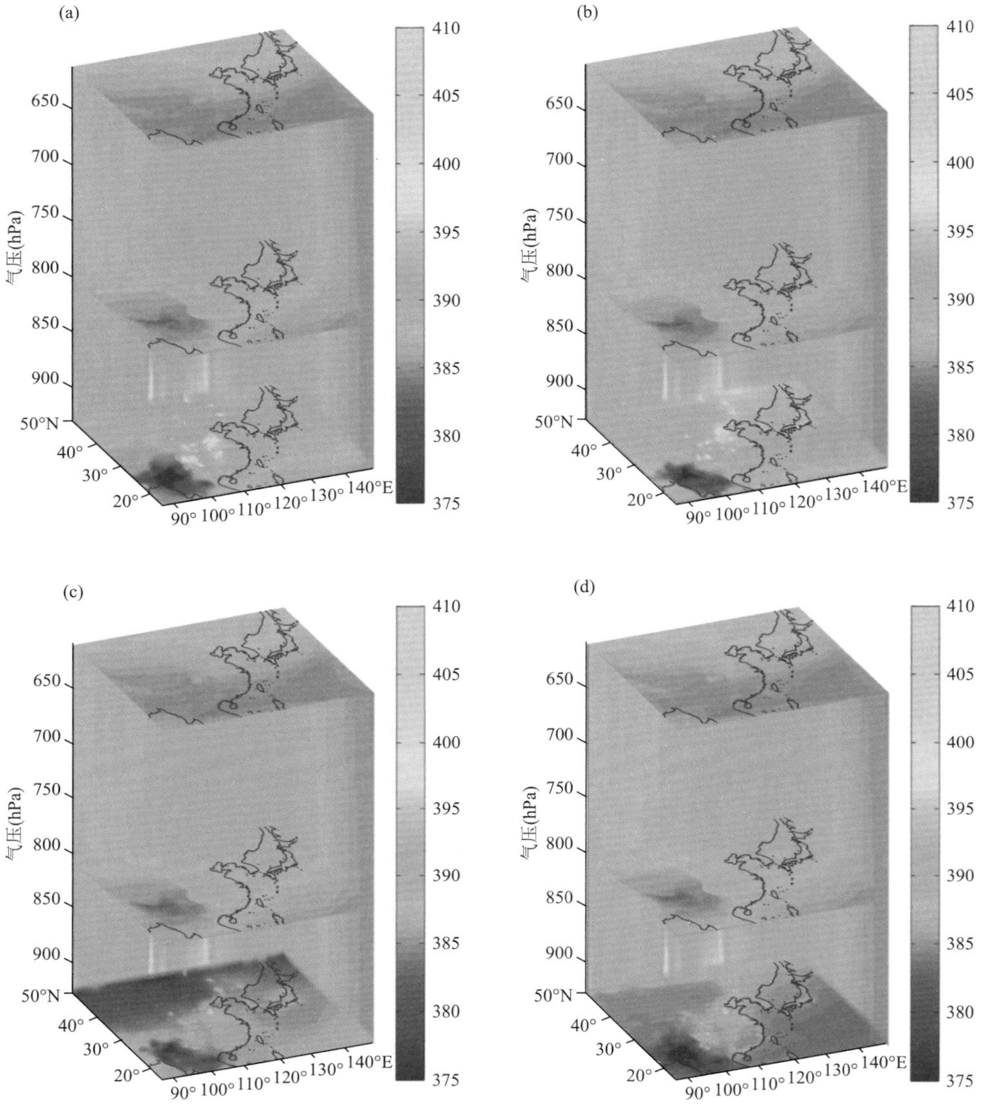

图 7.1　2008 年不同季节 CO_2 空间分布(ppmv)

(a)冬季:1 月;(b)春季:4 月;(c)夏季:7 月;(d)秋季:10 月

纬度的西伯利亚地区,则在夏季具有较低大气 CO_2 浓度,这与温带及亚寒带植被的季节变化有关,夏季光合作用较强,是大气 CO_2 重要的汇,冬季落叶,碳汇的作用明显减弱。与近地面大气 CO_2 浓度时空变化不同,高空大气 CO_2 浓度则具有近似趋于纬向分布特征,在 600 hPa 高空及以上,海陆分布差异的影响大大减小,大气 CO_2 浓度具有高纬度高、低纬度低的特征;高空大气 CO_2 浓度受近地面源和汇的影响较小,季节变化不明显。

7.1.3　二氧化碳水平分布

不同季节大气 CO_2 浓度近地面水平分布的模拟结果如图 7.2 所示。可见,CO_2 浓度冬春较高,夏秋较低,冬、春、夏、秋四季区域平均浓度分别为 389.1、390.1、386.3、383.9 ppmv,具有显著的季节变化。整体上看，高值区主要分布在中国东部、日韩等地，低值区主要分布在东南亚地区，高低值之间相差 40 ppmv 以上。

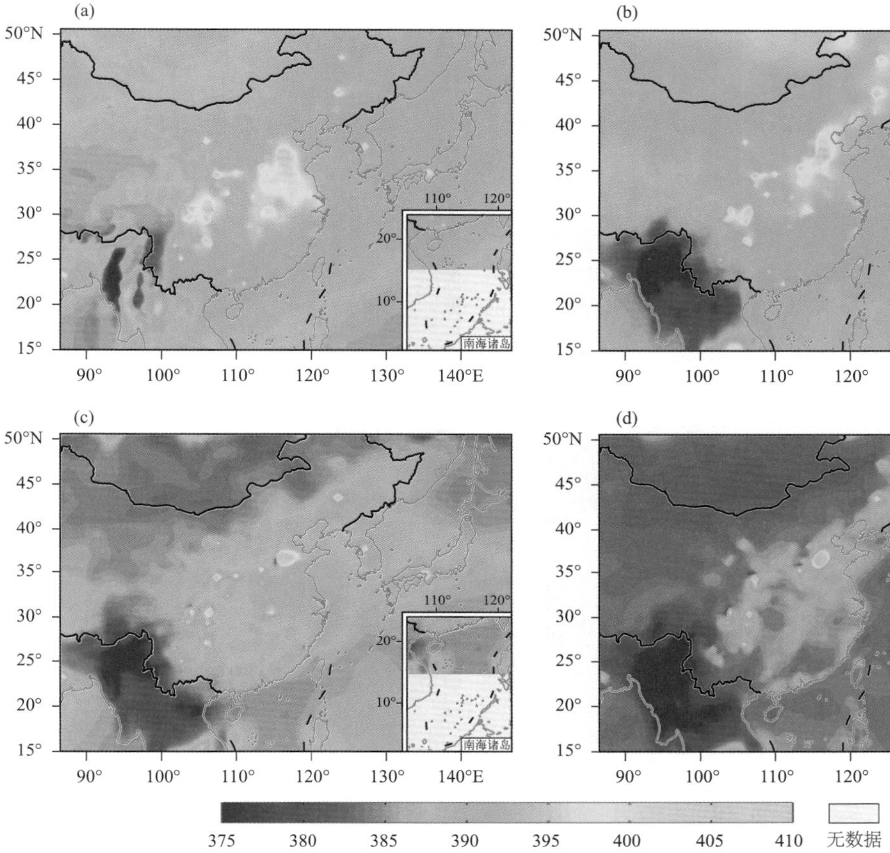

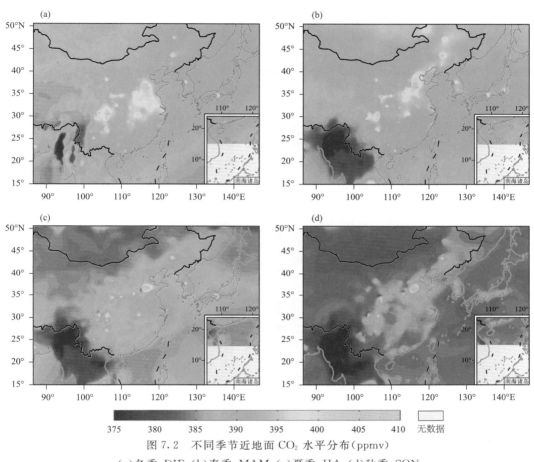

图 7.2 不同季节近地面 CO_2 水平分布(ppmv)

(a)冬季:DJF;(b)春季:MAM;(c)夏季:JJA;(d)秋季:SON

7.2 二氧化碳浓度非均匀的影响

进一步设计了在辐射方案中考虑 CO_2 浓度均匀和非均匀两组数值试验，利用 RegCM-Chem 模拟研究了考虑 CO_2 浓度非均匀对不同气象要素的影响，主要结果参见黄晓娴(2015)和 Xie 等(2018)。

7.2.1 对长波辐射的影响

利用非均匀 CO_2 与均匀 CO_2 辐射方案分别模拟的全年平均长波辐射通量之差如图 7.3 所示。可见，晴空和全天空大气顶向外长波辐射通量的变化、晴空和全天空地表向上长波辐射通量的变化有增有减，区域平均值分别为 $-0.0341\ W \cdot m^{-2}$、$-0.3129\ W \cdot m^{-2}$、$-0.1545\ W \cdot m^{-2}$、$-0.1198\ W \cdot m^{-2}$。图 7.3a 中晴空大气顶向外长波辐射通量的变化表现出明显的地区差异，在四川东部、中蒙交界东部、河北、苏北沿海、日本以南海域等地区为负，改变量为

$-1\sim-0.5$ W·m^{-2}，而在东北三省、朝鲜半岛、华中、川西、青海、滇南、越南、南海等地区为正，改变量为 $0.5\sim1$ W·m^{-2}。图 7.3b 中全天空大气顶向外长波辐射通量的变化为 $-2.5\sim2.5$ W·m^{-2}，改变量的最大值出现在海上，且分布略呈带状分布。图 7.3c 中晴空地表向上长波辐射通量的变化在海上较为平滑，与海洋上空大气 CO_2 浓度的分布较为类似。图 7.3d 中全天空地表向上长波辐射通量的变化为 $-3\sim5$ W·m^{-2}，东北、韩国、华中、川西等地为正高值区中心，川东、冀西、华南沿海、东海等地为负高值区中心。总体而言，大气 CO_2 浓度分布的不均匀对地表和大气顶向上长波辐射通量有显著影响。

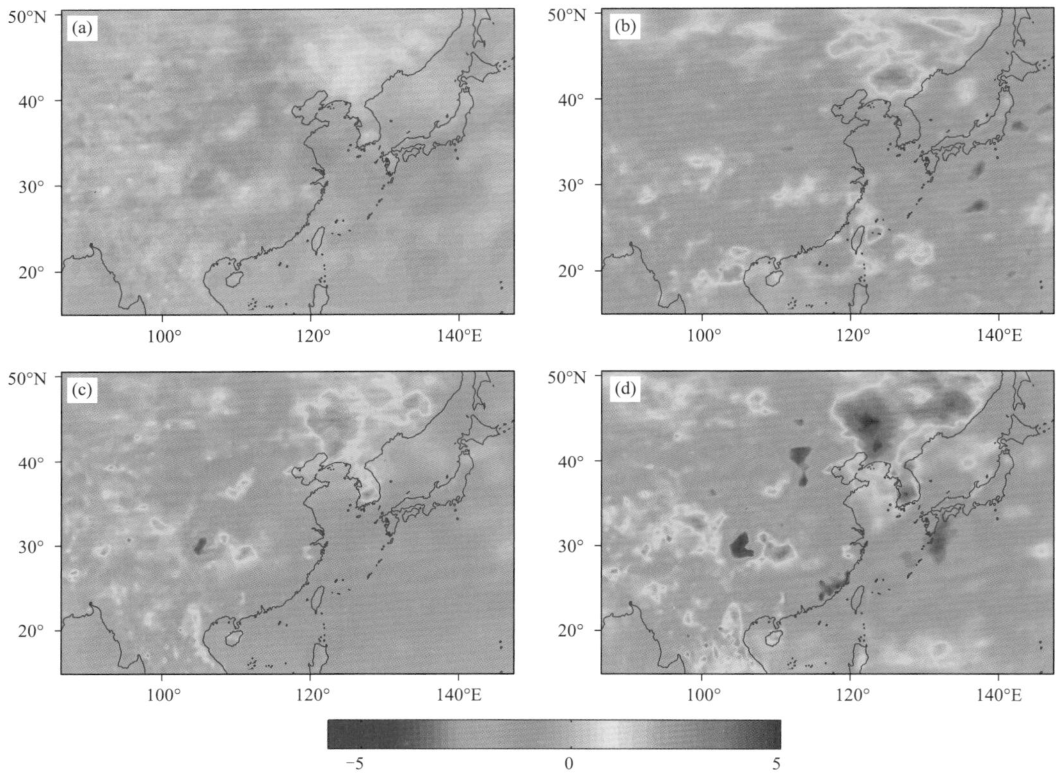

图 7.3　非均匀 CO_2 与均匀 CO_2 辐射方案全年平均长波辐射通量之差(单位：W·m^{-2})
(a)晴空大气顶向外长波辐射通量；(b)全天空大气顶向外长波辐射通量；
(c)晴空地表净辐射通量；(d)全天空地表净辐射通量

7.2.2　对辐射强迫的影响

非均匀 CO_2 与均匀 CO_2 辐射方案不同季节 CO_2 地面长波辐射强迫的模拟结果如图 7.4 所示，统计结果列于表 7.1。均匀 CO_2 辐射方案中，CO_2 地面长波辐射强迫四季变化为 $0.63\sim0.83$ W·m^{-2}，而非均匀 CO_2 辐射方案中，CO_2 地面长波辐射强迫四季变化为 $0.54\sim1.17$ W·m^{-2}。比较两者之差的分布，可以看出，在冬季主要表现在西北太平洋、海峡西岸、四川盆地 CO_2 地面长波辐射强迫增大；夏季区域差异最大，CO_2 地面长波辐射强迫东北地区减小，华北及华中地区增大；春季和秋季 CO_2 地面长波辐射强迫以增大为主。

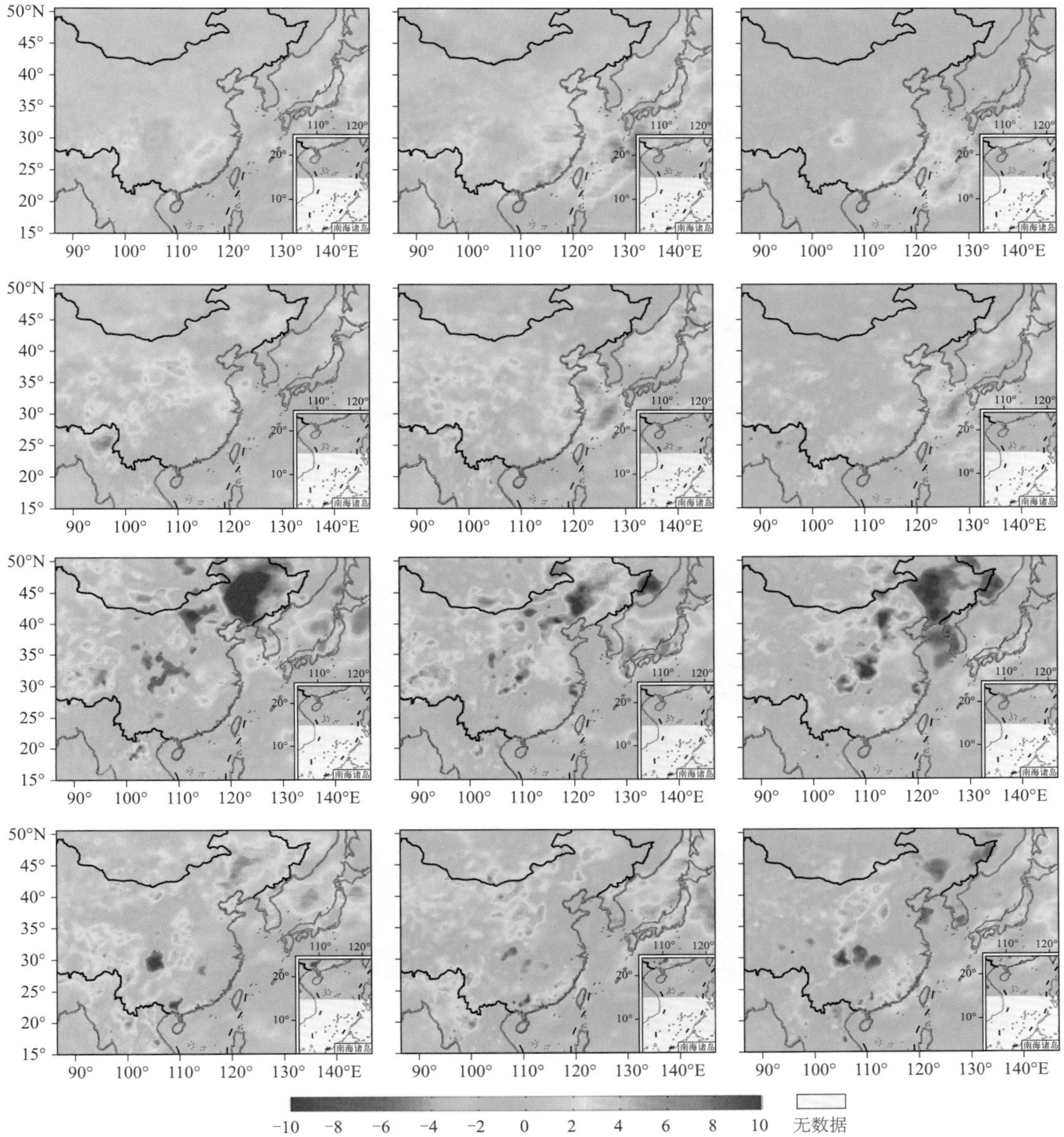

图7.4　不同季节 CO_2 地面长波辐射强迫的水平分布(冬季:DJF(第一行);春季:MAM(第二行);夏季:JJA(第三行);秋季:SON(第四行)。左列:均匀 CO_2 辐射方案;中列:非均匀 CO_2 辐射方案;右列:非均匀 CO_2 辐射方案与均匀 CO_2 辐射方案结果之差。单位:$W \cdot m^{-2}$)

表7.1　CO_2 地面长波辐射强迫统计(单位:$W \cdot m^{-2}$)

	CO_2 均匀方案			CO_2 非均匀方案			CO_2 非均匀－CO_2 均匀		
	平均	最小	最大	平均	最小	最大	平均	最小	最大
冬	0.829	−5.430	7.088	1.168	−8.637	7.370	0.339	−7.889	5.645
春	0.632	−4.344	7.376	0.849	−5.505	6.871	0.217	−6.844	6.202
夏	0.629	−11.193	19.453	0.540	−13.456	13.444	−0.089	−13.470	11.83
秋	0.719	−14.206	9.134	0.730	−8.752	8.164	0.011	−9.375	12.77

7.2.3 对云量的影响

不同季节总云量的模拟结果如图 7.5 所示。对于均匀 CO_2 辐射方案与非均匀 CO_2 辐射方案，总云量四季变化均在 0～0.75 之间。比较两者之差，冬季西北太平洋、东南沿海、四川盆地等地云量增加，夏季东北至渤海云量减少，而华北地区云量增加，说明辐射方案中 CO_2 浓度的差异可以导致云量发生变化，进而影响大气逆辐射，改变地面辐射强迫。

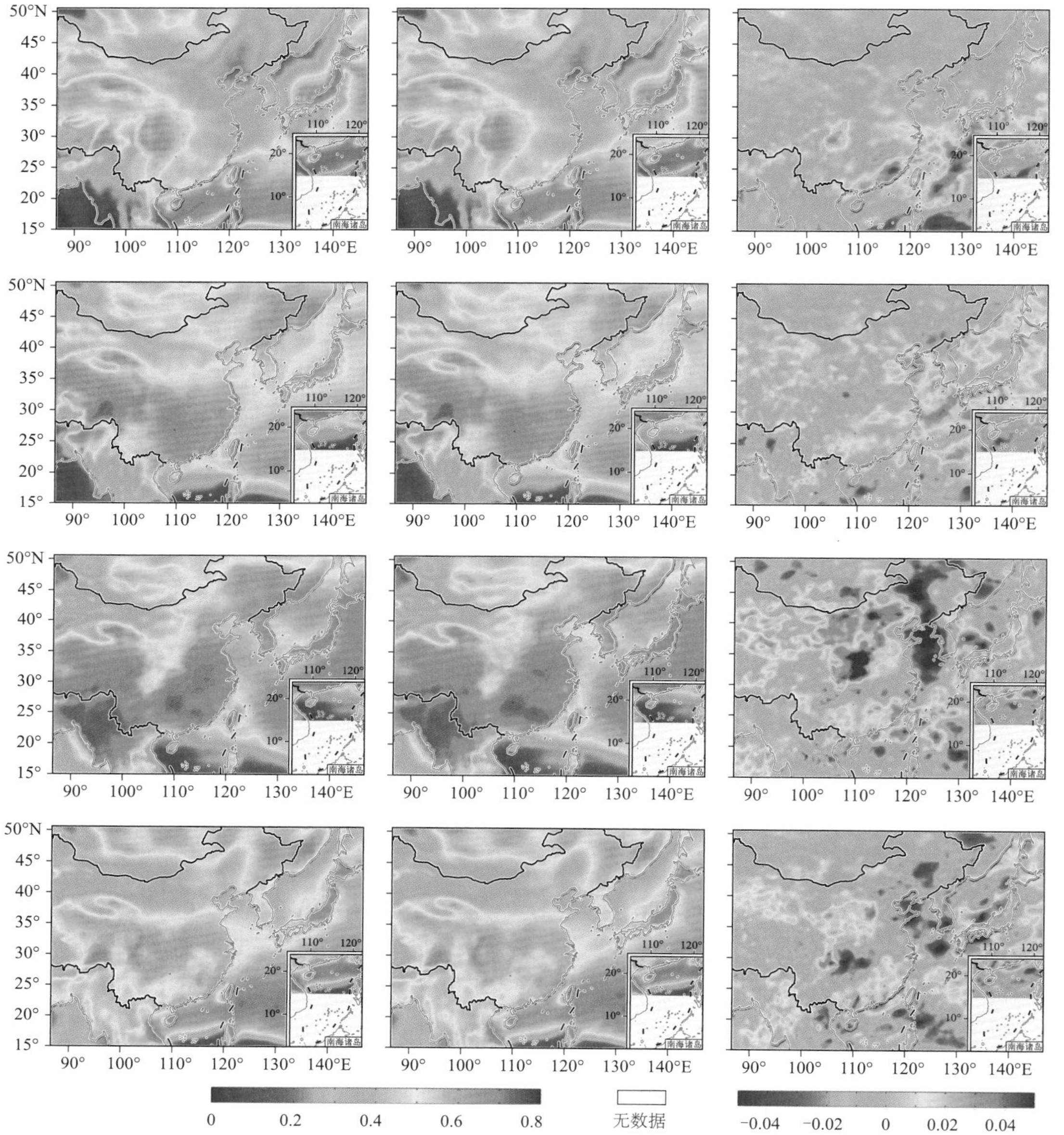

图 7.5　不同季节总云量的水平分布(冬季：DJF(第一行)；春季：MAM(第二行)；夏季：JJA(第三行)；秋季：SON(第四行)。左列：均匀 CO_2 辐射方案；中列：非均匀 CO_2 辐射方案；右列：非均匀 CO_2 辐射方案与均匀 CO_2 辐射方案之差)

7.2.4　对加热率的影响

非均匀 CO_2 与均匀 CO_2 辐射方案模拟的年均纬向平均长波辐射加热率绝对差异及相对差异(定义为非均匀 CO_2 辐射方案与均匀 CO_2 辐射方案结果之差与均匀 CO_2 辐射方案结果的比值)如图 7.6 所示。可见,长波辐射加热率之差变化范围为－0.13～0.13 K·d^{-1}。长波辐射加热率的正变化量主要出现在 970～830 hPa 高度处,如在 15°～20°N 上空为 0.05～0.06 K·d^{-1};32°～41°N 上空为 0.8～0.13 K·d^{-1};44°～48°N 上空为 0.7～0.9 K·d^{-1}。长波辐射加热率的负变化量主要出现在 15°～21°N 近地面为－0.08～－0.05 K·d^{-1},以及 30°～35°N 上方高空 400～350 hPa 高度处为－0.13～－0.07 K·d^{-1}。其他纬度高度处的分布差异较小,变化范围为－0.04～0.04 K·d^{-1}。从长波辐射加热率的相对变化来看,在大部分纬度及高度处变化范围为－5%～5%。

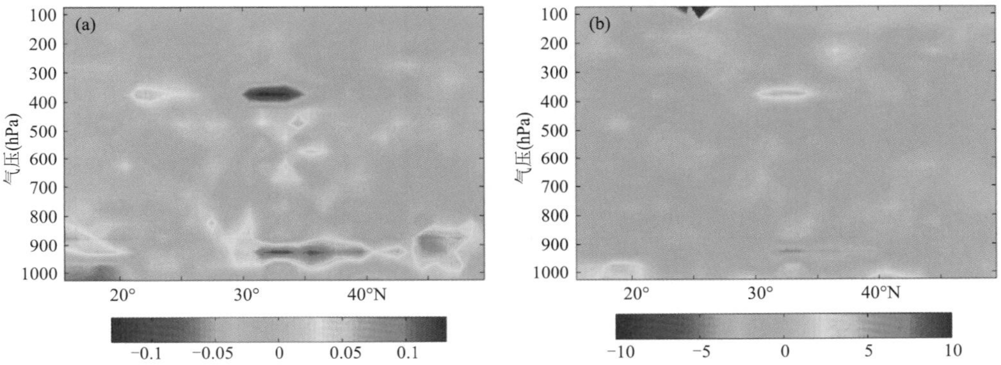

图 7.6　非均匀 CO_2 辐射方案与均匀 CO_2 辐射方案年均加热率(a)绝对差异(a,单位:K·d^{-1})和相对差异(b,%)

中纬度地区夏季加热率垂直廓线如图 7.7 所示,其中非均匀 CO_2 辐射方案为蓝色实线,均匀 CO_2 方案为浅蓝色线,两者之差为绿色实线。可以看出,两者之差变化范围为－0.5～1.6 K·d^{-1},高值主要集中在 800 hPa 高度以下,在 925 hPa 附近达到最大,因而使得处于这些高度的大气有增温趋势。

7.2.5　对温度的影响

7.2.5.1　垂直温度的变化

非均匀 CO_2 辐射方案与均匀 CO_2 辐射方案的年均纬向平均大气温度模拟结果之差及相对变化量如图 7.8 所示。可见,大气温度绝对变化范围为－0.07～0.18 K,相对变化范围为－0.02%～0.06%。在近地面高度增温为主,在高空降温居多。最大值增温出现在 42°～50°N 上方 1000～900 hPa 高度处,增温量为 0.1～0.18 K。

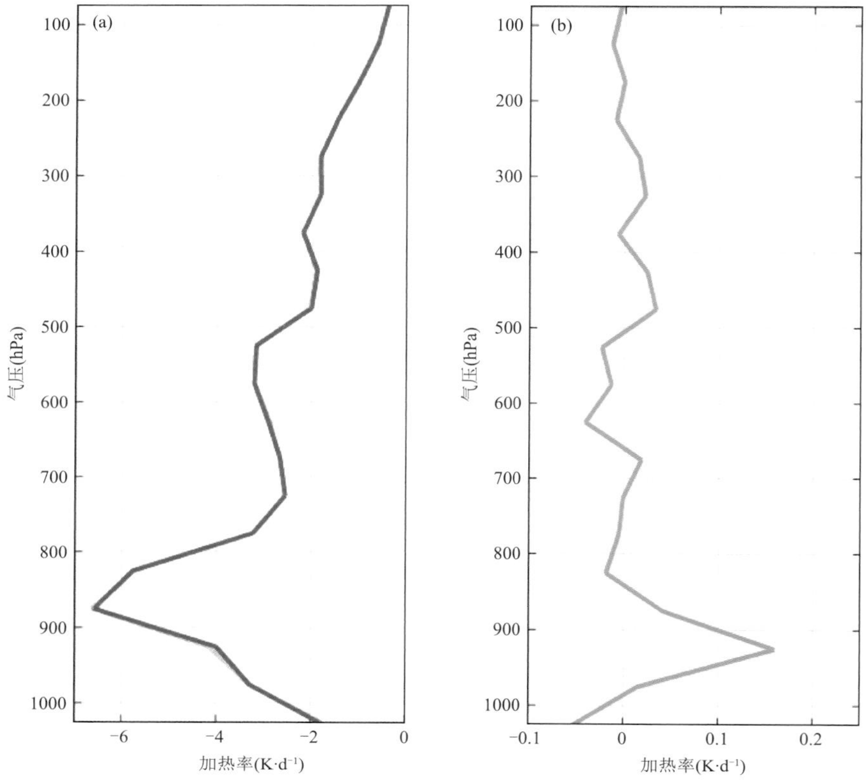

图 7.7 中纬度地区夏季加热率非均匀 CO_2 辐射方案(a,蓝色实线)、均匀 CO_2 辐射方案(a,浅蓝色线,大部分与蓝色实线重合),非均匀 CO_2 辐射方案与均匀 CO_2 辐射方案之差(b,绿色实线)(单位:K · d^{-1})

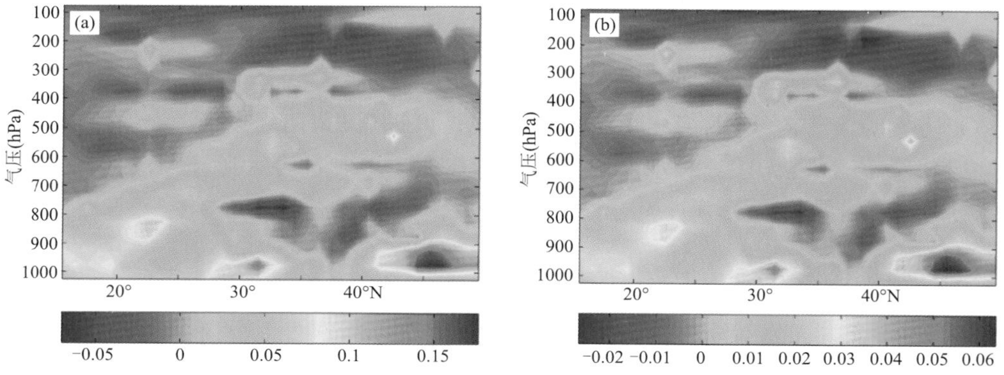

图 7.8 非均匀 CO_2 辐射方案与均匀 CO_2 辐射方案模拟的年均纬向平均温度绝对差异(a,单位:K)和相对差异(b,%)

7.2.5.2 近地面气温的变化

不同季节近地面气温水平分布如图 7.9 所示,统计结果列于表 7.2。非均匀 CO_2 辐射方案与均匀 CO_2 辐射方案模拟的四季平均温度之差为 0.02～0.05 ℃,最大值相差 0.9 ℃以上。相对于其他三个季节,夏季温度差异最为显著。

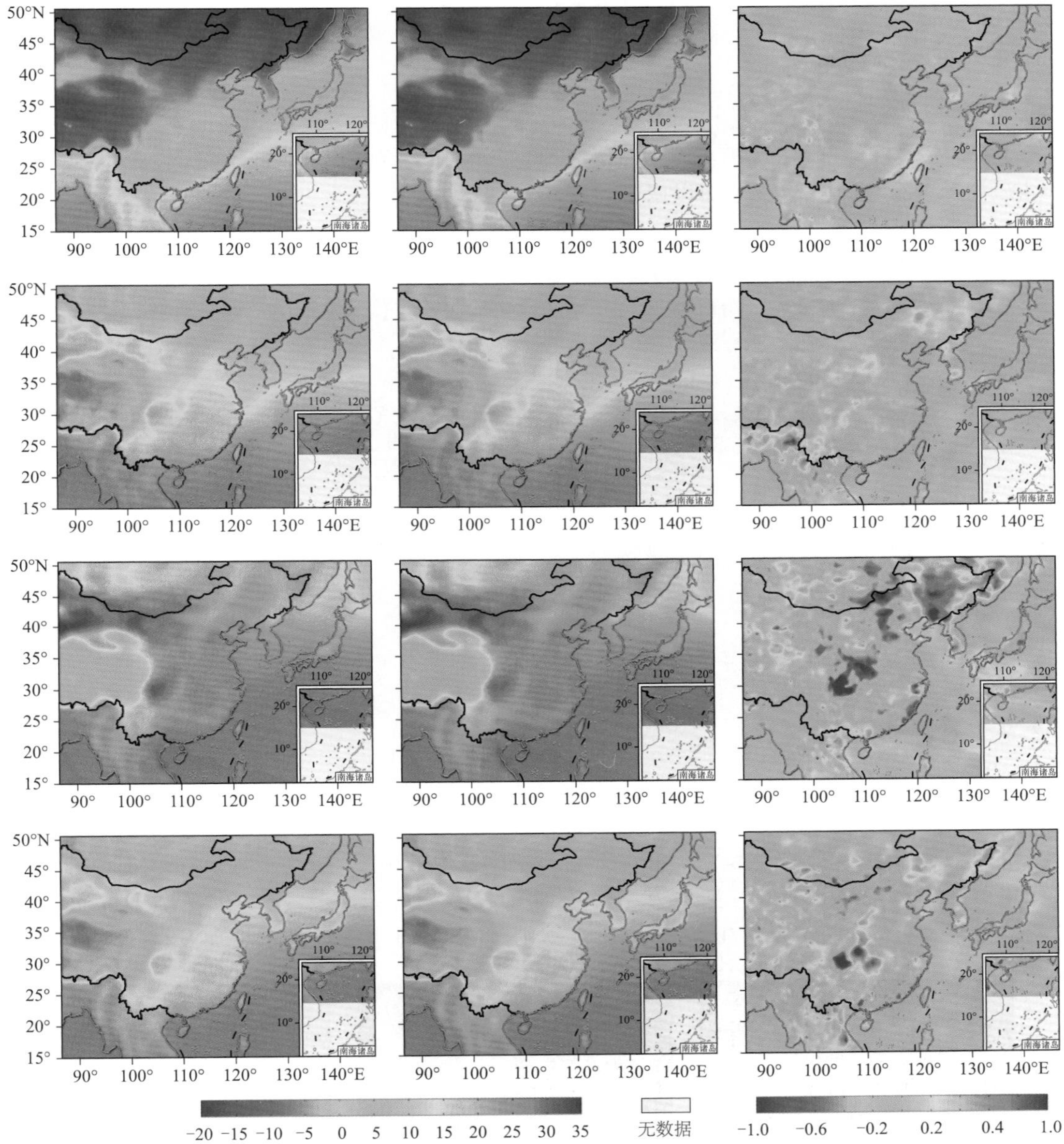

图 7.9　不同季节近地面气温的水平分布(冬季:DJF(第一行);春季:MAM(第二行);夏季:JJA(第三行);秋季:SON(第四行)。左列:均匀 CO_2 辐射方案;中列:非均匀 CO_2 辐射方案;右列:非均匀 CO_2 辐射方案与均匀 CO_2 辐射方案之差。单位:℃)

表 7.2　近地面气温统计(单位:℃)

	CO_2 均匀方案			CO_2 非均匀方案			非均匀－均匀		
	平均	最大	最小	平均	最大	最小	平均	最大	最小
冬	5.245	27.654	－23.877	5.298	27.664	－23.845	0.053	0.998	－0.515
春	14.741	32.926	－11.898	14.770	33.056	－11.794	0.029	1.141	－0.723
夏	22.250	35.016	－0.702	22.269	35.330	－0.520	0.019	1.469	－1.787
秋	15.608	28.831	－9.291	15.639	28.844	－9.265	0.031	1.242	－1.659

7.2.6 对水汽的影响

非均匀 CO_2 辐射方案与均匀 CO_2 辐射方案模拟的年均纬向比湿结果之差及相对变化量如图 7.10 所示。可见，比湿的变化主要集中在 600 hPa 高度以下，变化范围为 −0.1～0.1 $g \cdot kg^{-1}$，37°N 以北比湿减小，而以南则比湿增加。

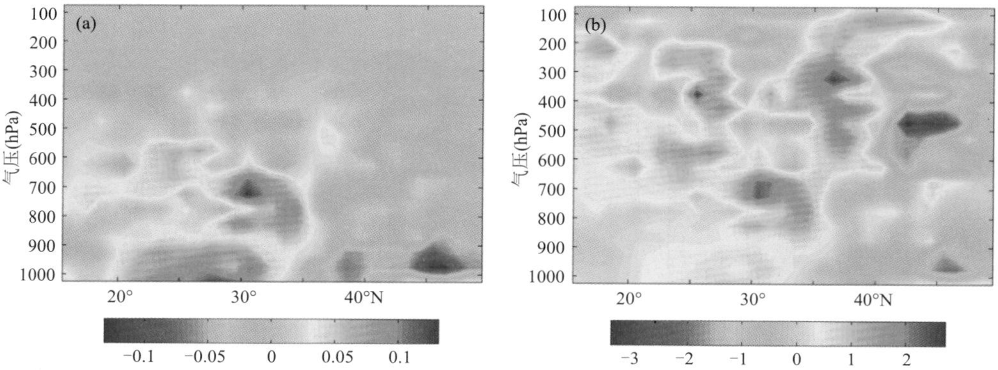

图 7.10　非均匀 CO_2 辐射方案与均匀 CO_2 辐射方案模拟的年均纬向平均比湿绝对差异(a，单位：$g \cdot kg^{-1}$)和相对差异(b，%)

7.2.7 对降水的影响

7.2.7.1 总降水的变化

不同季节总降水通量的水平分布如图 7.11 所示，统计结果如表 7.3 所示。从季节平均值及变化范围来看，非均匀 CO_2 辐射方案与均匀 CO_2 辐射方案差异不大，但从水平分布来看，二者差异较大，冬季主要分布在海洋地区，夏季则是江苏、日本等地降水增加，浙江、朝鲜半岛

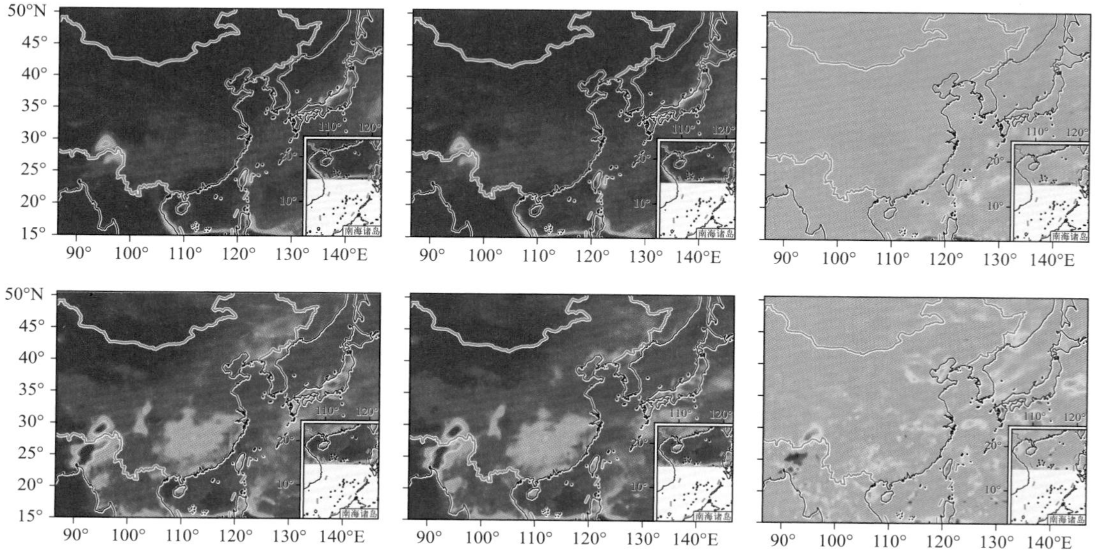

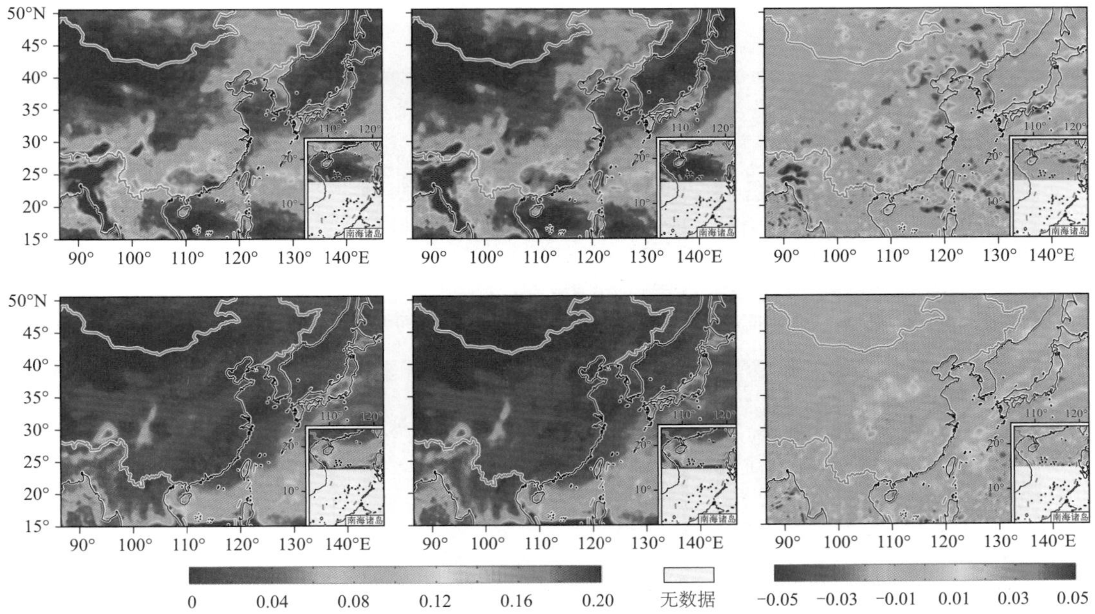

图 7.11　不同季节总降水通量的水平分布(冬季:DJF(第一行);春季:MAM(第二行);夏季:JJA(第三行);秋季:SON(第四行)。左列:均匀 CO_2 辐射方案;中列:非均匀 CO_2 辐射方案;右列:非均匀 CO_2 辐射方案与均匀 CO_2 辐射方案之差。单位:$g \cdot m^{-2} \cdot s^{-1}$)

等地降水减少。在长三角地区,与均匀 CO_2 辐射方案相比,非均匀 CO_2 辐射方案模拟的四季降水平均值均有增加,夏季变化最大,局部地区增加 0.042 $g \cdot m^{-2} \cdot s^{-1}$。

表 7.3　总降水通量统计(单位:$g \cdot m^{-2} \cdot s^{-1}$)

区域	季节	CO_2 均匀方案			CO_2 非均匀方案			非均匀－均匀		
		平均	最大	最小	平均	最大	最小	平均	最大	最小
东亚	冬	0.025	0.925	0	0.025	0.094	0	0.00044	0.106	−0.068
	春	0.033	0.402	0	0.033	0.404	0	−0.00011	0.059	−0.068
	夏	0.063	1.472	0	0.063	1.348	0	−0.00021	0.142	−0.180
	秋	0.040	0.959	0	0.040	0.982	0	0.00002	0.107	−0.080
长三角	冬	0.019	0.033	0	0.020	0.036	0	0.00166	0.005	−0.002
	春	0.052	0.084	0	0.052	0.079	0	0.00049	0.017	−0.024
	夏	0.078	0.132	0	0.080	0.148	0	0.00126	0.042	−0.068
	秋	0.018	0.040	0	0.020	0.053	0	0.00225	0.015	−0.005

7.2.7.2　对流性降水的变化

不同季节对流性降水通量的水平分布如图 7.12 所示,统计结果列于表 7.4。从季节平均值及变化范围来看,非均匀 CO_2 辐射方案与均匀 CO_2 辐射方案模拟的对流性降水差异不大。从水平分布来看,二者差异冬季主要集中在海洋地区,夏季差异较大。在长三角地区,对流性降水主要集中于春、夏、秋三季,夏季部分地区最大值增加达到 0.040 $g \cdot m^{-2} \cdot s^{-1}$。

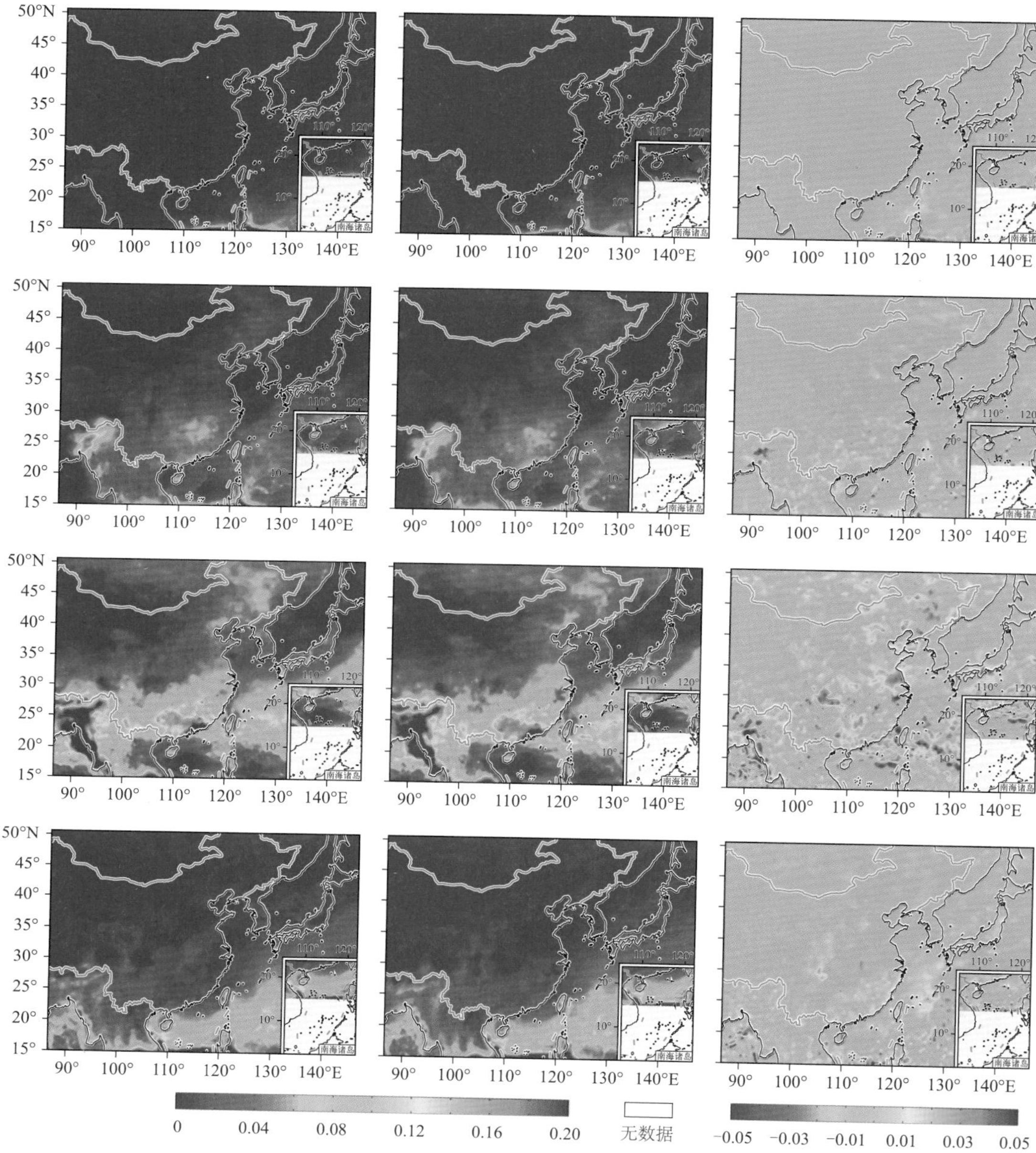

图 7.12　不同季节对流性降水通量的水平分布(冬季:DJF(第一行);春季:MAM(第二行);夏季:JJA(第三行);秋季:SON(第四行)。左列:均匀 CO_2 辐射方案;中列:非均匀 CO_2 辐射方案;右列:非均匀 CO_2 辐射方案与均匀 CO_2 辐射方案之差。单位:g・m^{-2}・s^{-1})

表 7.4　对流性降水通量统计(单位:$g \cdot m^{-2} \cdot s^{-1}$)

区域	季节	均匀 CO_2 方案			非均匀 CO_2 方案			非均匀－均匀		
		平均	最大	最小	平均	最大	最小	平均	最大	最小
东亚	冬	0.014	0.925	0	0.014	0.942	0	0.00066	0.106	−0.068
	春	0.019	0.402	0	0.019	0.404	0	0.00009	0.059	−0.061
	夏	0.053	0.894	0	0.053	0.873	0	0.00026	0.126	−0.107
	秋	0.030	0.952	0	0.031	0.976	0	0.00013	0.107	−0.080
长三角	冬	0.000	0.000	0	0.000	0.000	0	0.00000	0.000	−0.000
	春	0.023	0.045	0	0.024	0.048	0	0.00093	0.012	−0.016
	夏	0.067	0.109	0	0.067	0.126	0	−0.00002	0.040	−0.063
	秋	0.008	0.015	0	0.009	0.024	0	0.00145	0.015	−0.006

7.3　二氧化碳浓度年际变化模拟

本节利用 RegCM-Chem-YIBs 开展中国地区大气 CO_2 浓度的年际变化模拟，使用地面观测资料和卫星反演数据进行验证，分析中国地区陆地碳通量对大气中 CO_2 浓度的影响，详细结果参见谢晓栋(2020)。

7.3.1　模式设置

利用 RegCM-Chem-YIBs 模拟了中国地区大气 CO_2 浓度的年际变化。图 7.13 给出了模拟区域以及地形高程分布，模拟区域覆盖了东亚地区，包括中国、日本、朝鲜半岛、蒙古以及印度和东南亚大部分国家，中心经纬度为 107°E、36°N，采用兰伯特地图投影方式，水平方向网格数为 112×80，网格间距设为 60 km。垂直方向采用地形跟随 σ 坐标系，设置垂直方向 23 层，模式顶气压设置为 50 hPa。具体的网格设置参数见表 7.5。本节重点研究中国地区 CO_2 浓度的时空分布特征，模式中不考虑气相化学和气溶胶化学过程，物理过程参数化方案选取和其他设置见表 7.5。

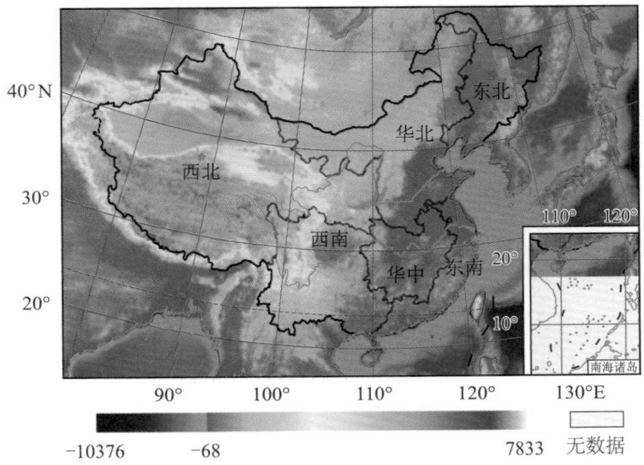

图 7.13　模拟区域内的地形高度(单位:m)

(红色五角星表示定义的 6 个区域，包括西北(NWC)、华北(NC)、东北(NEC)、西南(SWC)、华中(CC)和东南(SEC)地区)

表 7.5　模式网格系统及部分物理化学方案设置

参数	说明
经纬向网格数(x, y)	112, 80
网格距	60 km
垂直分层	23(0、0.05、0.1、0.15、0.2、0.25、0.3、0.35、0.4、0.45、0.5、0.55、0.6、0.65、0.7、0.75、0.8、0.85、0.89、0.93、0.96、0.98、0.99)
模式顶气压	50 hPa
边界强迫间隔	6 h
气象模块积分步长	120 s
化学模块积分步长	600 s
YIBs 模块积分步长	600 s
辐射模块积分步长	30 min
辐射方案	CCM3
气象初始边界数据	ERA-Interim
CO_2 初始边界条件	CarbonTracker 2016

为了研究中国地区陆地生态系统碳通量对大气中 CO_2 浓度的影响，设计了两组数值试验。方案 1 包含四种地表 CO_2 通量，模拟真实的大气 CO_2 浓度。方案 2 不包含陆地生态系统 CO_2 通量。两组试验使用相同的初始和边界条件，运行时间为 2005 年 1 月 1 日—2015 年 12 月 31 日。其中，第一年为模式的预积分阶段，消除初始条件的影响，保证模式达到稳定状态；取 2006 年 1 月—2015 年 12 月这 10 年的结果进行比较分析。对比方案 1 和方案 2 的模拟结果可以得到陆地生态系统 CO_2 通量对大气中 CO_2 浓度的影响。由于气候模式自身的局限性，气候系统在没有外界强迫变化的影响下，其内部过程的自然演变仍然会导致模拟结果的不确定性，这被称为气候模式的内部可变性(Deser et al.，2012)。为了排除内部可变性的影响，使用双侧 t 检验方法(Two-Sided Student's t-test)来检验两组数值试验间差值的显著性。定义零假设 H_0 为两组数值试验结果的均值相等，如下式：

$$H_0 : \mu_1 = \mu_2 \tag{7.1}$$

式中，μ_1 和 μ_2 分别表示方案 1 和方案 2 的平均值。t 检验的统计量 t 定义为：

$$t = \frac{\mu_1 - \mu_2}{\sqrt{2(s_1^2 + s_2^2)/(n_1 + n_2 - 2)}} \tag{7.2}$$

式中，s_1 和 s_2 分别表示方案 1 和方案 2 的方差，$n = n_1 = n_2$ 是总的样本数。当统计量 t 小于 99%显著性水平对应的临界值时，认为两组数值试验有显著性差异，即表示陆地生态系统碳通量对大气中 CO_2 浓度有显著性的影响。

7.3.2　模式结果验证与分析

为了验证 RegCM-Chem-YIBs 耦合模式的模拟性能，本节将模拟结果与再分析资料、地表观测数据以及卫星反演产品进行对比，分为气象场评估、陆地生态系统碳通量评估和 CO_2 浓度评估三部分。使用的相关统计指标为相关系数 R、标准化平均偏差 NMB 和均方根误差 RMSE，计算公式参见式(5.6)—(5.8)。

7.3.2.1　气象场评估

植被的生理过程以及大气中 CO_2 的输送扩散和气象要素密切相关，因此模式对气象场的模拟性能对陆地生态系统 CO_2 通量及 CO_2 浓度的模拟至关重要。图 7.14、图 7.15 分别给出了夏季、冬季模式模拟与欧洲中期天气预报中心再分析资料(ERA-Interim)的温度、比湿和风场在近地面、850 hPa 和 500 hPa 的空间分布。由图可以看出，不同高度上模拟的温度、比湿和风场均与再分析资料相比具有较好的一致性。整体来说，RegCM-Chem-YIBs 能够较好地反映出东亚地区冬、夏两季大气动力、热力场以及湿度的空间分布特征，与前人的研究结果基本一致(Wang et al.，2010a；Zhou et al.，2014；Zhuang et al.，2018)。

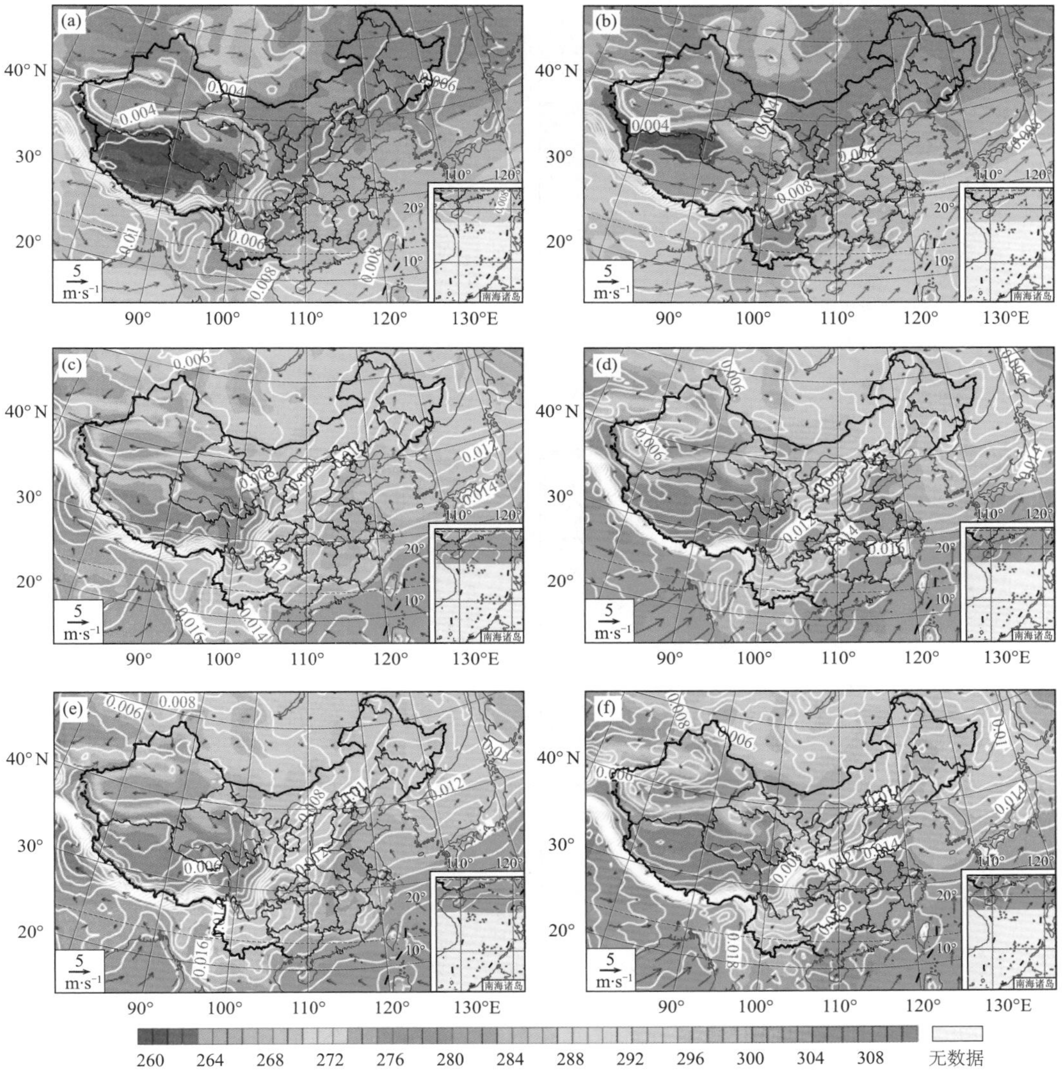

图 7.14　2006—2015 年夏季模式模拟和欧洲中期天气预报中心再分析资料的 500 hPa(a、b)、850 hPa(c、d)和近地面(e、f)的温度(填色，单位:K)、比湿(等值线，单位:kg · kg^{-1})和风场(流线，单位:m · s^{-1})

(a)500 hPa 模拟结果；(b)500 hPa ERA-Interim 再分析资料；(c)850 hPa 模拟结果；(d)850 hPa ERA-Interim 再分析资料；(e)近地面模拟结果；(f)近地面 ERA-Interim 再分析资料

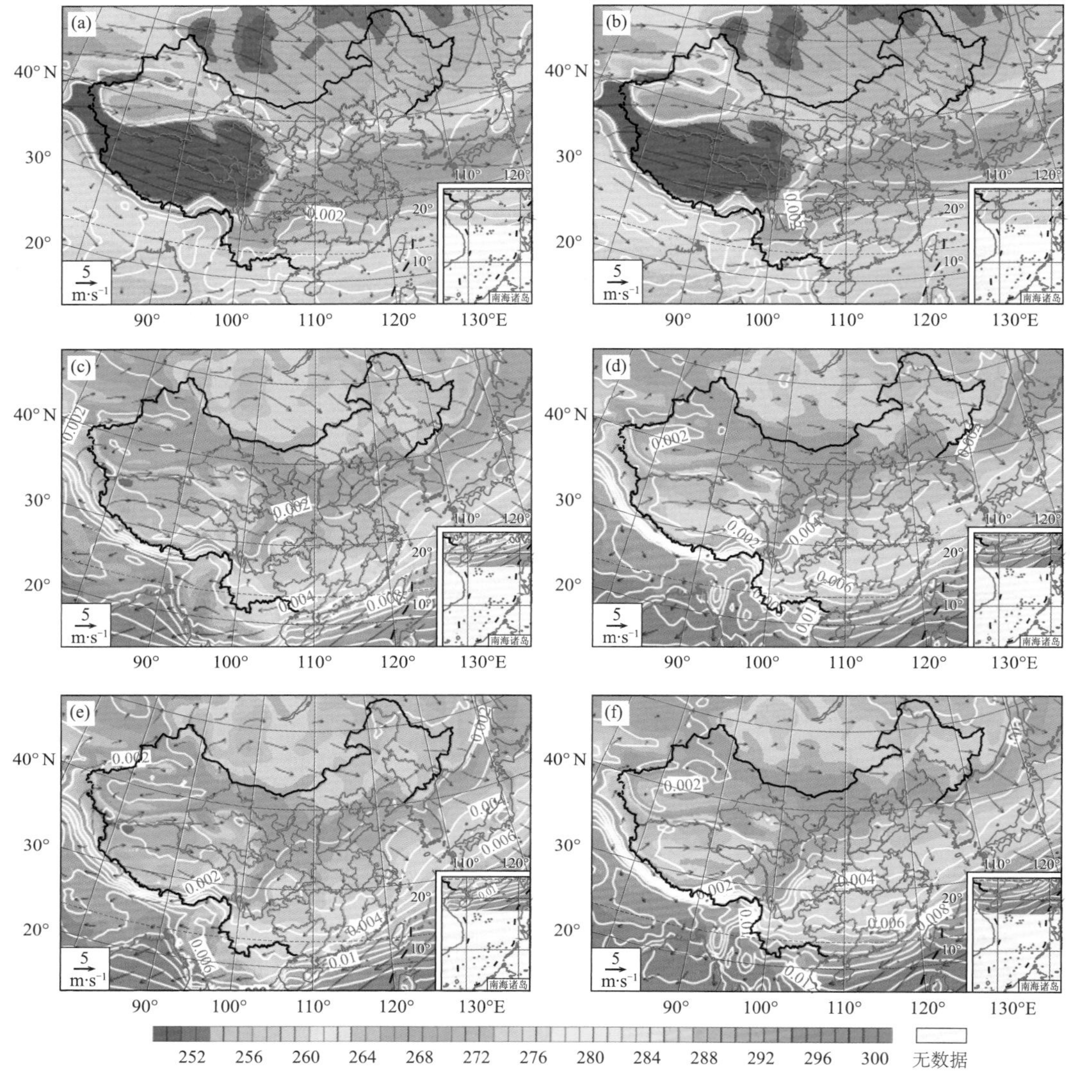

图 7.15　2006—2015 年冬季模式模拟和欧洲中期天气预报中心再分析资料的 500 hPa(a、b)、850 hPa(c、d)和近地面(e、f)的温度(填色,单位:K)、比湿(等值线,单位:kg · kg^{-1})和风场(流线,单位:m · s^{-1})

(a)500 hPa 模拟结果;(b)500 hPa ERA-Interim 再分析资料;(c)850 hPa 模拟结果;(d)850 hPa ERA-Interim 再分析资料;(e)近地面模拟结果;(f)近地面 ERA-Interim 再分析资料

云量对于到达地表的辐射通量有直接的影响,同时云也是水循环过程的重要变量。本节使用国际卫星云气候学计划(International Satellite Cloud Climatology Project,ISCCP)观测的云量数据来验证模拟结果(数据下载网址为 https://www.ncdc.noaa.gov/isccp/isccp-data-access)。图 7.16 给出了春季(3、4、5 月)、夏季(6、7、8 月)、秋季(9、10、11 月)和冬季(12、1、2 月)模拟的云量与观测资料的对比。由于云微物理参数化方案的不确定性和模式分辨率的影响,目前大多数气候模式对云的模拟基本都存在一定的偏差(尹金方 等,2014)。从图中可以看出,各个季节模拟云量的空间分布特征和观测结果基本一致,但模拟云量与观测结果存在

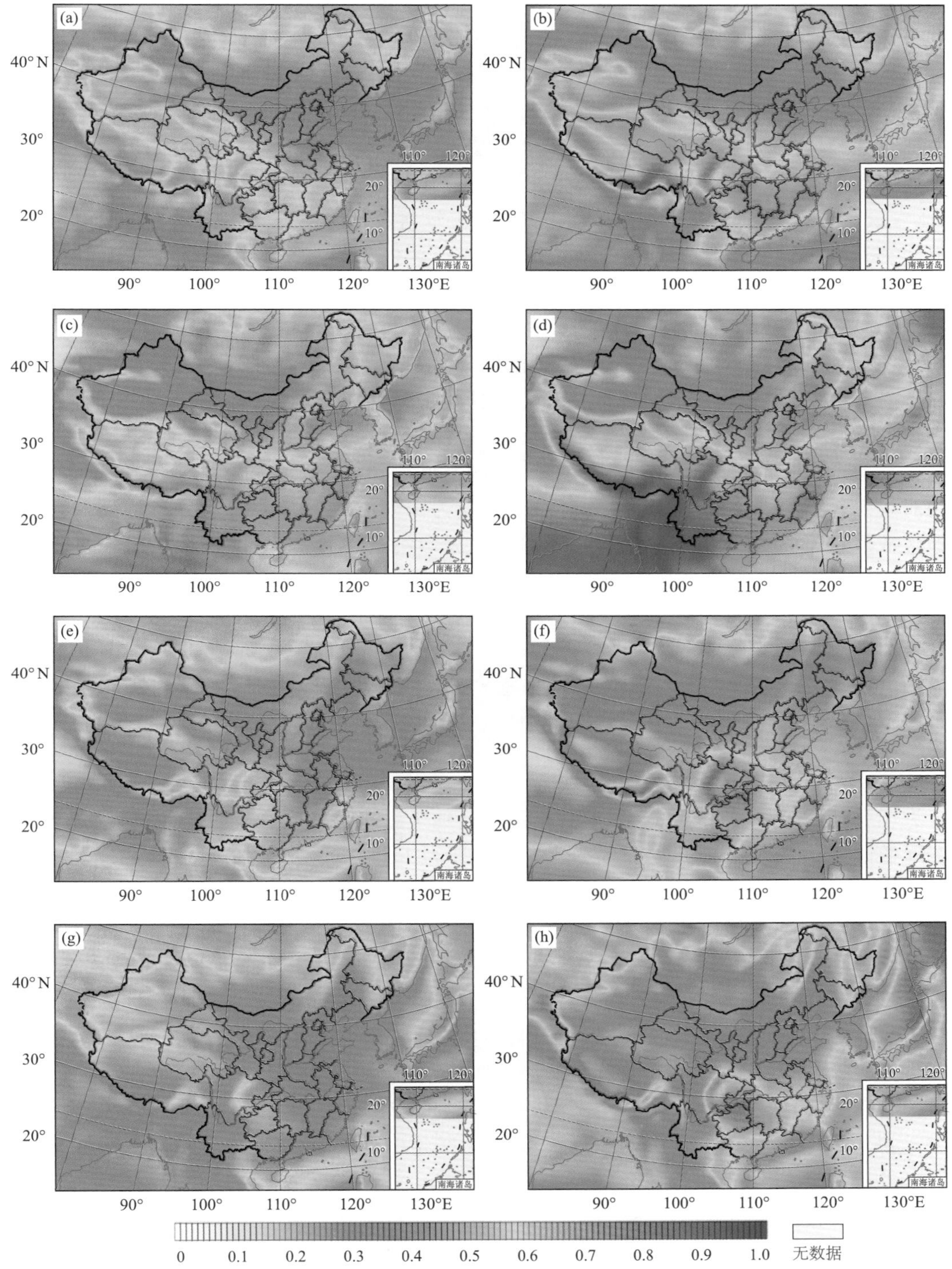

图 7.16　2006—2015 年春(a、b)、夏(c、d)、秋(e、f)、冬(g、h)模拟和观测的云量

(a)模拟的春季云量;(b)观测的春季云量;(c)模拟的夏季云量;(d)观测的夏季云量;(e)模拟的秋季云量;(f)观测的秋季云量;(g)模拟的冬季云量;(h)观测的冬季云量

明显的偏差，如模拟结果在四川盆地以及我国东南地区相对偏低，秋冬季节表现更为明显。我国东南地区秋冬季节云量最大可达约 0.8，而模式的最大值仅为 0.6 左右。相对而言，高纬度地区模拟的云量和观测的一致性更好，无论是时空分布特征还是量级基本和观测相吻合。整体来说，我国西南地区夏季云量最大，局部地区云量超过 0.8。四川盆地四个季节云量均维持在较高水平（> 0.7），可能与当地的盆地地形以及季风带来的大量水汽有关。

地表辐射通量的大小直接影响植物的光合作用速率，本节使用 CERES（Clouds and the Earth's Radiant Energy System）卫星反演的地表辐射数据来验证模拟结果（数据下载网址为 https://ceres.larc.nasa.gov/order_data.php）。该数据集的水平分辨率为 1°×1°，时间分辨率为 1 个月。图 7.17 给出了春季（3、4、5 月）、夏季（6、7、8 月）、秋季（9、10、11 月）和冬季（12、1、2 月）模拟的地表净短波辐射与观测资料的对比。

从图 7.17 可以看出，模拟的地表净短波辐射在我国东南沿海地区相对偏高，尤其是在秋季和冬季，这可能与该地区云量的低估有关。夏季华北和东北地区模拟的地表净短波辐射相对高估，印度南部地区相对低估。整体而言，模拟的地表净短波辐射和 CERES 卫星反演的结果基本一致，模式较好地抓住了地表短波辐射的空间分布和季节变化特征。秋冬季节由于云量相对较少（图 7.16），地表净短波辐射通量表现为由南向北递减的纬向分布特征，我国大部分地区数值在 40～160 $W \cdot m^{-2}$ 之间；夏季受季风影响，我国华南地区云量相对较多，可以看到明显地表净短波辐射的低值中心，约 180 $W \cdot m^{-2}$，北方地区地表净短波辐射较大，部分地区接近 300 $W \cdot m^{-2}$。总体来说，模拟的地表净短波辐射的分布特征和前人的研究基本一致（韩振宇 等，2016）。

综上所述，RegCM-Chem-YIBs 对东亚地区的气候特征模拟效果总体上合理，较好地再现了温度、比湿和辐射的季节变化和空间分布特征，但是对于云量的模拟能力有待提高。

7.3.2.2　陆地生态系统碳通量评估

为了验证 RegCM-Chem-YIBs 模式模拟的陆地生态系统碳通量，本节使用 FLUXCOM 全球碳通量数据集来对比模式结果（数据下载地址为 https://www.bgc-jena.mpg.de/geodb/projects/Data.php）。该数据集使用三种机器学习方法（随机森林 RF、人工神经网络 ANN 和多元自适应回归样条 MARS）来对全球通量观测网络 FLUXNET 提供的全球碳、水和能量通量的站点观测数据进行经验性升尺度（Jung et al.，2009），并利用 NCEP 气象再分析资料（CRUNCEPv6）和 MODIS 卫星资料作为驱动数据（Tramontana et al.，2016），从而得到 1980—2013 年水平分辨率为 0.5°×0.5°的全球碳通量产品。本节中下载并使用人工神经网络方法生成的 2006—2013 年月平均总初级生产力和净生态系统碳交换量产品来验证模式（该数据产品只更新到 2013 年）。对于净初级生产力的验证，采用基于 MODIS 卫星反演的全球 NPP 产品（MOD17A3 Collection 5.5；下载地址为 https://lpdaac.usgs.gov/dataset_discovery/modis/ modis_products_table）（Zhao et al.，2005）。MODIS 是搭载在美国国家宇航局发射的两颗极地轨道遥感卫星 Terra 和 Aqua 上的中分辨率成像光谱仪，具有从可见光到红外波段的共 36 个光谱通道，能够提供每天上午和下午各覆盖全球一次的扫描资料。本节中使用的 MODIS NPP 产品是基于 BIOME-BGC 模型和光能利用率模型来间接估计全球 NPP，其空间分辨率为 500 m，时间分辨率为 1 年，已经广泛用于全球碳循环研究中（Gulbeyaz et al.，2018）。

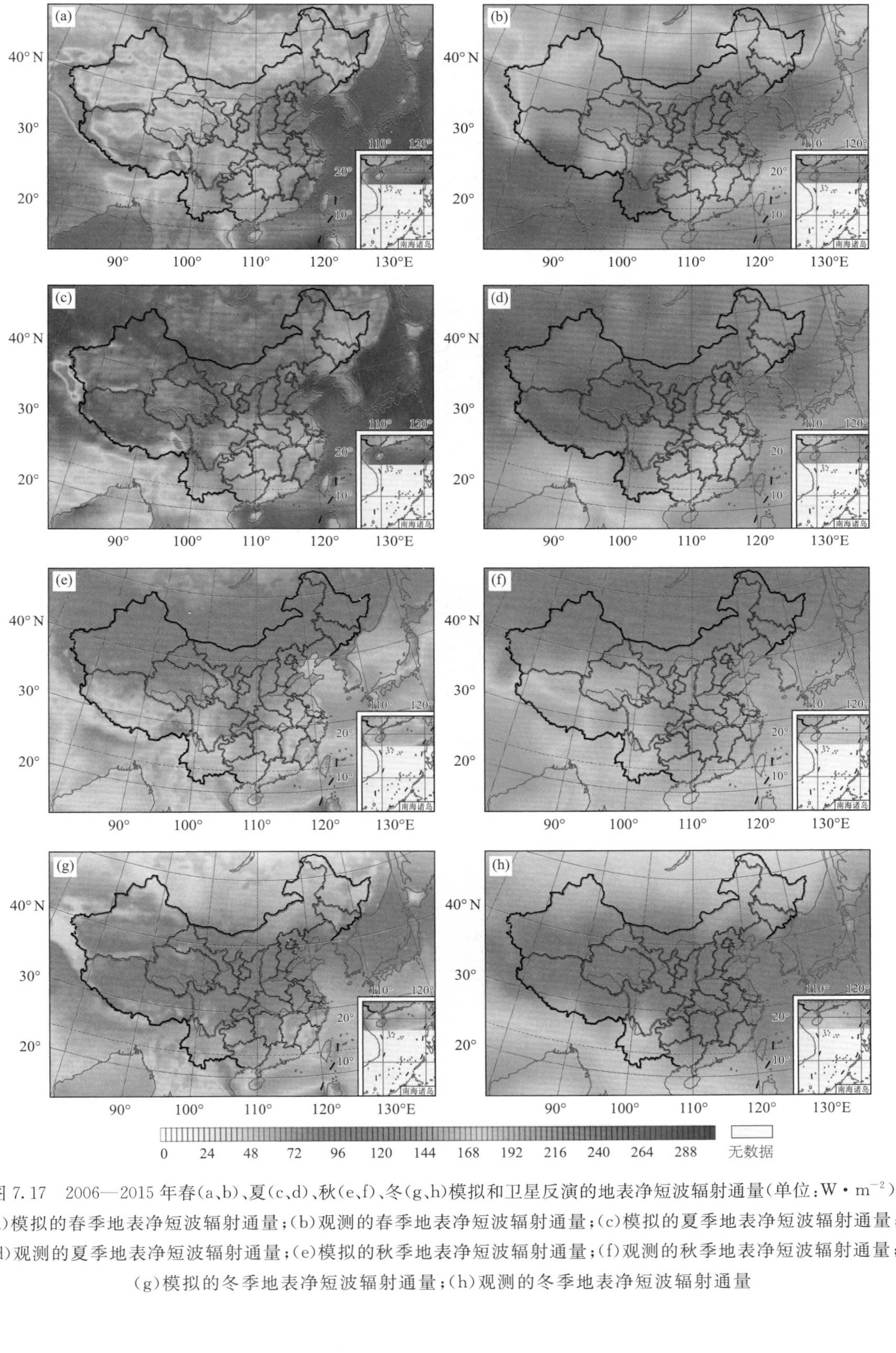

图 7.17　2006—2015 年春(a、b)、夏(c、d)、秋(e、f)、冬(g、h)模拟和卫星反演的地表净短波辐射通量(单位:W · m^{-2})
(a)模拟的春季地表净短波辐射通量;(b)观测的春季地表净短波辐射通量;(c)模拟的夏季地表净短波辐射通量;(d)观测的夏季地表净短波辐射通量;(e)模拟的秋季地表净短波辐射通量;(f)观测的秋季地表净短波辐射通量;(g)模拟的冬季地表净短波辐射通量;(h)观测的冬季地表净短波辐射通量

图 7.18a 和 b 分别给出了中国地区 2006—2013 年模拟和 FLUXCOM 产品的年平均 GPP 的空间分布。可以看出，相比于 FLUXCOM 产品，RegCM-Chem-YIBs 较好地抓住了 GPP 的空间分布特征，模拟的 GPP 呈现由东南向西北递减的趋势。我国西南地区、华中地区和东南地区 GPP 值较高，这些地区主要的下垫面覆盖类型为落叶阔叶林和常绿针叶林。相对而言，RegCM-Chem-YIBs 模拟的年均 GPP 在我国东北地区和西南地区偏高，分别高估了 11.8%和

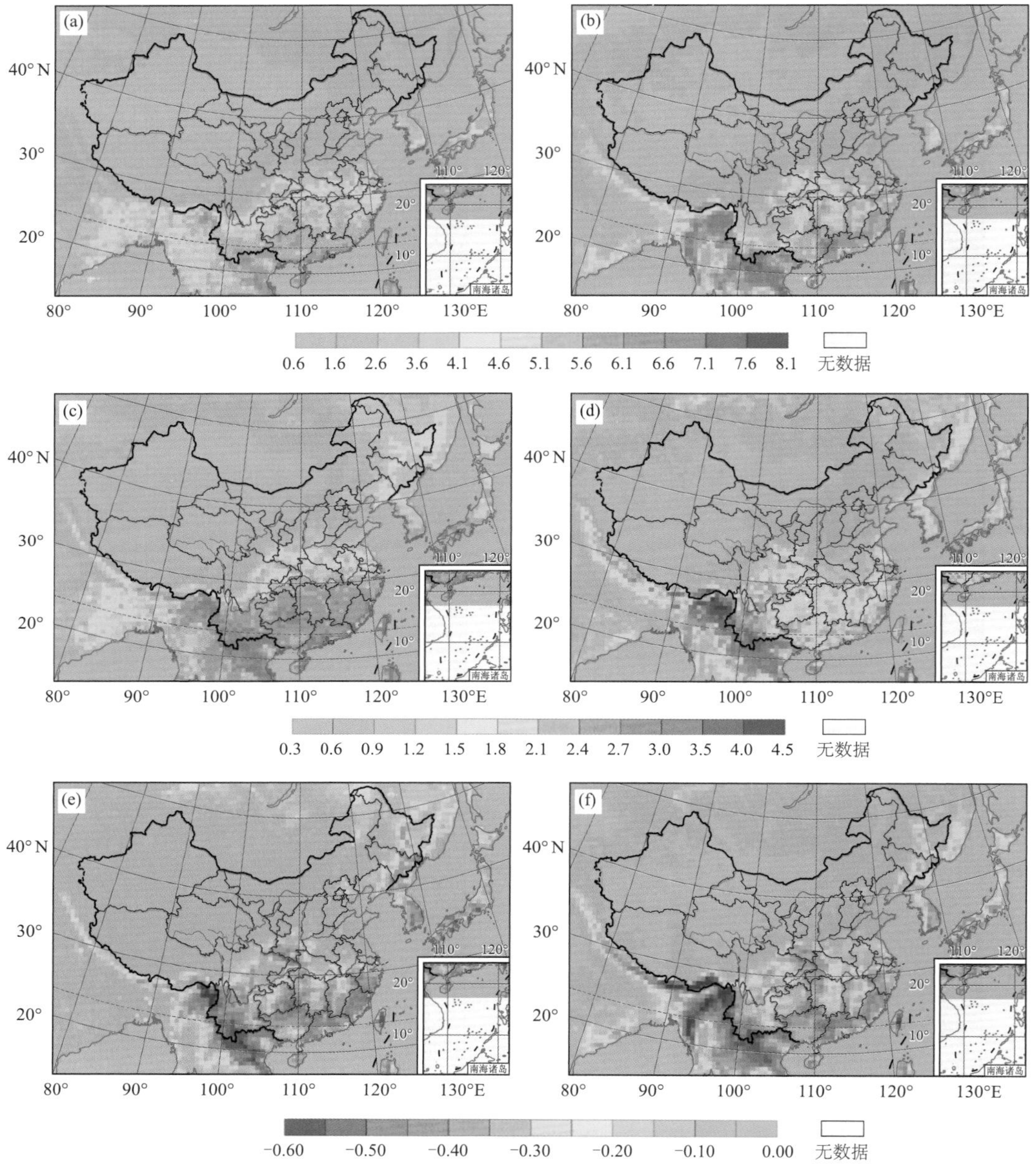

图 7.18　2006—2013 年模拟和基于反演产品的多年平均总初级生产力(a、b)、净初级生产力(c、d)和净生态系统交换(e、f)(单位：g C · m^{-2} · d^{-1})

(a)模拟的 GPP；(b)基于 FLUXCOM 的 GPP；(c)模拟的 NPP；(d)基于 MODIS 的 NPP；(e)模拟的 NEE；(f)基于 FLUXCOM 的 NEE

9.7%。我国东南地区模拟的GPP低估了约12.4%。总的来说，模拟的中国地区年均GPP为6.31 Pg C·a^{-1}，略高于FLUXCOM产品（约5.56%）。图7.19a给出了中国地区每个模式网格上模拟的年均GPP模拟值与FLUXCOM对比的散点图。可以看出，模拟GPP与FLUXCOM GPP数据的相关系数为0.90，均方根误差为1.11 g C·m^{-2}·d^{-1}。整体而言，模拟GPP比FLUXCOM有所高估，主要集中在高GPP值（> 3 g C·m^{-2}·d^{-1}）的区域。相比于使用全球模式NASA ModelE2-YIBs的结果（Yue et al.，2017b），模拟GPP值更接近FLUXCOM产品。另外，本节估计的GPP值与之前的结果基本一致，如Li等（2013a）基于光能利用率模型EC-LUE估计中国地区年均GPP为6.04 Pg C·a^{-1}，Zhu等（2007）使用遥感估算模型估计中国地区年均GPP为6.24 Pg C·a^{-1}。

图7.18c和d分别给出了中国地区2006—2015年模拟和MODIS产品的年平均NPP的空间分布。可以看出，NPP的空间分布特征和GPP基本一致，中国地区呈现由东南向西北递减的趋势。图7.19b进一步给出了中国地区每个模式网格上模拟的年均NPP与MODIS NPP数据对比的散点图。可以看出，模拟NPP与MODIS NPP数据的相关系数为0.83，均方根误差为0.48 g C·m^{-2}·d^{-1}；同时，模拟NPP和MODIS NPP的拟合线与1∶1线十分接近。然而，对于高NPP值（> 3 g C·m^{-2}·d^{-1}）的情况，模拟NPP偏向拟合线的下方，表明模拟NPP值存在明显的低估。相反，对于NPP值较低的情况，模式存在一定的高估。整体而言，相比于MODIS NPP数据产品，2006—2015年间整个中国区域模拟的年均NPP高估了约6.32%，这主要是因为模式高估了华中（13.9%）和东北地区（19.7%）的NPP值，造成这种差异的部分原因是YIBs模式中缺少对氮沉降过程的动态处理（Yue et al.，2015）。

此外，有研究指出，由于驱动数据和算法参数的限制，MODIS NPP产品在中国地区存在一定的偏差（Liu et al.，2013b），这也是造成差异的可能原因。相比于NPP量级，MODIS NPP数据产品的空间分布特征通常是合理的，并被广泛用于模式评估研究（Pavlick et al.，2013）。从图7.18c和d可以看出，RegCM-Chem-YIBs能较好地模拟NPP的空间分布特征，模式估计的中国地区NPP值为3.08 Pg C·a^{-1}，与现有的37个研究的平均值（2.92 ± 0.12 Pg C·a^{-1}）十分接近（Wang et al.，2017a）。图7.18e和f分别给出了中国地区2006—2013年模式模拟和FLUXCOM产品的年平均NEE的空间分布（NEE负值表示陆地生态系统对大气CO_2的吸收）。从图中可以看出，模拟的NEE的空间分布特征与FLUXCOM数据集的结果基本一致。我国云南和缅甸的交界处是NEE的高值中心，该地区的热带雨林是重要的陆地碳汇。模式在华北和东北地区存在一定的高估，这可能和该地区夏季地表辐射的高估有关（图7.17）。

图7.19c进一步给出了中国地区每个模式网格上模拟的年均NEE与FLUXCOM NEE数据对比的散点图。可以看出，模拟的NEE与FLUXCOM数据的相关系数为0.85，均方根误差为0.08 g C·m^{-2}·d^{-1}。整体而言，模拟的中国地区总NEE值约为−0.29 Pg C·a^{-1}，这相当于2001—2010年我国化石燃料碳排放总量的17.6%（Zheng et al.，2016）。本节估算的全国NEE值与基于卫星反演（Jiang et al.，2013b；Piao et al.，2009）和资料同化方法（Zhang et al.，2014a）得出的结果比较接近。相比于清单采样法，本节估计的NEE值偏高（Piao et al.，2009；Fang et al.，2018）（表7.6）。造成这种差异的原因可能是由于模式设置上的限制，例如，模式中对植被生理过程的计算是基于植被功能类型（PET），实际上同一PFT中的不同植物物种间可能会存在一定的差异，这会导致模拟结果的不确定性（Yue et al.，2015）。另一

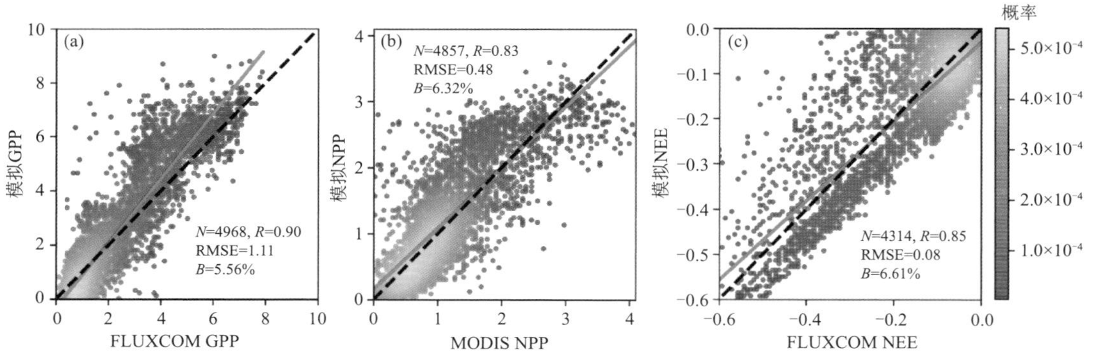

图 7.19　2006—2013 年模式模拟和基于反演产品的 GPP(a)、NPP(b)和 NEE(c)的密度散点图(单位:g C • m^{-2} • d^{-1})

种可能的解释是,中国陆地生态系统的碳汇总量在过去几十年中有所增加。研究发现,2000—2017 年间,由于森林和农田面积的增加,中国陆地植被的叶面积增加了 17.8%(Yue et al.,2015)。近几年开展的"三北"(东北、华北、西北)防护林工程和天然林保护计划等政策大幅度增加了我国的植被面积。另外,Zhang 等(2013a)基于森林资源清查资料的研究表明,1973—2008 年,中国森林的碳密度增加了 12%,碳汇总量增加了 0.14 Pg C • a^{-1}。进一步对比分析不同植被类型的 NEE 值发现,本书估计的森林(0.18 Pg C • a^{-1})和农田(0.04 Pg C • a^{-1})的碳汇总量均高于 Fang 等(2018)的估计值,这与近年来中国的碳汇总量增长趋势相一致。模拟的灌木林(0.04 Pg C • a^{-1})的碳汇总量与 Fang 等(2018)和 Piao 等(2009)的平均值相当,而草地的碳汇总量(0.03 Pg C • a^{-1})相对偏高。

陆地生态系统 CO_2 通量的模拟效果会直接影响大气中 CO_2 浓度的模拟,本节进一步利用 CarbonTracker 同化产品 CT2016 来验证模拟的 NEE。图 7.20 给出了 2006—2015 年中国地区基于 RegCM-Chem-YIBs 和 CT2016 估算的月平均 NEE 值。RegCM4-Chem-YIBs 模拟与 CT2016 产品估算的 NEE 值具有相似的季节变化特征,两者间的相关系数为 0.8,通过了置信度为 99%显著性检验。整体而言,RegCM4-Chem-YIBs 模拟的 NEE 比 CT2016 的结果偏低

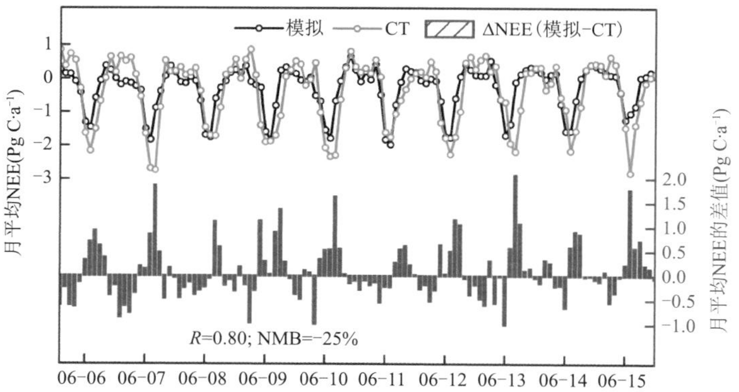

图 7.20　2006—2015 年中国地区月平均 NEE 的模拟值(黑线)、CarbonTracker 结果(红线)以及两者差值(蓝色柱子)(单位:Pg C • a^{-1})

约 25%，说明模式对中国地区的碳汇总量有一定的高估。从模式和 CT2016 的差值图可以看出，模式低估了冬季和春季的 NEE（-0.21 ± 0.01 Pg C · a^{-1}），但高估了夏季和秋季的 NEE（0.4 ± 0.13 Pg C · a^{-1}）。尽管 RegCM4-Chem-YIBs 与 CT2016 产品表现了相似的时间变化特征，但是两者之间的差异依然存在。模式和 CT2016 的差值的变化范围为 $-0.9\sim2$ Pg C · a^{-1}，这和月平均 NEE 的绝对值的量级相当。结合表 7.6 可以看出，由于观测资料、模式结构和算法参数的限制，不同研究估计的中国地区 NEE 值（$-0.39\sim-0.17$ Pg C · a^{-1}）仍然具有很大的不确定性。因此，需要进一步探究陆地碳循环过程中的生物物理机制，完善陆地植被模型的结构和相关参数的设置来提高模式的模拟性能(Jiang et al.，2016)。

表 7.6　不同研究估计的中国地区总 NEE 值对比(单位:Pg C · a^{-1})

参考文献	年份	方法	森林	灌木	草地	农作物	总 NEE
本书	2006—2015	Process-based model	−0.18	−0.04	−0.03	−0.04	−0.29
Fang 等(2018)	2001—2010	Inventory-based method	−0.16	−0.02	0.003	−0.02	−0.20
	1982—1999	Inventory-based method	−0.08	−0.06	−0.01	−0.03	−0.18±0.07
Piao 等(2009)	1980—2002	Process-based model					−0.17±0.04
	1996—2005	Inversion method					−0.35±0.33
Zhang 等 (2014a)	2001—2010	Assimilation system	−0.12		−0.09	−0.12	−0.33
Jiang 等(2013b)	2002—2008	Inversion method	−0.12		−0.08	−0.11	−0.31
Tian 等(2011)	1961—2005	Process-based model					−0.21±0.03
CT2016	2006—2015	Assimilation system					−0.39

7.3.2.3　二氧化碳浓度评估

为了验证模拟的 CO_2 浓度的合理性，本节使用世界温室气体数据中心(WDCGG)提供的地面 CO_2 观测数据(下载地址：https://gaw.kishou.go.jp/)。共选取了瓦里关(WLG)、鹿林(LLN)、上甸子(SDZ)、韩国泰安半岛(TAP)、蒙古乌兰乌勒(UUM)和与那国岛(YON)6 个站点，地理位置信息见表 7.7。

表 7.7　WDCGG CO_2 观测站点的地理位置及相关信息

站点	简称	纬度(°N)	经度(°E)	高度	站点描述
瓦里关	WLG	36.28	100.9	3815 m	内陆高原站
韩国泰安半岛	TAP	36.72	126.12	21 m	沿海站
蒙古乌兰乌勒	UUM	44.45	111.08	1012 m	内陆草地站
鹿林	LLN	23.46	120.86	2867 m	高山站
与那国岛	YON	24.47	123.02	30 m	海洋站
上甸子	SDZ	40.65	117.12	287 m	内陆城市站

图 7.21 给出了 2006—2015 年 6 个站点模拟和观测的月平均 CO_2 浓度值。由图可见，模拟的 CO_2 浓度与观测值基本一致，相关系数在 0.84～0.98 之间，均通过了置信度为 99%的显著性检验，说明 RegCM-Chem-YIBs 很好地再现了各站的年际趋势和季节变化特征。整体来看，2006—2015 年间，6 个站点的近地面 CO_2 浓度均呈现显著的增加趋势，年均增长速率的变

化范围为 2.11 ppmv • a^{-1}(UUM 站)到 2.75 ppmv • a^{-1}(LLN 站),主要是由于人为碳排放量的不断增加。从不同站点对比来看,YON 站的模拟和观测最为一致,两者的相关系数达到 0.98。这主要是由于 YON 站点位于太平洋的岛屿上,离陆地距离较远,受到陆地植被和人为活动的影响较小。SDZ 站模拟的 CO_2 浓度被高估了约 2.9 ppmv,尤其是在夏季。模拟和观测的相关系数为 0.84,这可能是因为 SDZ 站位于城市地区,其 CO_2 浓度受到本地人为排放的影响,而模式中使用的排放源清单是基于月平均数据的,因此模式很难捕捉到局地排放源扰动的影响(Kou et al., 2013)。TAP 站和 LLN 站分别位于沿海地区和山地地区,其模拟与观测结果的偏差较大(−9.1～13.7 ppmv),模拟的 CO_2 平均浓度比观测分别高出 1.2 ppmv 和 1.6 ppmv。

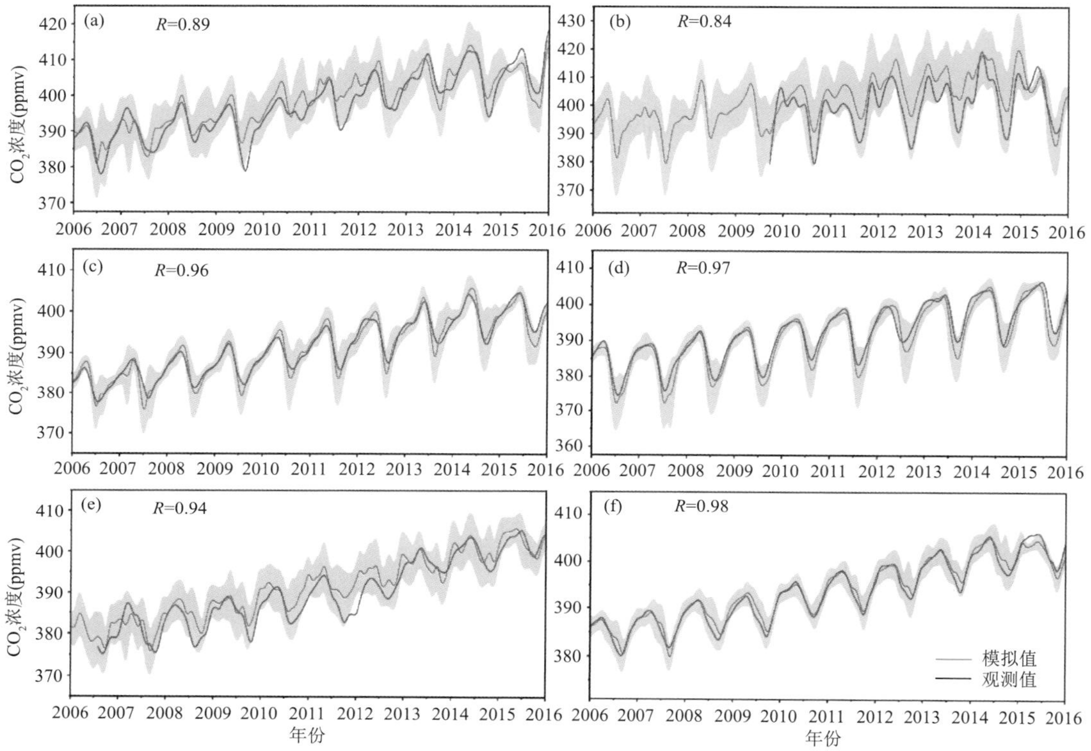

图 7.21　2006—2015 年不同站点月平均 CO_2 浓度的模拟值和观测值的对比(ppmv)
(图中 R 表示模拟和观测值间的相关系数。站点信息见表 7.7)
(a)TAP;(b)SDZ;(c)WLG;(d)UUM;(e)LLN;(f)YON

此外,对于大部分站点,冬季和春季的模拟效果要比夏季相对较好,其中一个可能的原因来自于模式对陆地生态系统 CO_2 通量模拟的不确定性。从图 7.20 可以看出,夏季模拟的 NEE 与 CT2016 估算结果的差异为 0.53 Pg C • a^{-1},远高于冬季(0.22 Pg C • a^{-1})、春季(0.21 Pg C • a^{-1})和秋季(0.28 Pg C • a^{-1})的 NEE 差异。这说明夏季模拟的 NEE 的不确定性相对较大,考虑到陆地生态系统 CO_2 通量对于近地面 CO_2 浓度有显著的影响(Ahmadov et al.,2007),这会导致夏季 CO_2 浓度模拟的不确定性大于其他季节。

表 7.8 给出了各个站点 2006—2015 年模拟和观测的 CO_2 均值、年内振幅和标准差。SDZ

站 CO_2 浓度的年内波动振幅最大，约 27.8 ppmv，明显高于其他站点。这主要是由于我国北方地区冬季供暖集中排放了大量的 CO_2，导致城市地区冬季 CO_2 浓度升高，增大了年内振幅。YON 站年内振幅最低，约 9.4 ppmv，表明海洋上空 CO_2 浓度变化较为平稳。结合图 7.21，WLG 站和 UUM 站 CO_2 浓度的季节变化特征最为明显，均表现为夏秋季低、春冬季高。对应的年内振幅分别为 10.7 ppmv 和 15.0 ppmv，反映了夏季陆地植被对大气 CO_2 的强烈吸收作用。从表中可以看出，模式对 CO_2 年内振幅的模拟和观测基本一致，除了 WLG 站，年内振幅的差值均小于 2.5 ppmv。WLG 站模拟的年内振幅比观测高 4.9 ppmv，可能与模式高估了该地区的陆地生态系统 CO_2 通量以及人为排放估计的不确定性有关。

表 7.8　各站点模拟与观测的月平均 CO_2 浓度对比统计

站点	均值(ppmv)				年内振幅(ppmv)		标准差(ppmv)	
	模拟	观测	相关系数	偏差	模拟	观测	模拟	观测
WLG	391.2	391.4	0.96	−0.2	15.6	10.7	4.4	3.4
TAP	398.6	397.4	0.89	1.2	14.9	15.3	3.4	4.4
UUM	392.5	391.1	0.97	1.4	17.5	15.0	4.4	4.8
LLN	391.8	390.2	0.94	1.6	10.2	9.6	4.8	6.3
YON	393.9	393.7	0.98	0.2	8.7	9.4	6.3	5.1
SDZ	403.5	400.6	0.84	2.9	24.2	27.8	5.1	3.0

由于地面 CO_2 观测站点的空间分布相对稀疏，不能提供高分辨率的 CO_2 观测数据，尤其是在高原、荒漠等人为活动稀少的地区，CO_2 观测资料相对匮乏。卫星遥感技术是监测大气成分的一种重要手段，能够提供时空连续的大气 CO_2 浓度的全球分布，有效弥补了地面观测站点的不足。本节使用日本发射的全球首颗温室气体观测卫星 GOSAT 验证模拟的 CO_2 浓度的时空特征(Yokota et al.，2009)。GOSAT 卫星是日本宇宙航空研究开发机构(JAXA)、日本国立环境研究所(NIES)和日本环境部(MOE)等共同开发研制的，于 2009 年 1 月 23 号发射。GOSAT 卫星产品提供了 L1 到 L4 等不同级别的数据产品，包括原始数据、CO_2 和 CH_4 初级柱浓度数据、CO_2 和 CH_4 月平均柱浓度数据以及 CO_2 月平均通量数据等。本节使用 GOSAT L3 级数据是全球 2.5°×2.5°月平均 CO_2 柱平均干空气体积混合比(X_{CO_2})，而 RegCM-Chem-YIBs 输出的是各个高度层上的 CO_2 浓度。为了方便与 GOSAT X_{CO_2} 数据比较，根据每个 GOSAT 卫星数据点的监测时间和经纬度位置将模拟的 CO_2 浓度转换为对应的 X_{CO_2}。转换中需要用到 GOSAT 卫星提供的平均核函数和先验的 CO_2 干空气摩尔分数廓线(Rodgers et al.，2003)，详细的计算公式如下：

$$X_{CO_2} = \boldsymbol{a} \cdot u_{true} + (\boldsymbol{h} - \boldsymbol{a}) \cdot u_{ap} + (\boldsymbol{h}^{T}\boldsymbol{G}) \cdot \varepsilon \tag{7.3}$$

式中，$\boldsymbol{a}$ 是平均核函数矩阵，$\boldsymbol{h}$ 是气压加权函数矩阵。u_{ap} 是先验的 CO_2 干空气摩尔分数廓线，$\boldsymbol{G}$ 是反演增益矩阵，ε 是测量噪声，这些参数均由 GOSAT 卫星产品提供。对于 GOSAT X_{CO_2} 数据集中的每条记录，根据监测的时间点和经纬度位置提取模式模拟的各个高度层上的 CO_2 浓度值，并将其插值到 GOSAT 产品的垂直网格中，得到 CO_2 的真实廓线(u_{true})。

图 7.22 给出了冬季(DJF)、春季(MAM)、夏季(JJA)和秋季(SON) RegCM-Chem-YIBs 模拟的 X_{CO_2} 与 GOSAT X_{CO_2} 的对比及其两者差值的空间分布。可以看出，RegCM-Chem-YIBs 模拟的 X_{CO_2} 和 GOSAT X_{CO_2} 均表现出明显的季节变化，冬季和春季 X_{CO_2} 较高，华北和东

南地区的 X_{CO_2} 含量最大达到 405 ppmv，远远高于其他地区；夏季和秋季 X_{CO_2} 较低，基本在 385～400 ppmv 之间，低值中心出现在东北和华南等陆地生态系统 CO_2 通量较大的区域。X_{CO_2} 的最高和最低值之间的差异可以达到约 19 ppmv，反映了较强的季节波动和区域分布的不均匀性，这主要是由于植被生长季陆地生态系统强烈的光合作用对大气 CO_2 的吸收以及冬季我国北方地区供暖导致的大量人为 CO_2 排放。

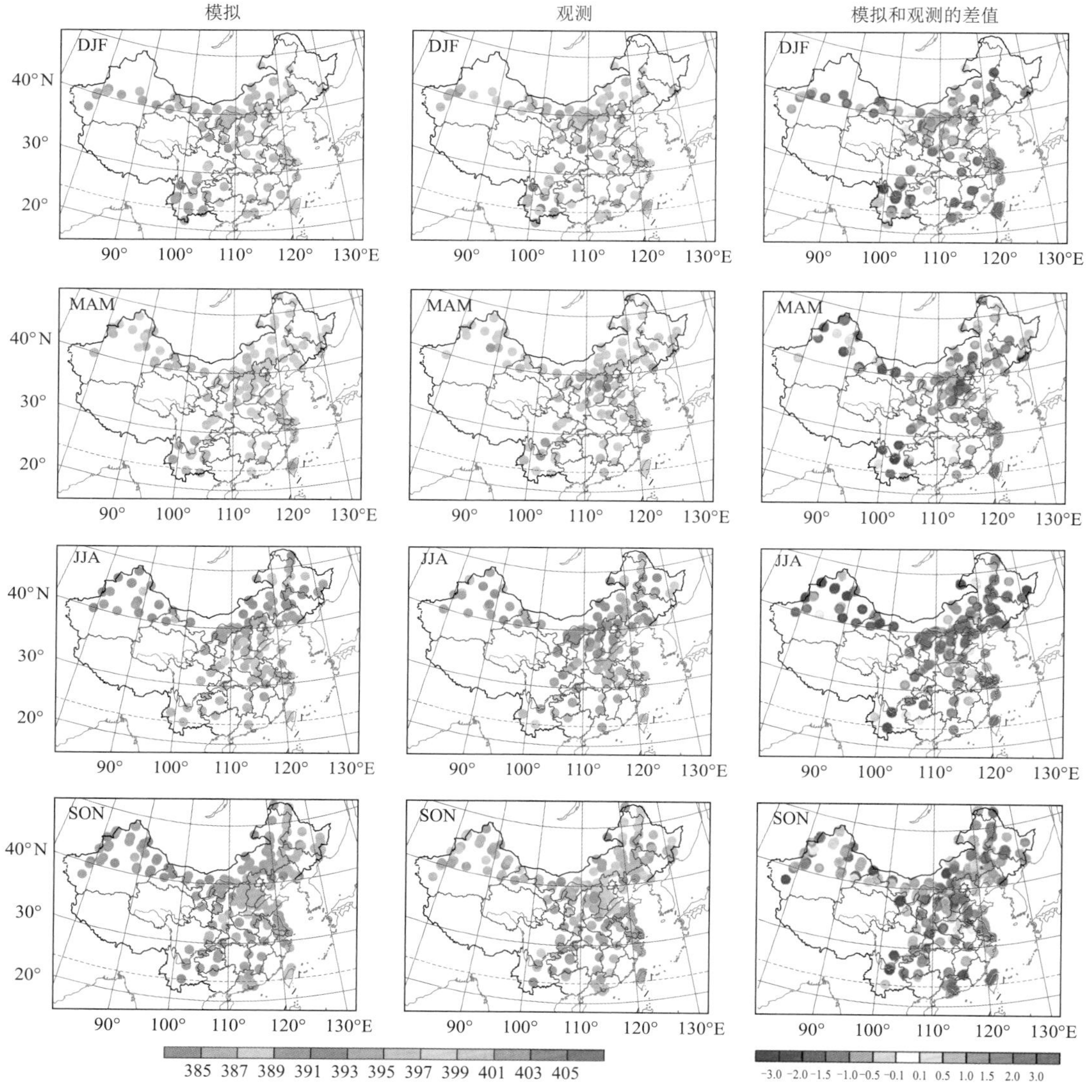

图 7.22　冬(DJF，第一行)、春(MAM，第二行)、夏(JJA，第三行)、秋(SON，第四行)四个季节(ppmv)模式模拟(第一列)、GOSAT 卫星观测的 X_{CO_2}(第二列)以及模拟和观测的差值(第三列)

RegCM-Chem-YIBs 模拟的 X_{CO_2} 和 GOSAT X_{CO_2} 之间差值在 ±3 ppmv 之间，表明模式较好地抓住了 X_{CO_2} 浓度的时空分布特征。四个季节模拟的 X_{CO_2} 在我国西北地区均低估了 1～3 ppmv，夏季在我国华北、华中和东部地区模式高估了 2～4 ppmv。表 7.9 给出了模拟和观测的月平均 X_{CO_2} 对比的详细统计结果，从月平均数据来看，除了 6、7 月，模拟的我国区域平均

X_{CO_2} 浓度均低于 GOSAT 反演的 X_{CO_2}，月平均偏差在 $-2.4\sim-0.6$ ppmv 之间。Lei 等(2014)使用全球化学传输模式 GEOS-Chem 发现，中国地区模式与 GOSAT X_{CO_2} 之间的偏差可能高达约 5.8 ppmv。相比而言，本节中的 X_{CO_2} 模拟效果与 GOSAT X_{CO_2} 更为接近。模拟的 X_{CO_2} 与 GOSAT X_{CO_2} 之间的相关系数在 0.24～0.63 之间，均通过了置信度为 99%显著性检验。除了 8 月以外，模拟的月均 X_{CO_2} 的标准差均小于 GOSAT X_{CO_2}，模拟和观测的最大标准差均出现在 7 月，这和夏季陆地生物圈的显著影响有关。

表 7.9　模式模拟和 GOSAT 卫星观测的月平均 X_{CO_2} 对比统计(ppmv)

月份	月平均值		标准差		偏差	均方根误差	相关系数
	模拟值	观测值	模拟值	观测值			
1	394.45	396.32	1.42	2.40	−1.87	2.27	0.50
2	395.34	396.96	1.57	2.49	−1.62	2.44	0.52
3	396.59	397.73	1.54	1.91	−1.14	2.40	0.26
4	396.97	398.30	1.02	1.79	−1.33	1.98	0.46
5	397.13	397.68	1.27	1.98	−0.55	2.17	0.35
6	397.09	396.18	1.73	2.62	0.91	2.44	0.49
7	391.98	391.16	3.02	3.03	0.82	3.80	0.37
8	391.67	392.27	2.86	2.27	−0.60	3.05	0.63
9	390.49	392.92	0.99	2.11	−2.43	2.90	0.39
10	393.34	395.3	1.09	1.83	−1.96	2.88	0.24
11	394.59	396.71	1.27	1.88	−2.12	2.51	0.42
12	395.91	397.85	1.18	2.01	−1.94	2.35	0.59

综上所述，通过模拟结果的验证来看，RegCM-Chem-YIBs 耦合模式能够准确地模拟东亚地区气象要素、陆地生态系统碳通量和大气 CO_2 浓度的空间分布和季节变化特征，在东亚地区的模拟结果合理可靠。

7.3.3　二氧化碳浓度和陆地碳通量的时空分布特征

7.3.3.1　年际变化特征

图 7.23 给出了 2006—2015 年模拟的中国地区月平均 CO_2 浓度的变化趋势，并和观测的全球 CO_2 浓度变化趋势进行对比。全球 CO_2 浓度观测数据来自 NOAA 地球系统研究实验室提供的 Globalview 数据集(Globalview-CO_2，下载地址 https://www.esrl.noaa.gov/gmd/ccgg/trends/global.html)。可以看出，2006—2015 年，我国的 CO_2 浓度逐年上升，从 2006 年的 384.7 ppmv 增加到 2015 年的 406.6 ppmv，十年间的年均增长率为 2.2 ppmv · a^{-1}。相比于全球平均值(1.8 ppmv · a^{-1})，中国 CO_2 浓度的增长速率相对较高。中国地区年平均 CO_2 浓度比全球平均值偏高 3.7～7.2 ppmv，尤其是在冬季和春季。这主要是因为近年来中国经济发展迅速，人为活动排放了大量的 CO_2。最近的研究表明，中国作为全球 CO_2 排放量最大的国家，其 CO_2 排放量占全球排放总量的约 30%(Shan et al.，2018)，高强度的 CO_2 排放导致了中国地区 CO_2 浓度的迅速升高。

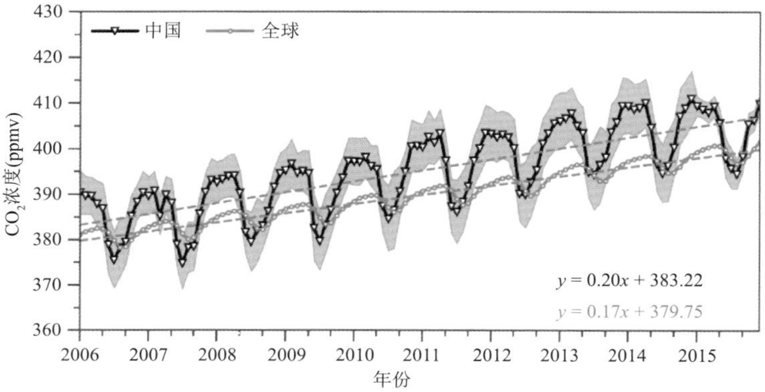

图 7.23　2006—2015 年模式模拟的中国平均(黑线)和观测的全球平均(红线)的 CO_2 浓度逐月变化趋势(ppmv)(阴影部分表示标准差)

图 7.24 给出了中国地区年平均 CO_2 浓度和人为 CO_2 排放量对比的散点图,其中 CO_2 排放数据来自 Shan 等(2018)提供的中国地区 1997—2015 年 CO_2 排放数据集。从图中可以看出,年平均 CO_2 浓度和 CO_2 排放之间存在显著的正相关,拟合方程为 $y=0.0047x+355$,解释方差 R^2 为 0.94,这表明中国地区 CO_2 浓度的年际增长趋势主要是由人为 CO_2 排放引起的。

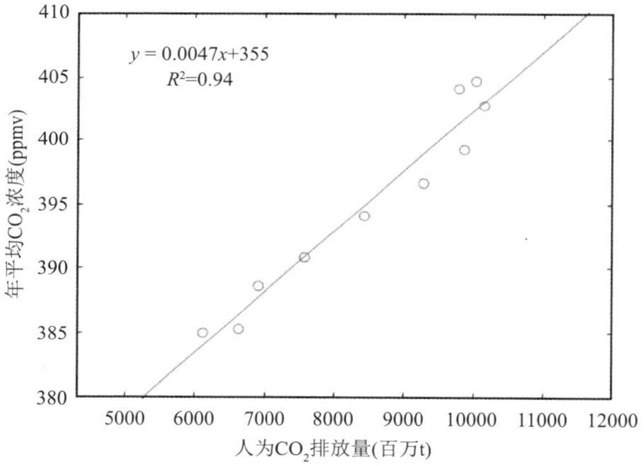

图 7.24　2006—2015 年中国地区年平均 CO_2 浓度(ppmv)和人为 CO_2 排放量(单位:百万 t)对比的散点图(R^2 表示拟合方程的解释方差)

图 7.25 给出了 2006—2015 年模拟区域内逐年平均 CO_2 浓度的空间分布,可以看出,东亚地区 CO_2 浓度存在显著的空间差异性。日本、韩国、印度以及我国京津冀、长三角、珠三角和四川盆地等经济相对发达的地区 CO_2 浓度较高,2015 年最大值达到了 430 ppmv,这和当地的化石燃料排放有关。我国 CO_2 浓度呈现由东南向西北地区递减的趋势,西北地区 CO_2 浓度明显低于东部地区,区域间最大 CO_2 浓度差可达 30 ppmv,表明 CO_2 浓度空间分布上的不均匀性。柬埔寨等东南亚地区 CO_2 浓度略高于周边其他地区,这和当地的森林火灾以及秸秆燃烧等生物质燃烧有关。不同年份 CO_2 浓度的空间分布特征基本保持一致,并且和人为 CO_2 排放的分布特征相似,表明本地排放对近地面 CO_2 浓度的显著影响。2006—2015 年大部分地区 CO_2 浓度均保持持续增长的趋势。其中我国东部沿海地区包括上海、江苏、北京、广州等地

CO_2 浓度增加最为明显，10 年间 CO_2 浓度最大增加量可达 40 ppmv，远远高于中国地区平均增加值。我国西北地区如新疆、西藏等地受到人为排放的影响较小，2006—2015 年间 CO_2 浓度增长量为 10～15 ppmv，明显低于全国平均水平。

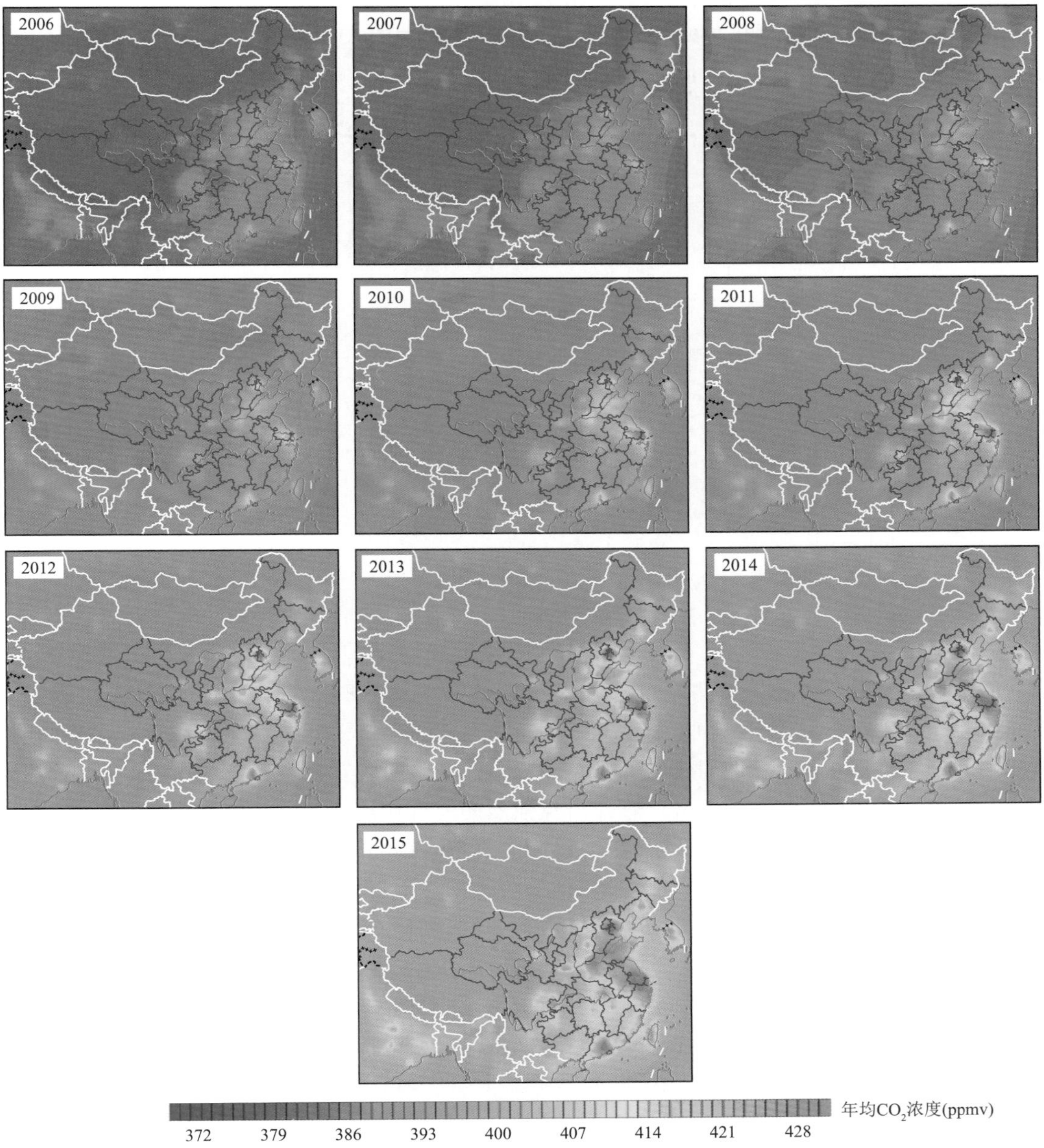

图 7.25　2006—2015 年 RegCM-Chem-YIBs 模拟的 CO_2 浓度空间分布的逐年变化(ppmv)

表 7.10 给出了 2006—2015 年间我国不同地区年平均 CO_2 浓度及其年均增长率。可以看出，东南地区 CO_2 浓度从 2006 年的 390.5 ppmv 增加到 2015 年的 415.6 ppmv，年均增长率最大，达到 2.5 ppmv · a^{-1}，明显高于我国其他地区。华中地区 CO_2 增长率仅次于东南地区，为 2.4 ppmv · a^{-1}，高于全国平均水平(2.2 ppmv · a^{-1})。西北地区 CO_2 增长率最低，为 1.9

ppmv · a^{-1}，与全球平均 CO_2 增长率相当，其 CO_2 浓度也是全国最低，10 年间浓度范围为 380.2～398.8 ppmv，略低于全球平均 CO_2 浓度值。东北地区人为 CO_2 排放量不低，但 CO_2 增长率和全国平均值相当，主要是由于东北地区针叶林的覆盖面积较大，植被对 CO_2 的吸收能力较强。值得注意的是华北地区，其 CO_2 增长率为 2.1 ppmv · a^{-1}，略低于全国平均值。尽管京津冀地区 CO_2 的人为排放密集，但是内蒙古等地受到的人为排放影响较小，占地面积大，从而降低了 CO_2 增长率的平均值。

表 7.10　2006—2015 年间年平均 CO_2 浓度(ppmv)及其年均增长率(ppmv · a^{-1})

年份	华北	华中	东南	东北	西南	西北	中国	全球
2006	384.3	387.1	390.5	382.3	383.6	380.2	384.7	381.0
2007	386.7	389.7	393.3	385.2	386.0	382.1	387.1	382.7
2008	388.7	391.9	394.9	386.9	387.8	384.3	389.1	384.8
2009	390.0	393.1	397.5	388.3	389.9	385.6	390.7	386.3
2010	393.4	397.4	402.0	391.8	393.3	387.9	394.3	388.6
2011	396.0	399.1	404.5	394.5	394.3	389.9	396.4	390.5
2012	398.1	401.5	406.4	396.5	397.3	392.0	398.6	392.5
2013	400.8	404.8	410.1	399.4	400.2	394.7	401.7	395.2
2014	402.9	407.5	412.3	401.0	401.6	396.6	403.6	397.1
2015	405.8	410.6	415.6	404.3	404.5	398.8	406.6	399.4
增长率(ppmv · a^{-1})	2.1	2.4	2.5	2.2	2.1	1.9	2.2	1.8

图 7.26 给出了 2006—2015 年间模拟区域内逐年平均 NEE 的空间分布(NEE 负值表示陆地生态系统对大气 CO_2 的吸收)。可见，东亚地区年均 NEE 存在显著的空间差异性，整体呈现由北向南递减的趋势，即对 CO_2 的吸收由北向南递增。东南亚地区 NEE 值最小，达到 −1200 g C · m^{-2} · a^{-1}，主要是由于热带雨林强烈的光合作用对大气 CO_2 的大量吸收。我国 NEE 的空间分布存在一条明显的分界线，大致沿大兴安岭、内蒙古东侧，横穿兰州，直至喜马拉雅山东南端。分界线两侧 NEE 值差别明显，西北部 NEE 值为 −100～0 g C · m^{-2} · a^{-1}，这些地区气候干旱，植被覆盖率很低，因此植被对 CO_2 的吸收能力相对较弱。分界线东南侧 NEE 值较小，范围为 −1000～−300 g C · m^{-2} · a^{-1}，即陆地植被对 CO_2 的吸收量相对较大。我国云南、广西、贵州以及四川等省份陆地植被对 CO_2 的吸收最大，部分区域 NEE 值低于 −1000 g C · m^{-2} · a^{-1}。这些地区夏季受到西南季风的影响，空气温暖湿润，适宜植被生长，植被的光合作用相对较强。东北地区针叶林覆盖率较广，对应的植被碳通量较周边地区大，为 −700～−500 g C · m^{-2} · a^{-1}。不同地区 NEE 的年际变化规律有所差异，如四川省 NEE 值在 2005 年和 2006 年最小，而贵州、云南等地在 2012 年和 2014 年达到最小，这种区域间的年际变化差异主要和本地的气候条件相关，如温度、降水等。

图 7.27 给出了 2006—2015 年间我国不同地区 NEE 的年际变化趋势。可以看出，NEE 值的年际差异较为明显，最大值和最小值之间的差别可以达到 300 Tg C · a^{-1}。2006 年中国地区总 NEE 值最大，为 −175 Tg C · a^{-1}；2007 年 NEE 最小，为 −480 Tg C · a^{-1}。2009—2013 年我国植被碳通量的绝对大小呈现增加的趋势，2013 年之后逐渐递减。不同地区 NEE

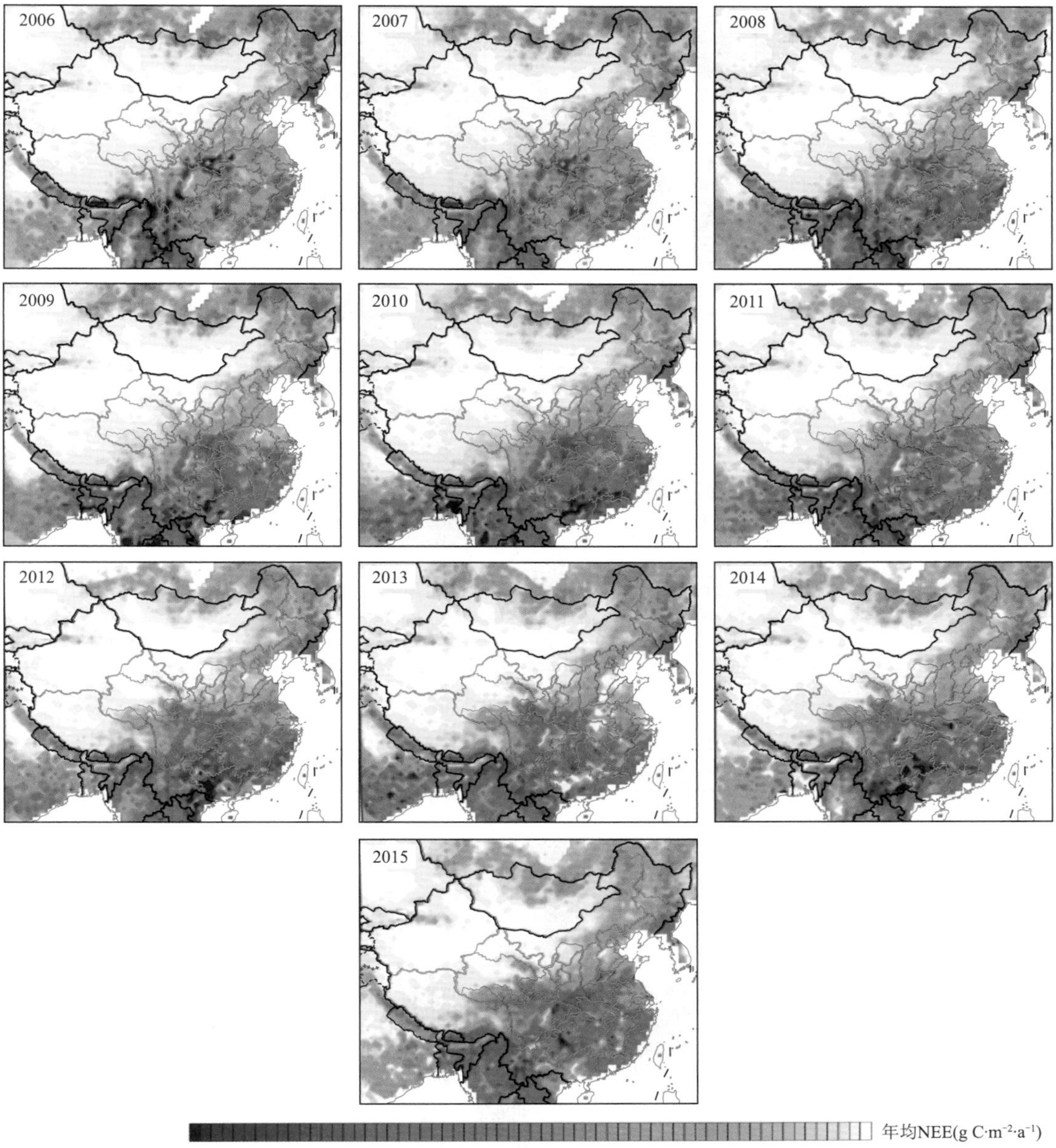

图7.26　2006—2015年RegCM-CHEM-YIBs模式模拟的NEE空间分布的逐年变化(单位:g C·m^{-2}·a^{-1})

的年际变化趋势差异明显,如我国西南地区NEE的年际差异最大,最大值、最小值间的差达到157 Tg C·a^{-1},是我国总NEE年际变化的主要来源。相对来说,东北和西北地区NEE的年际差异较小,最大值、最小值间的差分别为51 Tg C·a^{-1}和38 Tg C·a^{-1}。从多年平均来看,我国陆地生态系统碳通量最大的地区为西南地区,年均值达到115 Tg C·a^{-1};其次是东北地区,为72 Tg C·a^{-1}。西北地区尽管陆地面积最大,由于植被覆盖率低,其碳通量仅为34 Tg C·a^{-1}。

中国地区总NEE的年际变化和厄尔尼诺-南方涛动(El Niño-Southern Oscillation,ENSO)事件呈现较强的相关性。图7.28给出了2006—2015年ENSO指数的逐月变化趋势,

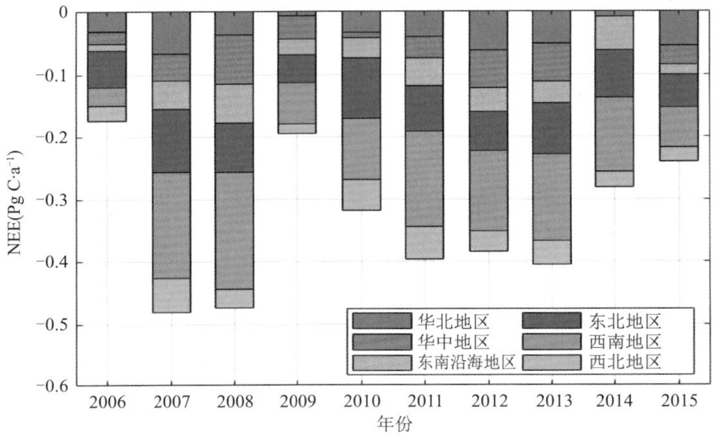

图 7.27　2006—2015 年 RegCM-Chem-YIBs 模拟的我国不同地区 NEE 的年际变化趋势(单位:Pg C · a^{-1})

ENSO 指数数据选自 NOAA 地球系统研究实验室于 2019 年最新发布的多变量 ENSO 指数第二版本(MEI. v2;数据下载地址:https://www.esrl.noaa.gov/psd/enso/mei/)(Zhang et al.,2019c)。该版本提供了 1979 年至今的 MEI 指数数据,本节选择月平均值。MEI 指数连续 6 个月大于 0.5 定义为厄尔尼诺事件,连续 6 个月小于－0.5 定义为拉尼娜事件(Wolter et al.,1998)。按照林智涛等(2017)的方法,根据 MEI 指数把 ENSO 事件分为弱(＜0.85)、中等(0.85～1.20)和强(＞1.20)3 个等级。

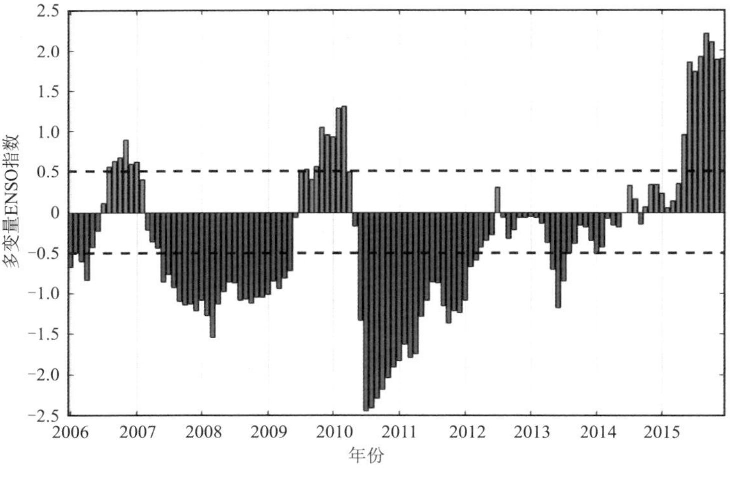

图 7.28　2006—2015 年 ENSO 指数的逐月变化趋势

表 7.11 总结了 2006—2015 年间发生的 3 次厄尔尼诺事件和 2 次拉尼娜事件。2006 年和 2009 年出现的陆地碳通量的减弱(NEE 较大)正好对应 2006—2007 年和 2009—2010 年的两次厄尔尼诺事件。2007—2008 年出现的陆地碳通量高值以及 2010—2013 年陆地碳通量的不断增强均与对应的拉尼娜事件有关。以往的研究表明,陆地碳通量的年际变化和 ENSO 事件的周期性有很强的相关性,主要和 ENSO 导致的我国温度和降水异常有关(Gurney et al.,

2012;Jiang et al.,2013b;姜超 等,2011)。研究表明,ENSO 期间我国南方干旱少雨,温度明显升高,这种暖干的气候异常导致南方地区植被的光合作用速率下降;同时温暖的气候会促进土壤呼吸增强,从而使得植被对大气中的 CO_2 吸收量减小(姜超 等,2011)。从图 7.27 可以看出,模式模拟的我国西南和东南地区 NEE 的年际差异明显比其他地区大,这和前人的研究结果是一致的。

表 7.11　2006—2015 年 ENSO 事件统计

时间	MEI 平均值	类型	强度	持续月份	最强月份
2006 年 8 月—2007 年 1 月	0.66	厄尔尼诺	弱	6	2006 年 11 月
2007 年 6 月—2009 年 5 月	−1.02	拉尼娜	中等	24	2008 年 3 月
2009 年 10 月—2010 年 3 月	1.02	厄尔尼诺	中等	6	2010 年 3 月
2010 年 6 月—2012 年 3 月	−1.50	拉尼娜	强	22	2010 年 7 月
2015 年 5 月—2016 年 5 月	1.71	厄尔尼诺	强	13	2015 年 9 月

7.3.3.2　季节变化特征

图 7.29 给出了 2006—202015 年间模拟的春季(3、4、5 月)、夏季(6、7、8 月)、秋季(9、10、11 月)和冬季(12、1、2 月)近地面 CO_2 浓度的空间分布。近地面 CO_2 浓度表现出明显的季节变化特征:春、冬季浓度较高,最大超过 430 ppmv;夏、秋季浓度较低,最低值不到 370 ppmv。北方地区如俄罗斯、蒙古国以及我国东北等地近地面 CO_2 浓度最低值出现在夏季,这主要是由于夏季陆地植被光合作用较强,能够吸收大量的 CO_2;冬季辐射减弱,植被光合作用减少。夏季,我国甘肃、四川等地出现明显的 CO_2 浓度低值中心带,这可能和大气中 CO_2 的水平输送有关。由于南亚季风的影响,我国西南以及东南亚地区夏季受西南气流控制,该地区低 CO_2 浓度的大气向北输送,导致了甘肃、四川等地的 CO_2 低值(Kou et al.,2013)。我国东部沿海地区、韩国以及印度等部分地区 CO_2 浓度的季节差异相对较弱,这些地区城镇化水平高、人口密集、人为排放强度较大,近地面 CO_2 浓度比周边地区偏高 20～30 ppmv。我国云南、青藏高原南侧以及东南亚地区夏、秋、冬季的 CO_2 浓度均维持在较低水平,表明该地区植被是重要的 CO_2 汇。春季 CO_2 浓度有所升高,与该地区春季大量的森林火灾和秸秆燃烧过程有关(Chuang et al.,2014)。

我国不同区域 CO_2 浓度的季节变化趋势如图 7.30 所示。整体来看,东南沿海地区平均 CO_2 浓度比其他地区高,2006—2015 年平均值约为 401.4 ppmv,其 CO_2 浓度的季节差异相比其他地区要小,月平均 CO_2 浓度的年内振幅仅为 11.5 ppmv。该地区大气 CO_2 浓度主要受人为排放的影响,陆地植被的影响相对较弱,因此 CO_2 浓度维持在较高水平且变化相对平稳。东北地区 CO_2 浓度的季节变化最为明显,CO_2 浓度的振幅达到 30.9 ppmv。最大值、最小值分别出现在 4 月(403.8 ppmv)和 7 月(372.9 ppmv),5—7 月 CO_2 浓度迅速下降,这和陆地植被对 CO_2 的强烈吸收有关。

不同地区月平均 CO_2 浓度大部分呈现单峰结构,南方地区 CO_2 浓度峰值出现在 2 月,CO_2 低值出现在 6 月;北方地区 CO_2 峰值和谷值出现的时间相对较晚,峰值在 4 月左右,谷值在 7 月左右。南北方 CO_2 浓度的变化趋势也有所差异,东北和华北等地 CO_2 浓度在 5 月后迅速下降,7 月达到最低,然后快速上升,12 月以后相对稳定。西南和华中地区 CO_2 浓度在 3 月

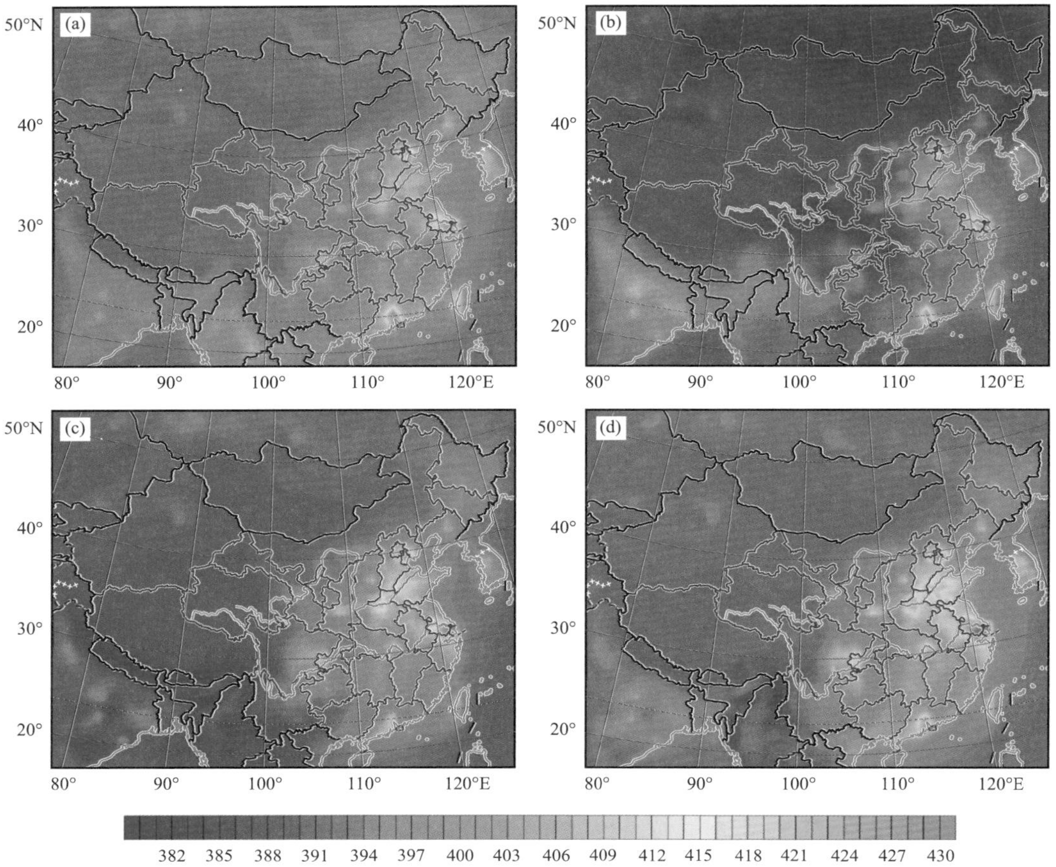

图 7.29　2006—2015 年春(a)、夏(b)、秋(c)、冬(d)模式模拟的近地面 CO_2 浓度的空间分布(ppmv)

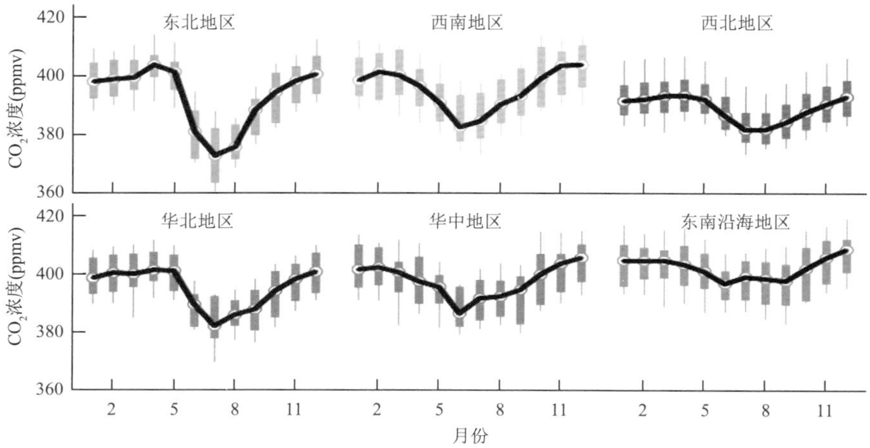

图 7.30　2006—2015 年我国不同地区模拟的近地面 CO_2 浓度的月平均变化趋势(ppmv)

以后迅速下降，之后又快速上升，变化趋势呈现“V”形结构。这种南北间的差异主要是由于植被物候周期的不同。我国南北方气候差异明显，纬向温度梯度较大；贵州、广西、云南等省份常年温度适宜，且降水充足，植被进入生长季的时间要比北方早，因此出现了南北方 CO_2 浓度季节变化上的差异。

图 7.31 给出了 RegCM-Chem-YIBs 模拟的中国地区春、夏、秋、冬四个季节大气 CO_2 浓度的垂直廓线。整体来看，大气 CO_2 浓度的季节变化随着高度的增加逐渐减小，季节差异在 10 km 高度处存在明显的分界线：10 km 以上的高空大气 CO_2 浓度相对平稳，表明地表的 CO_2 源汇通量对大气中 CO_2 浓度的影响主要集中在对流层中。从地表到高度 1 km 左右的低层大气中，CO_2 浓度冬季最大，夏季最小，差值约为 12 ppmv。随着高度的增加，CO_2 浓度基本呈现逐渐降低的趋势，体现了人为化石燃料排放对大气 CO_2 的影响。

值得注意的是，夏季 CO_2 浓度随着高度先减小，再增加，高度在 0.5～1 km 之间出现极小值；到达平流层后，浓度再次随高度减少。CO_2 浓度垂直廓线的季节变化主要受到地表通量和大气垂直扩散强度的季节变化的影响，人为 CO_2 排放是大气中 CO_2 浓度的主要来源，排放到大气中的高浓度 CO_2 在垂直方向向上扩散，输送到高层大气，形成了高层 CO_2 浓度低，低层 CO_2 浓度高的基本特征。另一方面，植被夏季光合作用强烈，吸收大气中的 CO_2，陆地生态系统是重要的大气 CO_2 汇，使得夏季 CO_2 浓度较低；冬季植物光合作用减弱，生态系统由 CO_2 汇转换成 CO_2 排放源，从而形成了冬季 CO_2 高值。另外，夏季边界层相对较高，大气垂直对流运动较强，地表排放 CO_2 能够输送到更高层大气中，使得高层 CO_2 浓度升高；在近地面，由于植被的强烈吸收，CO_2 浓度较低，因此形成了 CO_2 浓度随高度先下降再上升的趋势。

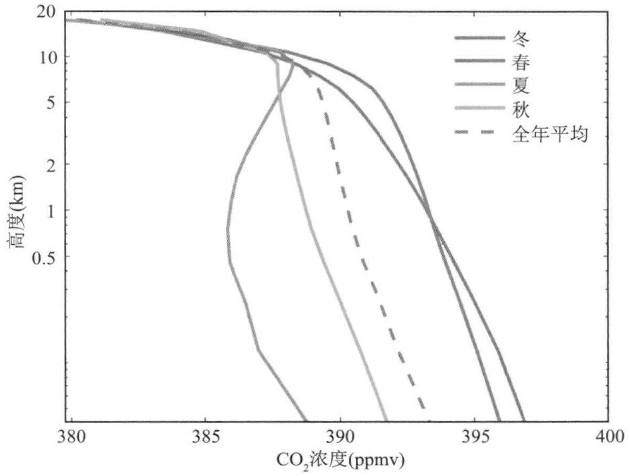

图 7.31　2006—2015 年 RegCM-Chem-YIBs 模式模拟的中国地区春、夏、秋、冬和全年平均 CO_2 浓度的垂直廓线(ppmv)

叶面积指数是指单位土地面积上植物叶片总面积占土地面积的倍数，是反映植被冠层结构和生长状况的重要指标。为了研究大气 CO_2 浓度的季节变化和植被之间的关系，选用基于 AVHRR 传感器的叶面积指数(LAI)产品 GIMMS (Global Inventory Modeling and Mapping Studies) LAI3g (Zhu et al.,2013)。该产品使用神经网络方法和长时间序列的 AVHRR 数据，水平分辨率为 8 km，覆盖全球范围，时间分辨率为 16 天(下载地址为 https://

search.earthdata.nasa.gov/search)。为了和模式结果进行比较，首先将 AVHRR LAI3g 产品插值到模式网格上，然后对模拟的月平均 CO_2 浓度做去趋势处理，即去除了年际变化趋势(Zhou et al.，2006)，最后计算 CO_2 和 LAI 之间的相关系数，如图 7.32 所示。可以看出，我国大部分地区 CO_2 浓度和 LAI 之间呈现显著的负相关，两者的相关系数呈现从东南沿海向西北内陆地区逐渐减小的趋势。俄罗斯、蒙古国、日本北部以及我国华北、内蒙古等地相关系数约为－0.9。这表明这些地区 CO_2 浓度的季节变化特征主要受到陆地植被 CO_2 通量的控制，夏季植被快速生长，LAI 增大，促进对 CO_2 的吸收，从而降低大气中的 CO_2 浓度。我国东部沿海地区 CO_2 和 LAI 的相关性相对较弱，相关系数为－0.5～－0.1，仅少部分地区通过显著性检验，表明这些地区陆地生态系统碳通量对大气 CO_2 浓度的影响不够明显。我国云南、贵州、四川等省份 CO_2 浓度和 LAI 之间的相关性较强，相关系数为－0.9～－0.7，表明这些地区陆地植被对大气 CO_2 浓度的影响显著。云贵川地区丰富的森林生态系统是大气 CO_2 重要的汇，对近地面 CO_2 有较强的吸收作用。

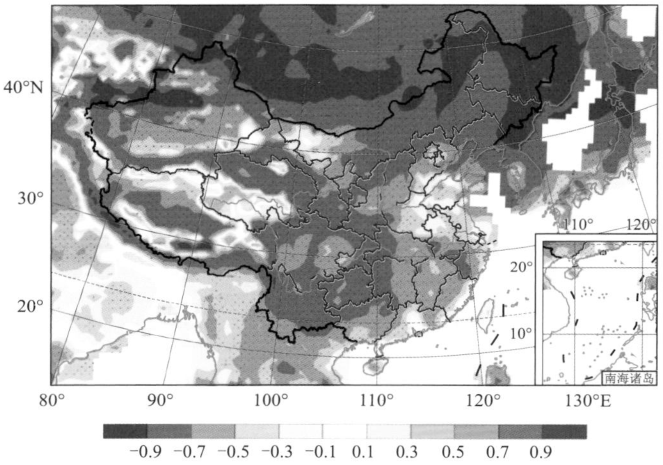

图 7.32　CO_2 浓度和叶面积指数 LAI 之间的相关系数(CO_2 浓度为去趋势后的月平均值，图中打点区域表示通过了置信度为 99% 的显著性检验)

温度和降水对植被的光合作用和呼吸作用等生理过程有着显著的影响，从而可以通过调节陆地碳通量改变大气中的 CO_2 浓度。图 7.33 给出了近地面 CO_2 浓度和温度以及降水的相关系数的空间分布。可以看出，温度和 CO_2 浓度之间存在显著的负相关，我国大部分地区相关系数为－0.7～－0.5。这表明温度对 CO_2 浓度的季节变化有着显著的影响，可能的影响机制是：夏季温度升高促进植物的光合作用速率，增加对大气中 CO_2 的吸收，从而使得夏季大气 CO_2 浓度降低；冬季温度下降，植被光合作用减弱，甚至小于土壤的呼吸作用，陆地生态系统由 CO_2 汇转换为 CO_2 源，导致冬季 CO_2 浓度升高。西南地区和东北地区温度和 CO_2 浓度间的相关性明显高于其他地区，相关系数为－0.9～－0.7，主要是由于这些地区 LAI 和 CO_2 浓度之间的相关性较强，植被对大气 CO_2 浓度的影响更为明显。在京津冀、长三角和珠三角这三个沿海经济中心区，温度和 CO_2 间的相关性最弱，主要是由于这些地区 CO_2 浓度受人为排放的影响更大，植被对 CO_2 浓度的影响相对较小。印度西部、缅甸和泰国等地温度和 CO_2 浓度间存在弱的正相关，可能是由于这些地区纬度较低，最高温度通常超过了植被光合作用的最适宜温度，从而表现出正的相关性(Cox et al.，2013)。

相对于温度，降水和 CO_2 的相关性要低，大部分地区表现为负的相关。东南亚地区降水和 CO_2 的相关性最强，相关系数普遍在－0.9～－0.7 之间。这些地区主要是热带雨林系统，降水能够促进植被的生长，增加对大气 CO_2 的吸收。我国东部沿海地区降水和 CO_2 的相关性较弱，相关系数约为－0.3；东北地区和西南地区的相关性较强，部分地区相关系数约为－0.9。我国降水和 CO_2 浓度间的相关系数由东南沿海向西北内陆地区递减，这和温度与 CO_2 浓度间的相关系数一致，体现了陆地植被对 CO_2 浓度的影响由沿海城市向内陆地区逐渐增大。值得注意的是，新疆及其以西的地区降水和 CO_2 浓度呈现一定的正相关，这些区域大部分是沙漠地貌，干旱少雨，植被稀少，大气中的 CO_2 浓度主要受外来输送的影响。

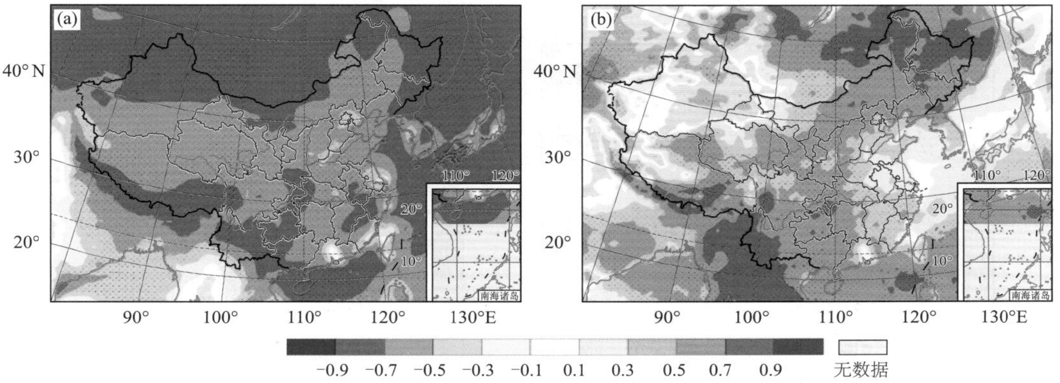

图 7.33　CO_2 浓度和温度(a)、降水(b)间的相关系数

(CO_2 浓度为去趋势后的月平均值；图中打点区域表示通过了置信度为 99％的显著性检验)

2006—2015 年间模拟的春、夏、秋、冬四个季节 NEE 的空间分布如图 7.34 所示(NEE 负值表示陆地生态系统对大气 CO_2 的吸收)。东亚地区 NEE 表现出明显的季节变化特征：冬季 NEE 值接近 0，部分地区 NEE 为正值，范围在－500～300 g C · m^{-2} · a^{-1}；夏季 NEE 值最低，大部分地区表现为强的 CO_2 汇，NEE 最小值约为－2200 g C · m^{-2} · a^{-1}。印度半岛和东南亚地区春季和冬季的 NEE 值为正，春季最大值达到 700 g C · m^{-2} · a^{-1}，反映了该地区较强的土壤呼吸作用；夏季和秋季的 NEE 值比其他地区明显偏低，是重要的 CO_2 汇。

我国长江以南地区四个季节均表现为 CO_2 汇，夏季陆地对 CO_2 的吸收达到最强，NEE 值约为－1800 g C · m^{-2} · a^{-1}。俄罗斯南部以及我国华北、东北地区冬季表现为碳源，春夏秋季为碳汇。陆地生态系统对 CO_2 的吸收集中发生在夏季，这也是该地区大气 CO_2 浓度季节变化的主要原因。从空间分布来看，陆地生态系统对大气 CO_2 的吸收自东南向西北方向递减，主要和我国区域间气候差异有关：西北地区干旱少雨，陆地植被稀疏；东南地区气候温暖湿润，适宜植被生长。不同地区 NEE 的季节变化特征有一定的差异，主要和区域间的气候差异有关。

图 7.35 进一步给出了我国不同地区月平均 NEE 的变化趋势，图中所有数据均为 2006—2015 年的平均值。从全国尺度来看，陆地植被对 CO_2 的吸收作用集中在夏季，夏季的 NEE 值占全年总 NEE 值的 60％左右。冬季 NEE 均为正值，表明我国陆地生态系统整体为 CO_2 的源。NEE 值的季节变化明显，月平均值呈现单峰结构。NEE 最小值出现在 7 月，约为－0.64 Pg C · a^{-1}；最大值出现在 12 月，约为 0.5 Pg C · a^{-1}。不同地区 NEE 的季节变化特征存在一

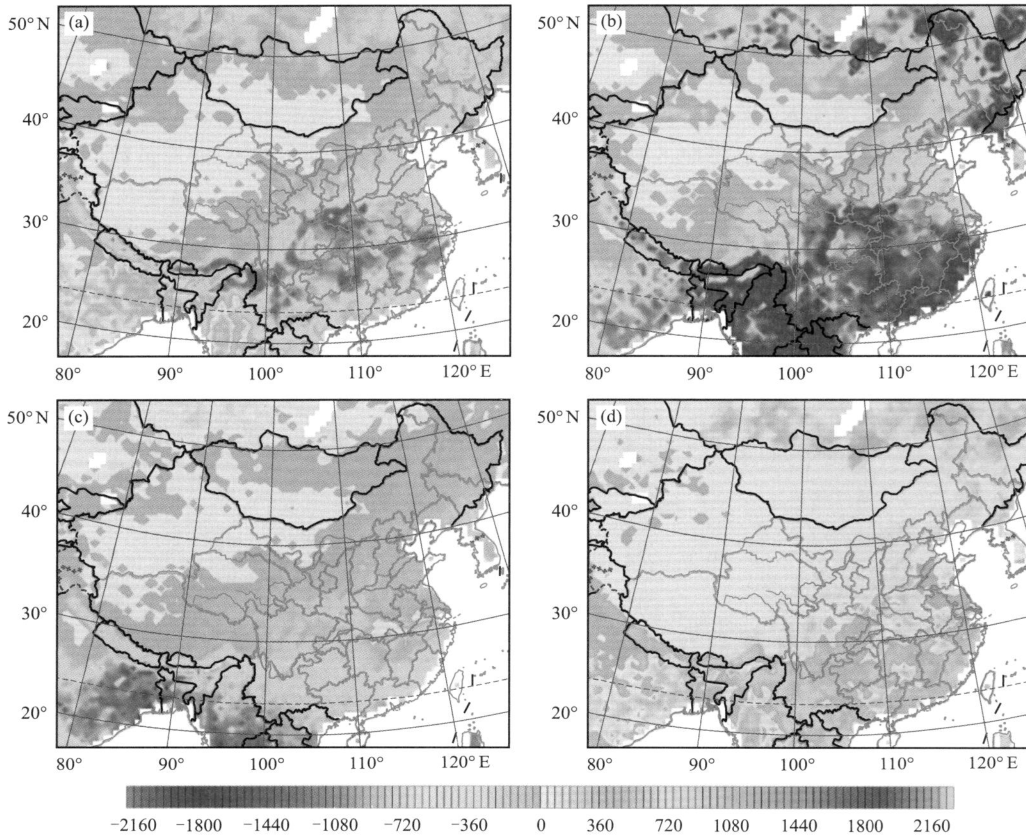

图 7.34　2006—2015 年春、夏、秋、冬四个季节模拟的 NEE 的空间分布(单位:g C · m^{-2} · a^{-1})
(a)春季 NEE;(b)夏季 NEE;(c)秋季 NEE;(d)冬季 NEE

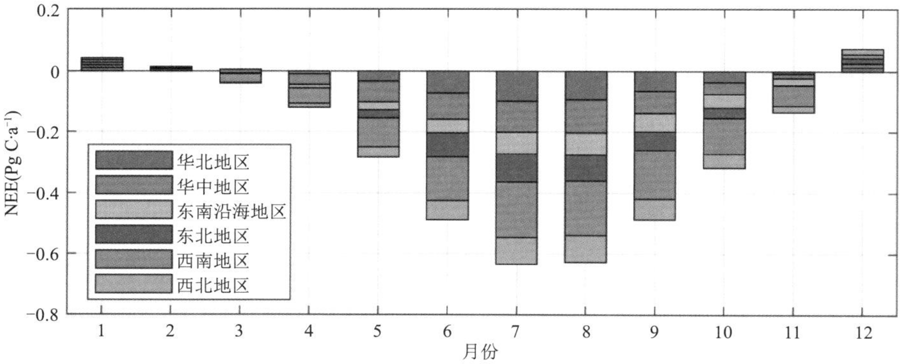

图 7.35　2006—2015 年我国不同地区模式模拟的 NEE 的月平均变化趋势(单位:Pg C · a^{-1})

定的差异性。我国西南地区,NEE 的季节性波动最为明显,最大值、最小值之间相差约 0.2 Pg C · a^{-1}。不同地区月平均 NEE 的最小值值出现的时间有一定差异,华中和东南地区 NEE 最小值出现在 8 月,其他地区 NEE 最小值基本在 7 月。

图7.36给出了2006—2015年间模拟的NEE和温度以及降水的相关系数的空间分布。由图可以看出，大部分地区NEE和温度之间存在显著的负相关，四川、陕西等部分地区相关系数的绝对值超过了0.9，表明温度升高能够促进植被对大气CO_2浓度的吸收。广西、广东等沿海地区NEE和温度间的相关性相对较弱，表明该地区植被对温度的敏感性较小。我国西北地区、印度半岛以及孟加拉湾地区NEE和温度之间存在明显的正相关，这和图7.33中温度和CO_2浓度的相关性保持一致。这些地区温度相对较高，使得植被气孔关闭，降低了植被的光合作用速率，同时减少对大气CO_2的吸收(吴思政 等，2017)。

相比而言，NEE和降水的相关性比和温度的相关性要弱，大部分地区的相关系数为$-0.5\sim-0.3$。除了我国西北部分地区出现较弱的正相关，NEE和降水之间存在明显的负相关。由于降水在时空上的不连续性，和NEE显著相关的区域范围较小。相关系数的空间分布上没有明显的低值中心，大体呈现由东南沿海向西北地区递增的趋势。四川和内蒙古部分地区的相关系数绝对值超过了0.9，东北地区的相关系数较其他地区略微偏低，基本在$-0.9\sim-0.7$之间。

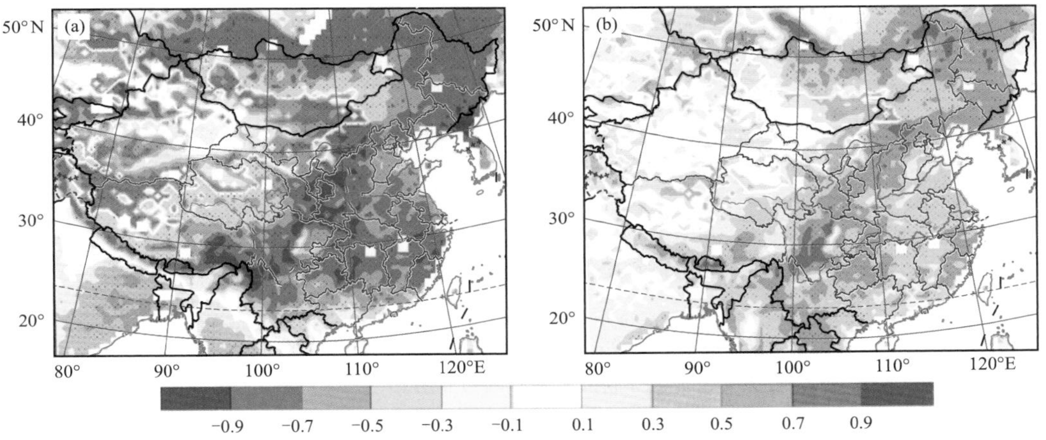

图7.36 模拟的NEE和温度(a)、降水(b)间的相关系数
(图中打点区域表示通过了置信度为99%的显著性检验)

7.3.4 陆地碳通量对二氧化碳浓度的影响

植物的光合作用吸收大气中的CO_2并转化成有机物，呼吸作用消耗自身存储的有机物并向大气中释放CO_2。在整个陆地生态系统中，当植物的CO_2吸收量大于排放量时，生态系统表现为重要的碳汇；当CO_2排放量大于吸收量时，表现为碳源。为了研究陆地生态系统对大气中CO_2浓度的影响，本节设计了两组数值试验：方案1(考虑陆地生态系统CO_2通量)和方案2(不考虑陆地生态系统CO_2通量)，通过对比两组数值试验的结果得到陆地生态系统对大气中CO_2浓度的影响。

图7.37给出了两组数值试验模拟的春、夏、秋、冬四个季节近地面CO_2浓度的差异。可以看出，夏季陆地生态系统能够明显降低大气中的CO_2浓度，最大减少量可达14 ppmv；冬季大部分地区CO_2浓度有所升高，最大增加量约为4 ppmv。这和大气中CO_2浓度夏季低、冬季高的季节特征基本一致，表明陆地生态系统是大气CO_2浓度季节变化的主要原因。夏季，CO_2

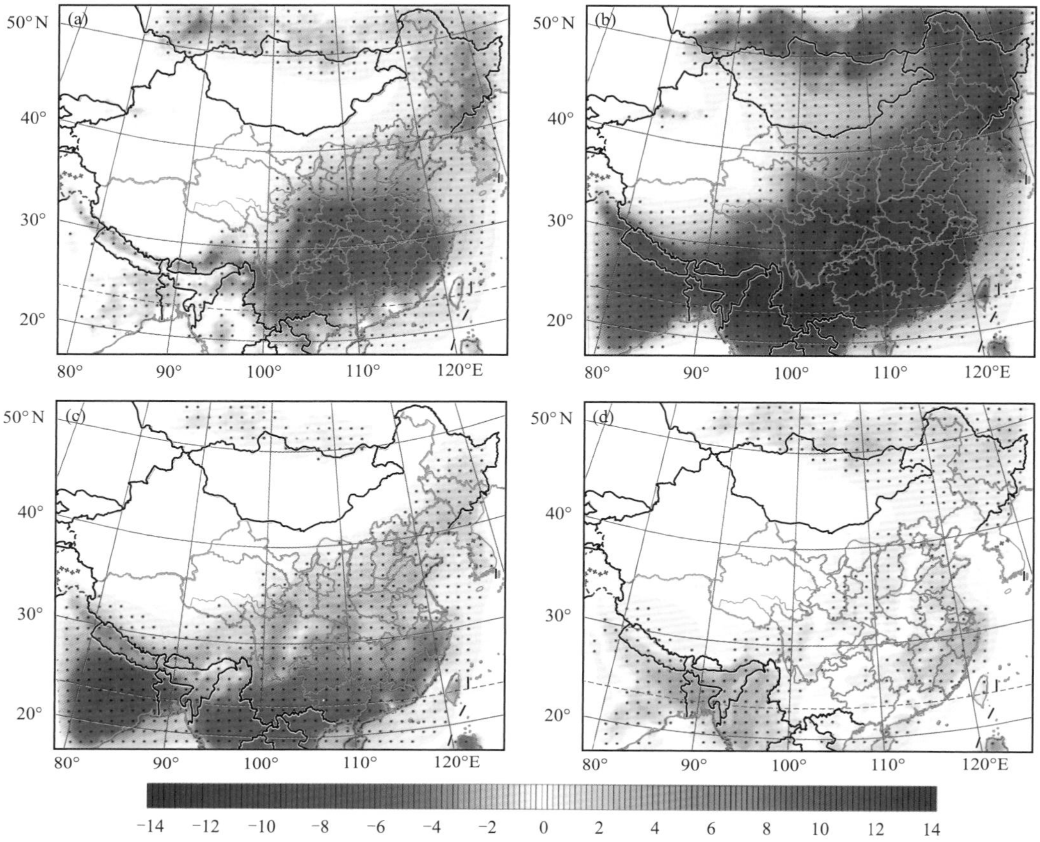

图 7.37　两组数值试验模拟的 2006—2015 年近地面 CO_2 浓度差值的空间分布(ppmv)
(方案 2 减去方案 1)(图中打点区域表示通过了置信度为 99%的显著性检验)
(a)春;(b)夏;(c)秋;(d)冬

浓度降低的低值中心出现在我国西南地区和东南亚部分地区,这些地区森林覆盖率高,夏季陆地生态系统对 CO_2 的吸收量大(图 7.34b)。春季我国大部分地区 CO_2 浓度的变化为负值,低值中心出现在四川、湖南等地,为－8～－6 ppmv。印度和东南亚等地 CO_2 浓度略微升高,约 2 ppmv,主要是因为该地区陆地生态系统在春季表现为重要的 CO_2 源(图 7.34a)。秋季 CO_2 浓度变化的量级和春季较为一致,但浓度变化的低值中心向南偏移,印度等地 CO_2 浓度降低了约 8 ppmv。青藏高原南侧以及印度等地 CO_2 浓度变化的季节性差异最为明显,夏秋季 CO_2 浓度明显降低,冬春季 CO_2 浓度明显增加。夏季 CO_2 浓度降低值和冬季 CO_2 浓度增加值之间的差异可达 16～18 ppmv。对比图 7.37 和图 7.34 可以发现,CO_2 浓度变化的时空变化特征和陆地 CO_2 通量的时空变化特征基本一致。不同的是 CO_2 浓度变化的空间范围比 CO_2 通量变化的空间范围更大,如海洋上 CO_2 浓度也存在一定的减少,这主要是受到大气输送扩散的影响。Kou 等(2015)利用 RAMS-CMAQ 模式发现,由于陆地生态系统的影响,夏季 CO_2 浓度减少了 7 ppmv,冬季增加约 5 ppmv。模拟的 CO_2 浓度变化的空间分布特征和本节的结果基本相似,说明模拟结果合理可信。

图 7.38 给出了中国不同地区陆地生态系统碳通量引起的月平均 CO_2 浓度的变化。由图

可以看出，陆地生态系统对大气中 CO_2 浓度的影响主要集中在 4—9 月，这和陆地生态系统碳通量的逐月变化趋势保持一致(图 7.35)。各个地区陆地生态系统引起的 CO_2 浓度变化均呈现单峰结构，除了东南地区，CO_2 浓度变化的谷值均出现在 7 月。西南、东北和华北地区 11 月—次年 2 月陆地生态系统引起的 CO_2 浓度变化为正，其他月份 CO_2 浓度变化均为负。这种季节性差异和陆地生态系统碳源、汇间的相互转换有关。夏季，植被光合作用吸收的 CO_2 量大于呼吸作用释放的 CO_2 量，陆地生态系统表现为碳汇，显著降低大气中的 CO_2 浓度；冬季植被释放的 CO_2 量大于吸收量，陆地生态系统表现为碳源，增加大气中的 CO_2 浓度。我国西南和华中地区 CO_2 浓度变化最大，其区域平均最大减少量达到 15 ppmv，表明陆地生态系统的显著影响。其次是东北和东南地区，CO_2 最大减少量达到约 10 ppmv。西北地区陆地生态系统引起的 CO_2 浓度的变化相对较小，全年 CO_2 浓度变化量均在±5 ppmv 之间。对比图 7.38 和图 7.35 可以看出，CO_2 浓度变化和陆地生态系统碳通量的变化基本一致。

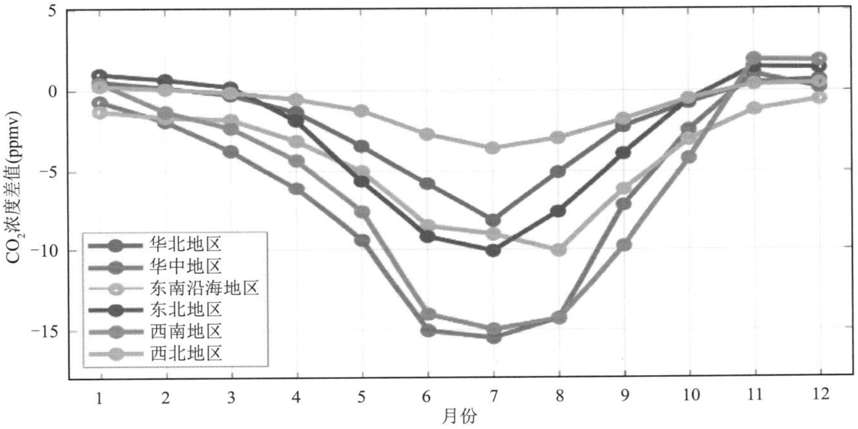

图 7.38　两组数值试验模拟的 2006—2015 年近地面 CO_2 浓度差值的月平均变化趋势(方案 2 减去方案 1，ppmv)

图 7.39 给出了模拟区域内陆地生态系统引起的春、夏、秋、冬四个季节纬向平均 CO_2 浓度的变化。可以看出，在模拟范围内，陆地生态系统引起的 CO_2 浓度的绝对变化存在两个明显的大值区，一个位于 20°～30°N，另一个在 50°N 附近。由于陆地生态系统的作用，夏季各个纬度上的 CO_2 浓度明显降低，最大减少量出现在 25°N 左右，约为－10 ppmv，这主要是由于我国华南地区和东南亚部分地区的 CO_2 浓度明显减少。另一个极值中心出现在 50°～51°N，极值约为－5 ppmv，这主要由于内蒙古地区的 CO_2 浓度明显减少。春、夏季陆地生态系统对 CO_2 浓度的影响比夏季要小，CO_2 浓度的变化在－4～0 ppmv 之间。27°N 以北，春季的 CO_2 浓度变化大于秋季；27°N 以南，秋季的 CO_2 浓度变化明显大于春季。春、秋季 CO_2 浓度变化的极值分别出现在 28°N 和 23°N 附近，极值分别为－3 ppmv 和－4.2 ppmv。冬季陆地生态系统对 CO_2 的影响相对较小，且 CO_2 浓度的变化均为正值，表明冬季陆地生态系统为弱的碳汇，略微增加大气中的 CO_2 浓度。CO_2 浓度变化的极值出现在 23°N 附近，约为 1 ppmv，这主要是由于印度地区 CO_2 浓度的明显增加。在 38°～46°N 范围内，各个季节陆地生态系统引起的 CO_2 浓度变化较为平稳，其中，夏季 CO_2 浓度变化最大，波动范围在－2.8～－2.2 ppmv 之间。

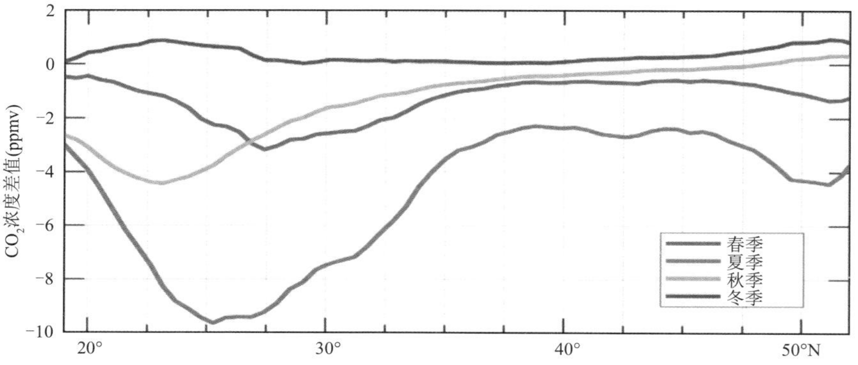

图 7.39　两组数值试验模拟的 2006—2015 年纬向平均 CO_2 浓度的差值(方案 2 减去方案 1,ppmv)

7.4　本章小结

本章通过改进区域气候模式 RegCM4 模拟 CO_2 浓度的季节变化特征,得到动态非均匀变化的 CO_2 浓度场,在辐射计算时使用随时空变化的 CO_2 浓度场,进行一年的模拟计算,分析 CO_2 动态非均匀分布条件下的辐射特征及在城市群地区的气候效应,主要结果如下。

(1)RegCM4 模拟的大气 CO_2 地面浓度空间分布具有明显的季节变化特征,冬春较高,夏秋较低,高值区主要分布在中国东部、日韩等地,低值区主要分布在东南亚地区。CO_2 浓度具有动态非均匀的分布特征,特别是在靠近地面的低空。

(2)辐射方案中考虑动态非均匀的 CO_2 浓度场之后,晴空和全天空条件下大气顶向外长波辐射通量、地表向上长波辐射通量有所减少,区域年平均值分别为 −0.0341 $W \cdot m^{-2}$、−0.3129 $W \cdot m^{-2}$、−0.1545 $W \cdot m^{-2}$、−0.1198 $W \cdot m^{-2}$。

(3)大气动态非均匀 CO_2 浓度的引入对云量的时空分布影响较大,导致全天空条件下大气顶向外长波辐射在低纬度和中纬度南部地区降低、中纬度北部地区增加。

(4)考虑动态非均匀的 CO_2 浓度场后,垂直方向上,加热率、温度、水汽均在低空改变较大;水平方向上,东北等地近地面辐射强迫降低,云量减少,近地面气温升高,华北等地近地面辐射强迫增加,云量增加,近地面气温降低;长三角地区则表现为总降水及对流性降水增加。

进一步使用区域气候-化学-生态耦合模式 RegCM-Chem-YIBs 对 2006—2015 年中国地区的大气 CO_2 浓度进行模拟,利用地面观测数据、卫星反演产品以及再分析资料验证模式对气象场、陆地碳通量及 CO_2 浓度的模拟性能,探讨中国地区陆地碳通量及大气 CO_2 浓度的时空分布特征,定量评估陆地碳通量对中国地区 CO_2 浓度的影响,主要结果如下。

(1)RegCM-Chem-YIBs 能够较好地模拟出气象场、陆地碳通量和 CO_2 浓度的空间分布及其变化趋势。模拟的 GPP、NPP 和 NEE 与观测间的相关系数分别为 0.9、0.83 和 0.85,标准化平均偏差在 5.56%～6.61%之间。模拟的 CO_2 浓度与站点观测间的相关系数在 0.84～0.98 之间,平均偏差在 0.2～2.9 ppmv。

(2)2006—2015 年间我国的 CO_2 浓度逐年上升,年均增长率为 2.2 $ppmv \cdot a^{-1}$,高于全球平均值 1.8 $ppmv \cdot a^{-1}$。人为 CO_2 排放的增加是导致 CO_2 浓度年际变化的主要原因。空间分布来看,我国京津冀、长三角、珠三角和四川盆地等经济相对发达的地区是 CO_2 浓度的高值中心。不同地区的月平均 CO_2 浓度均呈现单峰结构:南方地区峰值出现在 2 月,北方地区峰值出现在 4 月,最大值超过 430 ppmv;夏、秋季浓度较低,最低值出现在 6 月或 7 月,不到 370 ppmv。去趋势后的 CO_2 浓度和 LAI 呈现明显的负相关,西南地区和东北地区的相关系数在 −0.7～−0.9 之间。温度和降水与 CO_2 浓度之间存在明显的负相关,降水的相关性相对较弱。

(3)我国的 NEE 整体呈现由北向南递减的趋势,即植被对 CO_2 的吸收由北向南递增。西南地区植被对 CO_2 的吸收量最大,部分地区的 NEE 值低于 $-1000\ g\ C \cdot m^{-2} \cdot a^{-1}$。NEE 的年际变化趋势和 ENSO 事件呈现较强的相关性,厄尔尼诺事件期间我国南方地区的温度增加和降水减少削弱植被对 CO_2 的吸收。从季节变化来看,我国夏季的 NEE 占全年总 NEE 值的 60%左右,表明植被对 CO_2 的吸收作用主要集中在夏季;冬季部分地区的 NEE 值为正,表明我国陆地生态系统在冬季为弱的 CO_2 源。NEE 和温度之间存在较强的负相关性,四川、陕西等部分地区的相关系数达到−0.9;NEE 和降水间的相关性要比温度偏弱,我国大部分地区的相关系数在−0.5～−0.3 之间。

(4)陆地生态系统是造成 CO_2 浓度季节变化的主要因素。夏季陆地碳通量导致我国大部分地区 CO_2 浓度降低 6～12 ppmv,西南地区降低幅度最为明显,最大减少量可达 14 ppmv;冬季大部分地区的 CO_2 浓度有所升高,最大增加量约为 4 ppmv。纬向平均来看,陆地生态系统引起的 CO_2 浓度的变化存在两个明显的大值区,一个位于 20°～30°N,另一个在 50°N 附近。

第 8 章　臭氧和颗粒物对二氧化碳浓度的影响

本章使用区域气候-化学-生态耦合模式 RegCM-Chem-YIBs 研究中国地区大气污染物（包括臭氧和颗粒物）对陆地生态系统碳通量以及大气中二氧化碳浓度的影响，使用地面站点观测和卫星数据对模拟的化学要素场进行验证，通过设计不同的数值试验分析，量化臭氧和颗粒物对陆地碳通量和大气二氧化碳浓度的贡献，并对模拟结果的不确定性进行了讨论。

8.1　数值试验方案设计

本章重点考虑臭氧和颗粒物对大气 CO_2 浓度的影响，在化学过程方面，选用气相化学机制 CBMZ 模拟臭氧等气态物种（Zaveri et al.，1999），选用热力学平衡模式 ISORROPIA II 模拟二次无机气溶胶（Fountoukis et al.，2007），选用 VBS 方案模拟二次有机气溶胶（Murphy et al.，2009）。另外，模式中还考虑了黑碳、有机碳、沙尘（Dust）和海盐（Sea Salt）气溶胶的模拟。

为了模拟大气污染物对陆地碳通量以及大气中 CO_2 浓度的影响，共设计了 4 组数值试验，如表 8.1 所示。其中，ECTRL 是控制试验，EO3LOW 和 EO3HIGH 分别是两组臭氧试验，对比控制试验和臭氧试验的结果可以分析臭氧对陆地碳通量和大气 CO_2 浓度的影响；EAERO 是颗粒物试验，对比控制试验和颗粒物试验的结果可以分析颗粒物对陆地碳通量和大气 CO_2 浓度的影响。由于模式中使用的污染物浓度初始条件为 MOZART 模拟的气候背景场，模式需要运行较长的时间才能达到真实的浓度水平。因此，对每组数值试验均设置一年的预积分阶段，模拟时间为 2005—2015 年，取 2006—2015 年的结果进行分析。

表 8.1　数值试验方案设置

试验编号	试验描述
ECTRL	不考虑臭氧和气溶胶影响（控制试验）
EO3LOW	仅考虑臭氧对植被的影响（低臭氧敏感系数）
EO3HIGH	仅考虑臭氧对植被的影响（高臭氧敏感系数）
EAERO	仅考虑颗粒物对植被的影响

8.2　模拟结果评估

8.2.1　臭氧浓度模拟及验证

图 8.1 是 RegCM-Chem-YIBs 模拟的 2015 年四个季节中国地区近地面臭氧浓度的空间

分布。可以看出，近地面臭氧浓度存在明显的时空变化特征。春夏季节我国近地面臭氧浓度较高，部分地区臭氧浓度超过 160 μg·m^{-3}。其中夏季臭氧高值集中在华北平原和四川盆地，春季臭氧高值区向南偏移，主要出现在长三角、四川盆地和珠三角地区，秋季臭氧浓度达到 80～100 μg·m^{-3}，原因与这些地区城市化水平较高、经济发展迅速有关，密集的人为活动排放了大量的 NO_x、VOC 等臭氧前体物，在充足的光照条件下反应生成高浓度的臭氧。相对来说，冬季近地面臭氧浓度较低，尤其在华北地区臭氧浓度不超过 40 μg·m^{-3}。一方面冬季太阳辐射强度较弱，不利于光化学反应的发生；另一方面由于北方地区冬季集中供暖排放较多的氮氧化物，加大了对近地面臭氧的消耗。

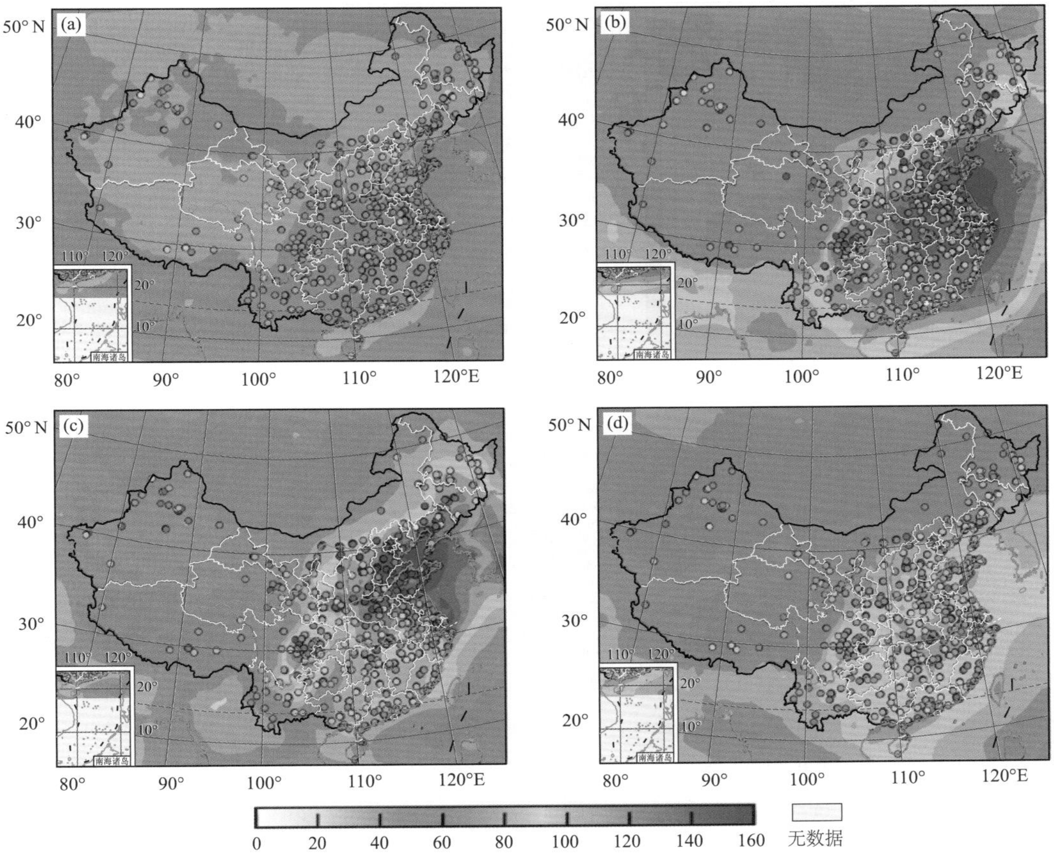

图 8.1　中国地区 2015 年冬(a)、春(b)、夏(c)、秋(d)季模拟的近地面臭氧浓度及其和观测对比(图中小圆圈表示观测站点位置，圈内颜色表示观测值。单位：μg·m^{-3})

为了验证耦合模式对臭氧的模拟能力，将模拟的臭氧浓度与地面观测资料进行对比。其中臭氧观测数据来源于国家环境空气质量监测网提供的逐小时臭氧自动监测数据。监测网络包括 1436 个城市空气质量监测站点，自 2013 年开始运行以来，一直按照国家统一的技术规范开展常规 6 项污染物的监测。数据质量较为可靠，时空分辨率高，已经广泛用于环境空气质量评价和空气污染研究中。2015 年四个季节各个站点地面观测的臭氧浓度均值叠加在图 8.1 中。结合观测和模拟结果的散点图和概率密度分布图来看(图 8.2)，RegCM-Chem-YIBs 很好地抓住了臭氧浓度的空间分布和季节变化特征，模拟的臭氧浓度和观测结果的相关系数达到0.65，体现了耦合模式较好的臭氧模拟能力。相对来说，冬季和夏季臭氧浓度模拟更好，但是在我国西部地区模式存在一定的低估，主要和模式使用的气候平均态臭氧边界条件有关，可能低估了边界附近的臭氧输送过程。春季和秋季模拟结果整体存在一定的高估现象，尤其在东南沿海的城市群地区。全年平均来看，模式整体高估了7.53%。值得注意的是，国家环境空气质量监测网的站点大多数位于城市地区，这些地区细颗粒物浓度较高，削弱了到达地表的太阳辐射通量，减弱了光化学反应的速率，减少了臭氧的生成。由于模式没有考虑细颗粒物对臭氧的影响，可能导致对臭氧浓度有一定程度的高估。

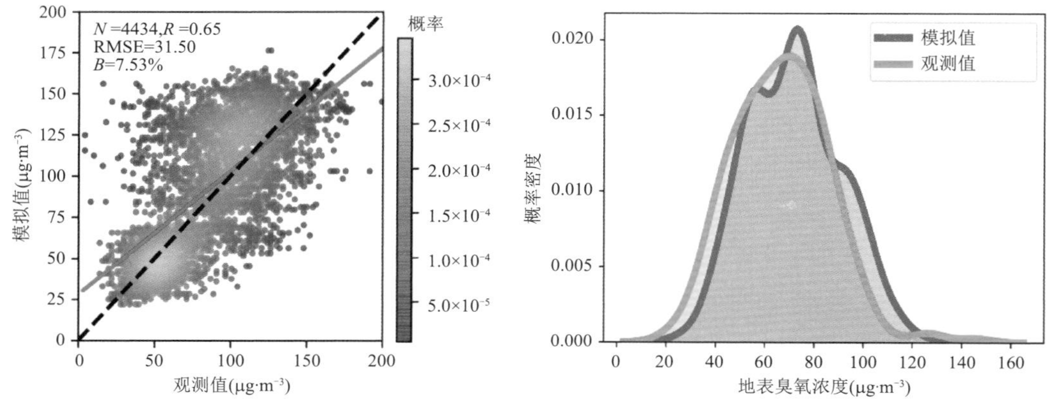

图 8.2　模拟和观测的臭氧浓度(日均值)散点图和概率密度分布图

(单位：$\mu g \cdot m^{-3}$，N、R、RMSE、B 分别为样本数、相关系数、均方根误差、偏差)

8.2.2　气溶胶光学厚度模拟及验证

图8.3给出了耦合模式模拟的2006—2015年中国地区气溶胶光学厚度的时空分布特征，并将之与MODIS卫星观测产品进行对比。本书选用的是搭载在美国国家宇航局Terra卫星上的MODIS月平均AOD数据(MOD08_M3；数据下载地址为https://modis-atmos.gsfc.nasa.gov/products/monthly)，该数据水平分辨率为1°×1°，包括暗像元法、深蓝算法和融合算法三种不同的反演算法。由于下垫面条件的差异以及云量的影响，不同算法的地区适用性不同。研究发现深蓝算法在我国京津冀等气溶胶浓度高的地方反演效果较好(Bilal et al.，2015；Wei et al.，2019b)，因此选择深蓝算法AOD产品。从图8.3可以看出，RegCM-Chem-YIBs模拟的AOD和MODIS产品在空间分布和量级上具有很好的一致性。中国东部大部分地区的AOD相对较高，年平均值基本大于0.5。AOD高值中心位于华北平原和四川盆地，这与当地城镇化水平较高、人为排放密集有关(Luo et al.，2014)。从时间变化角度来看，RegCM-Chem-YIBs能够真实地反映出AOD的季节变化特征，模拟和观测的相关系数达到0.8，通过了置信度为99%显著性检验。春季和夏季的AOD相对较高，最大值一般出现在3—4月(图8.3c)，我国3—5月频繁发生的沙尘暴可能是春季AOD高值的主要原因(Xu et al.，2015b)。与MODIS的月平均AOD相比，RegCM-Chem-YIBs整体低估6.1%，特别是在春夏季节，这种差异一方面可能来自于模式中沙尘等气溶胶光学参数的不确定性(宿兴涛 等，2016)，或者是由于MODIS卫星产品在中国地区存在一定的误差(Wei et al.，2019a)。

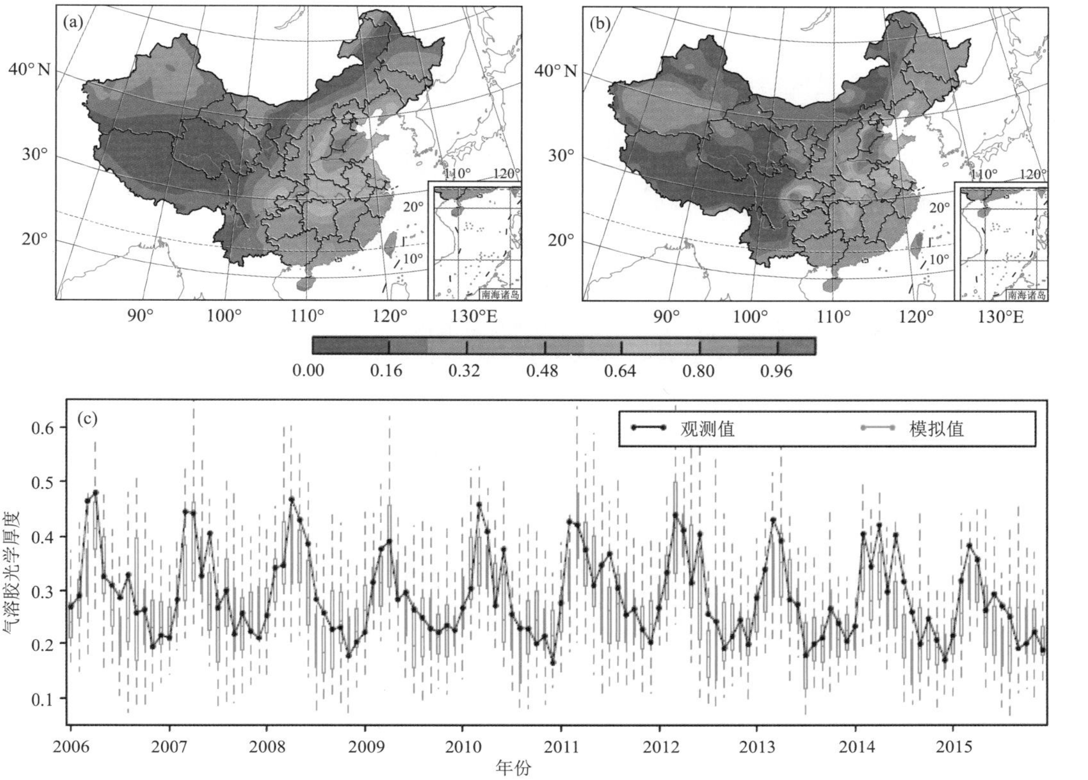

图 8.3　2006—2015 年中国地区 AOD 模拟值

(a)RegCM-Chem-YIBs 模拟的 2006—2015 年平均气溶胶光学厚度;(b)MODIS 卫星反演的 2006—2015 年平均气溶胶光学厚度;(c)中国月平均气溶胶光学厚度

为了更好地验证模式对 AOD 的模拟能力,进一步将模拟结果与全球气溶胶监测网 AERONET(AErosol RObotic NETwork)地基观测资料进行比较。相比于 MODIS 卫星产品,AERONET 数据的观测误差小,仅为 0.01～0.02,常用于对数值模式和卫星反演产品进行验证和评估(王宏斌 等, 2016)。AERONET 网站上提供的数据分为三个质量等级:Level 1.0(原始数据),Level 1.5(云处理数据)和 Level 2.0(云处理和质量控制数据)。本书选取北京(Beijing)、太湖(Taihu)、香河(Xianghe)、兰州大学半干旱气候与环境观测站(SACOL)、鹿林山(Lulin)和香港理工大学(Hong_Kong_PolyU)6 个站点的 Level 2.0 第 3 版本数据产品进行比较(数据下载网址为 https://AERONET.gsfc.nasa.gov/)。这些站点的选择取决于数据的可利用性,尽管中国地区有不少 AERONET 站点,但是大多数站点的 AOD 观测数据时间跨度较短。表 8.2 给出了这 6 个站点的经纬度位置和下垫面类型。由于模式输出和 MODIS 卫星产品的 AOD 数据都是针对波长 550 nm,而 AERONET 发布的产品只有 1020、936、870、675、440 和 380 nm 等通道。根据 Ångström 经验公式(Ångström, 1929):

$$AOD_\lambda = \beta \times \lambda^{-\alpha} \tag{8.1}$$

$$\alpha = \frac{\ln (AOD_{\lambda_1} / AOD_{\lambda_2})}{\ln (\lambda_1 / \lambda_2)} \tag{8.2}$$

式中,AOD_λ表示在波长λ(单位:μm)上的 AOD 值;β是浊度系数,等于在波长 1 μm 上的 AOD

值；α 是 Ångström 指数。根据式(8.1)和(8.2)，已知任意两个波长上的 AOD 值就可以求出 Ångström 指数，从而计算出浊度系数和任意波长上的 AOD 值。为了比较模拟的 AOD 和 AERONET 数据，这里依据 AERONET 产品在 440 和 675 nm 波长上的 AOD 值计算 550 nm 上的 AOD 值。

图 8.4 给出了 2006—2015 年 6 个 AERONET 站点月平均 AOD 观测值和模拟值的散点图以及对应的拟合曲线。模拟和观测对比的统计信息见表 8.2。从图中可以看出，观测值和模拟值基本集中在 1:1 线附近，相关系数在 0.75～0.81 之间，均通过了置信度为 99%显著性检验，说明 RegCM-Chem-YIBs 模拟结果和观测结果总体上较为一致。除了北京和 SACOL 站以外，模拟的 AOD 值均有所高估。6 个站点平均高估了 5.81%，这种差异可能与模式较低的空间分辨率、排放源清单以及气溶胶光学参数的不确定性有关。相比较而言，城市站点(北京和香港理工大学)模拟值和观测值的一致性比其他站点要弱，这主要是由于城市地区的观测站点受到本地人为排放的影响更为明显，而模式输出的结果代表整个网格的平均值，两者之间存在一定的偏差。总体来看，RegCM-Chem-YIBs 模拟的 AOD 和观测值的偏差均在±14%以内，与之前的研究比较发现，本书的模拟结果与观测值更为接近(Srivastava et al.，2017)。

表 8.2 AERONET 观测站点地理信息及模拟和观测对比统计

站点	纬度(°N)	经度(°E)	高度(m)	下垫面类型	相关系数	平均偏差
Beijing(BJ)	39.98	116.38	92	城市	0.75	−4.94%
Taihu(TH)	31.42	120.22	20	湖泊	0.81	9.52%
Xianghe(XH)	39.75	116.96	36	农村	0.76	8.99%
SACOL(SL)	35.95	104.14	1965	山脉	0.77	−4.20%
Hong_Kong_PolyU(HK)	22.30	114.18	30	城市	0.77	11.76%
Lulin(LL)	23.47	120.87	2868	山脉	0.80	13.71%

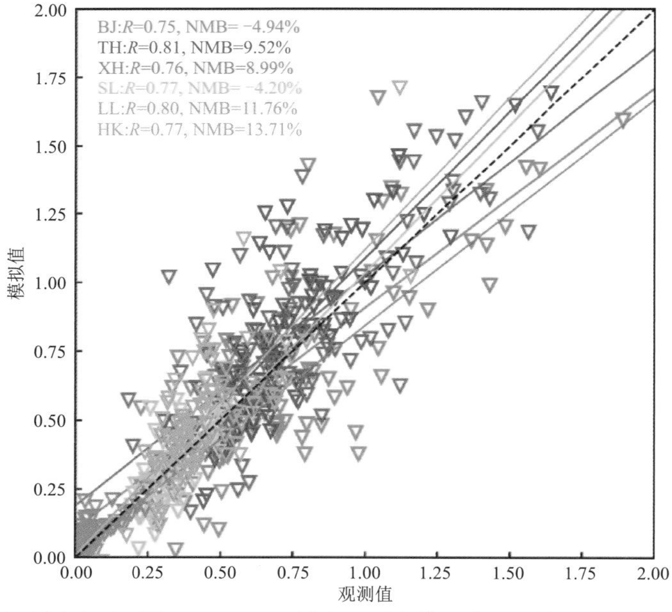

图 8.4 2006—2015 年中国地区不同 AERONET 站点观测和模拟的月平均 AOD 散点图及对应的拟合曲线

8.3　臭氧对陆地碳通量以及大气二氧化碳浓度的影响

对流层臭氧对植物的形态以及光合作用速率有重要的影响，高浓度臭氧暴露下的植物叶片可能会出现色斑、失水、老化甚至是枯死症状。叶片作为植物光合作用和呼吸作用的重要器官，其生长状态和健康程度与植物的碳同化能力和生物量积累有着密切联系。本节主要讨论中国地区臭氧对陆地生态系统生产力和碳同化能力的影响，进而定量分析臭氧对大气中 CO_2 浓度的影响，主要研究结果见 Xie 等(2019)。

8.3.1　臭氧对陆地碳通量的影响

图 8.5 给出了不同臭氧敏感系数试验下中国地区臭氧暴露引起的年平均和夏季平均陆地生态系统总初级生产力的相对变化率，可以看出，由于臭氧对植被的影响，中国大部分地区 GPP 呈现下降趋势，最大下降幅度达 35%。华北地区、东北地区和中南地区 GPP 下降最为明显，可能与这些地区臭氧浓度较高有关。相反，山东省、河南省以及江苏省北部地区模拟的臭氧对 GPP 的影响较小(小于 5%)，这些地区的下垫面植被类型大部分是农作物。Ren 等(2012)的研究发现，对流层臭氧能够显著地减少中国地区的农作物产量(约 10.7%)。因此，这些地区的评估结果可能存在一定的低估，一方面和 YIBs 模式对农作物的描述相对简化有

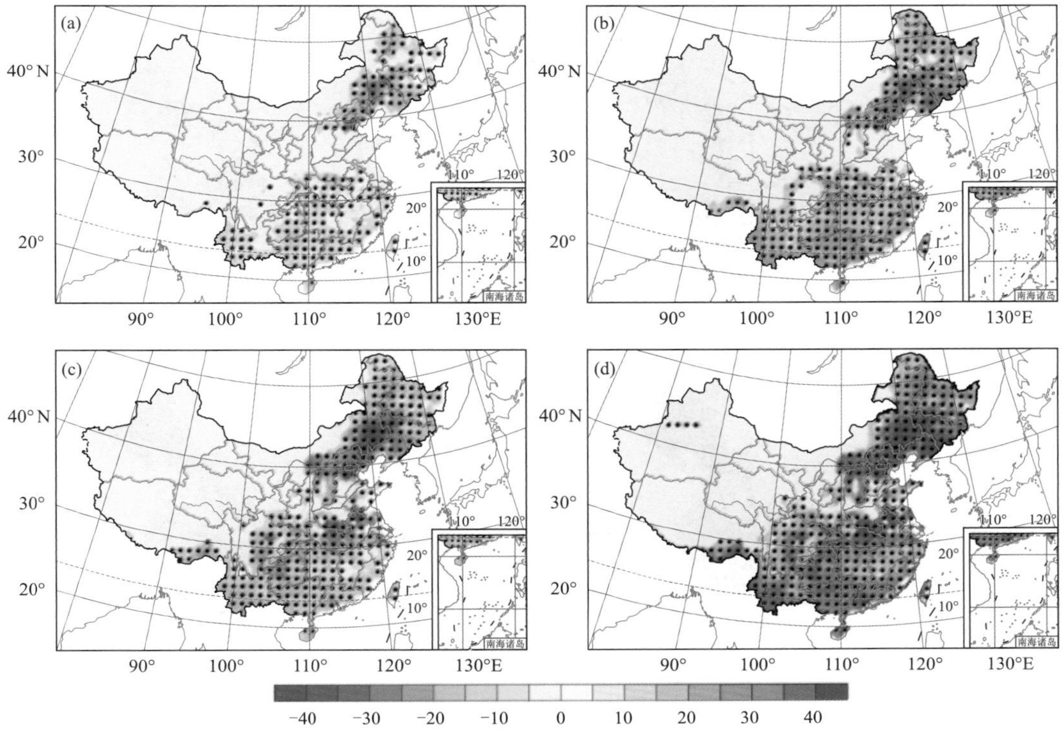

图 8.5　臭氧暴露引起的年平均(a、b)和夏季平均(c、d)GPP 的相对变化(%)
(图中打点区域表示通过了置信度为 99%的显著性检验)
(a)低臭氧敏感系数下年平均 GPP 的变化；(b)高臭氧敏感系数下年平均 GPP 的变化；
(c)低臭氧敏感系数下夏季平均 GPP 的变化；(d)高臭氧敏感系数下夏季平均 GPP 的变化

关；另一方面，这些地区实际上存在一定量的森林或灌木，而模式使用的下垫面覆盖类型基本上都是农作物，也会造成一定的低估。从季节角度来看，臭氧引起的 GPP 减少量在夏季更大，中国地区平均减少了 20.6%，明显大于全年平均值 12.1%。这种季节性差异一方面是由于夏季强烈的太阳辐射促进光化学反应生成更多的臭氧；另一方面是因为夏季植物生长旺盛，气孔张开程度大，加快对臭氧的吸收。进一步对比图 8.5a、c 和 b、d 可以发现，模拟的臭氧引起的 GPP 变化量和植被对臭氧的敏感性有很大的关系，使用低臭氧敏感系数时全年和夏季 GPP 分别减少 7.7%和 15.6%，而使用高臭氧敏感系数则分别减少 16.5%和 25.5%。本书估计的臭氧引起的中国地区 GPP 变化量与 Yue 等(2017b)较为接近，但比臭氧引起的全球尺度 GPP 变化量(2%～5%)要大得多(Yue et al.，2015)，主要是由于中国地区的近地面臭氧浓度要高于其他国家和地区(Lu et al.，2018)。

图 8.6 给出了不同臭氧敏感系数试验下中国地区臭氧暴露引起的年平均和夏季平均净生态系统碳交换量的变化，NEE 为陆地生态系统呼吸(TER)与生态系统总初级生产力之差。整体来说，由于臭氧的影响，中国大部分地区 NEE 显著增加，范围为 0.07～0.2 g C • m^{-2} • d^{-1}，表明臭氧减少了中国地区陆地生态系统的碳吸收量。相比于臭氧引起的 GPP 变化，NEE 的变化具有相似的空间特征，主要集中在我国东部和南部地区。西南地区、东南地区和东北地区臭氧引起的 NEE 变化较大，最大值超过 0.2 g C • m^{-2} • d^{-1}。西南和东南地区下垫面覆盖类型

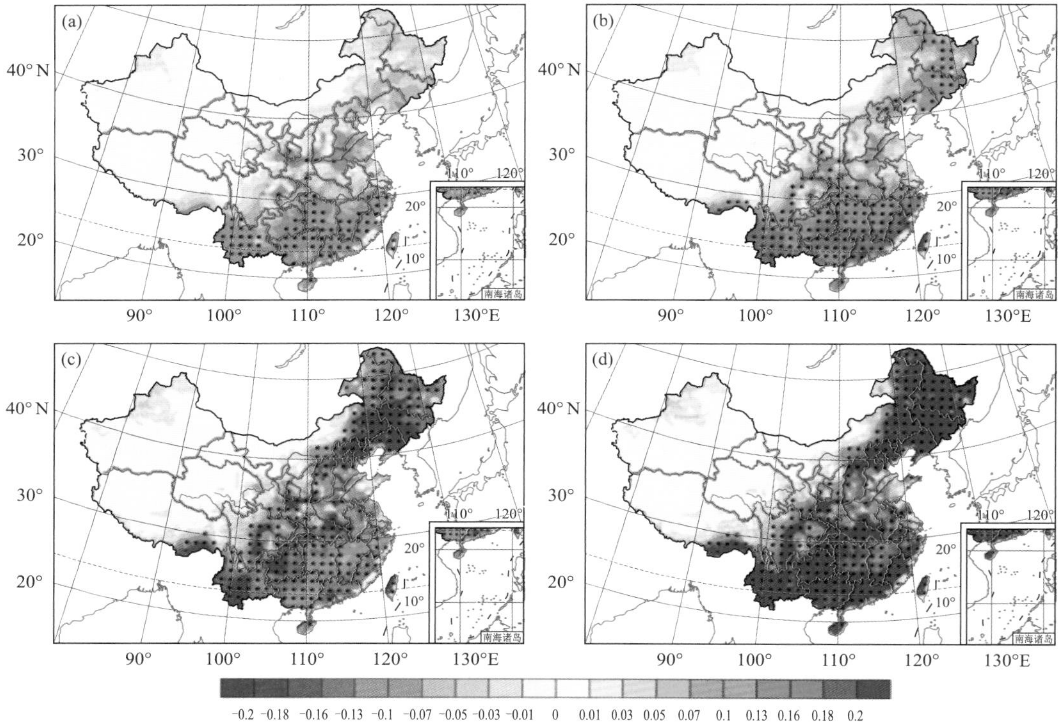

图 8.6　臭氧暴露引起的年平均(a、b)和夏季平均(c、d)NEE 的变化(单位：g C • m^{-2} • d^{-1})
(图中打点区域表示通过了置信度为 99%的显著性检验)
(a)低臭氧敏感系数下年平均 NEE 的变化；(b)高臭氧敏感系数下年平均 NEE 的变化；
(c)低臭氧敏感系数下夏季平均 NEE 的变化；(d)高臭氧敏感系数下夏季平均 NEE 的变化

以森林为主，温暖湿润的气候使得植被生长旺盛，年均 NEE 比其他地区大得多(Piao et al.，2009)，因此相同浓度的臭氧引起的 NEE 变化值较其他地区大。对于东北地区，由于存在一定数量的针叶林，年均 NEE 相对较大；由于人为排放的影响，该地区夏季臭氧浓度维持在较高水平(图 8.1)，对植被的损伤程度较高，从而造成了臭氧引起的 NEE 变化较大。从整个中国来看，全年 NEE 增加了 112.2 ± 22.5 Tg C，约占中国地区陆地生态系统碳吸收总量的 30%，反映了对流层臭氧能够显著削弱我国陆地生态系统的碳吸收能力。Oliver 等 (2018) 基于 JULES 模式估计了欧洲地区臭氧造成的陆地生态系统碳汇减少了 2%～6%，小于本书的估计值。Aas (2012) 基于 WRF-Chem 模式估计了芬兰、俄罗斯等地区臭氧造成陆地生态系统碳汇减少了 15%～40%，与本书的结果较为一致。从季节角度分析，臭氧对 NEE 的影响在夏季更为明显。从图中可以看出，夏季 NEE 的变化值约为全年平均值的 2 倍以上，部分地区如江苏、河北等，尽管夏季 NEE 变化大，但是年均变化值却不能通过显著性检验。对比图 8.5，可以发现这和臭氧造成的 GPP 变化基本吻合，表明臭氧造成的光合作用速率减小是 NEE 增加的主要原因。

图 8.7 是中国不同地区臭氧暴露引起的月平均 NPP 和 NEE 的变化，图中所有值为高臭氧敏感系数试验和低臭氧敏感系数试验的均值与控制试验的差值，即 (EO3LOW + EO3HIGH)/2－ECTRL。由于臭氧对植被的损伤，我国年均 NPP 预计将减少 498～844 Tg C · a^{-1}，占我国年均 NPP 的 16%～27%(Ren et al.，2011)，这反映了对流层臭氧能够显著削弱我国陆地生态系统的生产力和储碳能力，减少对大气中 CO_2 的吸收，即增加 NEE 值。从图中可以看出，臭氧引起 NPP 和 NEE 的月均变化的时空分布特征基本一致，均呈现单峰结构。NPP 和 NEE 的最大变化值均出现在 6 月，最小变化值出现在 12 月。臭氧对 NPP 和 NEE 的影响主要集中在生长季，即 4—9 月。以 NEE 变化为例，4—9 月臭氧引起的中国地区 NEE 增加了 102.2 Tg C，占臭氧引起的中国地区全年 NEE 变化量的 90% 以上。月平均 NPP 和 NEE 的变化特征主要受臭氧浓度和植被物候周期的影响，这和前人的研究结果基本一致 (Felzer et al.，2005)。从区域角度分析，我国中南地区、西南地区和东南地区臭氧引起的 NEE 增加值较大，全年 NEE 增加量分别为 31.9 Tg C、28.9 Tg C 和 19.5 Tg C，总和占全国 NEE 变化的 72%。上述三个地区的总面积仅为全国陆地面积的约 41%(分别为 11%、22% 和 8%)。不同地区臭氧对月平均 NPP 和 NEE 影响的变化趋势有一定差异，北方地区臭氧的影响比南方地区在时间上有所滞后，如在中南地区臭氧的影响集中在 5—6 月，而在华北和东北地区臭氧的影响主要集中在 7—8 月。

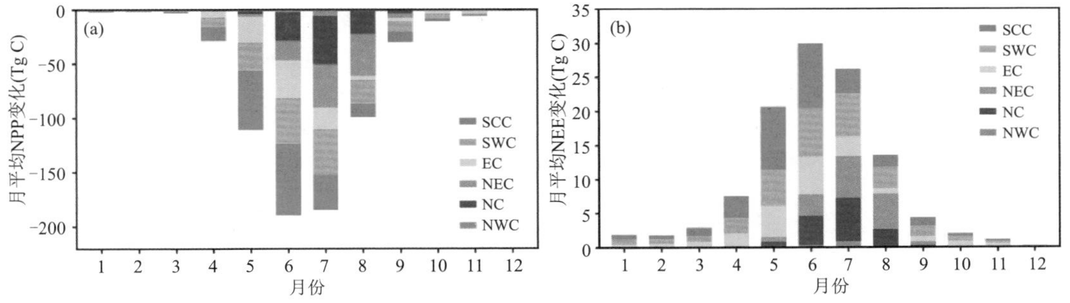

图 8.7　臭氧暴露引起的月均 NPP(a)和 NEE 变化(b)(单位：Tg C，SCC 代表中南地区，EC 代表华东地区)

8.3.2　臭氧对大气二氧化碳浓度的影响

对流层臭氧对陆地生态系统碳吸收能力的影响进一步可以导致大气中 CO_2 浓度发生变化。图 8.8 显示了不同臭氧敏感系数试验下中国地区臭氧暴露引起的年平均和夏季平均近地面 CO_2 浓度的变化，可以看出，由于臭氧造成的植被损伤，中国地区大气中 CO_2 浓度显著增加，夏季大部分地区 CO_2 增加值大于 2 ppmv。西南地区如云南、贵州等省份 CO_2 浓度增加较为明显，最大增加值达到 6 ppmv。这些地区的植被类型以阔叶林为主，光合作用强，对大气中的 CO_2 吸收量大，是重要的陆地碳汇。因此，该地区臭氧引起的陆地碳通量的变化对大气中 CO_2 浓度的影响比其他区域更为明显。相比于臭氧引起的 NEE 变化(图 8.6)，CO_2 浓度变化的空间范围更广，这与大气中的输送扩散过程有关。从季节上来看，臭氧引起的 CO_2 浓度增加量在夏季更大，大部分地区全年平均 CO_2 增加量在 2 ppmv 以内，而夏季 CO_2 增加 4～6 ppmv。这种季节性特征和臭氧引起的 NEE 变化基本吻合。Kou 等 (2015)的研究发现，我国陆地生态系统的碳通量能够使夏季近地面 CO_2 浓度下降约 7 ppmv，是减缓大气中 CO_2 浓度升高的重要因子，与本书的结果基本一致。对比图 8.8 的结果可以发现，对流层臭氧对植被的损伤削弱了陆地生态系统对大气 CO_2 浓度的减缓作用。因此，加强对臭氧污染的治理，限制 NO_x、VOC 等前体物的排放，不仅能够改善空气质量，而且能够在一定程度上缓解区域甚至全球尺度的气候变暖趋势。

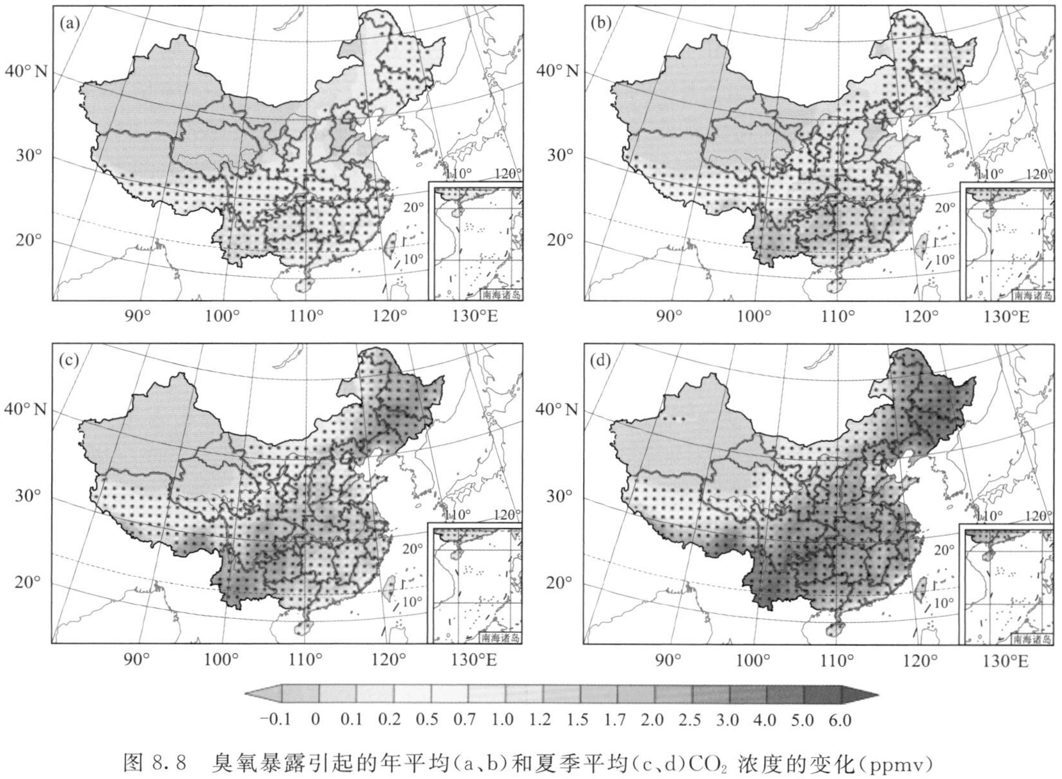

图 8.8　臭氧暴露引起的年平均(a、b)和夏季平均(c、d)CO_2 浓度的变化(ppmv)
(图中打点区域表示通过了置信度为 99%的显著性检验)
(a)低臭氧敏感系数下年平均 CO_2 的变化；(b)高臭氧敏感系数下年平均 CO_2 的变化；
(c)低臭氧敏感系数下夏季平均 CO_2 的变化；(d)高臭氧敏感系数下夏季平均 CO_2 的变化

图 8.9 显示了中国不同地区臭氧对植被损伤引起的月平均 CO_2 浓度的变化，图中曲线上的值为高臭氧敏感系数试验和低臭氧敏感系数试验的均值与控制试验的差值，即(EO3LOW+EO3HIGH)/2－ECTRL，误差线给出了 EO3LOW、EO3HIGH 两组试验与控制试验差值之间的范围。整体来说，CO_2 浓度变化集中在 4—9 月，约占全年变化的 90%，这与臭氧引起的 NEE 变化基本一致(图 8.7)。值得注意的是，观测数据显示 CO_2 浓度一般在夏季达到最低值(Liu et al.，2014)，因此臭氧对陆地植被的影响可能会减小 CO_2 浓度的年内振幅。从区域角度分析，我国东部和中南地区是 CO_2 浓度增加大值区，其最大区域平均值的增加均超过了 3.5 ppmv。尽管我国西南部分地区 CO_2 浓度变化很大，如云南省(图 8.8)，但是由于该区域的空间范围较大，其区域平均 CO_2 浓度变化量相对较小。值得注意的是，不同地区月平均 CO_2 浓度的变化趋势(图 8.9)和对应的陆地碳通量变化趋势并不完全一致(图 8.7)。如以东南地区为例，陆地碳通量在 5—6 月下降幅度最大，而 CO_2 浓度却在 7 月和 8 月增加最多。这种差异主要是由 CO_2 在大气中的传输和扩散引起的，这也是造成近地面 CO_2 浓度变化的主要因素(Ballav et al.，2012)。

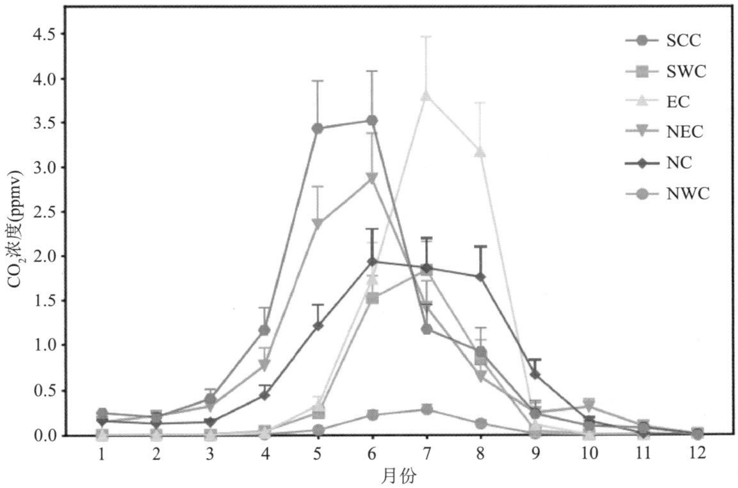

图 8.9　臭氧暴露引起的月均 CO_2 浓度变化(ppmv)

8.3.3　不确定性分析

本节中关于臭氧引起的陆地生态系统碳通量的估计存在一定的不确定性。首先，我国关于臭氧对植被损伤的野外实验有限，因此难以验证陆地生态系统对臭氧浓度的响应。尽管 Yue 等 (2017b)评估了 YIBs 模式模拟的不同功能类型植被的 GPP 对近地面臭氧的响应，并且发现 YIBs 模式在中国地区的表现较为合理，要在全国尺度上综合评估臭氧对植被的危害还需要更多的观测资料，因此有必要开展臭氧影响植被生产力、植被-大气碳交换通量以及大气 CO_2 浓度的观测实验。其次，模式中的一些输入数据(如土地覆盖等)是来源于分辨率较粗的全球数据集，这会带来模拟结果的不确定性，因此需要进一步提高输入数据的分辨率。另外，YIBs 模式中关于植被生理过程如光合作用和呼吸作用的计算是基于植被功能类型，在实际情况中，不同植物物种之间存在较大的差异性(Kattge et al.，2011)，这对模拟结果产生一定的影响。因此需要改进陆地生态系统模式的结构，考虑不同物种间的差异。最后，氮沉降过程对陆地生态系统碳吸收有着重要的影响。但是，目前有关人为氮沉降的影响机理尚不够完善(Tian et al.，2011；Xiao et al.，2015)，因此 YIBs 模式中并没有考虑动态的碳-氮耦合过程。Mills 等(2016)基于实验观测发现，在环境氮充足的地区，臭氧对植被生物量的影响要比在环境氮有限的地区大。Ollinger 等(2002)基于 PnET-CN 模式的研究发现，模式中考虑氮施肥效应后能够显著抵消臭氧对植被的损伤作用，对于环境氮有限的森林地区尤为明显，这些工作说明模式中缺少碳-氮耦合过程可能会导致估计的臭氧对陆地碳通量以及大气中 CO_2 浓度的影响存在一定的不确定性。

尽管模拟结果存在这些局限性，本节的研究表明，对流层臭氧对生态系统的生产力和碳储存能力有明显的抑制作用，这与以往基于野外观测实验(Xu et al.，2015a；Yuan et al.，2015；Zhang et al.，2012c)和数值模式模拟(Ren et al.，2011；Tai et al.，2014；Yue et al.，2017b)得到的结论是一致的。植被碳储存能力的下降削弱了对大气中 CO_2 的吸收，因此更多的人类活动排放的 CO_2 残留在大气中，加速了大气中 CO_2 浓度的增长趋势，从而间接影响区域甚至全球的气候变化。Sitch 等 (2007)的研究发现，臭氧通过影响植被碳汇带来的间接辐射强迫为 0.62～1.09 $W \cdot m^{-2}$，这与臭氧的直接辐射强迫(约 0.89 $W \cdot m^{-2}$)量级相当。目前大多数气候模式还没有考虑臭氧对植被及陆地生态系统碳循环的影响，这会造成气候变化，从而影响评估的不确定性(Lombardozzi et al.，2013)。因此，在未来的气候模式以及地球系统模式中需要完善这一过程，以便更好地模拟和评估全球气候变化和碳循环问题。

8.4　颗粒物对陆地碳通量以及大气二氧化碳浓度的影响

本节主要讨论中国地区颗粒物污染引起的气象要素场的变化，分析不同气象要素的变化对陆地碳通量变化的贡献，定量评估颗粒物引起的陆地生态系统生产力和碳同化量的变化，给出中国地区颗粒物对大气中 CO_2 浓度影响的定量估计，主要研究结果见 Xie 等(2020)。

8.4.1　颗粒物对辐射、温度和饱和蒸气压差的影响

图 8.10 和图 8.11 分别给出了中国地区颗粒物引起的地表直射辐射和散射辐射的绝对变化和相对变化量，可以看出，2006—2015 年间，中国地区的颗粒物导致地表向下的直射太阳辐射减少了 9.26 $W \cdot m^{-2}$(约占地表总直射辐射的 8.03%)；相反，地表向下的散射辐射增加了 3.72 $W \cdot m^{-2}$(约占地表总散射辐射的 4.47%)。综合来看，颗粒物导致地表向下的总太阳辐射减少了约 5.54 $W \cdot m^{-2}$(占向下总辐射量的 2.79%)。Matsui 等(2008)的研究证实，美国东部地区的颗粒物使地表散射辐射增加了 2%～5%，这与本书中在中国地区的估计较为相近。Shao 等(2015)利用 Fu-Liou 大气辐射传输模型估算了城市颗粒物对地表辐射的影响发现，颗粒物导致北京市和上海市年均地表总辐射分别减少了 37.4 $W \cdot m^{-2}$ 和 30.7 $W \cdot m^{-2}$，地表散射辐射分别增加了 14.8 $W \cdot m^{-2}$ 和 5.5 $W \cdot m^{-2}$，略高于本书的估计值。与之前的数值模式结果进行对比发现，颗粒物引起的地表辐射变化的空间分布特征与本书的模拟结果基本一致(王莹 等，2012)。

从空间分布来看，模拟的颗粒物对辐射的影响主要集中在华北平原、长三角和四川盆地等城市群地区，地表散射辐射的最大增幅可达 30 $W \cdot m^{-2}$(约为 20%)。相比而言，西北地区颗

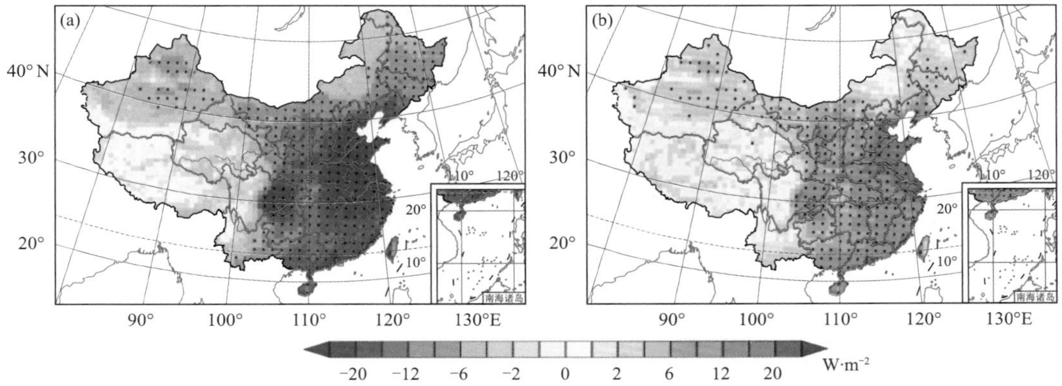

图 8.10　2006—2015 年颗粒物引起的年平均直射辐射(a)和散射辐射(b)的绝对变化(单位：W·m^{-2})
(图中打点区域表示通过了置信度为 99%的显著性检验)

粒物引起的地表辐射变化相对较低(基本在±2 W·m^{-2}范围内)，该地区人为活动水平不高，其地表辐射变化主要与输送到该地区上空的碳质以及沙尘气溶胶有关。Cong 等 (2015)结合 MODIS 卫星火点观测和珠穆朗玛峰大气环境观测站多年的资料发现，春季印度北部以及尼泊尔地区的农业秸秆焚烧和森林火灾频繁发生，受到南亚季风环流的影响，大量的含碳气溶胶输送到喜马拉雅山和青藏高原上空。Xia 等 (2008)使用 MISR 观测的 AOD 数据发现，青藏高原上空的 AOD 和塔克拉玛干沙漠的沙尘气溶胶有很强的相关性。Liu 等 (2008)利用 CALIPSO 星载激光雷达进一步证实了沙尘气溶胶向青藏高原地区的输送过程。因此，累积的碳质和尘埃气溶胶是导致我国西北地区地表直射和散射辐射变化的主要原因。

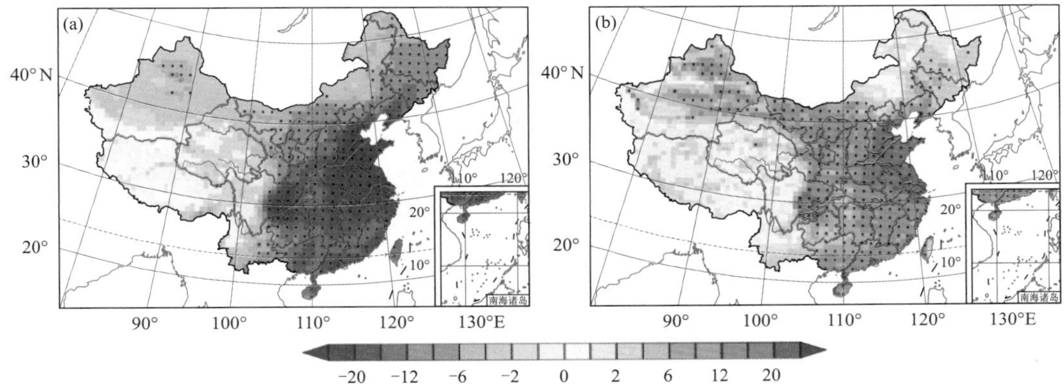

图 8.11　2006—2015 年颗粒物引起的年平均直射辐射(a)和散射辐射(b)的相对变化(%)
(图中打点区域表示通过了置信度为 99%的显著性检验)

颗粒物引起的辐射平衡变化能够改变大气中的动力和热力状态，进而影响地表能量平衡和水循环过程。图 8.12a 给出了中国地区颗粒物引起的近地面气温的变化。整体来看，2006—2015 年中东部地区地表气温表现为负的变化，且通过了置信度为 99%显著性检验，表明颗粒物导致地面降温。地表气温变化的空间分布和 AOD 的空间分布特征基本一致，四川盆地和东部沿海区域地表气温下降最为明显，局部最大降低值达到 1.3 ℃；我国西部以及东北地区地表气温变化较小。Qian 等(2003)基于 RegCM 模拟发现，颗粒物导致中国地区地表气温下降

0.6～1 ℃；四川盆地颗粒物导致的降温最为明显，最大降温达到 1.2 ℃；华北平原及河套地区降温幅度偏小，为 0.3～0.6 ℃，这与本书的模拟结果基本一致。从全国平均值来看，年平均地表气温下降了 0.26 ℃，略低于 Wang 等(2015b)利用 RegCCMS 模式估计的 0.31 ℃。不同的是，他们的研究中同时考虑了颗粒物的直接辐射效应和间接辐射效应的影响。

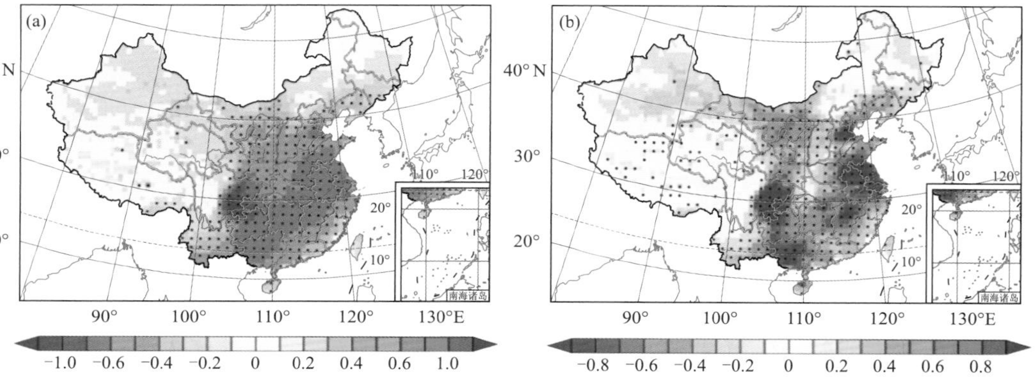

图 8.12　2006—2015 年颗粒物引起的年均地表气温(a，单位：℃)和饱和蒸气压差(b，单位：hPa)的变化(图中打点区域表示通过了置信度为 99%的显著性检验)

饱和水汽压差(VPD)是指在特定的温度条件下，实际空气中的水汽压与空气饱和状态时的水汽压之间的差值，它反映了空气的干燥程度。Novick 等 (2016) 研究发现，饱和水汽压差对于整个陆地生态系统的水分利用率以及植被的生产力有着重要影响，可以影响植物气孔的闭合，进而调节植物的蒸腾和光合作用等生理过程。饱和水汽压差可以根据大气温度(T_{air})和相对湿度(RH)计算得到，具体公式如下：

$$\mathrm{VPD} = 0.61078 \times e^{\frac{17.27 \times T_{air}}{T_{air}+237.3}} \times (1 - \mathrm{RH}) \tag{8.3}$$

图 8.12b 给出了模拟的中国地区颗粒物引起的近地面饱和水汽压差的变化。从图中可以看出，在我国中部和东南沿海等地区，颗粒物能够显著降低饱和水汽压差，变化范围为−0.8～−0.4 hPa。饱和水汽压差下降较大的区域集中在四川、河北、江苏以及云南等省份，最大降低值可以达到 1.2 hPa。从全国平均来看，颗粒物导致饱和水汽压差下降了 0.24 hPa。

图 8.13a 给出了中国地区饱和水汽压差的变化和 AOD 的散点图以及对应的拟合曲线，可以看出，VPD 的变化和 AOD 之间的相关系数为−0.64，且通过了置信度为 99%显著性检验，表明 VPD 随着 AOD 增大显著降低。颗粒物导致的近地面降温降低了饱和水汽压，空气中所能容纳的水汽含量减少，从而使得饱和水汽压差降低(Cirino et al.，2014)，这与饱和水汽压差和地表气温之间的高相关系数(R=0.88，99%置信度)相吻合(图 8.13b)。另外，本书的模拟结果和前人基于野外观测实验(Gu et al.，2003；Wang et al.，2018)以及数值模式模拟(Wu et al.，2017)的研究基本一致。

图 8.14 给出了 2006—2015 年间颗粒物引起的地表气温、地表散射辐射比例和近地面饱和水汽压差变化的年际趋势。图中折线表示中国区域的平均值，误差线表示对应的标准差。从图中可以看出，颗粒物引起的中国区域平均地表气温变化为−0.37～−0.08 ℃，2006 年地表降温最大，2014 年最小。地表气温变化的年际差异(定义为 2006—2015 年地表气温变化的一倍标准差)为 0.1 ℃，明显小于 2006—2015 年间地表气温下降的平均值 0.26 ℃，说明颗粒

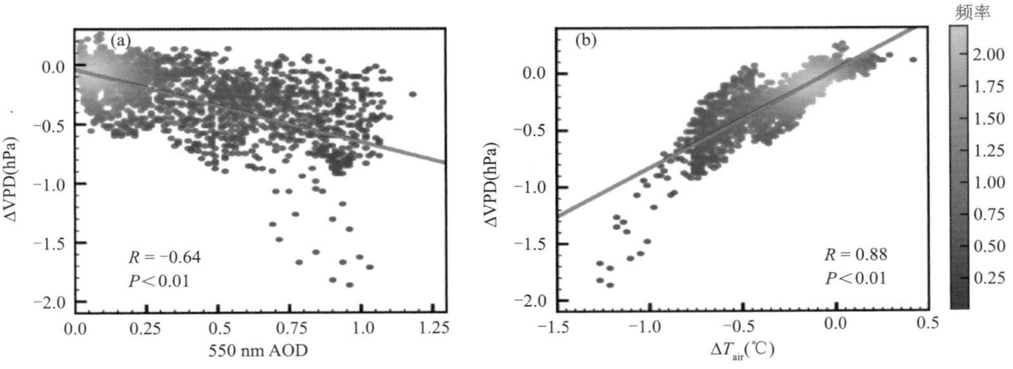

图 8.13　颗粒物引起的饱和水汽压差的变化(单位:hPa)和 AOD(a)及地表气温变化(b,单位:℃)的散点图以及对应的拟合曲线

物对地表气温影响的年际变化相对较弱。饱和水汽压差变化的年际趋势和地表气温较为相似,颗粒物导致年平均饱和水汽压差下降了 0.05～0.43 hPa,2006 年下降最为明显。颗粒物引起的中国区域平均地表散射辐射比例增加了 2.7%～3.4%,2015 年增加值最低。观测数据表明,我国颗粒物浓度呈现下降趋势,2013—2018 年下降了 30%～50%(Zhai et al.,2019)。相比于 2006—2015 年间的变化均值(3.1%),地表散射辐射比例变化的年际差异(定义为 2006—2015 年间变化的一倍标准差)相对较小(0.3%)。

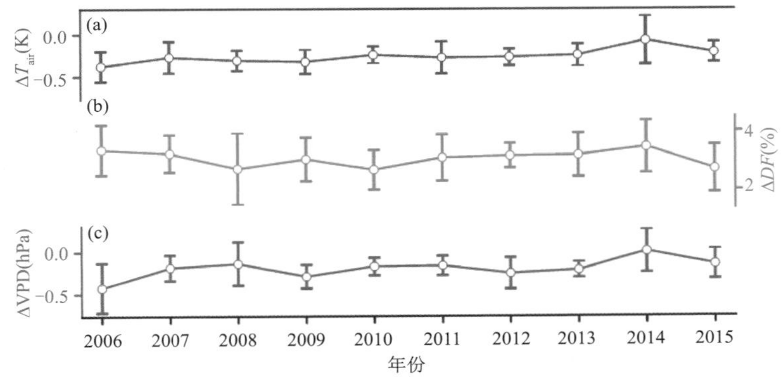

图 8.14　2006—2015 年间颗粒物引起的年平均地表气温(a,单位:℃)、地表散射辐射比例(b,%)和近地面饱和水汽压差(c,单位:hPa)的变化

8.4.2　颗粒物对陆地碳通量的影响

颗粒物引起的地表辐射通量以及相关气象要素的变化可以影响植被的生理过程,从而改变陆地生态系统的生产力以及碳同化能力。图 8.15 给出了颗粒物对中国地区 GPP、TER 和 NEE 的影响,可以看出,2006—2015 年间,颗粒物导致中国大部分地区陆地生态系统的 GPP 增加 0.3～0.8 g C·m^{-2}·d^{-1}。其中,我国西南、东南和华北部分地区的 GPP 增加较大,局部地区达到 0.94 g C·m^{-2}·d^{-1}。从全国统计总量来看,2006—2015 年间,颗粒物使得中国陆地生态系统的 GPP 增加了 0.36 Pg C·a^{-1},相当于年均 GPP 的 5%。Strada 等 (2016)研究发现,北美东部地区和欧亚大陆的颗粒物污染促进生态系统 GPP 增长了 5%～8%。Chen

等(2014)基于离线的 TEM(Terrestrial Ecosystem Model)模式研究发现,颗粒物使全球陆地生态系统 GPP 增加了 4.9 Pg C · a^{-1}(约 4%)。Strada 等(2016)使用 NASA ModelE2-YIBs 的模拟研究发现,全球尺度上颗粒物对 GPP 的影响相对较小,仅为 1%～2%。相比于全球尺度,本书估计的中国地区的 GPP 变化相对较高。另外,模拟结果显示颗粒物使得中国地区的净初级生产力增加了 0.22 Pg C · a^{-1},与 Yue 等(2017b)的模拟结果(0.2 Pg C · a^{-1})基本一致。

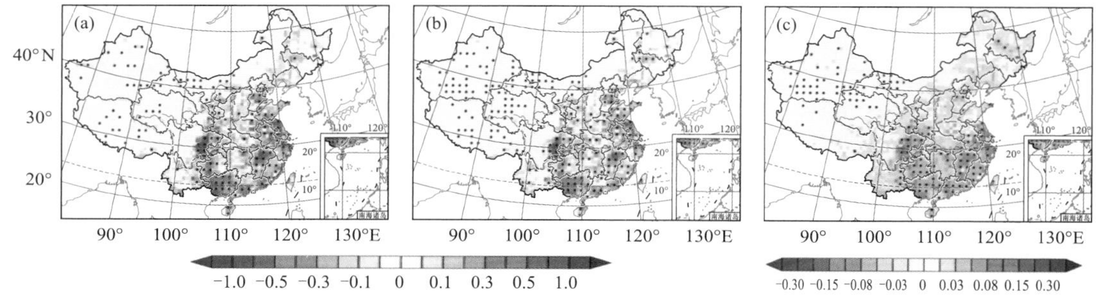

图 8.15　2006—2015 年颗粒物引起的年均 GPP(a)、TER(b)、NEE(c)的变化(单位:g C · m^{-2} · d^{-1})
(图中打点区域表示通过了置信度为 99%的显著性检验)

颗粒物引起的 TER 的变化与 GPP 变化具有相似的空间分布特征(图 8.15b),主要是因为光合作用和呼吸作用过程互为原料与产物,通过生态系统同化的碳在不同碳库中的分配关系相互耦合(Liu et al., 2018)。从图中可以看出,2006—2015 年间,颗粒物导致中国大部分地区陆地生态系统的 TER 增加 0.2～0.7 g C · m^{-2} · d^{-1},略小于 GPP 的变化。其中,我国西南、东南和华北部分地区的 TER 增加较大,局部地区达到 0.9 g C · m^{-2} · d^{-1}。从全国统计总量来看,2006—2015 年间,颗粒物使得中国陆地生态系统的 TER 增加了 0.30 Pg C · a^{-1}。颗粒物导致 TER 的增加量小于 GPP 的增加,从而得到负的 NEE 变化(−0.06 Pg C · a^{-1};图 8.15c),说明由于颗粒物的影响,更多的大气 CO_2 被陆地生态系统吸收。本书中估计的 NEE 的变化量相当于 RegCM-Chem-YIBs 模拟的中国地区年均 NEE 总量的 21%(−0.29 Pg C · a^{-1}),同时相当于 Piao 等 (2009)估计的中国地区年均 NEE(−0.26～−0.19 Pg C · a^{-1})的 23%～31%。Mercado 等 (2009)基于 JULES 模式研究发现,1960—1999 年间,颗粒物导致全球陆地生态系统的碳吸收量增加了 23.7%,与本书的结果接近。此外,本书中模拟的 NEE 变化量与一些基于实验测量的结果基本一致,这些研究发现,由于颗粒物的影响,陆地碳吸收量增加了 10.3%～34.9%(Bai et al., 2012; Cirino et al., 2014)。

图 8.16 给出了中国不同地区颗粒物引起的月平均 GPP、TER 和 NEE 的变化,可以看出,在全国尺度上,颗粒物引起的月平均 GPP 变化呈现单峰结构,最大值出现在 7 月,最小值出现在 12 月。夏季植被生长旺盛,同样大小的辐射变化引起的 GPP 变化更加明显。华北和东北等高纬度地区的月均 GPP 变化的季节性差异更加明显,这也是造成夏季全国尺度 GPP 变化峰值的主要原因。相对来说,高纬度地区的气候特征具有更加明显的季节性差异,这些地区的土地覆盖类型以农作物和草地为主,相比于森林等植被类型具有更加明显的物候周期。相反,在低纬度地区,如中国西南部和东南部,颗粒物导致的月均 GPP 的变化并没有明显的季节性差异。颗粒物引起的月平均 TER 变化与 GPP 变化具有相似的季节变化特征,夏季 TER 变化

最为明显(0.13 Pg C • a^{-1})。对比不同区域,西南地区 TER 增加最多(0.09 Pg C • a^{-1}),其次是我国中部地区(0.07 Pg C • a^{-1})和华北地区(0.06 Pg C • a^{-1})。NEE 变化的峰值较 GPP 和 TER 有所滞后,出现在 8 月。从全年平均来看,颗粒物导致的 NEE 的变化主要来自我国的西南和中部地区,这些地区常绿阔叶林和落叶阔叶林是主要的植被覆盖类型,NEE 变化量(28.7 Tg C • a^{-1})约占全国 NEE 变化总量的 50%。夏季华北和东北地区颗粒物引起的 NEE 变化更为显著,分别占全国 NEE 变化总量的 25%和 21%。

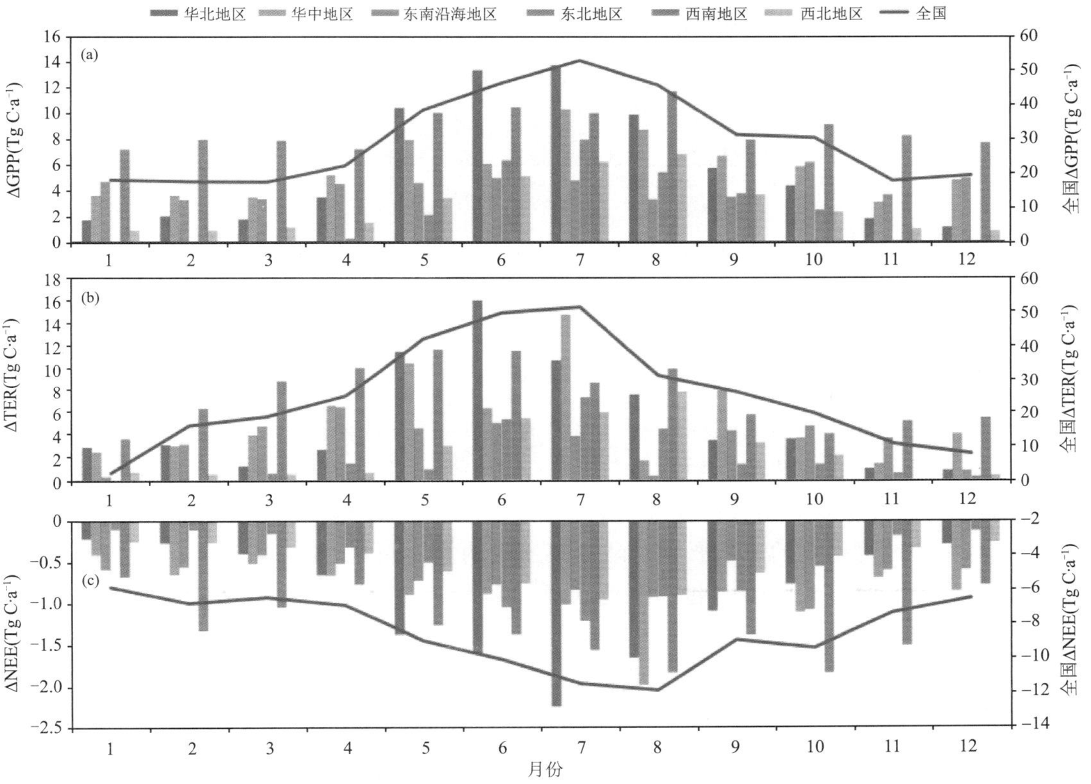

图 8.16 颗粒物引起的 2006—2015 年中国不同地区月平均 GPP(a)、TER(b)和 NEE(c)的变化(单位:Tg C • a^{-1})

图 8.17 给出了 2006—2015 年间颗粒物引起的 GPP 和 NEE 变化的年际趋势,图中的柱状图表示年平均的中国区域变化总量,误差线表示对应的标准差。从图中可以看出,颗粒物引起的中国区域 GPP 变化总量为 0.31～0.43 Pg C • a^{-1},NEE 变化总量为−0.07～−0.05 Pg C • a^{-1}。GPP 和 NEE 变化最大值均出现在 2014 年,这和颗粒物导致的气象要素的变化基本一致(图 8.14)。GPP 和 NEE 变化的年际差异(定义为 2006—2015 年 GPP 或 NEE 变化的一倍标准差)分别为 0.04 Pg C • a^{-1}和 5.5 Tg C • a^{-1},明显小于 2006—2015 年间 GPP 和 NEE 变化的平均值(0.36 Pg C • a^{-1}和 0.06 Pg C • a^{-1}),说明颗粒物导致的 GPP 和 NEE 的年际变化相对较弱。进一步应用 M-K(Mann-Kendall)趋势检验方法,可以发现,2006—2010 年 GPP 的变化呈现出较弱的下降趋势(通过了置信度为 90%显著性检验),但 2010—2014 年 GPP 的变化呈现出一定的上升趋势(通过了置信度为 95%显著性检验)。这种趋势与地表散射辐射比例

的变化趋势更为一致(图 8.14),表明颗粒物引起的地表散射辐射比例的增加可能是导致 GPP 变化的主要因素。

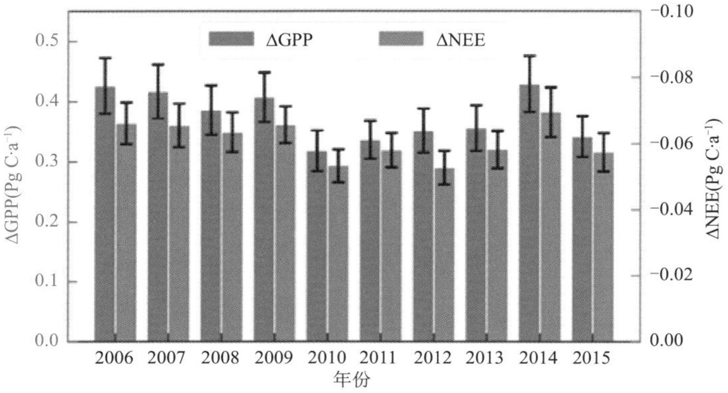

图 8.17　2006—2015 年间颗粒物引起的 GPP 和 NEE 的变化(单位:Pg C · a^{-1})
(图中误差线表示标准差)

8.4.3　不同气象因子对陆地碳通量的贡献

陆地生态系统是一个与周围环境密切相关的复杂系统,辐射、温度和湿度等气象因子的变化都能够显著影响生态系统的生物物理和生物化学过程。由于颗粒物引起的气象要素的变化是相互耦合的,因此很难利用数值模式来确定颗粒物是如何影响陆地生态系统的碳循环过程的。为了探讨颗粒物引起的气象要素对陆地碳通量的相对贡献,本书引入了一个多元线性回归方法,使用式(8.4)将颗粒物引起的陆地碳通量和大气 CO_2 浓度的变化分解为不同气象要素的影响:

$$\Delta Y = a \times \Delta \mathrm{DF} + b \times \Delta T_{\mathrm{air}} + c \times \Delta \mathrm{VPD} + \varepsilon \tag{8.4}$$

式中,ΔY 是考虑和不考虑颗粒物影响的两组数值试验之间陆地碳通量(GPP、NEE)或大气 CO_2 浓度的差异(即 EAERO－ECTRL)。ΔDF、ΔT_{air} 和 ΔVPD 分别代表两组数值试验之间地表散射辐射比例、地表气温和近地面饱和水汽压差的差异。"a""b"和"c"是使用最大似然估计法(Maximum Likelihood Estimate)计算得到的回归系数,分别代表了 GPP、NEE 或大气 CO_2 浓度变化对地表散射辐射比例、地表气温和近地面饱和水汽压差变化的敏感性。ε 是回归方程的残差项,表示 RegCM-Chem-YIBs 模拟的颗粒物对 GPP、NEE 或大气 CO_2 浓度的影响和用多元线性回归方法估算的影响之间的差值。基于这个方法,可以进一步计算出由颗粒物引起的气象要素变化对陆地碳通量和大气 CO_2 浓度的贡献,如式(8.5)—(8.7)所示:

$$\Delta Y_{\mathrm{DF}} = a \times \Delta \mathrm{DF} \tag{8.5}$$

$$\Delta Y_{T_{\mathrm{air}}} = b \times \Delta T_{\mathrm{air}} \tag{8.6}$$

$$\Delta Y_{\mathrm{VPD}} = c \times \Delta \mathrm{VPD} \tag{8.7}$$

值得注意的是,上述方法中只考虑了地表散射辐射比例、地表气温和近地面饱和水汽压差这三种气象因子的影响。尽管先前很多基于野外观测和数值模式模拟的研究发现,这三种气象因子是颗粒物引起陆地生态系统碳通量变化的主要驱动因子(Bai et al., 2012; Cirino et al., 2014; Strada et al., 2016; Wang et al., 2018),然而,其他气象要素(如降水等)也可能影响陆地生态系统的碳循环过程。这些未被考虑的气象因子可能会对本书的估计结果产生一定的不确定性。此外,多元线性回归方法中假设陆地碳通量和大气 CO_2 浓度对气象因子变化的响应是线性的,这可能与实际情况有所不同。这些不确定性都包含在式(8.4)中的残差项里,因此后面部分需要对残差项进行讨论(见 8.4.5 节)。尽管如此,以往的研究已经对这种简单的分解方法进行了评估,发现它对于估计不同气象因子影响的相对贡献是快速而有效的,特别是对于长时间尺度的研究而言(Jung et al., 2017; Piao et al., 2013; Zhang et al., 2019d)。

基于 2006—2015 年 RegCM-Chem-YIBs 模拟的月平均结果,在每个模式网格上应用上述多元线性回归方法,得到不同气象因子对 GPP 和 NEE 变化的影响。图 8.18 给出了中国地区引起 GPP 和 NEE 变化的主要贡献因子的空间分布,可以看出,颗粒物对陆地生态系统碳循环过程的影响比较复杂,不能归结于单一的气象因素。不同气象因子对 GPP 和 NEE 的影响存在明显的区域差异,一方面,不同的植被类型对气象因子的敏感性不同,另一方面,不同地区的气候条件存在差异。颗粒物引起的地表散射辐射比例的增加是造成中国大部分地区 GPP 和 NEE 变化的主要因子,特别是在华北和东南地区。其中,对于 GPP 和 NEE 来说,地表散射辐射比例的增加占主导地位的区域分别约占中国陆地总面积的 59% 和 62%,与 Knohl 等(2008)的研究结果基本一致,他们发现在散射辐射比例增加导致的阴生面叶片的光合作用速率增强足以解释生态系统碳吸收效率的增加,一些基于野外观测实验的研究也发现了类似的结果(Cheng et al., 2015; Wang et al., 2018)。

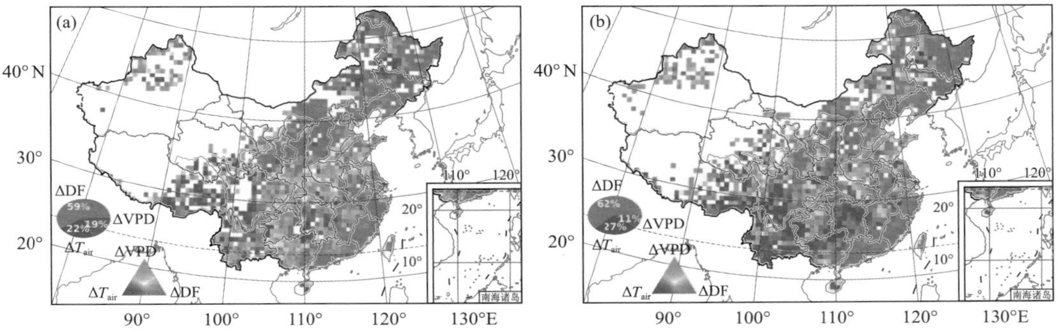

图 8.18　中国地区引起 GPP(a)和 NEE(b)变化的主要贡献因子的空间分布(图中右下角三角形是麦克斯韦颜色三角形(Maxwell's Color Triangle),红、蓝、绿三种基色分别表示地表散射辐射比例、地表气温和近地面饱和水汽压差,三种基色的相对比例即为对应的气象因子的相对贡献。图中左下角饼状图显示的是贡献最大的气象因子所占区域的面积百分比)

对于 GPP 来说,近地面饱和水汽压差的影响主要集中在华中地区和西南偏东地区,地表气温的影响集中在西北地区、西南和东北部分地区,内蒙古和东北交界地区地表散射辐射比例和地表气温的贡献相当。对于 NEE 来说,西南地区大部分受到地表气温的影响,近地面饱和水汽压差的影响集中在西北地区。华中地区气象因子对 NEE 的影响更为复杂,主要受到地表气温和地表散射辐射比例的影响。在 GPP 的变化中,地表气温占主导地位的地区所占的比例(22%)与近地面饱和水汽压差占主导地位的地区所占的比例(19%)接近。然而,对于 NEE 的变化,地表气温占主导地位的区域面积(27%)远远大于近地面饱和水汽压差占主导地位的区域面积(11%),特别是在以森林为主要下垫面覆盖类型的西南地区。这种差异的主要原因是西南等地区土壤碳库含碳量较大，植被的呼吸作用对温度的敏感性更强，从而使得 NEE 对地表气温变化的响应更为明显(Zhang et al.，2019d；Strada et al.，2015；Cox et al.，2013)。

图 8.19 显示了中国不同地区颗粒物引起的三种气象因子的变化对年平均 GPP 和 NEE 值的贡献，可以看出，颗粒物引起的地表散射辐射比例的增加会促进陆地生态系统的生产力和碳同化能力。颗粒物对太阳辐射的散射作用导致到达植被冠层顶的散射辐射比例增加，从而使得阴生面叶片接收到更多的散射辐射，促进了光合作用速率；相反，阳生面叶片通常能接收到足够多的太阳辐射，其光照强度超过光饱和点的值，因此光合作用速率通常处于光饱和状态。综合来看，散射辐射比例的增加促进了整个冠层的光合作用速率(Rap et al.，2015；Yue et al.，2017b)。散射辐射比例增加对 GPP 的影响在华北、华中和东南地区较为明显，分别为 44.3 Tg C・a^{-1}、46.5 Tg C・a^{-1}和 42.8 Tg C・a^{-1}，几乎是其他地区的两倍。西南地区散射辐射比例增加对 GPP 的影响相对有限(13.6 Tg C・a^{-1})，主要是由于该地区云量较多，对太阳辐射的散射使得该地区散射辐射比例较高(Yue et al.，2017a)。从全国尺度来看，颗粒物引起的散射辐射比例的增加导致 GPP 增加了 192.4 Tg C・a^{-1}。

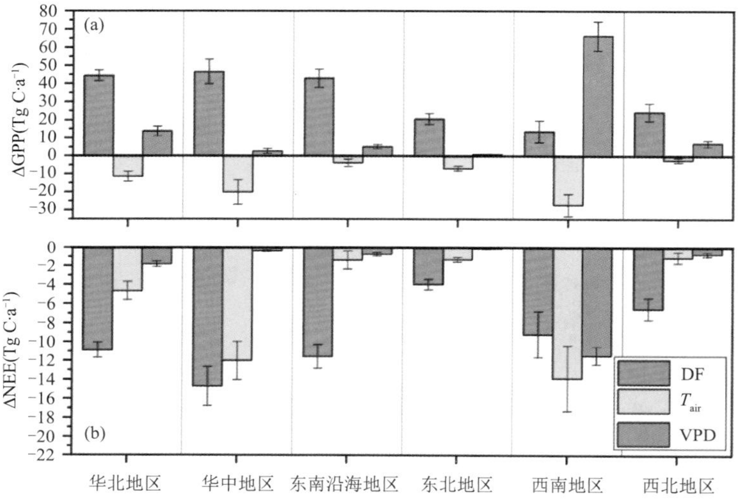

图 8.19 三种气象因子引起的各个地区年平均 GPP(a)和 NEE(b)变化(单位：Tg C・a^{-1})
(图中误差线表示标准差)

颗粒物导致的地表冷却削弱了陆地生态系统的 GPP，地表气温的降低往往会抑制植物光合作用的速率，缩短植被生长季节的长度，从而导致陆地生态系统 GPP 的降低(Niu et al.，2008)。除了西南地区以外，地表气温降低引起的 GPP 变化整体低于散射辐射比例增加引起的 GPP 变化。地表冷却对 GPP 的影响在我国西南地区最大，约为－27 Tg C・a^{-1}，西北地区最小，不到－5 Tg C・a^{-1}。

颗粒物引起的近地面饱和水汽压差的变化增强了中国地区的 GPP，并表现出强烈的区域差异。较低的饱和水汽压差刺激气孔开放，提高植被的水分利用效率，从而导致 GPP 增加(Wu et al.，2017)。饱和水汽压差对 GPP 的贡献在西南地区最大，约为 46.4 Tg C・a^{-1}；其次是华北地区，约为 13.8 Tg C・a^{-1}；其他地区的影响相对较小，不到 7 Tg C・a^{-1}。Li 等(2018d)使用中国通量观测网络的数据和 FLUXNET 月平均 GPP 数据集发现，在西南地区，

GPP 对饱和水汽压差最为敏感，这一结果与本书基本一致。

颗粒物引起的散射辐射比例的增加是中国大部分地区 NEE 变化的主要原因（图 8.19）。其中，散射辐射比例增加导致 NEE 变化最大的是华中地区（$-14.7\ \mathrm{Tg\ C\cdot a^{-1}}$），其次是东南地区（$-11.6\ \mathrm{Tg\ C\cdot a^{-1}}$）和华北地区（$-10.9\ \mathrm{Tg\ C\cdot a^{-1}}$）。这些地区经济发展迅速，人为排放强度大，颗粒物平均浓度水平明显高于其他地区（Zhang et al.，2019a），从而导致散射辐射显著增加（图 8.10）。从图 8.19 可以看出，颗粒物引起的地表降温效应导致 NEE 减少，即促进了陆地生态系统的碳吸收。碳分解速率随温度呈指数增长，从而导致 TER 的减少比 GPP 更多，因此 NEE 呈现减少趋势（Zhao et al.，2006）。西南地区和中部地区颗粒物的降温效应对 NEE 的影响较大，分别为 $-13.8\ \mathrm{Tg\ C\cdot a^{-1}}$ 和 $-12.1\ \mathrm{Tg\ C\cdot a^{-1}}$。此外，饱和水汽压差对 NEE 的影响和其对 GPP 的影响较为相似，符号相反，最大值出现在我国西南地区，约为 $-11.4\ \mathrm{Tg\ C\cdot a^{-1}}$。相比较而言，饱和水汽压差对 NEE 的影响较其他两种气象因子的影响更弱，仅占 NEE 变化的 14%。

8.4.4　颗粒物对大气二氧化碳浓度的影响

由于颗粒物的影响，陆地生态系统对大气中的 CO_2 吸收量增加，导致大气 CO_2 浓度水平进一步下降。图 8.20 显示了 2006—2015 年中国地区颗粒物引起的近地面 CO_2 浓度的季节性变化，可以看出，颗粒物造成的 CO_2 浓度减少量在夏季比较大（−0.62 ppmv），其次是春季（−0.31 ppmv）和秋季（−0.21 ppmv）。夏季，我国华北和西南地区的 CO_2 浓度大幅度减少（小于−2 ppmv），与这些地区陆地生态系统碳吸收量的增加是一致的（图 8.15c）。

相比于其他季节，夏季颗粒物对 CO_2 浓度影响的范围更广，除了西北地区以外，我国其他地区 CO_2 浓度均受到颗粒物的影响。春季，颗粒物导致的 CO_2 浓度减少主要集中在西南地区、东南地区和华中的部分地区。其中，最大减少量发生在四川盆地，达到−4 ppmv。秋季，颗粒物导致的 CO_2 浓度减少发生在四川盆地和安徽、江苏、河北等省份。尽管冬季的颗粒物浓度相对较高，但是对 CO_2 浓度的影响相对较弱（−0.18 ppmv），主要出现在四川盆地。CO_2 浓度变化的季节性差异大部分可以用 NEE 的变化来解释，另一部分可能和大气中的输送扩散过程有关。Kou 等（2015）使用 RAMS-CMAQ 模式研究发现，陆地生态系统碳通量能显著减少大气中的 CO_2 浓度；Ballav 等（2012）基于 WRF−CO_2 模式发现，输送扩散过程是造成近地面 CO_2 浓度变化的主要因素。此外，我国北方地区 CO_2 浓度的变化呈现出强烈的季节性变化，夏季 CO_2 浓度下降幅度较大，其他季节变化较小，主要与这些地区的植被物候周期有关，夏季植被生长更加旺盛。

图 8.21 显示了 2006—2015 年中国不同地区颗粒物导致的月平均 CO_2 浓度的变化，可以看出，在中国大部分地区，6—10 月近地面 CO_2 浓度有较大的减少，区域平均减少量在−1.25 ppmv 到−0.25 ppmv 之间，最大减少量发生在 8 月的华中地区，为（-1.19 ± 0.21）ppmv。全国平均来看，夏季颗粒物对大气 CO_2 浓度的影响最强，8 月减小量最大（（-0.57 ± 0.19）ppmv）。相对来说，南方地区 CO_2 浓度变化的季节性差异较弱，如西南地区全年 CO_2 浓度变化基本维持在相近的水平，约−0.5 ppmv，主要是因为南方地区全年气候温暖湿润，适合植被生长。我国西北地区下垫面覆盖类型主要以裸土和草地为主，植被的生产力相对较低，因此对 CO_2 浓度的影响较小（小于 0.1 ppmv）。

为了进一步研究颗粒物引起的不同气象因子的变化对 CO_2 浓度的影响，本节使用 8.4.3

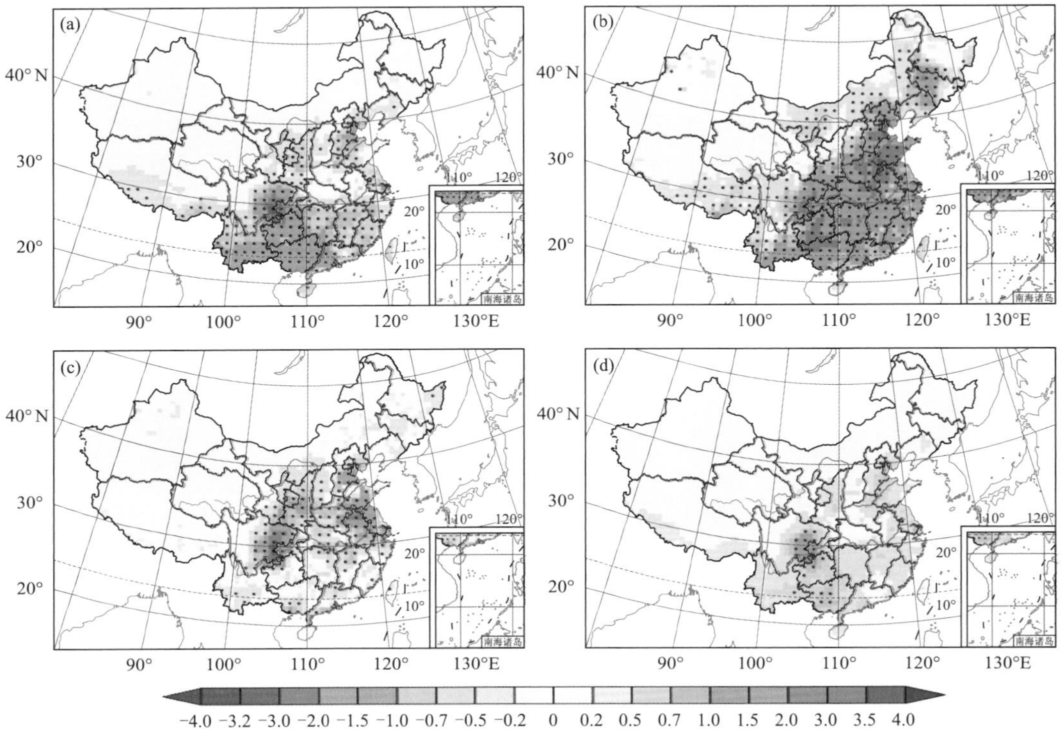

图 8.20　2006—2015 年间颗粒物引起的春(a)、夏(b)、秋(c)、冬(d)季 CO_2 浓度的变化(ppmv)
(图中打点区域表示通过了置信度为 99%的显著性检验)

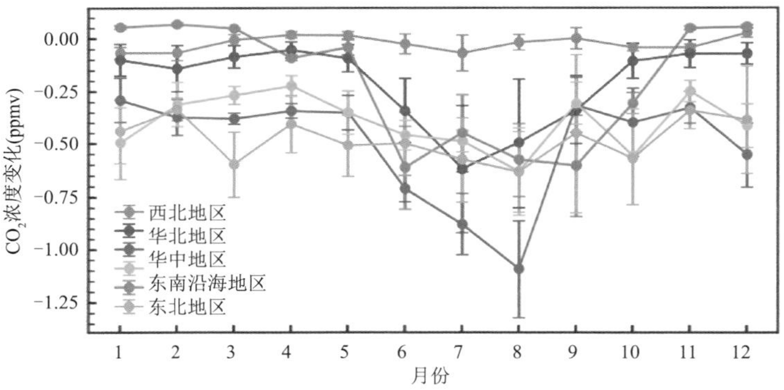

图 8.21　2006—2015 年间颗粒物引起的月均 CO_2 浓度变化(ppmv)
(图中误差线表示标准差)

节中提到的方法估算了 CO_2 浓度变化对地表散射辐射比例、地表气温和近地面饱和水汽压差的敏感性。从图 8.22 可以看出,在中国大部分地区,CO_2 浓度对地表散射辐射比例的敏感性为负值,约为 $-0.2\ ppmv \cdot W^{-1} \cdot m^2$。在华北小部分地区,由于颗粒物引起的地表向下总辐射量的减少抑制了植被的光合作用速率,导致陆地生态系统碳吸收量的减少,因此这些地区 CO_2 浓度对地表散射辐射比例的敏感性为正值。大气 CO_2 浓度对地表气温的敏感性基本上是正值,尤其是在我国西南和华北地区,即颗粒物导致的地表降温可以降低这些地区的大气

CO_2 浓度。河北省和云南省 CO_2 浓度对地表气温的敏感性最强，最高可达 4 ppmv · ℃$^{-1}$。我国华中和东北地区，CO_2 浓度对地表气温的敏感性相对较弱，部分地区甚至表现为负值。对于近地面饱和水汽压差来说，中国大部分地区表现为正的敏感性，最大值为 20 ppmv · kPa^{-1}，表明颗粒物引起的饱和水汽压差降低可导致 CO_2 浓度的减小。然而，在我国西南和东南的部分地区存在负的敏感性，这些地区的大气中水汽含量相对充足。整体来说，颗粒物引起的地表散射辐射比例增加、地表气温降低和饱和水汽压差降低有利于陆地生态系统对大气中 CO_2 的吸收，并进一步降低大气中的 CO_2 浓度，这和图 8.20 的结果保持一致。

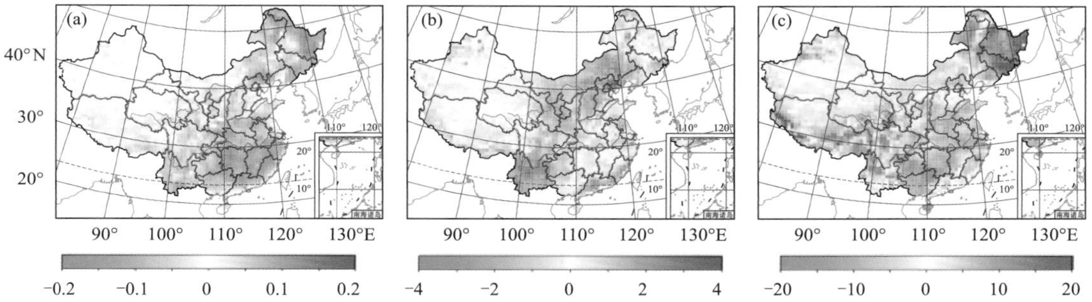

图 8.22　CO_2 浓度变化对地表散射辐射比例(a)、地表气温(b)和近地面饱和水汽压差(c)的敏感性(单位分别为：ppmv · W^{-1} · m^2、ppmv · ℃$^{-1}$、ppmv · kPa^{-1})

8.4.5　不确定性分析

本节中关于颗粒物引起的陆地生态系统碳通量变化的估计存在一定的不确定性，主要来自两个方面。

首先，由于输入数据和模型参数选择的限制，RegCM-Chem-YIBs 对陆地碳通量（如 GPP 和 NEE）的模拟存在不确定性。从 NEE 的验证结果来看，RegCM-Chem-YIBs 模拟的 NEE 与 CT2016 的结果基本一致，模式再现了 NEE 的季节变化特征，但是模拟的 NEE 相比于 Fang 等 (2018)基于野外观测和卫星遥感相结合的方法估计的 NEE 值要低得多(约 40%)，即模拟的陆地生态系统对大气中碳的吸收量有所高估，这一差异的主要原因是近年来中国陆地碳库呈现明显的增加趋势。Chen 等 (2019)根据 MODIS 卫星数据发现，由于森林和农田面积的增加，2000—2017 年中国植被叶面积增加了约 17.8%。另一项基于森林资源清查资料的研究表明，1999—2008 年间中国森林面积和碳密度比 1989—1998 年间分别增加了 14%和 12%，导致中国陆地碳汇增加了 0.14 Pg C · a^{-1}(Zhang et al., 2013a)。从模拟结果可以看出，不同模式估计的 NEE 值差别很大，变化范围为−0.39～−0.17 Pg C · a^{-1}，表明在当前的模式中仍然存在较大的不确定性。

其次，另一个不确定性可能来自多元回归方法中的线性假设。多元回归方法中假设不同气象因子对植被的影响是线性的，然而实际上植被的生物物理和生物化学过程对气象和水文条件的响应要复杂得多。除了本节中考虑的三种气象因子，陆地碳通量还可能受到土壤湿度和降水等其他因素的影响。另外，不同气象因子之间可能存在一定的相关性，如地表气温和饱和水汽压差，这会带来一部分的不确定性。尽管如此，该方法已经在多个研究中得到应用，并且被证实可以快速有效地区分不同气象要素的贡献(Jung et al., 2017; Piao et al., 2013;

Strada et al.，2015；Zhang et al.，2019b）。为了检验评估的合理性，图 8.23 给出了北京、上海、成都和广州四个站点 GPP 回归方程的标准化残差项的频率分布，可以看出，各站点的残差项均趋近于正态分布，残差项的均值接近于零，说明回归模型的结果是合理的。

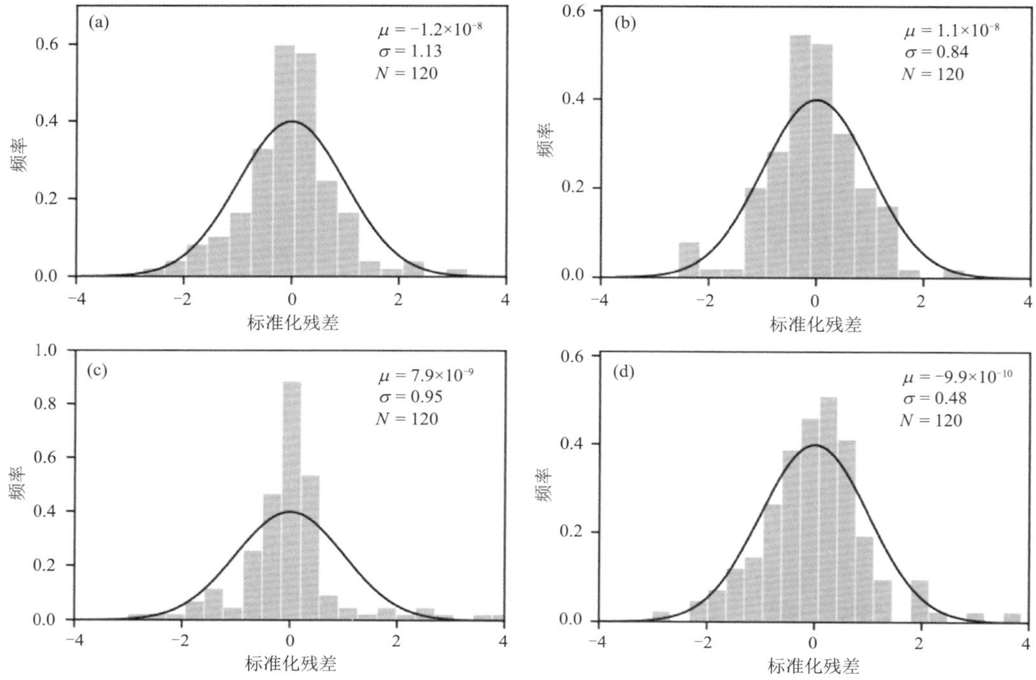

图 8.23　GPP 回归方程的标准化残差项的频率分布

（a）北京；（b）上海；（c）成都；（d）广州

尽管存在以上不确定性，本节的研究结果表明，中国地区的颗粒物污染可以通过散射辐射增加来提高生态系统的生产力和碳同化能力，这与以往基于野外实验（Strada et al.，2015；Gu et al.，2003；Cheng et al.，2015）和数值模拟（Knohl et al.，2008；Mercado et al.，2009；Yue et al.，2017a）的研究结果基本一致。陆地碳通量的增加会进一步降低大气中的 CO_2 浓度，从而减缓全球变暖的趋势。在目前大多数的气候模式中还没有考虑这一过程，这会使得已有的气候评估存在较大的不确定性。因此，未来需要进一步研究颗粒物污染与碳循环之间的相互作用，为未来的气候评估和气候预测提供科学依据。

8.5　本章小结

本章对区域气候-化学-生态耦合模式 RegCM-Chem-YIBs 模拟的臭氧和气溶胶光学厚度进行验证，定量评估了臭氧和颗粒物污染对陆地碳通量的影响，探讨了颗粒物引起的不同气象因子变化对陆地碳通量影响的相对贡献，评估了臭氧和颗粒物污染对大气中 CO_2 浓度的影响，主要结果如下。

（1）RegCM-Chem-YIBs 能够较好地反映近地面臭氧和气溶胶光学厚度的空间分布及其变化趋势。模拟的臭氧浓度与观测值的相关系数为 0.65，偏差为 7.53%；模拟的气溶胶光学厚度与 AERONET 站点观测值的相关系数在 0.75～0.81 之间，平均偏差为 5.81%。

(2)对流层臭氧能够显著降低植被的光合作用速率，削弱陆地碳汇。我国年平均 GPP 降低 12.1 ± 4.4%(0.76 ± 0.27 Pg C · a^{-1})，华中、华北以及东北地区的 GPP 下降幅度较大，部分地区超过 35%。与此同时，我国 NEE 增加 112.2 ± 22.5 Tg C · a^{-1}，约占全国 NEE 总量的 33%。臭氧对植被的影响存在明显的季节性变化，4—9 月的 NEE 变化量占全年变化总量的 90%以上。陆地碳汇的削弱进一步增加大气中的 CO_2 浓度，我国大部分地区的年均 CO_2 浓度增加 0.7～2.5 ppmv，云南和贵州的部分地区增加量达到 6 ppmv。夏季 CO_2 浓度的变化幅度较大，是其他季节的 5～10 倍。

(3)颗粒物引起的散射辐射比例增加、地表降温和饱和水汽压差降低促进了植物的生长和碳同化能力。2006—2015 年期间，颗粒物导致我国 GPP 增加 0.36 Pg C · a^{-1}(5%)，NEE 减少 0.06 Pg C · a^{-1}(21%)。GPP 的增加主要发生在西南、东南和华北地区，而 NEE 的减少主要来自西南和华中地区。此外，夏季的 GPP 和 NEE 的变化明显高于其他季节，最大变化量分别出现在 7 月和 8 月。颗粒物对陆地碳通量的影响进一步降低大气中的 CO_2 浓度，我国夏季 CO_2 浓度减少量最大，为－0.62 ppmv，其次是春季(－0.31 ppmv)和秋季(－0.21 ppmv)。四川盆地 CO_2 浓度变化较为明显，最大可达 4 ppmv。

(4)颗粒物引起的散射辐射比例的增加是导致 GPP 和 NEE 变化的主要原因。散射辐射增加对 GPP 和 NEE 的贡献占主导地位的区域分别约占我国陆地总面积的 59%和 62%，主要集中在华中、东南和华北地区。颗粒物引起的地表降温效应能够促进陆地生态系统的碳吸收量，且在西南和华中地区的影响较大，陆地碳通量分别增加 13.8 Tg C · a^{-1} 和 12.1 Tg C · a^{-1}。饱和水汽压差的变化对陆地碳通量的影响较其他两种气象因子偏弱。

第9章 全球/区域气候变化对我国空气污染的影响

本章利用 RegCM-Chem-YIBs 模拟分析区域二氧化碳升高和全球气候变化对我国陆地生态系统碳收支以及植被挥发性有机物排放的影响，定量评估区域二氧化碳升高和全球气候变化引起的臭氧和二次有机气溶胶浓度的变化。

9.1 数值试验方案设计

中国地区 CO_2 浓度存在很大的时间和空间上的差异，为了探讨这种时空异质条件下 CO_2 浓度升高对陆地生态系统的影响，本章使用在线耦合的区域气候-化学-生态模式 RegCM-Chem-YIBs，基于 RegCM-Chem 模拟的 CO_2 浓度来在线驱动 YIBs 模式，以考虑 CO_2 浓度的时空变化对陆地生态系统的影响。

为了评估区域 CO_2 浓度升高以及全球气候变化的影响，并将 CO_2 的辐射效应和施肥效应分离开来，设计了四组数值试验方案，如表 9.1 所示。其中，方案 1 是控制试验，模拟 2005—2015 年真实情景；方案 2 是 CO_2 施肥效应试验；方案 3 是 CO_2 施肥效应结合 CO_2 辐射效应试验；方案 4 是 CO_2 施肥效应、CO_2 辐射效应结合全球气候变化试验。对比不同组数值试验的结果，可以分别得到 CO_2 施肥效应(方案 2－方案 1)、CO_2 辐射效应(方案 3－方案 2)、CO_2 综合效应(方案 3－方案 1)、全球气候变化效应(方案 4－方案 3)以及全球气候变化和区域 CO_2 升高协同效应(方案 4－方案 1)的影响，CO_2 综合效应即为区域 CO_2 升高效应。所有方案中，第一年为预积分阶段，取后 10 年的结果进行分析。为了排除气候模式内部可变性的影响，使用双侧 t 检验方法来检验模拟结果的显著性。

表 9.1 数值试验方案设计

试验编号	气象条件	辐射模块 CO_2 浓度	植被模块 CO_2 浓度
方案 1	2005—2015 年	2005—2015 年	2005—2015 年
方案 2	2005—2015 年	2005—2015 年	2045—2055 年(RCP4.5)
方案 3	2005—2015 年	2045—2055 年(RCP4.5)	2045—2055 年(RCP4.5)
方案 4	2045—2055 年(RCP4.5)	2045—2055 年(RCP4.5)	2045—2055 年(RCP4.5)

方案 2～4 中模拟的 CO_2 浓度对应 RCP4.5 排放情景下 2045—2055 年的 CO_2 浓度值(Wise et al., 2009; Smith et al., 2006)，RCP4.5 排放情景下将采取一定的技术手段和措施来控制温室气体的排放，使其不超过目标水平。CO_2 排放量约在 2040 年前后达到峰值水平，2080 年左右排放量趋于稳定，这和中国未来的发展趋势基本一致(张蕾 等, 2016)。为了得到 2045—2055 年对应的化石燃料 CO_2 排放清单，在 MIX 排放清单的基础上将 CO_2 的排放量按

比例放大到 RCP4.5 情景。方案 2 中的辐射模块使用的 CO_2 浓度为方案 1 模拟的 2005—2015 年逐年平均的 CO_2 浓度。在方案 4 中，气象的初始和边界条件采用全球模式 HadGEM2（Hadley Center Global Environmental Model version 2）的模拟结果驱动。表 9.2 总结了 2005—2015 年和 2045—2055 年（RCP4.5）的中国地区化石燃料 CO_2 排放量以及模拟的年均 CO_2 浓度。

表 9.2(a)　2005—2015 年化石燃料 CO_2 排放量及模拟的 CO_2 浓度

年份	化石燃料 CO_2 排放量(Tg)	模拟的年均 CO_2 浓度(ppmv)
2005	7263	378.6
2006	7827	380.7
2007	8391	382.7
2008	8955	384.2
2009	9539.5	385.7
2010	9576.7	388.0
2011	10065.5	390.7
2012	10400.1	392.6
2013	10450.9	395.8
2014	10373.8	397.2
2015	10347.2	400.0

表 9.2(b)　2045—2055 年化石燃料 CO_2 排放量及模拟的 CO_2 浓度

年份	化石燃料 CO_2 排放量(Tg)	模拟的年均 CO_2 浓度(ppmv)
2045	18512.8	473.8
2046	18871.6	475.9
2047	19074.8	478.7
2048	19122.6	481.7
2049	19055.8	483.7
2050	16792.2	486.1
2051	18024.1	489.2
2052	17905.1	492.8
2053	17270.9	495.1
2054	16427.2	497.9
2055	15670.6	499.7

图 9.1 给出了 2045—2055 年和 2005—2015 年近地面 CO_2 浓度差值的空间分布，可以看出，2045—2055 年的 CO_2 浓度比 2005—2015 年高 90～130 ppmv。整体来看，CO_2 浓度差值存在明显的季节变化和区域差异，夏季 CO_2 浓度差值比冬季偏低，低值中心出现在我国西南地区和俄罗斯与蒙古国交界处。CO_2 浓度差值的高值中心位于我国东南沿海和四川盆地，主要是由于该地区人为活动导致的未来 CO_2 排放量的增加。

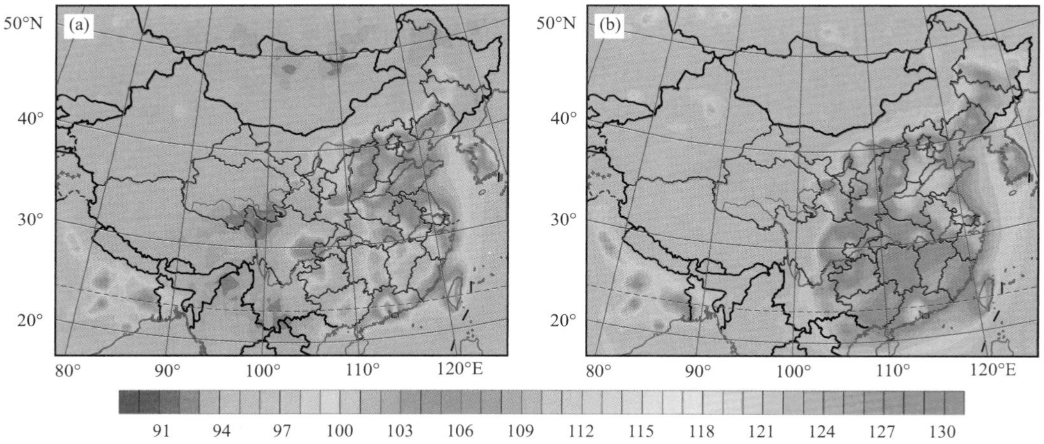

图 9.1　模拟的 2045—2055 年和 2005—2015 年夏季(a)和冬季(b)CO_2 浓度差值的空间分布(ppmv)

9.2　模拟结果评估

9.2.1　BVOC 排放的模拟与验证

图 9.2 给出了方案 1 模拟的 2006—2015 年异戊二烯和单萜烯排放量的空间分布，可以看出，不同地区的 BVOC 排放量存在明显的差异。整体来看，随着纬度的增加，BVOC 的排放逐渐减小，这主要是受到不同纬度间气候差异的影响。低纬度地区温度高，辐射强，促进植被 BVOC 的排放，导致低纬度地区较强的 BVOC 排放。相同纬度上 BVOC 排放也会存在明显的差异，如我国东北地区的东南方向异戊二烯排放量为 1.5～2 mg C·m^{-2}·h^{-1}，明显高于周边地区，主要是由于不同植物的 BVOC 排放速率存在较大的差异。东北地区温带常绿针叶林分布较广，其 BVOC 排放速率相对较大，因此导致该地区较大的 BVOC 排放量。我国南方地区、东北的部分地区以及东南亚、印度半岛是 BVOC 排放的高值区，异戊二烯和单萜烯的最大排放量分别超过 5 mg C·m^{-2}·h^{-1}和 0.7 mg C·m^{-2}·h^{-1}。低纬度地区由于大面积的热带雨林系统，BVOC 排放量均维持在较高水平，区域间的差异相对较小。我国华北平原和东北地区由于下垫面植被覆盖类型较为丰富，温带常绿针叶林、灌木、草地和农作物均有分布，其区域间的 BVOC 排放差异较大。西北地区和内蒙古西部地区植被稀疏，主要是草地类型，其 BVOC 排放量较低，异戊二烯排放量基本在 0.01 mg C·m^{-2}·h^{-1}以下。本书模拟的 BVOC 排放量的空间分布特征和前人的结果较为一致(池彦琪 等，2012)。

从全国尺度来看，2006—2015 年异戊二烯的排放量为 8.12 Tg C·a^{-1}，明显大于单萜烯的排放(2.69 Tg C·a^{-1})。异戊二烯和单萜烯排放量的总和为 10.81 Tg C·a^{-1}，由此可以估计中国地区 BVOC 排放的总量约为 13.5 Tg C·a^{-1}，低于 MIX 清单给出的 2010 年中国地区人为源 VOC 排放量 23.6 Tg C·a^{-1}(Li et al.，2017b)。相比于全球情况(Guenther et al.，1995)，中国地区 BVOC 对总 VOC 排放的贡献相对较小，主要是由于中国地区人为活动导致的大量 VOC 排放。由于 BVOC 的排放不受减排等人为控制措施的影响，并且相比于人为 VOC 具有更高的化学活性(Atkinson，2000)，因此研究 BVOC 排放的特征及其未来的变化趋势对中国地区的空气质量和碳循环过程具有重要的意义。

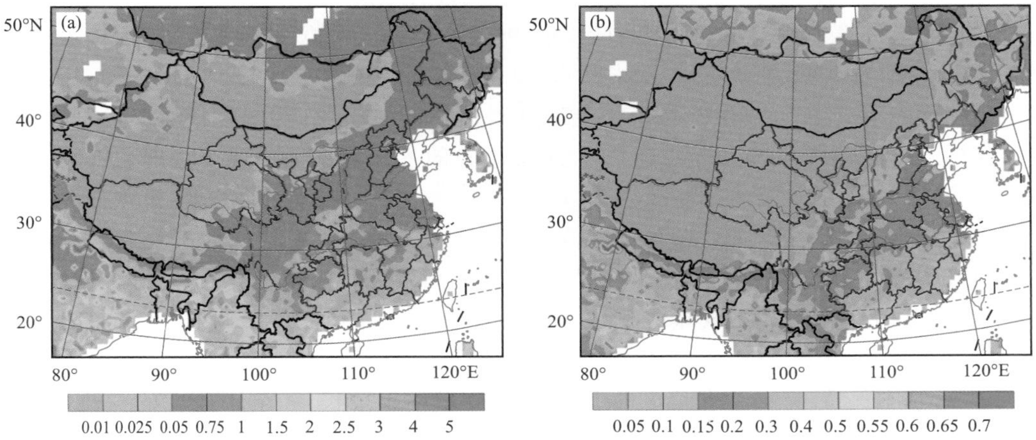

图 9.2　模拟的 2006—2015 年异戊二烯(a)和单萜烯(b)年平均排放量的空间分布(单位:mg C · m^{-2} · h^{-1})

表 9.3 总结了近年来不同研究估计的中国地区 BVOC 的排放量,可以看出,中国 BVOC 排放量的估计存在较大的不确定性,BVOC 排放总量的变化范围为 12.4～48.5 Tg C · a^{-1},其中,不确定性约为 12.19 Tg C · a^{-1}(定义为所有研究估计值的标准偏差)。这主要是由于模型中的 BVOC 排放因子和输入的下垫面植被覆盖资料的不确定性导致的,一方面,由于中国地区关于 BVOC 排放的观测数据相对较少,模型中使用的 BVOC 排放因子没有用本地化的资料进行更新,因此导致了模拟结果的差异;另一方面,模式中使用的植被类型数据往往来自全球数据集,其水平分辨率相对较粗,不能很好地反映中国地区复杂的植被覆盖现状,从而造成了模拟结果的不确定性。本书估计的 BVOC 排放总量与已有研究的估计值的中值(14.71 Tg C · a^{-1})接近。从表 9.3 可以看出,已有大部分研究模拟的异戊二烯排放量要明显大于单萜烯。除了 Klinger 等 (2002)和闫雁等(2005)的结果,大部分结果估计的异戊二烯排放量占 BVOC 排放总量的 50%以上,表明异戊二烯是 BVOC 中最主要的组分。

表 9.3　不同研究估计的中国地区 BVOC 排放量比较(单位:Tg C · a^{-1})

异戊二烯	单萜烯	总 BVOC	年份	参考文献
4.1	3.5	20.6	2000	Klinger 等(2002)
9.59	2.83	/	2001—2006	Fu 等(2012b)
11.32	2.66	15.11	1986—1988	Fu 等(2014)
15	4.3	28.4	1990	Guenther 等(1995)
6.97	2.87	14.13	2008	Xie 等(2017)
7.77	1.86	13.23	2000	谢旻等(2007)
5.2	3.0	14.3	1999	Wang 等(2007b)
6.7	1.8	12.4	1999	王勤耕(2001)
7.45	2.23	12.83	2003	池彦琪等(2012)
7.7	3.16	/	2004	Tie 等(2006)
12	6	35	1994—1995	Steiner 等(2002)
7.45	2.23	12.83	2003	Chi 等(2011)
9.39	3.63	/	2006	Li 等(2012a)
20.7	4.9	42.5	2003	Li 等(2013a)
27.09	6.32	48.5	1999—2003	Li 等(2014b)
4.85	3.29	17.08	1999	闫雁等(2005)
8.12	2.69	13.5	2006—2015	本书

图 9.3 给出了 2006—2015 年我国不同地区异戊二烯和单萜烯排放量的年际变化趋势，可以看出，我国陆地生态系统的 BVOC 排放量呈现逐年上升的趋势，从 2006 年的 7.1 Tg C • a^{-1}增加到 2015 年的 9.05 Tg C • a^{-1}，10 年间增长了约 27%。Li 等 (2014b)使用 MEGAN 模型研究发现，中国地区 BVOC 排放量在 1981—2003 年增加了约 28.01%，与本书的结论一致。BVOC 排放的年际增长趋势主要是由于全球变暖引起的冠层气温升高对植被 BVOC 排放的促进作用。另外，观测数据显示，近几年我国地表的太阳辐射逐年升高，这也是导致植被 BVOC 排放增加的另一个原因(Yang et al.，2018)。西南地区的 BVOC 排放量对我国总 BVOC 排放的贡献最大，异戊二烯和单萜烯的贡献分别为 34%和 31%。其次是华中地区，异戊二烯和单萜烯的贡献分别为 19%和 21%。西北地区尽管陆地面积最大，但由于植被覆盖率低，其异戊二烯和单萜烯的排放量分别仅为 0.67 Tg C • a^{-1}和 0.20 Tg C • a^{-1}。不同地区 BVOC 排放的年际变化趋势存在一定的差异，如我国华中地区和东南地区的 BVOC 排放量在 2009 年之后基本保持不变；华北地区的 BVOC 排放量逐年增长，和全国尺度的变化趋势较为一致。

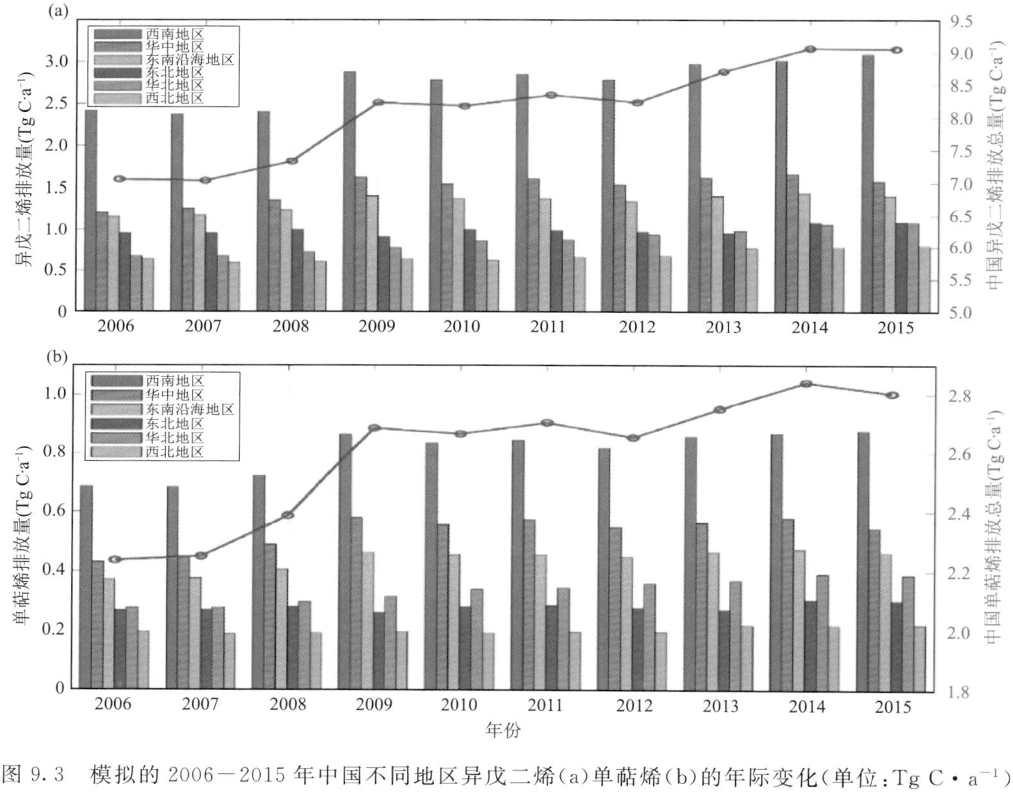

图 9.3　模拟的 2006—2015 年中国不同地区异戊二烯(a)单萜烯(b)的年际变化(单位：Tg C • a^{-1})

图 9.4 进一步给出了我国不同地区月平均异戊二烯和单萜烯排放量的变化趋势，图中所有数据均为 2006—2015 年的平均值。从图中可以看出，我国陆地生态系统的 BVOC 排放量呈现明显的季节变化特征，这主要和温度、辐射等气候因素有关(Li et al.，2012a；池彦琪 等，2012)。气象条件的周期性变化导致了植被生长状况(生产力、叶面积指数等)的季节性差异，从而影响植被的 BVOC 排放。我国不同地区的 BVOC 排放均呈现出单峰结构，1 月最低，异

戊二烯和单萜烯的排放量分别仅为 1.93 Tg C · a^{-1}和 0.54 Tg C · a^{-1}；8 月最高，两者的排放量分别达到 19.36 Tg C · a^{-1}和 5.16 Tg C · a^{-1}。

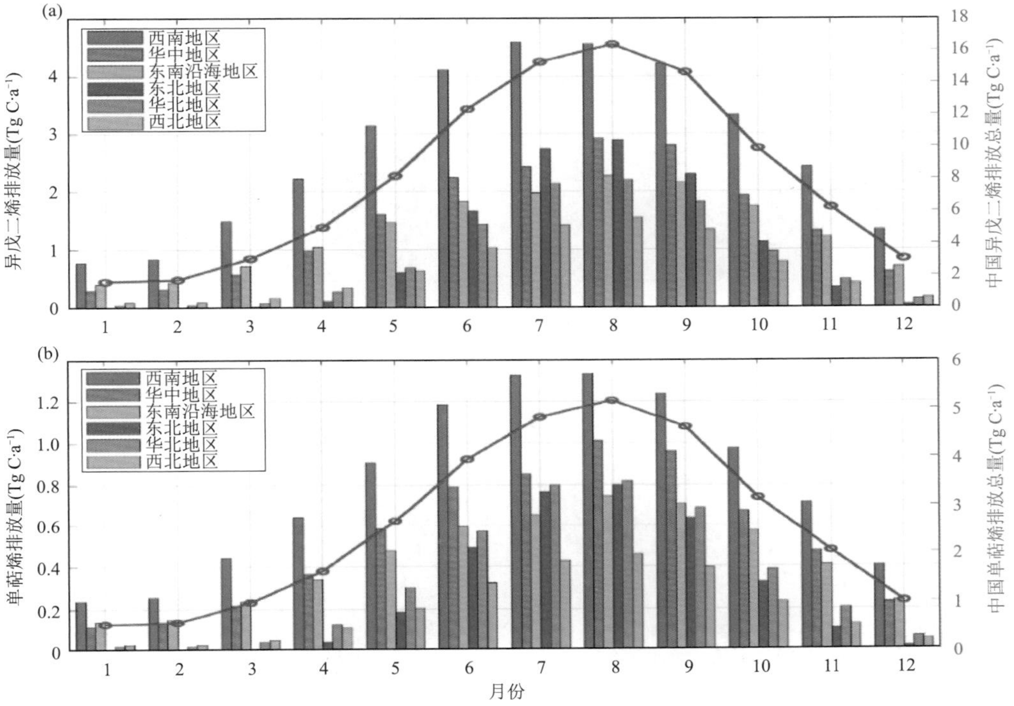

图 9.4　模拟的 2006—2015 年中国不同地区异戊二烯(a)和单萜烯(b)的月变化(单位：Tg C · a^{-1})

9.2.2　SOA 浓度的模拟与验证

图 9.5 给出了 2006—2015 年 RegCM-Chem-YIBs 模拟的夏季平均和全年平均的二次有机气溶胶和一次有机气溶胶(POA)浓度的空间分布(结果取自方案 1)，可以看出，模拟的夏季 SOA 浓度的高值区出现在四川盆地、华北平原的南部以及我国中东部的大部分地区，浓度最大值约为 20 μg · m^{-3}。华北平原的北部地区 SOA 浓度较低，大部分地区低于 14 μg · m^{-3}。对比图 9.5a 和 b，夏季的 SOA 浓度明显高于全年平均值，全年平均 SOA 浓度的高值中心出现在四川盆地，约为 16 μg · m^{-3}。年平均 SOA 浓度的高值(大于 10 μg · m^{-3})基本出现在我国的南方地区(35°N 以南)。SOA 的季节性变化和空间分布特征不仅和辐射、温度等气候因子的季节性变化有关，而且和亚洲季风系统控制下的天气形势的季节转变有关(Jiang et al.，2012a)。夏季的高温和强辐射增加了陆地生态系统的 BVOC 排放(图 9.4)，同时提高了光化学反应的速率，从而促进 SOA 的生成。因此，夏季的 SOA 浓度相对较高。尽管我国西南地区以及东南沿海地区有着较强的 BVOC 排放以及较强的太阳辐射和较高的温度，但从图 9.5a 可以看出，西南地区的 SOA 浓度相对较低，为 8～12 μg · m^{-3}。这主要是由于东亚夏季风的影响，我国南方地区盛行东南风，来自南海和西北太平洋的清洁空气向内陆地区输送，降低了东南沿海及西南地区的污染物浓度，从而形成了华中地区及华北平原南部地区的 SOA 高值。

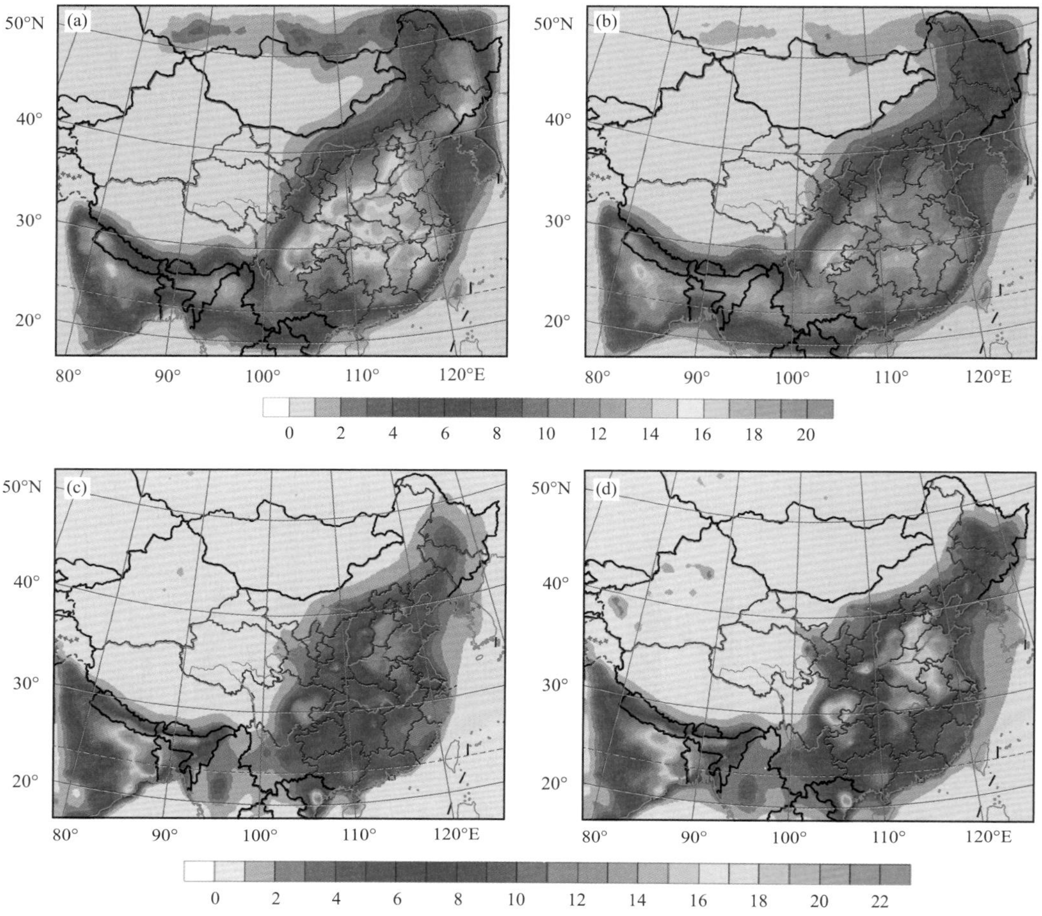

图 9.5　模拟的 2006—2015 年夏季平均(a、c)和全年平均(b、d)的近地面二次有机气溶胶(a、b)和一次有机气溶胶(c、d)浓度的空间分布(单位:μg·m^{-3})

图 9.6a 给出了生物源二次有机气溶胶(BSOA)占总 SOA 的比例(结果取自方案 1),可以看出,南方地区 BSOA 对 SOA 的贡献较大,占比为 0.4～0.6,南方地区 BVOC 排放生成的 BSOA 叠加上人为源二次有机气溶胶(ASOA)造成了南方地区的 SOA 高值。华北地区的 SOA 以 ASOA 为主,BSOA 的占比仅为 0.2～0.3。因此从全年平均来看,华北地区的 SOA 浓度相对较低,为 6～12 μg·m^{-3}。东北地区的 SOA 浓度略高于周边的其他地区,约为 10 μg·m^{-3}。这可能和当地温带针叶林较强的 BVOC 排放有关(图 9.2)。从图 9.6a 可以看出,东北地区 BSOA 的贡献占 SOA 的 0.4～0.6,东南亚地区和俄罗斯等地的 BSOA 贡献较大,占 SOA 的 0.6～0.8,主要是因为这些地区的下垫面覆盖类型为森林生态系统,BVOC 排放强度大,且人为活动相对较弱。

由于中国地区 SOA 的观测研究相对较少,很难在全国尺度对模拟结果进行验证。通过调研已有的 SOA 观测和模拟的结果,并与本书进行对比。Wang 等(2016a)在淀山湖站(31.09°N,120.98°E)的观测显示,长三角地区夏季的 SOA 浓度为(16.9±7.2)μg·m^{-3};

Zhang 等(2019a)在北京大学站点(39.99°N,116.30°E)的观测表明,北京地区夏季的 SOA 浓度约为 12.32 μg · m^{-3},这些观测结果和本书的模拟结果基本一致。此外,本书模拟的 SOA 季节变化和空间分布特征与 WRF-Chem、RAQMS 等模式模拟的结果较为一致(Yin et al., 2015; Jiang et al., 2012a; Han et al., 2016)。

相比于 SOA,POA 的空间分布特征和人为排放的分布特征较为相似。模拟的 POA 高值集中出现在中国东部的华北平原、长三角、四川盆地和珠三角等重点城市群地区。这些地区由于人为活动密集,污染物排放强度大,其 POA 浓度相对较高。全年平均来看,POA 浓度的最大值约为 22 μg · m^{-3}。夏季 POA 浓度相对较低,华北平原大部分地区的浓度为 10～12 μg · m^{-3}。四川盆地的 SOA 和 POA 浓度均较大,这主要和当地的人为排放、气候特征以及特殊的地形有关。一方面是由于盆地的特殊地形,其扩散条件相对较差;另一方面,四川盆地的人为排放强度较大,同时 BVOC 排放量也相对较高,从而生成了较高浓度的 SOA 和 POA。

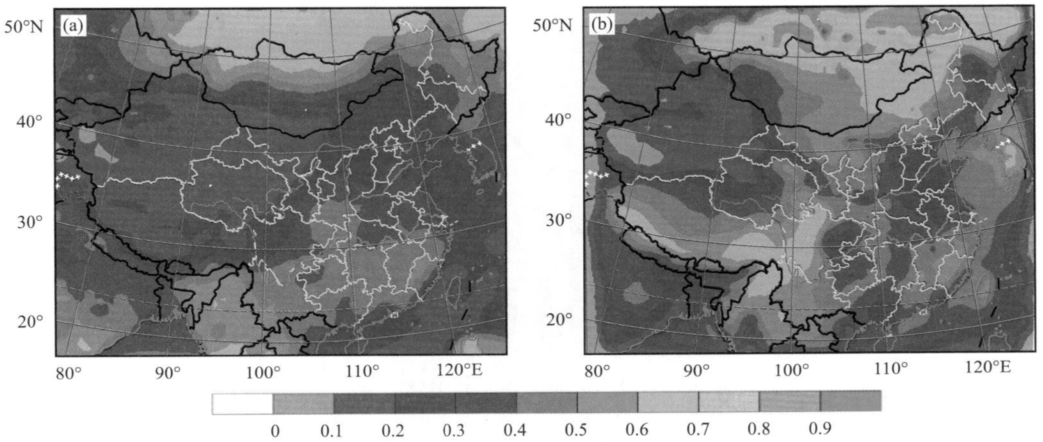

图 9.6　模拟的 2006—2015 年生物源二次有机气溶胶占总 SOA 的比例(a)和 SOA 占总有机气溶胶的比例(b)

图 9.6b 给出了模拟的 2006—2015 年的 SOA 占总有机气溶胶的比例(结果取自方案 1),可以看出,我国西南和东南大部分地区的 SOA 对 OA 贡献较大,SOA 占比在 0.5～0.7 之间。内蒙古 SOA 占总 OA 的比例相对较高,为 0.4～0.6。我国东部的重点城市群地区如华北平原、长三角、珠三角以及四川盆地的 SOA 对 OA 的贡献较低,占比在 0.2～0.4 之间,这和 Zhao 等 (2013b)观测得到的 14%～35%较为一致。我国东部沿海地区的 SOA 浓度占总 OA 的比例为 0.4～0.6;俄罗斯南部地区的 SOA 对 OA 浓度的贡献最大,达到 0.7～0.9;本书模拟的 SOA 占 OA 的比例和 Li 等 (2017a)基于 RAMS-CMAQ 模式模拟的结果较为一致。

图 9.7 给出了 2006—2015 年我国不同地区月平均 SOA 浓度的变化趋势(结果取自方案 1),可以看出,我国大部分地区的 SOA 浓度呈现单峰结构,最大值出现在 7—8 月,最低值出现在 1 月或 12 月,这与 BVOC 排放的月平均变化趋势较为一致(图 9.4)。SOA 的生成一方面和前体物的浓度有关,另一方面受到辐射和温度等气象要素的影响。夏季由于高温和强辐射,光化学反应速率以及大气氧化能力较强,在充足的 BVOC 排放下,促进了 SOA 的生成。冬季尽管人为源 VOC 的排放量较大,但是由于辐射较弱,大气氧化能力较差,因此 SOA 的浓度相

对较低。全国平均来看,SOA 浓度的最大月平均值为 8.51 μg·m^{-3},最小月平均浓度为 1.09 μg·m^{-3},全年平均值为 3.73 μg·m^{-3}。这比 Jiang 等(2012a)基于 SORGAM(Secondary Organic Aerosol Model)机制模拟的 1.34 μg·m^{-3}要高出近 2 倍,主要是由于传统的 SORGAM 机制对 SOA 的模拟存在一定的低估(Wang et al., 2015a)。相比于 SORGAM 机制,VBS 机制中增加了 SOA 前体物的种类,同时考虑了 SOA 氧化过程中的光化学老化机制。研究表明,VBS 机制对 SOA 浓度的模拟无论是在量级上还是变化趋势上都具有更好的效果(Ahmadov et al., 2012; 郭晓霜 等, 2014)。Han 等(2016)基于 VBS 机制的研究发现,中国东部地区的 SOA 浓度约为 4.45 μg·m^{-3},与本书的模拟结果基本一致。从不同地区来看,华中地区平均的 SOA 浓度明显比其他地区要高,8 月的最大值约为 15.5 μg·m^{-3}。其次是西南地区和东南地区,最大月平均 SOA 浓度分别为 10.6 μg·m^{-3}和 10.1 μg·m^{-3}。区别于其他地区,我国华北和东北地区的最大月平均 SOA 浓度出现在 7 月,分别为 7.4 μg·m^{-3}和 8.7 μg·m^{-3}。西北地区的 SOA 浓度最低,月平均浓度均不超过 1.6 μg·m^{-3}。

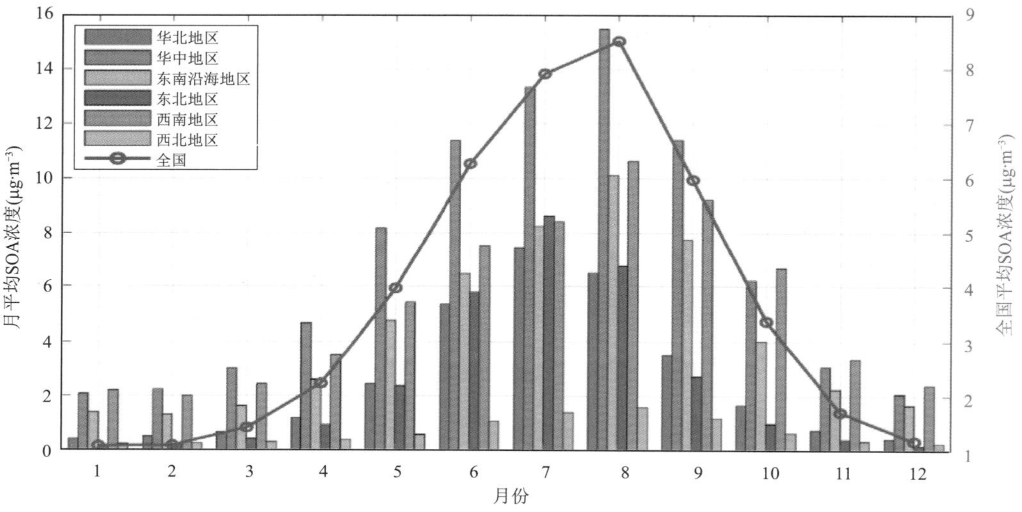

图 9.7 模拟的 2006—2015 年中国不同地区 SOA 浓度的月变化(单位:μg·m^{-3})

9.3 区域 CO_2 升高和全球气候变化对我国气候的影响

图 9.8 分别给出了 CO_2 施肥效应、CO_2 辐射效应、CO_2 综合效应对我国夏季温度、降水和云量的影响,可以看出,CO_2 综合效应对气候系统的影响较小,其中 CO_2 施肥效应能够略微增加我国中东部地区的地表温度,大部分地区的温度响应小于 0.2 K,这可能和 CO_2 施肥效应引起的地表反照率降低有关(Bala et al., 2006)。CO_2 辐射效应对温度的影响明显大于施肥效应,山东半岛等部分地区的温度增幅达到 0.6 K。不同于温度的变化,区域 CO_2 升高对降水和云量的影响存在明显的区域差异。CO_2 施肥效应影响下,我国华北平原地区的降水和云量均明显降低,最大分别降低了 3.6 mm·d^{-1}和 5%。在东北地区存在较强的降水正异常,降水增幅最大可达 2.4 mm·d^{-1}左右。CO_2 辐射效应导致华北大部分地区的降水增加,最大增幅约

3.6 mm · d^{-1}，山东省的降水有一定的减弱，约 1.2 mm · d^{-1}。CO_2 辐射效应对云量的影响主要集中在我国的北方地区，东北和京津冀地区的云量以增加为主，最大增幅约为 2.5%。安徽北部地区的云量显著降低，最大可达 5%。

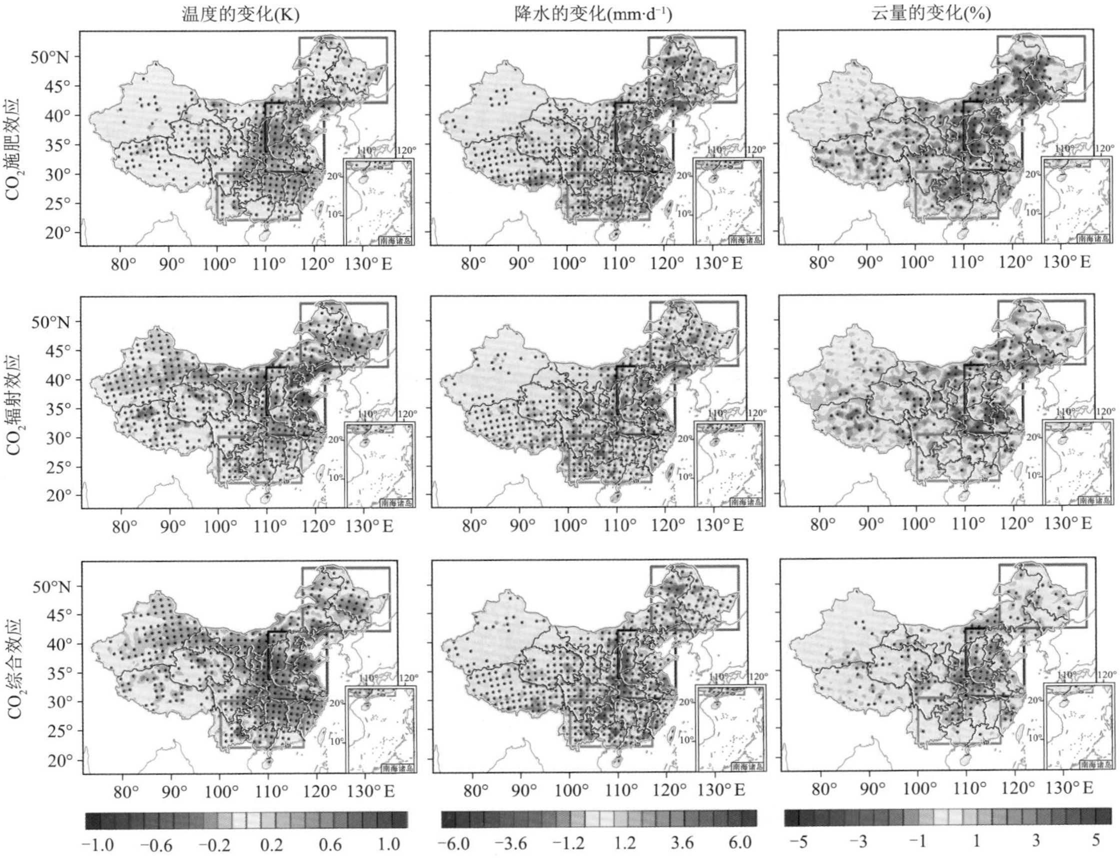

图 9.8　夏季 CO_2 施肥效应、CO_2 辐射效应以及 CO_2 综合效应对温度(单位:K)、降水(单位:mm · d^{-1})和云量(%)的影响(图中打点区域表示通过了置信度为 99% 的显著性检验)

图 9.9 分别给出了全球气候变化效应、区域 CO_2 升高和全球气候变化协同效应对我国夏季温度、降水和云量的影响，可以看出，区域 CO_2 升高和全球气候变化的共同影响下，未来我国大部分地区温度升高、降水增强、云量增加。相对而言，全球气候变化对夏季气候系统的影响最为明显。RCP4.5 情景下，未来我国大部分地区的温度升高 1.2～3.5 K，同时北方地区出现明显的降水和云量增强，最大增加幅度分别达到 7.3 mm · d^{-1}和 5.6%。Chen (2013)基于 CMIP5 的研究发现，未来全球变暖的背景下，东亚季风环流的增强和大气层结的不稳定性将导致我国降水显著增加，极端降水事件的频率增大。

图 9.10 分别给出了 CO_2 施肥效应、CO_2 辐射效应、CO_2 综合效应对我国冬季温度、降水和云量的影响。相对而言，CO_2 综合效应对冬季气候系统的影响较小。由于冬季植被的生长缓慢，CO_2 施肥效应对植被的影响较弱，因此对气候反馈不明显。CO_2 辐射效应能够导致我国大部分地区增温 0.2～0.4 K，华北平原和青藏高原地区的增温幅度最为明显。从云量来看，

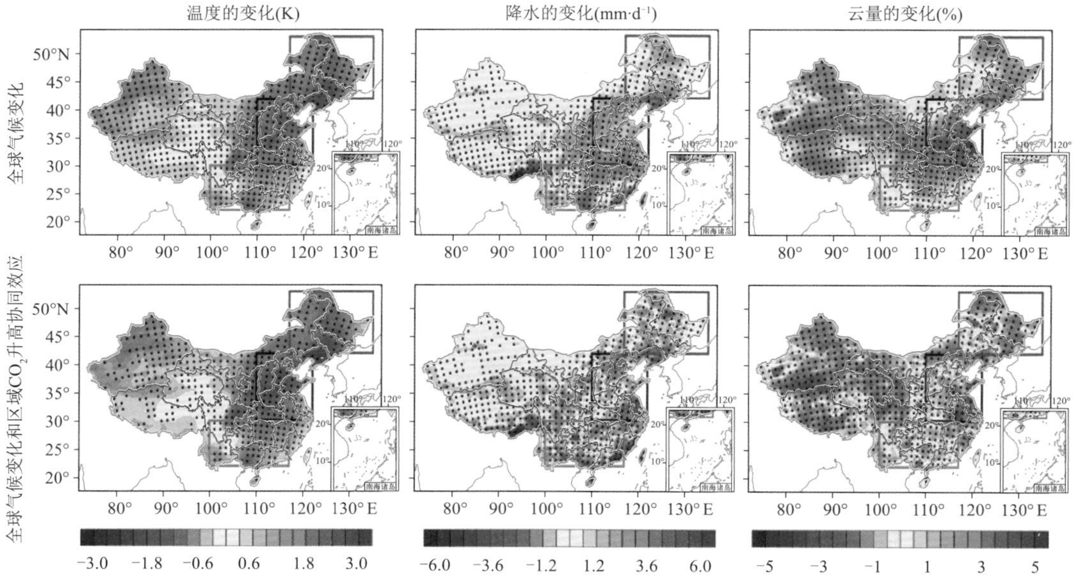

图 9.9　夏季全球气候变化效应以及全球气候变化和区域 CO_2 升高协同效应对温度(单位:K)、降水(单位:mm·d^{-1})和云量(%)的影响(图中打点区域表示通过了置信度为 99%的显著性检验)

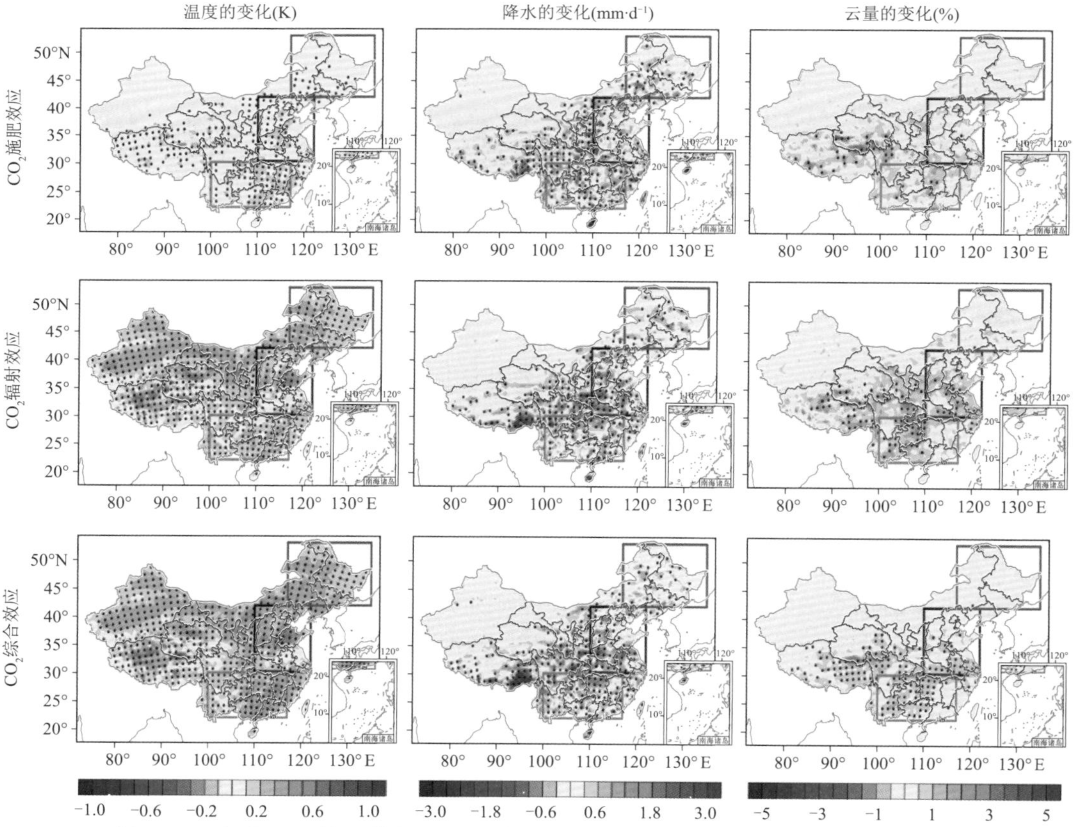

图 9.10　冬季 CO_2 施肥效应、CO_2 辐射效应以及 CO_2 综合效应对温度(单位:K)、降水(单位:mm·d^{-1})和云量(%)的影响(图中打点区域表示通过了置信度为 99%的显著性检验)

华南和华北地区的云量都有一定的增加，最大值出现在四川盆地，增加约 3.5%。同时，云量的增加促进了降水效率，我国大部分地区的降水以增加为主，中部地区如四川、湖北等地的降水量增幅最大，增加约 3 mm · d^{-1}。

图 9.11 分别给出了全球气候变化效应、全球气候变化和区域 CO_2 浓度升高协同效应对我国冬季温度、降水和云量的影响。对比图 9.11 和图 9.9 可以看出，全球气候变化对气候系统的影响存在明显的季节差异。由于全球气候变化的影响，冬季我国大部分地区的温度呈现上升趋势，其中，东南沿海地区的增温幅度最大，达到 1.6 K。东北和青藏高原地区的温度有明显降低，最大减少量约 1.2 K。从降水来看，云南、湖南一直到山东沿线存在一条明显的降水减少带，湖南省降水减少最大可达 −3 mm · d^{-1}，这和气候变化导致的云量减少有关。

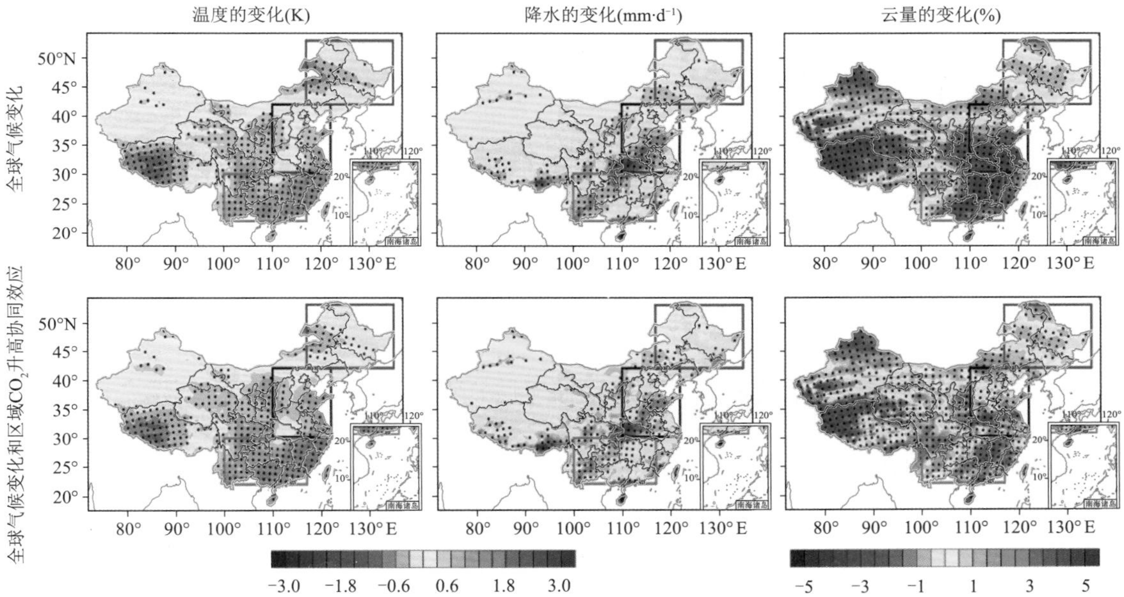

图 9.11　冬季全球气候变化以及全球气候变化和区域 CO_2 升高协同效应对温度(单位：K)、降水(单位：mm · d^{-1})和云量(%)的影响(图中打点区域表示通过了置信度为 99%的显著性检验)

图 9.12 给出了区域 CO_2 升高、全球气候变化等 5 种情景下我国不同地区年平均温度、降水和云量的变化，其中 2006—2015 年的年际差异由图中的标准差来表示，图中的华南(100°～117°E，22°～30°N)、华北(110°～122°E，30°～42°N)和东北(117°～135°E，42°～53°N)分别为图 9.8 中的红色、黑色和蓝色方框代表的区域。可以看出，全球气候变化对我国气候因子的影响要明显大于区域 CO_2 升高的影响，我国平均的温度、降水和云量分别增加了 0.4 K、4.1%和 0.8%。华北地区的温度和降水变化最大，分别增加了 0.7 K 和 8.1%。CO_2 施肥效应对气候因子的影响最小，区域平均的温度变化均小于 0.1 K。相比于温度和云量的变化，区域 CO_2 升高对降水的影响存在较强的年际差异，尤其是在我国东北地区和华北地区。东北地区 CO_2 施肥效应和辐射效应引起的降水年际变化分别为 3.1%和 7.5%，表明区域 CO_2 升高会加剧这些地区的降水年际变化波动。

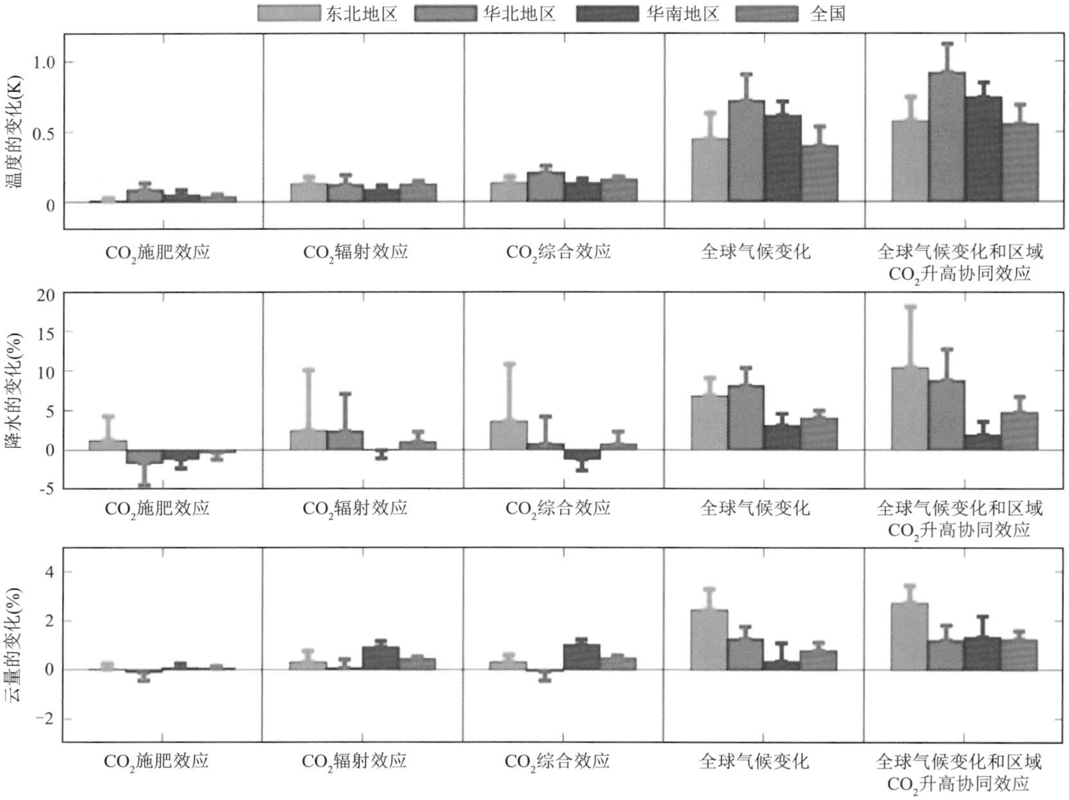

图 9.12　区域 CO_2 升高和全球气候变化等 5 种情景下我国不同地区年平均温度(单位:K)、降水(%)和云量(%)的变化

9.4　区域 CO_2 升高和全球气候变化对植被碳收支及 BVOC 排放的影响

9.4.1　植被光合作用速率及生产力的变化

图 9.13 和 9.14 分别给出了 CO_2 施肥效应、CO_2 辐射效应、CO_2 综合效应、全球气候变化效应以及全球气候变化和区域 CO_2 升高协同效应对光合作用速率、净初级生产力和叶面积指数的影响。从图中可以看出,CO_2 施肥效应对植被的光合作用速率的影响最为明显,我国南方大部分地区的增加量为 8%～20%,华北、东北的大部分地区的光合作用速率变化相对较弱,基本在 4%以下。植被光合作用速率的增加进一步促进陆地生态系统的生产力，NPP 变化的空间分布特征和光合作用速率的空间分布基本一致,云南、贵州等部分地区的植被光合作用速率最大增加幅度可达 20%。该地区主要以森林生态系统为主,对 CO_2 施肥效应的响应比其他类型植被更加明显。Norby 等(2010)基于 FACE(Free-Air CO_2 Enrichment)实验的观测资料显示,当环境大气中的 CO_2 升高到约 550 ppmv 时,森林生态系统的净初级生产力将增加 23±2%,这与本书的结果基本一致。在京津冀和山东半岛等地 CO_2 施肥效应对 NPP 的影响

不明显，主要是因为模式使用的地表植被覆盖数据显示京津冀和山东半岛地区大部分都是农作物覆盖，然而实际上存在一定量的森林或灌木。此外，YIBs 模式对于农作物的处理相对简单，因此会导致模拟结果存在一定的不确定性。CO_2 施肥效应对 LAI 的影响主要集中在我国西南地区和中部地区，最大变化量约为 10%。东南沿海地区尽管光合作用速率和 NPP 的变化明显，但 LAI 的变化相对较弱。

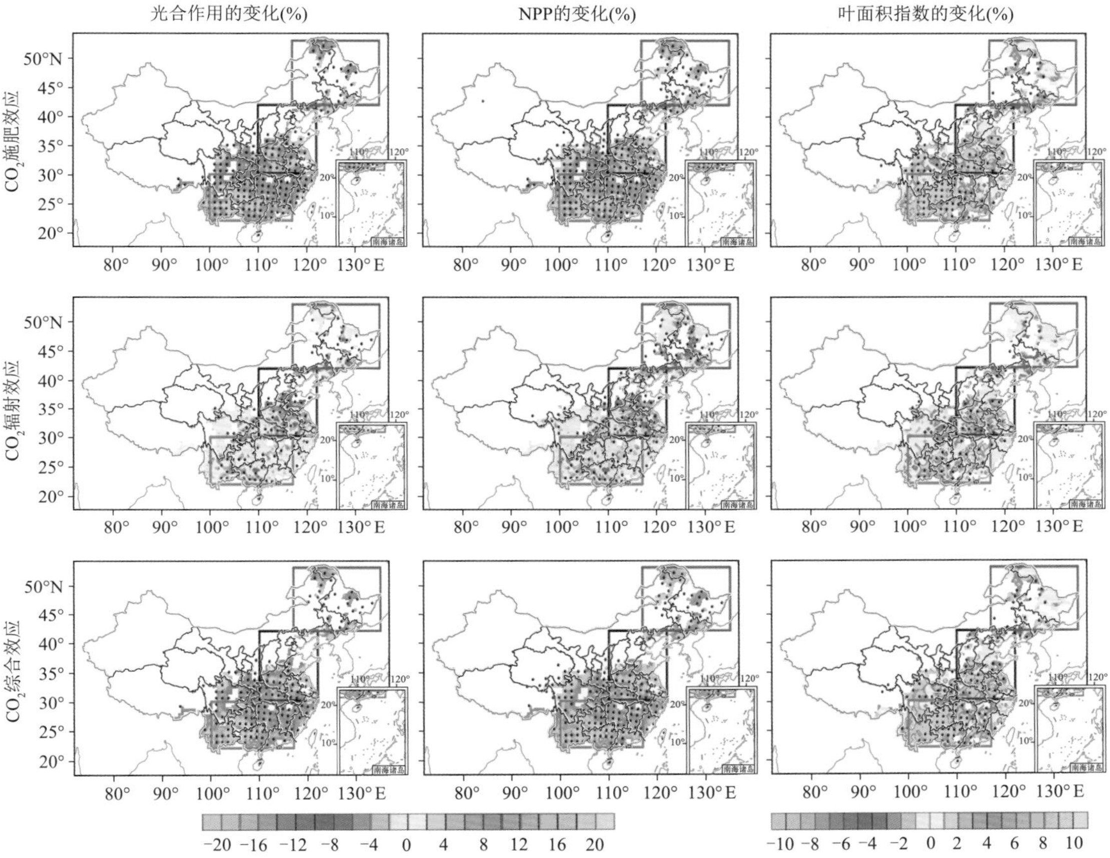

图 9.13　CO_2 施肥效应、CO_2 辐射效应以及 CO_2 综合效应对光合作用速率、NPP 和 LAI 的影响(%)
(图中打点区域表示通过了置信度为 99%的显著性检验)

CO_2 辐射效应对植被光合作用速率、NPP 和 LAI 的影响较小，且存在较大的区域差异。由于 CO_2 的辐射效应，西南地区的植被光合作用速率以增加为主，云南和贵州交界处的增加量较大，约为 8%；最大增加量出现在安徽和江苏省的北部，达到 12%；山东省和东北地区的光合作用速率明显减小，最大减小量约为－14%，可能和 CO_2 辐射效应引起的该地区降水异常有关(图 9.8)。NPP、LAI 变化的空间特征和光合作用速率基本一致，但相比于 CO_2 施肥效应来说，变化的量级较小。全球气候变化对植被光合作用速率的影响明显大于 CO_2 辐射效应，但小于 CO_2 施肥效应。在全球气候变暖的背景下，大部分地区植被的光合作用增强，最大增加量可达 16%。在广东、广西光合作用明显削弱，减少量在－6%左右。综合全球气候变化和区域 CO_2 升高来看，我国大部分地区的植被光合作用均呈现增加趋势，尤其是在南方地区。

光合作用速率和 NPP 的最大增加量均超过 20%，表明未来的气候变暖和 CO_2 排放增加会显著促进植被的生长和发育。

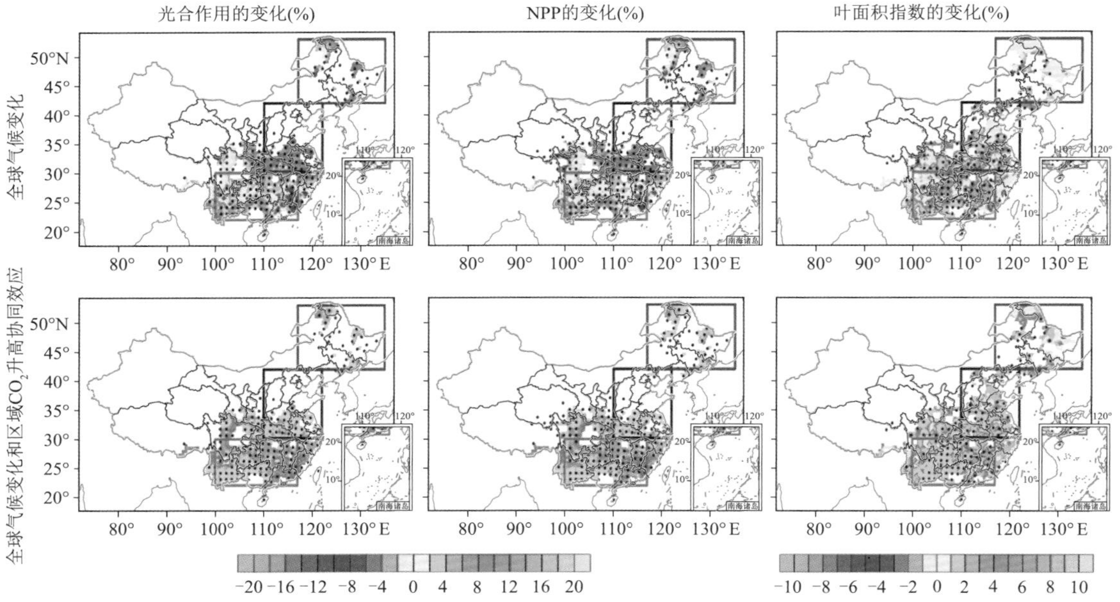

图 9.14　全球气候变化以及全球气候变化和区域 CO_2 升高协同效用对光合作用速率、NPP 和 LAI 的影响(%)(图中打点区域表示通过了置信度为 99%的显著性检验)

图 9.15 给出了区域 CO_2 升高、全球气候变化等 5 种情景下我国不同地区年平均光合作用速率、NPP 和 LAI 的变化，其中 2006—2015 年的年际差异由图中的标准差来表示。从图中可以看出，综合考虑全球气候变化和区域 CO_2 升高的情景下，植被光合作用速率、NPP 和 LAI 的变化最为明显。全国平均来看，光合作用速率、NPP 和 LAI 分别增加了 12.1%、14.2%和 7.2%。从单个因素来看，CO_2 施肥效应的影响最为明显，全国尺度光合作用速率增加了 10.1%，与综合效应的影响量级相当；其次是全球气候变化效应，CO_2 辐射效应的影响最弱。CO_2 施肥效应在华南地区的影响最为明显，其次是华北和东北地区；而全球气候变化效应的影响在华北地区更加显著。各个地区的光合作用速率、NPP 和 LAI 的变化基本为正值，表明区域 CO_2 升高和全球气候变化对植被的促进作用。由于 CO_2 辐射效应的影响，东北地区的光合作用速率、NPP 和 LAI 均有一定的减少。CO_2 辐射效应对 NPP 的影响存在较大的年际差异，尤其是在我国华北和东北地区，其年际标准差分别为 4.8%和 −3.5%，超过了年平均 NPP 的变化。相对来说，各个因素对植被光合作用速率和 LAI 影响的年际差异较小。

图 9.16 进一步给出了 2006—2015 年区域 CO_2 升高、全球气候变化等 5 种情景下纬向平均月平均 GPP 的变化，可以看出，CO_2 施肥效应对 GPP 的影响最为明显，GPP 变化存在两个明显的高值中心，分别位于 20°～30°N 和 50°～52°N 附近。纬向平均 GPP 增加量的最大值出现在 25°N 左右，达到 1.2 $g\ C \cdot m^{-2} \cdot d^{-1}$。不同纬度的 CO_2 施肥效应对 GPP 的影响均呈现出单峰波动的结构，低纬度地区(27°N 以南)峰值出现在 8—9 月，27°N 以北地区峰值基本出现在 7—8 月。40°N 以北地区 CO_2 施肥效应引起的 GPP 变化集中在 5—10 月，且 GPP 增加

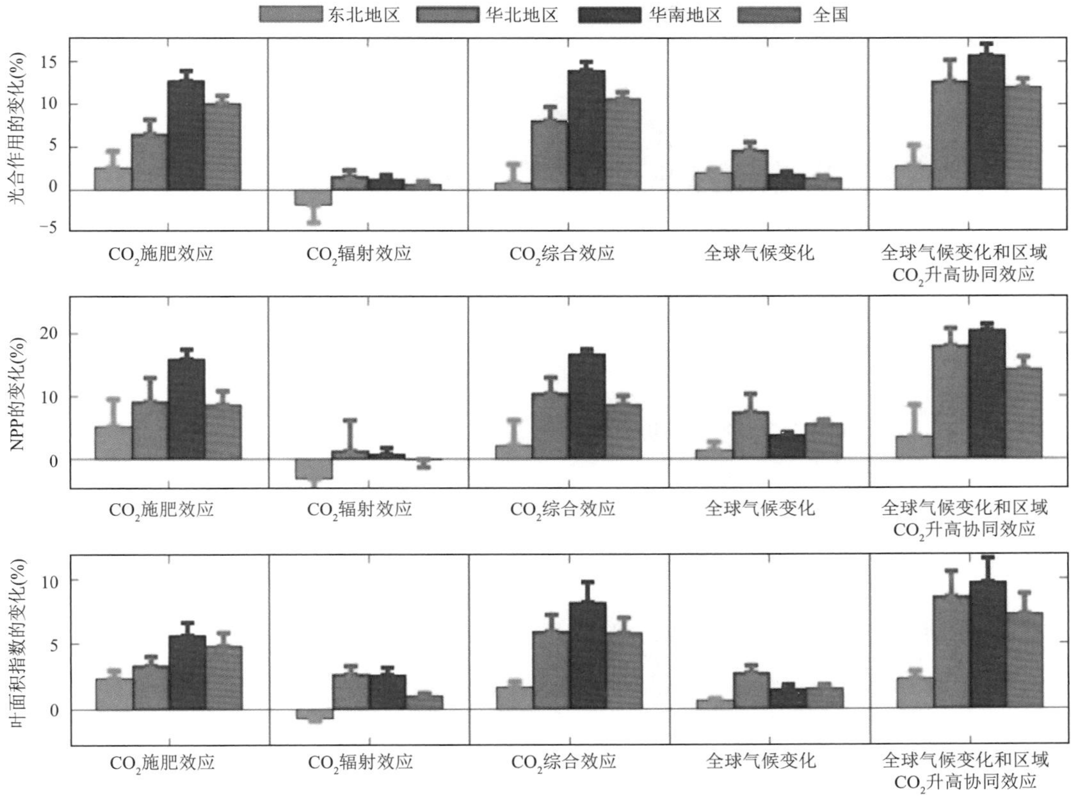

图 9.15　区域 CO_2 升高和全球气候变化等 5 种情景下我国不同地区年平均光合作用速率(%)、NPP(%)和 LAI(%)的变化

量相对较小，大部分地区在 0.2～0.6 g C · m^{-2} · d^{-1}之间；较低纬度的陆地生态系统全年均受到 CO_2 施肥效应的影响，且 GPP 增加量较大，在 0.4～1.2 g C · m^{-2} · d^{-1}之间，主要是由于 CO_2 施肥效应对光合作用的促进作用符合米氏曲线(Michaelis-Menton Curve)，并且当温度越高时，CO_2 的施肥效应越明显(Schimel et al.，2015)。这表明在其他条件相等的情况下，温暖的气候条件对 CO_2 施肥效应有一定的促进作用，尤其是在低纬度地区，这和前人的研究结果基本一致(Hickler et al.，2008；Lloyd et al.，2008；Mooney et al.，1991)。

全球气候变化对 GPP 的影响相对较小，且主要集中在低纬度地区(25°N 以南)。由于全球气候变化的影响，低纬度地区 5—11 月的 GPP 增加 0.5～1.0 g C · m^{-2} · d^{-1}，和 CO_2 施肥效应引起的变化量级相当；4 月 GPP 减小约 0.6 g C · m^{-2} · d^{-1}。25°N 以北地区的 GPP 变化呈现单峰结构，夏季 GPP 的变化较为明显，峰值出现在 8 月左右。相比于 CO_2 施肥效应，全球气候变化效应对该地区的 GPP 影响相对较弱，基本在±0.5 g C · m^{-2} · d^{-1}以内。CO_2 辐射效应对 GPP 的影响整体上较弱，且存在较强的区域差异。北方地区 GPP 的变化主要以减小为主，南方地区以增加为主。综合区域 CO_2 升高和全球气候变化的影响来看，GPP 变化的纬向分布和季节变化特征和 CO_2 施肥效应引起的 GPP 变化较为一致。20°～30°N 之间 GPP 明显增加，最大值超过 1.5 g C · m^{-2} · d^{-1}，且影响的持续时间更长。

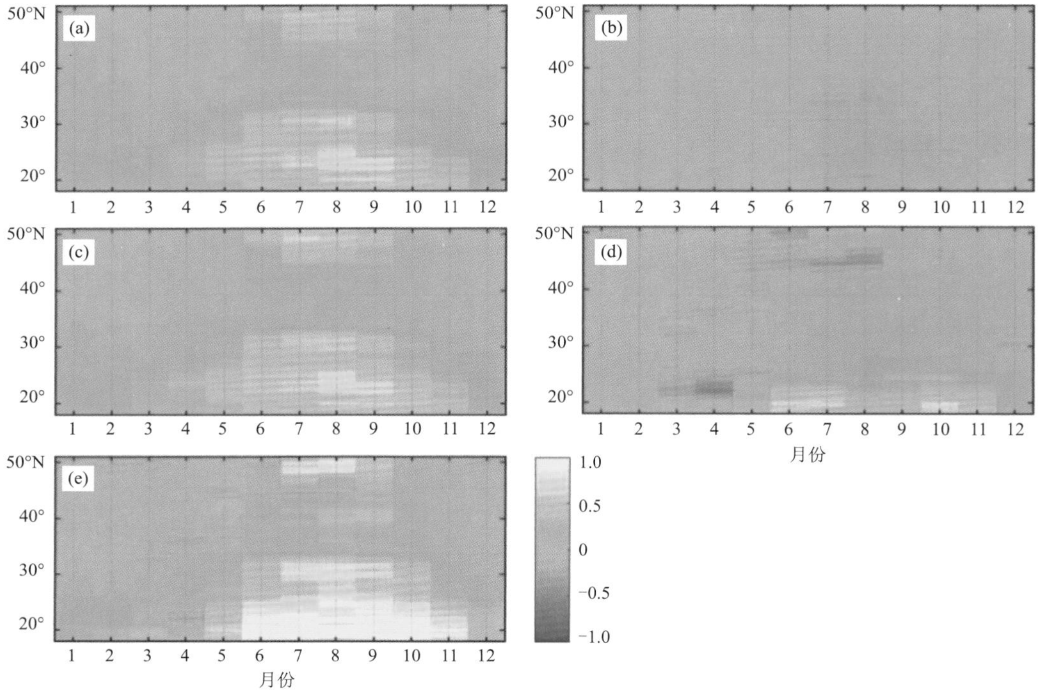

图 9.16　区域 CO_2 升高、全球气候变化等 5 种情景下纬向平均月平均 GPP 的变化(单位:g C·m^{-2}·d^{-1})
(a)CO_2 施肥效应;(b)CO_2 辐射效应;(c)CO_2 综合效应;(d)全球气候变化
(e)全球气候变化和区域 CO_2 升高协同效应

9.4.2　植被 BVOC 排放的变化

陆地植物排放的 BVOC 是对流层臭氧和 SOA 形成的重要前体物,对空气质量和全球碳循环过程有着重要的影响。BVOC 是大气中 VOC 的主要来源,陆地植被排放的 BVOC 约占全球总 VOC 的 90%(Guenther et al.,1995)。研究表明,全球陆地植被排放的 BVOC 总量约为 760 Tg C·a^{-1},其中主要的成分是异戊二烯和单萜烯,分别占 70%和 11%(Sindelarova et al.,2014)。植被释放 BVOC 的过程相当复杂,受到多个环境因子的共同影响。其中,CO_2 浓度是影响其排放速率的重要因子之一。随着人为活动 CO_2 排放量的增加,未来大气中的 CO_2 浓度将持续升高,这将会影响陆地植被 BVOC 排放过程。因此,研究 CO_2 升高对 BVOC 排放的影响具有重要的意义。

图 9.17 和图 9.18 分别给出了 CO_2 施肥效应、CO_2 辐射效应、CO_2 综合效应、全球气候变化效应以及全球气候变化和区域 CO_2 升高协同效应对异戊二烯和单萜烯排放量的影响。从图中可以看出,当环境大气中的 CO_2 升高时,BVOC 排放的变化主要来自于 CO_2 的施肥效应。CO_2 施肥效应对 BVOC 排放的影响存在明显的地区差异,华北平原的 BVOC 排放以增加为主,异戊二烯和单萜烯排放的变化范围分别为 0.15～0.45 mg C·m^{-2}·h^{-1}和 0.08～0.1 mg C·m^{-2}·h^{-1},该地区主要以农作物和草地为主。南方地区的 BVOC 排放以减少为主,异戊二烯和单萜烯排放的变化范围分别为−0.38～−0.16 mg C·m^{-2}·h^{-1}和−0.1～−0.04 mg C·m^{-2}·h^{-1},主要植被类型为森林生态系统,区域间的差异主要是由于不同功能类型植

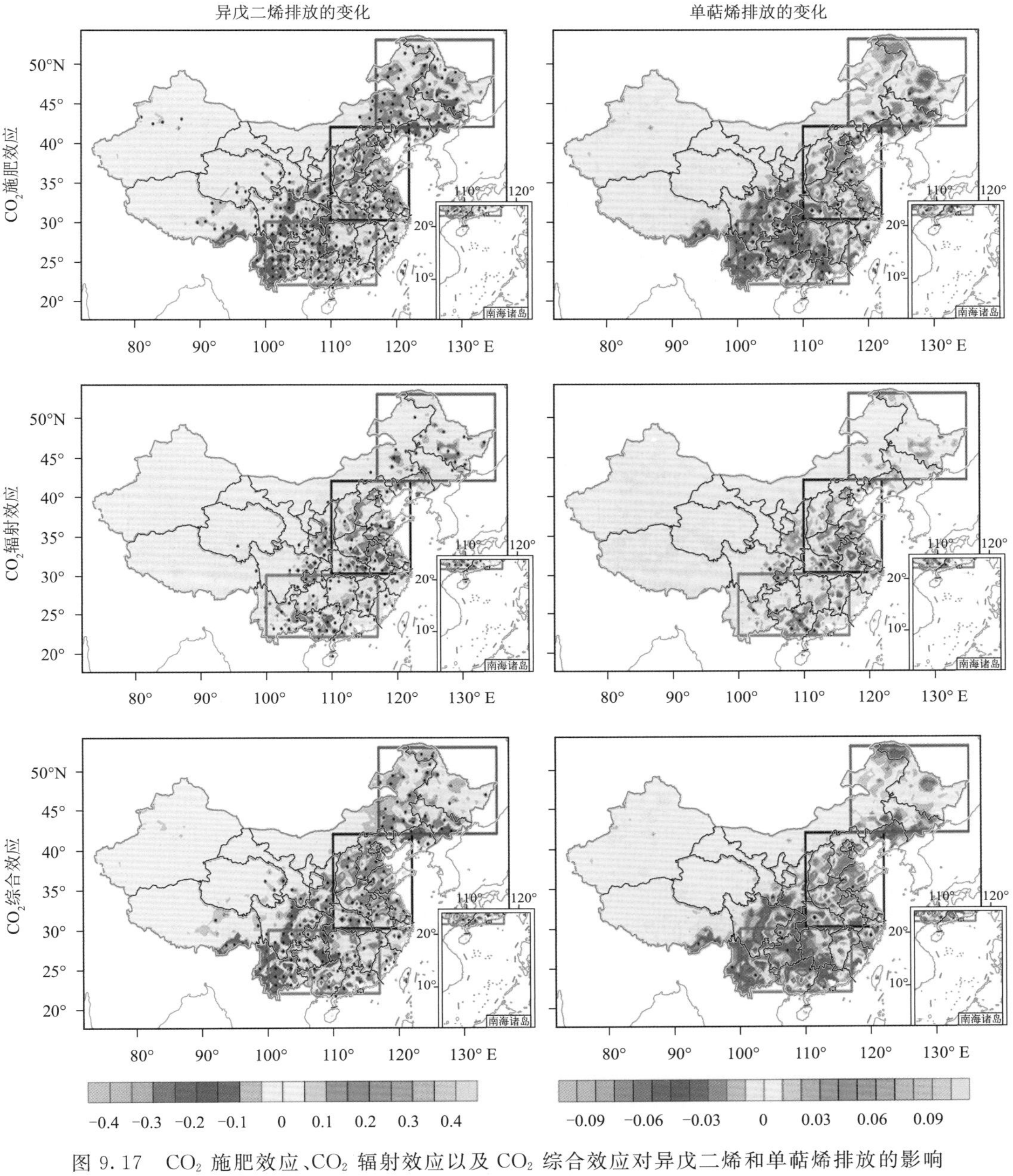

图 9.17 CO_2 施肥效应、CO_2 辐射效应以及 CO_2 综合效应对异戊二烯和单萜烯排放的影响
（单位：mg C・m^{-2}・h^{-1}）
（图中打点区域表示通过了置信度为 99%的显著性检验）

被的 BVOC 排放对 CO_2 浓度增加的响应的不同（赖金美 等，2019）。Wilkinson 等（2009）通过观测实验发现，当 CO_2 浓度由 380 ppmv 增加到 520 ppmv 时，桉树和枫树的异戊二烯排放速率明显降低。Sun 等（2012b）发现，CO_2 升高对杨树的异戊二烯的排放有促进作用。从不同类型的 BVOC 变化来看，我国大部分地区异戊二烯排放量的变化为正值，最大值约为 0.3 mg C・m^{-2}・h^{-1}，仅在西南和东北的部分地区为负值，基本在－0.2～0.08 mg C・m^{-2}・h^{-1}

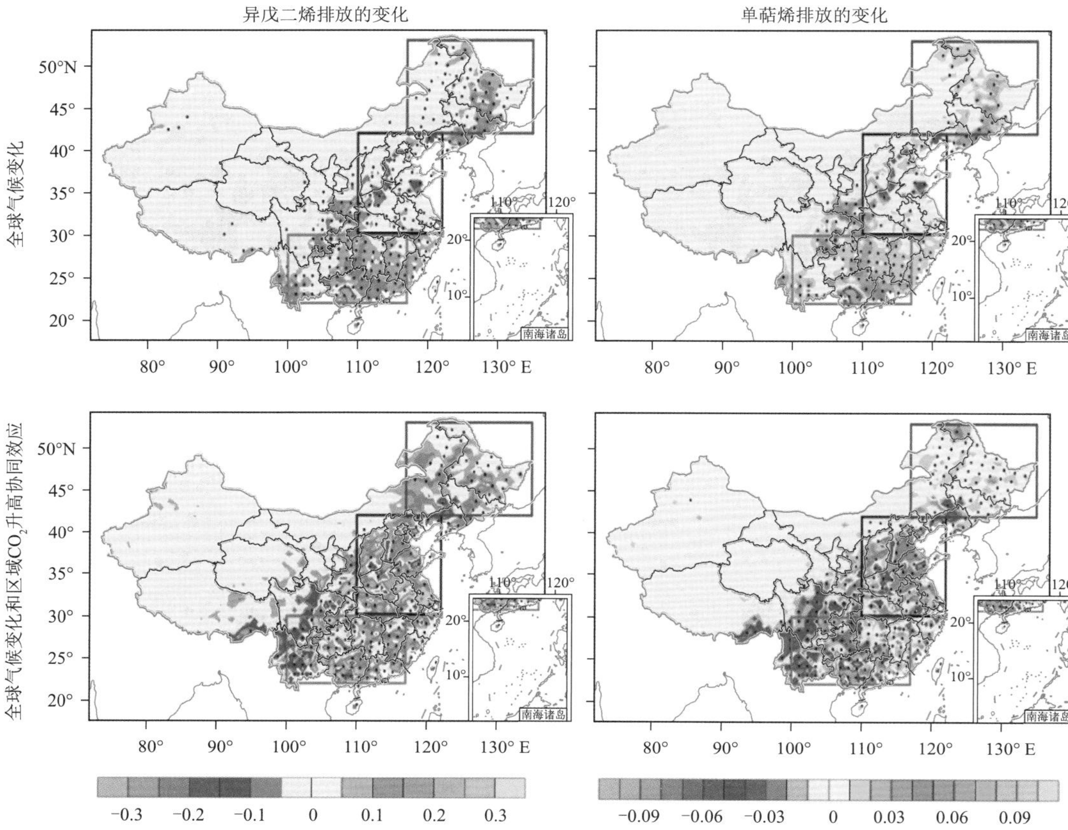

图 9.18 全球气候变化以及全球气候变化和区域 CO_2 升高协同效应对异戊二烯和单萜烯排放的影响(单位:mg C · m^{-2} · h^{-1})(图中打点区域表示通过了置信度为 99%的显著性检验)

之间;大部分地区单萜烯排放量的变化为负值,范围为$-0.06\sim-0.02$ mg C · m^{-2} · h^{-1},仅山东和江苏省的变化为正值,最大值约为 0.1 mg C · m^{-2} · h^{-1}。这种差异主要是由于植物释放异戊二烯和单萜烯的生理机制不同造成的,异戊二烯的排放通常是合成后直接释放的(Loreto et al., 1998),而单萜烯合成后既可以直接释放,也可以在植物体内短暂储存(Tiiva et al., 2017)。

CO_2 辐射效应对 BVOC 排放的影响相对较弱。从图中可以看出,我国华北平原地区的 BVOC 排放变化最为明显,其次是华南地区,东北地区的变化较弱。大部分地区的异戊二烯和单萜烯均呈现增加的趋势,最大增加量分别为 0.3 mg C · m^{-2} · h^{-1}和 0.08 mg C · m^{-2} · h^{-1},这主要是由于 CO_2 辐射效应引起的近地面增温促进了植被的 BVOC 排放速率。全球气候变化对 BVOC 排放的影响主要集中在我国华南和东北地区,华北平原的 BVOC 排放变化相对较小。由于全球气候变暖的影响,我国 30°N 以南以及东北地区的异戊二烯和单萜烯排放量分别增加 0.05～0.2 mg C · m^{-2} · h^{-1}和 0.02～0.05 mg C · m^{-2} · h^{-1}。这些地区主要的下垫面覆盖类型为森林生态系统,研究表明,森林 BVOC 排放速率随温度的升高而不断增加(郄光发 等,2005)。

图 9.19 给出了区域 CO_2 升高、全球气候变化等 5 种情景下我国不同地区月平均异戊二烯和单萜烯排放量的变化,可以看出,植被 BVOC 排放的变化存在明显的季节差异,夏季和秋

季的 BVOC 变化较大，冬季和春季变化较小。从全国尺度来看，CO_2 施肥效应对异戊二烯排放的影响呈现单峰结构，1—5 月的异戊二烯变化量为负值，为 −0.96～−0.81 Tg C · a^{-1}；6 月之后逐渐升高转变为正值，最大值出现在 8 月，达到 3.38 Tg C · a^{-1}；10 月之后迅速下降，并在 12 月达到最低值 −1.08 Tg C · a^{-1}。这种季节性的变化主要是由于 CO_2 施肥效应引起的光合作用速率变化对异戊二烯排放的影响。冬季和春季 CO_2 浓度升高对光合作用速率的影响较小，植被异戊二烯排放的变化主要受到 CO_2 抑制作用的影响，因此异戊二烯排放量有所降低，并且降低幅度相对较小。夏季和秋季植被光合作用受到 CO_2 施肥效应的影响显著增强，对异戊二烯排放的影响超过了 CO_2 抑制作用，因此异戊二烯的排放量有所增加。全年平均来看，CO_2 施肥效应导致异戊二烯增加了 0.22 Tg C · a^{-1}，占全国总异戊二烯排放量的 3%左右。CO_2 施肥效应对植被 BVOC 排放的影响分为两个方面，一方面，CO_2 升高促进植被的光合作用效率，从而增加 BVOC 排放；另一方面，CO_2 升高会导致植被气孔关闭，从而抑制 BVOC 排放。Fu 等(2016)在 MEGAN 模型中加入了 CO_2 浓度抑制参数因子后发现，2006—2011 年中国地区的异戊二烯排放量减少了 5.6% ± 2.3%。然而，该研究中没有考虑 CO_2 升高对光合作用速率的影响。结合本书的结果，可以推断 CO_2 施肥效应引起的我国异戊二烯排放量增加主要是由于 CO_2 升高对光合作用速率的促进作用。不同地区来看，华北地区的异戊二烯排放增加约 0.35 Tg C · a^{-1}，华南和东北地区的异戊二烯排放量均有一定的减少，分别为 −0.11 Tg C · a^{-1} 和 −0.01 Tg C · a^{-1}。

CO_2 施肥效应引起的单萜烯排放变化的季节特征和异戊二烯略微有所不同。全国尺度上单萜烯排放的变化大部分月份均为负值，范围为 −0.92～−0.52 Tg C · a^{-1}，仅 8 月和 9 月的变化量为正值，分别为 0.53 Tg C · a^{-1} 和 0.60 Tg C · a^{-1}。全年平均的单萜烯排放量减少了 0.51 Tg C · a^{-1}，这表明 CO_2 浓度升高引起的光合作用速率增强对植被单萜烯排放的影响相对较弱，CO_2 抑制作用的影响占主导地位。从不同地区来看，CO_2 施肥效应导致华南和东北地区的单萜烯分别减少 0.29 Tg C · a^{-1} 和 0.13 Tg C · a^{-1}，华北地区的单萜烯增加 0.07 Tg C · a^{-1}。华北和东北地区的 BVOC 排放变化的季节性差异更加明显，呈现明显的单峰结构，峰值出现在 8 月；华南地区的变化较为平稳，异戊二烯和单萜烯的变化分别在 −0.41～0.68 Tg C · a^{-1} 和 −0.51～−0.21 Tg C · a^{-1} 之间变化。

相比于 CO_2 施肥效应，CO_2 辐射效应对 BVOC 排放的影响很小。从全国尺度来看，异戊二烯和单萜烯排放的变化范围分别为 −0.09～0.68 Tg C · a^{-1} 和 −0.08～0.33 Tg C · a^{-1}，最大值均出现在 7 月。由于 CO_2 辐射效应的影响，东北地区夏季 BVOC 排放有一定的减少，其他季节均呈现增加趋势。全年平均来看，我国异戊二烯和单萜烯分别增加了 0.21 Tg C · a^{-1} 和 0.09 Tg C · a^{-1}。全球气候变化对 BVOC 排放的影响主要集中在华南和东北地区，东北地区的异戊二烯和单萜烯排放变化均呈现单峰结构，峰值出现在 9 月，分别为 0.48 Tg C · a^{-1} 和 1.50 Tg C · a^{-1}。华南地区的 BVOC 排放变化较为平稳，5—10 月均有明显的增加。整体来看，全球气候变化导致我国异戊二烯和单萜烯的排放量分别增加了 0.97 Tg C · a^{-1} 和 0.28 Tg C · a^{-1}，分别占总排放量的 12%和 10%。综合来看，夏季和秋季全球气候变化和区域 CO_2 升高协同效应导致我国异戊二烯和单萜烯排放明显增加，最大增幅分别为 7.13 Tg C · a^{-1} 和 1.74 Tg C · a^{-1}；冬季和春季以 CO_2 施肥效应的影响为主，我国异戊二烯和单萜烯排放均明显降低，最大减少量分别为 −1.29 Tg C · a^{-1} 和 −1.02 Tg C · a^{-1}。全年平均来看，异戊二烯排放增加 1.40 Tg C · a^{-1}(17%)，单萜烯排放减少 −0.14 Tg C · a^{-1}(−5%)。

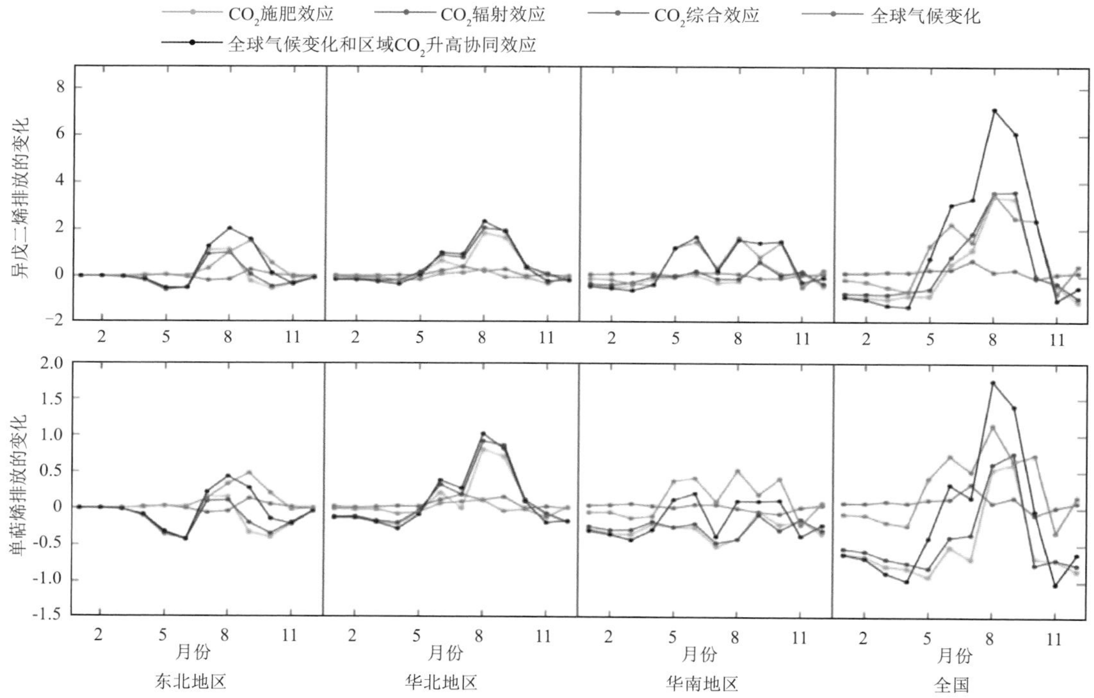

图 9.19　区域 CO_2 升高、全球气候变化等 5 种情景下我国不同地区月平均异戊二烯和单萜烯排放量的变化(单位:Tg C • a^{-1})

9.5　区域 CO_2 升高和全球气候变化对 O_3和 SOA 的影响

9.5.1　对近地面臭氧浓度的影响

图 9.20 给出了 CO_2 施肥效应、CO_2 辐射效应、CO_2 综合效应、全球气候变化效应以及全球气候变化和区域 CO_2 升高协同效应对我国夏季臭氧浓度的影响。从图中可以看出,夏季,CO_2 施肥效应引起的臭氧浓度的变化范围为−5～7 ppbv。华北地区的臭氧浓度明显上升,区域平均来看臭氧浓度增加了约 2.2 ppbv,其中,山东地区的臭氧浓度上升最大,基本在 4～7 ppbv 之间,这和 CO_2 施肥效应引起的华北地区夏季 BVOC 排放的增加有关(图 9.19)。华北地区由于较强的人为 NO_x 排放,其臭氧浓度主要以 VOC 控制为主(Wang et al., 2008),因此 BVOC 排放的增加促进了臭氧的生成。华南地区(图 9.17b 中红色方框,22°～30°N, 100°～117°E)的臭氧浓度明显降低,大部分地区的降低幅度在−5～−1.5 ppbv 之间。由于 CO_2 施肥效应引起我国华南地区的 BVOC 排放量(尤其是单萜烯排放)的大幅度降低,华南地区的臭氧浓度降低明显(图 9.19)。值得注意的是,南方的沿海地区如广西壮族自治区和厦门市等地的 BVOC 排放量有所增加,而臭氧浓度却明显降低。臭氧浓度下降的低值中心出现在东北地区,最大降低幅度可达−5.5 ppbv,这主要是由于 BVOC 排放的减少。西北地区由于植被稀疏,CO_2 施肥效应的影响较弱,因此臭氧浓度变化不大。CO_2 辐射效应能够显著减少夏季的臭氧浓度,尤其是在华北平原地区,最大降低值可达−5 ppbv,这和 CO_2 施肥效应的作用正好

相反。河北和内蒙古的部分地区的臭氧浓度有一定的增加，变化幅度为 2～3 ppbv。华南和东北地区的臭氧浓度变化相对较小，整体以减少为主。四川和云南省的部分地区有较弱的增加。综合来看，区域 CO_2 升高能够显著降低我国夏季的臭氧浓度，尤其是在华南和东北地区，最大减少量约为 7 ppbv。长三角和京津冀的部分地区臭氧浓度有所升高。

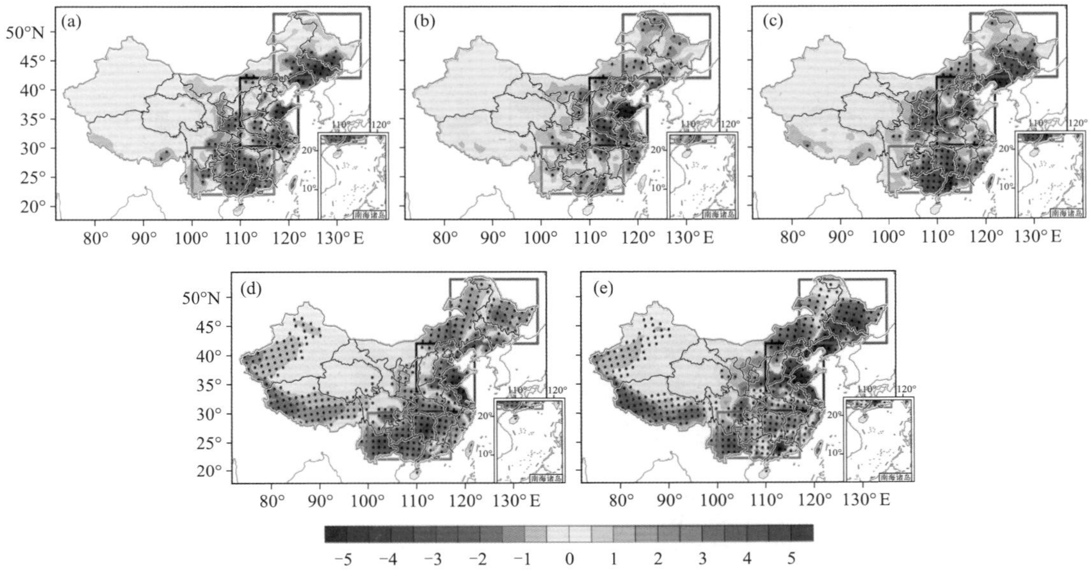

图 9.20　区域 CO_2 升高、全球气候变化等 5 种情景下我国夏季臭氧浓度的变化(ppbv)

(图中打点区域表示通过了置信度为 99%的显著性检验)

(a) CO_2 施肥效应；(b) CO_2 辐射效应；(c) CO_2 综合效应；(d)全球气候变化；(e)全球气候变化和区域 CO_2 升高协同效应

从图 9.20d 可以看出，全球气候变化影响下，华北地区夏季的臭氧浓度有所降低，尤其是在山东和江苏等沿海地区，最大降幅超过 5 ppbv。从 850 hPa 风场的变化来看，华北地区辐散增强(图 9.21)，这会促进污染物的输送扩散，一定程度上降低了臭氧浓度。另外，北风的加强促进了 NO_x 和 VOC 向南输送，减少生成臭氧的前体物。从图 9.22 可以看出，华北地区 NO_x 浓度明显降低，最大减少量出现在山东省，约 −4.5 ppbv，京津冀和河南地区的 VOC 浓度降低 3～4 ppbv。再加上太阳辐射的削弱和降水量的增加降低了生成臭氧的光化学反应速率，从而导致华北地区的臭氧浓度降低。相反，华南地区的臭氧浓度有明显的增加，为 3～5 ppbv。这主要是由于北风的增强促进了北方地区的污染物向南输送。一方面，华北地区由于较强的人为排放，污染物的浓度较高，在北风的作用下增加了华南地区的 NO_x 和 VOC 浓度，促进了臭氧的生成(图 9.22)；另一方面，华北地区的臭氧浓度高于华南地区，由北向南输送一定程度上增加了华南地区的臭氧浓度。另外，气候变化导致的华南地区 BVOC 排放量的增强也是臭氧浓度增加的另一个重要原因。综合全球气候变化和区域 CO_2 升高来看，夏季臭氧浓度变化的空间分布特征和全球气候变化导致的臭氧变化特征较为一致，表明全球气候变化对臭氧的影响更为明显。

图 9.23 给出了 CO_2 施肥效应、CO_2 辐射效应、CO_2 综合效应、全球气候变化效应以及全球气候变化和区域 CO_2 升高协同效应对我国冬季臭氧浓度的影响。从图中可以看出，相比于

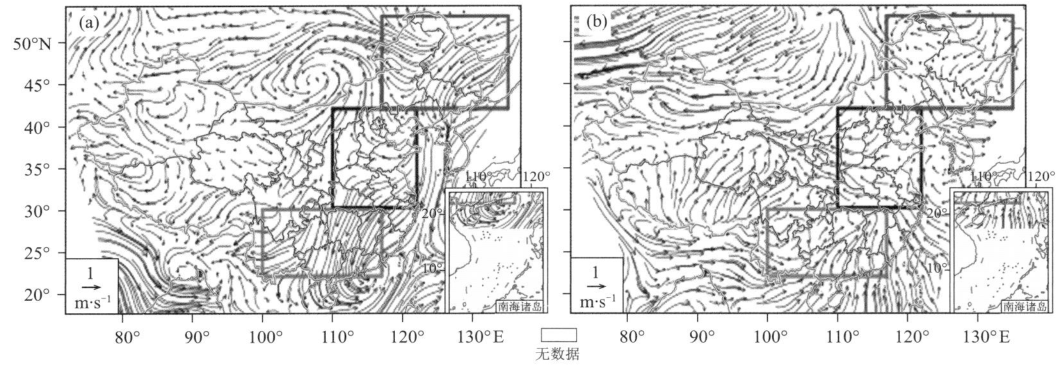

图 9.21　全球气候变化引起的 850 hPa 风场变化

(a)夏季;(b)冬季

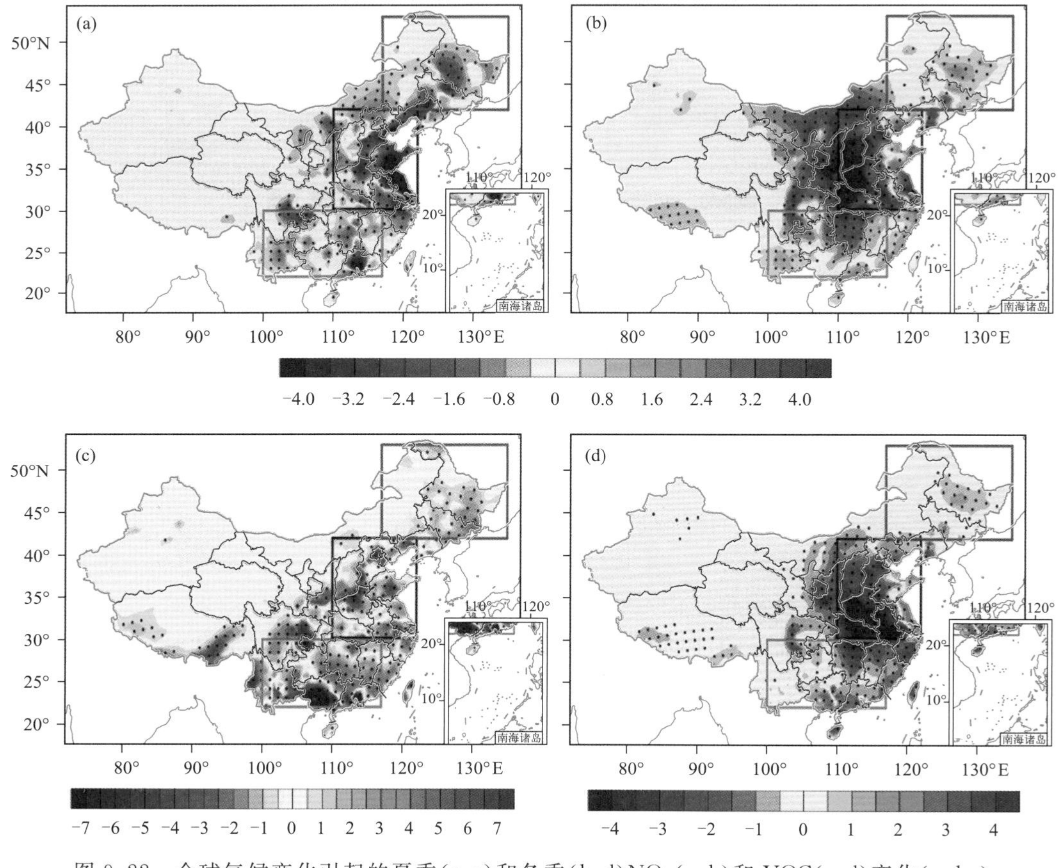

图 9.22　全球气候变化引起的夏季(a、c)和冬季(b、d)NO_x(a、b)和 VOC(c、d)变化(ppbv)

夏季,冬季臭氧浓度的变化整体较小。CO_2 施肥效应能够减少冬季西南和华中地区近地面的臭氧浓度,降低幅度为－3.0～－1.5 ppbv。冬季植被的光合作用相对较弱,CO_2 对 BVOC 排放的影响主要以抑制作用为主,BVOC 排放量的减少进一步导致了臭氧浓度的降低。臭氧浓度变化的低值中心出现在四川盆地,最大减少量约为－4.0 ppbv。北方的大部分地区臭氧浓度变化不明显，基本在±0.5 ppbv 之间，主要是由于 CO_2 施肥效应对冬季北方地区的植被 BVOC 排放的影响较小(图 9.19)。CO_2 辐射效应对冬季臭氧浓度的影响较弱，我国大部分地区的臭氧浓度变化不显著。全球气候变化的影响下，华南和华北的大部分地区臭氧浓度有所增加，最大增加幅度约 3 ppbv。云量的减少使得更多的太阳辐射到达地表，加快了光化学反应速率，从而增加近地面臭氧浓度。综合来看，全球气候变化对臭氧浓度的影响和区域 CO_2 升高的影响相互抵消，仅在四川盆地臭氧浓度有一定的降低，为−2.5～−1 ppbv。

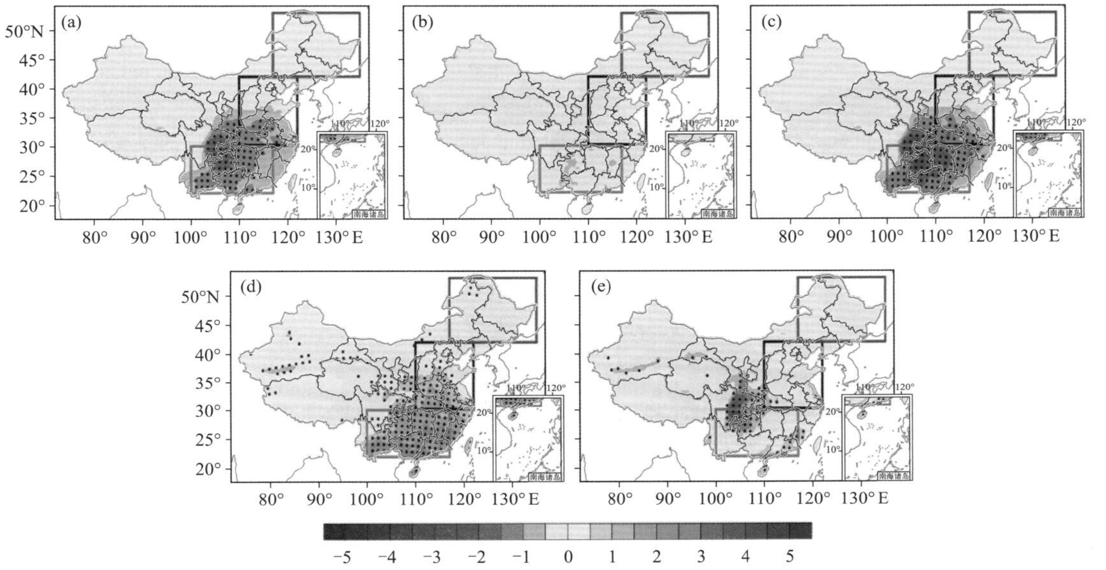

图 9.23　区域 CO_2 升高、全球气候变化等 5 种情景下我国冬季臭氧浓度的变化(ppbv)
(图中打点区域表示通过了置信度为 99%的显著性检验)
(a)CO_2 施肥效应；(b)CO_2 辐射效应；(c)CO_2 综合效应；(d)全球气候变化；(e)全球气候变化和区域 CO_2 升高协同效应

图 9.24 给出了 CO_2 施肥效应、CO_2 辐射效应、CO_2 综合效应、全球气候变化效应以及全球气候变化和区域 CO_2 升高协同效应对我国不同地区年平均臭氧浓度的影响，其中 2006—2015 年的年际差异由图中的标准差来表示。从图中可以看出，CO_2 施肥效应能够显著增加华北地区的臭氧浓度，区域平均值增加了约 1.0 ppbv。近几年随着我国的减排措施，NO_x 浓度下降明显，但由于 VOC 管控力度不够，臭氧浓度反而逐年上升，尤其是在华北地区(Lu et al.，2018)。研究表明，2013—2017 年夏季京津冀和长三角地区的臭氧浓度逐年增长率分别为 3.1 ppbv · a^{-1}和 2.3 ppbv · a^{-1}(Li et al.，2019a)，与本书估计的 CO_2 施肥效应对华北地区夏季臭氧浓度影响的量级相当。东北、华南和全国平均臭氧浓度均有一定的降低，区域平均值分别为−0.5 ppbv、−1.4 ppbv 和−0.6 ppbv。CO_2 辐射效应对臭氧浓度的影响相对较弱，除去东北地区外，其他地区的臭氧浓度均有所减少。华北地区臭氧减少量最大，为 1.2 ppbv。综合考虑 CO_2 施肥效应和辐射效应的影响，我国年平均臭氧浓度降低了约 0.7 ppbv，其中，华南地区臭氧浓度下降明显，约−2.1 ppbv。华北地区由于两种作用的相互抵消，臭氧浓度变化较小。全球气候变化对臭氧浓度的影响存在明显的区域差异，华南地区臭氧浓度增加约 2.5 ppbv，华北地区的臭氧浓度有所降低，约−1.1 ppbv。

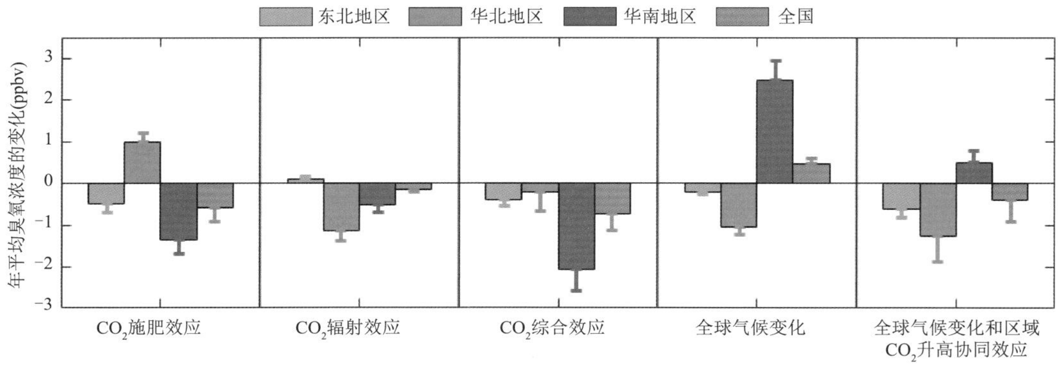

图 9.24　区域 CO_2 升高和全球气候变化等 5 种情景下我国不同地区年平均臭氧浓度的变化(ppbv)

9.5.2　对二次有机气溶胶浓度的影响

图 9.25 给出了 CO_2 施肥效应、CO_2 辐射效应、CO_2 综合效应、全球气候变化效应以及全球气候变化和区域 CO_2 升高协同效应对我国夏季 SOA 浓度的影响。从图中可以看出，CO_2 施肥效应能够显著降低华南地区的 SOA 浓度，大部分地区的降低幅度在 −4～−1.5 $\mu g \cdot m^{-3}$ 之间。南方的沿海地区如广西、广东和厦门等省(区、市)的 BVOC 排放量有所增加，而 SOA 浓度却明显降低。华北地区的 SOA 浓度有所上升，山东省的上升幅度最大，达到 4.5 $\mu g \cdot m^{-3}$，这和 CO_2 施肥效应引起的华北地区 BVOC 排放的增加有关(图 9.19)，同时大气氧化能力的增强促进 VOC 等

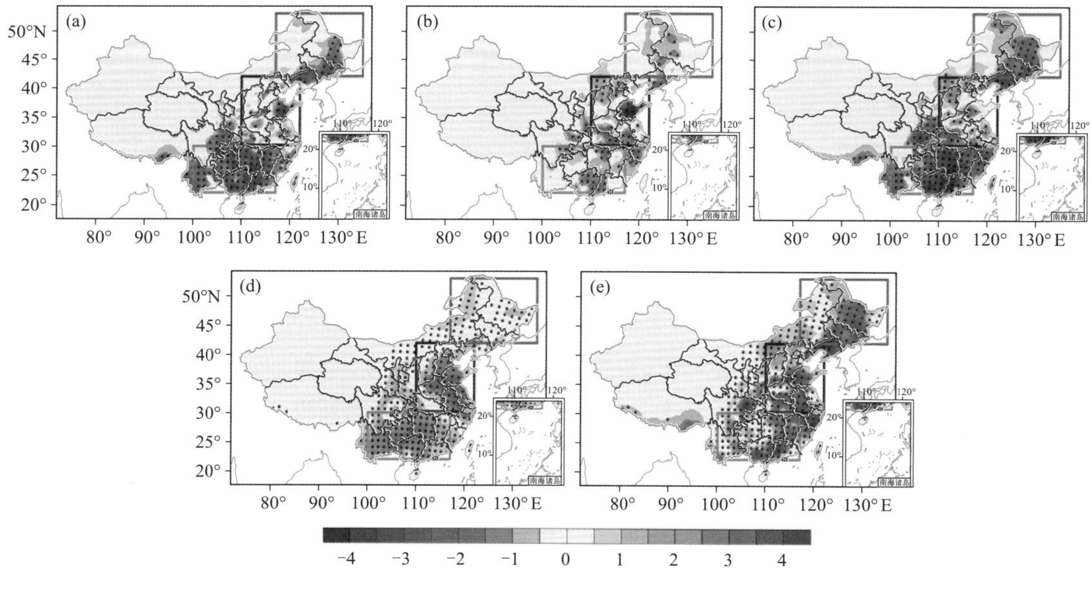

图 9.25　区域 CO_2 升高和全球气候变化等 5 种情景下我国夏季 SOA 浓度的变化(单位：$\mu g \cdot m^{-3}$)
(图中打点区域表示通过了置信度为 99%的显著性检验)
(a)CO_2 施肥效应；(b)CO_2 辐射效应；(c)CO_2 综合效应；(d)全球气候变化；(e)全球气候变化和区域 CO_2 升高协同效应

前体物向 SOA 的转化，进一步增加大气中的 SOA 浓度。东北地区由于 BVOC 排放的减少，SOA 浓度有所下降，降低幅度为 $-3\sim-1.5\ \mu g \cdot m^{-3}$，部分地区可达 $-4\ \mu g \cdot m^{-3}$。CO_2 辐射效应能够减少我国大部分地区的 SOA 浓度，最大减少量可达 $4.5\ \mu g \cdot m^{-3}$，长三角和四川盆地的部分地区 SOA 浓度有所升高。综合来看，区域 CO_2 升高能够显著降低我国夏季的 SOA 浓度，尤其是在华南地区，最大减少量可达 $5\ \mu g \cdot m^{-3}$。

对比图 9.25d 和图 9.20d 可以看出，全球气候变化引起的 SOA 浓度变化的空间分布和臭氧浓度变化的空间分布特征基本一致。全球气候变化引起的北风增强促进了北方地区的 VOC 等污染物向南输送，同时华南地区的臭氧浓度增加促进了 VOC 向 SOA 的转化，因此华南地区的 SOA 浓度明显增加。SOA 浓度增加的最大值出现在贵州省的南部地区，约为 $3.4\ \mu g \cdot m^{-3}$。华北地区 SOA 浓度有所降低，最大降幅约为 $2.6\ \mu g \cdot m^{-3}$。综合区域 CO_2 升高和全球气候变化来看，我国大部分地区夏季的 SOA 浓度有所降低，尤其是在长三角和珠三角等沿海城市群地区。京津冀和四川盆地的 SOA 浓度有较弱的增加。

图 9.26 给出了 CO_2 施肥效应、CO_2 辐射效应、CO_2 综合效应、全球气候变化效应以及全球气候变化和区域 CO_2 升高协同效应对我国冬季 SOA 浓度的影响。从图中可以看出，冬季我国的 SOA 浓度变化相对较小，大部分地区的浓度变化没有通过显著性检验。CO_2 施肥效应影响下，四川盆地的 SOA 浓度有所降低，最大降幅约 $2.0\ \mu g \cdot m^{-3}$。其他情景下，SOA 浓度的变化基本在 $\pm 0.5\ \mu g \cdot m^{-3}$。

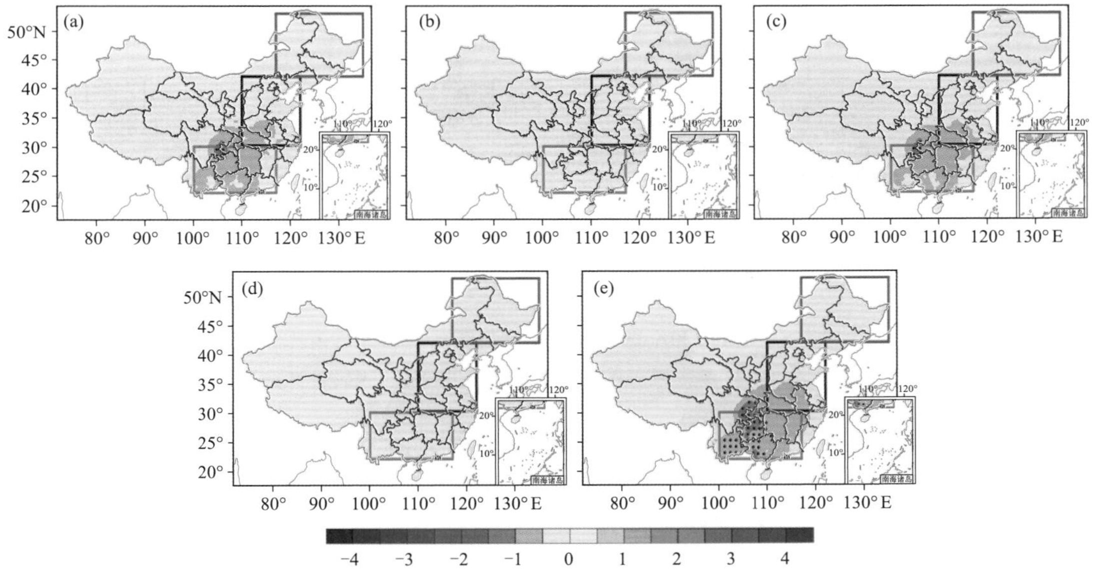

图 9.26　区域 CO_2 升高和全球气候变化等 5 种情景下我国冬季 SOA 浓度的变化（单位：$\mu g \cdot m^{-3}$）
（图中打点区域表示通过了置信度为 99% 的显著性检验）
(a)CO_2 施肥效应；(b)CO_2 辐射效应；(c)CO_2 综合效应；(d)全球气候变化；(e)全球气候变化和区域 CO_2 升高协同效应

图 9.27 给出了 CO_2 施肥效应、CO_2 辐射效应和全球气候变化对我国夏季 ASOA 和 BSOA 浓度的影响。可以看出，CO_2 施肥效应引起的 SOA 浓度变化主要来自于 BSOA，其浓度的变化范围在 $-4.0\sim2.5\ \mu g \cdot m^{-3}$ 之间，且其空间分布特征和 SOA 变化特征基本一致。

ASOA 浓度的变化相对较小,仅在辽宁、湖南等地有－1.0～－0.5 μg·m^{-3}的降低。考虑到 BSOA 来自于自然源 VOC,因此其浓度变化很大程度上受到 BVOC 排放量的影响。CO_2 施肥效应引起的 ASOA 浓度的变化一方面受到施肥效应引起的气候反馈的影响,另一方面受到大气氧化能力变化的影响。从图中可以看出,这部分的影响相对较小。相比于 CO_2 施肥效应,CO_2 辐射效应对华北地区的 ASOA 和 BSOA 浓度影响的量级相当。华南地区 SOA 浓度的变化主要来自于 BSOA,表明该地区 BVOC 排放量的变化是导致 SOA 浓度变化的主要原因。全球气候变化对 ASOA 和 BSOA 均有一定的影响,且两者浓度变化的空间分布和 SOA 浓度变化的空间分布特征基本一致,表明 SOA 浓度的变化主要受区域气候因子的影响。华南地区 BSOA 浓度的变化量(1.5～2.5μg·m^{-3})略高于 ASOA 浓度变化(1.0～1.5 μg·m^{-3}),表明 SOA 浓度变化在一定程度上受到 BVOC 排放量变化的影响。

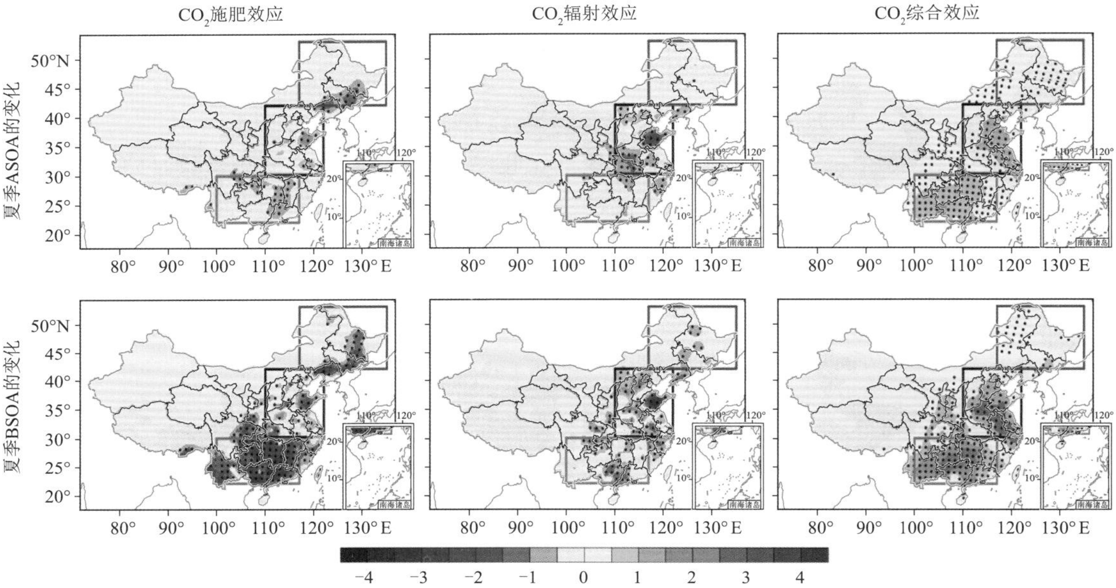

图 9.27　CO_2 施肥效应、CO_2 辐射效应和全球气候变化对我国夏季 ASOA 和 BSOA 浓度(单位:μg·m^{-3})的影响(图中打点区域表示通过了置信度为 99%的显著性检验)

图 9.28 给出了 CO_2 施肥效应、CO_2 辐射效应、CO_2 综合效应、全球气候变化效应以及全球气候变化和区域 CO_2 升高协同效应对我国不同地区年平均 SOA 浓度的影响,其中 2006—2015 年的年际差异由图中的标准差来表示。从图中可以看出,由于 CO_2 施肥效应的影响,我国全年平均 SOA 浓度降低了 0.3 μg·m^{-3},相比于全国平均 SOA 浓度 3.73 μg·m^{-3},CO_2 施肥效应导致我国 SOA 浓度降低了约 8%。华南地区 SOA 浓度下降更为明显,区域平均降低了 1.0 μg·m^{-3},华北地区的 SOA 浓度有一定上升,约 0.4 μg·m^{-3}。相比来看,CO_2 辐射效应对 SOA 浓度的影响较小,且均以减少为主。全国平均 SOA 浓度降低约 0.1 μg·m^{-3}。全球气候变化对 SOA 浓度的影响存在较强的区域差异,华南地区 SOA 浓度增加约 0.5 μg·m^{-3},华北地区 SOA 浓度有所降低,约－0.4 μg·m^{-3},这和臭氧浓度变化的趋势较为一致。从年际差异来看,全球气候变化引起的 SOA 浓度变化的年际差异要大于其他因子的影响,尤其是在华北地区。综合来看,全球气候变化和区域 CO_2 升高使得我国华南和华北地区年平均 SOA 浓度

分别降低了 0.7 μg・m^{-3}和 0.6 μg・m^{-3}。

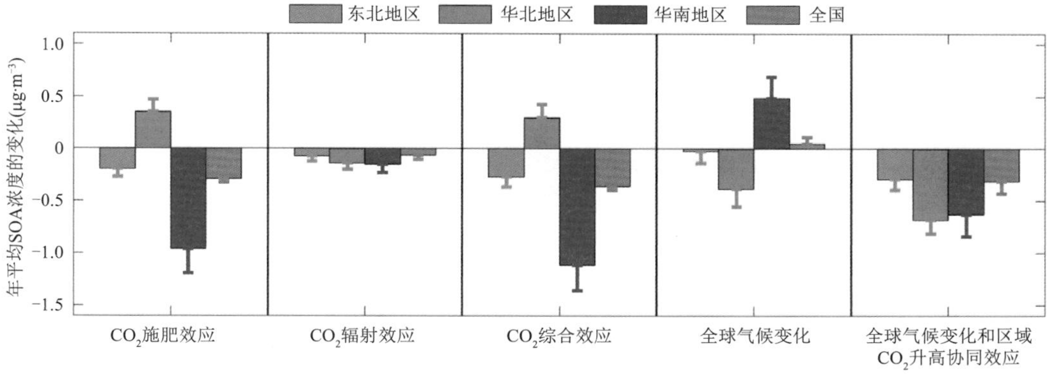

图 9.28　区域 CO_2 升高、全球气候变化等 5 种情景下我国不同地区年平均 SOA 浓度的变化(单位:μg・m^{-3})

9.6　本章小结

本章利用 RegCM-Chem-YIBs 模式研究了我国 BVOC 排放和 SOA 浓度分布的时空特征,分析了区域 CO_2 升高以及全球气候变化对我国气候要素、陆地生态系统生产力和 BVOC 排放的影响,评估了区域 CO_2 升高以及全球气候变化对我国臭氧和 SOA 浓度的影响,主要结果如下。

(1)2006—2015 年我国的异戊二烯和单萜烯的年均排放量分别为 8.12 Tg C・a^{-1}和 2.69 Tg C・a^{-1},且呈现逐年增长的趋势。南方(30°N 以南)和东北地区是 BVOC 排放的高值区,异戊二烯和单萜烯的最大排放量分别超过 5 mg C・m^{-2}・h^{-1}和 0.7 mg C・m^{-2}・h^{-1}。南方地区受植被 BVOC 排放的影响较大,BSOA 对 SOA 浓度的贡献最大可达 60%。由于气温、辐射等气象条件的季节性变化,月平均 BVOC 排放量呈现出单峰结构,异戊二烯和单萜烯排放的最大值均出现在 8 月,分别为 19.36 Tg C・a^{-1}和 5.16 Tg C・a^{-1}。SOA 浓度呈现夏季高、冬季低的季节性变化,夏季四川盆地部分地区的 SOA 浓度最大达到 20 μg・m^{-3}。

(2)区域 CO_2 升高和全球气候变化促进了陆地植被的生长和发育,我国的光合作用速率、NPP 和 LAI 分别增加了 12.1%、14.2%和 7.2%。其中,全球气候变化的影响相对较弱,且主要集中在低纬度地区(25°N 以南)。区域 CO_2 浓度的升高是促进植被生长的最主要原因,占 60%~90%。CO_2 升高对植被的影响主要是通过 CO_2 施肥效应,且存在较强的季节性差异。夏季 CO_2 施肥效应引起的 GPP 变化明显高于其他季节,峰值出现在 7—8 月。

(3)由于区域 CO_2 升高和全球气候变化的影响,未来我国夏、秋季的 BVOC 排放明显增加,异戊二烯和单萜烯最大增幅分别为 7.13 Tg C・a^{-1}和 1.74 Tg C・a^{-1},而冬、春季的 BVOC 排放有一定的减小。全球气候变化对 BVOC 排放的影响要略小于区域 CO_2 升高的影响,尤其是在华北地区。区域 CO_2 升高对 BVOC 排放的影响大部分来自 CO_2 施肥效应。夏季由于 CO_2 施肥效应引起的光合作用速率的增强促进了 BVOC 的排放,而冬、春季区域 CO_2 升高对 BVOC 排放的抑制作用占主导。CO_2 辐射效应对 BVOC 排放的影响相对较小,主要集中在华北平原地区。

（4）区域 CO_2 升高和全球气候变化能够降低我国的臭氧和 SOA 浓度，华北地区的臭氧和 SOA 浓度减少最为明显，且夏季的浓度变化明显大于冬季。夏季，华北地区臭氧和 SOA 浓度最大可分别减小 5 ppbv 和 4 $\mu g \cdot m^{-3}$。全球气候变化对臭氧和 SOA 浓度的影响略大于区域 CO_2 升高的影响。夏季，全球气候变化导致华北地区的臭氧和 SOA 浓度显著降低，华南地区明显增加，而区域 CO_2 升高能够降低我国大部分地区的臭氧和 SOA 浓度，尤其是在华南和东北地区。整体来看，CO_2 施肥效应的影响要大于 CO_2 辐射效应的影响。由于 CO_2 施肥效应引起的 BVOC 排放变化，华北地区夏季的臭氧和 SOA 浓度明显增加，而华南和东北地区有所减少。

第 10 章　RegCM-Chem-YIBs 模式使用指南

本章主要介绍 RegCM-Chem-YIBs 模式的使用方法，包括区域设置、数据准备，模式安装/编译/运行、结果处理等环节。

10.1　模式下载与安装

10.1.1　模式运行需要的软件

RegCM-Chem-YIBs 的安装运行需要一定的软件支持，包括：

(1)Linux 系统

(2)GUN make 工具

(3)Fortran 编译器(Intel≥12.0，GNU≥4.6，PGI≥12.0)

(4)MPI 等并行运算库

(5)NetCDF 库

(6)GrADS、NCL、python 等绘图软件

10.1.2　模式获取

RegCM-Chem-YIBs 是 RegCM-Chem 和 YIBs 两个模式的耦合系统，其中 RegCM-Chem 是由意大利国际理论物理中心 ICTP 开发的区域气候-化学模式，YIBs 是美国耶鲁大学发展的陆地生态系统模式。

RegCM-Chem 模式可以在 ICTP 官方网站下载，模型代码下载地址为 http://gforge.ictp.it/gf/project/regcm/frs。模型的开发版本可以通过 SVN 的方式获取：

% svn checkout https://gforge.ictp.it/svn/regcm/branches/regcm-core

RegCM-Chem-YIBs 版本在服务器的公共目录可以获取。下载好源代码后，解压到自己的目录下：

% tar -zxvf RegCM-CHEM-YIBs.tar.gz

10.1.3　模式安装

进入 RegCM-Chem-YIBs 主目录通过 configure 命令生成 Makefile 文件：

% ./configure --enable-clm45 CC=icc FC=ifort

建议在 configure 时使用--with-netcdf 选项指定 NETCDF 库的路径，即：

%./configure --enable-clm45 CC=icc FC=ifort --with-netcdf=/software/netcdf-4.4.1.1

完成后输入 make 指令安装

% make

% make install

如果出错，需要执行 make clean 命令，重新编译。安装成功后，bin 目录下会出现对应的可执行文件，各模块示意如图 10.1。

```
-rw-r--r--. 1 model model     3231 6月   4 10:14 average
-rwxr-xr-x. 1 model model  2815615 6月   4 10:14 chem_icbcCLM45
-rwxr-xr-x. 1 model model  1472592 6月   4 10:14 clm45_1dto2dCLM45
-rwxr-xr-x. 1 model model  1079212 6月   4 10:14 emcre_gridCLM45
-rwxr-xr-x. 1 model model  1575430 6月   4 10:14 GrADSNcPlotCLM45
-rwxr-xr-x. 1 model model  1615713 6月   4 10:14 GrADSNcPrepareCLM45
-rwxr-xr-x. 1 model model  5491590 6月   4 10:14 icbcCLM45
-rw-r--r--. 1 model model     2131 6月   4 10:14 interp_bionox
-rw-r--r--. 1 model model     8289 6月   4 10:14 interp_emissions
-rw-r--r--. 1 model model     2385 6月   4 10:14 interp_pollen
-rwxr-xr-x. 1 model model  1811003 6月   4 10:14 mksurfdataCLM45
-rwxr-xr-x. 1 model model 24028242 6月   4 10:14 regcmMPICLM45
-rw-r--r--. 1 model model     2126 6月   4 10:14 regrid
-rwxr-xr-x. 1 model model  1596192 6月   4 10:14 sigma2pCLM45
-rwxr-xr-x. 1 model model  1595611 6月   4 10:14 sigma2zCLM45
-rwxr-xr-x. 1 model model  2237555 6月   4 10:14 sstCLM45
-rwxr-xr-x. 1 model model  2829915 6月   4 10:14 terrainCLM45
```

图 10.1　RegCM-Chem-YIBs 各模块示意

10.2　获取输入数据

模式运行需要一些相关的输入数据，原始的 RegCM-Chem 需要的数据包括高程数据、下垫面类型、SST 文件、初始边界文件等（见图 10.2）。这些在 ICTP 网站上可以下载，网址为：http://clima-dods.ictp.it/regcm4/，下载好数据后放在任意一个目录下，如 rcm4data。

```
drwxrwxr-x  6 lishu lishu   87 Apr  9  2017 AERGLOB/
drwxrwxr-x  2 lishu lishu   62 Apr  7  2017 BIONOX/
drwxrwxr-x  7 lishu lishu   65 Aug 26  2018 CHEMISSIONGLOBAL/
drwxrwxr-x  2 root  root  4.0K May 29 14:12 CLM/
drwxrwxr-x  7 lishu lishu   77 Apr  6  2017 CLM45/
drwxr-xr-x 14 root  root   138 May 31 12:21 EIN15/
drwxr-xr-x  7 root  root    61 Jun  2 22:38 MPI-ESM-MR/
drwxrwxr-x 15 lishu lishu  149 Jun 21  2014 NNRP1/
drwxrwxr-x  2 root  root  4.0K May 29 14:14 OXIGLOB/
drwxr-xr-x 12 lishu lishu 4.0K Jun  7  2017 RCP_EMGLOB_PROCESSED/
drwxrwxr-x  2 root  root  4.0K May 29 14:12 SST/
drwxrwxr-x  2 lishu lishu 4.0K May 15  2016 SURFACE/
```

图 10.2　RegCM-Chem-YIBs 需要的数据示意

运行 YIBs 模块需要 CO_2 通量和浓度的相关数据，可以在 Carbontracker 网站下载。CO_2 通量数据（见图 10.3）下载网址：

ftp://aftp.cmdl.noaa.gov/products/carbontracker/co2/CT2016/fluxes/three-hourly

```
CT2016.flux1x1.20000101.nc   15.8 MB   2017/1/18 上午8:00:00
CT2016.flux1x1.20000102.nc   15.8 MB   2017/1/18 上午8:00:00
CT2016.flux1x1.20000103.nc   15.8 MB   2017/1/18 上午8:00:00
CT2016.flux1x1.20000104.nc   15.8 MB   2017/1/18 上午8:00:00
CT2016.flux1x1.20000105.nc   15.8 MB   2017/1/18 上午8:00:00
CT2016.flux1x1.20000106.nc   15.8 MB   2017/1/18 上午8:00:00
CT2016.flux1x1.20000107.nc   15.8 MB   2017/1/18 上午8:00:00
CT2016.flux1x1.20000108.nc   15.8 MB   2017/1/18 上午8:00:00
```

图 10.3　CO_2 通量数据文件示意

CO_2 浓度数据(见图 10.4)下载网址：

ftp://aftp.cmdl.noaa.gov/products/carbontracker/co2/molefractions/co2_total/

CT2019.molefrac_glb3x2_2000-01-01.nc	76.2 MB	2020/1/7 上午5:41:00
CT2019.molefrac_glb3x2_2000-01-02.nc	76.2 MB	2020/1/7 上午5:41:00
CT2019.molefrac_glb3x2_2000-01-03.nc	76.2 MB	2020/1/7 上午5:41:00
CT2019.molefrac_glb3x2_2000-01-04.nc	76.2 MB	2020/1/7 上午5:42:00
CT2019.molefrac_glb3x2_2000-01-05.nc	76.2 MB	2020/1/7 上午5:42:00
CT2019.molefrac_glb3x2_2000-01-06.nc	76.2 MB	2020/1/7 上午5:42:00
CT2019.molefrac_glb3x2_2000-01-07.nc	76.2 MB	2020/1/7 上午5:42:00
CT2019.molefrac_glb3x2_2000-01-08.nc	76.2 MB	2020/1/7 上午5:42:00
CT2019.molefrac_glb3x2_2000-01-09.nc	76.2 MB	2020/1/7 上午5:43:00

图 10.4　CO_2 浓度数据文件示意

同时还有一些 YIBs 模式输入的相关数据，如叶面积指数、树高、土壤碳库等。在共享文件夹/data/ift1/archive/yibsdata/DRIVER_DATA 下可以获取，如图 10.5 所示。

```
CLMHIT                  LAIM16_11
CLMLAI                  LAIM16_12
CLMVEG                  LAImax
CROPS                   LANDF
CROPS_CAL               PFRAC
CROPS_TYPE              SOILCARB_global
crop.types.1x1.3.nc     soil_carbon_merra_1980_1x1.3
GHG                     soil_carbon_wfdei_noluc_1980_1x1
HITE                    SOILCARB_restart
ISLSCP                  SOILCARB_site
islscplc.1x1.3.nc       soiltextures
LAIM16_01               VCROPS
LAIM16_02               VEG
LAIM16_03               VEG16
LAIM16_04               VEG8
LAIM16_05               veg_frac_clm_2x2.5_output
LAIM16_06               veg_height_merra_1980_1x1.3
LAIM16_07               veg_height_wfdei_noluc_1980_1x1
LAIM16_08               VHT16
LAIM16_09               VLAIX16
LAIM16_10               YIBSHT
```

图 10.5　YIBs 模式输入的相关数据文件示意

10.3　模式预处理

正式运行模式之前必须进行一些预处理步骤，包括设置模式区域，创建必须的初始和侧边界条件文件等。首先创建一个运行目录：

% mkdir-p/yourpath/ RegCM-CHEM-YIBs/run

将在这个目录下进行试验，创建输入、输出文件目录，并复制一个 namelist 文件到工作目录下：

% cd /yourpath/ RegCM-CHEM-YIBs/run

% mkdir input output

% cp ../Testing/test_001.in　regcm.in

regcm.in 文件中可以修改模拟的相关参数，包括网格数、分辨率、模拟中心点位置、投影方式、时间步长、物理参数化方案、化学机制等。具体的说明参考 RegCM-CHEM-YIBs/Doc/README. namelist 文件中的详细说明。

10.3.1　设置区域

这一步定义模式的模拟区域，格点间隔，并将地形数据插值到格点上，执行：

% ../bin/terrainCLM45 regcm. in

运行后在 input 目录下可以看到对应的生成文件：

```
CHD_DOMAIN000.nc  CHD_LANDUSE  CHD_TEXTURE
```

10.3.2　创建 SST 和 ICBC 文件

以下操作生成 SST 和气象场初始边界条件文件：

% ../bin/sstCLM45 regcm. in

% ../bin/icbcCLM45 regcm. in

运行后在 input 文件夹下可以看到对应的生成文件：

```
CHD_ICBC.2009050100.nc  CHD_ICBC.2009060100.nc  CHD_SST.nc
```

10.3.3　创建排放源和化学边界文件

运行化学模块需要生成对应的排放源文件和化学边界文件，分别执行以下操作：

% ../bin/emcre_gridCLM45 regcm. in

% chmod 711 ../bin/interp_emissions

% ../bin/interp_emissions regcm. in

% ../bin/chem_icbcCLM45 regcm. in

% ln -s ../Testing/CHEM_DATA/TUVGRID2 TUVGRID2

运行后在 input 文件夹下可以看到对应的生成文件：

```
CHD_CHBC.2009050100.nc  CHD_CHBC.2009060100.nc  CHD_CHEMISS.nc
```

这里需要注意的是，默认的排放源处理程序只能生成 2010 年之前的排放数据，如果需要模拟 2010 年之后的情景，可以先生成之前的数据再手动修改生成文件里面的时间。如果需要更换默认的排放清单，可以使用 TRINITY 软件。

10.3.4　创建 CLM 输入文件

创建 CLM45 模块需要的文件，执行以下操作：

% ../bin/mksurfdataCLM45 regcm. in

运行后在 input 文件夹下可以看到生成的 CHD_CLM45_surface. nc 文件。

10.3.5　创建 YIBs 模块输入文件

YIBs 模块需要一些输入文件，可以执行以下操作生成：

% cp -r /data/ift1/archive/yibsdata/DRIVER_DATA .

% cd DRIVER_DATA

% cp GHG ../input/GHG

% ln -s ../input/CHD_grid.nc CHD_grid.nc

% ncl createyibs.ncl

运行后生成 yibs_driver.nc 文件，把该文件复制到 input 目录下即可。

10.3.6　创建 CO_2 通量和 CO_2 边界文件

如果需要模拟 CO_2 浓度，要准备 CO_2 通量和 CO_2 边界文件。

首先创建一个单独的目录，如：

% mkdir-p CO2data/CO2_testdata

% cd CO2data

从 CarbonTracker 网站下载对应时间段的 CO_2 通量和浓度数据，放在 CO2_testdata 目录下，执行以下操作：

% ln -s ../input/CHD_grid.nc CHD_grid.nc

% ./CT2flux.sh

% ./CT2CHBC.sh

运行后生成 CHD_co2flux.2009050100.nc 和 CHD_CHBC.2009050100.nc 文件，把这两个文件复制到 input 目录下即可。

10.4　模式运行

模式预处理完成后，就可以直接运行模式了，并行运行：

% mpirun -np 8 ../bin/regcmMPICLM45 regcm.in >& log &

单核运行：

%../bin/regcmMPICLM45 regcm.in >& log &

最后出现提示如下(图 10.6)表明模式成功运行。

```
Restart file for next run is written at time 2013-09-01 00:00:00 UTC
: this run stops at  : 2019-07-08 18:08:56+0800
: Total elapsed seconds of run :    112462.474105999
RegCM V4 simulation successfully reached end
```

图 10.6　模式成功运行示意

在 output 目录可以看到以 ATM、SRF、RAD、SAV 等文件。其中 ATM 文件包含温度、湿度等大气状态变量，SRF 文件包含陆面诊断变量，而 RAD 文件包含辐射通量信息。SAV 文件是在模拟周期结束时存储模型的状态，以便模型的重新启动，从而允许将较长的模拟周期分割为多个较短的周期：

% ls output

test_001_ATM.1990060100.nc test_001_SRF.1990060100.nc

test_001_RAD. 1990060100. nc test_001_SAV. 1990070100. nc

10.5 模式后处理

RegCM-Chem-YIBs 模式的结果都是以 NetCDF 格式存储，NetCDF 格式允许用户使用多种通用工具来后处理模型的输出文件。

10.5.1 NetCDF 工具

NetCDF 库本身提供了三个基本的处理 NetCDF 文件的工具：

(1)ncdump 程序：用于以文本形式在标准输出上生成指定的 NetCDF 文件的相关信息。文本表示的形式是一种称为 CDL(网络公共数据表单语言)的格式，可以查看、编辑或作为 ncgen 程序的输入，因此 ncdump 和 ncgen 可以用于在二进制和文本形式之间转换数据的表示。ncdump 也可以用作 NetCDF 数据集的简单浏览器，以显示维度名称和长度、变量名称、类型和形状、属性名称和数据值；并可选择显示 NetCDF 数据集中所有变量或选定变量的数据值。如查看 netCDF 数据集中的数据结构：

% ncdump -c test_001_SRF. 1990060100. nc

查看变量和时间：

% ncdump -v time,tas -p 4 -t -f fortran test_001_SRF. 1990060100. nc

(2)ncgen 程序：和 ncdump 程序相反，从 CDL 输入创建一个 NetCDF 文件或一个生成 NetCDF 数据集的 C 或 fortran 程序。使用示例：

% ncgen -o test_001_SRF. 1990060100_modif. nc test_001_SRF. 1990060100. cdl

(3)nccopy 程序：将输入 NetCDF 文件复制到输出 NetCDF 文件。使用示例：

% nccopy -k 4 -d 9 -s test_001_SRF. nc test_001_SRF _compressed. nc

10.5.2 NCO 和 CDO 工具

(1)NCO 工具可以方便地管理 NetCDF 数据集。NCO 有多个操作符，每个操作符将 NetCDF 文件作为输入，然后操作(例如，计算新数据、求平均值、操作元数据等)并生成 NetCDF 输出文件。NCO 使用单个命令，允许用户以交互方式操作和分析文件，或者使用简单脚本避免更高级别编程环境的开销。具体的使用说明可以参考 http://nco. sourceforge. net/nco. html。简单示例：

(a)获取特定点的所有时步变量 tas 的值：

% ncks -C -H -s "%6. 2f\n" -v tas -d iy,16 -d jx,16 test_001_SRF. nc

(b)从文件中提取变量 tas，并保存到新的 netCDF 文件中：

% ncks -c -v tas -d time,6 test_001_SRF. nc test_001_SRF. nc

(c)将 tas 变量一年的输出数据组合到单个文件中：

% ncrcat -c -v tas test_001_SRF. 1990?? 0100. nc test_001_T2M_1990. nc

(d)从多年运算的结果中获取温度的 DJF 平均值：

% ncra -c -v tas test_001_SRF. ???? 120100. nc \
　　　　test_001_SRF. ???? 010100. nc \

test_001_SRF. ???? 020100. nc \
test_001_DJF_T2M. nc

(2)CDO 工具来自马普所,利用 CDO 程序实现了一个非常全面的命令行操作集合,以操作和分析 NetCDF 或 GRIB 格式的气候和 NWP 模型数据。CDO 一共有 400 多种操作,涵盖以下主题:

(a)文件操作
(b)元数据的选择和比较
(c)修改元数据
(d)算术操作
(e)统计分析
(f)回归和插值
(g)向量和谱变量的转换
(h)格式化输入输出
(i)常见气候指数的计算

10.5.3 GrADS 程序

GrADS 工具主要用于分析和绘制模型输出的结果。它既可以作为交互式工具使用,也可以作为批处理数据分析工具使用。可在以下网址找到有关 GrADS 程序使用的更多指南:http://www.iges.org/grads/gadoc/users.html。

用户可以使用 RegCM-Chem-YIBs 模式中提供 GrADSNcPlot 程序来交互式查看和操作程序结果文件:

% ../bin/GrADSNcPlot input/test_001_DOMAIN000. nc

在打开的 X11 窗口上的绘制地形和土地利用数据:

```
ga-> q file
ga-> set gxout shaded
ga-> set mpdset hires
ga-> set cint 50
ga-> d topo
ga-> c
ga-> set cint 1
ga-> d landuse
ga-> quit
```

虽然 GrADSNcPlot 程序允许交互式绘图,但在退出程序后会删除 CTL 文件和 proj 文件。GrADSNCPrepre 程序可以创建这两个文件,允许在同一个 RegCM 网格下的多个 CTL 文件之间共享 proj 文件(即只创建一次 proj 文件):

% ../bin/GrADSNcPrepare clmoutput. clm2. h0. 2000. nc test_DOMAIN000. nc

10.5.4 NCL 语言

NCL 语言是 NCAR 开发的为科学数据分析和可视化而设计的解释性语言。RegCM-

Chem-YIBs 模型提供了一系列运行 NCL 的示例脚本，可以方便地处理 RegCM-Chem-YIBs 模式的输出数据文件，或使用 NCL 语言进行一些数据分析。具体的文件可以在 Tools/Scripts/NCL/examples 目录中找到。更多关于 NCL 的使用和例子可以参考 NCL 官方网站：http://www.ncl.ucar.edu/。

参考文献

鲍艳，吕世华，陆登荣，等，2006. Regcm3 模式在西北地区的应用研究 I：对极端干旱事件的模拟[J]. 冰川冻土，28：164-174.

陈隆勋，李麦村，李维亮，等，1979. 夏季的季风环流[J]. 大气科学，3(1)：78-90.

陈隆勋，邵永宁，张清芬，等，1991. 近四十年我国气候变化的初步分析[J]. 应用气象学报，2(2)：164-174.

陈亦晨，彭丽，周弋，等，2020. 热浪对上海市浦东新区居民每日死亡与疾病负担影响的病例交叉研究[J]. 环境与职业医学，37(7)：657-663.

陈颖，2012. 西安南郊城区春季空气 CO_2 浓度变化研究[D]. 西安：陕西师范大学.

池彦琪，谢绍东，2012. 基于蓄积量和产量的中国天然源 VOC 排放清单及时空分布[J]. 北京大学学报（自然科学版），48：475-482.

邓吉祥，刘晓，王铮，2014. 中国碳排放的区域差异及演变特征分析与因素分解[J]. 自然资源学报，29(2)：189-200.

刁一伟，黄建平，刘诚，等，2015. 长江三角洲地区净生态系统二氧化碳通量及浓度的数值模拟[J]. 大气科学，39(5)：849-860.

丁一汇，李崇银，何金海，等，2004. 南海季风试验与东亚夏季风[J]. 气象学报，62(5)：561-586.

丁一汇，李巧萍，柳艳菊，等，2009. 空气污染与气候变化[J]. 气象，35(3)：3-14.

方精云，2000. 中国森林生产力及其对全球气候变化的响应[J]. 植物生态学报，24(5)：513-517.

冯涛，张录军，柳竞先，等，2014. 北半球近地层典型区 CO_2 体积分数时空分布及成因[J]. 气象科学，34(5)：491-498.

高庆先，高文欧，马占云，等，2021. 大气污染物与温室气体减排协同效应评估方法及应用[J]. 气候变化研究进展，17(3)：268-278.

高庆先，师华定，张时煌，等，2014. 空气污染对气候变化的影响及反馈研究[J]. 资源科学，34(8)：1384-1391.

高松，2011. 夏季上海城区大气中国二氧化碳浓度特征及相关因素分析[J]. 中国环境监测，27(2)：70-76.

高由禧，章名立，1957. 东亚季风问题及其某些特征[J]. 地理学报(1)：55-67.

葛舒阳，2020. 应对气候变化背景下我国大气污染防治法律制度研究[D]. 兰州：西北民族大学.

耿春梅，王宗爽，任丽红，等，2014. 大气臭氧浓度升高对农作物产量的影响[J]. 环境科学研究，27(3)：239-245.

耿冠楠，肖清扬，郑逸璇，等，2020. 实施《大气污染防治行动计划》对中国东部地区 $PM_{2.5}$ 化学成分的影响[J]. 中国科学：地球科学，50(4)：469-482.

郭其蕴，1983. 东亚夏季风强度指数及其变化的分析[J]. 地理学报，38(3)：207-217.

郭晓霜，司徒淑娉，王雪梅，等，2014. 结合外场观测分析珠三角二次有机气溶胶的数值模拟[J]. 环境科学，35(5)：1654-1661.

郭毅，2011. 西安市大气 CO_2 时空分布研究[D]. 西安：陕西师范大学.

国家发展和改革委员会能源研究所课题组，2009. 中国 2050 年低碳发展之路：能源需求暨碳排放情景分析[M]. 北京：科学出版社.

国家发展和改革委员会应对气候变化司，2011. 省级温室气体清单编制指南[S]. 2011-05.

韩振宇，王宇星，聂羽，2016. RegCM4 对中国东部区域气候模拟的辐射收支分析[J]. 大气科学学报，39(5)：683-691.

郝建锋，金森，马钦彦，等，2008. 气候变化对暖温带典型森林生态系统结构、生产力的影响[J]. 干旱区资源与环境，22 (3)：63-69.

胡豪然，钱维宏，2007. 东亚夏季风北边缘的确认[J]. 自然科学进展，17(1)：57-65.

胡晏玲，2011. 乌鲁木齐市 2 种主要温室气体浓度水平[J]. 干旱环境监测，25(2)：80-84.

黄晓娴，2015. 城市二氧化碳特征及区域非均匀分布对气候的影响[D]. 南京：南京大学.

嵇晓燕，杨龙元，王跃思，等，2006. 太湖流域近地表主要温室气体本底浓度特征[J]. 环境监测管理与技术，18 (3)：11-25.

姜超，徐永福，季劲钧，等，2011. ENSO 年代际变化对全球陆地生态系统碳通量的影响[J]. 地学前缘，18(6)：107-116.

蒋高明，渠春梅，2000. 北京山区辽东栎林中几种木本植物光合作用对 CO_2 浓度升高的响应[J]. 植物生态学报，24 (2)：204-208.

赖金美，潘若琪，刘燕飞，等，2019. 大气二氧化碳浓度增加对木本植物 BVOCs 释放的影响[J]. 生态学杂志，39(13)：865-871. 1-10，10. 13292/j. 1000-4890. 202003. 001.

李峰，周广胜，曹铭昌，2006. 兴安落叶松地理分布对气候变化响应的模拟[J]. 应用生态学报，17(12)：2255-2260.

李剑泉，刘世荣，李智勇，等，2009. 全球变暖背景下的森林火灾防控策略[J]. 现代农业科技，20(1)：243-246.

李晶，王跃思，刘强，等，2006. 北京市两种主要温室气体浓度的日变化[J]. 气候与环境研究，11(1)：49-55.

李丽，张丽，燕琴，等，2014. 基于 GOSAT 数据集的全球碳通量分析[J]. 地理与地理信息科学，30(1)：91-96.

李丽琴，牛树奎，2010. 中国气候变化与森林火灾发生的关系[J]. 安徽农业科学，38(22)：32-34.

李树，王体健，庄炳亮，等，2011. 不同云滴数浓度参数化方案对硝酸盐气溶胶第一间接效应影响的比较研究[J]. 气象科学，31(4)：475-483.

李兴华，武文杰，张存厚，等，2011. 气候变化对内蒙古东北部森林草原火灾的影响[J]. 干旱区资源与环境，25 (11)：114-119.

李燕丽，穆超，邓君俊，等，2013. 厦门秋季近郊近地面 CO_2 浓度变化特征研究[J]. 环境科学，34(5)：2018-2024.

李志鹏，2011. 基于系统动力学的城市交通能源消耗与碳排放预测——以天津为例[D]. 天津：天津大学.

林智涛，沈春燕，孙楠，等，2017. ENSO 对南海北部初级生产力的影响[J]. 广东海洋大学学报，37(1)：80-87.

刘红年，张力，2012. 中国不同排放情景下人为气溶胶的气候效应[J]. 地球物理学报，55(6)：1867-1875.

刘磊，赵景波，焦丽铧，等，2014. 西安市南郊公路运输 CO_2 排放特征及影响因子研究[J]. 贵州师范大学学报(自然科学版)，32(3)：104-110.

刘强，王跃思，王明星，2004. 北京地区大气主要温室气体的季节变化[J]. 地球科学进展，19(5)：817-823.

刘强，王跃思，王明星，等，2005. 北京大气中主要温室气体近 10 年变化趋势[J]. 大气科学，29(2)：267-271.

刘亦文，2013. 能源消费、碳排放与经济增长的可计算一般均衡分析[D]. 长沙：湖南大学.

刘毅，吕达仁，陈洪滨，等，2011. 卫星遥感大气 CO_2 的技术与方法进展综述[J]. 遥感技术与应用，26(2)：247-254.

刘毅，杨东旭，蔡兆男，2013. 中国碳卫星大气 CO_2 反演方法：GOSAT 数据初步应用[J]. 科学通报，58(11)：996-999.

麦博儒，邓雪娇，安兴琴，等，2014. 基于碳源汇模式系统 Carbon Tracker 的广东省近地层典型 CO_2 过程模拟研究[J]. 环境科学学报，34(7)：1833-1844.

毛显强，曾桉，邢有凯，等，2021. 从理念到行动：温室气体与局地污染物减排的协同效益与协同控制研究综述[J]. 气候变化研究进展，17(3)：255-267.

宁亚东，丁涛，张春博，2013. 我国产业部门 CO_2 排放特征及其影响因素模型研究[J]. 大连理工大学学报，4：490-496.

祁骞,2014. 醛类化合物水相形成二次有机气溶胶的初步研究[D]. 济南:山东大学.

郄光发,王成,彭镇华,2005. 森林生物挥发性有机物释放速率研究进展[J]. 应用生态学报,16(6):1151-1155.

秦大河,翟盘茂,2021. 中国气候与生态环境演变:2021,第一卷 科学基础[M]. 北京:科学出版社.

秦大河,张建云,闪淳昌,等,2015. 中国极端气候事件和灾害风险管理与适应国家评估报告[M]. 北京:科学出版社.

全国人民代表大会,2015. 中华人民共和国大气污染防治法[Z]. 2015-08-29.

沈凡卉,王体健,庄炳亮,等,2011. 中国沙尘气溶胶的间接辐射强迫与气候效应[J]. 中国环境科学,31(7):1057-1063.

沈琰,张奇磊,孙南,等,2014. 常州城区温室气体特征分析[C]. 2014 年中国环境科学学会学术年会(第六章),4966-4969.

生态环境部,2020. 中国城市二氧化碳和大气污染协同管理评估报告[R]. 北京:生态环境部环境规划院气候变化与环境政策研究中心.

师华定,高庆先,张时煌,等,2012. 空气污染对气候变化影响与反馈的研究评述[J]. 环境科学研究,25(9):974-980.

师丽魁,娄运生,方文松,2013. 郑州城区大气 CO_2 浓度变化特征及影响因素分析[J]. 气象与环境科学,36(1):40-43.

施能,朱乾根,1996. 东亚冬季风强度异常与夏季 500hPa 环流及我国气候异常的关系[J]. 热带气象学报,12(1):26-33.

宿兴涛,李鲲,魏强等,2016. 东亚沙尘光学特性及其对辐射强迫和温度的影响[J]. 中国沙漠,36:1381-1390.

孙秀荣,陈隆勋,何金海,2002. 东亚海陆热力差指数及其与环流和降水的年际变化关系[J]. 气象学报,60(2):164-172.

汤明敏,曾文华,何元,1993. 夏季东半球热带海温异常对亚洲季风环流和降水影响的数值试验[J]. 热带气象学报,9(4):289-298.

陶诗言,陈隆勋,1957. 夏季亚洲大陆上空大气环流的结构[J]. 气象学报,28(3):234-247.

田立新,张蓓蓓,2011. 中国碳排放变动的因素分解分析[J]. 中国人口·资源与环境,21(11):1-7.

王安宇,吴池胜,林文实,等,1999. 关于我国东部夏季风进退的定义[J]. 高原气象,19(3):400-408.

王长科,王跃思,刘广仁,2003. 北京城市大气 CO_2 浓度变化特征及影响因素[J]. 环境科学,24(4):13-17.

王庚辰,温玉璞,孔琴心,等,2002. 中国大陆上空 CO_2 的本底浓度及其变化[J]. 科学通报,47(10):780-783.

王广玉,2011. 甘肃省低温雨雪冰冻灾害对林业造成的危害及对策[J]. 甘肃科技,27(4):139-140.

王宏斌,张镭,焦圣明,等,2016. 中国地区 MODIS 气溶胶产品的验证及反演误差分析[J]. 高原气象,35(3):810-822,10.7522/j. issn. 1000-0534. 2015. 00043.

王雷,2014. 基于投入产出模型的天津市碳排放预测研究[J]. 生态经济,30(1):51-56.

王淼,代力民,韩士杰,等,2000. 高 CO_2 浓度对长白山阔叶红松林主要树种的影响[J]. 应用生态学报,11(5):675-679.

王淼,郝占庆,姬兰柱,等,2002. 高 CO_2 浓度对温带三种针叶树光合光响应特性的影响[J]. 应用生态学报,13(6):646-650.

王敏,2021. 大气污染物与温室气体协同控制的形式与政策实践[R]. CCAPP 学术沙龙,空气质量与气候协同控制与管理实践.

王明星,刘卫卫,吕国涛,等,1989. 我国西北部沙漠地区大气甲烷浓度的季节变化和长期变化趋势[J]. 科学通报,9:684-686.

王勤耕,2001. 中国 VOC 和 NO_x 陆地生态源及其对对流层臭氧影响的数值研究[D]. 北京:中国科学院大气物理研究所.

王少剑，刘艳艳，方创琳，2015. 能源消费 CO_2 排放研究综述[J]. 地理科学进展，34(2)：151-164.

王体健，孙照渤，1999. 臭氧变化及其气候效应的研究进展[J]. 地球科学进展，14(1)：37-43.

王体健，谢旻，高丽洁，等，2004. 一个区域气候-化学耦合模式的研制及初步应用[J]. 南京大学学报，40(6)：711-727.

王体健，李树，庄炳亮，等，2010. 中国地区硫酸盐气溶胶的第一间接气候效应研究[J]. 气象科学，30(5)：730-740.

王卫国，吴涧，刘红年，2005. 中国及临近地区污染排放对对流层臭氧变化与辐射影响的研究[J]. 大气科学，29(5)：734-746.

王向华，朱晓东，程炜，等，2007. 不同政策调控下的水泥行业 CO_2 排放模拟与分析[J]. 中国环境科学，27(6)：851-856.

王莹，沈新勇，王勇，等，2012. 东亚地区人为气溶胶直接辐射强迫及其气候效应的数值模拟[J]. 气象科学，32：515-525.

王永峰，李庆军，2005. 陆地生态系统植物挥发性有机化合物的排放及其生态学功能研究进展[J]. 植物生态学报，29：487-496.

王跃思，王长科，刘广仁，等，2002. 北京大气 CO_2 浓度日变化、季变化及长期趋势[J]. 科学通报，47(14)：1108-1112.

王跃思，李文杰，高文康，等，2020. 2013-2017 年中国重点区域颗粒物质量浓度和化学成分变化趋势[J]. 中国科学：地球科学，50(4)：453-468.

王韵杰，张少君，郝吉明，2019. 中国大气污染治理：进展 · 挑战 · 路径[J]. 环境科学研究，32(10)：1755-1762.

王志立，郭品文，张华，2009. 黑碳气溶胶直接辐射强迫及其对中国夏季降水影响的模拟研究[J]. 气候与环境研究，14(2)：161-171.

温玉璞，汤洁，邵志清，等，1997. 瓦里关山大气二氧化碳浓度变化及地表排放影响的研究[J]. 应用气象学报，8(2)：129-136.

吴涧，蒋维楣，刘红年，等，2002. 区域气候模式和大气化学模式对中国地区气候变化和对流层臭氧分布的模拟[J]. 南京大学学报(自然科学版)，38(4)：572-582.

吴尚森，梁建茵，李春晖，2003. 南海夏季风强度与我国汛期降水的关系[J]. 热带气象学报，19(S1)：25-36.

吴思政，梁文斌，聂东伶，等，2017. 高温胁迫对不同蓝莓品种光合作用的影响[J]. 中南林业科技大学学报，37(11)：1-8.

武鸣，范秋云，2013. 长沙城区大气中二氧化碳浓度变化及与其他污染物相关性分析[J]. 四川环境，32(6)：39-43.

谢会成，姜志林，尹建道，2002. 杉木的光合特性及其对 CO_2 倍增的响应[J]. 西北林学院学报，17(2)：1-3.

谢旻，王体健，高达，等，2021. 东亚冬季风异常对区域气溶胶分布的影响[J]. 气候与环境研究，26(4)：438-448.

谢旻，王体健，江飞，等，2007. NO_x 和 VOC 自然源排放及其对中国地区对流层光化学特性影响的数值模拟研究[J]. 环境科学，28：32-40，10. 3321/j. issn：0250-3301. 2007. 01. 006.

谢晓栋，2020. 中国地区大气污染-植被-二氧化碳的相互影响研究[D]. 南京：南京大学.

徐国泉，刘则渊，姜照华，2006. 中国碳排放的因素分解模型及实证分析：1995-2004[J]. 中国人口资源与环境，16(6)：158-161.

徐影，2002. 人类活动对气候变化影响的数值模拟研究[D]. 南京：南京信息工程大学.

徐永福，1994. 大气二氧化碳的海洋生物泵的初步研究[J]. 南京大学学报(庆祝朱炳海教授从事气象学教育科研工作六十年专刊)，381-387.

徐永福，赵亮，浦一芬，等，2004. 二氧化碳海气交换通量估计的不确定性[J]. 地学前缘，11(2)：565-571.

许士春，习蓉，何正霞，2012. 中国能源消耗碳排放的影响因素分析及政策启示[J]. 资源科学，34(1)：2-12.

许苏清,陈立奇,2015. 利用卫星遥感技术估算区域性海-气 CO_2 通量研究综述[J]. 极地研究,27(3):271-281.

闫雁,王志辉,白郁华,等,2005. 中国植被 VOC 排放清单的建立[J]. 中国环境科学,25:110-114,10.3321/j.issn:1000-6923.2005.01.025.

杨成荫,王汉杰,韩士杰,等,2012. 大气 CO_2 浓度非均匀动态分布条件下的气候模拟[J]. 地球物理学报,55(9):2809-2825.

杨冬冬,赵树云,张华,等,2017. 未来全球 $PM_{2.5}$ 浓度时空变化特征的模拟[J]. 中国环境科学,37(4):1201-1212.

杨楠,李艳霞,赵盟,等,2021. 水泥熟料生产企业 CO_2 直接排放核算模型的建立[J]. 气候变化研究进展,17(1):79-87.

姚婷婷,马晓茜,王梓桓,2017. 基于多元线性回归模型和碳平衡的 CO_2 排放量简便算法[J]. 环境污染与防治,39(11):1264-1267.

易兰,赵万里,杨历,2020. 大气污染与气候变化协同治理机制创新[J]. 科研管理,300(10):136-146.

殷长秦,2015. 中国地区二次有机气溶胶的生成机制及气候效应研究[D]. 南京:南京大学.

尹起范,盛振环,魏科霞,等,2009. 淮安市大气 CO_2 浓度变化规律及影响因素的探索[J]. 环境科学与技术,32(4): 54-57.

尹金方,王东海,翟国庆,2014. 区域中尺度模式云微物理参数化方案特征及其在中国的适用性[J]. 地球科学进展,29(2) : 238-249.

袁路,潘家华,2013. Kaya 恒等式的碳排放驱动因素分解及其政策含义的局限性[J]. 气候变化研究进展,9(3):210-215.

曾庆存,李建平,2002. 南北两半球大气的相互作用和季风的本质[J]. 大气科学,26(4):433-448.

张华,马井会,郑有飞,2008. 黑碳气溶胶辐射强迫全球分布的模拟研究[J]. 大气科学,2(5):1147-1158.

张磊,董超华,张文建,等,2008. METOP 星载干涉式超高光谱分辨率红外大气探测仪(IASI)及其产品[J]. 气象科技,136(5): 639-642.

张蕾,黄大鹏,杨冰韵,2016. RCP4.5 情景下中国人口对高温暴露度预估研究[J]. 地理研究,35:2238-2248.

张立盛,石广玉,2001. 硫酸盐和烟尘气溶胶辐射特性及辐射强迫的模拟估算[J]. 大气科学,25:231-242.

张柳明,徐永昌,1992. 中国西北地区大气 CO_2 浓度及其碳、氧同位素组成特征[J]. 科学通报,(5): 441-444.

张庆云,陶诗言,陈烈庭,2003. 东亚夏季风指数的年际变化与东亚大气环流[J]. 气象学报,61(4):559-568.

张小曳,徐祥德,丁一汇,等,2020. 2013—2017 年气象条件变化对中国重点地区 $PM_{2.5}$ 质量浓度下降的影响[J]. 中国科学: 地球科学,50(4):483-500.

张颖,王体健,庄炳亮,等,2014. 东亚海盐气溶胶时空分布及其直接气候效应研究[J]. 高原气象,33(6):1551-1561.

张征华,彭迪云,2013. 中国二氧化碳排放影响因素实证研究综述[J]. 生态经济,268(6):47-51.

中国环境学会臭氧污染控制专业委员会,2020. 中国大气臭氧污染防治蓝皮书(2020 年)[M]. 北京:科学出版社.

中国气象局,2020. 2019 年中国温室气体公报,http://www.cma.gov.cn/zfxxgk/gknr/qxbg/201904/t20190430_1709280.html.

中国清洁空气政策伙伴关系,2020. 中国空气质量改善的协同路径(2020),http://www.ccapp.org.cn/dist/reportInfo/225:气候变化与空气污染协同治理.

中国生态环境部,2020. 2019 中国生态环境状况公报,https://www.mee.gov.cn/hjzl/sthjzk/zghjzkgb/202006/P020200602509464172096.pdf.

周晓宇,张称意,郭广芬,2010. 气候变化对森林土壤有机碳贮藏影响的研究进展[J]. 应用生态学报,21:1867-1874.

朱建华，侯振宏，张治军，等，2007. 气候变化与森林生态系统：影响、脆弱性与适应性[J]. 林业科学，43(11)：138-145.

朱乾根，杨松，1989. 东亚副热带季风的北进及其低频振荡[J]. 南京气象学院学报，12(3)：249-258.

邹旭东，杨洪斌，张云海，等，2015. 1951-2012年沈阳市气象条件变化及其与空气污染的关系分析[J]. 生态环境学报，24(1)：76-83.

AAS K S, 2012. Ozone suppression of carbon uptake by vegetation: A model study of the effect of ozone on carbon uptake and storage in boreal forests in northern Europe[D]. Oslo: University of Oslo, 86 .

ABBATT J P D, MOLINA M J, 1993. Status of stratospheric ozone depletion[J]. Annual Review of Energy and the Environment, 18(1): 1-29.

ADLER R F, HUFFMAN G J, CHANG A, et al, 2003. The Version 2 Global Precipitation Climatology Project (GPCP) monthly precipitation analysis (1979-Present) [J]. Journal of Hydrometeorology, 4: 1147-1167.

AHMADOV R, GERBIG C, KRETSCHMER R, et al, 2007. Mesoscale covariance of transport and CO_2 fluxes: Evidence from observations and simulations using the WRF-VPRM coupled atmosphere-biosphere mode[J]. Journal of Geophysical Reseaearch: Atmospheres, 112: D22107. DOI: 10. 1029/2007JD008552.

AHMADOV R, GERBIG C, KRETSCHMER R, et al, 2009. Comparing high resolution WRF-VPRM simulations and two global CO_2 transport models with coastal tower measurements of CO_2[J]. Biogeosciences, 6(5): 807-817. DOI:10. 5194/bg-6-807-2009.

AHMADOV R, MCKEEN S A, ROBINSON A L, et al, 2012. A volatility basis set model for summertime secondary organic aerosols over the eastern United States in 2006[J]. Journal of Geophysical Research: Atmospheres, 117: D06301. DOI:10. 1029/2011JD016831.

AIKEN A C, DECARLO P F, KROLL J H, et al, 2008. Oc and om/oc ratios of primary, secondary, and ambient organic aerosols with high-resolution time-of-flight aerosol mass spectrometry[J]. Environmental Science and Technology, 42(12): 4478-4485.

AINSWORTH E A, YENDREK C R, SITCH S, et al, 2012. The effects of tropospheric ozone on net primary productivity and implications for climate change[J]. Annual Review of Plant Biology, 63:637-661.

ALBRECHT B A, 1989. Aerosols, cloud microphysics, and fractional cloudiness [J]. Science, 245: 1227-1230.

ALEXANDRI G, GEORGOULIAS A K, ZANIS P, et al, 2015. On the ability of RegCM4 regional climate model to simulate surface solar radiation patterns over Europe: an assessment using satellitebased observations[J]. Atmospheric Chemistry and Physics, 15:13195-13216. DOI:10. 5194/acp-15-13195-2015.

ALFARO S C, GAUDICHET A, GOMES L, et al, 1997. Modeling the size distribution of a soil aerosol produced by sandblasting[J]. Journal of Geophysical Research: Atmospheres, 102(D10): 11239-11249. DOI:10. 1029/97JD00403.

ALFARO S C, GAUDICHET A, GOMES L, et al, 1998. Mineral aerosol production by wind erosion: Aerosol particle sizes and binding energies[J]. Geophysical Research Letters, 25(7): 991-994. DOI: 10. 1029/98GL00502.

ALFARO S C, GOMES L, 2001. Modeling mineral aerosol production by wind erosion: Emission intensities and aerosol size distributions in source areas[J]. Journal of Geophysical Research: Atmospheres, 106 (D16):18075-18084. DOI:10. 1029/2000JD900339.

ALI A, LEBEL T, 2009. The Sahelian standardized rainfall index revisited[J]. International Journal of Climatology, 29:1705-1714. DOI:10. 1002/joc. 1832.

ALLEN A G, HARRISON R M, ERISMAN J W, 1989. Field measurements of the dissociation of ammonium nitrate and ammonium chloride aerosols[J]. Atmospheric Environment, 23 (7): 1591-1599.

ALLEN C D, MACALADY A K, CHENCHOUNI H, et al, 2010. A global overview of drought and heat-induced tree mortality reveals emerging climate change risks for forests[J]. Forest Ecology and Management, 259(4):660-684.

ALPERT P, KISHCHA P, SHTIVELMAN A, et al, 2004. Vertical distribution of Saharan dust based on 2.5-year model predictions[J]. Atmospheric Research, 70:109-130. DOI:10.1016/j.atmosres.

AL-MULALI U, 2012. Factors affecting CO_2 emission in the Middle East: A panel data analysis[J]. Energy, 44(1):564-569.

AMANN M, KLIMONT Z, WAGNER F, 2013. Regional and global emissions of air pollutants: recent trends and future scenarios[J]. Annual Review of Environment and Resources, 38:31-55.

AMIRIDIS V, WANDINGER U, MARINOU E, et al, 2013. Optimizing CALIPSO Saharan dust retrievals [J]. Atmospheric Chemistry and Physics, 13(6):12089-12106. DOI:10.5194/acp-13-12089-2013.

AMIRIDIS V, MARINOU E, TSEKERI A,et al, 2015. LIVAS: A 3-D multi-wavelengthaerosol/cloud database based on CALIPSO and EARLINET[J]. Atmospheric Chemistry and Physics, 15(13):7127-7153. DOI:10.5194/acp-15-7127-2015.

AMMANN M, KALBERER M, JOST D T, et al, 1998. Heterogeneous production of nitrous acid on soot in polluted air masses[J]. Nature, 395: 157-160.

ANDERSON C J, ARRITT R W, GUTOWSKI W J JR, et al, 2004. Intercomparison of interannual variability of North American monsoon in regional climate model simulations[R]. In: 14th Conference on Applied Meteorology, in the 84th AMS Annual Meeting (Seattle, WA).

ANDERSON G B, BELL M L, 2011. Heat waves in the United States: Mortality risk during heat waves and effect modification by heat wave characteristics in 43 U S communities[J]. Environ Health Persp, 119 (2):210-218. https://doi.org/10.1289/ehp.1002313.

ANG B W, 2005. The LMDI approach to decomposition analysis: A practical guide[J]. Energy Policy, 33 (9):867-871.

ANG B W, PANDIYAN G, 1997. Decomposition of energy-related CO_2 emissions in manufacturing[J]. Energy Economics, 19(3):363-374.

ANG B W, LIU F L, CHUNG H S, 2004. A generalized fisher index approach to energy decomposition analysis[J]. Energy Economics, 26(5):757-763.

ANTHES R A, HSIE E Y, KUO Y H, 1987. Description of the Penn State/NCAR mesoscale model version 4 (MM4)[R]. NCAR Tech Note, NCAR/TN-282+STR.

ARBUTHNOTT K, HAJAT S, HEAVISIDE C, et al, 2020. Years of life lost and mortality due to heat and cold in the three largest english cities[J]. Environment International, 144:105966.

ARTALE V, CALMANTI S, CARILLO A, et al, 2010. An atmosphere-ocean regional climate model for the Mediterranean area:Assessment of a present climate simulation[J]. Climate Dynamicsamics, 35(5): 721-740.

ARTUSO F, CHAMARD P, PIACENTINO S, et al, 2009. Influence of transport and trends in atmospheric CO_2 at Lampedusa[J]. Atmospheric Environment, 43: 3044-3051. DOI: 10.1016/j.atmosenv.2009.03.027.

ASSENG S, MARTRE P, MAIORANO A, et al, 2019. Climate change impact and adaptation for wheat protein[J]. Global Change Biology, 25(1):155-173. https://doi.org/https://doi.org/10.1111/gcb.14481.

ATKINSON, R, 2000. Atmospheric chemistry of VOCs and NO_x[J]. Atmospheric Environment, 34:2063-

2101, 10.1016/s1352-2310(99)00460-4.

AUMANN H, CHAHINE M, GAUTIER C, et al, 2003. AIRS/AMSU/HSB on the Aqua mission: design, science objectives, data products, and processing systems[J]. Geoscience and Remote Sensing, 41(2): 253-264. DOI:10.1109/TGRS.2002.808356.

AVNERY S, MAUZERALL D L, LIU J, et al, 2011. Global crop yield reductions due to surface ozone exposure: 1. Year 2000 crop production losses and economic damage[J]. Atmospheric Environment, 45(13): 2284-2296. https://doi.org/https://doi.org/10.1016/j.atmosenv.2010.11.045.

AZZI M, 2006. The Generic Reaction Set (GRS) Model for ozone: International Conference on Atmospheric Chemistry Mechanisms[DB/OL]. Los Angeles, CA: University of California Riverside Libraries, 12-6.

BAI W, ZHANG X, ZHANG P, 2010. Temporal and spatial distribution of tropospheric CO_2 over China based on satellite observations[J]. Chin Sci Bull, 55:3612-3618. DOI:10.1007/s11434-010-4182-4.

BAI Y, WANG J, ZHANG B, et al, 2012. Comparing the impact of cloudiness on carbon dioxide exchange in a grassland and a maize cropland in northwestern China[J]. Ecological Research, 27:615-623. DOI:10.1007/s11284-012-0930-z.

BALA G, CALDEIRA K, MIRIN A, et al, 2006. Biogeophysical effects of CO_2 fertilization on global climate [J]. Tellus B: Chemical and Physical Meteorology, 58: 620-627, DOI: 10.1111/j.1600-0889.2006.00210.x.

BALA G, CALDERIA K, NEMANI R, 2010. Fast versus slow response in climate change: implications for the global hydrological cycle[J]. Climate Dynamicsamics, 35(2-3):423-434.

BALDAUF M, SEIFERT A, FRSTNER J, et al, 2011. Operational convective-scale numerical weather prediction with the COSMO model, description and sensitivities[J]. Monthly Weather Review, 139: 3887-3905.

BALL J T, WOODROW I E, BERRY J A, 1987. A Model Predicting Stomatal Conductance and its Contribution to the Control of Photosynthesis under Different Environmental Conditions[M]//Biggins J. Progress in Photosynthesis Research. Dordrecht: Springer Netherlands: 221-224.

BALLAV S, PATRA P K, TAKIGAWA M, et al, 2012. Simulation of CO_2 concentration over East Asia using the regional transport model WRF-CO_2[J]. Journal of The Meteorological Society of Japan, 90(6): 959-976. DOI:10.2151/jmsj.2012-607.

BAO Y, 2013. Simulations of summer monsoon climate over East Asia with a Regional Climate Model (RegCM) using Tiedtke convective parameterization scheme (CPS)[J]. Atmospheric Research, 134: 35-44.

BARKLEY M P, MONKS P S, ENGELEN R J, 2006. Comparison of SCIAMACHY and AIRS CO_2 measurements over North America during the summer and autumn of 2003[J]. Geophysical Research Letters, 33:L20805. DOI:10.1029/2006GL026807.

BARNOLA J M, RAYNAUD D, KOROTKEVICH Y S et al, 1987. File contains depth, Age, and CO_2 concentration to 160,000 Years BP[J]. Nature, 329:408-414. http://www.ncdc.noaa.gov/paleo/icecore/antarctica/vostok/vostok_co$_2$.html.

BASART S, PéREZ C, NICKOVIC S, et al, 2012. Development and evaluation of the BSCDREAM8b dust regional model over Northern Africa, the Mediterranean and the Middle East[J]. Tellus B, 64: 1-23. DOI:10.3402/tellusb.v64i0.18539.

BASSETT M, SEINFELD J H, 1983. Atmospheric equilibrium model of sulfate and nitrate aerosols[J]. Atmospheric Environment, 17: 2237-2252.

BASSETT M, SEINFELD J H, 1984. Atmospheric equilibrium model of sulfate and nitrate aerosols-II. Particle size analysis[J]. Atmospheric Environment, 18 (6): 1163-1170.

BAUER S E, 2004. Global modeling of heterogeneous chemistry on mineral aerosol surfaces: Influence on tropospheric ozone chemistry and comparison to observations[J]. Journal of Geophysical Research, 109 (D2): D02304.

BAZILEVSKAYA G A, USOSKIN I G, FLÜCKIGER E O, et al, 2008. Cosmic ray induced ion production in the atmosphere[J]. Space Science Reviews, 137:149-173, DOI:10.1007/s11214-008-9339-y.

BEHENG K D, 1994. A parameterization of warm cloud microphysical conversion processes[J]. Atmospheric Research, 33:193-206.

BERNTSEN T K, ISAKSEN I, 1997. A global three-dimensional chemical transport model for the troposphere: 1. model description and co and ozone results[J]. Journal of Geophysical Research, 102(D17): 21239-21230.

BERNTSEN T K, MYHRE G, STORDAL F, ISAKSEN I S, 2000. Time evolution of tropospheric ozone and its radiative forcing[J]. Journal of Geophysical Research: Atmospheres, 105(D7): 8915-8930.

BI P, WILLIAMS S, LOUGHNAN M, et al, 2011. The effects of extreme heat on human mortality and morbidity in Australia: Implications for public health[J]. Asia Pac J Public Health, 23:27S-36S.

BIAN H, PRATHER M, TAKEMURA T, 2003a. Tropospheric aerosol impacts on trace gas budgets through photolysis[J]. Journal of Geophysical Research, 108(D8):4242-4251.

BIAN H, ZENDER C S, 2003b. Mineral dust and global tropospheric chemistry: Relative roles of photolysis and heterogeneous uptake[J]. Journal of Geophysical Research: Atmospheres, 108(D21):4672.

BIAN H, HAN S Q, TIE X X, et al, 2007. Evidence of impact of aerosols on surface ozone concentration in Tianjin[J]. China Atmos Environ, 41(22):4672-4681.

BILAL M, NICHOL J E, 2015. Evaluation of MODIS aerosol retrieval algorithms over the Beijing-Tianjin-Hebei region during low to very high pollution events[J]. Journal of Geophysical Research: Atmospheres, 120:7941-7957. DOI:10.1002/2015jd023082.

BIRD R B, BIRD D W, CODDING B F, 2016. People, El Niño southern oscillation and fire in Australia: Fire regimes and climate controls in hummock grasslands[J]. Philosophical Transactions of the Royal Society B Biological Sciences, 371(1696):20150343.

BLANDO J D, TURPIN B J, 2000. Secondary organic aerosol formation in cloud and fog droplets: A literature evaluation of plausibility[J]. Atmospheric Environment, 34(10): 1623-1632.

BOISVENUE C, RUNNING S W, 2010. Simulations show decreasing carbon stocks and potential for carbon emissions in rocky mountain forests over the next century[J]. Ecological Applications, 20:1302-1319.

BOLLASINA M, NIGAM S, LAU K M, 2008. Absorbing aerosols and summer monsoon evolution over South Asia: An Observational Portrayal[J]. Journal of Climate, 21:3221-3239. https ://doi.org/10.1175/2007J CLI2094.1.

BOLLASINA M A, MING Y, RAMASWAMY V, 2011. Anthropogenic aerosols and the weakening of the South Asian summer monsoon[J]. Science, 334(6055):502-505.

BONAN G B, 1995. Land-Atmosphere interactions for climate system Models: Coupling biophysical, biogeochemical, and ecosystem dynamical processes[J]. Remote Sensing of Environment, 51(1): 57-73. DOI: 10.1016/0034-4257(94)00065-U.

BOND T C, DOHERTY S J, FAHEY D W, et al, 2013. Bounding the role of black carbon in the climate system: a scientific assessment[J]. Journal of Geophysical Research: Atmospheres, 118:5380-5552. https://doi.org/10.1002/jgrd.50171.

BOUCHER O, LETREUT H, BAKER M B, 1995. Precipitation and radiation modeling in a general-circulation model-introduction of cloud microphysical processes[J]. Journal of Geophysical Research: Atmospheres, 100(D8):16395-16414. DOI: 10.1029/95jd01382.

BOUTIN J, ETCHETO J, 1997. Long-term variability of the air-sea CO_2 exchange coefficient: Consequences for the CO_2 fluxes in the equatorial Pacific Ocean[J]. Global Biogeochem Cycles, 11:453-470. DOI:10.1029/97GB01367.

BOVENSMANN H, BURROWS J P, BUCHWITZ M, et al, 1999. SCIAMACHY-mission objectives and measurement modes[J], Journal of the Atmospheric Sciences, 56(2): 127-150. DOI: 10.1175/1520-0469(1999)056<0127:SMOAMM>2.0.CO;2.

BOVILLE B A, GENT P R, 1998. The NCAR climate system model, version one[J]. Journal of Climate, 11:1115-1130.

BOYLAN J W, RUSSELL A G, 2006. PM and light extinction model performance metrics, goals, and criteria for three-dimensional air quality models[J]. Atmospheric Environment, 40:4946-4959. DOI:10.1016/j.atmosenv.2005.09.087.

BRAVO S, KUNST C, GRAU R, et al, 2010. Fire-rainfall relationships in Argentine Chaco savannas[J]. Journal of Arid Environments, 74(10):1319-1323.

BRETHERTON C S, MCCAA J R, GRENIER H, 2004. A new parameterization for shallow cumulus convection and its application to marine subtropical cloud-topped boundary layers. Part I: Description and 1D results[J]. Monthly Weather Review, 132:864-882. DOI:10.1175/1520-0493(2004)132<0864:ANPFSC>2.0.CO;2.

BRIBER B, HUTYRA L, DUNN A, et al, 2013. Variations in atmospheric CO_2 mixing ratios across a Boston MA urban to rural gradient[J]. Land, 2: 304-327. DOI:10.3390/land2030304.

BRIEGLEB B P, 1992. Delta-Eddington Approximation for solar radiation in the NCAR community climate model[J]. Journal of Geophysical Research, 97(D7): 7603-7612.

BRISTOW C S, HUDSON-EDWARDS K A, CHAPPELL A, 2010. Fertilizing the Amazon and equatorial Atlantic with West African dust [J]. Geophysical Research Letters, 37: L14807. DOI: 10.1029/2010GL043486.

BROADMEADOW M, JACKSON S B, 2000. Growth responses of Quercus petraea, Fraxinus excelsior and Pinus sylvestris to elevated carbon dioxide, ozone and water supply[J]. New Phytologist, 146(3): 437-451.

BROBERG M C, FENG Z, XIN Y, et al, 2015. Ozone effects on wheat grain quality-A summary[J]. Environmental Pollution, 197:203-213. https://doi.org/https://doi.org/10.1016/j.envpol.2014.12.009.

BUCHWITZ M, KHLYSTOVA I, SCHNEISING O, et al, 2006. SCIAMACHY/WFM-DOAS tropospheric CO, CH_4, and CO_2 scientific data products: Validation and recent developments[J]. Proceedings of the Third Workshop on the Atmospheric Chemistry Validation of Envisat (ACVE-3), 4-7 December 2006, ESRIN, Frascati, Italy (ESA SP-642, February 2007).

BUCHWITZ M, REUTEL M, SCHNEISING O, et al, 2015. The Greenhouse Gas Climate Change Initiative (GHG-CCI): Comparison and quality assessment of near-surface-sensitive satellite-derived CO_2 and CH_4 global data sets[J]. Remote Sensing of Environment, 162:344-362.

BULLOCK J M, CHAPMAN D, SCHAFER S, et al, 2012. Assessing and controlling the spread and the effects of common ragweed in Europe[R]. Final Report ENV. B2/ETU/2010/0037, European Commission, 456.

BUONOMO E, JONES R, HUNTINGFORD C, et al, 2007. On the robustness of changes in extreme precipitation over Europe from two high resolution climate change simulations[J]. Quarterly Journal of the Royal Meteorological Society, 133:65-81.

BURNEY J, RAMANATHAN V, 2014. Recent climate and air pollution impacts on Indian agriculture[J]. Proceedings of the National Academy of Sciences, 111(46): 16319-16324. https://doi.org/10.1073/pnas.1317275111.

CAI W J, WANG C, WANG K, et al, 2007. Scenario analysis on CO_2 emissions potential in China's electricity sector[J]. Energy Policy, 35(12):6445-6456.

CAI W J, LI K LIAO H, et al, 2017. Weather conditions conducive to Beijing severe haze more frequent under climate change[J]. Nature Climate Change, 7(4):257-262. DOI:10.1038/Nclimate3249.

CAI W J, ZHANG C, SUEN H P, et al, 2021. The 2020 China report of the lancet countdown on health and climate change[J]. The Lancet Public Health, 6(1):e64-e81.

CALATAYUD V, CERVERO J, CALVO E, et al, 2011. Responses of evergreen and deciduous Quercus species to enhanced ozone levels[J]. Environmental Pollution, 159:55-63.

CAO J J, LEE S C, CHOW J C, et al, 2007. Spatial and seasonal distributions of carbonaceous aerosols over China[J]. Journal of Geophysical Research: Atmospheres, 112: D22S11. https://doi.org/10.1029/2006JD008205.

CAO L, BALA G, CALDEIRA K, et al, 2010. Importance of carbon dioxide physiological forcing to future climate change[J]. Proceedings of the National Academy of Sciences of the United States of America, 107(21): 9513-9518. DOI:10.1073/pnas.0913000107.

CAO L, BALA G, CALDEIRA K, 2012. Climate response to changes in atmospheric carbon dioxide and solar irradiance on the time scale of days to weeks[J]. Environmental Research Letters, 7:034015. DOI:10.1088/1748-9326/7/3/034015.

CAO M, WOODWARD F I, 1998. Dynamic responses of terrestrial ecosystem carbon cycling to global climate change[J]. Nature, 393(6682):249-252. DOI:10.1038/30460.

CARMICHAEL G R, ADHIKARY B, KULKARNI S, et al, 2009. Asian aerosols: Current and year 2030 distributions and implications to human health and regional climate change[J]. Environ Sci Technol, 43: 5811-5817.

CASATI B, DE ELÍA R, 2014. Temperature extremes from Canadian regional climate model (CRCM) climate change projections[J]. Atmosphere Ocean, 52 (3):191-210.

CATER W P L, 2000. Implementation of the SAPRC-99 Chemical Mechanism into the Models-3 Framework: Report to the United States Environmental Protection Agency [DB/OL]. Los Angeles, CA: University of California Riverside Libraries, 2000-1-29. http://pah.cert.ucr.edu/ftp/pub/carter/pubs/s99mod3.pdf.

CAYA D, LAPRISE R, 1999. A semi-Lagrangian semi-implicit regional climate model, the Canadian RCM [J]. Monthly Weather Review, 127:341-362.

CHALON G, CAYLA F, DIEBEL D, 2001. IASI: An advanced sounder for operational meteorology[C]. Proceedings of the 52nd Congress of IAF, October 2001, 1-5.

CHAN L K, WANG S S, LIU CHENG, et al, 2017. On the summertime air quality and related photochemical processes in the Megacity Shanghai, China[J]. Science of the Total Environment, 580:974-983.

CHANG J S, 1987. A three-dimensional eulerian acid deposition model: Physical concepts and formulation [J]. Journal of Geophysical Research: Atmospheres, 92(D12):14681-14700.

CHANG W Y, LIAO H, WANG H J, 2009. Climate responses to direct radiative forcing of anthropogenic aerosols, tropospheric ozone, and long-lived greenhouse gases in eastern China over 1951—2000[J]. Advances in Atmospheric Sciences, 26(4):748-762. DOI:10.1007/s00376-009-9032-4.

CHAPMAN D S, HAYNES T, BEAL S, et al, 2014. Phenology predicts the native and invasive range limits of common ragweed[J]. Global Change Biology, 20:192-202. DOI:10.1111/Gcb.12380.

CHEN C, PARK T, WANG X, et al, 2019. China and India lead in greening of the world through land-use management[J]. Nat Sustainability, 2:122-129, 10.1038/s41893-019-0220-7.

CHEN F, XIE Z H, 2012. Effects of crop growth and development on regional climate, A case study over East Asian monsoon area[J]. Climate Dynamicsamics, 38(11-12):2291-305.

CHEN H, 2013. Projected change in extreme rainfall events in China by the end of the 21st century using CMIP5 models[J]. Chinese Science Bulletin, 58:1462-1472, 10.1007/s11434-012-5612-2.

CHEN H, ZHUANG B, LIU J, et al, 2020a. Regional climate responses in East Asia to the black carbon aerosol direct effects from India and China in summer[J]. Journal of Climate, 33:9783-9799.

CHEN L, LI W, ZHAO P, et al, 2001. On the process of summer monsoon onset over East Asia[J]. Acta Meteorologica Sinica, 15(4):436-449.

CHEN L, ZHU J, LIAO H, et al, 2020b. Meteorological influences on $PM_{2.5}$ and O_3 trends and associated health burden since China's clean air actions[J]. Science of the Total Environment, 744:140837.

CHEN M, ZHUANG Q, 2014. Evaluating aerosol direct radiative effects on global terrestrial ecosystem carbon dynamics from 2003 to 2010[J]. Tellus B:Chemical and Physical Meteorology, 66: 21808-21819. DOI:10.3402/tellusb.v66.21808.

CHEN S, GONG B, 2021. Response and adaptation of agriculture to climate change: Evidence from China [J]. Journal of Development Economics, 148:102557. https://doi.org/https://doi.org/10.1016/j.jdeveco.2020.102557.

CHEN W T, LIAO H, SEINFELD J H, 2007. Future climate impacts of direct radiative forcing of anthropogenic aerosols, tropospheric ozone, and long-lived greenhouse gases[J]. Journal of Geophysical Research: Atmospheres, 112(D14):D14209.

CHEN X, ZHANG L W, HUANG J J, et al, 2016. Long-term exposure to urban air pollution and lung cancer mortality: A 12-year cohort study in northern China[J]. Science of the Total Environment, 571: 855-861.

CHEN X, WANG X, HUANG J J, et al, 2017. Nonmalignant respiratory mortality and long-term exposure to PM_{10} and SO_2: A 12-year cohort study in northern China[J]. Environmental Pollution, 231:761-767.

CHENG J, TONG D, ZHANG Q, et al, 2021. Pathways of China's $PM_{2.5}$ air quality 2015—2060 in the context of carbon neutrality[J]. National Science Review, 8(12):nwab078.

CHENG S J, BOHRER G, STEINER A L, et al, 2015. Variations in the influence of diffuse light on gross primary productivity in temperate ecosystems[J]. Agricultural and Forest Meteorology, 201: 98-110. DOI:10.1016/j.agrformet.2014.11.002.

CHENG Y L, AN X Q, YUN F H, et al, 2013. Simulation of CO_2 variations at Chinese background atmospheric monitoring stations between 2000 and 2009: Applying a CarbonTracker model[J]. Chinese Science Bulletin, 58(32): 3986-3993. DOI:10.1007/s11434-013-5895-y.

CHEVILLARD A, KARSTENS U, CIAIS P, et al, 2002. Simulation of atmospheric CO_2 over Europe and western Siberia using the regional scale model REMO[J]. Tellus B: Chemical and Physical Meteorology, 54(5): 872-894. DOI:10.3402/tellusb.v54i5.16737.

CHI Y Q, XIE S D, 2011. Spatiotemporal inventory of biogenic volatile organic compound emissions in China based on vegetation volume and production, In: International Conference on Energy[J]. Environment and Sustainable Development, 356-360(3):2579-2582.

CHMIELEWSKI F M, ROTZER T, 2001. Response of tree phenology to climate change across Europe[J]. Agricultural and Forest Metorology, 108:101-112.

CHRISTENSEN J H, CHRISTENSEN O B, LÓPEZ P, et al, 1996. The HIRHAM4 Regional Atmospheric Climate Model (No. 96-4)[R]. DMI, Copenhagen.

CHRISTENSEN J H, CHRISTENSEN O B, 2007. A summary of the PRUDENCE model projections of changes in European climate by the end of this century[J]. Climate Change, 81:7-30.

CHUANG M, LEE C, CHOU C C K, et al, 2014. Carbonaceous aerosols in the air masses transported from Indochina to Taiwan: Long-term observation at Mt Lulin[J]. Atmospheric Environment, 89:507-516. DOI:https://doi.org/10.1016/j.atmosenv.2013.11.066.

CHUNG C E, RAMANATHAN V, KIEHL J T, 2002a. Effects of the South Asian absorbing haze on the northeast monsoon and surface-air heat exchange[J]. Journal of Climate, 15(17):2462-2476.

CHUNG C E, RAMANATHAN V, 2006. Weakening of north Indian SST gradients and the monsoon rainfall in India and the Sahel[J]. Journal of Climate, 19:2036-2045.

CHUNG S H, SEINFELD J H, 2002b. Global distribution and climate forcing of carbonaceous aerosols[J]. Journal of Geophysical Research: Atmospheres, 107:AAC 14-1-AAC 14-33.

CHUTTEANG C, BOOKER F L, NA-NGERN P, et al, 2016. Biochemical and physiological processes associated with the differential ozone response in ozone-tolerant and sensitive soybean genotypes[J]. Plant Biology, 181(SI): 28-36. DOI:10.1111/plb.12347.

CIONNI I, EYRING V, LAMARQUE J F, et al, 2011. Ozone database in support of CMIP5 simulations: Results and corresponding radiative forcing[J]. Atmospheric Chemistry and Physics, 11: 11267-11292. DOI:10.5194/acp-11-11267-2011.

CIRINO G G, SOUZA R A F, ADAMS D K, et al, 2014. The effect of atmospheric aerosol particles and clouds on net ecosystem exchange in the Amazon[J]. Atmospheric Chemistry and Physics, 14(13): 6523-6543. DOI:10.5194/acp-14-6523-2014.

CLARK D B, MERCADO L M, SITCH S, et al, 2011. The Joint UK Land Environment Simulator (JULES), model description-Part 2: Carbon fluxes and vegetation dynamics[J]. Geoscientific Model Development, 4(3):701-722. DOI:10.5194/gmd-4-701-2011.

CLOUGH S, IACONO M, 1995. Line-by-line calculation of atmospheric fluxes and cooling rates. 2. Application to carbon-dioxide, ozone, methane, nitrous-oxide and the halocarbons[J]. Journal of Geophysical Research: Atmospheres, 100:16519-16535.

CONG Z, KANG S, KAWAMURA K, et al, 2015. Carbonaceous aerosols on the south edge of the Tibetan Plateau: Concentrations, seasonality and sources[J]. Atmospheric Chemistry and Physics, 15: 1573-1584. DOI:10.5194/acp-15-1573-2015.

COOPERATIVE GLOBAL ATMOSPHERIC DATA INTEGRATION PROJECT, 2013. Multi-laboratory compilation of synchronized and gap-filled atmospheric carbon dioxide records for the period 1979—2012 (obspack_co$_2$_1_GLOBALVIEW-CO$_2$_2013_v1.0.4_2013-12-23)[DB/OL]. Compiled by NOAA Global Monitoring Division: Boulder, Colorado, U S A Data product accessed at http://dx.doi.org/10.3334/OBSPACK/1002.

COPPOLA E, VERDECCHIA M, TOMASSETTI B, et al, 2003. A grid based hydrological model[R]. In, Proceedings, 30th International Symposium on Remote Sensing of Environment, Information for Risk Management and Sustainable Development, 2003 Nov 10-14, Honolulu, HI, USA. Tucson, International Center for Remote Sensing of Environment.

COPPOLA E, SOBOLOWSKI S, PICHELLI E, et al, 2018. A first-of-its-kind multi-model convection permitting ensemble for investigating convective phenomena over Europe and the Mediterranean[J]. Climate Dynamicsamics, 55:3-34. https://doi.org/10.1007/s00382-018-4521-8.

CORBIN K, DENNING A, GURNEY K, 2010. The space and time impacts on US regional atmospheric CO_2 concentration from a high resolution fossil fuel CO_2 emissions inventory[J]. Tellus B, 62(5):506-511.

CORBIN K, DENNING S, GURNEY K, 2017. The space and time impacts on US regional atmospheric CO_2 concentrations from a high resolution fossil fuel CO_2 emissions inventory[J]. Tellus B: Chemical and Physical Meteorology, 62(5): 506-511.

CORRIGAN C E, RAMANATHAN V, SCHAUER J J, 2006. Impact of monsoon transitions on the physical and optical properties of aerosols[J]. Journal of Geophysical Research: Atmospheres, 111:D18208. DOI: 10.1029/2005JD006370.

COX P M, 2001. Description of the "TRIFFID" Dynamic Global Vegetation Model[M]. Hadley Centre, Technical Note 24, Berks, UK.

COX P M, PEARSON D, BOOTH B B, et al, 2013. Sensitivity of tropical carbon to climate change constrained by carbon dioxide variability[J]. Nature, 494(7437): 341-344. DOI:10.1038/nature11882.

CRISP D, ATLAS R, BREON F, et al, 2004. The Orbiting Carbon Observatory (OCO) mission[J]. Advances in Space Research, 34: 700-709. DOI: 10.1016/j.asr.2003.08.062.

DAHL A, STRANDHEDE S-O, WIHL J A, 1999. Ragweed-An allergy risk in Sweden? [J]. Aerobiologia, 15:293-297. DOI:10.1023/A:1007678107552.

DAI Y, ZENG X, DICKINSON R E, et al, 2003. The common land model[J]. Bulletin of the American Meteorological Society, 84(8):1013-1024. DOI:10.1175/BAMS-84-8-1013.

DEE D P, UPPALA S M, SIMMONS A J, et al, 2011. The ERA-Interim reanalysis: Configuration and performance of the data assimilation system[J]. Quarterly Journal of the Royal Meteorological Society, 137 (656):553-597. DOI: 10.1002/Qj.828.

DEEN W, HUNT L A, SWANTON C J, 1998a. Photothermal time describes common ragweed (Ambrosia artemisiifolia L) phenological development and growth[J]. Weed Science, 46:561-568.

DEEN W, HUNT T, SWANTON C J, 1998b. Influence of temperature, photoperiod, and irradiance on the phenological development of common ragweed (Ambrosia artemisiifolia L) [J]. Weed Science, 46: 555-560.

DEEN W, SWANTON C J, HUNT L A, 2001. A mechanistic growth and development model of common ragweed[J]. Weed Science, 49:723-731. DOI:10.1614/0043-1745(2001)049[0723:AMGADM]2.0.CO;2.

DENG X J, ZHOU X J, WU D, et al, 2011. Effect of atmospheric aerosol on surface ozone variation over the Pearl River Delta region[J]. Earth Sciences, 54 (5):744-752. DOI:10.1007/s11430-011-4172-7.

DENNING A, NICHOLLS M, PRIHODKO L, et al, 2003. Simulated variations in atmospheric CO_2 over a Wisconsin forest using a coupled ecosystem-atmosphere model[J]. Global Change Biology, 9(9): 1241-1250.

DENTENER F J, CARMICHAEL G R, ZHANG Y, et al, 1996. Role of mineral aerosol as a reactive surface in the global troposphere[J]. Journal of Geophysical Research: Atmospheres, 101(D17):22869-22889.

DESER C, PHILLIPS A, BOURDETTE V, et al, 2012. Uncertainty in climate change projections: The role of internal variability[J]. Climate Dynamicsamics, 38(3):527-546. DOI:10.1007/s00382-010-0977-x.

DICKERSON R R, KONDRAGUNTA S, STENCHIKOV G, et al, 1997. The impact of aerosols on solar ultraviolet radiation and photochemical smog[J]. Science, 278: 827-830.

DICKINSON R E, 1993. Biosphere atmosphere transfer scheme (BATS) version 1e as coupled to the NCAR community climate model[R]. NCAR Tech Note, NCAR/TN-387+ STR.

DICKINSON R E, 1995. Land-atmosphere interaction[J]. Reviews of Geophysics, 33(S2):917-922. DOI:

10.1029/95RG00284.

DICKINSON R E, HENDERSON-SELLERS A, KENNEDY P J, et al, 1986. Biosphere-atmosphere Transfer Scheme (BATS) for the NCAR community climate model[R]. NCAR Tech Note, NCAR/TN-275-+STR.

DICKINSON R E, ERRICO R M, GIORGI F, et al, 1989. A regional climate model for the western United States[J]. Climatic Change, 15 (3):383-422. DOI:10.1007/s00382-009-0583-y.

DIETZENBACHER E, LOS B, 1998. Structural decomposition techniques:Sense and sensitivity[J]. Economic Systems Research, 10(4):307-324.

DILS B, MAZIERE M, MULLER J, et al, 2006. Comparisons between SCIAMACHY and ground-based FT-IR data for total columns of CO, CH_4, CO_2 and N_2O[J]. Atmospheric Chemistry and Physics, 6:1953-1976. DOI: 10.5194/acp-6-1953-2006.

DING A, HUANG X, NIE W, et al, 2016. Enhanced haze pollution by black carbon in megacities in China [J]. Geophysical Research Letters, 43:S1. https ://doi.org/10.1002/2016G L0677 45.

DING Y, LI C, LIU Y, 2004. Overview of the south China sea monsoon experiment[J]. Advances in Atmospheric Sciences, 21(3):343-360.

DING Z, DUAN Z, GE Q, et al, 2009. Control of atmospheric CO_2 concentrations by 2050: A caculation on the emission rights of different countries[J]. Science in China Series D: Earth Science, 52(10):1447-1469.

DOHERTY R M, WILD O, HESS P, et al, 2013. Impacts of climate change on surface ozone and intercontinental ozone pollution:A multi-model study[J]. Journal of Geophysical Research: Atmospheres, 118(9):3744-3763.

DOMINGUEZ F, RIVERA E, LETTENMAIER D P, et al, 2012. Changes in winter precipitation extremes for the western United States under a warmer climate as simulated by regional climate models[J]. Geophysical Research Letters, 39:L05803.

DONAHUE N M, ROBINSON A L, Stanier C O, et al, 2006. Coupled partitioning, dilution, and chemical aging of semivolatile organics[J]. Environmental Science and Technology, 40(8):2635-2643.

DONAHUE N M, EPSTEIN S A, PANDIS S N, et al, 2011. A two-dimensional volatility basis set: 1. organic-aerosol mixing thermodynamics[J]. Atmospheric Chemistry and Physics, 11(7):3303-3318.

DONG F, LI Y C, WANG B, et al, 2016. Global Air-Sea CO_2 flux in 22 CMIP5 models: Multi-year mean and interannual variability[J]. Journal of Climate, 29(7):2407-2431.

DONG G H, QIAN Z, WANG J, et al, 2013. Associations between ambient air pollution and prevalence of stroke and cardiovascular diseases in 33 chinese communities[J]. Atmospheric Environment, 77:968-973.

DONG G H, WANG J, ZENG X W, et al, 2015. Interactions between air pollution and obesity on blood pressure and hypertension in Chinese children[J]. Epidemiology, 26:740.

DREVER C R, DREVER M C, MESSIER C, et al, 2008. Fire and the relative roles of weather, climate and landscape characteristics in the Great Lakes-St Lawrence forest of Canada[J]. Journal of Vegetation Science, 19(1):57-66.

DUBEY M, COSTIGAN K, CHYLEK P, et al, 2009. WRF simulations of Los Angeles region carbon-dioxide emissions:Comparisons with column observations[C]. American Geophysical Union, Fall Meeting, abstract #A31E-0170.

DÖSCHER R, WILLÉN U, JONES C, et al, 2002. The development of the regional coupled ocean-atmosphere model RCAO[J]. Boreal Environment Research, 7 (3):183-192.

EFSTATHIOU C, ISUKAPALLI S, GEORGOPOULOS P, 2011. A mechanistic modeling system for estimating large-scale emissions and transport of pollen and co-allergens[J]. Atmospheric Environment, 45: 2260-2276. DOI:10.1016/j.atmosenv.2010.12.008.

EMANUEL K A, 1991. A scheme for representing cumulus convection in large-scale models[J]. Journal of Atmospheric Sciences, 48(21):2313-2335.

EMANUEL K A, ZIVKOVIC-ROTHMAN M, 1999. Development and evaluation of a convection scheme for use in climate models[J]. Journal of Atmospheric Sciences, 56:1766-1782.

EMMONS L K, WALTERS S, HESS P G, et al, 2010. Description and evaluation of the Model for Ozone and Related chemical Tracers, version 4 (MOZART-4)[J]. Geosci Model Dev, 3(1): 43-67.

ENGELEN R, ANDERSSON E, CHEVALLIER F, et al, 2004. Estimating atmospheric CO_2 from advanced infrared satellite radiances within an operational 4D-Var data assimilation system: Methodology and firstresults [J]. Journal of Geophysical Research: Atmospheres, 109: D19309. DOI: 10.1029/2004 JD004777.

ENGELSTAEDTER S, WASHINGTON R, 2007. Temporal controls on global dust emissions: The role of surface gustiness[J]. Geophysical Research Letters, 34:L15805, DOI:10.1029/2007GL029971.

EREMENKO M, DUFOUR G, FORET G, et al, 2008. Tropospheric ozone distributions over Europe during the heat wave in July 2007 observed from infrared nadir spectra recorded by IASI[J]. Geophysical Research Letters, 35(8):60-74. https://doi.org/Artn L1880510.1029/2008gl034803.

FAIRLIE T D, JACOB D J, DIBB J E, et al, 2010. Impact of mineral dust on nitrate, sulfate, and ozone in Transpacific Asian Pollution Plumes[J]. Atmospheric Chemistry and Physics, 10(8):3999-4012.

FAN Y, LIU L C, WU G, et al, 2007. Changes in carbon intensity in China: Empirical findings from 1980-2003[J]. Ecological Economics, 62(3):683-691.

FANG J, LIN Y, ZHU S, et al, 2003. Probabilistic teleportation of a three-particle state via three pairs of entangled particles[J]. Physical Review A, 67:43-48.

FANG J, YU G, LIU L, et al, 2018. Climate change, human impacts, and carbon sequestration in China[J]. Introduction, 115(16): 4015-4020. DOI:10.1073/pnas.1700304115.

FARQUHAR G D, CAEMMERER S V, BERRY, J A, 1980. A biochemical—model of photosynthetic CO2 assimilation in leaves of C—3 species[J]. Planta, 149(1): 78-90.

FEELY R A, WANNINKHOF R, GOYET C, et al, 2002. Seasonal and interannual variability of CO_2 in the equatorial Pacific. Deep-Sea Research II[J]. 49: 2443-2469. DOI:10.1016/S0967-0645(02)00044-9.

FELZER B, REILLY J, MELILLO J, et al, 2005. Future effects of ozone on carbon sequestration and climate change policy using a global biogeochemical model[J]. Climatic Change, 73(3): 345-373. DOI:10.1007/s10584-005-6776-4.

FENG K, SIU Y L, GUAN D B, et al, 2012. Analyzing drivers of regional carbon dioxide emissions for China [J]. Journal of Industry Ecology, 16(4):600-611.

FENG K S, HUBACEK K, GUAN D B, 2009. Lifestyles, technology and CO_2 emissions in China: A regional comparative analysis[J]. Ecological Economics, 69(1):145-154.

FENG Z, MARCOB A-D, ALESSANDRO A, et al, 2019. Economic losses due to ozone impacts on human health, forest productivity and crop yield across China[J]. Environment International, 131:1-9.

FENIDEL W, MATTER D, BURTSCHER H, et al, 1995. Interaction between carbon or iron aerosol particles and ozone[J]. Atmospheric Environment, 29(9): 967-73.

FERNÁNDEZ J, FRÍAS M D, CABOS W D, et al, 2019. Consistency of climate change projections from multiple global and regional intercomparison projects[J]. Climate Dynamicsamics, 52:1139-1156.

FERRARESE S, LONGHETTO A, CASSARDO C, et al, 2002. A study of seasonal and yearly modulation of carbon dioxide sources and sinks, with a particular attention to the Boreal Atlantic Ocean[J]. Atmospheric Environment,36: 5517-5526. DOI:10.1016/S1352-2310(02)00669-6.

FILLEUL L, CASSADOU S, MEDINA S, et al, 2006. The relation between temperature, ozone, and mortality in nine french cities during the heat wave of 2003[J]. Environ Health Persp, 114:1344-1347. https://doi.org/10.1289/ehp.8328.

FINLAYSON-PITTS B J, HEMMINGER J C, 2000. Physical chemistry of airborne sea salt particles and their component[J]. J Phys Chem, 104:11463-11477.

FIORE A M, NAIK V, SPRACKLEN D V, et al, 2012. Global air quality and climate[J]. Chem Soc Rev, 41:6663-6683.

FISCHER H, WAHLEN M, SMITH J, et al. , 1999. File contains depth, Age, and CO_2 concentration, 75-250,00 Years BP[J], Science, 283: 1712-1714. http://www.ncdc.noaa.gov/paleo/icecore/antarctica/vostok/vostok_co_2.html.

FISCHER P H, BRUNEKREEF B, LEBRET E, 2004. Air pollution related deaths during the 2003 heat wave in the Netherlands[J]. Atmospheric Environment, 38:1083-1085.

FISHMAN J, RAMANATHAN V, CRUTZEN P J, et al, 1979. Tropospheric ozone and climate[J]. Nature, 282:818-820.

FLYNN J, LEFER B, RAPPENGLUCK B, et al, 2010. Impact of clouds and aerosols on ozone production in Southeast Texas[J]. Atmospheric Environment, 44(43):4126-4133.

FOLEY J A, PRENTICE I C, RAMANKUTTY N, et al, 1996. An integrated biosphere model of land surface processes, terrestrial carbon balance, and vegetation dynamics[J]. Global Biogeochemical Cycles, 10(4):603-628. DOI:10.1029/96GB02692.

FORET G, BERGAMETTI G, DULAC F, et al, 2006. An optimized particle size bin scheme for modeling mineral dust aerosol [J]. Journal of Geophysical Research: Atmospheres, 111: D17310. DOI: 10.1029/2005JD006797.

FORSTER P, RAMASWAMY V, ARTAXO P, et al, 2007. Changes in atmospheric constituents and in radiative forcing. In: Solomon S et al (eds) Climate Change 2007: the physical science basis. Contribution of Working Group I to the Fourth Assessment Report of the Intergovernmental Panel on Climate Change [M]. Cambridge:Cambridge University Press: 129-234.

FOUNTOUKIS C, NENES A, 2007. ISORROPIA II: A computationally efficient thermodynamic equilibrium model for K^+-Ca^{2+}-Mg^{2+}-NH_4^+-Na^+-SO_4^{2-}-NO_3^--Cl^--H_2O aerosols[J]. Atmospheric Chemistry and Physics, 7:4639-4659, 10.5194/acp-7-4639-2007.

FU T M, CAO J J, ZHANG X Y, et al 2012a. Carbonaceous aerosols in China: Top-down constraints on primary sources and estimation of secondary contribution[J]. Atmospheric Chemistry and Physics, 12:2725-2746.

FU Y, LIAO H, 2012b. Simulation of the interannual variations of biogenic emissions of volatile organic compounds in China: Impacts on tropospheric ozone and secondary organic aerosol[J]. Atmospheric Environment, 59:170-185, 10.1016/j.atmosenv.2012.05.053.

FU Y, LIAO H, 2014. Impacts of land use and land cover changes on biogenic emissions of volatile organic compounds in China from the late 1980s to the mid-2000s: implications for tropospheric ozone and secondary organic aerosol[J]. Tellus B: Chemical and Physical Meteorology, 66:24987, 10.3402/tellusb.v66.24987.

FU Y, LIAO H, 2016. Biogenic isoprene emissions over China: sensitivity to the CO2 inhibition effect[J]. Atmospheric and Oceanic Science Letters, 9(4): 277-284. DOI:10.1080/16742834.2016.1187555.

FUMANAL B, CHAUVEL B, BRETAGNOLLE F, 2007. Estimation of pollen and seed production of common ragweed in France[J]. Annals of Agricultural and Environmental Medicine Aaem, 14: 233-236.

FUNG I, PRENTICE K, MATTHEWS E, et al, 1983. Three-dimensional tracer model study of atmospheric CO_2: Response to seasonal exchanges with the terrestrial biosphere[J]. Journal of Geophysical Research, 88(C2): 1281-1294. DOI:10.1029/JC088iC02p01281.

FUNG I, DONEY S, LINDAY K, et al, 2005. Evolution of carbon sinks in a changing climate[J]. Proceedings of the National Academy of Science of the United States of America, 102(32): 11201-11206. DOI: 10.1073/pnas.0504949102.

GANSHIN A, ODA T, SAITO M, et al, 2012. A global coupled Eulerian-Lagrangian model and 1×1 km CO_2 surface flux dataset for high-resolution atmospheric CO_2 transport simulations[J]. Geoscientific Model Development, 5: 231-243.

GAO J H, LI Y, ZHU B, et al, 2020. What have we missed when studying the impact of aerosols on surface ozone via changing photolysis rates? [J]. Atmospheric Chemistry and Physics, 20(18):10831-10844.

GAO M, HAN Z, LIU Z, et al, 2018. Air quality and climate change, Topic 3 of the Model Inter-Comparison Study for Asia Phase III (MICS-Asia III) - Part 1: Overview and model evaluation[J]. Atmospheric Chemistry and Physics, 18: 4859-4884. https://doi.org/10.5194/acp-18-4859-2018.

GAO X, SHI Y, SONG R, et al, 2008. Reduction of future monsoon precipitation over China: Comparison between a high resolution RCM simulation and the driving GCM[J]. Meteorology and Atmospheric Physics, 100: 73-86.

GAO X J , GIORGI F, 2017. Use of the RegCM system over East Asia: Review and perspectives[J]. Engineering, 3: 766-772.

GARBACCIO F R, HO S M, JORGENSON W D, 1999. Controlling carbon emissions in China[J]. Environment and Development Economics, 4(4):493-518.

GARCÍA-MOZO H, GALÁN C, BELMONTE J, et al, 2009. Predicting the start and peak dates of the Poaceae pollen season in Spain using process-based models[J]. Agricultural and Forest Meteorology, 149: 256-262. DOI:10.1016/j.agrformet.2008.08.013.

GARD E E, KLEEMAN M J, GROSS D S, et al, 1998. Direct observation of heterogeneous chemistry in the atmosphere[J]. Science, 279: 1184-1187.

GAUSS M, MYHRE G, ISAKSEN I S A, et al, 2006. Radiative forcing since preindustrial times due to ozone change in the troposphere and the lower stratosphere[J]. Atmospheric Chemistry and Physics, 6: 575-599.

GEELS C, GLOOR M, CIAIS P, et al, 2007. Comparing atmospheric transport models for future regional inversions over Europe – Part 1: Mapping the atmospheric CO_2 signals[J]. Atmospheric Chemistry and Physics, 7(13): 3461-3479. DOI:10.5194/acp-7-3461-2007.

GEORGE K, ZISKA L, BUNCE J, et al, 2007. Elevated atmospheric CO_2 concentration and temperature across an urban-rural transect[J]. Atmospheric Environment, 41(35): 7654-7665. DOI:10.1016/j.atmosenv.2007.08.018.

GEORGOULIAS A K, ALEXANDRI G, KOURTIDIS K A, et al, 2016a. Differences between the MODIS Collection 6 and 5.1 aerosol datasets over the greater Mediterranean region[J]. Atmospheric Environment, 147: 310-319. DOI:10.1016/j.atmosenv.2016.10.014.

GEORGOULIAS A K, ALEXANDRI G, KOURTIDIS K A, et al, 2016b. Spatiotemporal variability and contribution of different aerosol types to the aerosol optical depth over the Eastern Mediterranean[J]. Atmospheric Chemistry and Physics, 16: 13853-13884. DOI:10.5194/acp-16-13853-2016.

GERY M W, WHITTEN G Z, KILLUS J P, et al, 1989. A photochemical kinetics mechanism for urban and regional scale computer modeling[J]. Journal of Geophysical Research, 94(D10): 12925-12956.

GIORGI F, 1990. Simulation of regional climate using a limited area model nested in a general circulation model[J]. Journal of Climate, 3(9): 941-63.

GIORGI F, BATES G T, 1989. The climatological skill of a regional model over complex terrain[J]. Monthly Weather Review, 117(11): 2325-47.

GIORGI F, MEARNS L O,1991. Approaches to the simulation of regional climate change: A review[J]. Reviews of Geophysics, 29(2):191-216.

GIORGI F, MARINUCCI M R, BATES G T, 1993a. Development of a second-generation regional climate model (RegCM2). Part I, Boundary-layer and radiative transfer processes[J]. Monthly Weather Review, 121(10): 2794-2813.

GIORGI F, MARINUCCI M R, BATES G T, et al, 1993b. Development of a second-generation regional climate model (RegCM2). Part II, Convective processes and assimilation of lateral boundary conditions[J]. Monthly Weather Review, 121(10): 2814-32.

GIORGI F, MEARNS L O, 1999. Introduction to special section, Regional climate modeling revisited[J]. Journal of Geophysical Research: Atmospheres, 104(D6): 6335-6352.

GIORGI F, PAL J S, BI X, et al, 2006. Introduction to the TAC special issue, the RegCNET network[J]. Theoretical and Applied Climatology, 86: 1-4.

GIORGI F, JONES C, ASRAR G R, 2009. Addressing climate information needs at the regional level, The CORDEX framework[J]. WMO Bull, 58(3): 175-83.

GIORGI F, COPPOLA E, SOLMON F, et al, 2012. RegCM4, Model description and preliminary tests over multiple cordex domains[J]. Climate Research, 52: 7-29.

GIORGI F, GUTOWSKI W J, 2015. Regional dynamical downscaling and the CORDEX initiative[J]. Annual Review Environment and Resources, 40: 467-490.

GIORGI F, GAO X J, 2018. Regional earth system modeling: Review and future directions[J]. Atmospheric and Oceanic ence Letters, 11 (2): 189-197. https://doi.org/10.1080/16742834.2018.1452520.

GKIKAS A, HATZIANASTASSIOU N, MIHALOPOULOS N, et al, 2013. The regime of intense desert dust episodes in the Mediterranean based on contemporary satellite observations and ground measurements [J]. Atmospheric Chemistry and Physics, 13: 12135-12154. DOI:10.5194/acp-13-12135-2013.

GLOOR M, GRUBER N, SARMIENTO J, et al, 2003. A first estimate of present and preindustrial air-sea CO_2 flux patterns based on ocean interior carbon measurements and models[J]. Geophysical Research Letter, 30: 10-11. DOI:10.1029/2002GL015594.

GONG C L, ZHOU Y, HU Y, 2011. Analyzing the CO_2 column amount in China with GOSAT data[J]. Procof the SPIE, 8193: 819327.

GONG S L, 2003a. A parameterization of sea-salt aerosol source function for sub- and super-micron particles [J]. Global Biogeochemical Cycles, 17(4): 1097. DOI:10.1029/2003GB002079.

GONG S L, 2003b. Canadian Aerosol Module: A size-segregated simulation of atmospheric aerosol processes for climate and air quality models 1. Module development[J]. Journal of Geophysical Research: Atmospheres, 108: 4007. DOI:10.1029/2001JD002002.

GORKA M, LEWICKA-SZCZEBAK D, 2013. One-year spatial and temporal monitoring of concentration and carbon isotopic composition of atmospheric CO_2 in a Wrocław (SW Poland) city area[J]. Applied Geochemistry, 35: 7-13. DOI:10.1016/j.apgeochem.2013.05.010.

GOTANGCO CASTILLO C K, GURNEY K R, 2012. A sensitivity analysis of surface biophysical, carbon, and climate impacts of tropical deforestation rates in CCSM4-CNDV[J]. Journal of Climate, 26(3): 805-821. DOI:10.1175/JCLI-D-11-00382.1.

GOUDIE A S, MIDDLETON N J, 2001. Saharan dust storms: Nature and consequences[J]. Earth Science Reviews, 56: 179-204. DOI:10.1016/S0012-8252(01)00067-8.

GOVENDER Y, CUEVAS E, STERNBERG L D S, et al, 2013. Temporal variation in stable isotopic composition of rainfall and groundwater in a tropical dry forest in the northeastern Caribbean[J]. Earth Interactions, 17(27): 1-20.

GRATANI L, VRONE L, 2005. Daily and seasonal variation of CO_2 in the city of Rome in relationship with the traffic volume[J]. Atmospheric Environment, 39: 2619-2624. DOI: 10.1016/j.atmosenv.2005.01.013.

GREENWALD R, BERGIN M H, XU J, et al, 2006. The influence of aerosols on crop production: A study using the CERES crop model[J]. Agricultural Systems, 89(2): 390-413. https://doi.org/https://doi.org/10.1016/j.agsy.2005.10.004.

GRELL G, DUDHIA J, STAUFFER D R, 1994. A description of the fifth generation Penn State/NCAR mesoscale model (MM5)[R]. NCAR Technical Note, NCAR/TN-398+STR.

GRELL G A, 1993. Prognostic evaluation of assumptions used by cumulus parameterizations[J]. Monthly Weather Review, 121: 764-787.

GREWE V, DAMERIS M, SAUSEN R, et al, 1998. Impact of stratospheric dynamics and chemistry on Northern Hemisphere Midlatitude Ozone Loss[J]. Journal of Geophysical Research: Atmospheres, 103 (D19): 25417-25433.

GU L H, BALDOCCHI D D, WOFSY S C, et al, 2003. Response of a deciduous forest to the Mount Pinatubo eruption: Enhanced photosynthesis [J]. Science, 299 (5615): 2035-2038. DOI: 10.1126/science.1078366.

GU Y, LIOU K N, XUE Y, et al, 2006. Climatic effects of different aerosol types in China simulated by the UCLA general circulation model[J]. Journal of Geophysical Research: Atmospheres, 111: D15201.

GU Y, CHEN W, LIAO H, 2010. Direct climate effect of black carbon in China and its impact on dust storms [J]. Journal of Geophysical Research: Atmospheres, 115: D00K14.

GU Y, XUE K, DE SALES F, et al, 2016. A GCM investigation of dust aerosol impact on the regional climate of North Africa and South/East Asia[J]. Climate Dynamicsamics, 46: 2353-2370.

GUAN Y, XIAO Y, WANG F, et al, 2021. Health impacts attributable to ambient $PM_{2.5}$ and ozone pollution in major chinese cities at seasonal-level[J]. Journal of Cleaner Production, 311(9): 127510.

GUENTHER A, HEWITT C N, ERICKSON D, et al, 1995. A global model of natural volatile organic compound emissions[J]. Journal of Geophysical Research: Atmospheres, 100(D5): 8873-8892. DOI:10.1029/94JD02950.

GUENTHER A B, JIANG X, HEALD C L, et al, 2012. The Model of Emissions of Gases and Aerosols from Nature version 2.1 (MEGAN2.1): An extended and updated framework for modeling biogenic emissions [J]. Geoscientific Model Development, 5: 1471-1492. DOI:10.5194/gmd-5-1471/2012.

GULBEYAZ O, BOND-LAMBERTY B, AKYUREK Z, et al, 2018. A new approach to evaluate the MODIS annual NPP product (MOD17A3) using forest field data from Turkey[J]. International Journal of Remote Sensing, 39(8): 2560-2578. DOI:10.1080/01431161.2018.1430913.

GUPTA R, SOMANATHAN E, DEY S, 2017. Global warming and local air pollution have reduced wheat yields in India[J]. Climatic Change, 140(3): 593-604. https://doi.org/10.1007/s10584-016-1878-8.

GURNEY K R, CASTILLO K, LI B, et al, 2012. A positive carbon feedback to ENSO and volcanic aerosols in the tropical terrestrial biosphere[J]. Global Biogeochemical Cycles, 26 (1): GB1029. DOI: 10. 1029/2011GB004129.

HALLQUIST M, WENGER J, BALTENSPERGER U, et al, 2009. The formation, properties and impact of secondary organic aerosol: Current and emerging issues[J]. Atmospheric Chemistry and Physics, 9: 5155-5236.

HAMAOUI-LAGUEL L, VAUTARD R, Liu L, et al, 2015. Effects of climate change and seed dispersal on airborne ragweed pollen loads in Europe[J]. Nature Climate Change, 5: 766-771. DOI:10. 1038/nclimate2652.

HAN Z, 2010. Direct radiative effect of aerosols over East Asia with a Regional coupled Climate/Chemistry model[J]. Meteorologische Zeitschrift, 19(3): 287-298.

HAN Z, ZHE X, LI J, 2011. Direct climatic effect of aerosols and interdecadal variations over East Asia investigated by a regional climate/chemistry model[J]. Atmospheric and Oceanic Science Letters, 4(6): 299-303.

HAN Z, LI J, XIA X, et al, 2012. Investigation of direct radiative effects of aerosols in dust storm season over East Asia with an online coupled regional climate-chemistry-aerosol model[J]. Atmospheric Environment, 54 (4): 688-699.

HAN Z, XIE Z, WANG G, et al, 2016. Modeling organic aerosols over east China using a volatility basis-set approach with aging mechanism in a regional air quality model[J]. Atmospheric Environment, 124: 186-198. DOI:10. 1016/j. atmosenv. 2015. 05. 045.

HAN Z W, UEDA H, MATSUDA K, et al, 2004. Model study on particle size segregation and deposition during Asian dust events in March 2002[J]. Journal of Geophysical Research, 109: D19205. DOI:10. 1029/2004jd004920.

HAN Z W, LI J W, YAO X H, et al, 2019. A regional model study of the characteristics and indirect effects of marine primary organic aerosol in springtime over East Asia[J]. Atmospheric Environment, 197: 22-35.

HAN Z Y, ZHOU B T, XU Y, et al, 2017. Projected changes in haze pollution potential in China: An ensemble of regional climate model simulations [J]. Atmospheric Chemistry and Physics, 17 (16): 10109-10123.

HANSEN J, SATO M, RUEDY R, 1997. Radiative forcing and climate response[J]. Journal of Geophysical Research: Atmospheres, 102: 6831-6864.

HANSEN J, SATO M, RUEDY R, et al, 2005. Efficacy of climate forcings[J]. Journal of Geophysical Research: Atmospheres, 110(D18): D18104. DOI: 10. 1029/2005jd005776.

HANSEN J, SATO M, RUEDY R, 2012. Perception of climate change[J]. Proceedings of the National Academy of Sciences of the United States of America, 109(37):14726-14727.

HARRIS I, JONES P D, OSBORN T J, et al, 2014. Updated high-resolution grids of monthly climatic observations-the CRU TS3. 10 Dataset[J]. International Journal of Climatology, 34: 623-642. DOI:10. 1002/joc. 3711.

HASHIMOTO S, UGAWA S, NANKO K, et al, 2012. The total amounts of radioactively contaminated materials in forests in Fukushima, Japan[R]. Scientific Reports, 22: 416-420.

HASSAN M, DU P, JIA S, et al, 2015. An assessment of the South Asian summer monsoon variability for present and future climatologies using a high resolution regional climate model (RegCM4. 3) under the AR5 scenarios[J]. Atmosphere, 6 (11): 1833-1857.

HAUGLUSTAINE D A, HOURDIN F, JOURDAIN L, et al, 2004. Interactive chemistry in the Laboratoire de Météorologie Dynamique general circulation model: Description and background tropospheric chemistry evaluation[J]. Journal of Geophysical Research: Atmospheres, 109: D04314. DOI: 10.1029/2003 JD003957.

HE K B, HUO H, ZHANG Q, et al, 2005. Oil consumption and CO_2 emissions in China's road transport: Current status, future trends, and policy implications[J]. Energy Policy, 33(12): 1499-1507.

HE X, PANG S F, MA J B, et al, 2017. Influence of relative humidity on heterogeneous reactions of O_3 and O_3/SO_2 with soot particles: Potential for environmental and health effects[J]. Atmospheric Environment, 165: 198-206.

HE Y J, UNO I, WANG Z F, et al, 2008. Significant impact of the East Asia monsoon on ozone seasonal behavior in the boundary layer of eastern China and the west Pacific region[J]. Atmospheric Chemistry and Physics, 8: 7543-7555. DOI:10.5194/acp-8-7543-2008.

HEALD C L, JACOB D J, TURQUETY S, et al, 2006. Concentrations and sources of organic carbon aerosols in the free troposphere over North America[J]. Journal of Geophysical Research: Atmospheres, 111: D23S47.

HEALTH EFFECTS INSTITUTE, STATE OF GLOBAL AIR, 2020. A special report on global exposure to air pollution and its health impacts[R]. Boston, MA: Health Effects Institute.

HEIKES B G, THOMPSON A M, 1983. Effects of heterogeneous processes on NO_3, HONO, and HNO_3 chemistry in the troposphere[J]. Journal of Geophysical Research, 88(C15): 10883.

HELBIG N, VOGEL B, VOGEL H, et al, 2004. Numerical modelling of pollen dispersion on the regional scale[J]. Aerobiologia, 20: 3-19. DOI:10.1023/B:AERO.0000022984.51588.30.

HENDRIKS C A, WORRELL E, PRICE L, et al, 1999. Emission reduction of greenhouse gases from cement production[C]. The Netherlands: IEA Greenhouse Gas R and Programme.

HENNINGER S, KUTTLER W, 2010. Near surface carbon dioxide within the urban area of Essen, Germany [J]. Physics and Chemistry of the Earth, 35: 76-84. DOI: 10.1016/j.pce.2010.03.006.

HEWITT A, BARKLEY M, MONKS P, 2006. Assessment of the near surface sensitivity of the full spectrum initation (FSI)-WFM-DOAS retrieval of carbon dioxide column[C]. Proceedings of the Third Workshop on the Atmospheric Chemistry Validation of Envisat (ACVE-3), 4-7 December 2006, ESRIN, Frascati, Italy (ESA SP-642, February 2007).

HICKLER T, SMITH B, PRENTICE I C, et al, 2008. CO_2 fertilization in temperate FACE experiments not representative of boreal and tropical forests[J]. Global Change Biology, 14: 1531-1542, 10.1111/j.1365-2486.2008.01598.x.

HILDEMANN L M, RUSSELL A G, CASS G R, 1984. Ammonia and nitric acid concentrations in equilibrium with atmospheric aerosols: Experiment vs Theory[J]. Atmospheric Environment, 18(9): 1737-1750.

HIRST J M, 1952. An automatic volumetric spore trap[J]. Annals of Applied Biology, 39: 257-265.

HOFMANN D J, FERGUSON E E, JOHNSTON P V, et al, 1992. Tropospheric ozone variations in the Arctic during January 1990[J]. Planetary and Space Science, 40(2-3): 203-210.

HOFMANN D J, BUTLER J H, TANS P P, 2009. A new look at atmospheric carbon dioxide[J]. Atmospheric Environment, 43: 2084-2086. DOI:10.1016/j.atmosenv.2008.12.028.

HOLTSLAG A A M, DE BRUIJN E I F, PAN H L, 1990. A high resolution air mass transformation model for short-range weather forecasting[J]. Monthly Weather Review, 118(8): 1561-1575.

HONG C, ZHANG Q, ZHANG Y, et al, 2019. Impacts of climate change on future air quality and human health in China[J]. Proceedings of the National Academy of Sciences, 116(35): 17193-17200.

HOROWITZ L W, WALTERS S, MAUZERALL D L, et al, 2003. A global simulation of tropospheric ozone and related tracers: Description and evaluation of MOZART, version 2[J]. Journal of Geophysical Research: Atmospheres, 108(D24): 4784. DOI:10.1029/2002JD002853.

HOU X, ZHU B, FEI D, et al, 2016. Simulation of tropical tropospheric ozone variation from 1982 to 2010: The meteorological impact of two types of ENSO event[J]. Journal of Geophysical Research: Atmospheres, 121: 9220-9236. DOI:10.1002/2016JD024945.

HOUGHTON,1984. 全球气候[M]. 北京:气象出版社:495-517.

HOUWELING S, DENTENER F, LELIEVELD J, 1998. The impact of nonmethane hydrocarbon compounds on tropospheric photochemistry[J]. Journal of Geophysical Research: Atmospheres, 103(D9): 10673-10696. DOI:10.1029/97JD03582.

HUANG K, LIANG F, YANG X, et al, 2019. Long term exposure to ambient fine particulate matter and incidence of stroke: Prospective cohort study from the China-PAR project[J]. BMJ(online), 367:16720.

HUANG R, ZHANG Y, BOZZETTI C, et al, 2014. High secondary aerosol contribution to particulate pollution during haze events in China[J]. Nature, 514(7521): 218-222. DOI:10.1038/nature13774.

HUANG X, WANG T, TALBOT R, et al, 2015. Temporal characteristics of atmospheric CO_2 in urban Nanjing, China[J]. Atmospheric Research, 153: 437-450. DOI:10.1016/j.atmosres.2014.09.007.

HUANG Y, CHAMEIDES W L, DICKINSON R E, 2007. Direct and indirect effects of anthropogenic aerosols on regional precipitation over East Asia[J]. Journal of Geophysical Research, 112: D03212. DOI:10.1029/2006JD007114.

HUNEEUS N, SCHULZ M, BALKANSKI Y, et al, 2011. Global dust model intercomparison in AeroCom phase I[J]. Atmospheric Chemistry and Physics, 11: 7781-7816. DOI:10.5194/acp-11-7781-2011.

HURTT G C, FROLKING S, FEARON M G, et al, 2006. The underpinnings of land-use history: Three centuries of global gridded land-use transitions, wood-harvest activity, and resulting secondary lands[J]. Global Change Biology, 12: 1208-1229. DOI:10.1111/j.1365-2486.2006.01150.x.

HÖGLUND-LSAKSSON L, 2012. Global anthropogenic methane emissions 2005—2030: technical mitigation potentials and costs[J]. Atmospheric Chemistry and Physics, 12: 9079-9096. DOI:10.5194/acp-12-9079-2012.

IEA, 2008. World energy outlook 2008[R]. IEA, Paris.

IDSO C D, IDSO S B, BALLING R CJr, 2001. An intensive two-week study of an urban CO_2 dome in Phoenix, Arizona, USA[J]. Atmospheric Environment, 35: 995-1000. DOI: 10.1016/S1352-2310(00)00412-X.

IDSO S B, IDSO C D, BALLING R C Jr, 2002. Seasonal and diurnal variations of near-surface atmospheric CO_2 concentration within a residential sector of the urban CO_2 dome of Phoenix, AZ, USA[J]. Atmospheric Environment, 36: 1655-1660. DOI: 10.1016/S1352-2310(02)00159-0.

INAMDAR A K, RAMANATHAN V, LOEB N G, 2004. Satellite observations of the water vapor greenhouse effect and column longwave cooling rates: Relative roles of the continuum and vibration-rotation to pure rotation bands[J]. Journal of Geophysical Research: Atmospheres, 109: D06104. DOI: 10.1029/2003JD003980.

IPCC, 2006. 2006 IPCC Guidelines for National Greenhouse Gas Inventories, Prepared by the National Greenhouse Gas Inventories Programme, Eggleston H S, Buendia L, Miwa K, Ngara T and Tanabe K (eds) [M]. Published: IGES, Japan.

IPCC, 2007. Climate Change 2007: Synthesis Report. Contribution of Working Groups I, II and III to the Fourth Assessment Report of the Intergovernmental Panel on Climate Change (Core WRITING TEAM, PACHAURI, R.K and REISINGER, A. (eds.))[M]. IPCC, Geneva, Switzerland, 104 pp.

IPCC, 2013. Climate Change 2013: The Physical Science Basis. Contribution of Working Group I to the Fifth Assessment Report of the Intergovernmental Panel on Climate Change[M]. Cambridge, United Kingdom and New York, NY, USA: Cambridge University Press.

IPCC, 2021. Summary for Policymakers. In: Climate Change 2021: The Physical Science Basis. Contribution of Working Group I to the Sixth Assessment Report of the Intergovernmental Panel on Climate Change (Masson-Delmotte V, Zhai P, Pirani A et al (eds.))[M]. Cambridge University Press.

ISHII M, INOUE H Y, MIDORIKAWA T, et al, 2009. Spatial variability and decadal trend of the oceanic CO_2 in the western equatorial Pacific warm/fresh water[J]. Deep-Sea Research Part II: Topical Studies in Oceanography, 56(8-10), 591-606.

ISHII M, FEELY R A, RODGERS K B, et al, 2014. Air-sea CO_2 flux in the Pacific Ocean for the period 1990—2009[J]. Biogeosciences, 11: 709-734.

ISRAELEVICH P, GANOR E, ALPERT P, et al, 2012. Predominant transport paths of Saharan dust over the Mediterranean Sea to Europe[J]. Journal of Geophysical Research: Atmospheres, 117: D02205. DOI:10.1029/2011JD016482.

ISRAELEVICH P L, 2003. Annual variations of physical properties of desert dust over Israel[J]. Journal of Geophysical Research: Atmospheres, 108(D13): 4381. DOI:10.1029/2002JD003163.

IVERSEN J D, WHITE B R, 1982. Saltation threshold on Earth, Mars and Venus[J]. Sedimentology, 29: 111-119. DOI:10.1111/j.1365- 3091.1982.tb01713.x.

JACOB D, 2001. A note to the simulation of the annual and inter-annual variability of the water budget over the Baltic Sea drainage basin[J]. Meteorology and Atmospheric Physics, 77: 61-73.

JACOB D J, 2000. Heterogeneous chemistry and tropospheric ozone[J]. Atmospheric Environment, 34(12-14): 2131-2159.

JACOB D J, WINNER D A, 2009. Effect of climate change on air quality[J]. Atmospheric Environment, 43(1): 51-63.

JACOBSON M Z, 2002. Control of fossil-fuel particulate black carbon and organic matter, possibly the most effective method of slowing global warming[J]. Journal of Geophysical Research, 107(D19):4410. https://doi.org/10.1029/2001J D0013 76.

JACOBSON M Z, TABAZADEH A, TURCO R P, 1996. Simulating equilibrium within aerosols and non-equilibrium between gases and aerosols[J]. Journal of Geophysical Research: Atmospheres, 101 (D4): 9079-9091.

JATO V, RODRIGUEZ-RAJO F J, ALCÁZAR P, et al, 2006. May the definition of pollen season influence aerobiological results? [J]. Aerobiologia, 22: 13-25. DOI:10.1007/s10453-005-9011-x.

JENKIN M E, SAUNDERS S M, WAGNER V, et al, 2003. Protocol for the development of the Master Chemical Mechanism, MCM v3 (Part B): Tropospheric degradation of aromatic volatile organic compounds[J]. Atmospheric Chemistry and Physics, 3: 181-193.

JI J, 1995. A climate-vegetation interaction model: Simulating physical and biological processes at the surface [J]. Journal of Biogeography, 22(2/3): 445-451. DOI:10.2307/2845941.

JI Z, KANG S C, CONG Z Y, et al, 2015. Simulation of carbonaceous aerosols over the third pole and adjacent regions: Distribution, transportation, deposition, and climatic effects[J]. Climate Dynamicsamics, 45: 2831-2846.

JIA B X, WANG Y X, HUANG S, et al, 2018. Variations of Siberian High Position under climate change: Impacts on winter pollution over north China[J]. Atmospheric Environment, 189: 227-234.

JIANG F, LIU Q, HUANG X, et al, 2012a. Regional modeling of secondary organic aerosol over China using

WRF/Chem[J]. Journal of Aerosol Science, 43(1): 57-73. DOI:10.1016/j.jaerosci.2011.09.003.

JIANG F, WANG H W, CHEN J M, et al, 2013b. Nested atmospheric inversion for the terrestrial carbon sources and sinks in China[J]. Biogeosciences, 10(8): 5311-5324. DOI:10.5194/bg-10-5311-2013.

JIANG F, CHEN J M, ZHOU L, et al, 2016. A comprehensive estimate of recent carbon sinks in China using both top-down and bottom-up approaches[J]. Scientific reports, 6: 22130. DOI:10.1038/srep22130.

JIANG H, LIAO H, PYE H O T, et al, 2013a. Projected effect of 2000—2050 changes in climate and emissions on aerosol levels in China and associated transboundary transport[J]. Atmospheric Chemistry and Physics, 13:7937-7960.

JIANG K J,HU X L,2006. Energy demand and emissions in 2030 in China: Scenarios and policy options[J]. Environmental Economics and Policy Studies, 7(3): 233-250.

JIANG X, CHAHINE M, LI Q, et al, 2012b. CO_2 semiannual oscillation in the middle troposphere and at the surface[J]. Global Biogeochemical Cycles, 26(3): GB3006. DOI: 10.1029/2011GB004118.

JIANG Y Q, LIU X H, YANG X Q, et al, 2013c. A numerical study of the effect of different aerosol types on East Asian summer clouds and precipitation[J]. Atmospheric Environment, 70: 51-63. DOI:10.1016/j.atmosenv.2012.12.039.

JIANG Y Q, YANG X-Q, LIU X H, et al, 2017. Anthropogenic aerosol effects on East Asian winter monsoon: The role of black carbon-induced Tibetan Plateau warming[J]. Journal of Geophysical Research: Atmospheres, 122: 5883-5902.

JIAO S J, HOU C C, LI Y W, et al, 2011. Establishing the CO_2 emission model of carbon neutral road based on gradient[C]. 2011 International Conference on Electrical and Control Engineering, Yichang, 4494-4497. DOI: 10.1109/ICECENG.2011.6058422.

JING X, HUANG J, WANG G, et al, 2010. The effects of clouds and aerosols on net ecosystem CO_2 exchange over semi-arid Loess Plateau of northwest China[J]. Atmospheric Chemistry and Physics, 10(17): 8205-8218. DOI:10.5194/acp-10-8205-2010.

JOHANNA R, KATRE K, JOSEPH D, et al, 2008. Carbon gain and bud physiology in Populus tremuloides and Betula papyrifera grown under long-term exposure to elevated concentrations of CO_2 and O_3[J]. Tree Physiology, 28(2): 243-254.

JOHN S K, MARK E K, KURT S P, et al, 2005. Tropospheric O_3 compromises net primary production in young stands of trembling aspen, paper birch and sugarmaple in response to elevated at mospheric CO_2[J]. New Phytologist, 168(3): 623-636.

JONES C G, WILLÉN U, ULLERSTIG A, et al, 2004. The Rossby Centre regional atmospheric climate model Part I, model climatology and performance for the present climate over Europe[J]. AMBIO-A Journal of the Human Environment, 33: 199-210.

JONES R, HASSELL D, HUDSON D, et al, 2003. Generating high resolution climate change scenarios using PRECIS[DB/OL]. UNDP Natl Commun UnitWorkb, 34.

JONES R G, MURPHY J M, NOGUER M, et al, 1995. Simulation of climate change over Europe using a nested regional-climate model. I, assesment of control climate, including sensitivity to location of lateral boundaries[J]. Quarterly Journal of the Royal Meteorological Society, 121: 1413-1449.

JOOS F, PRENTICE I C, SITCH S, et al, 2001. Global warming feedbacks on terrestrial carbon uptake under the Intergovernmental Panel on Climate Change (IPCC) Emission Scenarios[J]. Global Biogeochemical Cycles, 15(4): 891-907. DOI:10.1029/2000GB001375.

JUANG H, HONG S, KANAMITSU M, 1997. The NMC nested regional spectral model, an update[J]. Bulletin of the American Meteorological Society, 78: 2125-2143.

JUNG M, REICHSTEIN M, SCHWALM C R, et al, 2017. Compensatory water effects link yearly global land CO_2 sink changes to temperature[J]. Nature, 541: 516-520, 10.1038/nature20780.

JÄGER S, MANDROLI P, SPIEKSMA F, et al, 1995. News[J]. Aerobiologia, 11: 69-70.

KALNAY E, KANAMITSU M, KISTLER R, et al, 1996. The NCEP/NCAR 40-year reanalysis project[J]. Bulletin of the American Meteorological Society, 77: 437-470.

KALSOOM U, WANG T, MA C, et al, 2021. Quadrennial variability and trends of surface ozone across China during 2015-2018: A regional approach[J]. Atmospheric Environment, 245:117989.

KAMM S, MÖHLER O, NAUMANN K-H, et al, 1999. The heterogeneous reaction of ozone with soot aerosol[J]. Atmospheric Environment, 33(28): 4651-4561.

KANG Y, TANG H, ZHANG L, et al, 2021. Long-term temperature variability and the incidence of cardiovascular diseases: A large, representative cohort study in China[J]. Environ Pollut, 278: 116831.

KARRER G, SKJØTH C A, ŠIKOPARIJA B, et al, 2015. Ragweed (Ambrosia) pollen source inventory for Austria[J]. Science of the Total Environment, 523: 120-128. DOI:10.1016/j.scitotenv.2015.03.108.

KASTERN F, 1969. Visibility in the prephase of condensation[J]. Tellus, 21:631-635.

KAISER J C, RIEMER N, KNOPF D A, 2011. Detailed heterogeneous oxidation of soot surfaces in a particle-resolved aerosol model[J]. Atmospheric Chemistry and Physics, 11(9):4505-4520.

KATRAGKOU E, ZANIS P, KIOUTSIOUKIS I, et al, 2011. Future climate change impacts on summer surface ozone from regional climate-air quality simulations over Europe[J]. Journal of Geophysical Research: Atmospheres, 116: D22307.

KATTGE J, DÍAZ S, LAVOREL S, et al, 2011. TRY- a global database of plant traits[J]. Global Change Biology, 17: 2905-2935, 10.1111/j.1365-2486.2011.02451.x.

KAWA S R, ERICKSON D J III, PAWSON S et al, 2004. Global CO_2 transport simulations using meteorological data from the NASA data assimilation system[J]. Journal of Geophysical Research: Atmospheres. 109: D18312. DOI:10.1029/2004JD004554.

KAZINCZI G, BéRES I, PATHY Z, et al, 2008. Common ragweed (Ambrosia artemisiifolia L.): A review with special regards to the results in Hungary: II. Importance and harmful effect, allergy, habitat, allelopathy and beneficial characteristics[J]. Herbologia, 9: 93-117.

KEELING C D, 1998. Rewards and penalties of monitoring the earth[J]. Annual Review of Energy and Environment, 23: 25-82. DOI:10.1146/annurev.energy.23.1.25.

KEELING C D, BACASTOW R B, BAINBRIDGE A E, et al, 1976. Atmospheric carbon dioxide variations at Mauna Loa Observatory, Hawaii[J]. Tellus, 28: 538-551. DOI:10.1111/j.2153-3490.1976.tb00701.x.

KEELING C D, WHORF T P, WAHLEN M, et al, 1995. Interannual extremes in the rate of rise of atmospheric carbon dioxide since 1980[J]. Nature, 375: 666-670. DOI:10.1038/375666a0.

KEELING R F, PIPER S C, BOLLENBACHER A F, et al, 2009. Atmospheric CO_2 records from sites in the SIO air sampling network[DB/OL]. In Trends: A Compendium of Data on Global Change, Carbon Dioxide Information Analysis Center, Oak Ridge National Laboratory, U S Department of Energy, Oak Ridge, Tenn, USA, DOI:10.3334/CDIAC/atg.035.

KEYSER A R, KIMBALL J S, NEMANI R R, et al, 2000. Simulating the effects of climate change on the carbon balance of North American high-latitude forests[J]. Global Change Biology, 6: 185-195.

KEYWOOD M D, VARUTBANGKUL V, BAHREINI R, et al, 2004. Secondary organic aerosol formation from the ozonolysis of cycloalkenes and related compounds[J]. Environmental Science and Technology, 38(15): 4157-4164.

KHATIWALA S, PRIMEAU F, HALL T, 2009. Reconstruction of the history of anthropogenic CO_2 concentrations in the ocean[J]. Nature, 462: 346-349.

KIEHL J T, RAMANATHAN V, 1983. CO_2 radiative parameterization used in climate models: Comparison with narrow band models and with laboratory data[J]. Journal of Geophysical Research: Oceans, 88 (C9): 5191-5202. DOI:10.1029/JC088iC09p05191.

KIEHL J T, HACK J J, BONAN G B, et al, 1996. Description of the NCAR Community Climate Model (CCM3)[R]. Technical note, NCAR/TN-420+STR.

KILIFARSKA N A, 2012. Mechanism of lower stratospheric ozone influence on climate[J]. Int Rev Phys, 6 (3): 279-290.

KILIFARSKA N A, 2013. An autocatalytic cycle for ozone production in the lower stratosphere initiated by Galactic Cosmic rays[J]. Comptes Rendus De l'Academie Bulgare Des Ences: Ences Mathematiqueset Naturelles, 66(2): 243-252.

KILIFARSKA N A, 2015. Bi-decadal solar influence on climate, mediated by near tropopause ozone[J]. Journal of Atmospheric and Solar-Terrestrial Physics, 136: 216-230. http://dx.doi.org/ 10.1016/j.jastp.2015.08.005i.

KILIFARSKA N A, 2017. Hemispherical asymmetry of the lower stratospheric O_3 response to galactic cosmic rays forcing [J]. ACS Earth and Space Chemistry, 1 (2): 80-88. DOI: 10. 1021/acsearthspacechem.6b00009.

KILIFARSKA N A, WANG T, GANEV K, et al, 2018, Decadal cooling of east asia—the role of aerosols and ozone produced by galactic cosmic rays[J]. Comptes Rendus De L Academie Bulgare Des Sciences, 71 (7): 937-944.

KIM H, PAULSON S, 2013. Real refractive indices and volatility of secondary organic aerosol generated from photooxidation and ozonolysis of limonene, alpha-pinene and toluene[J]. Atmospheric Chemistry and Physics, 13: 7711-7723.

KIM M J, PARK R J, HO C, et al, 2015. Future ozone and oxidants change under the RCP scenarios[J]. Atmospheric Environment, 101: 103-115. DOI:10.1016/j.atmosenv.2014.11.016.

KIM Y P, SEINFELD J H, SAXENA P, 1993. Atmospheric gas aerosol equilibrium, I: Thermodynamic model[J]. Aerosol Science and Technology, 19 (2): 157-181.

KING D A, TURNER D P, RITTS W D, 2011. Parameterization of a diagnostic carbon cycle model for continental scale application[J]. Remote Sensing of Environment, 115(7): 1653-1664. DOI:10.1016/j.rse.2011.02.024.

KINNE S, 2003. Monthly averages of aerosol properties: A global comparison among models, satellite data, and AERONET ground data[J]. Journal of Geophysical Research: Atmospheres, 108(D20): 4634. DOI: 10.1029/2001JD001253.

KIRKEVAG A, IVERSEN T, SELAND Ø, et al., 2005. Revised Schemes for Aerosol Optical Parameters and Cloud Condensation Nuclei in CCM-Oslo[R]. Institute Report Series No. 128. Department of Geosciences, University of Oslo, Oslo, Norway, 29.

KITTEL T G F, STEFFEN W L, CHAPIN F S, 2000. Global and regional modelling of Arctic-boreal vegetation distribution and its sensitivity to altered forcing[J]. Global Change Biology, 6(S1): 1-18. DOI:10.1046/j.1365-2486.2000.06011.x.

KLIMONT Z, SMITH S J, COFALA J, 2013. The last decade of global anthropogenic sulfur dioxide: 2000-2011 emissions[J]. Environmental Research Letters, 8: 014003. DOI:10.1088/1748-9326/8/1/014003.

KLINGER L F, LI Q J, GUENTHER A B, et al, 2002. Assessment of volatile organic compound emissions from ecosystems of China [J]. Journal of Geophysical Research: Atmospheres, 107: 4603, 10.

1029/2001JD001076.

KNIPPERTZ P, STUUT J B W, 2014. Mineral Dust[J]. Dordrecht: Springer Netherlands.

KNOHL A, BALDOCCHI D D, 2008. Effects of diffuse radiation on canopy gas exchange processes in a forest ecosystem [J]. Journal of Geophysical Research: Biogeosciences, 113: G02023G2, 10.1029/2007jg000663.

KNOWLTON K, ROTKIN-ELLMAN M, KING G, et al, 2009. The 2006 California heat wave: Impacts on hospitalizations and emergency department visits[J]. Environ Health Persp, 117: 61-67. https://doi.org/10.1289/ehp.11594.

KOK J F, 2011a. A scaling theory for the size distribution of emitted dust aerosols suggests climate models underestimate the size of the global dust cycle[J]. P Natl Acad Sci USA, 108: 1016-1021. DOI:10.1073/pnas.1014798108.

KOK J F, 2011b. Does the size distribution of mineral dust aerosols depend on the wind speed at emission? [J]. Atmospheric Chemistry and Physics, 11:10149-10156. DOI:10.5194/acp-11-10149-2011.

KOKORIN A O, LELAKIN A L, NAZAROV I M, 1996. Influence of climate changes on carbon cycle in the Russian forests. Prognostic modeling of CO_2 exchange with the Atmosphere[J]. Physics and Chemistry of the Earth, 21: 219-223.

KOU X, ZHANG M, PENG Z, 2013. Numerical simulation of CO_2 concentrations in East Asia with RAMS-CMAQ[J]. Atmospheric and Oceanic Science Letters, 6(4): 179-184. DOI:10.3878/j.issn.1674-2834.13.0022.

KOU X, ZHANG M, PENG Z, et al, 2015. Assessment of the biospheric contribution to surface atmospheric CO_2 concentrations over East Asia with a regional chemical transport model[J]. Advances in Atmospheric Sciences, 32(3): 287-300. DOI:10.1007/s00376-014-4059-6.

KROL M, HOUWELING S, BREGMAN B, et al, 2005. The two-way nested global chemistry-transport zoom model TM5: Algorithm and applications[J]. Atmospheric Chemistry and Physics, 5: 417-432.

KUBISKE M E, QUINN V S, HEILMAN W E, et al, 2006. Interannual climatic variation mediates elevated CO_2 and O_3 effects on forest growth[J]. Global Change Biology, 12(6): 1054-1068.

KUROKAWA J, OHARA T, MORIKAWA T, et al, 2013. Emissions of air pollutants and greenhouse gases over Asian regions during 2000-2008: Regional Emission inventory in ASia (REAS) version 2[J]. Atmospheric Chemistry and Physics, 13(21): 11019-11058. DOI: 10.5194/acp-13-11019-2013.

KUZE A, SUTO H, NAKAJIMA M, et al, 2009. Thermal and near infrared sensor for carbon observation Fourier-transform spectrometer on the Greenhouse Gases Observing Satellite for greenhouse gases monitoring[J]. Applied Optics, 48: 6716-6733. DOI:10.1364/AO.48.006716.

LACHKAR Z, ORR J C, DUTAY J C, 2009. Seasonal and mesoscale variability of oceanic transport of anthropogenic CO_2[J]. Biogeosciences, 6: 2509-2523.

LACIS A A, HANSEN J E, 1974. Patameterization for absorption of solar-radiation in earths atmosphere [J]. Journal of the Atmospheric Sciences, 31(1): 118-133.

LACIS A A, WUEBBLES D, LOGAN J, 1990. Radiative forcing of climate by changes in the vertical distribution of ozone[J]. Journal of Geophysical Research, 95: 9971- 9981.

LANDSCHÜTZER P, GRUBER N, BAKKER D C E, et al, 2014. Recent variability of the global ocean carbon sink[J]. Global Biogeochemical Cycles, 28: 927-949. DOI:10.1002/2014GB004853.

LANE T, DONAHUE N, PANDIS S, 2008. Simulating secondary organic aerosol formation using the volatility basis-set approach in a chemical transport model[J]. Atmospheric Environment, 42: 7439-7451.

LAU K M, YANG S, 1996. The Asian monsoon and predictability of the tropical ocean-atmosphere system

[J]. Quarterly Journal of the Royal Meteorological Society, 122(532): 945-957.

LAU K M, KIM M K, KIM K M, 2005. Asian summer monsoon anomalies induced by aerosol direct forcing-the role of the Tibetan Plateau[J]. Climate Dynamicsamics, 26(7-8): 855-864.

LAU K M, KIM K M, 2006a. Observational relationships between aerosol and Asian monsoon rainfall, and circulation[J]. Geophysical Research Letters, 33: L21810.

LAU K M, KIM K M, 2006b. Asian summer monsoon anomalies induced by aerosol direct forcing: The role of the Tibetan Plateau[J]. Climate Dynamicsamics, 26: 855-864.

LAURENT B, MARTICORENA B, BERGAMETTI G, et al, 2008. Modeling mineral dust emissions from the Sahara desert using new surface properties and soil database[J]. Journal of Geophysical Research: Atmospheres, 113: D14218. DOI:10.1029/2007JD009484.

LAWRENCE P J, CHASE T N, 2007. Representing a new MODIS consistent land surface in the Community Land Model (CLM 3.0)[J]. Journal of Geophysical Research: Biogeosciences, 112: G01023. DOI:10.1029/2006JG000168.

LAWRENCE W R, YANG M, ZHANG C, et al, 2018. Association between long-term exposure to air pollution and sleep disorder in Chinese children: The seven northeastern cities study[J]. Sleep, 41(9):1-10.

LE QUÉRÉ C, RODENBECK C, BUITENHUIS E, et al, 2007. Saturation of the southern ocean CO_2 sink due to recent climate change[J]. Science, 316(5832): 1735-1738. DOI:10.1126/science.1136188.

LE QUÉRÉ C, TAKAHASHI T, BUITENHUIS E T, et al, 2010. Impact of climate change and variability on the global oceanic sink of CO_2 [J]. Global Biogeochemical Cycles, 24: GB4007. DOI: 10.1029/2009GB003599.

LEE B K, JUN N Y, LEE H K, 2004. Comparison of particulate matter characteristics before, during, and after Asian dust events in Incheon and Ulsan, Korea[J]. Atmospheric Environment, 38(11):1535-1545.

LEFER B L, SHETTER R E, HALL S R, et al, 2003. Impact of clouds and aerosols on photolysis frequencies and photochemistry during TRACE-P: 1. Analysis using radiative transfer and photochemical box models[J]. Journal of Geophysical Research, 108(D21):8821.

LEI L, GUAN X, ZENG Z, et al, 2014. A comparison of atmospheric CO_2 concentration GOSAT-based observations and model simulations[J]. Science China-Earth Sciences, 57(6): 1393-1402. DOI:10.1007/s11430-013-4807-y.

LEONTIEF W W, 1951. The structure of American economy, 1919—1939: An empirical application of equilibrium analysis[J]. New York: Oxford University Press.

LEONTIEF W W, 1986. Input-output Economics[M]. New York: Oxford University Press.

LEVIS S, LEVIS S, BONAN G B, et al, 2004. Soil feedback drives the mid-Holocene North African monsoon northward in fully coupled CCSM2 simulations with a dynamic vegetation model[J]. Climate Dynamicsamics, 23(7): 791-802. DOI:10.1007/s00382-004-0477-y.

LI G, BEI N, TIE X, et al, 2011a. Aerosol effects on the photochemistry in Mexico City during MCMA-2006/MILAGRO campaign[J]. Atmospheric Chemistry and Physics, 11(11): 5169-5182.

LI J, WANG Z, WANG X, et al, 2011b. Impacts of aerosols on summertime tropospheric photolysis frequencies and photochemistry over Central Eastern China[J]. Atmospheric Environment, 45(10): 1817-1829.

LI J, Han Z, 2011c. Modeling study of the impact of heterogeneous reactions on dust surfaces on aerosol optical depth and direct radiative forcing over East Asia in springtime[J]. Atmospheric and Oceanic Science Letters, 4(6): 309-315.

LI J, Han Z, Xie Z, 2013c. Model analysis of long-term trends of aerosol concentrations and direct radiative forcings over East Asia[J]. Tellus B, 65: 20410, http://dx.doi.org/10.3402/tellusb.v65i0.20410.

LI J, Han Z, Zhang R, 2014c. Influence of aerosol hygroscopic growth parameterization on aerosol optical depth and direct radiative forcing over East Asia[J]. Atmospheric Research, 140-141: 14-27.

LI J D, WANG W C, SUN Z A, et al, 2014a. Decadal variation of East Asian radiative forcing due to anthropogenic aerosolsduring 1850-2100 and the role of atmospheric moisture[J]. Climate Research, 61: 241-257.

LI J P, ZENG Q C, 2002. A unified monsoon index[J]. Geophysical Research Letters, 29(8): 1274.

LI J P, ZENG Q C, 2003. A new monsoon index and the geographical distribution of the global monsoons[J]. Advances in Atmospheric Sciences, 20(2): 299-302.

LI J, ZHANG M, WU F, et al, 2017a. Assessment of the impacts of aromatic VOC emissions and yields of SOA on SOA concentrations with the air quality model RAMS-CMAQ[J]. Atmospheric Environment, 158: 105-115. DOI: 10.1016/j.atmosenv.2017.03.035.

LI K, LIAO H, MAO Y H, et al, 2016a. Source sector and region contributions to concentration and direct radiative forcing of black carbon in China[J]. Atmospheric Environment, 124: 351-366.

LI K, JACOB D J, LIAO H, et al, 2019a. Anthropogenic drivers of 2013-2017 trends in summer surface ozone in China[J]. Proceedings of the National Academy of Sciences of the United States of America, 116: 422-427, 10.1073/pnas.1812168116.

LI L Y, CHEN Y, XIE S D, 2013a. Spatio-temporal variation of biogenic volatile organic compounds emissions in China[J]. Environmental Pollution, 182: 157-168, 10.1016/j.envpol.2013.06.042.

LI L Y, XIE S D, 2014b. Historical variations of biogenic volatile organic compound emission inventories in China, 1981-2003[J]. Atmospheric Environment, 95: 185-196. DOI: 10.1016/j.atmosenv.2014.06.033.

LI L, CHEN Z M, ZHANG Y H, et al, 2007a. Heterogeneous oxidation of sulfur dioxide by ozone on the surface of sodium chloride and its mixtures with other Components[J]. Journal of Geophysical Research, 112(D18): D18301.

LI L, WANG B, ZHOU T, 2007b. Contributions of natural and anthropogenic forcings to the summer cooling over eastern China: an AGCM study[J]. Geophysical Research Letters, 34: L18807. https ://doi.org/10.1029/2007G L0305 41.

LI M, HUANG X, LI J, et al, 2012a. Estimation of biogenic volatile organic compound (BVOC) emissions from the terrestrial ecosystem in China using real-time remote sensing data[J]. Atmospheric Chemistry and Physics Discuss, 12: 6551-6592, 10.5194/acpd-12-6551-2012.

LI M, ZHANG Q, KUROKAWA J-I, et al, 2017b. MIX: A mosaic Asian anthropogenic emission inventory under the international collaboration framework of the MICS-Asia and HTAP[J]. Atmospheric Chemistry and Physics, 17(2): 935-963.

LI M, WANG T, HAN Y, et al, 2017c. Modeling of a severe dust event and its impacts on ozone photochemistry over the downstream Nanjing megacity of eastern China[J]. Atmospheric Environment, 160: 107-123.

LI M, WANG T, SHU L, et al, 2021. Rising surface ozone in China from 2013 to 2017: A response to the recent atmospheric warming or pollutant controls? [J]. Atmospheric Environment, 246: 118130.

LI P, FENG Z, CATALAYUD V, et al, 2017d. A meta-analysis on growth, physiological, and biochemical responses of woody species to ground-level ozone highlights the role of plant functional types[J]. Plant Cell and Environment, 40: 2369-2380.

LI P, DE MARCO A, FENG Z, et al, 2018a. Nationwide ground-level ozone measurements in China suggest serious risks to forests[J]. Environmental Pollution, 237: 803-813.

LI R, ZHANG M, CHEN L, et al, 2017e. CMAQ simulation of atmospheric CO_2 concentration in East Asia:

Comparison with GOSAT observations and ground measurements[J]. Atmospheric Environment, 160: 176-185. DOI:10.1016/j.atmosenv.2017.03.056.

LI S, WANG T J, ZHUANG B L, et al, 2009. Indirect radiative forcing and climatic effect of the anthropogenic nitrate aerosol on regional climate of China[J]. Advance in Atmospheric Science, 26(3): 543-552.

LI S, WANG T, SOLMON F, et al, 2016b. Impact of aerosols on regional climate in southern and northern China during strong/weak East Asian summer monsoon years[J]. Journal of Geophysical Research: Atmospheres, 121: 4069-4081.

LI S, WANG T, HUANG X, et al, 2018c. Impact of East Asian summer monsoon on surface ozone pattern in China[J]. Journal of Geophysical Research: Atmospheres, 123: 1401-1411. https://doi.org/10.1002/2017JD027190.

LI S, WANG T, ZANIS P, et al, 2018b. Impact of tropospheric ozone on summer climate in China[J]. Journal of Meteorological Research, 32(2): 279-287. DOI: 10.1007/s13351-018-7094-x.

LI S, WANG T, ZHUANG B, et al, 2019b. Spatiotemporal distribution of anthropogenic aerosols in China around 2030[J]. Theoretical and Applied Climatology, 138: 2007-2020.

LI X, TING M, LI C, et al, 2015. Mechanisms of Asian summer monsoon changes in response to anthropogenic forcing in CMIP5 models[J]. Journal of Climate, 28: 4107-4125. DOI: 10.1175/JCLI-D-14-00559.1.

LI Y, SHI H, ZHOU L, et al, 2018d. Disentangling climate and LAI effects on seasonal variability in water use efficiency across terrestrial ecosystems in China[J]. Journal of Geophysical Research: Biogeosciences, 123: 2429-2443, 10.1029/2018jg004482.

LI Y C, XU Y F, 2012b. Uptake and storage of anthropogenic CO_2 in the Pacific Ocean estimated using two modeling approaches[J]. Advances in Atmospheric Sciences, 29(4): 795-809.

LI Y C, XU Y F, 2013b. Interannual variations of the air-sea carbon dioxide exchange in the different regions of the Pacific Ocean[J]. Acta Oceanology Sinica, 32: 71-79. DOI:10.1007/s13131-013-0291-7.

LIANG Q M, FAN Y, WEI Y M, 2007. Multi-regional input-output model for regional energy requirements and CO_2 emissions in China[J]. Energy Policy, 35(3): 1685-1700.

LIANG Z, XU C, FAN Y N, et al, 2020. Association between air pollution and menstrual disorder outpatient visits: A time-series analysis[J]. Ecotoxicology and Environmental Safety, 192:110283.

LIAO H, SEINFELD J H, 1998. Radiative forcing by mineral dust aerosols: Sensitivity to key variables[J]. Journal of Geophysical Research: Atmospheres, 103: 31637-31645. DOI:10.1029/1998JD200036.

LICHTFOUSE E, LICHTFOUSE M, JAFFREZIC A, 2002. $\delta^{13}C$ values of grasses as a novel indicator of pollution by fossil-fuel-derived greenhouse gas CO_2 in urban areas[J]. Environmental Science and Technology, 121: 87-89. DOI:10.1021/es025979y.

LIETH H, 1972. Computer mapping of forest data[R]. Proceedings of the 51st Annual Meeting of the Saiety of American Foresters, Society of American Foresters, 53-79.

LIM K S, FAN J, LEUNG L R, et al, 2014. Investigation of aerosol indirect effects using a cumulus microphysics parameterization in a regional climate model[J]. Journal of Geophysical Research, 119 (2): 906-926.

LIN H, MA W, QIU H, et al, 2017a. Using daily excessive concentration hours to explore the short-term mortality effects of ambient $PM_{2.5}$ in Hong Kong[J]. Environmental Pollution, 229, 896-901.

LIN H, RATNAPRADIPA K, WANG X, et al, 2017b. Hourly peak concentration measuring the $PM_{2.5}$-mortality association: Results from six cities in the pearl river delta study[J]. Atmospheric Environment, 161, 27-33.

LIN H, WANG X, QIAN Z M, et al, 2018. Daily exceedance concentration hours: A novel indicator to measure acute cardiovascular effects of $PM_{2.5}$ in six Chinese subtropical cities[J]. Environment International, 111: 117-123.

LISS P S, MERLIVAT L, 1986. Air-sea gas exchange rates: Introduction and synthesis[J]. The Role of Air-Sea Exchange in Geochemical Cycling, 185: 113-127.

LIU H, ZHANG L, WU J, 2010. Amodeling study of the climate effects of sulfate and carbonaceous aerosols over China[J]. Advance in Atmospheric Sciences, 27: 1276-1288.

LIU H N, JIANG W M, 2004. A preliminary study on the heterogeneous chemical processes on the surface of dust aerosol and its effect on climate[J]. Chinese Journal of Geophysics, 47(3):471-478.

LIU J, YIN H, TANG X, et al, 2021. Transition in air pollution, disease burden and health cost in China: A comparative study of long-term and short-term exposure[J]. Environmental Pollution, 277: 116770.

LIU L, ZHOU L, VAUGHN B, et al, 2014. Background variations of atmospheric CO_2 and carbon-stable isotopes at Waliguan and Shangdianzi stations in China[J]. Journal of Geophysical Research: Atmospheres, 119(9): 5602-5612. DOI:10.1002/2013JD019605.

LIU L, SOLMON F, VAUTARD R, et al, 2016. Ragweed pollen production and dispersion modelling within a regional climate system, calibration and application over Europe[J]. Biogeosciences, 13(9): 2769-2786. DOI: 10.5194/bg-13-2769-2016.

LIU L C, FAN Y, WU G, et al, 2007. Using LMDI method to analyze the change of China's industrial CO_2 emissions from final fuel use: An empirical analysis[J]. Energy Policy, 35 (11): 5892-5900.

LIU Q, LAM K S, JIANG F, et al, 2013a. A numerical study of the impact of climate and emission changes on surface ozone over south China in autumn time in 2000-2050[J]. Atmospheric Environment, 76: 227-237.

LIU X D, XIE X N, YIN Z Y, et al, 2011b. A modeling study of the effects of aerosols on clouds and precipitation over East Asia[J]. Theoretical and Applied Climatology, 106(3-4): 343-354. DOI: 10.1007/s00704-011-0436-6.

LIU X D, YAN L B, YAND P, et al, 2011a. Influence of Indian summer monsoon on aerosol loading in East Asia[J]. J Appl Meteor Climatol, 50: 523-533.

LIU Y, DUAN M, CAI Z, et al, 2012. Chinese carbon dioxide satellite (TanSat) status and plans[C]. In: Proceeding of American Geophysical Union 2012 Fall Meeting, American Geophysical Union.

LIU Y, JU W, HE H, et al, 2013b. Changes of net primary productivity in China during recent 11 years detected using an ecological model driven by MODIS data[J]. Rontiers of Earth Science, 7(1): 112-127. DOI:10.1007/s11707-012-0348-5.

LIU Y, LI N, ZHANG Z, et al, 2020. The central trend in crop yields under climate change in China: A systematic review[J]. Science of the Total Environment, 704: 135355. https://doi.org/https://doi.org/10.1016/j.scitotenv.2019.135355.

LIU Z, LIU D, HUANG J, et al, 2008. Airborne dust distributions over the Tibetan Plateau and surrounding areas derived from the first year of CALIPSO lidar observations[J]. Atmospheric Chemistry and Physics, 8: 5045-5060, 10.5194/acp-8-5045-2008, 2008.

LIU Z, VAUGHAN M, WINKER D, et al, 2009. The CALIPSO lidar cloud and aerosol discrimination: Version 2 algorithm and initial assessment of performance[J]. Journal of Atmospheric and Oceanic Technology, 26: 1198-1213. DOI:10.1175/2009JTECHA1229.1.

LIU Z, BALLANTYNE A P, POULTER B, et al, 2018. Precipitation thresholds regulate net carbon exchange at the continental scale[J]. Nature Communications, 9: 3596, 10.1038/s41467-018-05948-1.

LLOYD J, FARQUHAR G D, 2008. Effects of rising temperatures and [CO_2] on the physiology of tropical forest trees[J]. Philosophical Transactions of the Royal Society B: Biological Sciences, 363: 1811-1817, 10.1098/rstb.2007.0032.

LOBELL D B, SCHLENKER W, COSTA-ROBERTS J, 2011. Climate trends and global crop production since 1980[J]. Science, 333(6042): 616-620. https://doi.org/10.1126/science.1204531.

LOEHLE C, 2000. Forest ecotone response to climate change: Sensitivity to temperature response functional forms[J]. Canadian Journal of Forest Research, 30: 1632-1645.

LOHMANN U, FEICHTER J, PENNER J, et al, 2000. Indirect effect of sulfate and carbonaceous aerosols: A mechanistic treatment[J]. Journal of Geophysical Research, 105:12193-12206. https ://doi.org/10.1029/1999JD9011 99.

LOMBARDOZZI D, SPARKS J P, BONAN G, 2013. Integrating O_3 influences on terrestrial processes: Photosynthetic and stomatal response data available for regional and global modeling[J]. Biogeosciences, 10: 6815-6831, 10.5194/bg-10-6815-2013.

LONG S P, AINSWORTH E A, LEAKEY A D B, et al, 2006. Food for thought: Lower-than-expected crop yield stimulation with rising CO_2 concentrations[J]. Science, 312(5782): 1918-1921. https://doi.org/10.1126/science.1114722.

LORETO F, CICCIOLI P, BRANCALEONI E, et al, 1998. Measurement of isoprenoid content in leaves of Mediterranean Quercus spp by a novel and sensitive method and estimation of the isoprenoid partition between liquid and gas phase inside the leaves[J]. Plant Science, 136: 25-30, 10.1016/s0168-9452(98)00092-2.

LOUSTAU D, BOSC A, COLIN A, et al, 2005. Modeling climate change effects on the potential production of French plains forests at the sub-regional level[J]. Tree Physiology, 25: 813-823.

LOVENDUSKI N S, FAY A R, MCKINLEY G A, 2015. Observing multidecadal trends in Southern Ocean CO_2 uptake: What can we learn from an ocean model? [J]. Global Biogeochemical Cycles, 29: 416-426.

LU X, HONG J, ZHANG L, et al, 2018. Severe surface ozone pollution in China: A global perspective[J]. Environmental Science and Technology Letters, 5: 487-494, 10.1021/acs.estlett.8b00366, 2018.

LU X, ZHANG S, XING J, et al, 2020. Progress of air pollution control in China and its challenges and opportunities in the ecological civilization era[J]. Engineering, 6(12): 1423-1431.

LUO Y X, ZHENG X B, ZHAO T L, et al, 2014. A climatology of aerosol optical depth over China from recent 10 years of MODIS remote sensing data[J]. International Journal of Climatology, 34(3): 863-870. DOI: 10.1002/joc.3728.

LUTZ C, ANEGG S, GERANT D, et al, 2000. Beech trees exposed to high CO_2 and to simulated summer ozone levels: Effects on photosynthesis, chloroplast components and leaf enzyme activity[J]. Physiologia Plantarum, 109(3): 252-259.

LYNCH J A, HOLLIS J L, HU F S, 2004. Climatic and landscape controls of the boreal forest fire regime: Holocene records from Alaska[J]. Journal of Ecology, 92: 477-489.

MA W, ZENG W, ZHOU M, et al, 2015. The short-term effect of heat waves on mortality and its modifiers in China: An analysis from 66 communities[J]. Environment International, 75: 103-109.

MADRONICH S, FLOCKE S, 1999. The Role of Solar Radiation in Atmospheric Chemistry[M]//Boule P. Environmental Photochemistry. Springer: 1-26.

MAIER-REIMER E, HASSELMANN K, 1987. Transport and storage of CO_2 in the ocean-An inorganic ocean-circulation carbon cycle model[J]. Climate Dynamicsamics, 2: 63-90.

MÄKIPÄÄ R, KARJALAINEN T, PUSSINEN A et al, 1999. Effects of climate change and nitrogen deposition on the carbon sequestration of a forest ecosystem in the boreal zone[J]. Canadian Journal of Forest Research, 29: 1490-1501.

MANCINI E, VISCONTI G, PITARI G, et al, 1991. An estimate of the Antarctic ozone modulation by the QBO[J]. Geophysical Research Letters, 18(2): 175-178.

MANOJ M G, DEVARA P C S, SAFAI P D, et al, 2011. Absorbing aerosols facilitate transition of Indian monsoon breaks to active spells[J]. Clim Dyn, 37:2181-2198. https ://doi. org/10. 1007/s00382-010-0971-3.

MAO Y H, LIAO H, CHEN H S, 2017. Impacts of East Asian summer and winter monsoons on interannual variations of mass concentrations and direct radiative forcing of black carbon over eastern China[J]. Atmospheric Chemistry and Physics, 17: 4799-4816.

MARTICORENA B, BERGAMETTI G, 1995. Modeling the atmospheric dust cycle: 1. Design of a soil-derived dust emission scheme[J]. Journal of Geophysical Research: Atmospheres, 100: 16415. DOI:10. 1029/95JD00690, 1995.

MATSUI T, BELTRÁN-PRZEKURAT A, NIYOGI D, et al, 2008. Aerosol light scattering effect on terrestrial plant productivity and energy fluxes over the eastern United States[J]. Journal of Geophysical Research: Atmospheres, 113: D14S14. DOI:10. 1029/2007JD009658.

MAURYA R K S, SINHA P, MOHANTY M R, et al, 2018. RegCM4 model sensitivity to horizontal resolution and domain size in simulating the Indian summer monsoon[J]. Atmospheric Research, 210: 15-33.

MCKINLEY G A, FOLLOWS M J, MARSHALL J, 2004. Mechanisms of air-sea CO_2 flux variability in the equatorial Pacific and the North Atlantic[J]. Global Biogeochemical Cycles, 18: GB2011. DOI:10. 1029/2003GB002179.

MCPHERSON R A, 2007. A review of vegetation-atmosphere interactions and their influences on mesoscale phenomena[J]. Progress in Physical Geography: Earth and Environment, 31(3): 261-285. DOI:10. 1177/0309133307079055.

MEDLYN B E, DUURSMA R A, ZEPPEL M J B, 2011. Forest productivity under climate change: A checklist for evaluating model studies[J]. Wiley Interdisciplinary Reviews:Climate Change, 2: 332-355.

MEEHL G A, TEBALDI C, 2004. More intense, more frequent, and longer lasting heat waves in the 21st century[J]. Science, 305: 994-997. https://doi. org/DOI 10. 1126/science. 1098704.

MEEHL G A, ARBLASTER J M, Collins W D, 2008. Effects of black carbon aerosols on the Indian monsoon[J]. Journal of Climate, 21: 2869-2882.

MENG Z, DABDUB D, SEINFELD J H, 1997. Chemical coupling between atmospheric ozone and particulate matter[J]. Science, 277: 116-119.

MENG Z Y, SSINFELD J H, SAXENA P, 1995. Gas aerosol distribution of formic and acetic-acids[J]. Aerosol Science and Technology, 23(4): 561-578.

MENG Z Y, SEINFELD J H, 1996. Time scales to achieve atmospheric gas-aerosol equilibrium for volatile species[J]. Atmospheric Environment, 30: 2889-2900.

MENON S, HANSEN J, NAZARENKO L, et al, 2002. Climate effects of black carbon aerosols in China and India[J]. Science, 297:2250-2253. https ://doi. org/10. 1126/scien ce. 10751 59.

MENUT L, FORÊT G, BERGAMETTI G, 2007. Sensitivity of mineral dust concentrations to the model size distribution accuracy [J]. Journal of Geophysical Research: Atmospheres, 112: D10210. DOI: 10. 1029/2006JD007766.

MENUT L, PÉREZ C, HAUSTEIN K, et al, 2013. Impact of surface roughness and soil texture on mineral dust emission fluxes modeling[J]. Journal of Geophysical Research: Atmospheres, 118:6505-6520. DOI:

10.1002/jgrd.50313.

MERCADO L M, BELLOUIN N, SITCH S, et al, 2009. Impact of changes in diffuse radiation on the global land carbon sink[J]. Nature, 458: 1014-1017, 10.1038/nature07949.

MILES L, GRAINGER A, PHILLIPS O, 2004. The impact of global climate change on tropical forest biodiversity in Amazonia[J]. Global Ecology and Biogeography, 13: 553-565.

MILLER R E, BLAIR P D, 2009. Input-Output Analysis: Foundations and Extensions[M]. Cambridge: Cambridge University Press.

MILLS G, HARMENS H, WAGG S, et al, 2016. Ozone impacts on vegetation in a nitrogen enriched and changing climate[J]. Environmental Pollution, 208: 898-908, 10.1016/j.envpol.2015.09.038.

MING Y, RAMASWAMY V, PERSAD G, 2010. Two opposing effects of absorbing aerosols on global-mean precipitation[J]. Geophysical Research Letters, 37: L13701. DOI:10.1029/2010GL042895.

MIYAOKA Y, INOUE H, SAWA Y, et al, 2007. Diurnal and seasonal variations in atmospheric CO_2 in Sapporo, Japan: Anthropogenic sources and biogenic sinks[J]. Geochemical Journal, 41: 429-436.

MIYAZAKI K, PATRA P K, TAKIGAWA M, et al, 2008. Global-scale transport of carbon dioxide in the troposphere[J]. Journal of Geophysical Research, 113: D15301. DOI:10.1029/2007JD009557.

MLAWER E J, TAUBMAN S J, BROWN P D, et al, 1997. Radiative transfer for inhomogeneous atmospheres: RRTM, a validated correlated-k model for the longwave[J]. Journal of Geophysical Research: Atmospheres, 102: 16663-16682. DOI:10.1029/97jd00237.

MONTEITH J L, 1972. Solar radiation and productivity in tropical ecosystems[J]. The Journal of Applied Ecology, 9(3): 747-766. DOI:10.2307/2401901.

MOONEY H A, DRAKE B G, LUXMOORE R J, et al, 1991. Predicting ecosystem responses to elevated CO_2 concentrations: What has been learned from laboratory experiments on plant physiology and field observations? [J]. BioScience, 41: 96-104, 10.2307/1311562.

MOSS R H, EDMONDS J A, HIBBARD K A, et al, 2010. The next generation of scenarios for climate change research and assessment[J]. Nature, 463: 747-756. https://doi.org/10.1038/nature08823.

MOTESHARREI S, RIVAS J, KALNAY E, et al, 2016. Modeling sustainability: Population, inequality, consumption, and bidirectional coupling of the Earth and human systems[J]. National Science Review, 3(4), 470-494. https://doi.org/10.1093/nsr/nww081.

MOULIN C, LAMBERT C E, DAYAN U, et al, 1998. Satellite climatology of African dust transport in the Mediterranean atmosphere[J]. Journal of Geophysical Research: Atmospheres, 103: 13137. DOI:10.1029/98JD00171.

MÜLLER-HANSEN F, SCHLüTER M, MÄS M, et al, 2017. How to represent human behavior and decision making in Earth system models? A guide to techniques and approaches[J]. Earth System Dynamics Discussions, 1-53. https://doi.org/10.5194/esd-2017-18, in review.

MURNANE R J, SARMIENTO J L, Le Quere C, 1999. Spatial distribution of air-sea CO_2 fluxes and the interhemisopheric transport of carbon by the oceans[J]. Global Biogeochemical Cycles, 13: 287-305.

MURPHY B, PANDIS S, 2009. Simulating the formation of semivolatile primary and secondary organic aerosol in a regional chemical transport model[J]. Environmental Science and Technology, 43: 4722-4728.

NABAT P, SOLMON F, MALLET M, et al, 2012. Dust emission size distribution impact on aerosol budget and radiative forcing over the Mediterranean region: A regional climate model approach[J]. Atmospheric Chemistry and Physics, 12: 10545-10567. DOI:10.5194/acp-12-10545-2012.

NAIR V S, SOLMON F, GIORGI F, et al, 2012. Simulation of South Asian aerosols for regional climate studies[J]. Journal of Geophysical Research: Atmospheres, 117: D04209.

NAJJAR R G, JIN X, LOUANCHI F, et al, 2007. Impact of circulation on export production, dissolved organic matter and dissolved oxygen in the ocean: Results from Phase II of the Ocean Carbon-cycle Model Intercomparison Project (OCMIP-2) [J]. Global Biogeochemical Cycles, 21: GB3007. DOI: 10.1029/2006GB002857.

NAKAYAMA T, SATO K, MATSUMI Y, et al, 2012. Wavelength dependence of refractive index of secondary organic aerosols generated during the ozonolysis and photooxidation of alpha-pinene[J]. SOLA, 8: 119-123.

NAKAYAMA T, SATO K, MATSUMI Y, et al, 2013. Wavelength and NO_x dependent complex refractive index of SOAs generated from the photooxidation of toluene[J]. Atmospheric Chemistry and Physics, 13: 531-545.

NAN Y, WANG Y, 2018. Observational evidence for direct uptake of ozone in China by Asian dust in springtime[J]. Atmospheric Environment, 186: 45-55.

NASRALLAH H A, BALLING R C JR, MADI S M et al, 2003. Temporal variations in atmospheric CO_2 concentrations in Kuwait City, Kuwait with comparisons to Phoenix, Arizona, USA[J]. Environmental Pollution, 121: 301-305. DOI:10.1016/S0269-7491(02)00221-X.

NASSAR R, JONES D, SUNTHARALINGAM P, et al, 2010. Modeling global atmospheric CO_2 with improved emission inventories and CO_2 production from the oxidation of other carbon species[J]. Geoscientific Model Development, 3: 689-716.

NASTOS P T, KAPSOMENAKIS J, 2015. Regional climate model simulations of extreme air temperature in Greece. Abnormal or common records in the future climate? [J]. Atmospheric Research, 152: 43-60.

NAVARRO A, MORENO R, JIMéNEZ-AlcáZAR A, et al, 2018. Coupling population dynamics with earth system models: The POPEM model[J]. Environmental Science and Pollution Research International, 26 (4): 3184-3195. https://doi.org/10.1007/s11356-017-0127-7.

NENES A, PANDIS S N, PILINIS C, 1998. ISORROPIA: A new thermodynamic equilibrium model for multiphase multicomponent inorganic aerosols[J]. Aquatic Geochemistry, 4(1): 123-152.

NGUYEN G, SHIMADERA H, URANISHI K, et al, 2019. Numerical assessment of $PM_{2.5}$ and O_3 air quality in Continental Southeast Asia: Impacts of potential future climate change[J]. Atmospheric environment, 215:116901.1-116901.17.

NI J, 2002. Effects of climate change on carbon storage in boreal forests of China: A local perspective[J]. Climatic Change, 55: 61-75.

NI Y, QIAN Y, 1991. The effects of sea surface temperature anomalies over the Mid-Latitude Western Pacific on the Asian summer monsoon[J]. Acta Meteorologica Sinica, 5(1):28-39.

NICHOLSON S E, 2013. The west African Sahel: A review of recent studies on the rainfall regime and its interannual variability[J]. ISRN Meteorol, 2013:1-32. DOI:10.1155/2013/453521.

NIU S, LI Z, XIA J, et al, 2008. Climatic warming changes plant photosynthesis and its temperature dependence in a temperate steppe of northern China[J]. Environmental and Experimental Botany, 63: 91-101, 10.1016/j.envexpbot.2007.10.016, 2008.

NIYOGI D, CHANG H I, SAXENA V K, et al, 2004. Direct observations of the effects of aerosol loading on net ecosystem CO_2 exchanges over different landscapes[J]. Geophysical Research Letters, 31(20): L20506 1-5. DOI:10.1029/2004GL020915.

NORBY R J, WARREN J M, IVERSEN C M, et al, 2010. CO_2 enhancement of forest productivity constrained by limited nitrogen availability[J]. Proceedings of the National Academy of Sciences, 107: 19368-19373, 10.1073/pnas.1006463107.

NOVICK K A, FICKLIN D L, STOY P C, et al, 2016. The increasing importance of atmospheric demand for ecosystem water and carbon fluxes[J]. Nature Climate Change, 6: 1023-1027, 10.1038/nclimate3114.

ODUM J R, HOFFMANN T, BOWMAN F, et al, 1996. Gas/particle partitioning and secondary organic aerosol yields[J]. Environmental Science and Technology, 30(8): 2580-2585.

OKE T, 1982. The energetic basis of the urban heat-island[J]. Quarterly Journal of the Royal Meteorological Society, 108: 1-24. DOI:10.1002/qj.49710845502.

OKSANEN E, RIIKONEN J, KAAKINEN S, et al, 2005. Structural characteristics and chemical composition of birch (Betula pendula) leaves are modified by increasing CO_2 and ozone[J]. Global Change Biology, 11(5): 732-748.

OLESON K W, NIU G Y, YANG Z L, et al, 2008. Improvements to the community land model and their impact on the hydrological cycle[J]. Journal of Geophysical Research: Biogeosciences, 113(G1): G01021.

OLESON K W, LARWENCE D M, BONAN G B, et al, 2013. Technical description of version 4.5 of the Community Land Model (CLM)[R]. NCAR Technical Note NCAR/TN-503+STR. 434.

OLIVER V, OLIVERAS I, KALA J, et al, 2017. The effects of burning and grazing on soil carbon dynamics in managed Peruvian tropical montane grasslands[J]. Biogeosciences, 14(24): 5633-5646.

OLIVEIRA P H F, ARTAXO P, PIRES C, et al, 2007. The effects of biomass burning aerosols and clouds on the CO_2 flux in Amazonia[J]. Tellus B, 59: 338-349. DOI:10.1111/j.1600-0889.2007.00270.x.

OLIVER R J, MERCADO L M, SITCH S, et al, 2018. Large but decreasing effect of ozone on the European carbon sink[J]. Biogeosciences, 15: 4245-4269, 10.5194/bg-15-4245-2018.

OLLINGER S V, ABER J D, REICH P B, et al, 2002. Interactive effects of nitrogen deposition, tropospheric ozone, elevated CO_2 and land use history on the carbon dynamics of northern hardwood forests[J]. Global Change Biology, 8: 545-562, 10.1046/j.1365-2486.2002.00482.x.

OMAR A H, WINKER D M, VAUGHAN M A, et al, 2009. The CALIPSO automated aerosol classification and lidar ratio selection algorithm[J]. Journal of Atmospheric and Oceanic Technology, 26: 1994-2014. DOI:10.1175/2009JTECHA1231.1.

ORR J C, MAIER-REIMER E, MIKOLAJEWICZ U, et al, 2001. Estimates of anthropogenic carbon uptake from 3-D global ocean models[J]. Global Biogeochemical Cycles, 15: 43-60.

O'SULLIVAN M, SPRACKLEN D V, BATTERMAN S A, et al, 2019. Have synergies between nitrogen deposition and atmospheric CO_2 driven the recent enhancement of the terrestrial carbon sink? [J]. Global Biogeochemical Cycles, 33(2): 163-180. DOI:10.1029/2018GB005922.

OSWALT M L, MARSHALL G D, 2008. Ragweed as an example of worldwide allergen expansion[J]. Allergy Asthma and Clinical Immunology, 4: 130-135. DOI:10.1186/1710-1492-4-3-130.

OZTURK T, ALTINSOY H, TURKES M, et al, 2012. Simulation of temperature and precipitation climatology for the central asia cordex domain using regcm 4.0[J]. Climate Research, 52: 63-76.

PAGANO T, CHAHINE M, OLSEN E, 2011. Seven years of observations of mid-tropospheric CO_2 from the Atmospheric Infrared Sounder[J]. Acta Astronautica, 69(7-8): 355-359. DOI: 10.1016/j.actaastro.2011.05.016.

PAL J S, SMALL E E, ELTAHIR E A B, 2000. Simulation of regional-scale water and energy budgets: Representation of subgrid cloud and precipitation processes within RegCM[J]. Journal of Geophysical Research: Atmospheres, 105: 29579-29594. DOI:10.1029/2000JD900415.

PAL J S, GIORGI F, BI X, et al, 2007. Regional climate modeling for the developing world, the ICTP RegCM3 and RegCNET[J]. Bulletin of the American Meteorological Society, 88: 1395-1410.

PATAKI D, BOWLING D, EHLERINGER J, 2003. Seasonal cycle of carbon dioxide and its isotopic composition in an atmosphere: Anthropogenic and biogenic effects[J]. Journal of Geophysical Research: Atmospheres, 108: D23. DOI:10.1029/2003JD003865.

PAVLICK R, DREWRY D T, BOHN K, et al, 2013. The Jena Diversity-Dynamic Global Vegetation Model (JeDi-DGVM): A diverse approach to representing terrestrial biogeography and biogeochemistry based on plant functional trade-offs[J]. Biogeosciences, 10(6): 4137-4177. DOI:10.5194/bg-10-4137-2013.

PAYETTE S, FORTIN M, GAMACHE I, 2001. The subarctic forest-tundra: The Structure of a biome in a changing climate[J]. Bioscience, 51: 709-718.

PAYNE W W, 1963. The morphology of the inflorescence of ragweeds(Ambrosia-Franseria: Compositae)[J]. American Journal of Botany, 50: 872-880. DOI:10.2307/2439774.

PEFLUELAS J, FILELLA I, 2001. Responses to a warming world[J]. Science, 294: 793-795.

PELTONEN P A, JULKUNEN-TIITTO R V, APAAVUORI E, et al, 2006. Effects of elevated carbon diox ide and ozone on aphid oviposition preference and birch bud exudate phenolics[J]. Global Change Biology, 12 (9):1670-1679.

PENDALL E, SCHWENDENMANN L, RAHN T, et al, 2010. Land use and season affect fluxes of CO_2, CH_4, CO, N_2O, H_2 and isotopic source signatures in Panama: Evidence from nocturnal boundary layer profiles[J]. Global Change Biology, 16: 2721-2736. DOI: 10.1111/j.1365-2486.2010.02199.x.

PENG T H, 1987. Seasonal variability of carbon dioxide, nutrients and oxygen in the northern North Atlantic surface water: Observations and a model[J]. Tellus, 39B: 439-458.

PEÑUELAS J, STAUDT M, 2010. BVOCs and global change[J]. Trends in Plant Science, 15(3): 133-144. DOI:10.1016/j.tplants.2009.12.005.

PETÄJÄ T, JÄRVI L, KERMINEN V-M, et al, 2016. Enhanced air pollution via aerosol-boundary layer feedback in China[J]. Scientific Reports, 6: 18998.

PETIT J R, JOUZEI J, RAYNAUD D, et al., 1999. Climate and atmospheric history of the past 420,000 years from the Vostok ice core, Antarctica[J]. Nature, 399 (6735): 429-436.

PETERS D H W, GABRIEL A, ENTZIAN G, 2008. Longitude-dependent decadal ozone changes and ozone trends in boreal winter months during 1960-2000[J]. Annales Geophysicae, 26: 1275-1286.

PETERS W, JACOBSON A R, SWEENEY C, et al, 2007. An atmospheric perspective on North American carbon dioxide exchange: CarbonTracker[J]. Proceedings of the National Academy of Sciences of the United States of America, 104(48): 18925-18930. DOI:10.1073/pnas.0708986104.

PIAO S, FANG J, CIAIS P, et al, 2009. The carbon balance of terrestrial ecosystems in China[J]. Nature, 458(7241): 1009-1013. DOI:10.1038/nature07944.

PIAO S, CIAIS P, HUANG Y, et al, 2010. The impacts of climate change on water resources and agriculture in China[J]. Nature, 467(7311): 43-51. https://doi.org/10.1038/nature09364.

PIAO S, SITCH S, CIAIS P, et al, 2013. Evaluation of terrestrial carbon cycle models for their response to climate variability and to CO_2 trends[J]. Global Change Biology, 19: 2117-2132, 10.1111/gcb.12187.

PILINIS C, SEINFELD J H, 1987. Continued development of a general equilibrium model for inorganic multicomponent atmospheric aerosols[J]. Atmospheric Environment, 21 (11): 2453-2466.

PINCUS R, 2003. A fast, flexible, approximate technique for computing radiative transfer in inhomogeneous cloud fields [J]. Journal of Geophysical Research: Atmospheres, 108 (D13): 4376. DOI: 10.1029/2002JD003322.

PINKE G, KARÁCSONY P, CZÚCZ B, et al, 2011. Environmental and land-use variables determining the abundance of Ambrosia artemisiifolia in arable fields in Hungary[J]. Preslia, 83: 219-235.

PITMAN A J, NARISMA G T, MCANENEY J, 2007. The impact of climate change on the risk of forest and grassland fires in Australia[J]. Climate Change, 84(3): 383-401.

PITARI G, VISCONTI G, VERDECCHIA M, 1992. Global ozone depletion and the Antarctic ozone hole[J]. Journal of Geophysical Research: Atmospheres,97(D8): 8075-8082.

POTTER C S, RANDERSON J T, FIELD C B, et al, 1993. Terrestrial ecosystem production: A process model based on global satellite and surface data[J]. Global Biogeochemical Cycles, 7(4): 811-841. DOI: 10.1029/93GB02725.

PRANK M, CHAPMAN D S, BULLOCK J M, et al, 2013. An operational model for forecasting ragweed pollen release and dispersion in Europe[J]. Agricultural and Forest Meteorology, 182: 43-53. DOI:10.1016/j.agrformet.2013.08.003.

PRICE C, RIND D, 1994. Possible implications of global warming change on global lightning distributions and frequencies[J]. Journal of Geophysical Research, 99(D5): 10823.

PRINCE S D, GOWARD SN, 1995. Global primary production: A remote sensing approach[J]. Journal of Biogeography, 22(4/5): 815-835. DOI:10.2307/2845983.

PROSPERO J M, GINOUX P, TORRES O, et al, 2002. Environmental characterization of global sources of atmospheric soil dust identified with the NIMBUS 7 Total Ozone Mapping Spectrometer (TOMS) absorbing aerosol product[J]. Reviews of Geophysics, 40: 1002. DOI:10.1029/2000RG000095.

PROTONOTARIOU A, KOSTOPOULOU E, TOMBROU M, et al, 2013. European CO budget and links with synoptic circulation based on GEOS-CHEM model simulations[J]. Tellus B, 65: 18640. DOI:10.3402/tellusb.v65i0.18640.

PYE H O T, LIAO H, WU S, et al, 2009. Effect of changes in climate and emissions on future sulfate-nitrate-ammonium aerosol levels in the United States[J]. Journal of Geophysical Research: Atmospheres, 114(D1):241-246.

QIAN Y, LEUNG L R, GHAN S J, et al. 2003. Regional climate effects of aerosols over China: Modeling and observation[J]. Tellus B: Chemical and Physical Meteorology, 55(4): 914-934, 10.3402/tellusb.v55i4.16379.

QIAN Y, GONG D, FAN J, et al, 2009. Heavy pollution suppresses light rain in China: Observations and modeling[J]. Journal of Geophysical Research, 114: D00K02. DOI:10.1029/2008JD011575.

QUILLET A, PENG C, GARNEAU M, 2010. Toward dynamic global vegetation models for simulating vegetation-climate interactions and feedbacks: Recent developments, limitations, and future challenges[J]. Environmental Reviews, 18: 333-353. DOI:10.1139/A10-016.

QUINN P K, ASHER W E, CHARLSON R J, 1992. Equilibria of the marine multiphase ammonia system [J]. Journal of Atmospheric Chemistry, 14(1): 11-30.

RAMACHANDRAN S, 2015. New directions: Mineral dust and ozone-heterogeneous chemistry[J]. Atmospheric Environment, 106: 369-370.

RAMAGE C, 1971. Monsoon Meteorology. International Geophysics Series[M]. San Diego, CA: Academic Press.

RAMANATHAN V, CALLS L B, BOUGHNER R E, 1976. Sensitivity of surface temperature and atmospheric temperature to perturbations in the stratospheric concentrations of ozone and nitrogen dioxide[J]. Journal of Atmospheric Science, 33: 1092-1112.

RAMANATHAN V, CHUNG C, KIM D, et al, 2005. Atmospheric brown clouds: Impacts on South Asian climate and hydrological cycle[J]. Proceedings of the National Academy of Sciences of the United States of America, 102(15): 5326-5333.

RAMANATHAN V, CARMICHAEL G, 2008. Global and regional climate changes due to black carbon[J].

Nat Geosci, 1(4): 221-227. DOI:10.1038/ngeo156.

RANDEL W J, WU F, FORSTER P, 2007. The extratropical tropopause inversion layer: Global observations with GPS data, and a radiative forcing mechanism [J]. Journal of the Atmospheric Sciences, 64: 4489-4496.

RAVISHANKARA A, 1997. Heterogeneous and multiphase chemistry in the troposphere[J]. Science, 276 (5315): 1058-1065.

RAP A, SPRACKLEN D V, MERCADO L, et al, 2015. Fires increase Amazon forest productivity through increases in diffuse radiation [J]. Geophysical Research Letters, 42 (11): 4654-4662. DOI: 10.1002/2015GL063719.

REAL E, SARTELET K, 2011. Modeling of photolysis rates over Europe: Impact on chemical gaseous species and aerosols [J]. Atmospheric Chemistry and Physics, 11: 1711-1727. DOI: 10.5194/acp-11-1711-2011.

REN W, TIAN H, LIU M, et al, 2007. Effects of tropospheric ozone pollution on net primary productivity and carbon storage in terrestrial ecosystems of China[J]. Journal of Geophysical Research: Atmospheres, 112: D22S09D22. DOI:10.1029/2007JD008521.

REN W, TIAN H, TAO B, et al, 2011. Impacts of tropospheric ozone and climate change on net primary productivity and net carbon exchange of China's forest ecosystems[J]. Global Ecology and Biogeography, 20: 391-406.

REN W, TIAN H, TIAN H, et al, 2012, China's crop productivity and soil carbon storage as influenced by multifactor global change[J]. Global Change Biology, 18(9): 2945-2957.

REUTER M, BUCHWITZ M, HILBOLL A, et al, 2014. Decreasing emissions of NOx relative to CO_2 in East Asia inferred from satellite observation[J]. Nature Geoscience, 7: 792-795. DOI:10.1038/ngeo2257.

REYER C, LASCH-BORN P, SUCKOW F, et al, 2014. Projections of regional changes in forest net primary productivity for different tree species in Europe driven by climate change and carbon dioxide[J]. Annals of Forest Science, 71: 211-225.

REYNOLDS R W, RAYNER N A, SMITH T M, et al, 2002. An improved in situ and satellite SST analysis for climate[J]. Journal of Climate, 15: 1609-1625. DOI:10.1175/1520-0442(2002)015<1609:AIISAS>2.0.CO;2.

RIDLEY D A, HEALD C L, FORD B, 2012. North African dust export and deposition: A satellite and model perspective [J]. Journal of Geophysical Research: Atmospheres, 117: D02202. DOI: 10.1029/2011 JD016794.

RIIPINEN I, PIERCE J R, YLI-JUUTI T, et al, 2011. Organic condensation: A vital link connecting aerosol formation to cloud condensation nuclei (CCN) concentrations[J]. Atmospheric Chemistry and Physics, 11: 3865-3878.

RÖDENBECK C, BAKKER D CE, METZL N, et al, 2014. Interannual sea-air CO_2 flux variability from an observation-driven ocean mixed-layer scheme[J]. Biogeosciences, 11(17): 4599-4613.

RODGERS C D, CONNOR B J, 2003. Intercomparison of remote sounding instruments[J]. Journal of Geophysical Research: Atmospheres, 108(D3): 4116. DOI:10.1029/2002JD002299.

RODRíGUEZ S, CUEVAS E, PROSPERO J M, et al, 2015. Modulation of Saharan dust export by the North African dipole [J]. Atmospheric Chemistry and Physics, 15: 7471-7486. DOI: 10.5194/acp-15-7471-2015.

ROGERS C A, WAYNE P M, MACKLIN E A, et al, 2006. Interaction of the onset of spring and elevated atmospheric CO_2 on ragweed (Ambrosia artemisiifolia L.) pollen production[J]. Environmental Health

Perspectives, 114: 865-869. DOI:10.1289/ehp.8549.

ROJAS-SOTO O R, SOSA V, ORNELAS J F, 2012. Forecasting cloud forest in eastern and southern Mexico: Conservation insights under future climate change scenarios[J]. Biodiversity and Conservation, 21: 2671-2690.

ROTSTAYN L D, LOHMANN U, 2002. Tropical rainfall trends and the indirect aerosol effect[J]. Journal of Climate, 15: 2103-2116.

RUMMUKAINEN M, RÄISÄNEN J, BRINGFELT B, et al, 2001. A regional climate model for northern Europe, model description and results from the downscaling of two GCM control simulations[J]. Climate Dynamicsamics, 17(5): 339-359.

RUNNING S W, HUNT E R, 1993. 8-Generalization of a Forest Ecosystem Process Model for Other Biomes, BIOME-BGC, and an Application for Global-Scale Models[M]//Ehleringer J R, Field C B. Scaling Physiological Processes. San Diego: Academic Press: 141-158.

RUTH M, KALNAY E, ZENG N, et al, 2011. Sustainable prosperity and societal transitions: Long-term modeling for anticipatory management[J]. Environment International and Societal Transitions, 1: 160-165. https://doi.org/10.1016/j.eist. 03.004, 2011.

RYDER C L, HIGHWOOD EJ, ROSENBERG P D, et al, 2013. Optical properties of Saharan dust aerosol and contribution from the coarse mode as measured during the Fennec 2011 aircraft campaign[J]. Atmospheric Chemistry and Physics, 13: 303-325. DOI:10.5194/acp-13-303-2013.

RYPDAL K, BERNTSEN T, FUGLESTVEDT J S, et al, 2005. Tropospheric ozone and aerosols in climate agreements-scientific and political challenges[J]. Environmental Science and Policy, 8: 29-43.

SABINE C L, FEELY R A, GRUBER N, et al, 2004. The oceanic sink for anthropogenic CO_2[J]. Science, 305:367-371.

SADIQ M, TAO W, LIU J F, et al, 2015. Air quality and climate responses to anthropogenic black carbon emission changes from East Asia, North America and Europe[J]. Atmospheric Environment, 120: 262-276.

SAHAY S, GHOSH C, 2013. Monitoring variation in greenhouse gases concentration in Urban Environment of Delhi[J]. Environ Monit Assess, 185:123-142.

SAKULYANONTVITTAYA T, DUHL T, WIEDINMYER C, et al, 2008. Monoterpene and sesquiterpene emission estimates for the united states[J]. Environmental Science and Technology, 42: 1623-1629.

SAKURAI G, IIZUMI T, NISHIMORI M, et al, 2014. How much has the increase in atmospheric CO_2 directly affected past soybean production? [J]. Scientific Reports, 4: 4978. https://doi.org/10.1038/srep04978.

SAMUELSSON P, JONES C G, WILLéN U, et al, 2011. The Rossby Centre Regional Climate model RCA3: Model description and performance[J]. Tellus A: Dynamic Meteorology and Oceanography, 63(1):4-23.

SARMIENTO J L, ORR J C, SIEGENTHALER U, 1992. A perturbation simulation of CO_2 uptake in an ocean general circulation model[J]. Journal of Geophysical Research, 97: 3621-3645.

SARMIENTO J L, GLOOR M, GRUBER N, et al, 2010. Trends and regional distributions of land and ocean carbon sinks[J]. Biogeosciences, 7:2351-2367. DOI:10.5194/bg-7-2351-2010.

SARRAT C, NOILHAN J, DOLMAN A J, et al, 2007. Atmospheric CO_2 modeling at the regional scale: An intercomparison of 5 meso-scale atmospheric models[J]. Biogeosciences, 4(6): 1115-1126. DOI:10.5194/bg-4-1115-2007.

SASAI T, SAIGUSA N, NASAHARA K, et al, 2011. Satellite-driven estimation of terrestrial carbon flux over Far East Asia with 1-km grid resolution[J]. Remote Sensing of Environment, 115: 1758-1771. DOI:

10.1016/j.rse.2011.03.007.

SASSE T P, MCNEIL B I, ABRAMOWITZ G, 2013. A new constraint on global air-sea CO_2 fluxes using bottle carbon data[J]. Geophysical Research Letter, 40: 1594-1599. DOI:10.1002/grl.50342.

SAUNDERS S M, JENKIN M E, DERWENT R G, et al, 2003. Protocol for the development of the Master Chemical Mechanisms, MCM v3 (Part A): Tropospheric degradation of non-aromatic volatile organic compounds[J]. Atmospheric Chemistry and Physics, 3: 161-180.

SAXENA P, HUDISCHEWSKYJ A B, SEIGNEUR C, et al, 1986. A comparative study of equilibrium approaches to the chemical characterization of secondary aerosols[J]. Atmospheric Environment, 20 (7): 1471-1483.

SAYER A M, MUNCHAK L A, HSU N C, et al, 2014. MODIS Collection 6 aerosol products: Comparison between Aqua's e-Deep Blue, Dark Target, and "merged" data sets, and usage recommendations[J]. Journal of Geophysical Research: Atmospheres, 119: 13965-13989. DOI:10.1002/2014JD022453.

SAYER A M, HSU N C, BETTENHAUSEN C, et al, 2015. Effect of MODIS Terra radiometric calibration improvements on Collection 6 Deep Blue aerosol products: Validation and Terra/Aqua consistency[J]. Journal of Geophysical Research: Atmospheres, 120: 12157-12174. DOI:10.1002/2015JD023878.

SCHAEFER K, COLLATZ G J, TANS P, et al, 2008. Combined Simple Biosphere/Carnegie-Ames-Stanford Approach terrestrial carbon cycle model[J]. Journal of Geophysical Research: Biogeosciences, 113: G03034. DOI:10.1029/2007JG000603.

SCHELL B, ACKERMANN I J, HASS H, et al, 2001. Modeling the formation of secondary organic aerosol within a comprehensive air quality model system[J]. Journal of Geophysical Research: Atmospheres, 106 (D22): 28275-28293.

SCHIMEL D, STEPHENS B B, FISHER J B, 2015. Effect of increasing CO_2 on the terrestrial carbon cycle [J]. Proceedings of the National Academy of Sciences, 112: 436-441, 10.1073/pnas.1407302112.

SCHNEIDEMESSER E V, MONKS P S, 2013. Air quality and climate-synergies and trade-offs[J]. Environmental Science: Processes and Impacts, 15(7): 1315-1325.

SCHNELL J L, PRATHER M J, JOSSE B, et al, 2016. Effect of climate change on surfaceozone over North America, Europe, and East Asia [J]. Geophysical Research Letters, 43: 3509-3518. DOI: 10.1002/2016GL068060.

SCHURATH U, NAUMANN K H,1998. Heterogeneous processes involving atmospheric particulate matter [J]. Pure & Applied Chemistry, 70(7):1353-1361.

SCHUSTER G L, VAUGHAN M, MACDONNELL D,et al, 2012. Comparison of CALIPSO aerosol optical depth retrievals to AERONET measurements, and a climatology for the lidar ratio of dust[J]. Atmospheric Chemistry and Physics, 12: 7431-7452. DOI:10.5194/acp-12-7431-2012.

SCHWARTZ M D, REITER B E, 2000. Changes in North American spring[J]. International Journal of Climatology, 20 (8): 929-932.

SCHWARZ L, MALIG B, GUZMAN-MORALES J, et al, 2020. The health burden fall, winter and spring extreme heat events in the in southern California and contribution of santa ana winds[J]. Environmental Research Letters, 15(5):054017.

SEINFELD J H, PANDIS S N, 1998. Atmospheric Chemistry and Physics: From Air Pollution to Climate Change[M]. New York: Wiley-Interscience.

SELLERS P J, MINTZ Y, SUD Y C, et al, 1986. A Simple Biosphere Model (SIB) for use within general circulation models[J]. Journal of the Atmospheric Sciences, 43(6): 505-531. DOI:10.1175/1520-0469(1986)043<0505:ASBMFU>2.0.CO;2.

SHALABY A, ZAKEY A S, TAWFIK A B, et al, 2012. Implementation and evaluation of online gas-phase chemistry within a regional climate model (RegCM-CHEM4)[J]. Geoscientific Model Development, 5 (3):741-760. DOI: 105194/gmd-5-741-2012.

SHAN Y, GUAN D, ZHENG H, et al, 2018. China CO_2 emission accounts 1997—2015[J]. Scientific Data, 5(1): 170201. DOI:10.1038/sdata.2017.201.

SHAO S, ZHANG J, 2015. All-sky direct radiative effects of urban aerosols in Beijing and Shanghai, China [J]. Atmospheric and Oceanic Science Letters, 8: 295-300.

SHAO Y, LU H, 2000. A simple expression for wind erosion threshold friction velocity[J]. Journal of Geophysical Research: Atmospheres, 105: 437-443.

SHI X, ZHENG Y, LEI Y, et al, 2021. Air quality benefits of achieving carbon neutrality in China[J]. Science of The Total Environment, 795(1): 148784.

SHINDELL D T, VOULGARAKIS A, FALUVEGI G, et al, 2012. Precipitation response to regional radiative forcing [J]. Atmospheric Chemistry and Physics, 12 (15): 6969-6982. DOI: 10.5194/acp-12-6969-2012.

SHINDELL D T, LAMARQUE J F, SCHULZ M, et al, 2013. Radiative forcing in the ACCMIP historical and future climate simulations[J]. Atmospheric Chemistry and Physics 13: 2939-2974.

SHRIVASTAVA M, LANE T, DONAHUE N, et al, 2008. Effects of gas particle partitioning and aging of primary emissions on urban and regional organic aerosol concentrations[J]. Journal of Geophysical Research: Atmospheres, 113: D18301.

SHRIVASTAVA M, FAST J, EASTER R, et al, 2011. Modeling organic aerosols in a megacity: Comparison of simple and complex representations of the volatility basis set approach[J]. Atmospheric Chemistry and Physics, 11: 6639-6662.

SHUAI J, ZHANG Z, LIU X, et al, 2013. Increasing concentrations of aerosols offset the benefits of climate warming on rice yields during 1980—2008 in Jiangsu Province, China[J]. Regional Environmental Change, 13(2): 287-297. https://doi.org/10.1007/s10113-012-0332-3.

SIMARD M J, BENOIT D L, 2011. Effect of repetitive mowing on common ragweed (Ambrosia Artemisiifolia L) pollen and seed production[J]. Annals of Agricultural and Environmental Medicine Aaem, 18: 55-62.

SIMARD M J, BENOIT D L, 2012. Potential pollen and seed production from early- and late-emerging common ragweed in corn and soybean[J]. Weed Technol, 26: 510-516.

SINDELAROVA K, GRANIER C, BOUARAR I, et al, 2014. Global data set of biogenic VOC emissions calculated by the MEGAN model over the last 30 years[J]. Atmospheric Chemistry and Physics, 14: 9317-9341, 10.5194/acp-14-9317-2014, 2014.

SINGH G, Oh J-H, KIM J-Y, et al, 2006. Sensitivity of summer monsoon precipitation over East Asia to convective parameterization schemes in RegCM3[J]. SOLA, 2: 29-32.

SINHA P, MAURYA R K S, MOHANTY M R, et al, 2019. Inter-comparison and evaluation of mixed-convection schemes in RegCM4 for Indian summer monsoon simulation[J]. Atmospheric Research, 215: 239-252.

SITCH S, SMITH B, PRENTICE I C, et al, 2003. Evaluation of ecosystem dynamics, plant geography and terrestrial carbon cycling in the LPJ dynamic global vegetation model[J]. Global Change Biology, 9(2): 161-185. DOI:10.1046/j.1365-2486.2003.00569.x.

SITCH S, COX P, COLLINS W, et al, 2007. Indirect radiative forcing of climate change through ozone effects on the land-carbon sink[J]. Nature, 448: 791-794. DOI:10.1038/nature06059.

SKAMAROK W C, KLEMP J B, DUDHIA J, et al, 2008. A description of the advanced research WRF version 3[R]. NCAR Technical Note, NCAR/TN-475+STR, 125.

SKEIE R B, BERNTSEN T K, MYHRE G, et al, 2011. Anthropogenic radiative forcing time series from pre-industrial times until 2010[J]. Atmospheric Chemistry and Physics, 11(22): 11827-11857. DOI:10.5194/acp-11-11827-2011.

SKJØTH C A, 2009. Integrating measurements, phenological models and atmospheric models in aerobiology [D]. Denmark: Copenhagen University and National Environmental Research Institute:123.

SKJØTH C A, SMITH M, ŠIKOPARIJA B, et al, 2010. A method for producing airborne pollen source inventories: An example of Ambrosia (ragweed) on the Pannonian Plain[J]. Agricultural and Forest Meteorology, 150: 1203-1210. DOI:10.1016/j.agrformet.2010.05.002.

SLINGO A, 1989. A GCM parameterization for the shortwave radiative properties of water clouds[J]. Journal of the atmospheric sciences, 46(10):1419-1427.

SLINN W G N, 1984. Precipitation scavenging, in Atmospheric Science and Power Production[R]. Tech Inf Cent, Off of Sci and Technol Inf, Dep of Energy, Washington D C,466-532.

SMALL E E, SLOAN L C, HOSTETLER S, et al, 1999. Simulating the water balance of the Aral Sea with a coupled regional climate-lake model[J]. Journal of Geophysical Research: Atmospheres, 104(D6): 6583-602.

SMITH M, CECCHI L, SKJØTH C A, et al, 2013. Common ragweed: A threat to environmental health in Europe[J]. Environment International, 61: 115-126. DOI:10.1016/j.envint.2013.08.005.

SMITH M, SKJØTH C A, MYSZKOWSKA D, et al, 2008. Long-range transport of Ambrosia pollen to Poland[J]. Agricultural and Forest Meteorology, 148: 1402-1411. DOI: 10.1016/j.agrformet.2008.04.005.

SMITH M J, PALMER P I, PURVES D W, et al, 2014. Changing how Earth System Modelling is done to provide more useful information for decision making, science and society[J]. Bulletin of the American Meteorological Society, 95(9): 1453-1464.

SMITH S J, WIGLEY T M L, 2006. Multi-gas forcing stabilization with minicam[J]. The Energy Journal, 27(Special Issue) : 373-391.

SOEGAARD H, MOLLER-JENSEN L, 2003. Towards a spatial CO_2 budget of a metropolitan region based on textural image classification and flux measurements[J]. Remote Sensing of Environment, 87(2-3): 283-294. DOI: 10.1016/S0034-4257(03)00185-8.

SOFIEV M, SILJAMO P, RANTA H, et al, 2006. Towards numerical forecasting of long-range air transport of birch pollen: Theoretical considerations and a feasibility study[J]. International Journal of Biometeorology, 50: 392-402. DOI:10.1007/s00484-006-0027-x.

SOFIEV M, SILJAMO P, RANTA H, et al, 2013. A numerical model of birch pollen emission and dispersion in the atmosphere. Description of the emission module[J]. International Journal of Biometeorology, 57: 45-58. DOI:10.1007/s00484-012-0532-z.

SOFIEV M, BERGER U, PRANK M, et al, 2015. MACC regional multi-model ensemble simulations of birch pollen dispersion in Europe[J]. Atmospheric Chemistry and Physics, 15: 8115-8130, 10.5194/acp-15-8115-2015.

SOLMON F, GIORGI F, LIOUSSE C, 2006. Aerosol modelling for regional climate studies: Application to anthropogenic particles and evaluation over a european/african domain[J]. Tellus Series B-Chemical and Physical Meteorology, 58: 51-72.

SOLMON F, MALLET M, ELGUINDI N, et al, 2008. Dust aerosol impact on regional precipitation over western Africa, mechanisms and sensitivity to absorption properties[J]. Geophysical Research Letters, 35(24): L24705. DOI:10.1029/2008gl035900.

SOLMON F, ELGUINDI N, MALLET M, 2012. Radiative and climatic effects of dust over west Africa, as simulated by a regional climate model[J]. Climate Research, 52: 97-113.

SON J Y, LEE J T, ANDERSON G B, et al, 2012. The impact of heat waves on mortality in seven major cities in Korea[J]. Environ Health Persp, 120: 566-571. https://doi.org/10.1289/ehp.1103759.

SONG F F, ZHOU T J, QIAN Y, 2014. Responses of East Asian summer monsoon to natural and anthropogenic forcings in the latest 17 CMIP5models[J]. Geophysical Research Letters, 41: 596-603.

SOVDE O A, HOYLE C R, MYHRE G, et al, 2011. The HNO_3 forming branch of the HO_2 + NO reaction: Pre-industrial-to-present trends in atmospheric species and radiative forcings[J]. Atmospheric Chemistry and Physics, 11(17): 8929-8943. DOI:10.5194/acp-11-8929-2011.

SPITTERS C J T, TOUSSAINT H A J M, GOUDRIAAN J, 1986. Separating the diffuse and direct component of global radiation and its implications for modeling canopy photosynthesis Part I. Components of incoming radiation[J]. Agricultural and Forest Meteorology, 38(1): 217-229. DOI:10.1016/0168-1923(86)90060-2.

SPRACKLEN D V, JIMENEZ J L, CARSLAW K S, et al, 2011. Aerosol mass spectrometer constraint on the global secondary organic aerosol budget[J]. Atmospheric Chemistry and Physics, 11: 12109-12136.

SPYROU C, KALLOS G, MITSAKOU C, et al, 2013. Modeling the radiative effects of desert dust on weather and regional climate[J]. Atmospheric Chemistry and Physics, 13: 5489-5504. DOI:10.5194/acp-13-5489-2013.

SRIVASTAVA R, BRAN S H, 2017. Spatio-temporal variations of black carbon and optical properties in a regional climate model[J]. International Journal of Climatology, 37: 1432-1443, 10.1002/joc.4787.

SRIVASTAVA R, BRAN S H, 2018. Impact of dynamical and microphysical schemes on black carbon prediction in a regional climate model over India[J]. Environmental Science and Pollution Research International, 25 (15): 14844-14855.

STADTLER S, SIMPSON D, SCHRÖDER S, et al, 2018. Ozone impacts of gas-aerosol uptake in global chemistry transport models[J]. Atmospheric Chemistry and Physics, 18(5): 3147-71.

STEDMAN J R, 2004. The predicted number of air pollution related deaths in the UK during the August 2003 heatwave[J]. Atmospheric Environment, 38: 1087-1090. https://doi.org/10.1016/j.atmosenv.2003.11.011, 2004.

STEINER A, LUO C, HUANG Y, et al, 2002. Past and present-day biogenic volatile organic compound emissions in East Asia[J]. Atmospheric Environment, 36: 4895-4905, 10.1016/s1352-2310(02)00584-8.

STEPPELER J, DOMS G, SCHäTTLER U, et al, 2003. Meso-gamma scale forecasts using the nonhydrostatic model LM[J]. Meteorology and Atmospheric Physics, 82, 75-96.

STEVENSON D S, YOUNG P J, NAIK V, et al, 2013. Tropospheric ozone changes, radiative forcing and attribution to emissions in the Atmospheric Chemistry and Climate Model Intercomparison Project (ACCMIP)[J]. Atmospheric Chemistry and Physics, 13: 3063-3085. DOI:10.5194/acp-13-3063-2013.

STJERN C W, KRISTJÁNSSON J E, 2015. Contrasting influences of recent aerosol changes on clouds and precipitation in Europe and East Asia[J]. Journal of Climate, 28: 8770-8790.

STOCKWELL W R, 1986. A homogeneous gas phase mechanism for use in a regional acid deposition model [J]. Atmospheric Environment, 20(8): 1615-1632.

STOCKWELL W R, KIRCHNER F, KUHN M, et al, 1997. A new mechanism for regional atmospheric chemistry modeling[J]. Journal of Geophysical Research: Atmospheres , 102(D22): 25847-25879.

STOHL A, KLIMONT Z, ECKHARDT S, et al, 2013. Black carbon in the Arctic: The underestimated role of gas flaring and residential combustion emissions[J]. Atmospheric Chemistry and Physics, 13: 8833-8855. DOI:10.5194/acp-13-8833-2013.

STOHL A, AAMAAS B, AMANN M, et al, 2015. Evaluating the climate and air quality impacts of short-lived pollutants[J]. Atmospheric Chemistry and Physics, 15: 10529-10566. DOI:10.5194/acp-15-10529-2015.

STORKEY J, STRATONOVITCH P, CHAPMAN D S, et al, 2014. A process-based approach to predicting the effect of climate change on the distribution of an invasive allergenic plant in Europe[J]. Plos One, 9(2):e88156. DOI:10.1371/journal.pone.0088156.

STRADA S, UNGER N, YUE X, 2015. Observed aerosol-induced radiative effect on plant productivity in the eastern United States[J]. Atmospheric Environment, 122: 463-476, 10.1016/j.atmosenv.2015.09.051.

STRADA S, UNGER N, 2016. Potential sensitivity of photosynthesis and isoprene emission to direct radiative effects of atmospheric aerosol pollution[J]. Atmospheric Chemistry and Physics, 16: 4213-4234, 10.5194/acp-16-4213-2016.

STRAHAN S E, DOUGLASS A R, Nielsen J E, et al, 1998. The CO_2 seasonal cycle as a tracer of transport [J]. Journal of Geophysical Research: Atmospheres, 103 (D12): 13729-13741. DOI: 10.1029/98JD01143.

STRONG C, STWERTKA C, BOWLING D, et al, 2011. Urban carbon dioxide cycles within the Salt Lake Valley: A multiple-box model validated by observations[J]. Journal of Geophysical Research: Atmospheres, 116(D15):D15307. DOI:10.1029/2011JD015693.

SU H, SANG W, WANG Y, et a1, 2007. Simulating Picea schrenkiana forest productivity under climatic changes and atmospheric CO_2 increase in Tianshan Mountains, Xinjiang Autonomous Region, China[J]. Forest Ecology and Management, 246: 273-284.

SUN H, PAN Z, LIU X, 2012a. Numerical simulation of spatial-temporal distribution of dust aerosol and its direct radiative effects on East Asian climate[J]. Journal of Geophysical Research, 117: D13206. https://doi.org/10.1029/2011J D017219.

SUN X B, REN G Y, REN Y Y, et al, 2017. A remarkable climate warming hiatus over northeast China since 1998[J]. Theoretical and Applied Climatology, 133: 579-594. DOI 10.1007/s00704-017-2205-7.

SUN Z, NIINEMETS Ü, HÜVE K, et al, 2012b. Enhanced isoprene emission capacity and altered light responsiveness in aspen grown under elevated atmospheric CO_2 concentration[J]. Global Change Biology, 18: 3423-3440, 10.1111/j.1365-2486.2012.02789.x.

SUNTHARALINGAM P, JACOB D J, PALMER P I, et al, 2004. Improved quantification of Chinese carbon fluxes using CO_2/CO correlations in Asian outflow[J]. Journal of Geophysical Research, 109: D18S18. DOI: 10.1029/2003JD004362.

SYKES M T, PRENTICE I C, 1996a. Climate change, tree species distributions and forest dynamics: A case study in the Mixed Conifer/Northern Hardwoods Zone of Northern Europe[J]. Climatic Change, 34: 161-177.

SYKES M T, PRENTICE I C, CRAMER W, 1996b. A bioclimatic model for the potential distributions of North European tree species under presentand future climates[J]. Journal of Biogeography, 23: 203-233.

TAI A P K, MICKLEY L J, JACOB D J, 2012. Impact of 2000-2050 climate change on fine particulate matter ($PM_{2.5}$) air quality inferred from a multi-model analysis of meteorological modes[J]. Atmos Chem Phys, 12:11329-11337.

TAI A P K, MARTIN M V, HEALD C L, 2014. Threat to future global food security from climate change and ozone air pollution[J]. Nature Climate Change, 4(9): 817-821. DOI:10.1038/NCLIMATE2317.

TAKAHASHI T, SUTHERLAND S C, WANNINKHOF R, et al, 2009. Climatological mean and decadal change in surface ocean pCO_2, and net sea-air CO_2 flux over the global oceans[J]. Deep-sea Research II, 56: 554-577.

TANG H, TAKIGAWA M, LIU G, et al, 2013. A projection of ozone-induced wheat production loss in China and India for the years 2000 and 2020 with exposure-based and flux-based approaches[J]. Global Change Biology, 19(9): 2739-2752. https://doi.org/10.1111/gcb.12252.

TANG M J, HUANG X, LU K D, et al, 2017. Heterogeneous reactions of mineral dust aerosol: Implications for tropospheric oxidation capacity[J]. Atmospheric Chemistry and Physics, 17(19): 11727-77.

TANG Y G, HAN Y X, MA X Y, et al, 2018. Elevated heat pump effects of dust aerosol over northwestern China during summer[J]. Atmospheric Research, 203: 95-104.

TANG Y H, CARMICHAEL G R, KURATA G, et al, 2004. Impacts of dust on regional tropospheric chemistry during the ACE-Asia experiment: A model study with observations[J]. Journal of Geophysical Research, 109(D19): D19S21.

TANS P, KEELING R, 2014. Trends in atmospheric carbon dioxide[R]. NOAA/ESRL, Available: http://www.esrl.noaa.gov/gmd/ccgg/trends? /global.html.

TANS P, KEELING R, 2015. NOAA/ESRL (www.esrl.noaa.gov/gmd/ccgg/trends/)[DB/OL]. Scripps Institution of Oceanography ($scrippsco_2$.ucsd.edu/).

TAO F L, YOKOZAWA M, LIU J Y, et al, 2008. Climate-crop yield relationships at provincial scales in China and the impacts of recent climate trends [J]. Climate Research, 38(1): 83-94. https://doi.org/10.3354/cr00771.

TAO M, CHEN L, SU L, et al, 2012. Satellite observation of regional haze pollution over the north China plain [J]. Journal of Geophysical Research: Atmospheres, 117: D12203. https://doi.org/10.1029/2012JD017915.

TAPIADOR F J, ROCA R, GENIO A D, et al, 2019. Is precipitation a good metric for model performance? [J]. Bulletin of the American Meteorological Society, 100: 223-233.

TAPIADOR F J, NAVARRO A, MORENO R, et al, 2020. Regional climate models: 30 years of dynamical downscaling[J]. Atmospheric Research, 235: 104785.

TARAMARCAZ P, LAMBELET C, CLOT B, et al, 2005. Ragweed (Ambrosia) progression and its health risks: Will Switzerland resist this invasion? [J]. Swiss Med Wkly, 135: 538-548.

TASSEV Y, VELINOV P I Y, TOMOVA D, et al, 2017. Analysis of Extreme Solar Activity in Early September 2017: G4 - Severe Geomagnetic Storm (07÷08.09) and GLE72 (10.09) in Solar Minimum[J]. Comptes Rendus De L'Académie Bulgare Des Sciences : Sciences Mathématiques et Naturelles, 70(10): 1437-1444.

TAWFIK A, STOCKLI R, GOLDSTEIN A, et al, 2012. Quantifying the contribution of environmental factors to isoprene flux interannual variability[J]. Atmospheric Environment, 54: 216-224.

TAYLOR K E, STOUFFER R J, MEEHL G A, 2012. A summary of the CMIP5 experiment design[J]. Bulletin of the American Meteorological Society, 93: 485-498.

TEGEN I, 2003. Modeling the mineral dust aerosol cycle in the climate system[J]. Quaternary Science Reviews, 22: 1821-1834. DOI:10.1016/S0277-3791(03)00163-X.

TEGEN I, KOCH D, LACIS A A, et al, 2000. Trends in tropospheric aerosol loads and corresponding impact on direct radiative forcing between 1950 and 1990: A model study[J]. Journal of Geophysical Research, 105: 26971. DOI:10.1029/2000JD900280.

THIBAUDON M, ŠIKOPARIJA B, OLIVER G, et al, 2014. Ragweed pollen source inventory for France-The second largest centre of Ambrosia in Europe[J]. Atmospheric Environment, 83: 62-71. DOI:10.1016/j.atmosenv.2013.10.057.

THONING K, TANS P, KOMHYR W, 1989. Atmospheric carbon dioxide at Mauna Loa Observatory 2. Analysis of the NOAA GMCC data, 1974—1985[J]. Journal of Geophysical Research, 94: 8549-8565. DOI:10.1029/JD094iD06p08549.

THORNTON P E, LAW B E, GHOLZ H L, et al, 2002. Modeling and measuring the effects of disturbance history and climate on carbon and water budgets in evergreen needleleaf forests[J]. Agricultural and Forest Meteorology, 113: 185-222. DOI:10.1016/S0168-1923(02)00108-9.

THORNTON P E, LAMARQUE J F, ROSENBLOOM N A, et al, 2007. Influence of carbon-nitrogen cycle coupling on land model response to CO_2 fertilization and climate variability[J]. Global Biogeochemical Cycles, 21: GB4018. DOI:10.1029/2006gb002868.

TIAN H, MELILLO J, LU C, et al, 2011. China's terrestrial carbon balance: Contributions from multiple global change factors[J]. Global Biogeochem Cycles, 25: GB1007, 10.1029/2010gb003838.

TIAN H, REN W, TAO B, et al, 2016. Climate extremes and ozone pollution: A growing threat to China's food security[J]. Ecosystem Health and Sustainability, 2: e01203. DOI:10.1002/ehs2.1203.

TIAN R, MA X Y, JIA H L, et al, 2019. Aerosol radiative effects on tropospheric photochemistry with GEOS-Chem simulations[J]. Atmospheric Environment, 208: 82-94.

TIE X, LI G, YING Z, et al, 2006. Biogenic emissions of isoprenoids and NO in China and comparison to anthropogenic emissions[J]. Science of the Total Environment, 371: 238-251, 10.1016/j.scitotenv.2006.06.025.

TIE X X, MADRONICH S, WALTERS S, et al, 2005. Assessment of the Global impact of aerosols on tropospheric oxidants[J]. Journal of Geophysical Research, 110(D3): D03204.

TIEDTKE M, 1989. A comprehensive mass flux scheme for cumulus parameterization in large-scale models [J]. Monthly Weather Review, 117: 1779-1800. DOI:10.1175/1520-0493(1989)117<1779:ACMFSF>2.0.CO;2.

TIIVA P, TANG J, MICHELSEN A, et al, 2017. Monoterpene emissions in response to long-term nighttime warming, elevated CO_2 and extended summer drought in a temperate heath ecosystem[J]. Science of the Total Environment, 580: 1056-1067, 10.1016/j.scitotenv.2016.12.060.

TIWARI Y K, GLOOR M, ENGELEN R J, et al, 2006. Comparing CO_2 retrieved from Atmospheric Infrared Sounder with model predictions: Implications for constraining surface fluxes and lower-to-upper troposphere transport [J]. Journal of Geophysical Research: Atmospheres, 111: D17106. DOI: 10.1029/2005JD006681.

TJIPUTRA J, OLSEN A, BOPP L, et al, 2014. Long-term surface pCO_2 trends from observations and models[J]. Tellus B, 66: 23083. DOI: 10.3402/tellusb.v66.23083.

TONG C H M, YIM S H L, ROTHENBERG D, et al, 2018. Projecting the impacts of atmospheric conditions under climate change on air quality over the Pearl River Delta region[J]. Atmospheric Environment, 193: 79-87.

TRAMONTANA G, JUNG M, SCHWALM C R, et al, 2016. Predicting carbon dioxide and energy fluxes across global FLUXNET sites with regression algorithms[J]. Biogeosciences, 13(14): 4291-4313. DOI: 10.5194/bg-13-4291-2016.

TSIKERDEKIS A, ZANIS P, STEINER A L, et al, 2017. Impact of dust size parameterizations on aerosol burden and radiative forcing in RegCM4[J]. Atmospheric Chemistry and Physics, 17(2): 769-791. DOI:

10.5194/acp-17-769-2017.

TSUTSUMI Y, MORI K, IKEGAMI M, et al, 2006. Long-term trends of greenhouse gases in regional and background events observed during 1998-2004 at Yonagunijima located to the east of the Asian continent [J]. Atmospheric Environment, 40: 5868-5879. DOI:10.1016/j.atmosenv.2006.04.036.

TURTOLA S, MANNINEN A M, RIKALA R, et al, 2003. Drought stress alters the concentration of wood terpenoids in scots pine and Norway spruce seedlings[J]. Journal of Chemical Ecology, 29 (9): 1981-1995.

TURUNCOGLU U U, DALFES N, MURPHY S, et al, 2013. Toward self-describing and workflow integrated Earth system models, A coupled atmosphere-ocean modeling system application[J]. Ecological Modelling and Software, 39: 247-62.

TWOMEY S, 1974. Pollution and the planetary albedo[J]. Atmospheric Environment, 8: 1251-1256.

UCHIJIMA Z, SEINO H, 1985. Agroclimatic evaluation of net primary Productivity of natural vegetations [J]. Journal of Agricultural Meteorology, 40(4): 343-352. DOI:10.2480/agrmet.40.343.

UNGER N, SHINDELL D T, KOCH D M, et al, 2006. Cross influences of ozone and sulfate precursor emissions changes on air quality and climate[J]. PNAS, 103(12): 4377-4380.

VALSALA V K, ROXY M K, ASHOK K, et al, 2014. Spatiotemporal characteristics of seasonal to multidecadal variability of pCO_2 and air-sea CO_2 fluxes in the equatorial Pacific Ocean[J]. Journal of Geophysical Research-Oceans, 119: 8987-9012.

VAN DER LINDEN P, MITCHELL J FB, 2009. ENSEMBLES: Climate change and its impacts: Summary of research and results from the ENSEMBLES project[C]. Met Office Hadley Centre, FitzRoy Road, ExeterEX1 3 PB, UK, 160.

VAUGHAN M A, POWELL K A, WINKER D M, et al, 2009. Fully automated detection of cloud and aerosol layers in the CALIPSO lidar measurements[J]. Journal of Atmospheric and Oceanic Technology, 26: 2034-2050. DOI:10.1175/2009JTECHA1228.1.

VAUTARD R, HONORE C, BEEKMANN M, et al, 2005. Simulation of ozone during the August 2003 heat wave and emission control scenarios[J]. Atmospheric Environment, 39: 2957-2967. https://doi.org/10.1016/j.atmosenv.2005.01.039.

VELINOV P I Y, MATEEV L, KILIFARSKA N, 2005. 3-D model for cosmic ray planetary ionisation in the middle Atmosphere[J]. Annales Geophysicae, 23: 3043-3046.

VIDALE P L, LUTHI D, FREI C, et al, 2003. Predictability and uncertainty in a regional climate model[J]. Journal of Geophysical Research: Atmospheres, 108 (18): ACL 12-1-ACL 12-23.

VIENO M, DORE A J, STEVENSON D S, et al, 2010. Modelling surface ozone during the 2003 heat wave in the UK[J]. Atmospheric Chemistry and Physics, 10: 7963-7978.

VIOVY N, 2018. CRUNCEP version 7-atmospheric forcing data for the community land model[R]. Research Data Archive at the National Center for Atmospheric Research, Computational and Information Systems Laboratory. https://doi.org/10.5065/PZ8F-F017.

VOLKAMER R, SAN MARTINI F, MOLINA L T, et al, 2007. A missing sink for gas-phase glyoxal in Mexico City: Formation of secondary organic aerosol[J]. Geophysical Research Letters, 34 (19): 255-268.

WALMSLEY J L, WESELY M L, 1996. Modification of coded parameterizations of surface resistances to gaseous dry deposition[J]. Atmospheric Environment, 30: 1181-1188.

WALTHER A, JEONG J, NIKULIN G, et al, 2013. Evaluation of the warm season diurnal cycle of precipitation over Sweden simulated by the Rossby Centre regional climate model RCA3[J]. Atmospheric Research, 119: 131-139.

WANG C, CHEN J N, ZOU J, 2005a. Decomposition of energy-related CO_2 emission in China: 1957-2000[J]. Energy, 30 (1): 73-83.

WANG C, HAO L, LIU C, et al, 2020a. Associations between fine particulate matter constituents and daily cardiovascular mortality in Shanghai, China[J]. Ecotoxicology and Environmental Safety. 191: 110154.

WANG C, WANG Y, SHI Z, et al, 2021a. Effects of using different exposure data to estimate changes in premature mortality attributable to $PM_{2.5}$ and O_3 in China[J]. Environmental Pollution, 285: 117242.

WANG D, ZHOU B, FU Q, et al, 2016a. Intense secondary aerosol formation due to strong atmospheric photochemical reactions in summer: Observations at a rural site in eastern Yangtze River Delta of China [J]. Science of The Total Environment, 571: 1454-1466, 10.1016/j.scitotenv.2016.06.212.

WANG F, QIU X, CAO J, et al, 2021b. Policy-driven changes in the health risk of $PM_{2.5}$ and O_3 exposure in China during 2013—2018[J]. Science of the Total Environment, 757: 143755.

WANG G, YU M, PAL J S, et al, 2016b. On the development of a coupled regional climate-vegetation model RCM-CLM-CN-DV and its validation in Tropical Africa[J]. Climate Dynamicsamics, 46(1): 515-539. DOI:10.1007/s00382-015-2596-z.

WANG J, MENDELSOHN R, DINAR A, et al, 2009. The impact of climate change on China's agriculture [J]. Agricultural Economics, 40(3): 323-337. https://doi.org/https://doi.org/10.1111/j.1574-0862.2009.00379.x.

WANG J, JIANG X, CHAHINE M T, et al, 2011. The influence of tropospheric biennial oscillation on mid-tropospheric CO_2[J]. Geophysical Research Letters, 38: L20805. DOI:10.1029/2011GL049288.

WANG J, DONG J, YI Y, et al, 2017a. Decreasing net primary production due to drought and slight decreases in solar radiation in China from 2000 to 2012[J]. Journal of Geophysical Research: Biogeosciences, 122(1): 261-278. DOI:10.1002/2016JG003417.

WANG K, WANG C, LU X D, et al, 2007a. Scenario analysis on CO_2 emissions potential in China's iron and steel industry[J]. Energy Policy, 35(4): 2320-2335.

WANG K, ZHANG Y, YAHYA K, et al, 2015a. Implementation and initial application of new chemistry-aerosol options in WRF/Chem for simulating secondary organic aerosols and aerosol indirect effects for regional air quality[J]. Atmospheric Environment, 115: 716-732. DOI:10.1016/j.atmosenv.2014.12.007.

WANG P, WU W, ZHU B, et al, 2013. Examining the impact factors of energy-related CO_2 emissions using the STIRPAT model in Guangdong Province, China[J]. Applied Energy, 106:65-71.

WANG P F, QIAO X, ZHANG H L, 2020b. Modeling $PM_{2.5}$ and O_3 with aerosol feedbacks using WRF/Chem over the Sichuan Basin, southwestern China[J]. Chemosphere, 254: 126735.

WANG Q G, HAN Z, WANG T, et al, 2007b. An estimate of biogenic emissions of volatile organic compounds during summertime in China[J]. Environmental Science and Pollution Research International, 14: 69-75, 10.1065/espr2007.02.376.

WANG Q G, HAN Z, WANG T, et al, 2008. Impacts of biogenic emissions of VOC and NO_x on tropospheric ozone during summertime in eastern China[J]. Science of the Total Environment, 395(1): 41-49, 10.1016/j.scitotenv.2008.01.059.

WANG T, XUE L K, BRIMBLECOMBE P, et al, 2017b. Ozone pollution in China: A review of concentrations, meteorological influences, chemical precursors, and effects[J]. Science of the Total Environment, 575:1582-1596.

WANG T J, LI S, SHEN Y, et al, 2010a. Investigations on direct and indirect effect of nitrate on temperature and precipitation in China using a regional climate chemistry modeling system[J]. Journal of Geophysical Research: Atmospheres, 115: D00K19. DOI:10.1029/2009JD013165.

WANG T J, ZHUANG B L, LI S, et al, 2015b. The interactions between anthropogenic aerosols and the East Asian summer monsoon using RegCCMS[J]. Journal of Geophysical Research: Atmospheres, 120(11): 5602-5621. DOI:10.1002/2014JD022877.

WANG W C, SZE N D, 1980. Coupled effects of atmospheric N_2O and O_3 on the earth's climate[J]. Nature, 286(5773): 589-590.

WANG W G, WU J, LIU H N, et al, 2005b. Researches on the influence of pollution emission on tropospheric ozone variation and radiation over China and its adjacent Area[J]. Chinese Journal of the Atmospheric Sciences, 29: 734-746.

WANG X, WU J, CHEN M, et al, 2018. Field evidences for the positive effects of aerosols on tree growth [J]. Global Change Biology, 24: 4983-4992, 10.1111/gcb.14339.

WANG Y, WANG C, GOU X, et al, 2002. Trend, seasonal and diurnal variations of atmospheric CO_2 in Beijing[J]. Chinese Science Bulletin, 47: 2050-2055. DOI:10.1360/02tb9444.

WANG Y, MUNGER J, XU S, et al, 2010b. CO_2 and its correlation with CO at a rural site near Beijing: implications for combustion efficiency in China[J]. Atmospheric Chemistry and Physics, 10: 8881-8897. DOI: 10.5194/acp-10-8881-2010.

WANG Y, LÜ D, LI Q, et al, 2014a. Observed and simulated features of the CO_2 diurnal cycle in the boundary layer at Beijing and Hefei, China[J]. Chinese Science Bulletin, 59(14): 1529-1535. DOI:10.1007/s11434-014-0194-9.

WANG Y, ZHANG R Y, SARAVANAN R, et al, 2014b. Asian pollution climatically modulates mid-latitude cyclones following hierarchical modelling and observational analysis[J]. Nature Communications, 5:3098. DOI: 10.1038/ncomms4098.

WANG Y, WANG A, ZHAI J, et al, 2019b. Tens of thousands additional deaths annually in cities of China between 1.5 ℃ and 2.0 ℃ warming[J]. Nature Communications 10: 3376.

WANG W J, LI X, SHAO M, et al, 2019a. The impact of aerosols on photolysis frequencies and ozone production in Beijing during the 4-Year period 2012-2015[J]. Atmospheric Chemistry and Physics, 19(14): 9413-9429.

WANNINKHOF R, MCGILLIS W M, 1999. A cubic relationship between gas transfer and wind speed[J]. Geophysical Research Letter, 26: 1889-1892.

WANNINKHOF R, PARK G-H, TAKAHASHI T, et al, 2013. Global ocean carbon uptake: Magnitude, variability and trends[J]. Biogeosciences, 10: 1983-2000. DOI:10.5194/bg-10-1983-2013.

WATSON L, LACRESSONNIERE G, GAUSS M, et al, 2016. Impact of emissions and +2 ℃ climate change upon future ozone and nitrogen dioxide over Europe[J]. Atmospheric Environment, 142: 271-285.

WEI J, HUANG W, LI Z, et al, 2019b. Estimating 1-km-resolution $PM_{2.5}$ concentrations across China using the space-time random forest approach[J]. Remote Sensing of Environment, 231: 111221, 10.1016/j.rse.2019.111221.

WEI J, LI Z, PENG Y, et al, 2019a. MODIS Collection 6.1 aerosol optical depth products over land and ocean: Validation and comparison[J]. Atmospheric Environment, 201: 428-440, 10.1016/j.atmosenv.2018.12.004.

WESELY M L, 1989. Parameterization of surface resistances to gaseous dry deposition in regional-scale numerical-models[J]. Atmospheric Environment, 23(6): 1293-1304.

WEXLER A S, SEINFELD J H, 1991. Second-generation inorganic aerosol model[J]. Atmospheric Environment, 25(12): 2731-2748.

WIDORY D, JAVOY M, 2003. The carbon isotope composition of atmospheric CO_2 in Paris[J]. Earth and Planetary Science Letters, 215: 289-298. DOI:10.1016/S0012-821X(03)00397-2.

WIEDINMYER C, AKAGI S K, YOKELSON R J, et al, 2011. The Fire Inventory from NCAR (FINN): A high resolution global model to estimate the emissions from open burning[J]. Geoscientific Model Development Discussions, 4(3): 625-641. DOI:10.5194/gmd-4-625-2011.

WILKINSON M J, MONSON R K, TRAHAN N, et al, 2009. Leaf isoprene emission rate as a function of atmospheric CO_2 concentration[J]. Global Change Biology, 15: 1189-1200, 10.1111/j.1365-2486.2008.01803.x.

WILLEMSEN R W, 1975. Effect of stratification temperature and germination temperature on germination and induction of secondary dormancy in common ragweed seeds[J]. American Journal of Botany, 62: 1-5. DOI:10.2307/2442073.

WINKER D M, VAUGHAN M A, Omar A, et al, 2009. Overview of the CALIPSO mission and CALIOP data processing algorithms[J]. Journal of Atmospheric and Oceanic Technology, 26: 2310-2323. DOI: 10.1175/2009JTECHA1281.1.

WISE M, CALVIN K, THOMSON A, et al, 2009. Implications of limiting CO_2 concentrations for land use and energy[J]. Science, 324: 1183-1186, 10.1126/science.1168475, 2009.

WITTIG V E, AINSWORTH E A, NAIDU S L, et al, 2009. Quantifying the impact of current and future tropospheric ozone on tree biomass, growth, physiology and biochemistry: A quantitative meta-analysis [J]. Global Change Biology, 15(2): 396-424.

WMO,2021. The State of Greenhouse Gases in the Atmosphere Based on Global Observations through 2019 [R]. Greenhouse Gas Bulletin (GHG Bulletin),NO 17,2021.

WOLTER K, TIMLIN M S, 1998. Measuring the strength of ENSO events: How does 1997/98 rank? [J]. Weather, 53(9): 315-324. DOI:10.1002/j.1477-8696.1998.tb06408.x.

WOOD E C, CANAGARATNA M R, HERNDON S C, et al, 2010. Investigation of the correlation between odd oxygen and secondary organic aerosol in Mexico City and Houston[J]. Atmospheric Chemistry and Physics, 10: 8947-8968. DOI:10.5194/acp-10-8947-2010.

WOODWARD F I, WILLIAMS B G, 1987. Climate and Plant Distribution at Global and Local Scales[M]// Prentice I C, VAN DER MAAREL E. Theory and Models in Vegetation Science. Dordrecht: Springer Netherlands: 189-197.

WU B, WANG J, 2002. Winter Arctic Oscillation, Siberian high and East Asian winter monsoon[J]. Geophysical Research Letter, 29: 1897.

WU J, FU C B, XU Y, et al, 2008. Simulation of direct effects of black carbon aerosol on temperature and hydrological cycle in Asia by a regional climate model[J]. Meteorology and Atmospheric Physics, 100: 179-193. DOI:10.1007/s00703-008-0302-y.

WU J, GUAN K, HAYEK M, et al, 2017. Partitioning controls on Amazon forest photosynthesis between environmental and biotic factors at hourly to interannual timescales[J]. Global Change Biology, 23: 1240-1257, 10.1111/gcb.13509, 2017.

WU J Z, ZHANG J, GE Z M, et al, 2021. Impact of climate change on maize yield in China from 1979 to 2016[J]. Journal of Integrative Agriculture, 20(1): 289-299. https://doi.org/https://doi.org/10.1016/S2095-3119(20)63244-0.

WU L B, KANEKO S J, MATSUOKA S J, 2005. Driving forces behind the stagnancy of China's energy-related CO_2 emissions from 1996 to 1999: The relative importance of structural change, intensity change and scale change[J]. Energy Policy, 33(3): 319-335.

WU L T, SU H, JIANG J H, 2013a. Regional simulation of aerosol impacts on precipitation during the East Asian summer monsoon[J]. Journal of Geophysical Research: Atmospheres, 118: 6454-6467.

WU P L, CHRISTIDIS N, STOTT P, 2013b. Anthropogenic impact on earth's hydrological cycle[J]. Nature Climate Change, 3: 807-810. DOI:10.1038/nclimate1932.

WU Y, WANG W, LIU C, et al, 2020. The association between long-term fine particulate air pollution and life expectancy in China, 2013 to 2017[J]. Science of the Total Environment, 712: 136507.

XIA X, WANG P, WANG Y, et al, 2008. Aerosol optical depth over the Tibetan Plateau and its relation to aerosols over the Taklimakan Desert [J]. Geophysical Research Letter, 35: L16804, 10.1029/2008 gl034981.

XIAO D, BAI H, LIU D L, 2018. Impact of future climate change on wheat production: A simulated case for China's wheat system [J]. Sustainability, 10 (4): 1277. https://www.mdpi.com/2071-1050/10/4/1277.

XIAO J, ZHOU Y, ZHANG L, 2015. Contributions of natural and human factors to increases in vegetation productivity in China[J]. Ecosphere, 6(11): 233, 10.1890/ES14-00394.1, 2015.

XIAO X, ZHANG Q, BRASWELL B, et al, 2004. Modeling gross primary production of temperate deciduous broadleaf forest using satellite images and climate data[J]. Remote Sensing of Environment, 91(2): 256-270. DOI:10.1016/j.rse.2004.03.010.

XIE B, ZHANG H, WANG Z, et al, 2016. A modeling study of effective radiative forcing and climate response due to tropospheric ozone[J]. Advances in Atmospheric Sciences, 33(7): 819-828.

XIE M, SHU L, WANG T, et al, 2017. Natural emissions under future climate condition and their effects on surface ozone in the Yangtze River Delta region, China[J]. Atmospheric Environment, 150:162-180.

XIE X, HUANG X, WANG T, 2018. Inhomogeneous CO_2 simulation and its impact on regional climate in East Asia[J]. Journal of Meteorological Research, 32(3):456-468.

XIE X, WANG T, YUE X, et al, 2019. Numerical modeling of ozone damage to plants and its effects on atmospheric CO_2 in China[J]. Atmospheric Environment, 217:116970.

XIE X, WANG T, YUE X, et al, 2020. Effects of atmospheric aerosols on terrestrial carbon fluxes and CO_2 concentrations in China[J]. Atmospheric Research, 237:104859.

XING J, WANG J D, MATHUR R, et al, 2017. Impacts of aerosol direct effects on tropospheric ozone through changes in atmospheric dynamics and photolysis rates[J]. Atmospheric Chemistry and Physics, 17(16): 9869-9883.

XIONG W, MATTHEWS R, HOLMAN I, et al, 2007. Modelling China's potential maize production at regional scale under climate change[J]. Climatic Change, 85(3): 433-451. https://doi.org/10.1007/s10584-007-9284-x.

XU S, HE X, CHEN W, et al, 2015a. Differential sensitivity of four urban tree species to elevated O_3[J]. Urban Forestry and Urban Greening, 14: 1166-1173, 10.1016/j.ufug.2015.10.015.

XU X, QIU J, XIA X, et al, 2015b. Characteristics of atmospheric aerosol optical depth variation in China during 1993—2012[J]. Atmospheric Environment, 119: 82-94, 10.1016/j.atmosenv.2015.08.042.

XU X, LIN W, XU W, et al, 2020. Long-term changes of regional ozone in China: Implications for human health and ecosystem impacts[J]. Elem Sci Anth, 8: 13. DOI:https://doi.org/10.1525/elementa.409.

XU Y F, 1992. The buffer capability of the ocean to increasing CO_2[J]. Advances in Atmospheric Sciences, 9: 501-510.

XU Z, FITZGERALD G, Guo Y, et al, 2016. Impact of heatwave on mortality under different heatwave definitions: A systematic review and meta-analysis[J]. Environment International, 89-90: 193-203.

YAN H P, QIAN Y, ZHAO C, et al, 2015. A new approach to modeling aerosol effects on East Asian climate: Parametric uncertainties associated with emissions, cloud microphysics, and their interactions[J]. Journal of Geophysical Research: Atmospheres, 120(17): 8905-8924. DOI:10.1002/2015JD023442.

YAN L B, LIU X D, YANG P, et al, 2011. Study of the impact of summer monsoon circulation on spatial distribution of aerosols in East Asia based on numerical simulations[J]. J Appl Meteor Climat, 50: 2270-2282.

YANG D X, LIU Y, FENG L, et al, 2021. The first global carbon dioxide flux map derived from TanSat measurements[J]. Advances in Atmospheric Sciences, 38: 1433-1443.

YANG J, ZHAO Y, CAO J, et al, 2021. Co-benefits of carbon and pollution control policies on air quality and health till 2030 in China[J]. Environment International, 152: 106482.

YANG N, WANG Y X, 2018. Observational evidence for direct uptake of ozone in China by Asian dust in springtime[J]. Atmospheric Environment, 186: 45-55.

YANG S, WEBSTER P J, DONG M, 1992. Longitudinal heating gradient: Another possible factor influencing the intensity of the Asian summer monsoon circulation[J]. Advances in Atmospheric Sciences, 9(4): 397-410.

YANG S, WANG X L, WILD M, 2018. Homogenization and trend analysis of the 1958-2016 in situ surface solar radiation records in China[J]. Journal of Climate, 31: 4529-4541, 10.1175/JCLI-D-17-0891.1.

YANG Y, LIAO H, Li J, 2014. Impacts of the East Asian summer monsoon on interannual variations of summertime surface-layer ozone concentrations over China[J]. Atmospheric Chemistry and Physics, 14(13): 6867-6879.

YAO C R, FENG K S, HUBACEK K, 2014. Driving forces of CO_2 emissions in the G20 countries: An index decomposition analysis from 1971 to 2010[J]. Ecological Informatics, 26: 93-100.

YE L, XIONG W, LI Z, et al, 2013. Climate change impact on China food security in 2050[J]. Agronomy for Sustainable Development, 33(2): 363-374. https://doi.org/10.1007/s13593-012-0102-0.

YIN C, WANG T, SOLMON F, et al, 2015. Assessment of direct radiative forcing due to secondary organic aerosol over China with a regional climate model[J]. Tellus B: Chemical and Physical Meteorology, 67: 24634-24619.

YIN Z C, WANG H J, CHE H P, 2017. Understanding severe winter haze events in the north China Plain in 2014: Roles of climate anomalies[J]. Atmospheric Chemistry and Physics, 17(3): 1642-1652.

YING Q , KLEEMAN M J, 2003. Effects of aerosol UV extinction on the formation of ozone and secondary particulate matter[J]. Atmospheric Environment, 3: 5047-5068.

YOKOTA T, YOSHIDA Y, EGUCHI N, et al, 2009. Global Concentrations of CO_2 and CH_4 retrieved from GOSAT: First preliminary results[J]. SOLA, 5: 160-163. DOI:10.2151/sola.2009-041.

YORK R, ROSE E A, DIETA T, 2003. STIRPAT, IPAT and ImPACT: Analytic tools for unpacking the driving forces of environmental impacts[J]. Ecological Economics, 46(3):351-365.

YOUNG J A, 2003. Static Stability[M]//Holton J R, Curry J A, Pyle J A. Encyclopaedia of Atmospheric Sciences. London: Academic Press: 2114-2120.

YOUNG S A, VAUGHAN M A, 2009. The retrieval of profiles of particulate extinction from Cloud-Aerosol Lidar Infrared Pathfinder Satellite Observations (CALIPSO) Data: Algorithm Description[J]. Journal of Atmospheric and Oceanic Technology, 26: 1105-1119. DOI:10.1175/2008JTECHA1221.1.

YU S C, EDER B, DENNIS R, et al, 2006. New unbiased symmetric metrics for evaluation of air quality models[J]. Atmospheric Science Letters, 7: 26-34. DOI:10.1002/asl.125.

YU Y, EZELL M, ZELENYUK A, et al, 2008. Photooxidation of alpha-pinene at high relative humidity in the presence of increasing concentrations of NO_x[J]. Atmospheric Environment, 42: 5044-5060.

YUAN X, CALATAYUD V, JIANG L, et al, 2015. Assessing the effects of ambient ozone in China on snap bean genotypes by using ethylenediurea (EDU)[J]. Environmental Pollution, 205: 199-208, 10.1016/j.envpol.2015.05.043.

YUE X, UNGER N, 2015. The Yale Interactive terrestrial Biosphere model version 1.0: description, evaluation and implementation into NASA GISS ModelE2[J]. Geoscientific Model Development, 8(8): 2399-2417. DOI:10.5194/gmd-8-2399-2015.

YUE X, STRADA S, UNGER N, et al, 2017c. Future inhibition of ecosystem productivity by increasing wildfire pollution over boreal North America[J]. Atmospheric Chemistry and Physics, 17(22): 13699-13719. DOI:10.5194/acp-17-13699-2017.

YUE X, UNGER N, 2017a. Aerosol optical depth thresholds as a tool to assess diffuse radiation fertilization of the land carbon uptake in China[J]. Atmospheric Chemistry and Physics, 17(2): 1329-1342. DOI:10.5194/acp-17-1329-2017.

YUE X, UNGER N, HARPER K, et al, 2017b. Ozone and haze pollution weakens net primary productivity in China[J]. Atmospheric Chemistry and Physics, 17(9): 6073-6089. DOI:10.5194/acp-17-6073-2017.

ZADRA A, CAYA D, CÔTÉ J, et al, 2008. The next Canadian regional climate model[J]. Phy Can, 64: 74-83.

ZAKEY A S, SOLMON F, GIORGI F, 2006. Implementation and testing of a desert dust module in a regional climate model[J]. Atmospheric Chemistry and Physics, 6(12): 4687-4704.

ZAVERI R A, PETERS L K, 1999. A new lumped structure photochemical mechanism for large-scale applications[J]. Journal of Geophysical Research: Atmospheres, 104(D23): 30387-30415.

ZELENAY V, MONGE M E, D'Anna B, et al, 2011. Increased steady state uptake of ozone on soot due to UV/Vis radiation [J]. Journal of Geophysical Research-Atmospheres, 116: D11301. DOI: 10.1029/2010JD015500.

ZENDER C S, 2003. Mineral Dust Entrainment and Deposition (DEAD) model: Description and 1990s dust climatology[J]. Journal of Geophysical Research, 108(D14): 4416. DOI:10.1029/2002JD002775.

ZENG X B, DICKINSON R E, 1998. Effect of surface sublayer on surface skin temperature and fluxes[J]. Journal of Climate, 11: 537-550.

ZHAI S, JACOB D J, WANG X, et al, 2019. Fine particulate matter ($PM_{2.5}$) trends in China, 2013-2018: Separating contributions from anthropogenic emissions and meteorology[J]. Atmospheric Chemistry and Physics, 19: 11031-11041, 10.5194/acp-19-11031-2019.

ZHANG C, JU W, CHEN J M, et al, 2013a. China's forest biomass carbon sink based on seven inventories from 1973 to 2008[J]. Climatic Change, 118(3): 933-948. DOI:10.1007/s10584-012-0666-3.

ZHANG F, ZHOU L X, CONWAY T J, et al, 2013b. Short-term variations of atmospheric CO_2 and dominant causes in summer and winter: Analysis of 14-year continuous observational data at Waliguan, China [J]. Atmospheric Environment, 77: 140-148.

ZHANG H, WANG Z L, GUO P W, et al, 2009. A modeling study of the effects of direct radiative forcing due to carbonaceous aerosol on the climate in East Asia[J]. Advances in Atmospheric Sciences, 26: 57-66.

ZHANG H, WANG Z L, WANG Z Z, et al, 2012a. Simulation of direct radiative forcing of aerosols and their effects on East Asian climate using an interactive AGCM-aerosol coupled system[J]. Climate Dynamicsamics, 38: 1675-1693.

ZHANG H F, CHEN B Z, VAN DER LAAN-LUIJKX I T, et al, 2014a. Net terrestrial CO_2 exchange over China during 2001-2010 estimated with an ensemble data assimilation system for atmospheric CO_2[J]. Journal of Geophysical Research: Atmspheres. 119(6): 3500-3515. DOI:10.1002/2013JD021297.

ZHANG J, FENG L, ZOU H, et al, 2015a. Using ORYZA2000 to model cold rice yield response to climate change in the Heilongjiang province, China[J]. The Crop Journal, 3(4): 317-327. https://doi.org/https://doi.org/10.1016/j.cj.2014.09.005.

ZHANG J, AN J, QU Y, et al, 2019a. Impacts of potential HONO sources on the concentrations of oxidants and secondary organic aerosols in the Beijing-Tianjin-Hebei region of China[J]. Science of The Total Environment, 647: 836-852, 10.1016/j.scitotenv.2018.08.030.

ZHANG L, 2001. A size-segregated particle dry deposition scheme for an atmospheric aerosol module[J]. Atmospheric Environment, 35: 549-560. DOI:10.1016/S1352-2310(00)00326-5.

ZHANG L, LI T, 2016. Relative roles of anthropogenic aerosols and greenhouse gases in land and oceanic monsoon changes during past 156 years in CMIP5 models[J]. Geophysical Research Letter, 43: 5295-5301. DOI:10.1002/2016GL069282.

ZHANG L M, GONG S L, PADRO J, et al, 2001. A size-segregated particle dry deposition scheme for an atmospheric aerosol module[J]. Atmospheric Environment, 35: 549-560.

ZHANG M, MA Y Y, GONG W, et al, 2018a. Aerosol optical properties and radiative effects: Assessment of urban aerosols in Central China using 10-year observations[J]. Atmospheric Environment, 182: 275-285.

ZHANG Q, SUN P, SINGH V P, et al, 2012b. Spatial-temporal precipitation changes (1956—2000) and their implications for agriculture in China [J]. Global and Planetary Change, 82-83: 86-95. https://doi.org/10.1016/j.gloplacha.2011.12.001.

ZHANG Q, GU X H, SINGH V P, et al, 2015b. Spatiotemporal behavior of floods and droughts and their impacts on agriculture in China [J]. Global and Planetary Change, 131: 63-72. https://doi.org/10.1016/j.gloplacha.2015.05.007.

ZHANG Q, ZHENG Y, TONG D, et al, 2019b. Drivers of improved $PM_{2.5}$ air quality in China from 2013 to 2017[J]. Proceedings of the National Academy of Sciences, 116(49): 24463. DOI: 10.1073/pnas.1907956116.

ZHANG Q, NIU Y, XIX Y, et al, 2020. The acute effects of fine particulate matter constituents on circulating inflammatory biomarkers in healthy adults[J]. Science of the Total Environment, 707: 135989.

ZHANG R, DUHL T, SALAM M T, et al, 2014b. Development of a regional-scale pollen emission and transport modeling framework for investigating the impact of climate change on allergic airway disease[J]. Biogeosciences, 11: 1461-1478. DOI:10.5194/bg-11-1461-2014.

ZHANG T, HOELL A, PERLWITZ J, et al, 2019c. Towards probabilistic multivariate ENSO monitoring [J]. Geophysical Research Letters, 46(17-18): 10532-10540. DOI:10.1029/2019GL083946.

ZHANG W, FENG Z, WANG X, et al, 2012c. Responses of native broadleaved woody species to elevated ozone in subtropical China[J]. Environmental Pollution, 163: 149-157, 10.1016/j.envpol.2011.12.035.

ZHANG X Y, WANG Y Q, ZHANG X C, et al, 2008. Carbonaceous aerosol composition over various regions of China during 2006[J]. Journal of Geophysical Research, 113: D14111.

ZHANG X Y, WANG Y Q, NIU T, et al, 2012d. Atmospheric aerosol compositions in China: Spatial/temporal variability, chemical signature, regional haze distribution and comparisons with global aerosols[J]. Atmospheric Chemistry and Physics, 12:779-799. DOI:105194/acp-12-779-2012.

ZHANG X Y, ZHONG J T, WANG J Z, et al, 2018b. The interdecadal worsening of weather conditions affecting aerosol pollution in the Beijing area in relation to climate warming[J]. Atmospheric Chemistry and Physics, 18(8): 5991-5999.

ZHANG Y, 2009. Structural decomposition analysis of sources of decarbonizing economic development in China: 1992-2006[J]. Ecological Economics, 68(8-9): 2399-2405.

ZHANG Y, LIU P, QUEEN A, et al, 2006. A comprehensive performance evaluation of MM5-CMAQ for the Summer 1999 Southern Oxidants Study episode- Part II: Gas and aerosol predictions[J]. Atmospheric Environment, 40: 4839-4855. DOI:10.1016/j.atmosenv.2005.12.048.

ZHANG Y, BOCQUET M, MALLET V, et al, 2012e. Real-time air quality forecasting, part I: History, techniques, and current status[J]. Atmospheric Environment, 60: 632-655. DOI:10.1016/j.atmosenv.2012.06.031.

ZHANG Y, GOLL D, BASTOS A, et al, 2019d. Increased global land carbon sink due to aerosol-induced cooling, global biogeochem[J]. Cycles, 33: 439-457, 10.1029/2018gb006051.

ZHANG Z X, 2000. Decoupling China's carbon emissions increase from economic growth: An economic analysis and policy implications[J]. World Development, 28(4): 739-752.

ZHAO B, WANG S X, DONG X Y, et al, 2013a. Environmental effects of the recent emission changes in China: Implications for particulate matter pollution and soil acidification[J]. Environment Research Letters, 8: 024031.

ZHAO J, YAN X, JIA G, 2012. Simulating net carbon budget of forest ecosystems and its response to climate change in northeastern China using improved FORCCHN[J]. Chinese Geographical Science, 22: 29-41.

ZHAO L, LI Y, XU S, et al, 2006. Diurnal, seasonal and annual variation in net ecosystem CO_2 exchange of an alpine shrubland on Qinghai-Tibetan plateau[J]. Global Change Biology, 12: 1940-1953, 10.1111/j.1365-2486.2006.01197.x.

ZHAO M S, HEINSCH F A, NEMANI R R, et al, 2005. Improvements of the MODIS terrestrial gross and net primary production global data set[J]. Remote Sensing of Environment, 95(2): 164-176. DOI:10.1016/j.rse.2004.12.011.

ZHAO P, DONG F, YANG Y, et al, 2013b. Characteristics of carbonaceous aerosol in the region of Beijing, Tianjin, and Hebei, China[J]. Atmospheric Environment, 71: 389-398, 10.1016/j.atmosenv.2013.02.010.

ZHAO S, YIN D, YU Y, et al, 2020. $PM_{2.5}$ and O_3 pollution during 2015-2019 over 367 chinese cities: Spatiotemporal variations, meteorological and topographical impacts [J]. Environmental Pollution, 264: 114694.

ZHAO Y, LIU Y C, MA J Z, et al, 2017. Heterogeneous reaction of SO_2 with soot: The roles of relative humidity and surface composition of soot in surface sulfate formation[J]. Atmospheric Environment, 152: 465-476.

ZHENG B, ZHANG Q, ZHANG Y, et al, 2015. Heterogeneous chemistry: A mechanism missing in current models to explain secondary inorganic aerosol formation during the January 2013 haze episode in north China[J]. Atmospheric Chemistry and Physics, 15(4): 2031-2049.

ZHENG B, TONG D, LI M, et al, 2018. Trends in China's anthropogenic emissions since 2010 as the consequence of clean air actions[J]. Atmospheric Chemistry and Physics, 18: 14095-14111, 10.5194/acp-18-14095-2018.

ZHENG T, ZHU J, WANG S, et al, 2016. When will China achieve its carbon emission peak? [J]. National Science Review, 3(1): 8-12. DOI:10.1093/nsr/nwv079.

ZHOU L, CHEN X, TIAN X, 2018. The impact of fine particulate matter (PM2.5) on China's agricultural production from 2001 to 2010[J]. Journal of cleaner production, 178: 133-141.

ZHOU L, WHIET J W C, CONWAY T J, et al, 2006. Long-term record of atmospheric CO_2 and stable isotopic ratios at Waliguan Observatory: Seasonally averaged 1991—2002 source/sink signals, and a comparison of 1998—2002 record to the 11 selected sites in the Northern Hemisphere[J]. Global Biogeochemical Cycles, 20(2): GB2001. DOI:10.1029/2004GB002431.

ZHOU W, CHEN C, LEI L, et al, 2021. Temporal variations and spatial distributions of gaseous and particulate air pollutants and their health risks during 2015—2019 in China[J]. Environmental Pollution, 272: 116031.

ZHOU Y, HUANG A, JIANG J, et al, 2014. Modeled interaction between the subseasonal evolving of the East Asian summer monsoon and the direct effect of anthropogenic sulfate[J]. Journal of Geophysical Research: Atmospheres, 119(5): 1993-2016. DOI:10.1002/2013JD020612.

ZHONG Z, 2006. A possible cause of a regional climate model's failure in simulating the east Asian summer monsoon[J]. Geophysical Research Letters, 332(24): L24707.

ZHU W, PAN Y, ZHANG J, 2007. Estimation of net primary productivity of chinese terrestrial vegetation based on remote sensing[J]. Zhiwu Shengtai Xuebao, 31(3): 413-424. DOI:10.17521/cjpe.2007.0050.

ZHU J, LIAO H, LI J, 2012. Increases in aerosol concentrations over eastern China due to the decadal-scale weakening of the East Asian summer monsoon[J]. Geophysical Research Letters, 39: L09809. DOI:10.1029/2012GL051428.

ZHU J, LIAO H, 2016. Future ozone air quality and radiative forcing over China owing to future changes in emissions under the Representative Concentration Pathways (RCPs)[J]. Journal of Geophysical Research: Atmospheres, 121(4): 1978-2001.

ZHU X W, TANG G Q, GUO J P, et al, 2018. Mixing layer height on the north China plain and meteorological evidence of serious air pollution in southern Hebei[J]. Atmospheric Chemistry and Physics, 18(7): 4897-4910.

ZHU Z, BI J, PAN Y, et al, 2013. Global data sets of Vegetation Leaf Area Index (LAI)3g and Fraction of Photosynthetically Active Radiation (FPAR) 3g derived from Global Inventory Modeling and Mapping Studies (GIMMS) Normalized Difference Vegetation Index (NDVI3g) for the period 1981 to 2011[J]. Remote Sensing, 5(2): 927-948. DOI:10.3390/rs5020927.

ZHUANG B L, LIU L, SHEN F H, et al, 2010. Semidirect radiative forcing of internal mixed black carbon cloud droplet and its regional climatic effect over China[J]. Journal of Geophysical Research: Atmospheres, 115(7): 311-319.

ZHUANG B L, JIANG F, WANG T J, et al, 2011. Investigation on the direct radiative effect of fossil fuel black-carbon aerosol over China[J]. Theoretical and Applied Climatology, 104 (3-4): 301-312. DOI:10.1007/s00704-010-0341-4.

ZHUANG B L, LI S, WANG T J, et al, 2013a. Direct radiative forcing and climate effects of anthropogenic aerosols with different mixing states over China[J]. Atmospheric Environment, 79(11): 349-361.

ZHUANG B L, LIU Q, WANG T J, et al, 2013b. Investigation on semi-direct and indirect climate effects of fossil fuel black carbon aerosol over China[J]. Theoretical and Applied Climatology, 114:651-672. https://doi.org/10.1007/s0070 4-013-0862-8.

ZHUANG B L, WANG T J, LI S, et al, 2014a. Optical properties and radiative forcing of urban aerosols in Nanjing, China[J]. Atmospheric Environment, 83:43-52.

ZHUANG B L, WANG T J, LIU J, et al, 2014b. Continuous measurement of black carbon aerosol in urban Nanjing of Yangtze River Delta, China[J]. Atmospheric Environment, 89: 415-424.

ZHUANG B L, LI S, WANG T J, et al, 2018. Interaction between the black carbon aerosol warming effect and East Asian monsoon using RegCM4[J]. Journal of Climate, 31(22): 9367-9388. DOI:10.1175/JCLI-D-17-0767.1.

ZHUANG B L, CHEN H M, LI S, et al, 2019. The direct effects of black carbon aerosols from different source sectors in East Asia in summer[J]. Climate Dynamicsamics, 53:5293-5310.

ZIEMKE J R, CHANDRA S, DUNCAN B N, et al, 2006. Tropospheric ozone determined from aura OMI and MLS: Evaluation of measurements and comparison with the Global Modeling Initiative's Chemical Transport Model [J]. Journal of Geophysical Research: Atmospheres, 111: D19303. DOI: 101029/ 2006JD007089.

ZIEMKE J R, CHANDRA S, LABOW G J, et al, 2011. A global climatology of tropospheric and stratospheric ozone derived from Aura OMI and MLS measurements[J]. Atmospheric Chemistry and Physics, 11: 9237-9251. DOI:10.5194/acp-11-9237-2011.

ZIMNOCH M, FLORKOWSKI T, NECKI J, et al, 2004. Diurnal variability of $\delta^{13}C$ and $\delta^{13}O$ of atmospheric CO_2 in the urban atmosphere of Krakow, Poland[J]. Isotopes in Environmental and Health Studies, 40: 129-143. DOI: 10.1080/10256010410001670989.

ZINK K, VOGEL H, VOGEL B, et al, 2012. Modeling the dispersion of Ambrosia artemisiifolia L pollen with the model system COSMO-ART[J]. International Journal of Biometeorology, 56: 669-680. DOI: 10.1007/s00484-011-0468-8.

ZINK K, PAULING A, ROTACH M W, et al, 2013. EMPOL 1.0: A new parameterization of pollen emission in numerical weather prediction models[J]. Geoscientific Model Development, 6: 1961-1975. DOI: 10.5194/gmd-6-1961-2013.

ZOU J, LIU Z R, HU B, et al, 2018. Aerosol chemical compositions in the north China plain and the impact on the visibility in Beijing and Tianjin[J]. Atmospheric Research, 201: 235-246.

ZOU L W, ZHOU T J, 2013. Can a regional ocean-atmosphere coupled model improve the simulation of the interannual variability of the western North Pacific summer monsoon? [J]. Journal of Climate, 26(7): 2353-2367.

ZUBLER E M, FOLINI D, LOHMANN U, et al, 2011. Implementation and evaluation of aerosol and cloud microphysics in a regional climate model [J]. Journal of Geophysical Research: Atmospheres, 116: D02211.

ÅNGSTRÖM A, 1929. On the Atmospheric Transmission of Sun Radiation and on Dust in the Air[J]. Geografiska Annaler, 11:156-166, 10.1080/20014422.1929.11880498.

ŠIKOPARIJA B, SKJØTH C A, KÜBLER K A, et al, 2013. A mechanism for long distance transport of Ambrosia pollen from the Pannonian Plain[J]. Agricultural and Forest Meteorology, 180: 112-117. DOI: 10.1016/j.agrformet.2013.05.014.

索 引

W

X

Y

Z